SOLIDWORKS 2022 中文版 机械设计自学速成

马久河 朱齐平 编著

人民邮电出版社
北京

图书在版编目（CIP）数据

SOLIDWORKS 2022中文版机械设计自学速成 / 马久河，朱齐平编著. -- 北京 : 人民邮电出版社，2022.12
ISBN 978-7-115-59881-3

Ⅰ. ①S… Ⅱ. ①马… ②朱… Ⅲ. ①机械设计－计算机辅助设计－应用软件 Ⅳ. ①TH122

中国版本图书馆CIP数据核字(2022)第150307号

内容提要

本书结合具体实例由浅入深、从易到难地介绍 SOLIDWORKS 2022 软件在机械设计中的相关知识和使用方法。全书共 12 章，讲解了 SOLIDWORKS 2022 概述、草图相关技术、基于草图的特征、基于特征的特征、装配体的应用、工程图基础、连接紧固类零件、轴系零件、箱盖零件、叉架类零件等内容。

本书随书电子资源包含全书实例源文件和实例同步教学视频，供读者学习。

本书适合作为机械工程相关专业学生的自学辅导书，也可以作为机械设计相关人员的学习参考书。

◆ 编　　著　马久河　朱齐平
　责任编辑　李　强
　责任印制　马振武
◆ 人民邮电出版社出版发行　　北京市丰台区成寿寺路 11 号
　邮编　100164　　电子邮件　315@ptpress.com.cn
　网址　https://www.ptpress.com.cn
　固安县铭成印刷有限公司印刷
◆ 开本：787×1092　1/16
　印张：22.5　　　　2022 年 12 月第 1 版
　字数：619 千字　　2022 年 12 月河北第 1 次印刷

定价：99.80 元

读者服务热线：(010)81055493　印装质量热线：(010)81055316
反盗版热线：(010)81055315
广告经营许可证：京东市监广登字 20170147 号

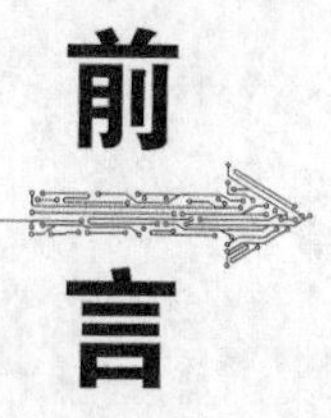

前言

Preface

SOLIDWORKS 是一款基于 Windows 系统开发的三维实体设计软件，全面支持微软的 OLE（对象链接与嵌入）技术，使不同的应用软件能被集成到同一个窗口，共享同一数据信息，以相同的方式操作，文件无须相互传输。SOLIDWORKS 贯穿产品的设计、分析、加工和数据管理整个过程，其在关键技术领域内的突破、对深层功能的开发和对工程应用的不断拓展，使其成为 CAD 市场中的主流产品，涉及平面工程制图、三维造型、工业标准交互传输、模拟加工过程、电缆布线和电子线路等应用领域。

一、本书特色

本书有以下四大特色。

- 针对性强

本书编著者有多年的计算机辅助设计领域的经验，本书力求全面细致地展现 SOLIDWORKS 在机械设计应用领域的各种功能和使用方法。

- 实例专业

本书中的很多实例本身就是机械工程设计项目案例，作者精心提炼和改编项目案例，不仅保证了读者能够学好知识点，更重要的是能帮助读者掌握实际的操作技能。

- 提升技能

本书详细讲解了在工程设计过程中涉及的机械设计方面的专业知识，让读者真正学会利用 SOLIDWORKS 进行工程设计，使读者能够快速掌握工作技能。

- 知行合一

本书结合大量的工程实例，详细讲解 SOLIDWORKS 知识要点，让读者在学习案例的过程中潜移默化地掌握 SOLIDWORKS 软件操作技巧，同时培养工程设计实践能力。

二、本书服务

1. SOLIDWORKS 2022 安装软件的获取

在学习本书前，请先在计算机中安装 SOLIDWORKS 2022 软件（随书电子资源中不附带软件安装程序），读者可在 SOLIDWORKS 官方网站下载其试用版本，也可在当地电脑城、软件经销商购买软件使用。

2. 关于本书和配套电子资料的技术问题

读者遇到有关本书的技术问题，可以加入 QQ 群 814799307 进行咨询，也可以将问题发送到电子邮箱 win760520@126.com，编著者将及时回复。

3. 关于本书电子资源的使用

本书除传统的书面讲解外，还随书附送了电子资源。电子资源包含全书实例源文件和同步教学视频，供读者学习参考。使用微信的“扫一扫”功能扫描“云课”二维码即可观看同步视频；关注“信通社区”二维码，输入关键词“59881”，即可获取实例源文件。

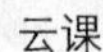

云课

信通社区

三、致谢

本书由河北盛多威泵业制造有限公司的马久河高级工程师和石家庄铁道大学的朱齐平教授编著，其中马久河编写了第 1～6 章，朱齐平编写了第 7～12 章。解江坤、李志红等在资料的收集、整理、校对方面也做了大量的工作，在此向他们表示感谢！

由于时间仓促加之作者水平有限，本书存在疏漏之处在所难免，欢迎广大读者批评指正。

编著者

目录

Contents

第1章

SOLIDWORKS 2022 概述

本章首先介绍了 SOLIDWORKS 2022 的界面和工具栏，使读者对 SOLIDWORKS 有初步的了解，然后介绍了系统属性的设置，使读者能够完成适合自己习惯的设定。最后，分析了 SOLIDWORKS 中的设计思想，并介绍了在学习 SOLIDWORKS 的过程中会遇到的术语，使读者在使用 SOLIDWORKS 2022 时能更加快捷、流畅、灵活。

学习要点

- SOLIDWORKS 2022 界面介绍
- 设置系统属性
- SOLIDWORKS 的设计思想
- SOLIDWORKS 术语
- 定位特征
- 零件的设计表达

1.1 SOLIDWORKS 2022 界面介绍

如果说 SOLIDWORKS 最初的产品确立了在 Windows 平台上三维设计的主流方向，那么 SOLIDWORKS 2022 则向人们展示了一种基于 Windows 平台设计的大规模的、复杂性明显的高性能工具产品。

由于 SOLIDWORKS 软件是在 Windows 环境下重新开发的，因此它能够充分利用 Windows 的优秀界面，为设计师提供方便。SOLIDWORKS 首创的特征管理员，能够将设计过程的每一步记录下来，并形成放在屏幕左侧的特征管理树。设计师可以随时点取任意一个特征进行修改，还可以随意调整特征树的顺序，以改变零件的形状。SOLIDWORKS 软件中的每一个零件都带有一个拖动手柄，能够实时动态地改变零件的形状和大小。

1.1.1 界面简介

崭新的用户界面能够同时让初学者和有经验的老用户高效地使用。新的用户界面具有连贯的功能，减少了创建零件、装配体和工程图所需要的操作。此外，新的用户界面还最大限度地利用了屏幕区，减少了许多对话框。

用户通过 SOLIDWORKS 2022 可以建立 3 种不同的文件——零件图、工程图和装配图，所以针对这 3 种文件在创建方式上的不同，SOLIDWORKS 2022 提供了对应的界面。这样做的目的是方便用户的编辑。下面介绍零件图编辑状态下的界面，如图 1-1 所示。

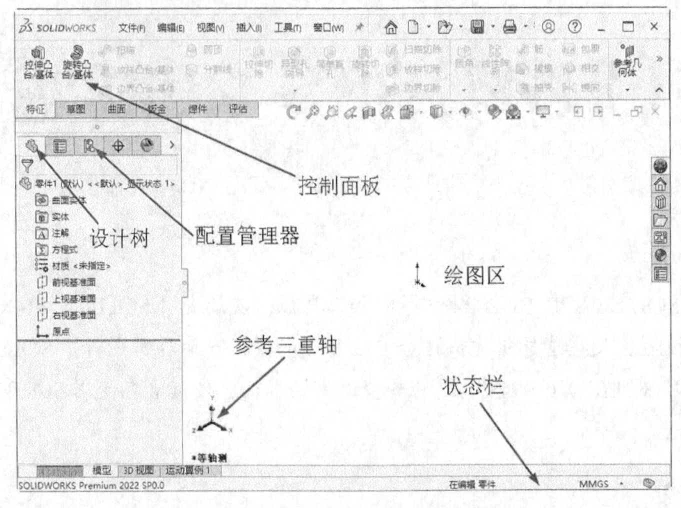

图 1-1　SOLIDWORKS 2022 界面

由于 SOLIDWORKS 2022 是一个功能十分强大的三维 CAD 软件，所以对应的工具栏也很多，在本节中只介绍部分常用工具栏，在以后的章节中逐步介绍其他专业工具栏。

（1）主菜单栏：这里包含 SOLIDWORKS 2022 所有的操作命令。

（2）“快速访问”工具栏：同其他标准的 Windows 程序一样，“快速访问”工具栏中的工具按钮用来对文件执行最基本的操作，如“新建”“打开”“保存”“打印”等。

（3）控制面板：SOLIDWORKS 2022 中非常实用的工具，通过它可以方便地管理常用的命令，极大地方便了用户。

（4）设计树：SOLIDWORKS 系统中最著名技术就是它的特征管理员（Feature Manager），该技术已经成为 Windows 平台三维 CAD 软件的标准。此项技术使 SOLIDWORKS 不再是一个配角，而成为企业赖以生存的主流设计工具。设计树就是这项技术最直接的体现，对于不同的操作类型（零件设计、工程图、装配图），其内容是不同的。但基本上设计树都真实地记录了操作过程中的每一步（如添加一个特征、加入一个视图或插入一个零件等）。通过对设计树的管理，用户可以方便地对三维模型进行修改和设计。

（5）绘图区：进行零件设计、制作工程图、装配的主要操作窗口。以后提到的草图绘制、零件装配、工程图的绘制等操作均在这个区域中完成。

（6）状态栏：显示目前操作的状态。

1.1.2　工具栏的设置

工具栏按钮是常用菜单命令的快捷方式。工具栏大大提高了 SOLIDWORKS 2022 的设计效率。如何在利用工具栏的操作方便特性的同时，又不让操作界面过于复杂呢？SOLIDWORKS 2022 的设计者早已想到了这个问题，他们还提供了解决方案——用户可以根据个人的习惯自己定义工具栏，同时还可以定义单个工具栏中的按钮。

1. 自定义工具栏

用户可根据文件类型（零件、装配体或工程图文件）来设定工具栏放置和显示状态。此外用户还可以设定哪些工具栏在没有文件打开时可显示。SOLIDWORKS 2022 可记住显示哪些工具栏及可以根据每个文件类型选择在什么地方显示。例如，在零件文件打开状态下可选择只显示标准和特征工具栏，则无论何时生成或打开任何零件文件，都将只显示这些工具栏；对于装配体文件可选择只显示装配体和选择过滤器工具栏，则无论何时生成或打开装配体文件，都将只显示这些工具栏。

要自定义零件、装配体或工程图显示哪些工具栏，可进行如下操作。

（1）打开零件、装配体或工程图文件。

（2）选择“工具”→“自定义”命令或在工具栏区域内单击鼠标右键，在弹出的快捷菜单中选择“自定义”选项。系统弹出“自定义”对话框，如图 1-2 所示。

图 1-2 “自定义”对话框的“工具栏”选项卡

（3）在“工具栏”标签下，选择想显示的每个工具栏复选框，同时消除想隐藏的工具栏复选框。

（4）选择“图标大小”下面的大、中、小单选钮，系统将以不同尺寸显示工具栏按钮。

（5）若选择“显示工具提示”复选框后，当光标指着工具按钮时，就会出现对此工具的说明。

（6）如果显示的工具栏的位置不理想，可以将光标指向工具栏上按钮之间的空白处，然后将工具栏拖动到想要的位置。如果将工具栏拖动到 SOLIDWORKS 2022 窗口的边缘，工具栏就会自动定位在该边缘处。

2. 自定义工具栏中的按钮

通过利用 SOLIDWORKS 2022 提供的自定义命令，用户还可以对工具栏中的按钮进行重新安排，比如将按钮从一个工具栏移到另一个工具栏、将不用的按钮从工具栏中删除等。

如果要自定义工具栏中的按钮，可进行如下操作。

（1）选择“工具”→“自定义”命令，或在工具栏区域内单击鼠标右键，在弹出的快捷菜单中选择“自定义”选项，从而打开“自定义”对话框。

（2）单击“命令”标签，打开“命令”选项卡，如图 1-3 所示。

图 1-3 “自定义”对话框的“命令”选项卡

（3）在“工具栏”一栏中选择要改变的工具栏。

（4）在“按钮”一栏中选择要改变的按钮，在“说明”方框内可以看到该按钮的功能说明。

（5）在对话框内单击要使用的按钮图标，将其拖动到工具栏上的新位置，从而实现重新安排工具栏按钮的目的。

（6）在对话框内单击要使用的按钮图标，将其拖动到不同的工具栏上，就实现了将按钮从一个工具栏移到另一个工具栏的目的。

（7）若要删除工具栏上的按钮，只要单击要删除的按钮并将其从工具栏上拖动到图形区域中即可。

（8）更改结束后，单击“确定”按钮。

1.2 设置系统属性

用户可以根据使用习惯或自己国家的标准进行必要的设置。例如可以在“文档属性”中设置绘图标准为 GB，当设置生效后，在随后的设计工作中就会全部按照国家标准来绘制图形。

要设置系统的属性，选择“工具”→“选项”命令，系统弹出“系统选项”对话框。

SOLIDWORKS 2022 的“系统选项”对话框强调了系统选项和文件属性之间的不同，在该对话框中有“系统选项”“文档属性”两个选项卡。

（1）“系统选项”：在该选项卡中设置的内容都将被保存在注册表中，因此，这些更改会影响当前和将来的所有文件。

（2）“文档属性”：仅将在该选项卡中设置的内容应用于当前文件。

在每个选项卡上列出的选项以树形格式显示在选项卡的左侧。在单击其中一个项目时，该项目的选项就会出现在选项卡右侧。

1.2.1 设置系统选项

选择“工具”→“选项”命令，从而打开“系统选项”对话框的“系统选项”选项卡，如图 1-4 所示。

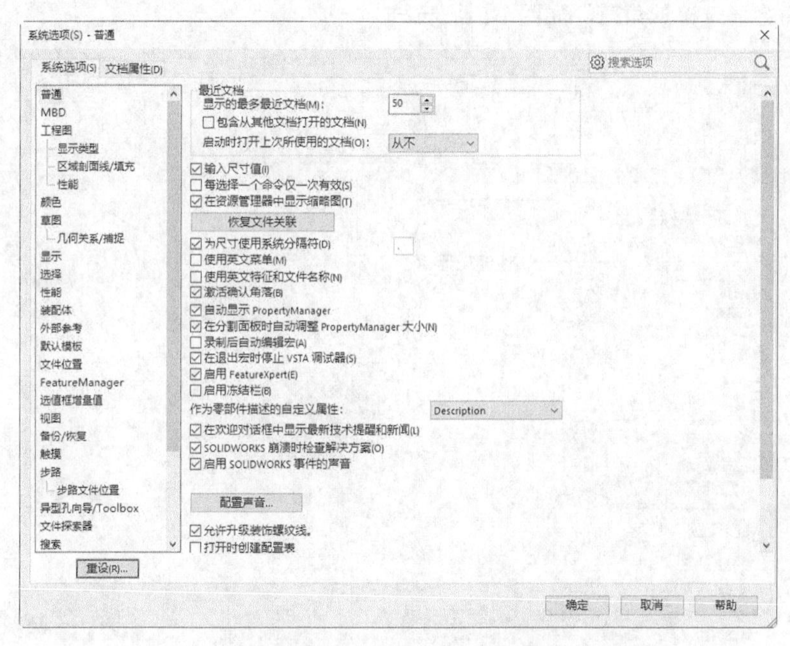

图 1-4 “系统选项”对话框的“系统选项”选项卡

在“系统选项”选项卡中有很多项目，它们以树形格式显示在选项卡的左侧，对应的选项出现在右侧。下面介绍几个常用的项目。

1. “普通”项目的设定

（1）“启动时打开上次所使用的文档”：如果希望在 SOLIDWORKS 2022 打开时系统自动打开最近使用的文件，在该下拉列表框中选择“始终”，否则选择“从不”。

（2）“输入尺寸值”：建议选择该复选框。在选择该复选框后，当用户对一个新的尺寸进行标注后，系统会自动显示尺寸值修改框；否则，必须在双击标注尺寸后系统才会显示该框。

（3）“每选择一个命令仅一次有效”：用户选择该复选框后，当每次使用草图绘制或者尺寸标注工具进行操作之后，系统会自动取消其选择状态，从而避免该命令的连续执行。双击某工具可使其保持选择状态以继续使用。

（4）“在资源管理器中显示缩略图”：在建立装配体文件时，用户经常会遇到“只知其名，不知其为何物”的尴尬情况。如果选择该复选框，则在 Windows 资源管理器中会显示每个

SOLIDWORKS 2022 零件或装配体文件的缩略图，而不是图标。该缩略图将以文件保存时的模型视图为基础，并使用 16 色的调色板，如果其中没有模型使用的颜色，则用相似的颜色代替。此外，也可以在“打开”对话框中使用该缩略图。

（5）“为尺寸使用系统分隔符”：用户选中该复选框后，系统将使用默认的系统小数点分隔符来显示小数数值。如果要使用不同于系统默认的小数分隔符，应取消该复选框，此时其右侧的文本框便被激活，可以在其中输入作为小数分隔符的符号。

（6）“使用英文菜单”：作为一款全球装机量最大的微机三维 CAD 软件之一，SOLIDWORKS 2022 支持多种语言（如中文、俄语、西班牙语等）。如果在安装 SOLIDWORKS 2022 时已指定使用其他语言，通过选择此复选框可以将语言改为英文。但需要注意的是，必须在退出并重新启动 SOLIDWORKS 后，此更改才会生效。

（7）“激活确认角落”：用户选择该复选框后，当用户进行某些需要进行确认的操作时，在图形窗口的右上角将会显示确认角落，如图 1-5 所示。

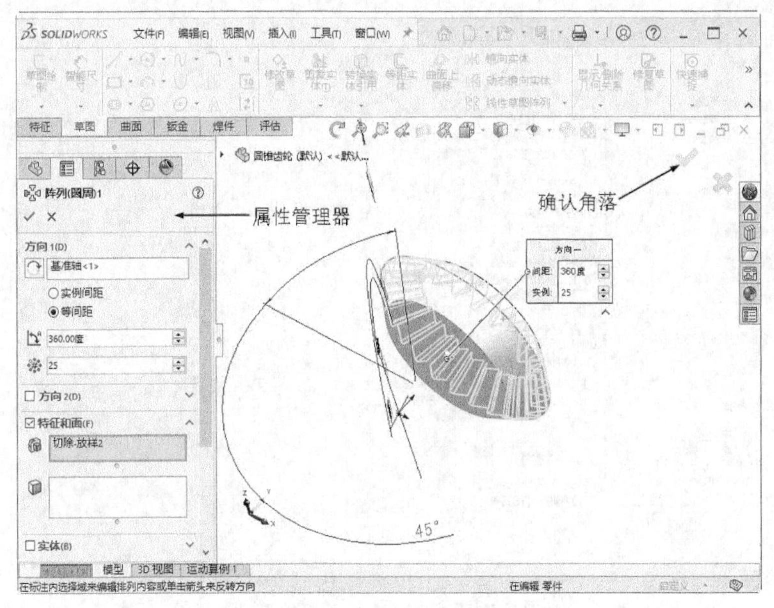

图 1-5　确认角落

（8）“自动显示 PropertyManager（属性管理器）”：用户选择该复选框后，用户在对特征进行编辑时，系统将自动显示该特征的属性管理器。例如，如果选择了一个草图特征进行编辑，则所选草图特征的属性管理器将自动出现。

2. “工程图”项目的设定

SOLIDWORKS 2022 是一个基于造型的三维机械设计软件，它的基本设计思路是：实体造型 – 虚拟装配 – 二维图纸。

SOLIDWORKS 2022 推出了更加方便的二维转换工具。它能够在保留原有数据的基础上，让用户方便地将二维图纸转换到 SOLIDWORKS 2022 的环境中，从而完成详细的工程图。此外，利用它独有的快速制图功能，系统可以迅速生成与三维零件和装配体暂时脱开的二维工程图，但依然保持与三维的全相关性。这样的功能使得从三维到二维的瓶颈问题得以彻底解决。

下面介绍在“工程图”项目中常用的选项，如图 1-6 所示。

（1）“自动缩放新工程视图比例”：用户选择该复选框后，当插入零件或将装配体的标准三视图插入工程图时，将在三维零件或装配体中标注的尺寸自动放置于与视图中的几何体距离适当的位置处。

（2）“显示新的局部视图图标为圆”：用户选择该复选框后，新的局部视图轮廓显示为圆。在用户取消选择此复选框时，显示为草图轮廓。这样做可以提高系统的显示性能。

（3）“选取隐藏的实体”：用户选择该复项框后，用户可以选择隐藏实体的切边和边线。当光标经过被隐藏的边线时，边线将以双点画线形式显示。

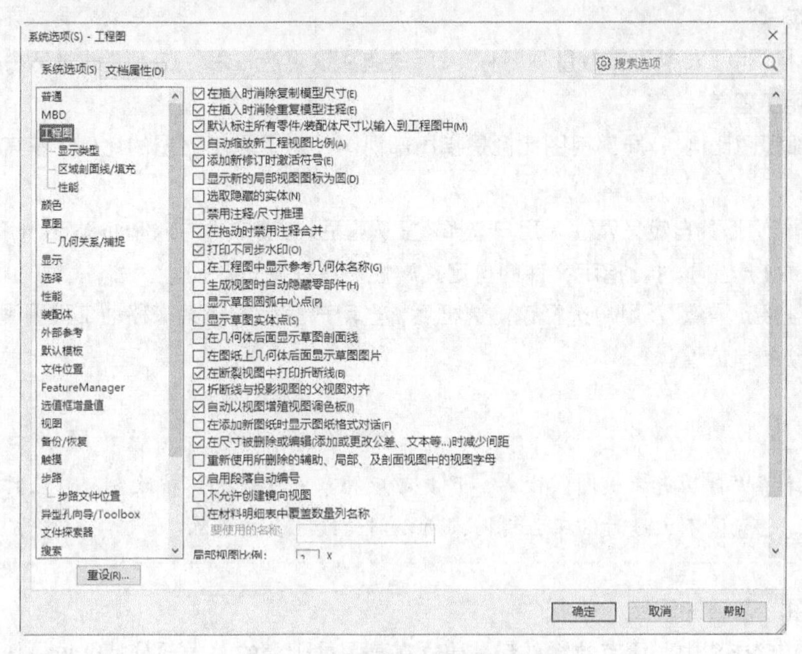

图 1-6 “工程图”项目中的选项

（4）“禁用注释/尺寸推理”：用户选择该复选框后，系统将对注释和尺寸推理进行限制。

（5）“打印不同步水印”：在 SOLIDWORKS 的工程制图中有一个分离制图功能。它能迅速生成二维工程图，但依然保持与三维零件的全相关性。用户选择该复选框后，如果工程与模型不同步，分离工程图在打印输出时会自动印上一个“SOLIDWORKS 不同步打印”的水印。系统默认设置为选择状态。

（6）“在工程图中显示参考几何体名称”：用户选择该复选框后，当用户将参考几何实体输入工程图时，它们的名称将在工程图中显示。

（7）“生成视图时自动隐藏零部件”：用户选择该复选框后，当生成新的视图时，装配体的任何隐藏零部件将自动列举在“工程视图属性”对话框中的“隐藏/显示零部件”选项卡上。

（8）“显示草图圆弧中心点”：用户选择该复选框后，将在工程图中显示模型中草图圆弧的中心点。

（9）“显示草图实体点”：用户选择该复选框后，草图中的实体点将在工程图中一同显示。

（10）“在几何体后面显示草图剖面线”：用户选择该复选框后，模型的几何体将在剖面线上显示。

（11）“在图纸上几何体后面显示草图图片”：用户选择该复选框后，模型的几何体将在草图图片上显示。

（12）“在断裂视图中打印折断线”：打印断裂视图工程图中的折断线。系统默认设置为选择状态。

（13）“自动以视图增殖视图调色板”：用户选择该复选框后，当用户使用选择工具选择面时，系统会将该面用单色显示（默认为绿色）；否则，系统会将该面的边线用蓝色虚线高亮度显示。系统默认设置为选择状态。

（14）“在添加新图纸时显示图纸格式对话”：用户选择该复选框后，当用户添加新的图纸时将显示图纸格式对话，从而对图纸格式进行编辑。

（15）“在尺寸被删除或编辑（添加或更改公差、文本等…）时减少间距”：用户选择该复选框后，间距会随着尺寸和文本的变化而自动调整。

（16）“启用段落自动编号”：键入以 1 和空格开头（数字后是期限，然后是空格）的注释时，将启用段落编号模式。

（17）“在材料明细表中覆盖数量列名称”：用户选择该复选框后，在下面的对话栏中要求输入要使用的名称，用于覆盖。

（18）“局部视图比例”：局部视图比例是指局部视图相对于原工程图的比例，在其右侧的文本框中指定该比例。

（19）“用作修订版的自定义属性”：用户选择该复选框后，在将文件导入 PDMWorks（SOLIDWORKS Office Professional 产品）时，指定文件的自定义属性被看成修订数据。

（20）“键盘移动增量”：用户选择该复选框后，当用户使用方向键来移动工程图视图、注解、尺寸时，指定移动的单位值。

注意

如果选择了“自动更新视图”模式，只要对应的零件或装配体被改变，对应的工程视图就会自动更新，也就谈不上过时的工程视图，所以剖面线也会被移除。

3. “草图”项目的设定

在 SOLIDWORKS 中，所有的零件都是建立在草图基础上的，大部分特征也是从绘制二维草图开始。熟练使用草图功能会提高用户的零件编辑能力。

下面介绍“草图”项目中常用的选项，如图 1-7 所示。

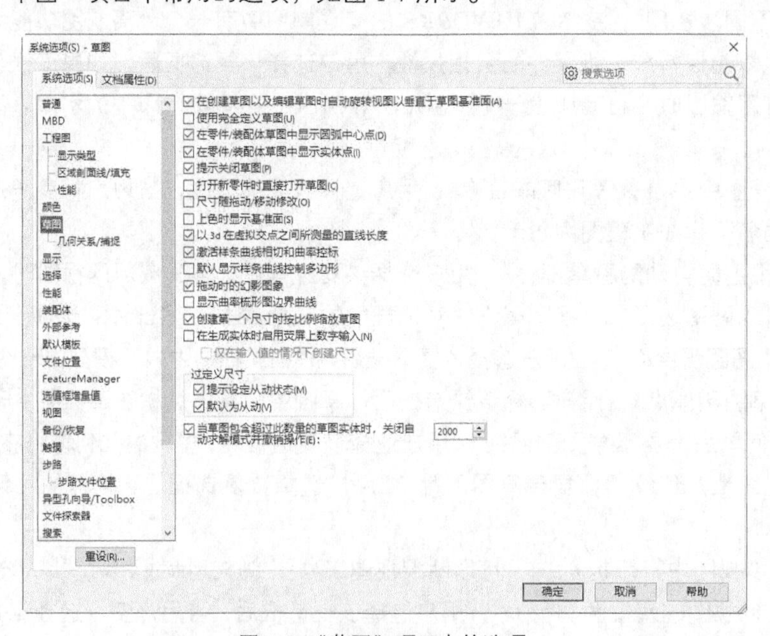

图 1-7 “草图”项目中的选项

（1）“使用完全定义草图”：所谓完全定义草图是指草图中所有的直线和曲线及其位置均由尺寸、

几何关系或两者共同说明。用户选择该复选框后，草图用来生成特征之前必须是完全定义的。

（2）“在零件/装配体草图中显示圆弧中心点”：用户选择该复选框后，草图中所有的圆弧、圆心点都将显示在草图中。

（3）“在零件/装配体草图中显示实体点”：用户选择该复选框后，草图中实体的端点将以实心圆点的方式显示。该圆点的颜色反映草图中该实体的状态，如下所示。

☑ 黑色表示该实体是完全定义的。

☑ 蓝色表示该实体是欠定义的，即未定义草图中实体的一些尺寸或几何关系，可以随意改变。

☑ 红色表示该实体是过定义的，即草图中的实体中有些尺寸或几何关系或两者处于冲突中或是多余的。

（4）“提示关闭草图”：用户选择该复选框后，当利用具有开环轮廓的草图来生成凸台时，如果此草图可以用模型的边线来封闭，系统就会显示“封闭草图到模型边线？”对话框。用户选择“是”，即选择用模型的边线来封闭草图轮廓，同时还可选择封闭草图的方向。

（5）“打开新零件时直接打开草图”：用户选择该复选框后，用户在新建零件时可以直接使用草图绘制区域和草图绘制工具。

（6）“尺寸随拖动/移动修改”：用户选择该复选框后，用户可以通过拖动草图中的实体或在“移动/复制属性管理器”选项卡中通过移动实体来修改尺寸值。拖动完成后，尺寸会自动更新。

注意

在生成几何关系时，其中必须至少有一个项目是草图实体。其他项目可以是草图实体或边线、面、顶点、原点、基准面、轴，或其他草图的曲线被投影到草图基准面上形成的直线或圆弧。

（7）“上色时显示基准面”：用户选择该复选框后，如果在上色模式下编辑草图，则会显示网格线。

（8）“以 3d 在虚拟交点之间所测量的直线长度”：系统默认设置为选择状态。从虚拟交点测量直线长度，而非三维草图中的端点。

（9）“激活样条曲线相切和曲率控标”：系统默认设置为选择状态。为相切和曲率显示样条曲线控标，样条曲线的点可少至两个点，可在端点指定相切，用户通过单击每个通过点来生成样条曲线，然后在样条曲线完成时双击。

（10）“默认显示样条曲线控制多边形”：显示样条曲线控制多边形以操纵样条曲线的形状。系统默认设置为选择状态。

（11）“拖动时的幻影图象”：用户选择该复选框后，用户在拖动图形时会显示被拖动的图形。

（12）“显示曲率梳形图边界曲线”：用户选择该复选框后，将显示曲率梳形图边界曲线。

（13）“在生成实体时启用荧屏上数字输入”：用户选择该复选框后，可以在生成实体时随时更改尺寸。

（14）在“过定义尺寸”选项组中有以下两个选项。

①“提示设定从动状态”：所谓从动尺寸是指该尺寸是由其他尺寸或条件所驱动的，不能被修改。用户选择该复选框后，当添加一个过定义尺寸到草图时，会出现图 1-8 所示的对话框，询问尺寸是否应为从动。

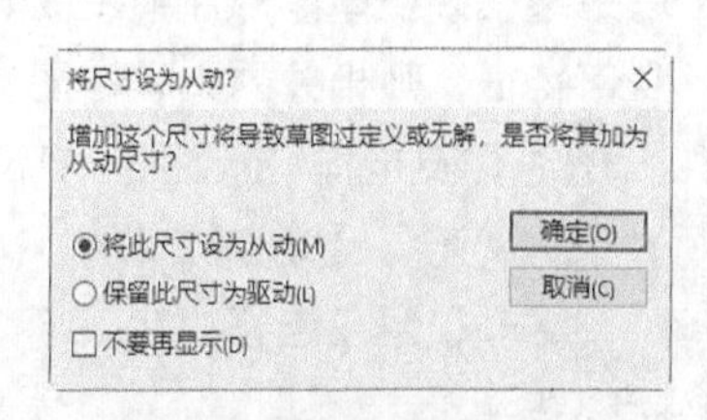

图 1-8　是否将尺寸设为从动

②“默认为从动”：用户选定该复选框后，当添加一个过定义尺寸到草图时，尺寸会被默认为从动。

4. “显示”项目的设定

任何一个零件的轮廓都是一个复杂的闭合边线回路，在 SOLIDWORKS 的操作中不可避免的一种操作是对边线的操作。该项目就是为边线显示和边线选择设定系统的默认值。

下面介绍“显示”项目中常用的选项，如图 1-9 所示。

图 1-9 “显示”项目中的选项

(1)“隐藏边线显示为”：这组单选按钮只有在隐藏线变暗模式下才有效。

① “实线”：指将零件或装配体中的隐藏线以实线形式显示。

② “虚线”：指以浅灰色线形式显示视图中不可见的边线，而可见的边线仍正常显示。

(2)“零件/装配体上的相切边线显示”：这组单选按钮用来控制在消除隐藏线和隐藏线变暗模式下，模型切边的显示状态。

(3)“在带边线上色模式下的边线显示”：这组单选按钮用来控制在上色模式下，模型边线的显示状态。

(4)“关联编辑中的装配体透明度”：该下拉列表框用来设置在关联中编辑装配体的透明度，可以通过选择“保持装配体透明度”“强制装配体透明度”右边的移动滑块来设置透明度的值。所谓关联是指在装配体零部件中生成一个参考其他零部件几何特征的关联特征。如果改变了参考零部件的几何特征，则相关的关联特征也会相应改变。

(5)“反走样”选项组：将反走样应用到整个图形区域。走样在缩放、平移及旋转过程中被禁用。

① “无”：禁用反走样。

② “仅限反走样边线/草图”：使带边线上色、线架图、消除隐藏线及隐藏线可见模式中的锯齿状边线平滑。

(6)“全屏反走样”：如果用户的视频卡支持全屏反走样并已通过稳定性测试则可供使用，用户必须为反走样设定图形卡控制面板设置，以使应用程序可控制。

(7)“高亮显示所有图形区域中选中特征的边线”：用户选择此复选框后，当单击模型特征时，所选特征的所有边线会以高亮度显示。

（8）“图形视区中动态高亮显示”：用户选择此复选框后，当光标经过草图、模型或工程图时，系统将以高亮度显示模型的边线、面及顶点。

（9）“以不同的颜色显示曲面的开环边线”：用户选择此复选框后，系统将以不同的颜色显示曲面的开环边线，这样用户可以更容易地区分曲面开环边线和任何相切边线或侧影轮廓边线。

（10）“显示上色基准面”：用户选择此复选框后，系统将显示上色基准面。

（11）“显示与屏幕齐平的尺寸”：用户选择此复选框后，在计算机屏幕的基准面中会显示尺寸文字。消除选择则在尺寸的三维注解视图基准面中显示尺寸文字。

（12）“显示与屏幕齐平的注释”：用户选择此复选框后，在计算机荧屏的基准面中会显示注释。

（13）“显示参考三重轴”：用户选择此复选框后，在图形区域中显示参考三重轴。

（14）“在图形视图中为零件和装配体显示滚动栏”：用户选择此复选框后，当该选项在文档打开时不可使用。若想更改此设定，用户必须关闭所有文档。

（15）“四视图视口的投影类”：控制四视图显示。其中，“第一角度”指前视、左视、上视和等轴测。“第三角度”指前视、右视、上视和等轴测。

1.2.2 设置文档属性

在“文档属性”选项卡中设置的内容仅应用于当前的文件，该选项卡仅在文件打开时可用。对于新建文件，如果没有特别指定该文件属性，将使用建立该文件的模板中的文件设置（例如网格线、边线显示、单位等）。

选择菜单栏中的“工具”→“选项”命令，系统弹出“系统选项”对话框，单击“文档属性”标签，在“文档属性”选项卡中设置文件属性，如图 1-10 所示。

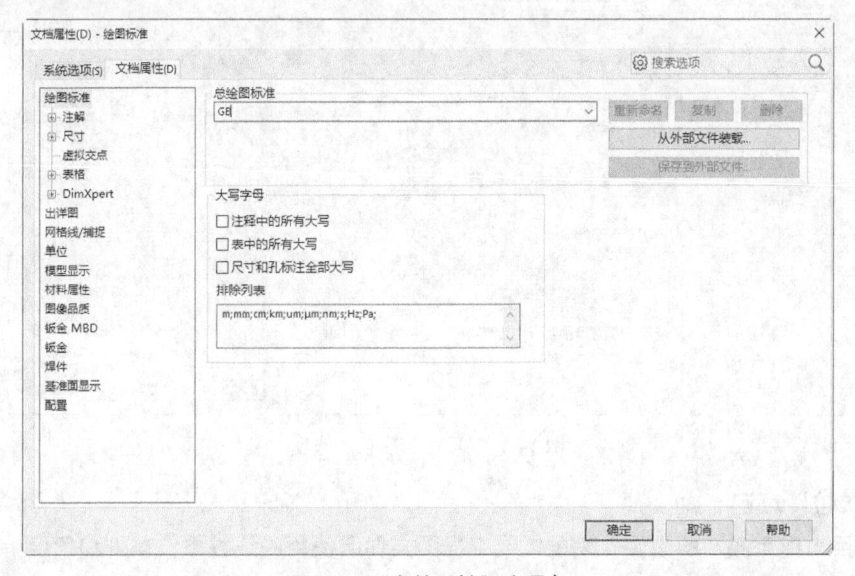

图 1-10 “文档属性”选项卡

在选项卡中列出的项目以树形格式显示在选项卡的左侧。当单击其中一个项目时，该项目的选项就会出现在选项卡的右侧。下面介绍几个常用的项目。

1. “尺寸”项目

单击“尺寸”项目后，该项目的选项就会出现在选项卡的右侧，如图 1-11 所示。

“添加默认括号”：用户选择该复选框后，系统将添加默认括号并在括号中显示工程图的参考尺寸。

“置中于延伸线之间”：用户选择该复选框后，标注的尺寸文字将被置于尺寸界线的中间位置。

“等距距离”：该选项栏用来设置标准尺寸间的距离。其中，“距离上一尺寸”是指尺寸文字与前一个尺寸文字间的距离；“距离模型”是指模型与最近尺寸文字间的距离。“基准尺寸”为系统参考的尺寸距离，用户不能通过更改其数值或者使用其数值来驱动模型。

“箭头”：该选项组用来指定标注尺寸中箭头的显示状态。

“水平折线”：[引线长度]是指在工程图中如果尺寸界线彼此交叉，在需要穿越其他尺寸界线时，即可折断尺寸界线。

“主要精度”：设置主要尺寸、角度尺寸，以及替换单位的尺寸精度和公差值。

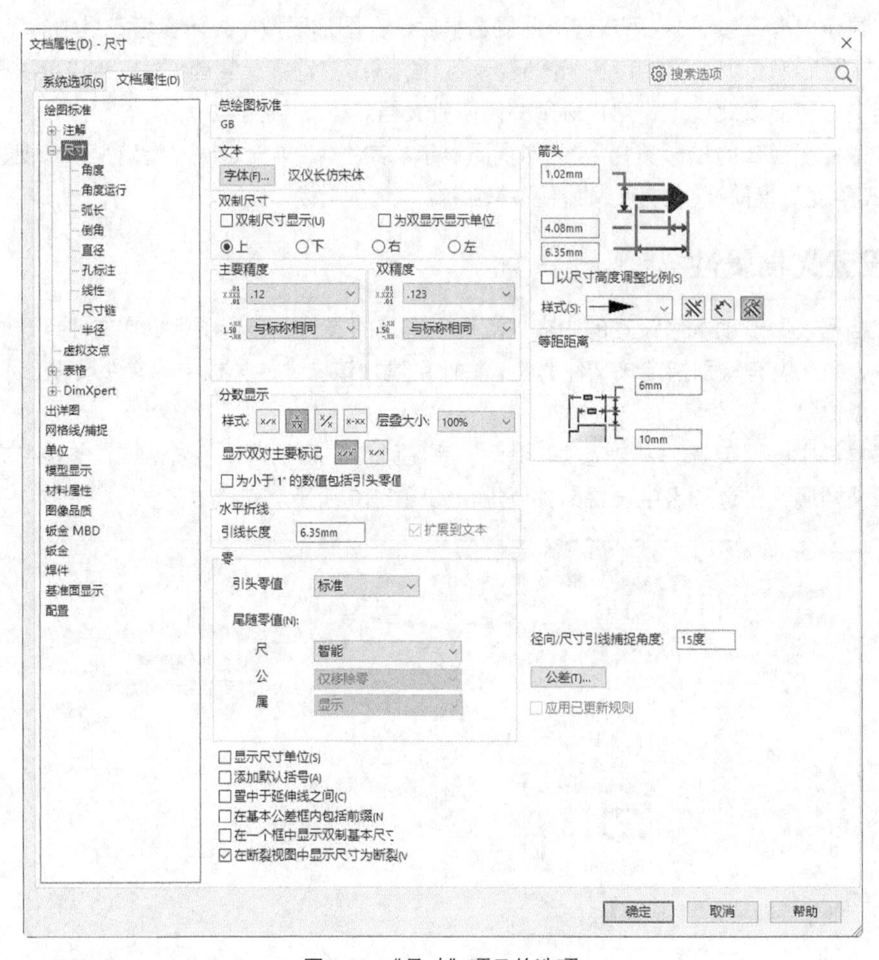

图 1-11 “尺寸”项目的选项

2. “单位”项目

该项目用来指定激活的零件、装配体或工程图文件所使用的线性单位类型和角度单位类型，如图 1-12 所示。

“单位系统”：该选项组用来设置文件的单位系统。如果选中了“自定义”单选按钮则激活了其余的选项。

“双尺寸长度”：用来指定系统的第二种长度单位。

“角度”：该下拉列表框用来设置角度单位的类型。其中可选择的单位有度、度/分、度/分/秒、弧度。只有在单位为度或弧度时，才可以选择“小数位数”。

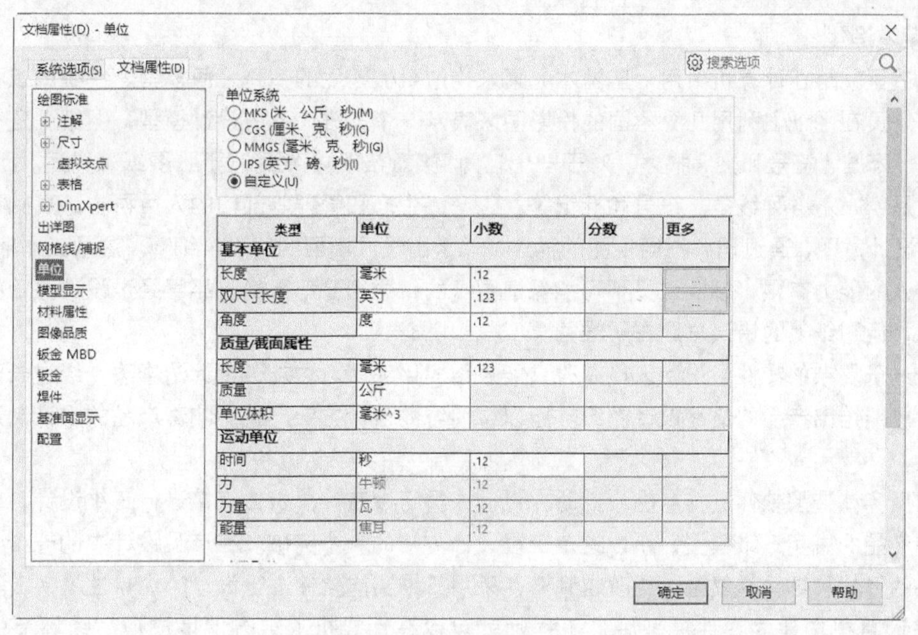

图 1-12 “单位”项目

1.3 SOLIDWORKS 的设计思想

SOLIDWORKS 2022 是一套机械设计自动化软件，它采用了大家所熟悉的 Microsoft Windows® 图形用户界面。使用这套简单易学的工具，机械设计工程师能快速地按照其设计思想绘制出草图，尝试运用特征与尺寸制作模型和详细的工程图。

SOLIDWORKS 2022 不仅可以生成二维工程图，还可以生成三维零件，并可以利用这些三维零件来生成二维工程图及三维装配体，如图 1-13 所示。

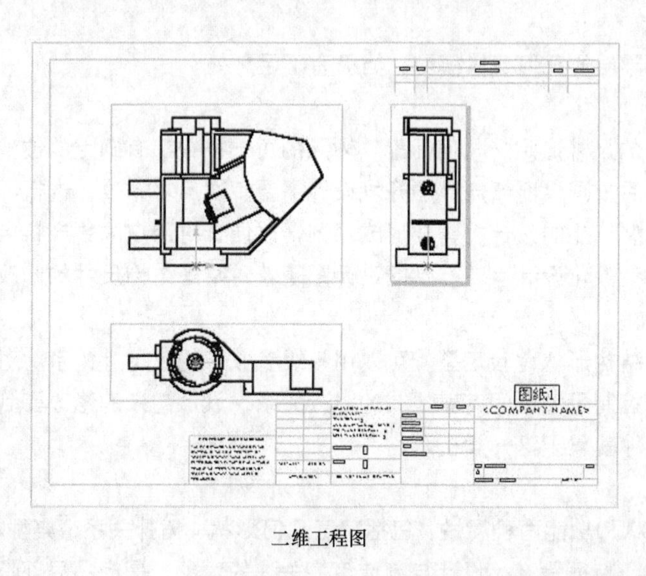

二维工程图

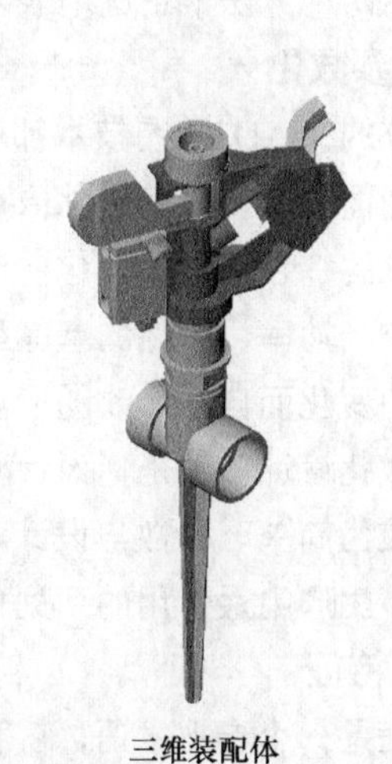

三维装配体

图 1-13 SOLIDWORKS 2022 生成的二维工程图和三维装配体

1.3.1 三维设计的 3 个基本概念

1. 实体造型

实体造型就是在计算机中用一些基本元素来构造机械零件的完整几何模型。传统的工程设计方法是设计人员在图纸上利用几个不同的投影图来表示一个三维产品的设计模型，图纸上还有很多人为的规定、标准、符号和文字描述。对于一个较为复杂的部件，要用若干张图纸来描述。尽管这样，图纸上还是密布着各种线条、符号和标记等。工艺、生产和管理等部门的人员再去认真阅读这些图纸，理解设计意图，通过理解不同视图的描述，想象出设计模型的每一个细节。这项工作非常艰苦，由于一个人的能力有限，设计人员不可能保证图纸的每个细节都正确。尽管经过设计主管的层层检查和审批，但图纸上的错误总是在所难免。

对于过于复杂的零件，设计人员有时只能采用代用毛坯，边加工设计边修改，经过长时间的艰苦工作后才能给出产品的最终设计图纸。所以，传统的设计方法严重影响着产品的设计制造周期和产品质量。

在利用实体造型软件进行产品设计时，设计人员可以在计算机上直接进行三维设计，在屏幕上能够见到产品的真实三维模型，所以这是工程设计方法的一个突破。在产品设计中的一个总趋势是产品零件的形状和结构越复杂，更改越频繁，采用三维实体软件进行设计的优越性越突出。

当在计算机中建立零件模型后，工程师就可以在计算机上很方便地进行后续环节的设计工作，如部件的模拟装配、总体布置、管路铺设、运动模拟、干涉检查及数控加工与模拟等。所以，它为在计算机集成制造和并行工程思想指导下实现整个生产环节采用统一的产品信息模型奠定了基础。

大体上有以下 6 类完整的表示实体的方法。

☑ 单元分解法
☑ 空间枚举法
☑ 射线表示法
☑ 半空间表示法
☑ 构造实体几何（CSG）表示法
☑ 边界表示（B—rep）法

仅后两种方法能正确地表示机械零件的几何实体模型，但仍有不足之处。

2. 参数化

传统的 CAD 绘图技术都用固定的尺寸值定义几何元素。输入的每一条线都有确定的位置。要想修改图面内容，只有删除原有线条后重画。而新产品的开发设计需要多次反复修改，进行零件形状和尺寸的综合协调和优化。对于定型产品的设计，需要形成系列，以便针对用户的生产特点提供不同吨位、功率、规格的产品型号。参数化设计可使产品的设计图随着对某些结构尺寸的修改和使用环境的变化而自动修改图形。

参数化设计一般是指设计对象的结构形状比较定型，可以用一组参数来约束尺寸关系。对参数的求解较为简单，参数与设计对象的控制尺寸之间有着显式的对应关系，设计结果的修改受到尺寸的驱动。生产中最常用的系列化标准件就属于这一类型。

3. 特征

特征是一个专业术语，它兼有形状和功能两种属性，包括特定几何形状、拓扑关系、典型功能、绘图表示方法、制造技术和公差要求。特征是产品设计与制造者最关注的对象，是产品局部信息的集合。特征模型利用高一层次的具有过程意义的实体（如孔、槽、内腔等）来描述零件。

基于特征的设计把特征作为产品设计的基本单元，并将机械产品描述成特征的有机集合。

特征设计有突出的优点，用户在设计阶段就可以把很多后续环节要使用的有关信息放到数据库中。这样便于实现并行工程，使设计绘图、计算分析、工艺性审查、数控加工等后续工作都能顺利完成。

1.3.2 设计过程

在 SOLIDWORKS 2022 系统中，零件、装配体和工程都属于对象，它采用了自顶向下的设计方法创建对象，图 1-14 显示了这种设计过程。

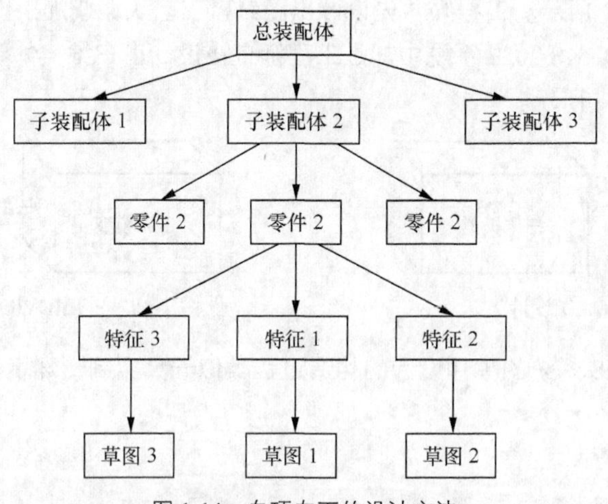

图 1-14　自顶向下的设计方法

在图 1-14 中所表示的层次关系充分说明，在 SOLIDWORKS 系统中，零件设计是核心；特征设计是关键；草图设计是基础。

草图是指二维轮廓或横截面。对草图进行拉伸、旋转、放样或沿某一路径扫描等操作后即生成特征，如图 1-15 所示。

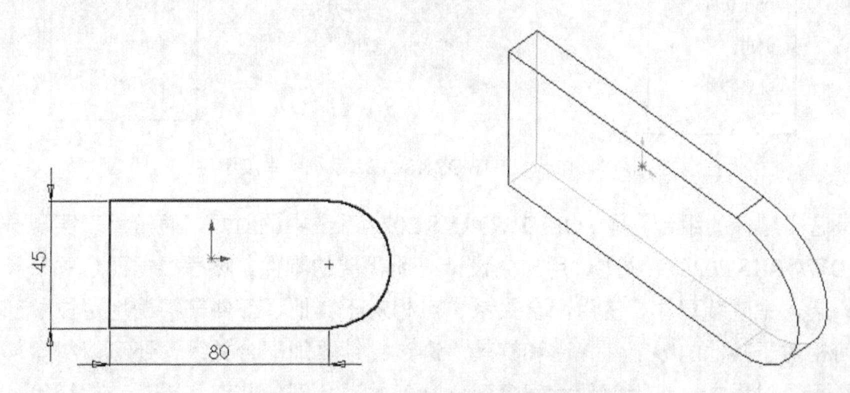

图 1-15　二维草图经拉伸生成特征

特征是指可以通过组合生成零件的各种形状（如凸台、切除、孔等）及操作（如圆角、倒角、抽壳等），图 1-16 给出了几种形状的特征。

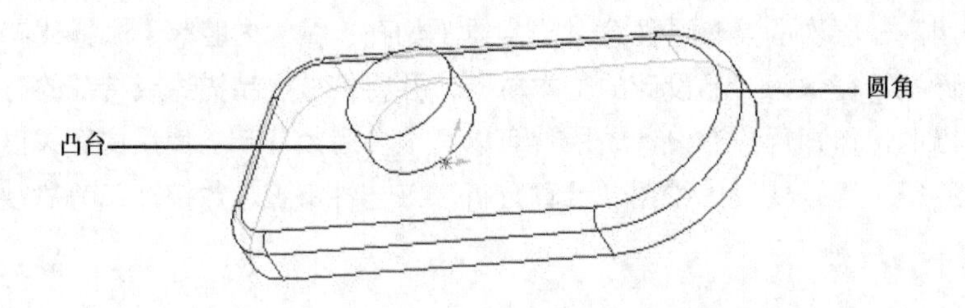

图 1-16　几种形状特征

1.3.3　设计方法

零件是 SOLIDWORKS 2022 系统中最主要的对象。传统的 CAD 设计方法是由平面（二维）到立体（三维），如图 1-17 所示。工程师首先设计出图纸，工艺人员或加工人员根据图纸还原出实际零件。然而在 SOLIDWORKS 2022 系统中却是工程师直接设计出三维实体零件，然后根据需要生成相关的工程图，如图 1-18 所示。

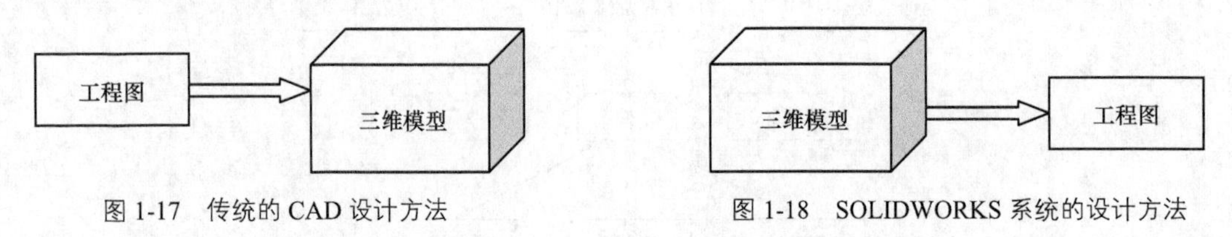

图 1-17　传统的 CAD 设计方法　　图 1-18　SOLIDWORKS 系统的设计方法

此外，SOLIDWORKS 系统的零件设计的构造过程类似于真实制造环境下的生产过程，如图 1-19 所示。

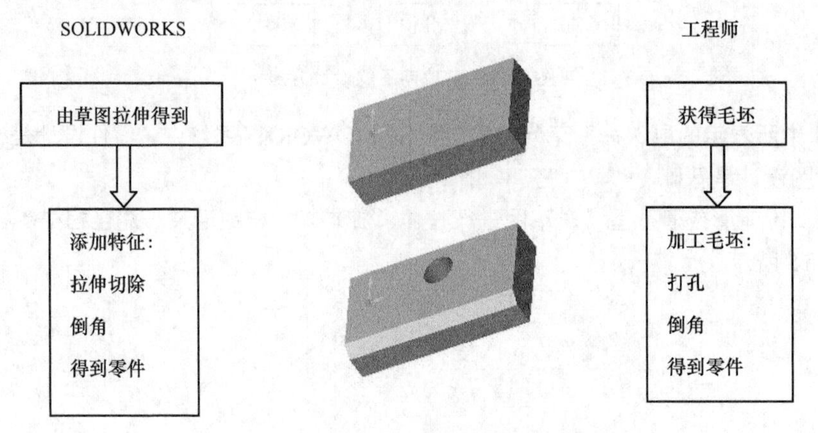

图 1-19　在 SOLIDWORKS 2022 系统中生成零件

装配件是若干零件的组合，是 SOLIDWORKS 2022 系统中的对象，通常用来实现一定的设计功能。在 SOLIDWORKS 2022 系统中，用户先设计好所需要的零件，然后根据配合关系和约束条件将零件组装在一起，生成装配件。使用配合关系，可相对于其他零部件来精确地定位零部件，还可定义零部件如何相对于其他的零部件移动和旋转。通过继续添加配合关系，还可以将零部件移到所需要的位置。在配合过程中，在零部件之间会建立几何关系，例如共点、垂直、相切等。每种配合关系对于特定的几何实体组合有效。

图 1-20 的右部是一个简单的装配体，由顶盖和底座 2 个零件组成。设计、装配过程如下。

（1）首先设计出两个零件。

（2）新建一个装配体文件。

（3）将两个零件分别拖入新建的装配体文件中。

（4）使顶盖底面和底座顶面“重合”，使顶盖底的一个侧面和底座对应的侧面“重合”，将顶盖和底座装配在一起，从而完成装配工作。

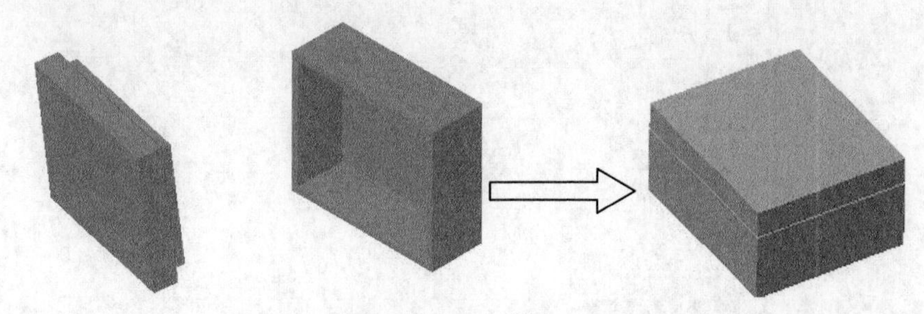

图 1-20　在 SOLIDWORKS 系统中生成装配体

工程图就是人们常说的工程图纸，是 SOLIDWORKS 2022 系统中的对象，用来记录和描述设计结果，是工程设计中的主要档案文件。

用户用设计好的零件和装配件，按照图纸的表达需要，通过利用 SOLIDWORKS 2022 系统中的命令，生成各种视图、剖面视图、轴侧图等，然后添加尺寸说明，得到最终的工程图。图 1-21 显示了一个零件的多个视图，它们都是由实体零件自动生成的，无须进行二维绘图设计，这也体现了三维设计的优越性。此外，当对零件或装配体进行了修改，则对应的工程图文件也会被相应地修改。

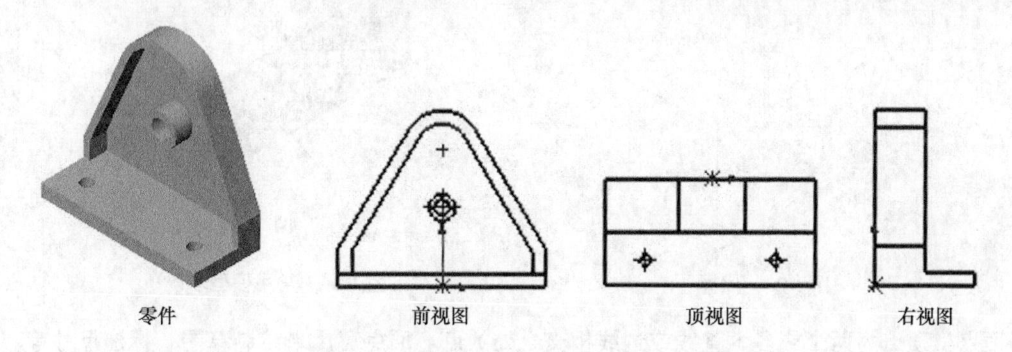

图 1-21　SOLIDWORKS 系统中生成的工程图

1.4 SOLIDWORKS 术语

在学习使用一个软件之前，需要了解常用的术语，介绍如下。

1. 文件窗口

SOLIDWORKS 2022 文件窗口（如图 1-22 所示）有两个窗格。

窗口的左侧窗格包含以下项目。

☑ FeatureManager 设计树列出零件、装配体或工程图的结构。

☑ 属性管理器提供了绘制草图及与 SOLIDWORKS 2022 应用程序交互的另一种方法。

☑ ConfigurationManager 提供了在文件中生成、选择和查看零件及装配体的多种配置方法。

窗口的右侧窗格为图形区域，此窗格用于生成和操纵零件、装配体或工程图。

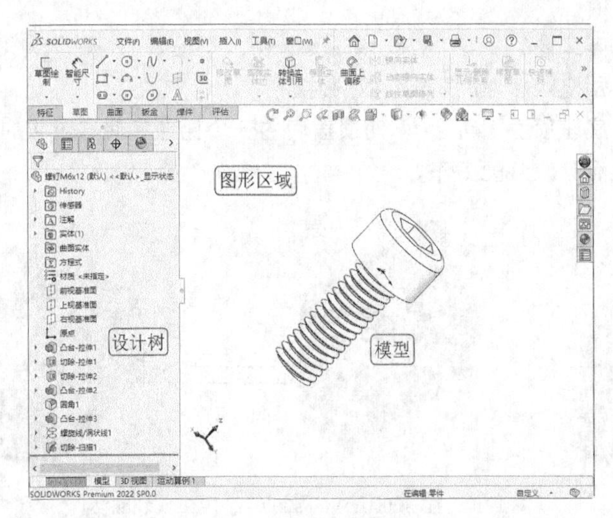

图 1-22　文件窗口

2. 控标

控标允许用户在不退出图形区域的情形下，动态地拖动和设置某些参数，如图 1-23 所示。

常用模型术语如图 1-24 所示。

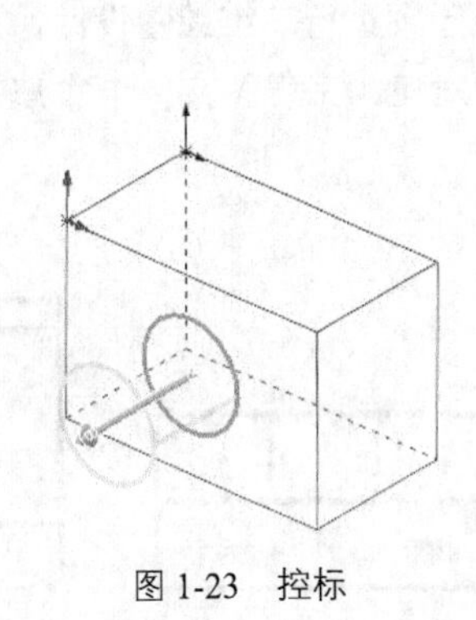

图 1-23　控标

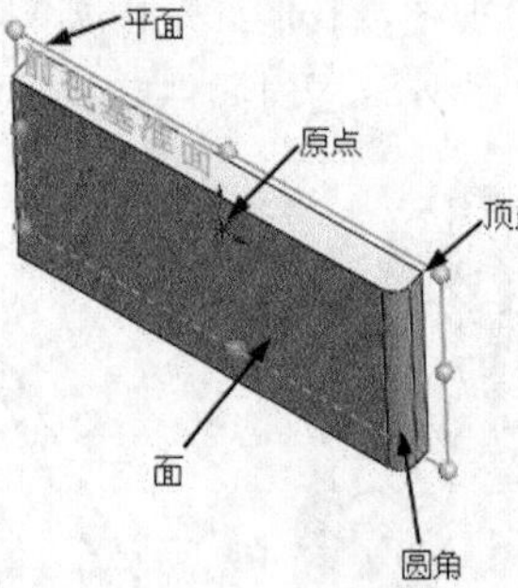

图 1-24　常用模型术语

顶点：顶点为两个或多个直线或边线相交之处的点。顶点可用来绘制草图、标注尺寸等。

面：面为模型或曲面的所选区域（平面或曲面），模型或曲面带有边界，可帮助定义模型或曲面的形状。例如，矩形实体有 6 个面。

原点：模型原点显示为灰色，代表模型的（0，0，0）坐标。当激活草图时，草图原点显示为红色，代表草图的（0，0，0）坐标。尺寸和几何关系可以加入模型原点，但不能加入草图原点。

平面：平面可用于绘制草图、生成模型的剖面视图，以及用作拔模特征的中性面等。

轴：轴为穿过圆锥面、圆柱体或圆周阵列中心的直线。插入轴有助于建造模型特征或阵列。

圆角：圆角为草图内或曲面或实体上的角或边的内部圆形。

特征：特征为单个形状，如与其他特征结合则构成零件。有些特征，如凸台和切除，则由草图生成。有些特征，如抽壳和圆角，则为几何体修改而成的。

几何关系：几何关系为草图实体之间或草图实体与基准面、基准轴、边线、顶点之间的几何约束，可以自动或手动添加这些项目。

模型：模型为零件或装配体文件中的三维实体几何体。

自由度：没有由尺寸或几何关系定义的几何体可自由移动。在二维草图中，有 3 种自由度，即

沿 X 和 Y 轴移动，以及绕 Z 轴旋转（垂直于草图平面的轴）。在三维草图中，有 6 种自由度，即沿 X、Y 和 Z 轴移动，以及绕 X、Y 和 Z 轴旋转。

坐标系：坐标系为平面系统，用来为特征、零件和装配体指定笛卡儿坐标。零件和装配体文件包含默认坐标系；可以用参考几何体定义其他坐标系，用于测量工具及将文件输出为其他文件格式。

1.5 定位特征

定位特征用来创建与坐标系相关的特征，即基准面、基准轴和参考点。它们分别对应于坐标平面、坐标轴和坐标原点。SOLIDWORKS 2022 中已经带有这样的结构，在零件、装配、钣金环境中，都有默认存在的基础坐标系，包括前视基准面、上视基准面和右视基准面 3 个基准面和坐标原点。

1.5.1 基准面

基准面是无限伸展的二维平面，可以作为草图特征的绘图平面和参考平面，亦可用作放置特征的放置平面，还可以作为尺寸标注的基准、零件装配的基准等。在创建零件或装配体时，如果使用默认的模板，则在进入设计模式后，系统会自动建立 3 个默认的正交基准面，即前视基准面、上视基准面和右视基准面。在 FeatureManager 设计树中，单击它们即可以在图形区域中显示基准面。

单击“特征”控制面板“参考几何体”下拉列表中的“基准面”按钮，在“基准面”属性管理器中设置基准面参数（如图 1-25 所示），从而创建基准面。

一个基准面至少需要两个已知条件才能正确构建。

：选择已有面（特征面、工作面），说明基准面与之平行。

：选择已有的平面，说明这是新基准面的参考面；选择某棱边，说明这是新工作面通过的轴；在文件框中输入与参考面的夹角。

：选择已有的平面，说明这是新基准面的参照面；在文件框中输入与参照面的间距。

：选择已有面（特征面、工作面），说明基准面与之垂直。

：选择已有面（特征面、工作面），说明基准面与之重合。

在 SOLIDWORKS 2022 系统中，基准面与它创建时所依赖的几何对象之间是相互关联的。当依赖对象发生参数改变后，基准面也会相应地改变。

1.5.2 基准轴

基准轴是一条几何直线，必须依附于一个几何实体（例如基准面、平面、点等）。基准轴可以用作其他特征的参考，没有长度的概念。

单击“特征”控制面板“参考几何体”下拉列表中的“基准轴”按钮，在“基准轴”属性管理器中设置基准轴参数（如图 1-26 所示），从而创建基准轴。

：选择已有特征的边线或草图上的直线，作为基准轴。

：选择两个已有特征的平面或基准面，从而将这两个平面的交线作为基准轴。

：选择已有的两个点，从而生成一条通过这两点的基准轴。

：选择圆柱类形状特征或圆锥面，将其旋转中心线作为基准轴。

：选择一个已有点和一个基准面，将生成一个通过该点并垂直于所选基准面的基准轴。

图 1-25　设置基准面参数

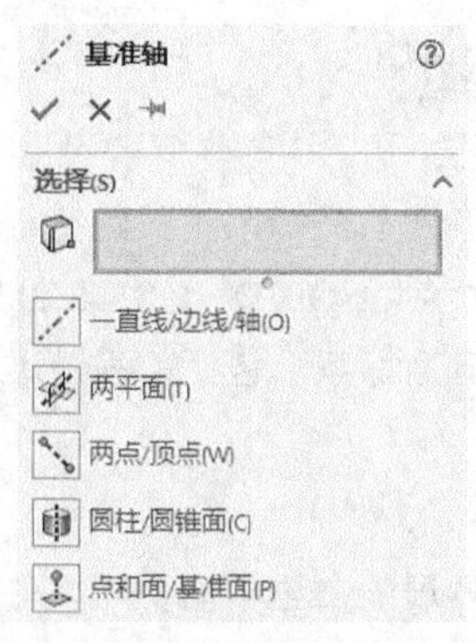

图 1-26　设置基准轴参数

1.5.3　参考点

参考点是一个几何点。可以用于辅助建立其他基准特征，而且可用作放置特征的定位参考，以及定义有限元分析中载荷的位置等。

单击“特征”控制面板“参考几何体”下拉列表中的“点”按钮，在“点”属性管理器中设置参考点参数（如图 1-27 所示），从而创建参考点。

：选择圆弧或圆，从而将它们的圆心作为参考点。

：在所选面的轮廓重心生成一参考点。

：在两个所选实体（可以是特征边线、曲线、草图线段及参考轴）的交点处生成参考点。

：选择已有点（可以是特征顶点、曲线的端点、草图线段端点等）作为投影对象，选择一个基准面、平面或非平面作为被投影面，从而在被投影面上生成投影对象在投影面上的投影点。

：可以在草图点和草图区域末端上生成参考点。

：沿边线、曲线或草图线段按照距离生成一组参考点。

1.5.4　坐标系

坐标系用作计算零件的质量、体积及辅助装配、辅助有限元的网格划分、零件建模的基准点定位等。

单击“特征”控制面板“参考几何体”下拉列表中的“坐标系”按钮，在“坐标系”属性管理器中设置坐标系参数（如图 1-28 所示），从而创建新的参考坐标系。

：在零件或装配体中选择一特征顶点、中点、草图点或者某个零件的原点，以此作为新坐标系的原点。

X 轴、*Y* 轴、*Z* 轴：在零件或装配体上选择边线或者草图线段或者平面，新坐标系的对应坐标轴将与所选边线或平面平行。只要知道两个坐标轴就可以确定整个坐标系，另一个坐标轴的方向将依照右手法则确定。

图 1-27　设置点参数

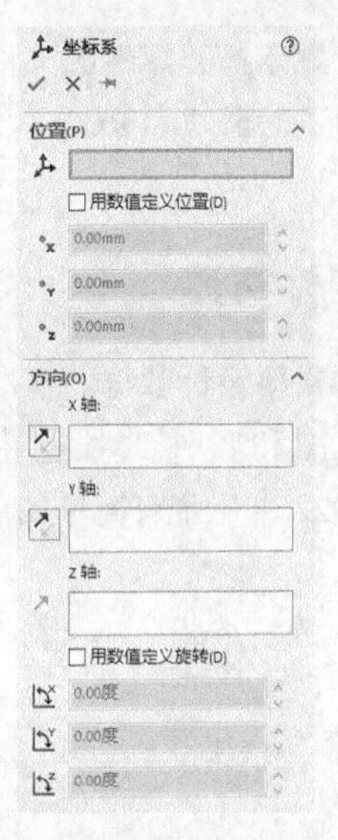

图 1-28　设置坐标系参数

1.6 零件的设计表达

在 SOLIDWORKS 2022 系统中，其主要的功能是创建零件几何造型，但几何造型毕竟不是设计的全部。本节旨在对零件特征以外的设计表达进行讲述，如材质的赋予、颜色、光源、透明度及模型的计算等。

1.6.1 编辑实体外观效果

在模型树或者图形区域中选择整个模型实体、特征或面，单击“视图（前导）”工具栏中的“编辑外观”按钮即可在“颜色”属性管理器中编辑实体外观效果，如图 1-29 所示。

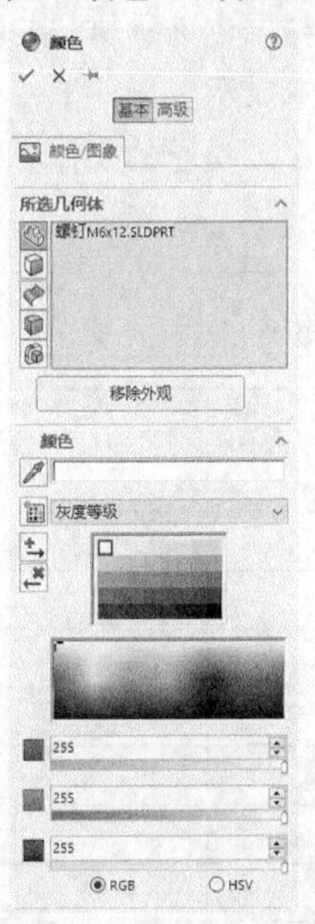

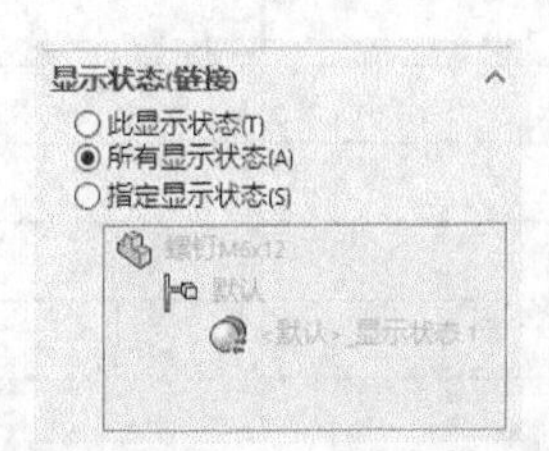

图 1-29　“颜色”属性管理器

所选几何体：显示打开零件的文件路径。

颜色：可以通过对滑块和 RGB（红、绿、蓝）或 HSV（色调、饱和度、明度）的设置对颜色进行精确配置。

1.6.2 赋予零件材质

材质是零件的重要设计数据。材质的选用需要综合考虑受力条件、几何形状和工艺条件；而且用户在装配工程图和零件工程图中构建有关数据（例如明细表）时一定会用到材质。在 SOLIDWORKS 2022 中还带有简单的应力分析工具——COSMOSXpress，从而可以快速完成零件的应力分析。

选择菜单栏中的“编辑”→“外观”→“材质”命令就可以打开“材料”对话框，如图 1-30 所示。

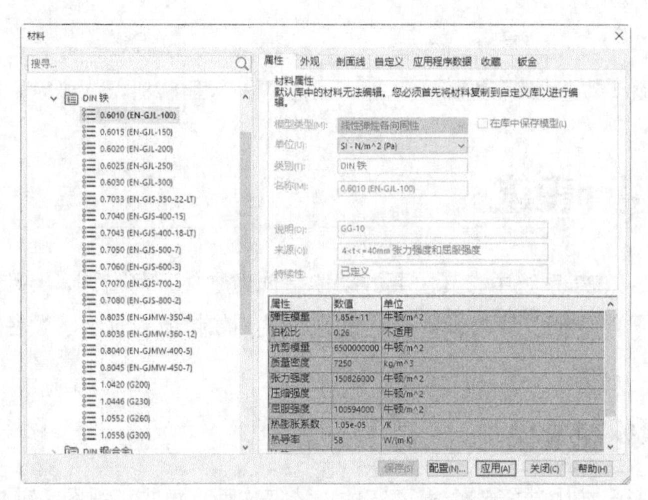

图 1-30 “材料”对话框

在材料选项的“SOLIDWORKS 材质”中选择要赋予的材质，该种材料的视像效果会在“材料属性”中显示，该种材料的物理属性会在“物理属性”选项中显示。

SOLIDWORKS 2022 提供的材质很有限，自定义材质是必须执行的操作。材质的自定义参数见表 1-1。

表 1-1 材质自定义参数

符号	物理名称	单位
EX	弹性模量	N/mm^2
NUXY	泊松比	—
GXY	剪切模量	N/mm^2
ALPX	热膨胀系数	—
DENS	密度	g/mm^3
KX	传热系数	W/m·K
C	比热容	J/kg·K
SIGXT	拉伸极限	N/mm^2
SIGYLD	屈服极限	N/mm^2

1.6.3 CAD 模型分析

SOLIDWORKS 2022 不仅能完成三维设计工作，还能对所设计的模型进行简单的计算，包括测量（长度、角度及其他方面的测量）、截面属性分析、质量特性分析等。可不要小看这些计算功能，它可是当前设计人员用到的最好的功能之一。

1. 评估

单击“评估”控制面板上的“测量”按钮，打开“测量”对话框，如图 1-31 所示。

通过它用户可以测量草图、模型、装配体或工程图中直线、点、曲面、基准面的距离、角度、半径及它们之间的距离、角度、半径或尺寸。当测量两个实体之间的距离时，会显示两实体间 *X*、*Y*、*Z* 的坐标差。当选择一个顶点或草图点时，会显示其 *X*、*Y* 和 *Z* 坐标值。

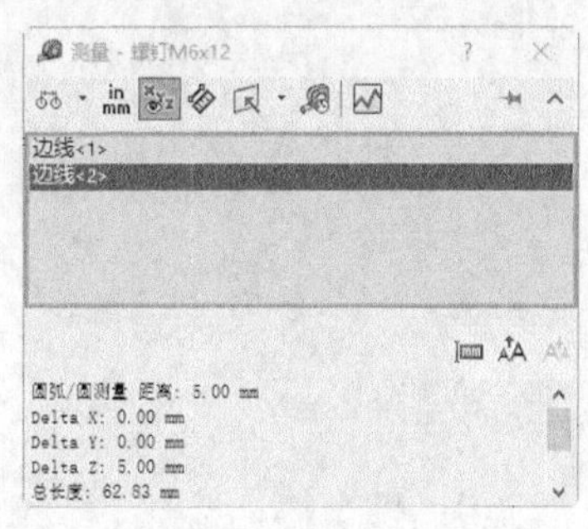

图 1-31 “测量”对话框

2. 截面属性

单击“评估”控制面板上的“截面属性”按钮，系统弹出“截面属性”对话框，如图 1-32 所示。该对话框可以用于计算平行平面中多个面和草图的截面属性，包括面积、重心、重心面惯性矩等。当计算一个以上实体时，第一个所选面为计算截面属性定义基准面。

3. 质量属性

单击“评估”控制面板上的“质量属性”按钮，系统弹出“质量属性”对话框，如图 1-33 所示。

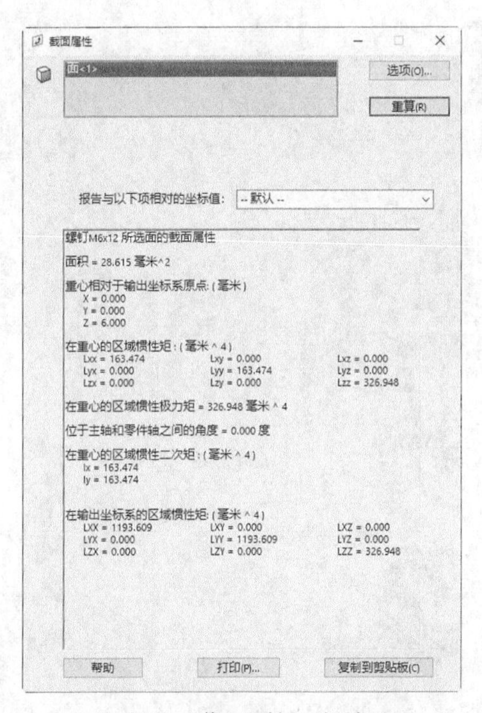

图 1-32 “截面属性”对话框

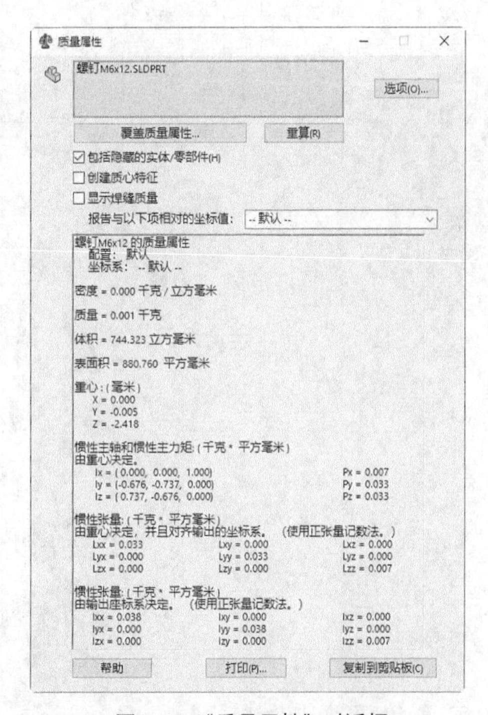

图 1-33 “质量属性”对话框

“质量属性”对话框可以用于计算零件或装配体模型的密度、质量、体积、表面积、质量中心、惯性张量和惯性主轴。

1.7 入门实例——铲斗支撑架

在本例中，我们要创建的铲斗支撑架如图 1-34 所示。

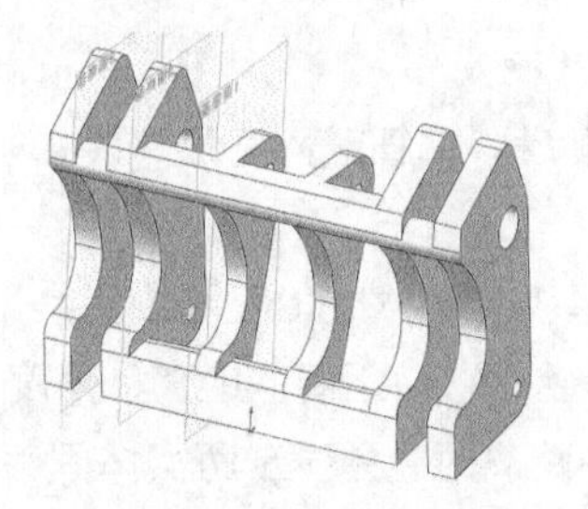

图 1-34　铲斗支撑架

思路分析

首先绘制铲斗支撑架的外形草图，然后将其拉伸成为铲斗支撑架主体轮廓，最后对拉伸实体进行镜像处理完成铲斗支撑架的创建。绘制的流程图如图 1-35 所示。

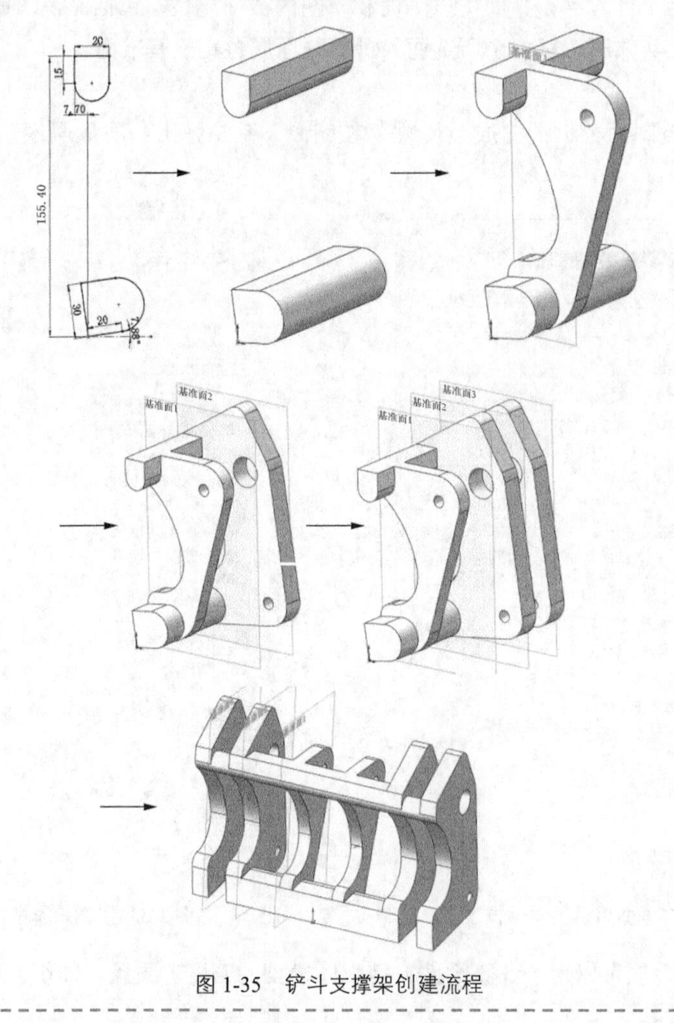

图 1-35　铲斗支撑架创建流程

创建步骤

01 新建文件。启动 SOLIDWORKS 2022，选择菜单栏中的“文件”→“新建”命令，或者单击“快速访问”工具栏中的“新建”按钮，在弹出的“新建 SOLIDWORKS 文件”对话框中单击“零件”按钮，如图 1–36 所示。然后单击“确定”按钮，创建一个新的零件文件。

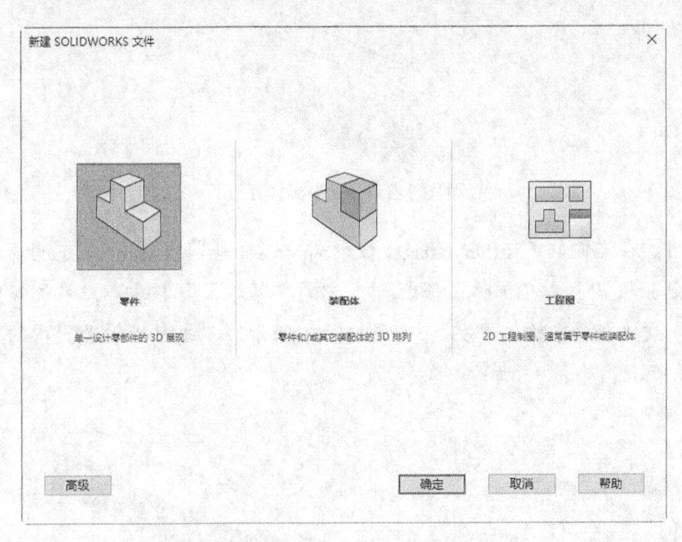

图 1-36 “新建 SOLIDWOTKS 文件”对话框

02 绘制草图 1。在左侧的 FeatureManager 设计树中选择“前视基准面”，将其作为绘制图形的基准面，单击快捷菜单中的草图绘制按钮，新建草图。单击“草图”控制面板中的“中心线”按钮、“直线”按钮和“三点圆弧”按钮，绘制并标注草图，如图 1–37 所示。

03 拉伸实体 1。单击菜单栏中的“插入”→“凸台/基础实体”→“拉伸”命令，或者单击“特征”控制面板中的“拉伸凸台/基础实体”按钮，系统弹出图 1–38 所示的“凸台–拉伸”属性管理器。在“拉伸距离”文本框中输入“95”，然后单击“确定”按钮，结果如图 1–39 所示。

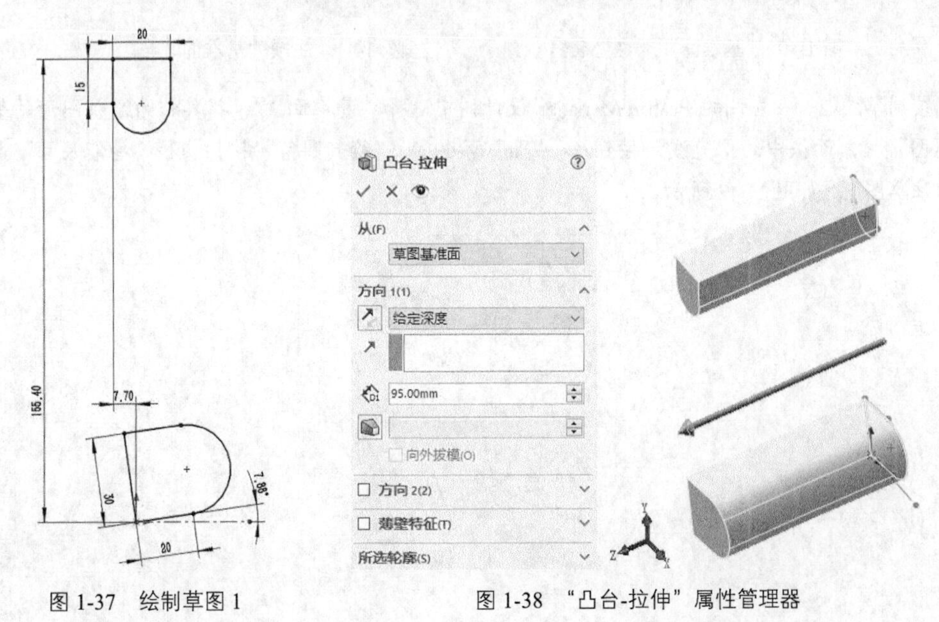

图 1-37 绘制草图 1　　图 1-38 “凸台-拉伸”属性管理器

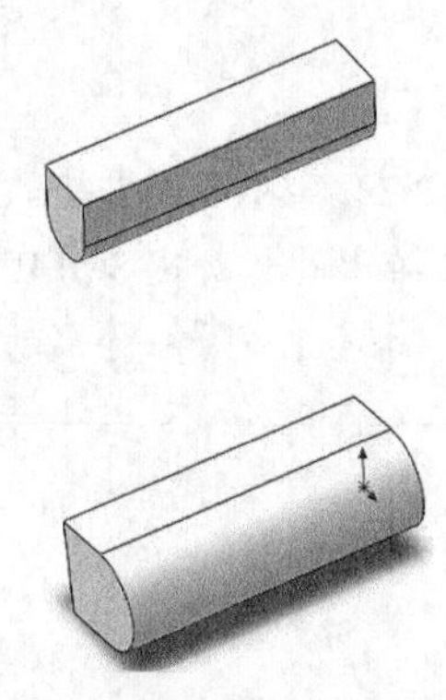

图 1-39　拉伸实体 1

04 创建基准面 1。在左侧的 FeatureManager 设计树中选择“前视基准面”，将其作为绘制图形的基准面。单击“特征”控制面板“参考几何体”下拉列表中的“基准面”按钮，系统弹出“基准面”属性管理器，在“偏移距离”文本框中输入“35”，如图 1-40 所示。单击属性管理器中的“确定”按钮，生成的基准面如图 1-41 所示。

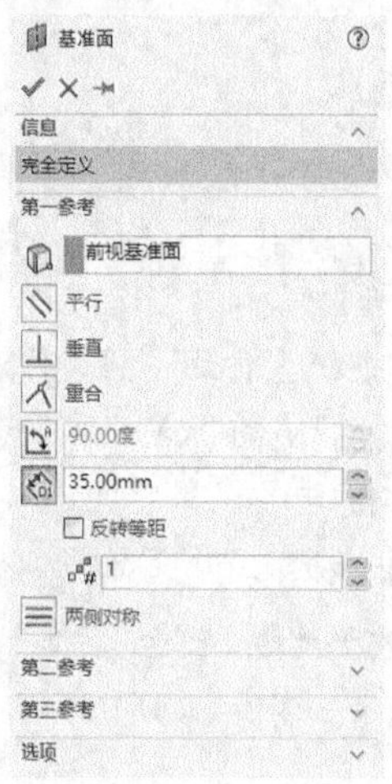

图 1-40　“基准面”属性管理器

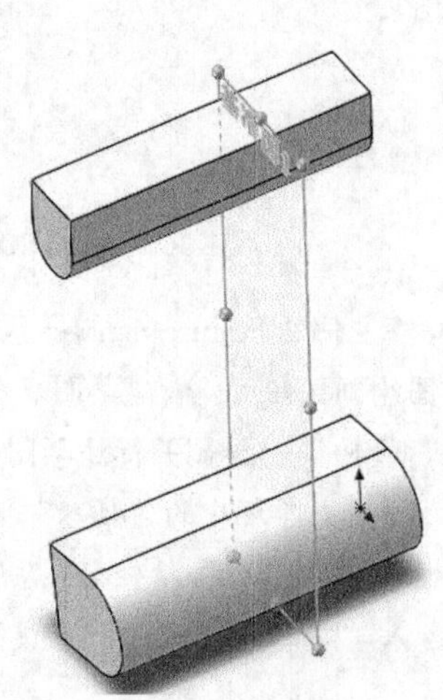

图 1-41　生成的基准面 1

05 绘制草图 2。在左侧的 FeatureManager 设计树中选择“基准面 1”，将其作为绘制图形的基准面。单击“草图”控制面板中的“直线”按钮、“圆”按钮、“绘制圆角”按钮和“智能尺寸”按钮，绘制并标注草图 2，如图 1-42 所示。

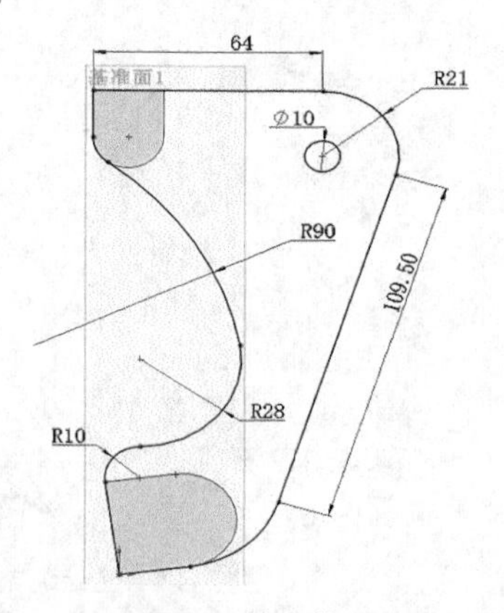

图 1-42　绘制草图 2

注意

圆弧、圆弧及直线之间的关系是相切关系。

06 拉伸实体 2。选择菜单栏中的“插入”→“凸台/基础实体”→“拉伸”命令，或者单击“特征”控制面板中的“拉伸凸台/基础实体”按钮，系统弹出“凸台-拉伸”属性管理器。设置拉伸终止条件为“给定深度”，在“拉伸距离”文本框中输入为“13”，单击“反向”按钮，调整拉伸方向，如图 1-43 所示，然后单击“确定”按钮，结果如图 1-44 所示。

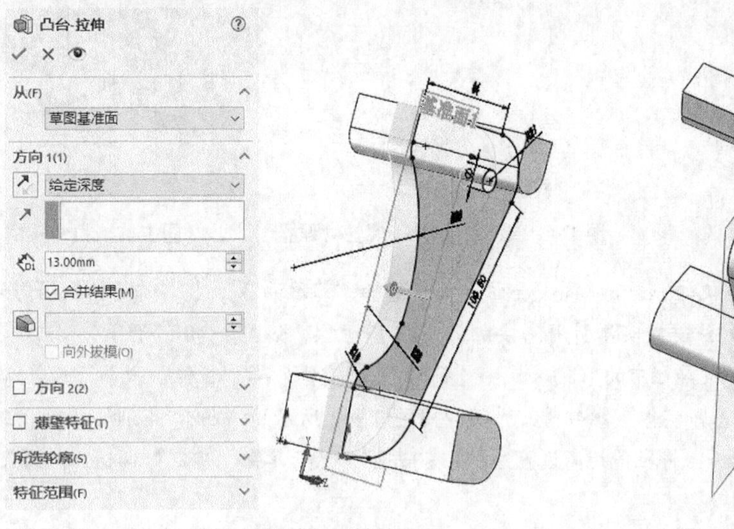

图 1-43 “凸台-拉伸”属性管理器　　图 1-44 拉伸实体 2

07 创建基准平面 2。在左侧的 FeatureManager 设计树中选择“前视基准面”，将其作为绘制图形的基准面。单击“参考几何体”下拉列表中的“基准面”按钮，系统弹出“基准面”属性管理器，在“偏移距离”文本框中输入“77.5”，单击属性管理器中的“确定”按钮。

08 绘制草图 3。在左侧的 FeatureManager 设计树中选择“基准面 2”，将其作为绘制图形的基准面。单击“草图”控制面板中的“转换实体引用”按钮、“直线”按钮、“切线弧”按钮、“绘制圆角”按钮和“圆”按钮，绘制并标注草图 3，如图 1-45 所示。

注意

圆弧、圆弧及直线之间的关系是相切关系。

09 拉伸实体 3。选择菜单栏中的“插入”→“凸台/基础实体”→“拉伸”命令，或者单击“特征”控制面板中的“拉伸凸台/基础实体”按钮，系统弹出图 1-46 所示的“凸台-拉伸”属性管理器。设置拉伸终止条件为“给定深度”，在“拉伸距离”文本框中输入“17.5”，然后单击“确定”按钮，结果如图 1-47 所示。

10 创建基准平面 3。在左侧的 FeatureManager 设计树中选择“前视基准面”，将其作为绘制图形的基准面。单击“参考几何体”下拉列表中的“基准面”按钮，系统弹出“基准面”属性管理器，在“偏移距离”文本框中输入“115”，单击属性管理器中的“确定”按钮。

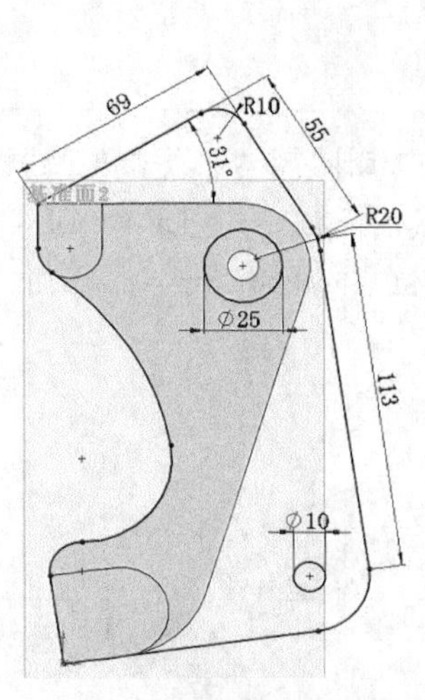

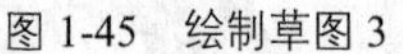
图 1-45　绘制草图 3

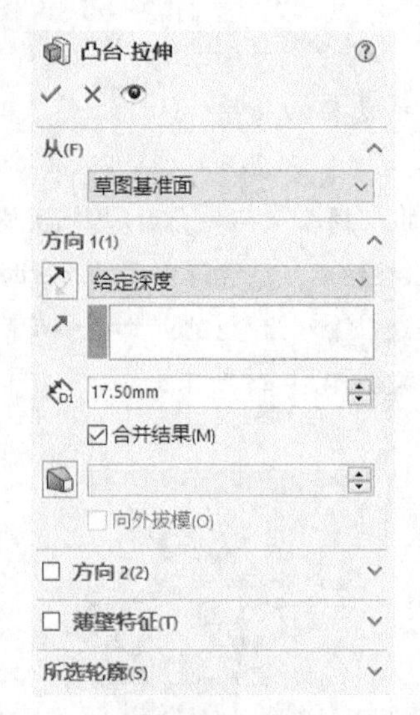

图 1-46　“凸台-拉伸”属性管理器

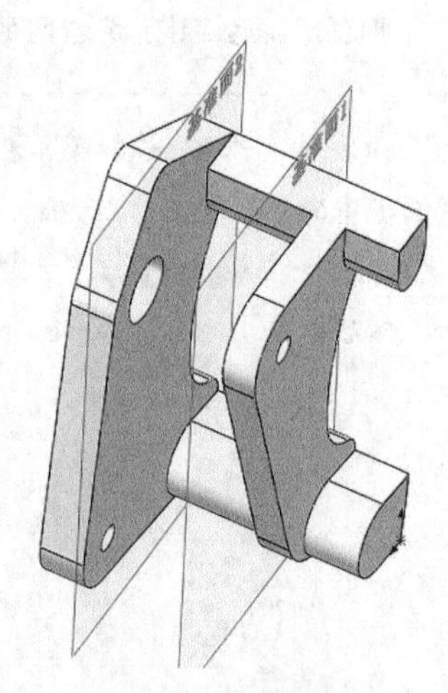

图 1-47　拉伸实体 3

(11) 绘制草图 4。在左侧的 FeatureManager 设计树中选择“基准面 3”，将其作为绘制图形的基准面。单击“草图”控制面板中的“转换实体引用”按钮，绘制草图 4，如图 1–48 所示。

(12) 拉伸实体 4。选择菜单栏中的“插入”→“凸台/基础实体”→“拉伸”命令，或者单击“特征”控制面板中的“拉伸凸台/基础实体”按钮，系统弹出图 1–49 所示的“凸台–拉伸”属性管理器。设置拉伸终止条件为“给定深度”，将拉伸距离设置为“17.50mm”，然后单击“确定”按钮，结果如图 1–50 所示。

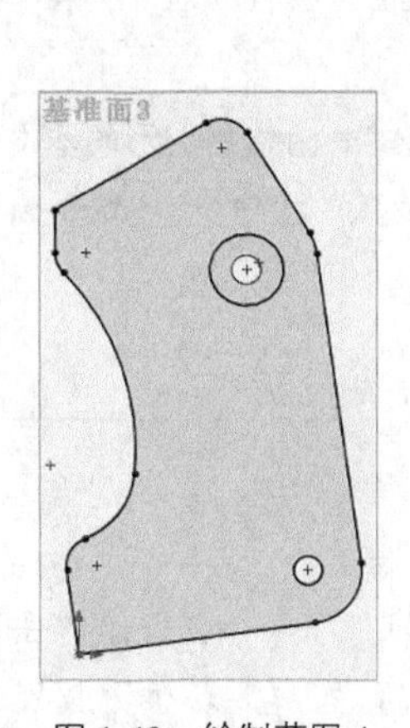

图 1-48　绘制草图 4

图 1-49　“凸台-拉伸”属性管理器

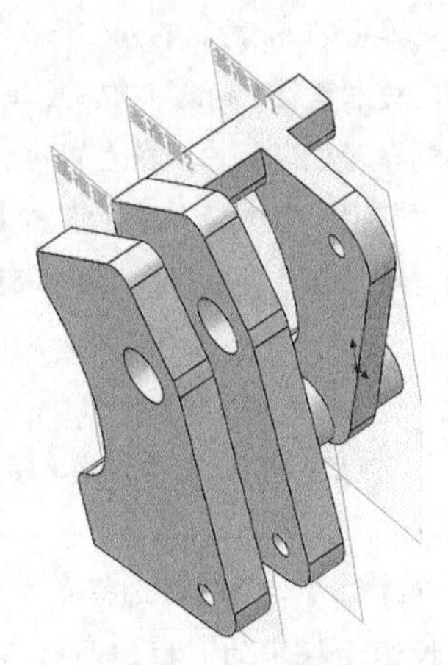

图 1-50　拉伸实体 4

(13) 绘制草图 5。在左侧的 FeatureManager 设计树中选择“基准面 3”，将其作为绘制图形的基准面。单击“草图”控制面板中的“圆”按钮，绘制草图 5，如图 1–51 所示。

(14) 拉伸实体 5。选择菜单栏中的“插入”→“凸台/基础实体”→“拉伸”命令，或者单击“特征”控制面板中的“拉伸凸台/基础实体”按钮，系统弹出图1–52 所示的“凸台–拉伸”属性管理器。设置拉伸终止条件为“成形到一面”，然后单击“确定”按钮，结果如图 1–53 所示。

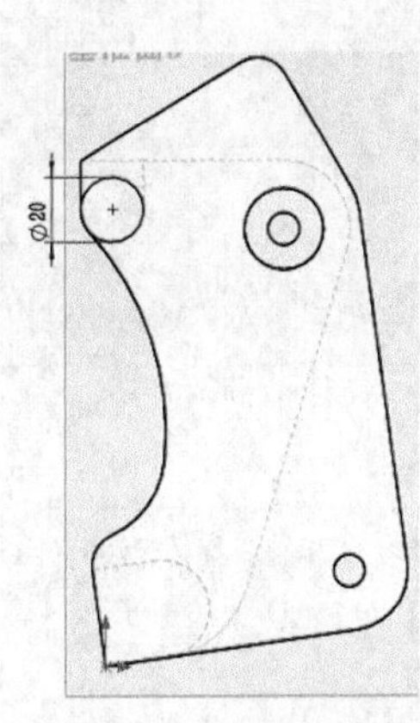

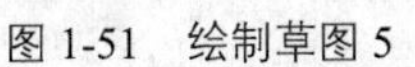

图 1-51　绘制草图 5

图 1-52　“凸台-拉伸”属性管理器

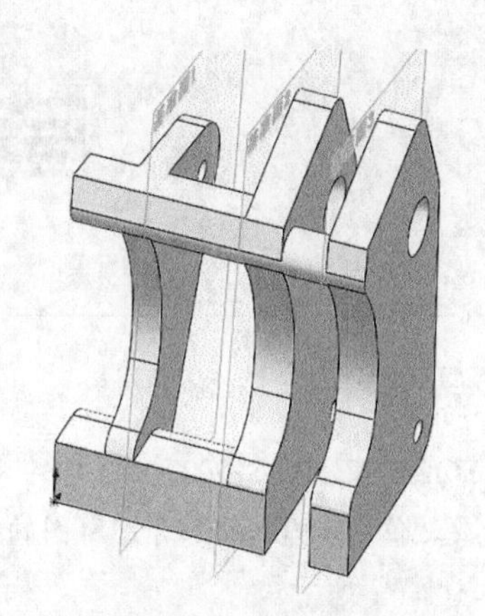

图 1-53　拉伸实体 5

15 镜像特征。选择菜单栏中的“插入”→“阵列/镜像”→“镜像”命令，或者单击“特征”控制面板中的“镜像”按钮，系统弹出图 1-54 所示的“镜像”属性管理器。以“前视基准面”为镜像面，在视图中选择所有需要镜像的实体，然后单击“确定”按钮，结果如图 1-55 所示。

图 1-54　“镜像”属性管理器

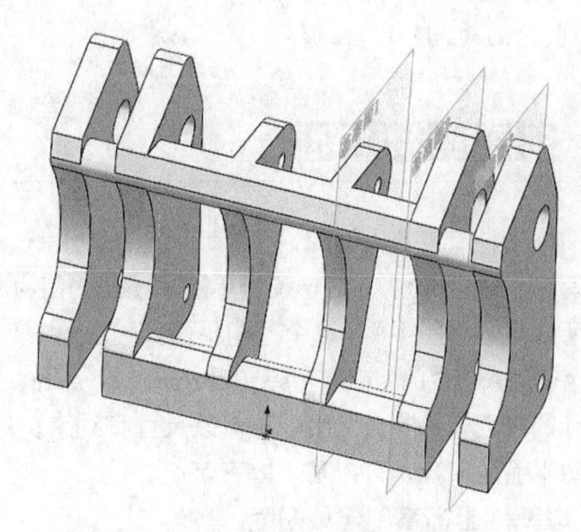

图 1-55　镜像实体

16 保存文件。选择菜单栏中的“文件”→“保存为”命令，或者单击“快速访问”工具栏中的“保存”按钮，保存文件并输入名称“铲斗支撑架”。

第 2 章

草图相关技术

SOLIDWORKS 2022 系统中的大部分特征的创建是从绘制 2D 草图开始的，草图绘制在该软件使用中占重要地位，本章将详细介绍草图的绘制方法和编辑方法。

学习要点

- 创建草图平面
- 草图的绘制
- 草图的约束和尺寸
- 草图 CAGD 的功能
- 利用 AutoCAD 现有图形

2.1 创建草图平面

草图是一种二维的平面图，用于定义特征的形状、尺寸和位置，是三维造型的基础。相对于“草图”的说法，“截面轮廓”这一说法更贴切一些。因为草图是二维的，因此创建任何草图，都必须先确定它所依附的草图平面。这个草图平面实际上是一种“可变的、可关联的、用户自定义的坐标系”。类似于 AutoCAD 中的 UCS（User Coordinate System，用户坐标系）的概念，但却可以由参数驱动。草图设计的过程一般为先绘图，再修改尺寸和约束，然后重新生成。如此反复，直到完成。

草图平面的创建，可以基于以下可能。

1. 以基础坐标系创建草图面

在零件设计环境中，在创建新草图面时，可以选定将某个基础坐标系的某坐标平面作为草图面。SOLIDWORKS 2022 自带一个原始的基础坐标系，包括 3 个面、3 根坐标轴和一个原点，就像 AutoCAD 中的 WCS（World Coordinate System，世界坐标系）。在 FeatureManager 设计树中可以选定这样的坐标面，如图 2-1 所示。在默认状态下，在图形区域中这些基准面是不可见的，只有在 FeatureManager 设计树中选择某个基准面时才可以看见。

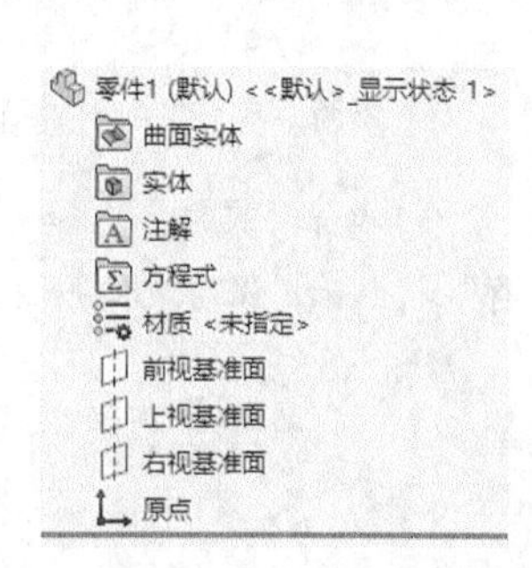

图 2-1　基础坐标系

2. 在已有特征上的平面创建草图面

在创建新草图面时，选定某个特征上的平面，SOLIDWORKS 2022 将根据这个平面创建新的草图面。这个已有特征就成为新特征的基础；新特征将与这个“已有特征”产生关联。当这个基础发生变化时，新特征也会自动关联更新。

3. 在参考面上创建草图面

可以像生成其他特征一样生成参考平面，从而在参考平面上创建草图面。这样做的直接后果就是草图面本身也可以进行参数驱动，整个草图面上的二维草图也因此具有了可以直接驱动的第 3 个坐标参数。

4. 在装配中创建草图面

在装配环境中创建新零件时，创建草图面以现有零件某特征上的平面为基础，以后新建的零件，将自动具有在这个面上与原有零件“贴合”的装配关系，并能与在这个面上的其他零件的轮廓投影，自动形成基于装配的形状与尺寸关联。

2.2 草图的绘制

本节主要介绍如何开始绘制草图及退出草图绘制状态，带领读者熟悉草图绘制工具栏，认识绘图光标和锁点光标。

2.2.1 进入草图绘制状态

绘制 2D 草图，必须先进入草图绘制状态。必须在平面上绘制草图，这个平面可以是基准面，也可以是三维模型上的平面。由于在开始进入草图绘制状态时，没有三维模型，因此必须指定基准面。

在绘制草图之前必须认识草图绘制的工具，图 2-2 所示为常用的“草图”控制面板和“草图”工具栏。绘制草图可以先选择绘制的平面，也可以先选择草图绘制实体。下面分别介绍这两种方式的操作步骤。

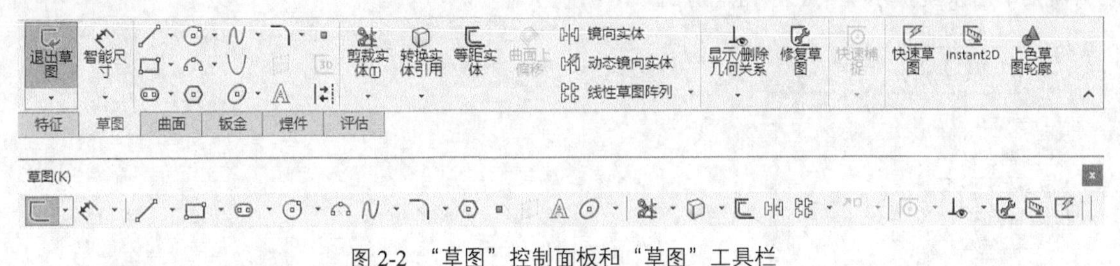

图 2-2 “草图”控制面板和“草图”工具栏

1. 直接进入草图绘制状态

（1）执行命令。单击“草图”工具栏上的“草图绘制”按钮，或者直接单击“草图”工具栏上要绘制的草图实体，此时会在绘图区域中出现图 2-3 所示的系统默认基准面。

（2）选择基准面。单击选择绘图区域中 3 个基准面之一，确定要在哪个基准面上绘制草图实体。

（3）设置基准面方向。单击“视图（前导）”工具栏中的“正视于”按钮，使基准面旋转到“正视于”方向，方

图 2-3 系统默认基准面

便读者绘图。

2. 先选择草图绘制基准面方式进入草图绘制状态

（1）选择基准面。先在特征管理区中选择要绘制的基准面，即前视基准面、右视基准面和上视基准面中的一个面。

（2）设置基准面方向。单击“视图（前导）”工具栏中的“正视于”按钮，使基准面旋转到“正视于”方向。

（3）执行命令。单击“草图”工具栏上的“草图绘制”按钮，或者单击要绘制的草图实体，进入草图绘制状态。

2.2.2 退出草图绘制状态

草图绘制完毕后，可立即建立特征，也可以退出草图绘制再建立特征。有些特征的建立，需要多个草图，比如扫描实体等。因此需要了解退出草图绘制状态的方法。退出草图绘制的方法主要有以下几种。

1. 使用菜单方式

选择菜单栏中的“插入”→“退出草图”命令，退出草图绘制状态。

2. 利用工具栏按钮方式

单击“快速访问”工具栏上的“重建模型”按钮，或者单击“草图”工具栏中的“退出草图”按钮，退出草图绘制状态。

3. 利用快捷菜单方式

在绘图区域中单击鼠标右键，系统弹出图 2-4（a）所示的快捷菜单，在其中单击“退出草图”按钮，退出草图绘制状态。

4. 利用绘图区域确认角落的按钮

在绘制草图的过程中，绘图区域右上角会出现如图 2-4（b）所示的提示按钮。单击上面的按钮，退出草图绘制状态。

单击确认角落下面的按钮，系统会提示是否保存对草图所进行的修改，如图 2-5 所示，然后根据需要单击系统提示框中的按钮，退出草图绘制状态。

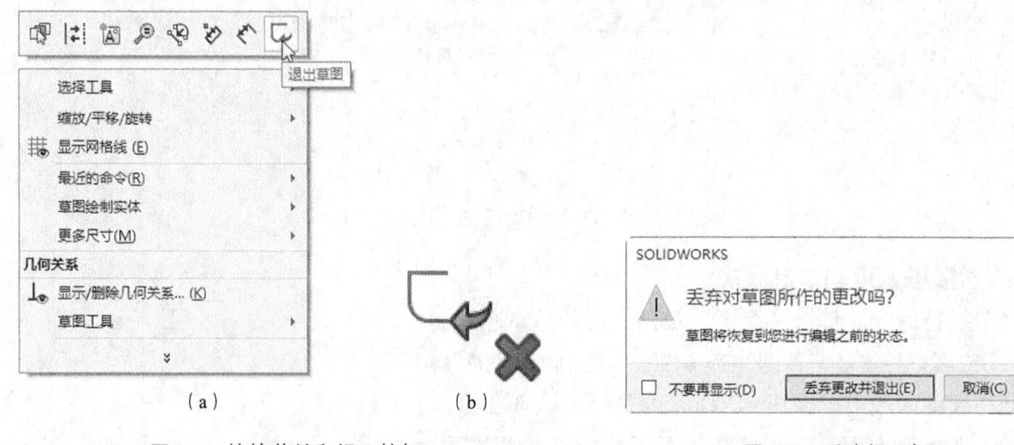

图 2-4 快捷菜单和提示按钮

图 2-5 系统提示框

2.2.3 草图绘制工具

草图绘制工具栏如图 2-2 所示，有些草图绘制按钮没有在该工具栏上显示，读者可以利用 1.1.2 节中的方法设置相应的命令按钮。草图绘制工具栏可以被分为四大板块，分别是草图绘制、实体绘制工具、标注几何关系和草图编辑工具。

草图绘制命令按钮如表 2-1 所示。

表 2-1　草图绘制命令按钮

按钮	名称	功能说明
	选择	选取工具，用来选择草图实体、模型和特征的边线和面，框选可以选择多个草图实体
	网格线/捕捉	对激活的草图或工程图选择显示草图网格线，并可设定网格线显示和捕捉功能选项
	草图绘制/退出草图	进入或者退出草图绘制状态
	3D 草图	在三维空间任意点绘制草图实体
	基准面上的 3D 草图	在 3D 草图中添加基准面后，可添加或修改该基准面的信息
	快速草图	可以选择平面或基准面，并在任意草图工具激活时开始绘制草图。移动至各平面的同时，将生成平面并打开草图。用户可以中途更改草图工具
	修改草图	使用该工具来移动、旋转或按比例缩放整个草图
	移动时不求解	在不解出尺寸或几何关系的情况下，从草图中移出草图实体
	移动实体	选择一个或多个草图实体并将之移动，该操作不生成几何关系
	复制实体	选择一个或多个草图实体并将之复制，该操作不生成几何关系
	缩放实体	选择一个或多个草图实体并将之按比例缩放，该操作不生成几何关系
	旋转实体	选择一个或多个草图实体并将之旋转，该操作不生成几何关系
	伸展实体	选择一个或多个草图实体并将之伸展，该操作不生成几何关系

实体绘制工具命令按钮如表 2-2 所示。

表 2-2　实体绘制工具命令按钮

按钮	名称	功能说明
	直线	以指定起点、终点的方式绘制一条直线
	边角矩形	以指定对角线的起点和终点的方式绘制一个矩形，其一边为水平或竖直
	中心矩形	在中心点绘制矩形草图
	3 点边角矩形	以所选的角度绘制矩形草图
	3 点中心矩形	以所选的角度绘制带有中心点的矩形草图
	直槽口	单击以指定槽口的起点。移动指针然后单击以指定槽口长度。移动指针然后单击以指定槽口宽度。绘制直槽口
	中心点直槽口	生成中心点槽口
	三点圆弧槽口	利用三点绘制圆弧槽口
	中心点圆弧槽口	通过移动指针指定槽口长度，宽度绘制圆弧槽口
	平行四边形	生成边不为水平或竖直的平行四边形及矩形
	多边形	生成边数为 3～40 的等边多边形
	圆形	以先指定圆心，然后拖动鼠标确定半径的方式绘制一个圆
	周边圆	已知圆周和直径的两点，绘制一个圆
	圆心/起/终点画弧	以依次指定圆心、起点及终点的方式绘制一个圆弧
	切线弧	绘制一条与草图实体相切的弧线，可以根据草图实体自动确认是法向相切还是径向相切
	3 点圆弧	以依次指定起点、终点及中点的方式绘制一个圆弧
	椭圆	以先指定圆心，然后指定长短轴的方式绘制一个完整的椭圆

续表

按钮	名称	功能说明
	部分椭圆	以先指定中心点，然后指定起点及终点的方式绘制一部分椭圆
	抛物线	先指定焦点，后拖动鼠标确定焦距，然后指定起点和终点，绘制一条抛物线
	样条曲线	以指定不同路径上的两点或者多点的方式绘制一条样条曲线，可以在端点处指定相切
	曲面上样条曲线	在曲面上绘制一个样条曲线，可以沿曲面添加和拖动点生成
	方程式驱动曲线	通过定义曲线的方程式来生成曲线
	点	绘制一个点，可以将该点绘制在草图和工程图中
	中心线	绘制一条中心线，可以在草图和工程图中绘制
	文本	在特征表面上，添加文字草图，然后拉伸或者切除生成文字实体

标注几何关系命令按钮如表 2-3 所示。

表 2-3　标注几何关系命令按钮

按钮	名称	功能说明
	添加几何关系	为选定的草图实体添加几何关系，即限制条件
	显示/删除几何关系	显示或者删除草图实体的几何限制条件
	完全定义草图	完全定义草图工具计算需要哪些尺寸和几何关系才能完全定义欠定义的草图或所选的草图实体

草图编辑工具命令按钮如表 2-4 所示。

表 2-4　草图编辑工具命令按钮

按钮	名称	功能说明
	构造几何线	将草图上或者工程图中的草图实体转换为构造几何线，构造几何线的线型与中心线相同
	绘制圆角	在两个草图实体的交叉处剪裁掉角部，从而生成一个切线弧
	绘制倒角	此工具在 2D 草图和 3D 草图中均可使用。在两个草图实体交叉处按照一定角度和距离剪裁，并用直线相连，形成倒角
	等距实体	按给定的距离等距一个或多个草图实体，可以是线、弧、环等草图实体
	转换实体引用	将其他特征轮廓投影到草图平面上，可以形成一个或者多个草图实体
	交叉曲线	在基准面和曲面或模型面、两个曲面、曲面和模型面、基准面和整个零件及曲面和整个零件的交叉处生成草图曲线
	面部曲线	从面或者曲面提取 ISO 参数，形成三维曲线
	剪裁实体	根据剪裁类型，剪裁或者延伸草图实体
	延伸实体	将草图实体延伸以与另一个草图实体相遇
	分割实体	将一个草图实体分割以生成两个草图实体
	镜像实体	相对一条中心线生成对称的草图实体
	动态镜像实体	适用于 2D 草图或在 3D 草图基准面上所生成的 2D 草图
	线性草图阵列	沿一个轴或者同时沿两个轴生成线性草图排列
	圆周草图阵列	生成草图实体的圆周排列
	制作路径	使用制作路径工具可以生成机械设计布局草图
	草图图片	可以将图片插入草图基准面。将图片生成 2D 草图的基础。将光栅数据转换为向量数据

2.2.4 绘图光标和锁点光标

在绘制草图实体或者编辑草图实体时，光标会根据所选择的命令，在绘图之时变为相应的按钮，以方便用户绘制该类型的草图。

绘图光标的类型及作用如表 2-5 所示。

表 2-5 绘图光标的类型及作用

光标类型	作用	光标类型	作用
	绘制一点		绘制直线或者中心线
	绘制 3 点圆弧		绘制抛物线
	绘制圆		绘制椭圆
	绘制样条曲线		绘制矩形
	绘制多边形		绘制平行四边形
	标注尺寸		延伸草图实体
	圆周阵列复制草图		线性阵列复制草图

为了提高绘制图形的效率，SOLIDWORKS 2022 提供了自动判断绘图位置的功能。在执行绘图命令时，光标会在绘图区域自动寻找端点、中心点、圆心、交点、中点等，这样提高了鼠标定位的准确性和快速性。

光标在相应的位置，会变成相应的图形，成为锁点光标。锁点光标可以在草图实体上形成，也可以在特征实体上形成。需要注意的是，在特征实体上的锁点光标，只能在绘图平面的实体边缘产生，在其他平面的边缘不能产生。

锁点光标的类型在此不再赘述，读者可以在实际使用中慢慢体会，高效地利用锁点光标，可以提高绘图效率。

2.2.5 实例——气缸体截面草图

在本实例中，我们将利用草图绘制工具，绘制图 2-6 所示的气缸体截面草图。

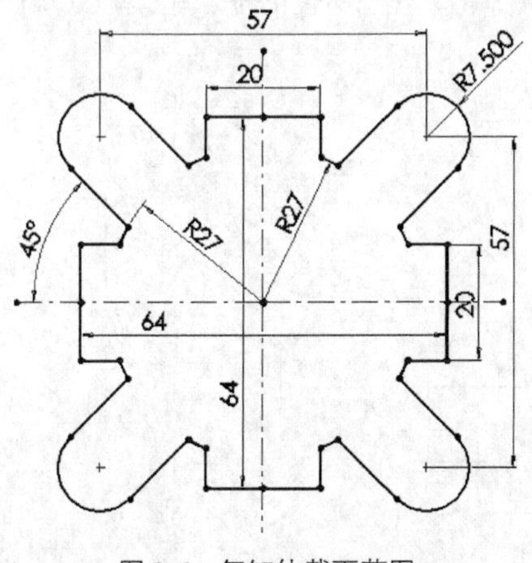

图 2-6 气缸体截面草图

思路分析

由于图形关于两坐标轴对称，所以先绘制关于轴对称部分的实体图形，再利用镜像或阵列进行复制，完成整个图形的绘制。绘制流程如图 2-7 所示。

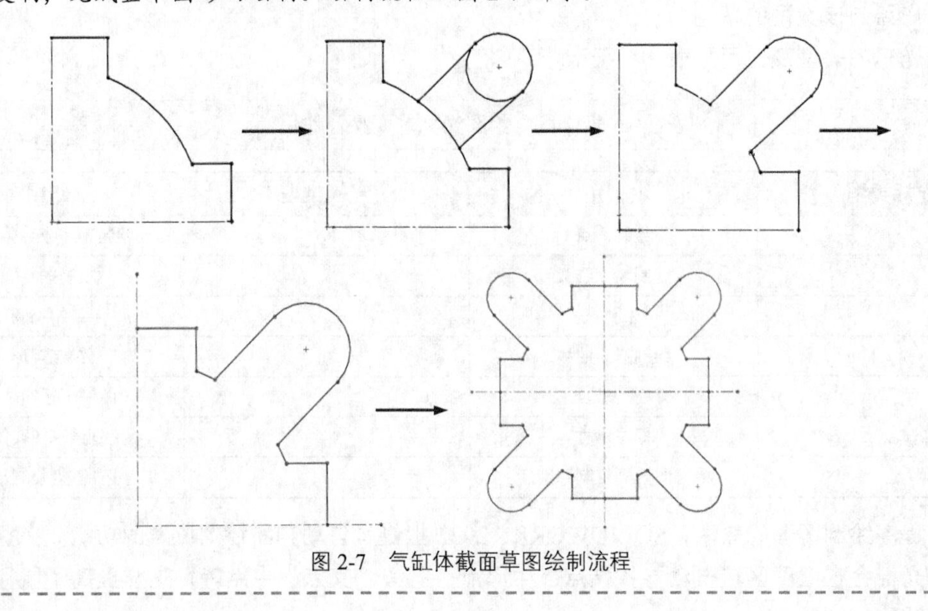

图 2-7　气缸体截面草图绘制流程

创建步骤

01 新建文件。启动 SOLIDWORKS 2022，选择菜单栏中的“文件”→“新建”命令，或单击“快速访问”工具栏中的“新建”按钮，在打开的“新建 SOLIDWORKS 文件”对话框中，单击“零件”→“确定”按钮。

02 绘制截面草图。在设计树中选择前视基准面，单击“草图”控制面板中的“草图绘制”按钮，新建一张草图。单击“草图”控制面板中的“中心线”按钮、“直线”按钮和“圆心/起/终点画弧”按钮，绘制线段和圆弧。

03 标注尺寸 1。单击“草图”控制面板中的“智能尺寸”按钮，标注尺寸 1，如图 2–8 所示。

04 绘制圆和直线段。单击“草图”控制面板中的“圆”按钮和“直线”按钮，绘制一个圆和两条线段，如图 2–9 所示。

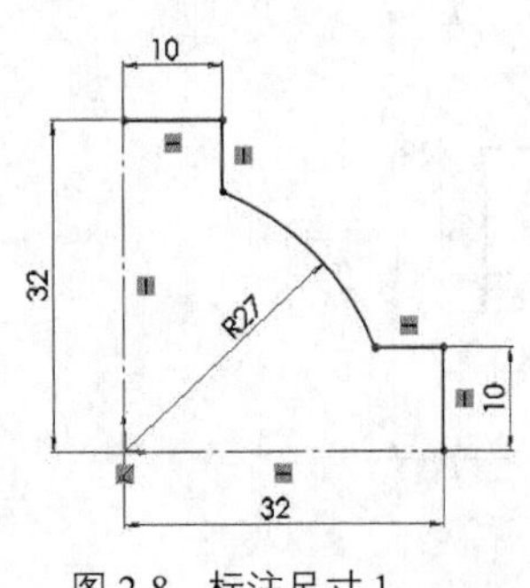

图 2-8　标注尺寸 1

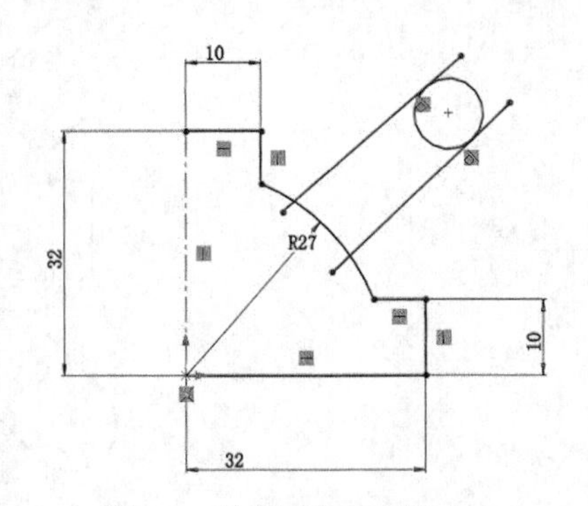

图 2-9　绘制圆和直线段

05 添加几何关系。按住<Ctrl>键选择其中一条线段和圆，将几何关系设为相切，使两线段均与圆相切，如图 2–9 所示。

06 裁剪图形。单击“草图”控制面板中的“剪裁实体”按钮，修剪多余圆弧，如图 2–10 所示。

07 标注尺寸 2。单击“草图”控制面板中的“智能尺寸”按钮，标注尺寸 2，如图 2–11 所示。

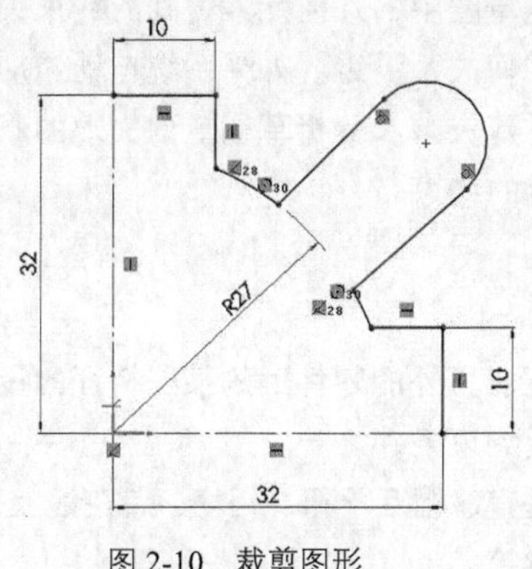

图 2-10　裁剪图形

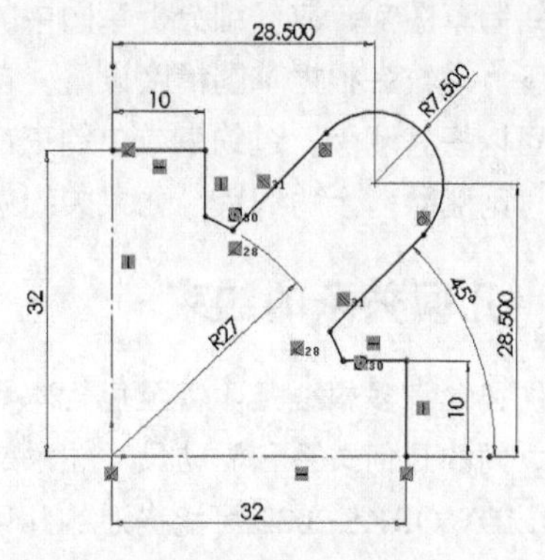

图 2-11　标注尺寸 2

08 阵列草图实体。单击“草图”控制面板中的“圆周草图阵列”按钮，选择草图实体进行阵列，阵列数目为 4，阵列草图实体如图 2–12 所示。

09 保存草图。单击“退出草图”按钮，单击“快速访问”工具栏中的“保存”按钮，将文件保存为“气缸体截面草图.sldprt”，最终生成的气缸截面草图如图 2–13 所示。

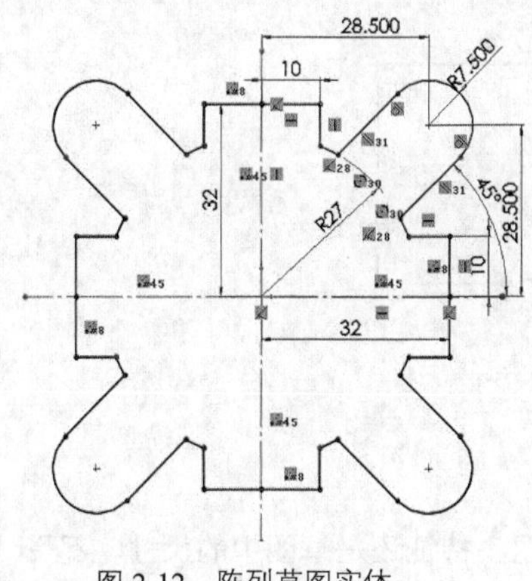

图 2-12　阵列草图实体

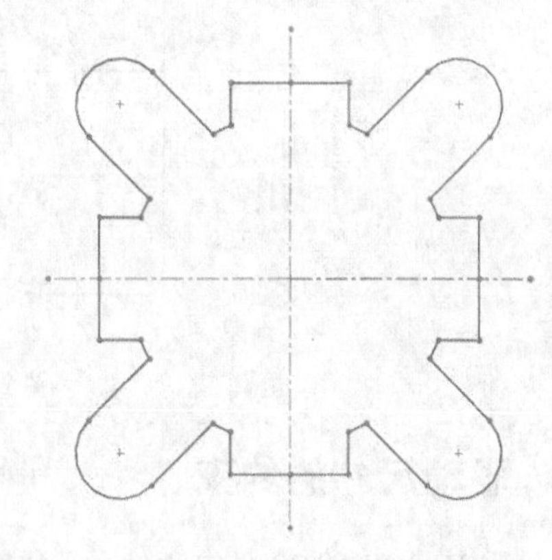
图 2-13　最终生成的气缸体截面草图

2.3 草图的约束和尺寸

很多人都熟悉 AutoCAD，多数人认为 SOLIDWORKS 的二维绘图功能不如 AutoCAD 强大。实际上，SOLIDWORKS 的草图功能相当不错，在绘图操作中，甚至可能优于 AutoCAD。

在 AutoCAD 中，几何关系和尺寸大小一般是同时达到要求的，这是 AutoCAD 最大的缺陷。而 SOLIDWORKS 采用全参数化的数据处理方式，完全按照人的思维，创建相当复杂的、参数化关联的二维几何图形。如果从抄图的角度看，SOLIDWORKS 可能不太方便；但从设计的角度看，SOLIDWORKS 就十分好用。关键在于要从设计的角度切入使用 CAD 软件，把几何关系和尺寸大小分开来创建。

每个草图都必须有一定的约束，无规矩不成方圆，没有约束则设计者的意图也无从体现。约束有两种，一种对尺寸进行约束，一种对几何形状和位置进行约束。尺寸约束是指控制草图大小的参数化驱动尺寸，当尺寸改变时，可以随时更改草图。几何约束则是指控制草图中几何图形元素的定位方向及几何图形元素之间的相互关系。

在绘制草图前，应仔细分析草图中的图形结构，明确草图中的几何元素之间的约束关系。在一般情况下，系统会根据草图精度设置，自动对草图进行几何关系设置。如果系统自动添加的约束不合理，可以将其删除。过约束或欠约束都可能引起草图重建失败。分析草图重建失败的原因，如果过约束，则删除多余的约束；如果欠约束，则添加所需要的约束。

2.3.1 几何关系的约束

草图包含许多根线条，甚至包含本零件上的其他特征、另外的零件上的某些特征的投影线。这些线条之间的几何关系和驱动尺寸关系是最终形状的主要约束条件之一。

SOLIDWORKS 2022 可能描述的几何关系包括相互垂直、相互平行、相切、点在线上、同圆心、共线、水平方向、竖直方向、长度相等、固定位置、对称等。

从人的思维习惯上来说，对于任何几何图形，几何约束总是第一条件。所以，在草图创建过程中，也同样应尽可能使用几何约束确定图线关系。

查看草图上的几何关系，选择“视图”→“隐藏/显示（H）”→“草图几何关系”命令，就可以显示出所有的已存在约束，如图 2-14 所示。

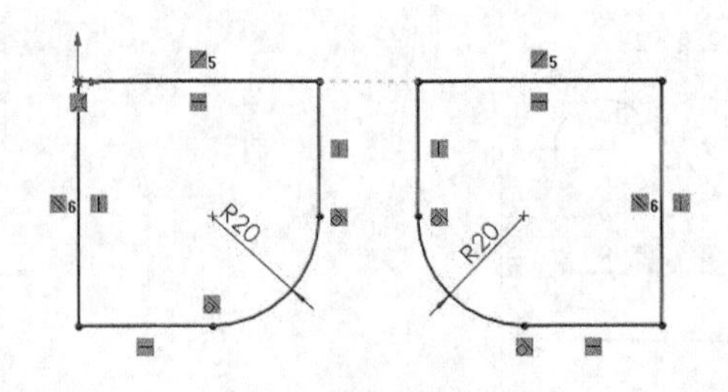

图 2-14　查看几何关系

2.3.2 驱动尺寸的约束

在 SOLIDWORKS 2022 中，除了工程图，无论是草图、特征还是草图中的尺寸，都受“驱动”的作用，驱动尺寸是所标注对象的几何数据库的内容，而不是对所标注的对象的“注释”。这是个极为重要的概念。所以，SOLIDWORKS 2022 中的标注尺寸的作用和机制，与 AutoCAD 完全不同，虽然它们看起来很像。这些驱动尺寸，在几何关系已经充分确定的基础上，定义那些无法用几何约束表达的，或者是在设计过程中可能需要改变的参数。

简单地说就是在 AutoCAD 中要绘制长度为 100mm 的水平线段，需要事先定义线段的起点和终点，然后才能用尺寸标注工具对线段进行标注。而在 SOLIDWORKS 2022 中，用户则要首先绘制一线段，不必关心它的长短，事后只需要用“智能尺寸”标注该直线为 100mm，则该线段会自动被尺寸所驱动伸长或缩小，保证其自身尺寸为 100mm，尺寸驱动线段如图 2-15 所示。

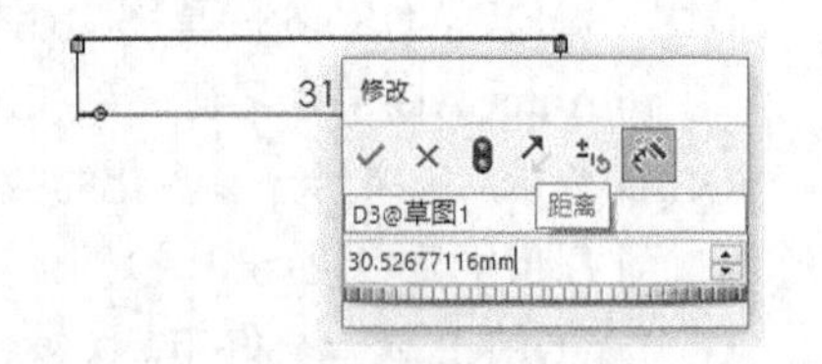

图 2-15　尺寸驱动线段

这些驱动尺寸与工程图上应当标出的尺寸不完全相同。这是一些设计尺寸，可以借助于许多设计基准进行定义；还可以使用计算表达式来定义，例如某尺寸是某已有尺寸的 1/2；驱动尺寸将始终与标注对象关联。

2.4 草图 CAGD 的功能

CAGD（Computer-Aided Geometric Design，计算机辅助几何设计），是以计算几何为理论基础、以计算机软件为载体，进行几何图形的表达、分析、编辑和保存的一种技术方法。这是任何 CAD 软件必带的、最为基本的功能。

我们可以粗略地理解为：CAGD 就是指用作图法来求解设计参数。在 CAGD 功能支持下，用户不必有高深的数学基础，不必构建复杂的解析计算模型，也能完成精确而快速的二维、三维几何图形的构建与数据分析，进而得到要求的设计参数。可见，CAGD 功能已经超出了单纯绘图的范畴。

实际上，SOLIDWORKS 2022 草图中的相关功能就是经典数学模型自动解析的程序实现方法，也就是说，只要给定了充分必要条件，就能精确生成相关图线；而只要将图线画了出来，就能解出相关的几何参数或工程数据。

草图的参数化特性使得 CAGD 功能在 SOLIDWORKS 2022 中表现得更加顺畅。

下面以皮带轮设计中求解皮带长度的例子说明 CAGD 功能。

例：两个皮带轮，中心相距 200mm，节圆直径分别是 50mm、80mm，如图 2-16（a）所示，求皮带的长度。

按设计要求绘制草图、标好驱动尺寸、进行修剪。选择“工具”→“评估”→“测量”菜单命令，拾取草图线，SOLIDWORKS 2022 将计算并显示用户所要的结果，如图 2-16（b）所示。

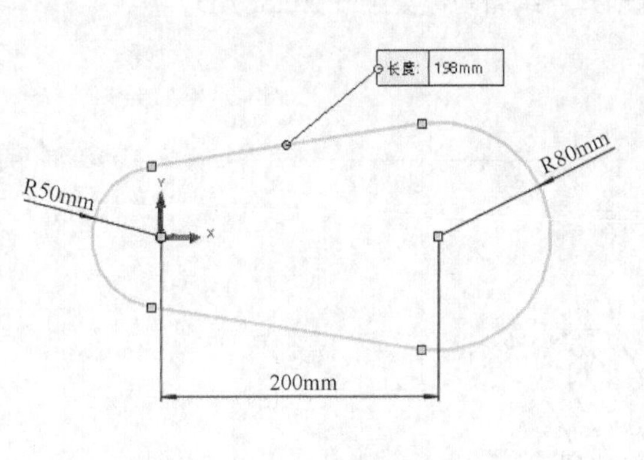

（a）两个皮带轮

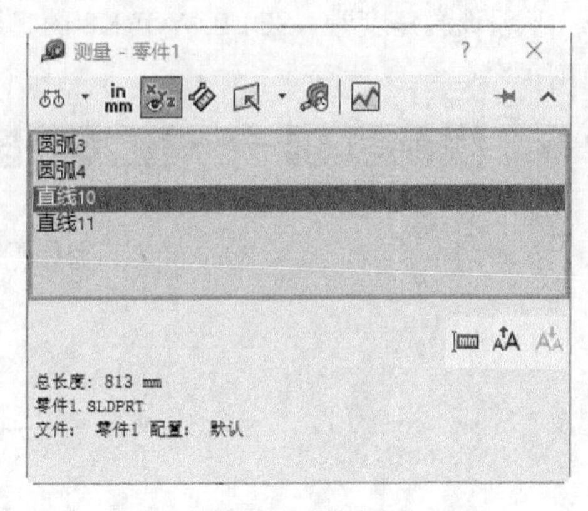

（b）测量得到皮带中性线为813mm

图 2-16　皮带轮设计中求解皮带长度

2.5 利用 AutoCAD 现有图形

SOLIDWORKS 2022 还可以直接引进 AutoCAD 的二维图线，充当 SOLIDWORKS 的草图。选择“文件”→“打开”菜单命令，在“打开”对话框中选择文件类型 AutoCAD 格式，即“DWG”。选择要打开的 DWG 文件，在出现的“DXF/DWG 输入”对话框中选择“输入到新零件为”→“2D 草图”单选框，如图 2-17 所示。

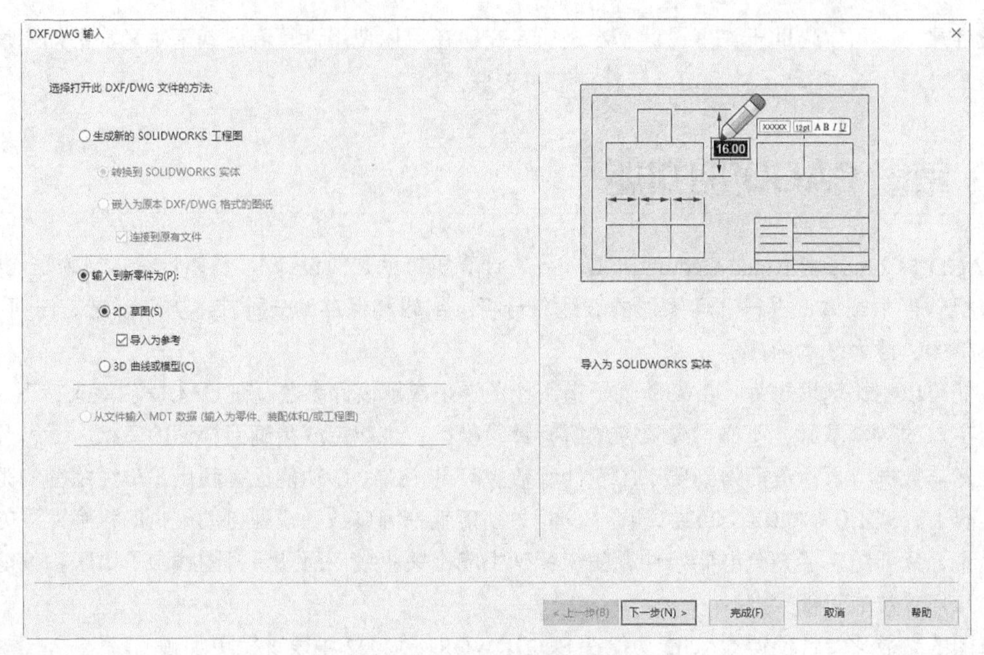

图 2-17　输入 AutoCAD 图形作为草图

单击“下一步”按钮，按照提示就可以将 DWG 文件输入草图了。

实际上，AutoCAD 现有的工程图在这种条件下并没有多大的作用，因为 AutoCAD 图线精度较差，相关图线的几何关系也不精确。另外，当 AutoCAD 的图形被引入 SOLIDWORKS 中用来绘制草图时，并不能像用户所想象的那样各条图线有明确的关系，而且可能出现意外的情况。

从设计的角度看，SOLIDWORKS 的二维草图创建、编辑功能要强于 AutoCAD。

2.6　综合实例——拨叉草图

在本例中，我们要绘制的拨叉草图如图 2-18 所示。

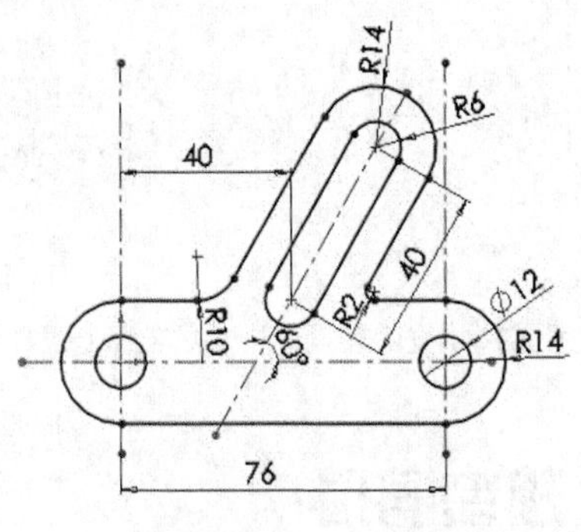

图 2-18　拨叉草图

思路分析

在本例中，我们首先绘制构造线构建大概轮廓，然后对其进行修剪和倒圆角，最后标注图形尺寸，完成草图的绘制。绘制流程如图 2-19 所示。

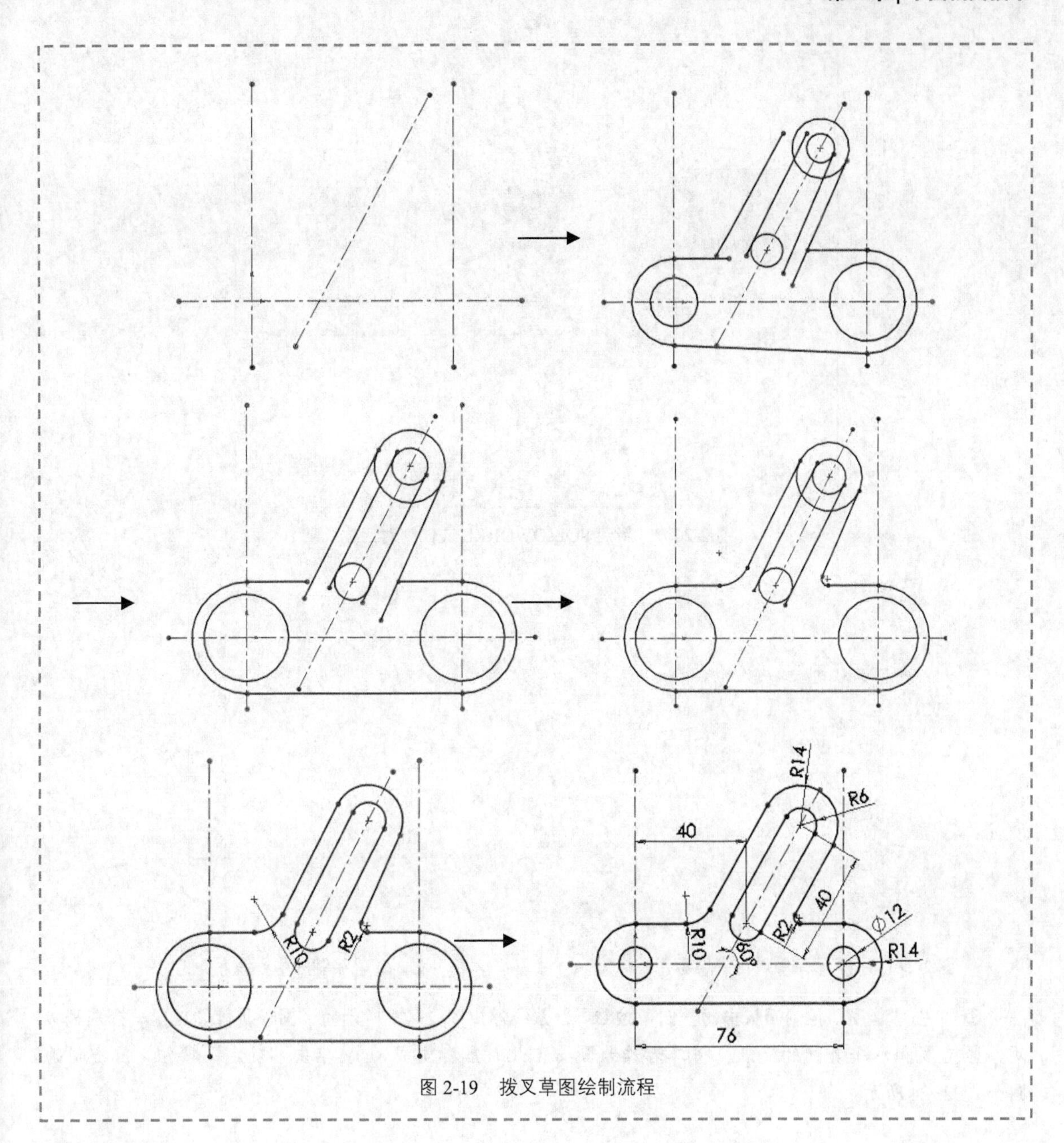

图 2-19 拨叉草图绘制流程

绘制步骤

01 新建文件。启动 SOLIDWORKS 2022，单击“快速访问”工具栏中的“新建”按钮，在弹出图 2-20 所示的“新建 SOLIDWORKS 文件”对话框中单击“零件”按钮，然后单击“确定”按钮，创建一个新的零件文件。

02 创建草图

❶ 在左侧的 FeatureMannger 设计树中选择“前视基准面”，将其作为绘图基准面。单击“草图”控制面板中的“草图绘制”按钮，进入草图绘制状态。

❷ 单击“草图”控制面板中的“中心线”按钮，系统弹出“插入线条”属性管理器，如图 2-21 所示。单击“确定”按钮，绘制的中心线如图 2-22 所示。

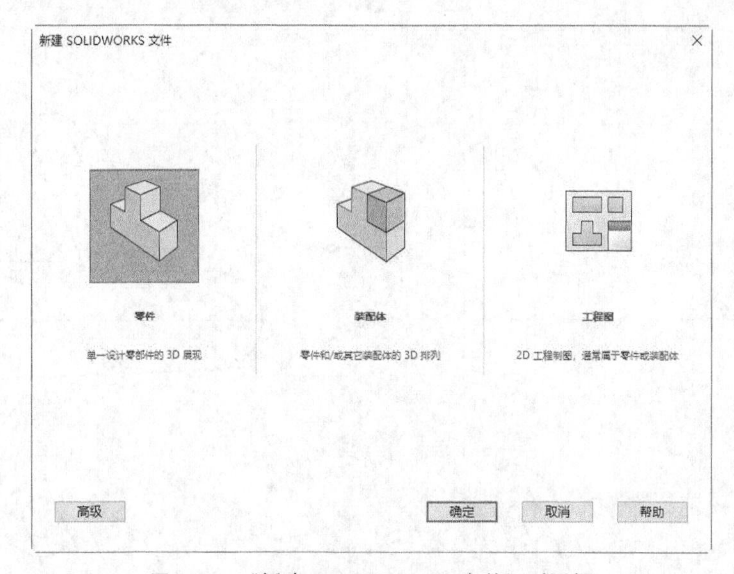

图 2-20 “新建 SOLIDWORKS 文件”对话框

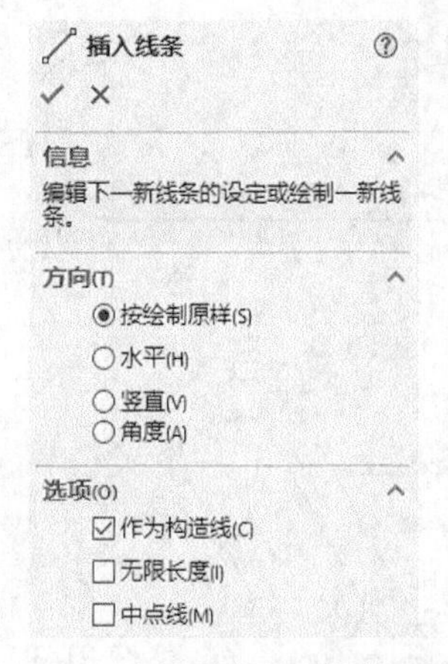

图 2-21 “插入线条”属性管理器

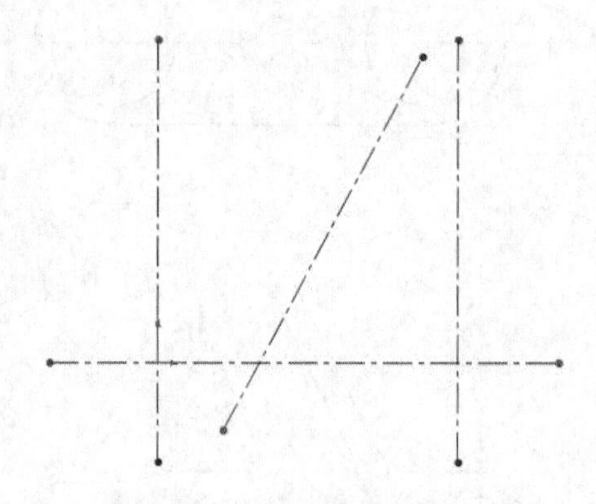

图 2-22 绘制的中心线

❸ 单击“草图”控制面板中的“圆”按钮，系统弹出图 2-23 所示的“圆”属性管理器。分别捕捉两条竖直线和水平直线的交点，将二者作为圆心（此时鼠标变成），单击“确定”按钮✔，绘制的圆如图 2-24 所示。

图 2-23 “圆”属性管理器

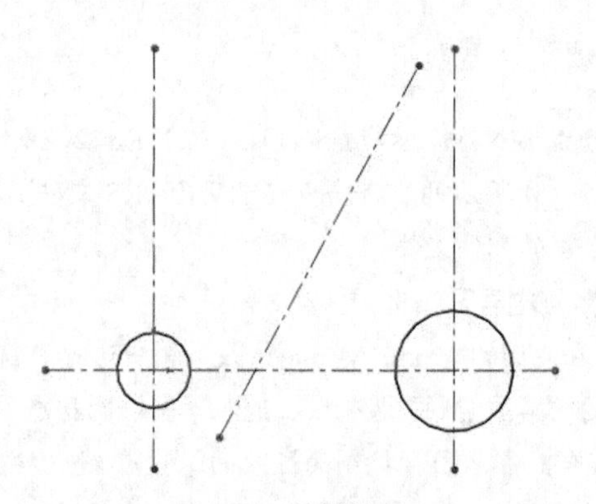

图 2-24 绘制的圆 1

❹ 单击“草图”控制面板中的“圆心/起/终点画弧”按钮，系统弹出图 2-25 所示的“圆弧”属性管理器，分别以上步中绘制圆的方法绘制两条圆弧，单击“确定”按钮✔，绘制的圆弧如图 2-26 所示。

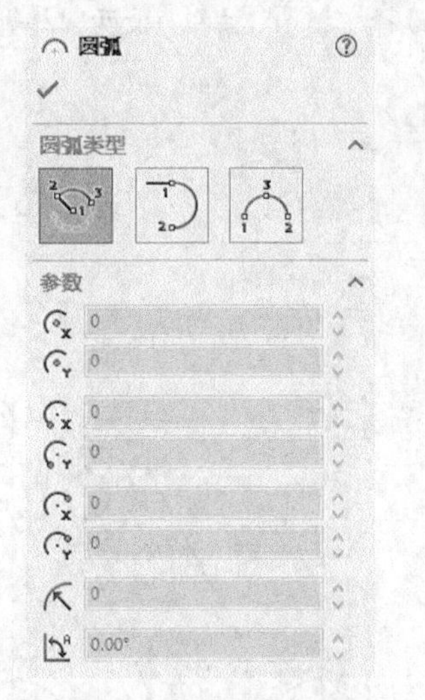

图 2-25 “圆弧”属性管理器

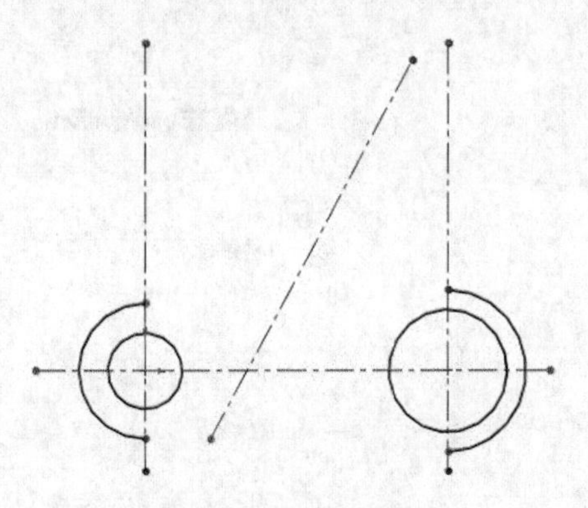

图 2-26 绘制的圆弧

❺ 单击“草图”控制面板中的“圆”按钮，系统弹出“圆”属性管理器。分别在斜中心线上绘制 3 个圆，单击“确定”按钮✔，绘制的圆如图 2-27 所示。

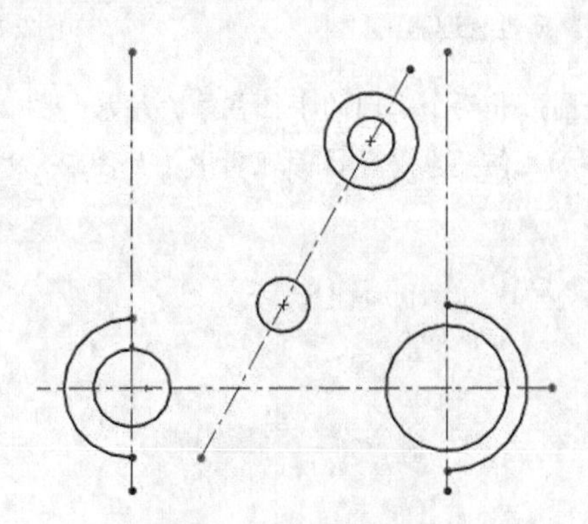

图 2-27 绘制的圆 2

❻ 单击“草图”控制面板中的“直线”按钮，系统弹出“插入线条”属性管理器，绘制直线，绘制的直线如图 2-28 所示。

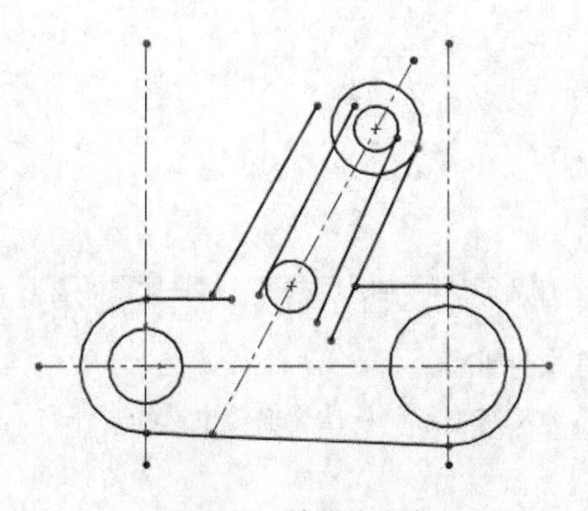

图 2-28 绘制的直线

03 添加约束

❶ 单击“草图”控制面板中的“添加几何关系”按钮上，系统弹出“添加几何关系”属性管理器，如图 2-29 所示。选择在步骤❸中绘制的两个圆，在属性管理器中选择“相等”按钮，使两圆相等。如图 2-30 所示。

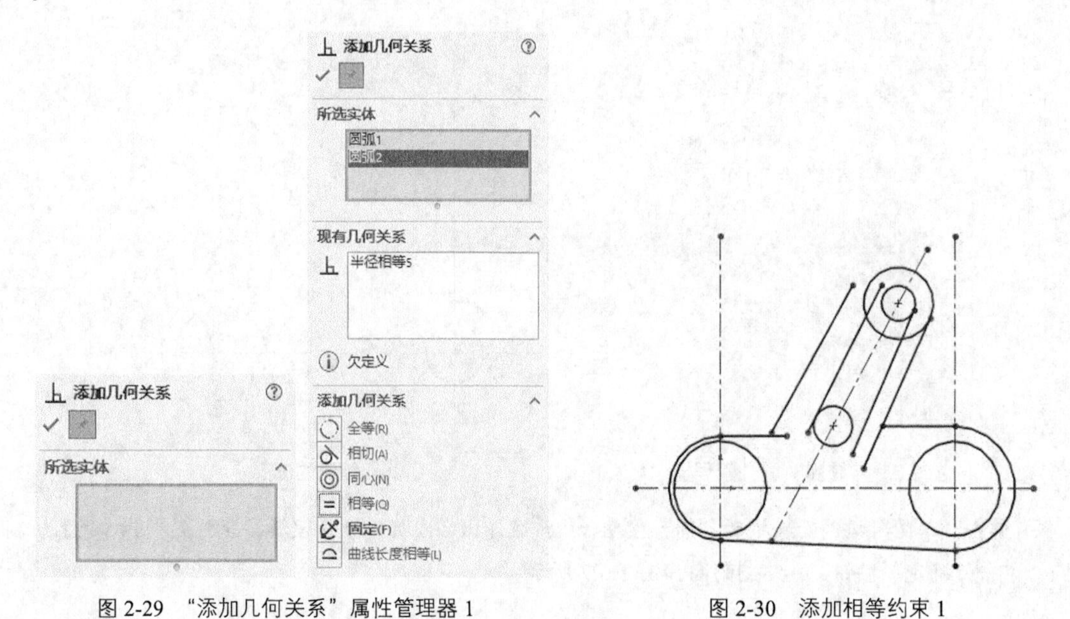

图 2-29 “添加几何关系”属性管理器 1　　图 2-30 添加相等约束 1

❷ 同上步骤❶，分别使两条圆弧和两个小圆的半径相等，结果如图 2-31 所示。

❸ 选择小圆和直线，在“添加几何关系”属性管理器中（如图 2-32 所示）选择“相切”按钮，使小圆和直线相切，如图 2-33 所示。

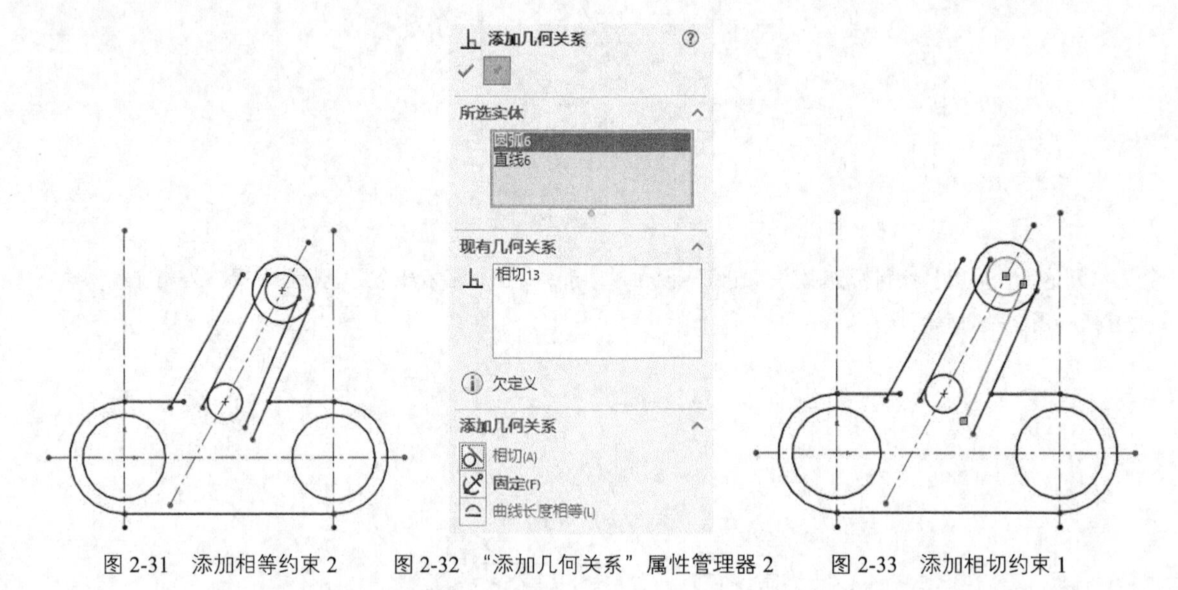

图 2-31 添加相等约束 2　　图 2-32 “添加几何关系”属性管理器 2　　图 2-33 添加相切约束 1

❹ 重复上述步骤，分别使直线和圆相切。

❺ 选择 4 条斜直线，在“添加几何关系”属性管理器中选择“平行”按钮，结果如图 2-34 所示。

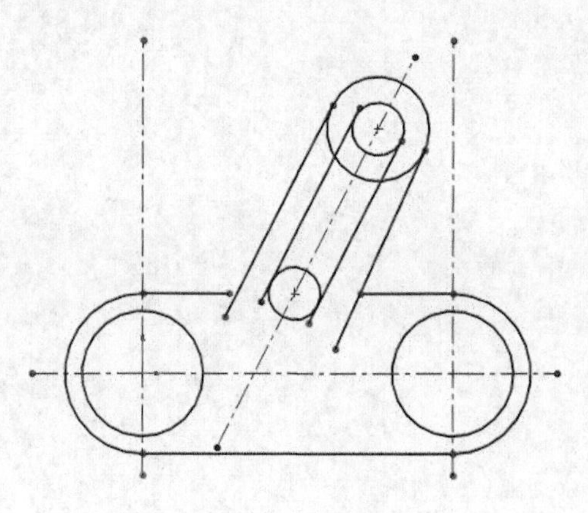

图 2-34　添加相切约束 2

04 编辑草图

❶ 单击“草图”控制面板中的“绘制圆角”按钮，系统弹出图 2-35 所示的“绘制圆角”属性管理器，输入圆角半径 10mm，选择视图中左边的两条直线，单击“确定”按钮，绘制结果如图 2-36 所示。

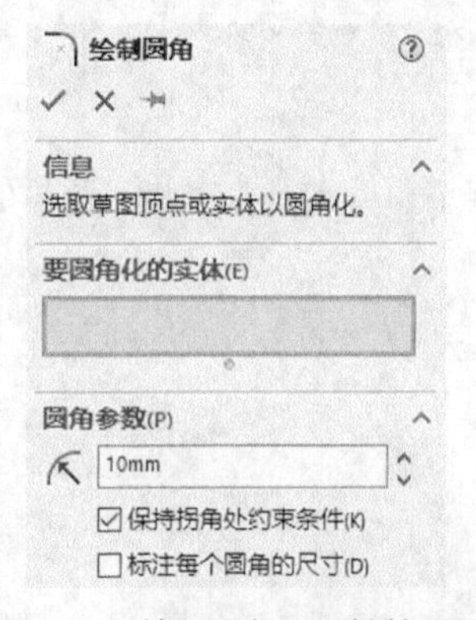

图 2-35　“绘制圆角”属性管理器

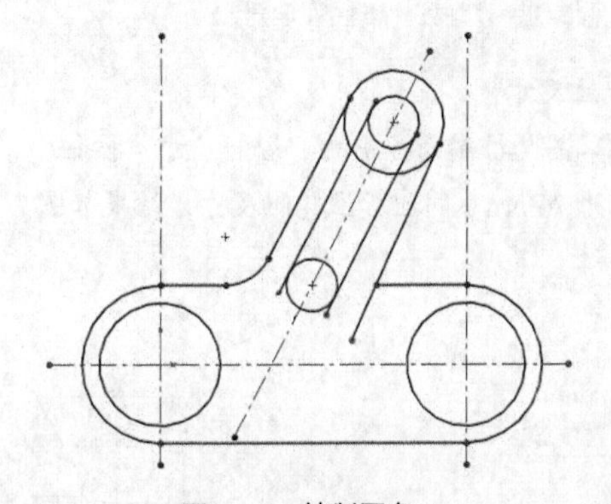

图 2-36　绘制圆角 1

❷ 重复执行“绘制圆角”命令，在右侧创建半径为 2mm 的圆角，绘制结果如图 2-37 所示。

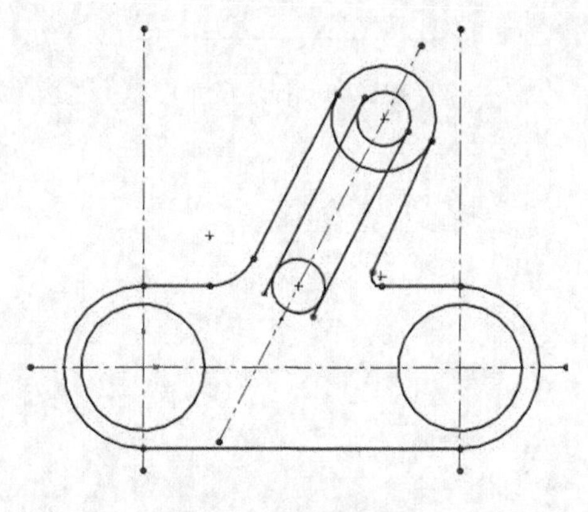

图 2-37　绘制圆角 2

❸ 单击“草图”控制面板中的“剪裁实体”按钮，系统弹出图 2-38 所示的“剪裁”属性管理器，选择“剪裁到最近端”选项，剪裁多余的线段，单击“确定”按钮，结果如图 2-39 所示。

图 2-38 “剪裁”属性管理器

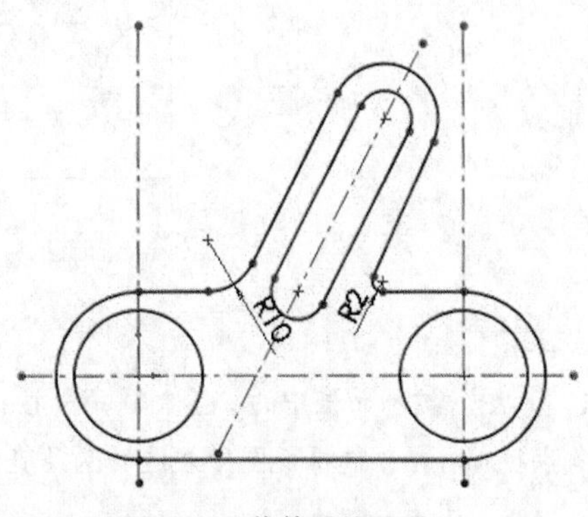

图 2-39 裁剪后的图形

05 标注尺寸

单击“草图”控制面板中的“智能尺寸”按钮，选择两条竖直中心线，在弹出的“修改”对话框中将尺寸修改为 76mm。同理标注其他尺寸，结果如图 2-40 所示。

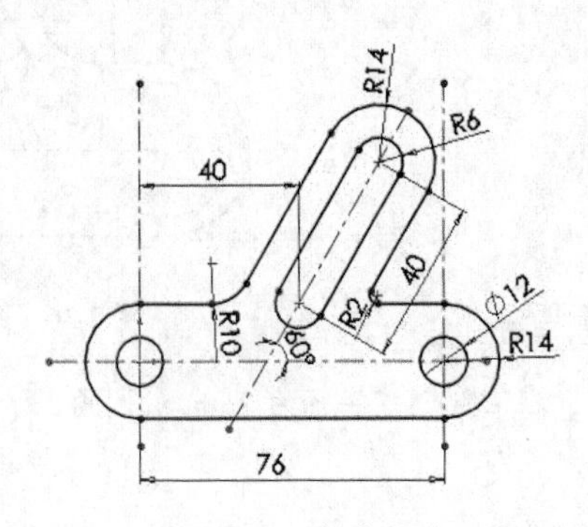

图 2-40 标注尺寸

第 3 章 基于草图的特征

基于草图的特征是以二维草图为截面，经拉伸、旋转、扫描等方式形成的实体特征。这样的实体特征必须基于已创建的草图。SOLIDWORKS 相关的帮助文件已详尽地对各种特征的创建规则进行了说明，这里仅讨论一些技巧性和在实用中可能出现的问题。

学习要点

- 拉伸
- 旋转
- 扫描
- 放样

3.1 拉伸

拉伸是比较常用的建立实体特征的方法。它的特点是将一个或多个轮廓沿着特定方向拉伸出特征实体。

3.1.1 "拉伸"选项说明

单击"特征"控制面板中的"拉伸凸台/基础实体"按钮，或选择菜单栏中的"插入"→"凸台/基础实体"→"拉伸"命令。系统打开图 3-1 所示的"凸台-拉伸"属性管理器，其中的可控参数如下。

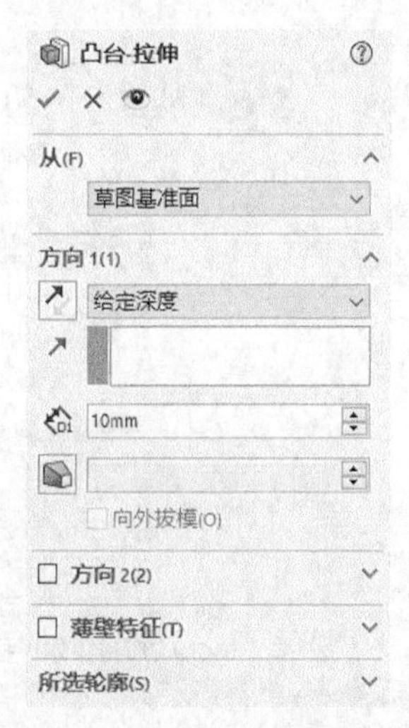

图 3-1 "凸台-拉伸"属性管理器

1. "从"选项组

利用该选项组下拉列表中的选项可以设定拉伸特征的开始条件，下拉列表中包括草图基准面、曲面/面/基准面、顶点、等距（从与当前草图基准面等距的基准面开始拉伸，这时需要输入等距值，设定等距大小）。

2. "方向 1"选项组

决定特征延伸的方式，并设定终止条件类型。拉伸方法有以下几种。

（1）“反向”：以与预览中所示方向相反的方向延伸特征。

（2）“拉伸终止条件”：该选项用来决定特征延伸的方式，几种不同的拉伸终止条件如图 3-2 所示。

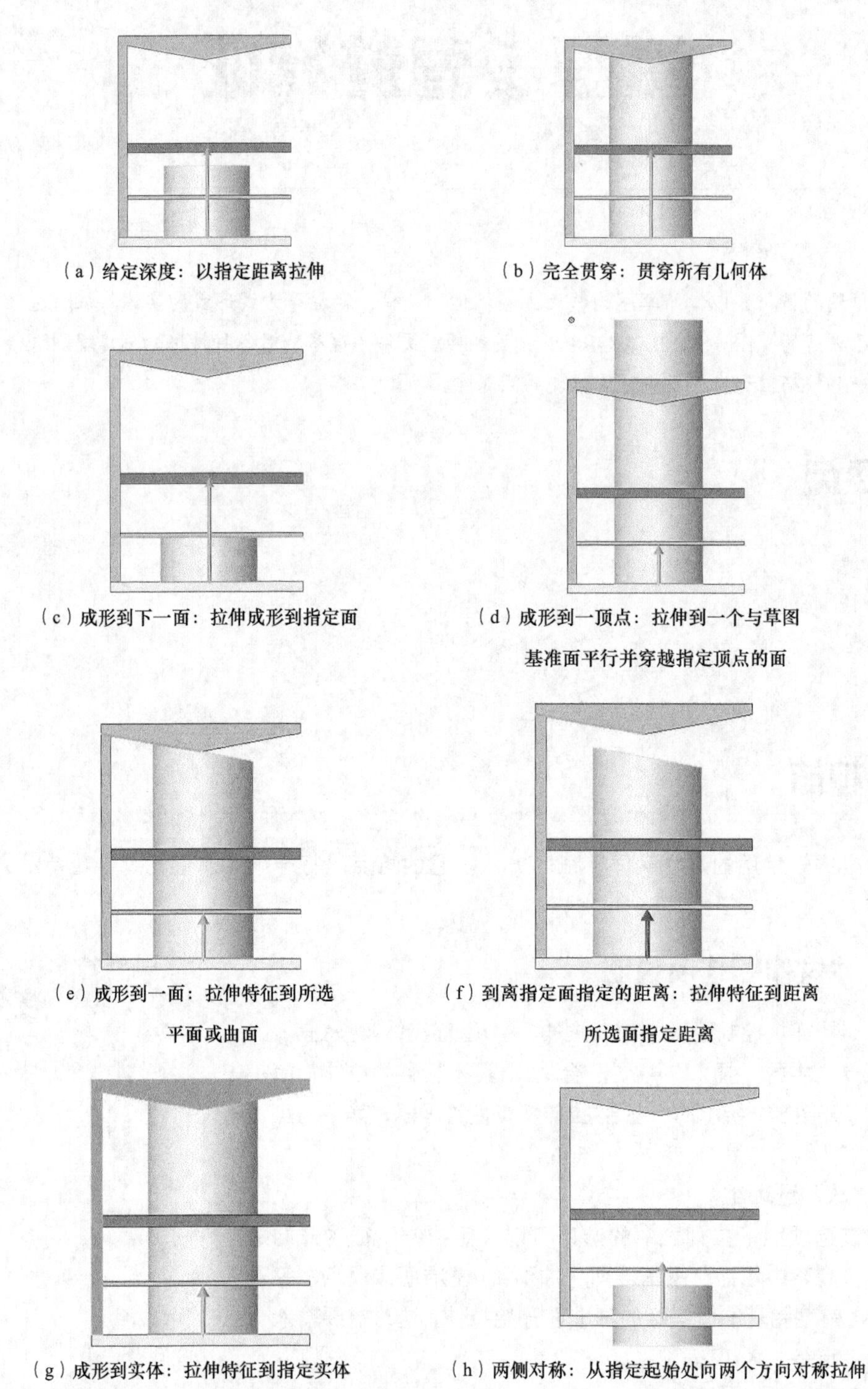

（a）给定深度：以指定距离拉伸

（b）完全贯穿：贯穿所有几何体

（c）成形到下一面：拉伸成形到指定面

（d）成形到一顶点：拉伸到一个与草图基准面平行并穿越指定顶点的面

（e）成形到一面：拉伸特征到所选平面或曲面

（f）到离指定面指定的距离：拉伸特征到距离所选面指定距离

（g）成形到实体：拉伸特征到指定实体

（h）两侧对称：从指定起始处向两个方向对称拉伸

图 3-2　拉伸终止条件

（3）“拉伸方向”：在默认情况下，草图的拉伸是平行于草图基准面法线方向而进行的。如果在图形区域中以一边线、点、平面作为拉伸方向的向量，则拉伸将平行于所选方向向量进行。

（4）“深度”：在文本框中指定拉伸深度。

（5）“拔模开/关”：将激活右侧的拔模角度文本框，在文本框中指定拔模角度，从而生成带拔模性质的拉伸特征，如图 3-3 所示。

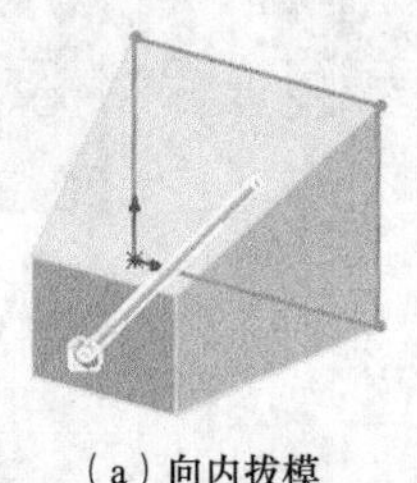

（a）向内拔模

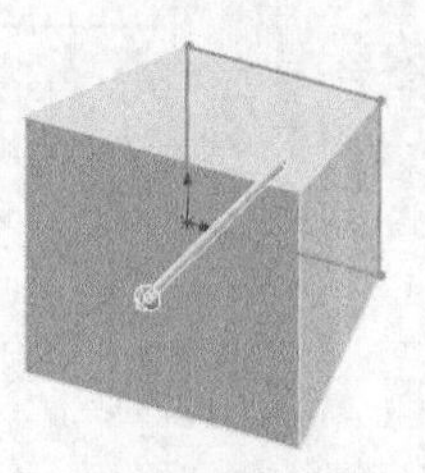

（b）向外拔模

图 3-3　拔模性质的拉伸

3. “方向 2”选项组

设定这些选项以同时从草图基准面向两个方向拉伸。

4. “薄壁特征”选项组

薄壁特征为带有不变壁厚的拉伸特征，如图 3-4 所示，该选项用来控制薄壁的厚度、圆角等。

（1）“类型”：设定薄壁特征拉伸的类型。包括“单向”“两侧对称”“双向”。

（2）“反向”：以与预览中所示方向相反的方向延伸特征。

（3）“厚度”：为 T1 和 T2 设定数值

图 3-4　薄壁特征

5. “所选轮廓”选项组

在图形区域中可以选择部分草图轮廓或模型边线，将其作为拉伸草图轮廓进行拉伸。

3.1.2 实例——液压杆 1

在本例中，我们要创建的液压杆 1 如图 3-5 所示。

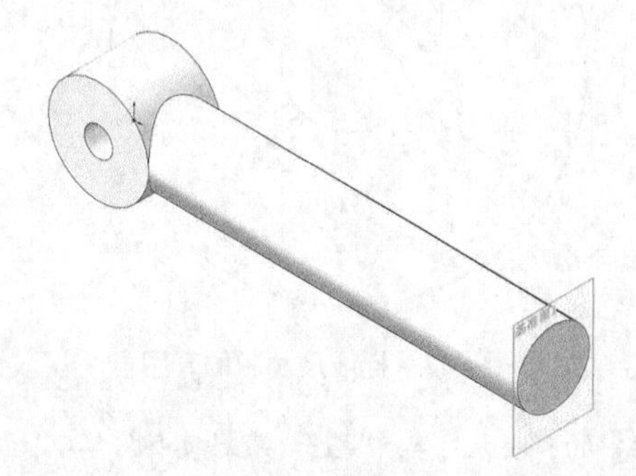

图 3-5　液压杆 1

思路分析

首先绘制液压杆 1 的外形草图，然后进行两次拉伸，形成液压杆 1 主体轮廓，创建流程如图 3-6 所示。

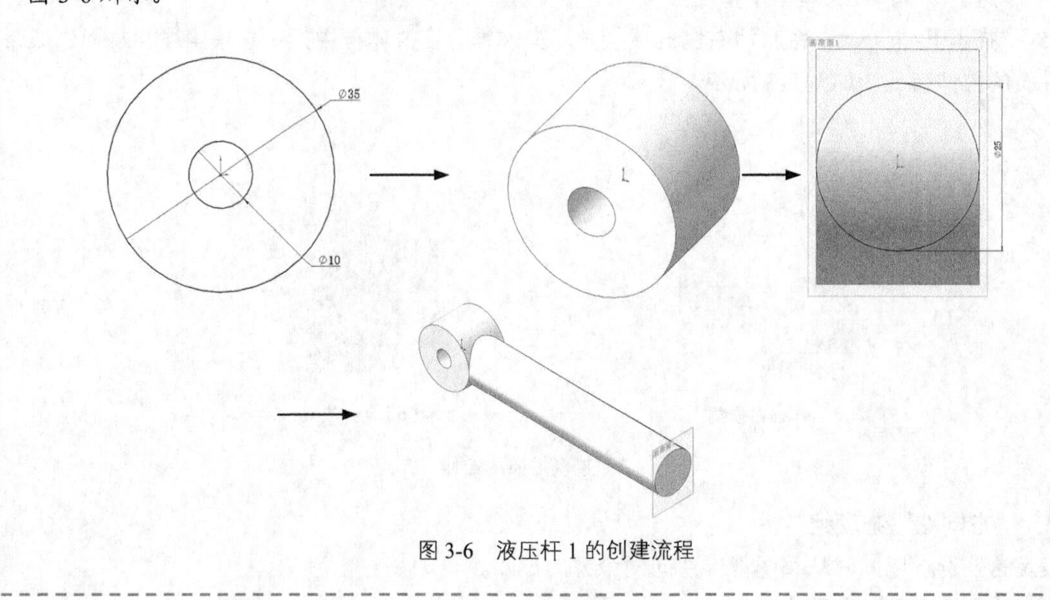

图 3-6　液压杆 1 的创建流程

创建步骤

01 新建文件。启动 SOLIDWORKS 2022，选择菜单栏中的“文件”→“新建”命令，或者单击“快速访问”工具栏中的“新建”按钮，在弹出的“新建 SOLIDWORKS 文件”对话框中选择“零件”按钮，然后单击“确定”按钮，创建一个新的零件文件。

02 绘制草图。在左侧的“FeatureManager 设计树”中选择“前视基准面”，将其作为绘制图形的基准面。单击“草图”控制面板中的“圆”按钮，在坐标原点绘制直径分别为 10mm 和 35mm 的圆，标注尺寸后结果如图 3–7 所示。

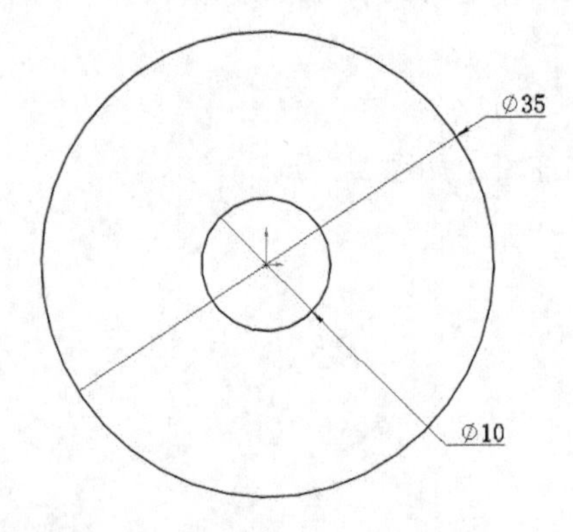

图 3-7　标注尺寸后的草图

03 拉伸实体。选择菜单栏中的“插入”→“凸台/基础实体”→“拉伸”命令，或者单击“特征”控制面板中的“拉伸凸台/基础实体”按钮，系统弹出图 3–8 所示的“凸台–拉伸”属性管理器。设置拉伸终止条件“两侧对称”，将拉伸距离设置为“25mm”，然后单击“确定”按钮。拉伸结果如图 3–9 所示。

04 创建基准平面。在左侧的 FeatureManager 设计树中选择“右视基准面”，将其作为绘制图形的基准面。单击“特征”控制面板“参考几何体”下拉列表中的“基准面”按钮，系统弹出“基准面”属性管理器，将偏移距离设置为“145.00mm”，如图 3-10 所示。单击属性管理器中的“确定”按钮✔，生成的基准面 1 如图 3-11 所示。

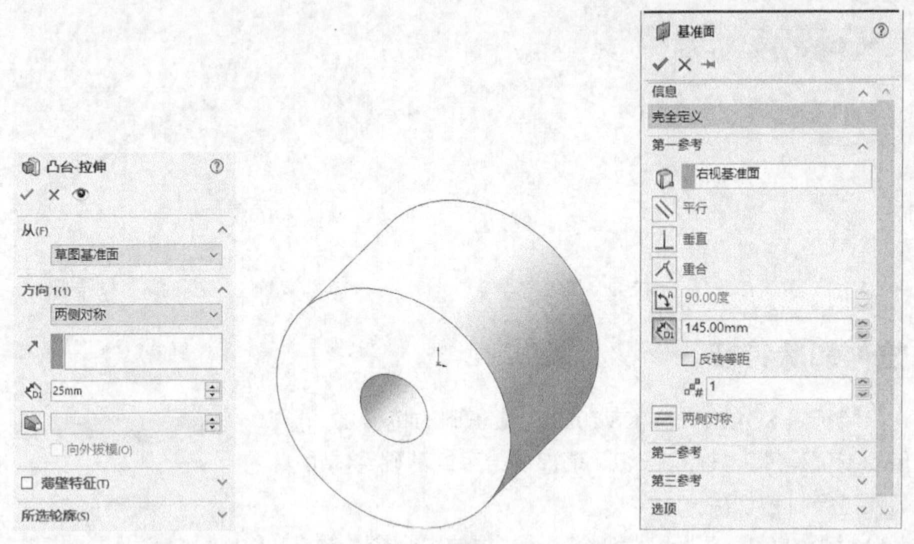

图 3-8 “凸台-拉伸”属性管理器　　图 3-9 拉伸结果　　图 3-10 “基准面”属性管理器

05 绘制草图。在左侧的 FeatureManager 设计树中选择“基准面 1”，将其作为绘制图形的基准面。单击“草图”控制面板中的“圆”按钮，在坐标原点绘制直径为 25mm 的圆，标注尺寸后的草图如图 3-12 所示。

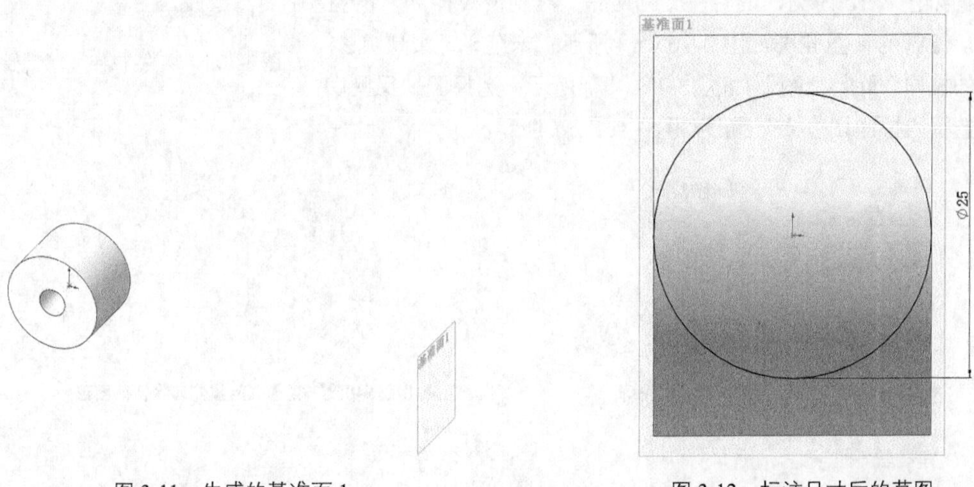

图 3-11 生成的基准面 1　　图 3-12 标注尺寸后的草图

06 拉伸实体。选择菜单栏中的“插入”→“凸台/基础实体”→“拉伸”命令，或者单击“特征”控制面板中的“拉伸凸台/基础实体”按钮，系统弹出图 3-13 所示的“凸台-拉伸”属性管理器。设置拉伸终止条件“成形到一面”，并选择圆柱面，然后单击“确定”按钮✔。结果如图 3-14 所示。

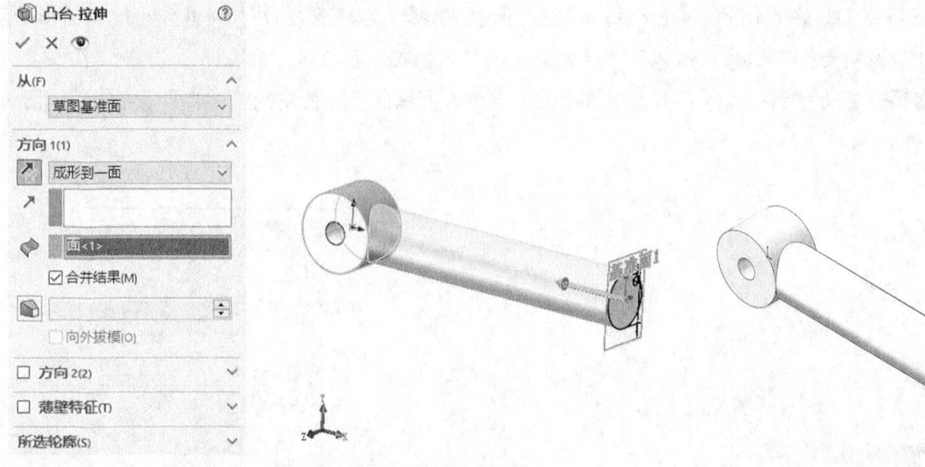

图 3-13 “凸台-拉伸”属性管理器

图 3-14 拉伸实体

3.1.3 拉伸切除特征

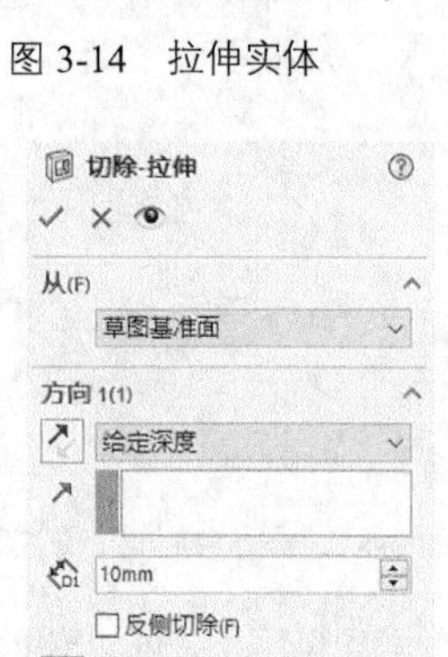

图 3-15 “切除-拉伸”属性管理器

拉伸切除特征是 SOLIDWORKS 2022 中最基础的特征之一，也是最常用的特征建模工具。拉伸切除是指在给定的基础实体上，按照设计需要进行拉伸切除。

选择菜单栏中的“插入”→“切除”→“拉伸”命令，或者单击“特征”控制面板中的“拉伸切除”按钮，系统弹出“切除-拉伸”属性管理器，如图 3-15 所示。从图 3-15 中可以看出，其参数与“拉伸”属性管理器中的参数基本相同。只是增加了“反侧切除”复选框，该选项是指移除轮廓外的所有实体。

下面以图 3-16 为例，说明“反侧切除”复选框拉伸切除的特征效果。绘制的草图轮廓如图 3-16（a）所示；未选择“反侧切除”复选框的拉伸切除特征图形如图 3-16（b）所示；选择了“反侧切除”复选框的拉伸切除特征图形如图 3-16（c）所示。

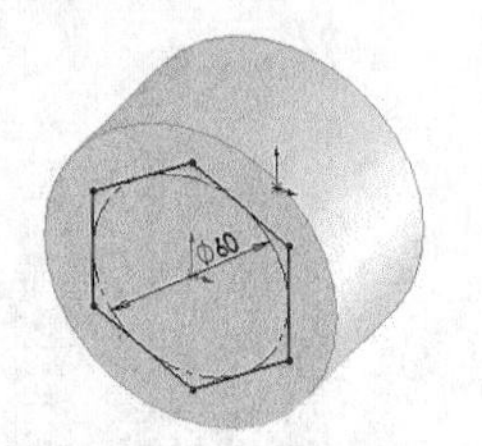

（a）绘制的草图轮廓

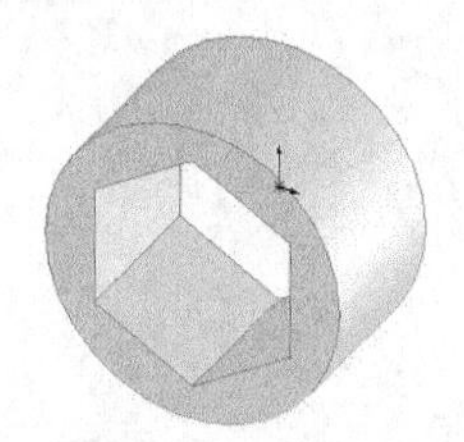

（b）未选择“反侧切除”复选框的拉伸切除特征图形

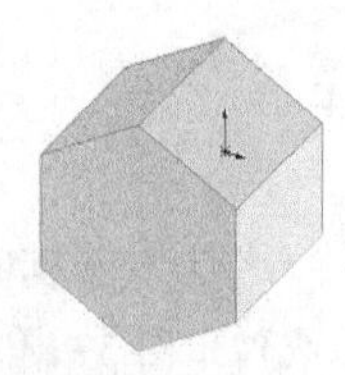

（c）选择了“反侧切除”复选框的拉伸切除特征图形

图 3-16 “反侧切除”复选框的拉伸切除特征

3.2 旋转

旋转特征是由草图截面绕选定的、作为旋转中心的直线或轴线旋转而成的一类特征。通常用户先绘制一个截面，然后确定旋转的中心线。

3.2.1 “旋转”选项说明

单击“特征”控制面板中的“旋转凸台/基础实体”按钮，或选择菜单栏中的“插入”→“凸台/基础实体”→“旋转”命令。系统打开图 3-17 所示的“旋转”属性管理器，其中的可控参数如下。

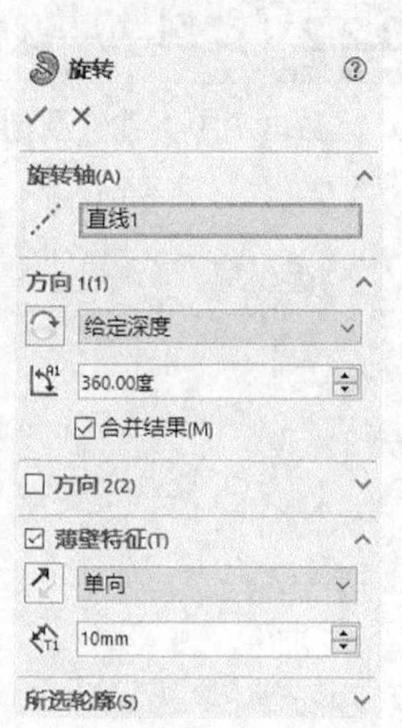

图 3-17 “旋转”属性管理器

1. “旋转”选项组

对旋转特征所需要的参数进行设置。

（1）“旋转轴”：选择一条中心线、直线或一条边线作为旋转特征所绕的轴。

（2）“旋转类型”：可以选择“给定深度”“两侧对称”选项，对所选草图轮廓进行旋转，如图 3-18 所示。

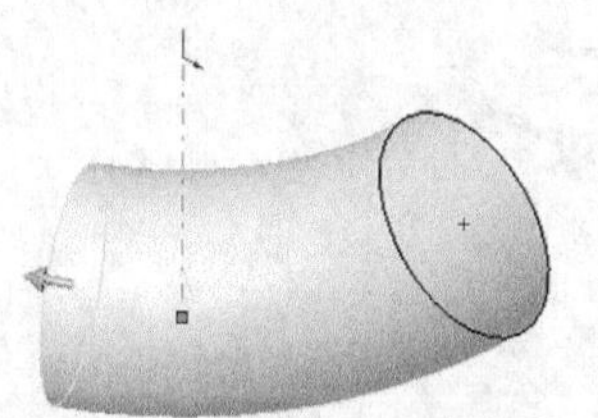

图 3-18 旋转类型

（3）“反向”按钮：用于反转旋转方向。

（4）“角度”：定义旋转所包罗的角度。默认的角度为 360 度。角度以顺时针方向从所选草图中测量。

（5）“合并结果”复选框：在勾选时将所产生的实体与现有实体合并。如果不选择该复选框，特征将生成一个不同实体。

2. “薄壁特征”选项组

与拉伸薄壁特征一样，该选项组可以用来生成旋转薄壁特征，如图 3-19 所示。

（1）“类型”：定义厚度的方向。包括“单向”“两侧对称”“双向”。

（2）“方向 1 厚度”：为单向和两侧对称薄壁特征旋转设定薄壁体积厚度。

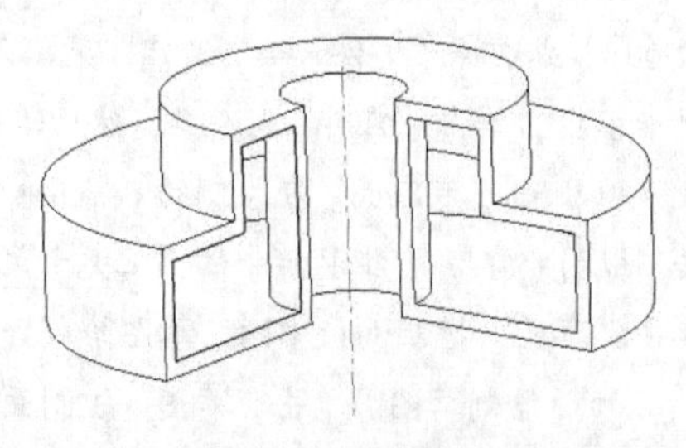

图 3-19 薄壁旋转

3. “所选轮廓”选项组

在图形区域中可以选择部分草图轮廓或模型边线，将其作为旋转草图轮廓进行旋转。

3.2.2 实例——铆钉

在本例中，我们要创建的铆钉如图 3-20 所示。

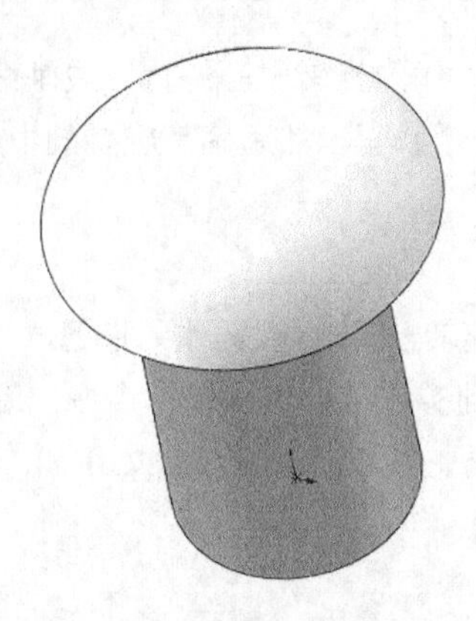

图 3-20 铆钉

思路分析

首先绘制草图，然后通过旋转创建铆钉。创建的流程如图 3-21 所示。

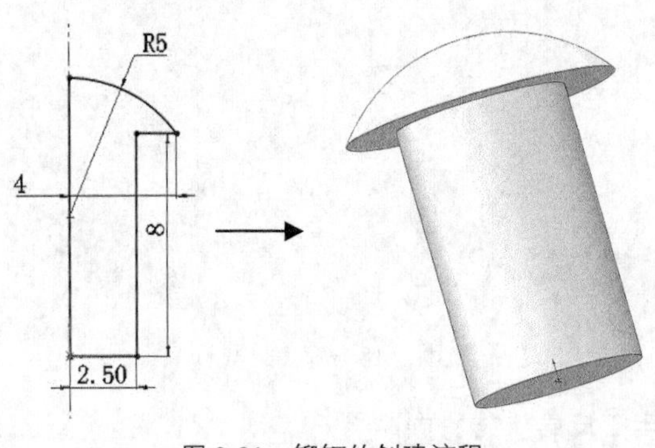

图 3-21 铆钉的创建流程

创建步骤

01 新建文件。启动 SOLIDWORKS 2022，单击“快速访问”工具栏中的“新建”按钮，或选择“文件”→“新建”菜单命令，在弹出的“新建 SOLIDWORKS 文件”对话框中，单击“零件”按钮，然后单击“确定”按钮，新建一个零件文件。

02 设置基准面。在左侧的 FeatureManager 设计树中选择“前视基准面”，然后单击“视图（前导）”工具栏中的“正视于”按钮，将该基准面作为绘制图形的基准面。单击“草图”控制面板中的“草图绘制”按钮，进入草图绘制状态。

03 绘制草图。单击“草图”控制面板中的“中心线”按钮、“直线”按钮和“圆心/起/终点画弧（T）”按钮，绘制图 3-22 所示的草图并标注尺寸。

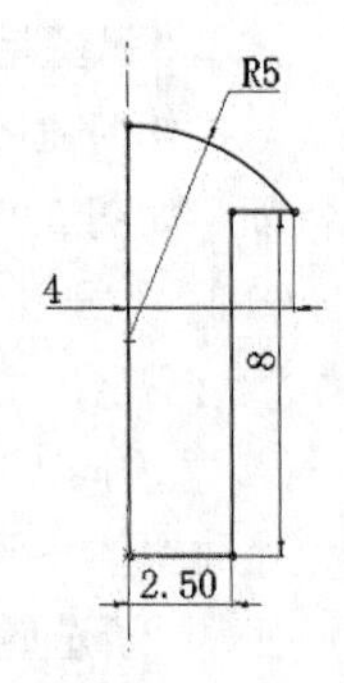

图 3-22 草图

04 旋转实体。选择“插入”→“凸台/基础实体”→“旋转”菜单命令，或者单击“特征”控制面板中的“旋转凸台/基础实体”按钮，系统弹出图 3-23 所示的“旋转”属性管理器。设置旋转类型“给定深度”，在“旋转角度”文本框中输入“360”，其他采用默认设置，单击“确定”按钮，结果如图 3-24 所示。

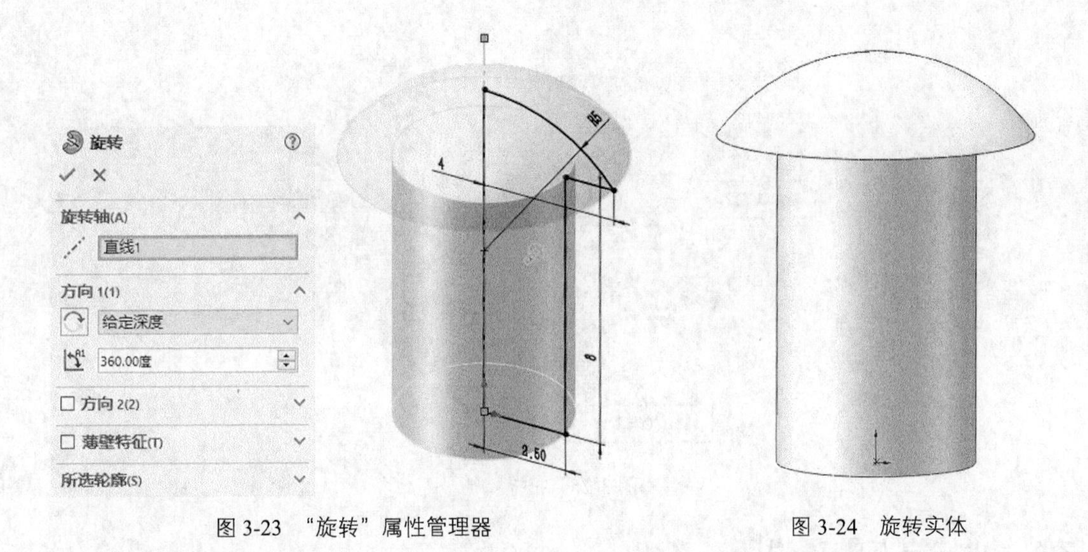

图 3-23 “旋转”属性管理器　　　　图 3-24 旋转实体

3.2.3 旋转切除特征

旋转切除特征是指在给定的基础实体上，按照设计需要进行旋转切除。

单击“特征”控制面板中的“旋转切除”按钮，或选择菜单栏中的“插入”→“切除”→“旋转”命令。系统打开图 3-25 所示的“切除-旋转”属性管理器。

旋转切除与旋转特征的基本要素、参数类型和参数含义完全相同，这里不再赘述，请参考旋转特征的相应介绍。

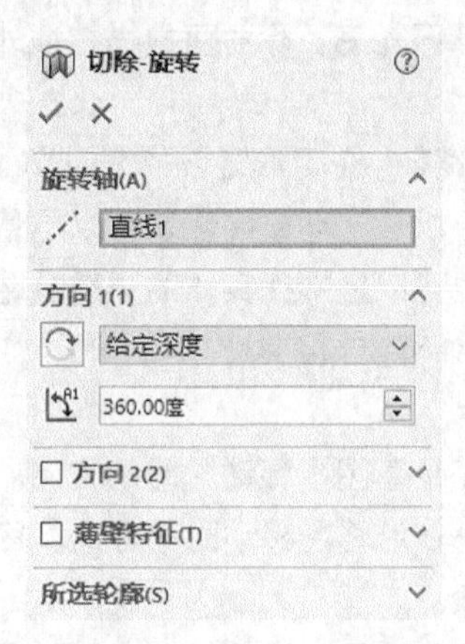

图 3-25 “切除-旋转”属性管理器

3.3 扫描

扫描：以两个不共面、也不平行的草图为基础，将一个草图作为截面轮廓，将另一个草图作为扫描路径，截面轮廓沿扫描路径“移动”，终止于路径的两个端点。其轨迹即为特征实体，如图 3-26 所示。

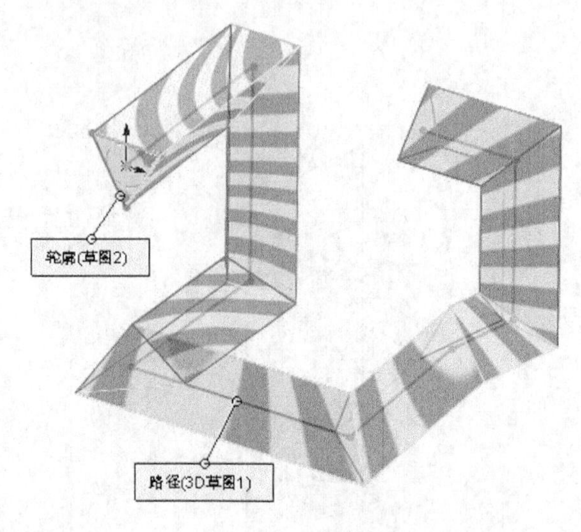

图 3-26　扫描特征

3.3.1　“扫描”选项说明

单击“特征”控制面板中的“扫描”按钮，或选择菜单栏中的“插入”→“凸台/基础实体”→“扫描”命令。系统打开图 3-27 所示的“扫描”属性管理器，其中的可控参数如下。

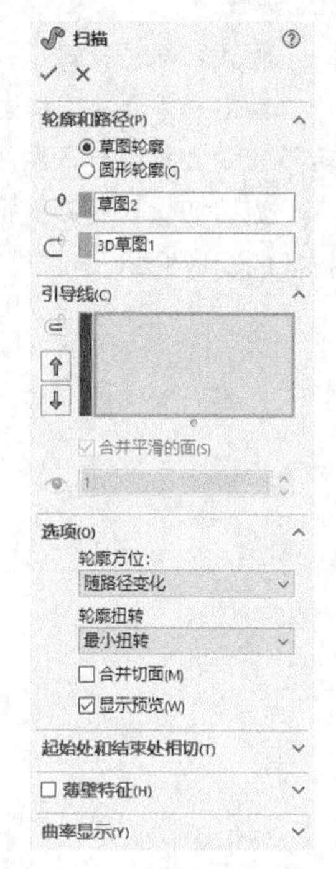

图 3-27　“扫描”属性管理器

1. “轮廓和路径”选项组

使用轮廓和路径生成扫描。

（1）“轮廓”：设定用来生成扫描的草图轮廓（截面）。在图形区域或 FeatureManager 设计树中选取草图轮廓。除曲面扫描特征外，轮廓草图应为闭环并且不能自相交叉。

（2）“路径”：设定轮廓扫描的路径。在图形区域或 FeatureManager 设计树中选取路径草图。路径草图可以是开环或闭环，可以是草图中的一组直线、曲线或三维草图曲线，也可以是特征实体的边线。路径的起点必须位于轮廓草图的基准面上，且不能自相交叉。

2. “选项”选项组

扫描选项用来控制轮廓草图沿路径草图“移动”时的方向。

（1）“轮廓方位”：控制截面轮廓在沿路径移动时的方向。包括两种方式，即随路径变化和保持方向不变。

（2）“轮廓扭转”：在“轮廓方位”选择“随路径变化”时可用。当路径上出现少许波动和不均匀波动，轮廓不能对齐时，可以将轮廓稳定下来。包括无、最小扭转、指定方向向量、指定扭转值、与相邻面相切、自然、随路径和第一引导线变化及随第一引导线和第二引导线变化等选项。

3. “引导线”选项组

引导线用来在截面轮廓沿路径移动时加以引导。

（1）“引导线”：在图形区域中选择引导线。

（2）“移动”：上移和下移。调整引导线的顺序。

4. “起始处/结束处相切”选项组

设置当轮廓草图沿路径草图移动时，起始处和结束处的处理方式。

5. “薄壁特征”选项组

控制扫描薄壁的厚度，从而生成薄壁扫描特征。

3.3.2 实例——弯管

在本例中，我们要创建的弯管如图 3-28 所示。

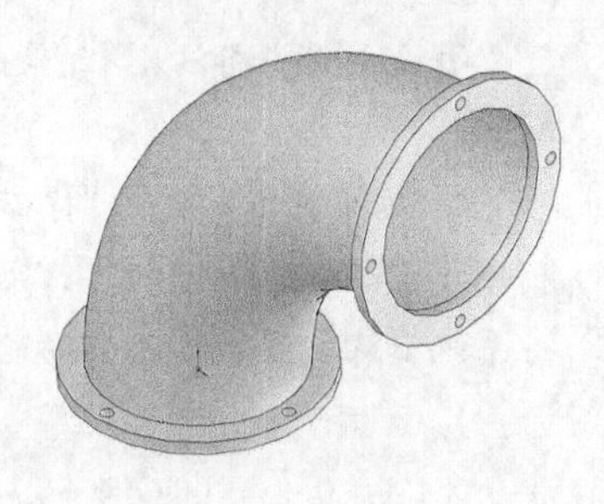

图 3-28 弯管

思路分析

本例通过扫描工具来创建一个钢管转弯部位的模型，这种弯管一般用于水泵的出水口位置，使水流转向，如图 3-29 所示。

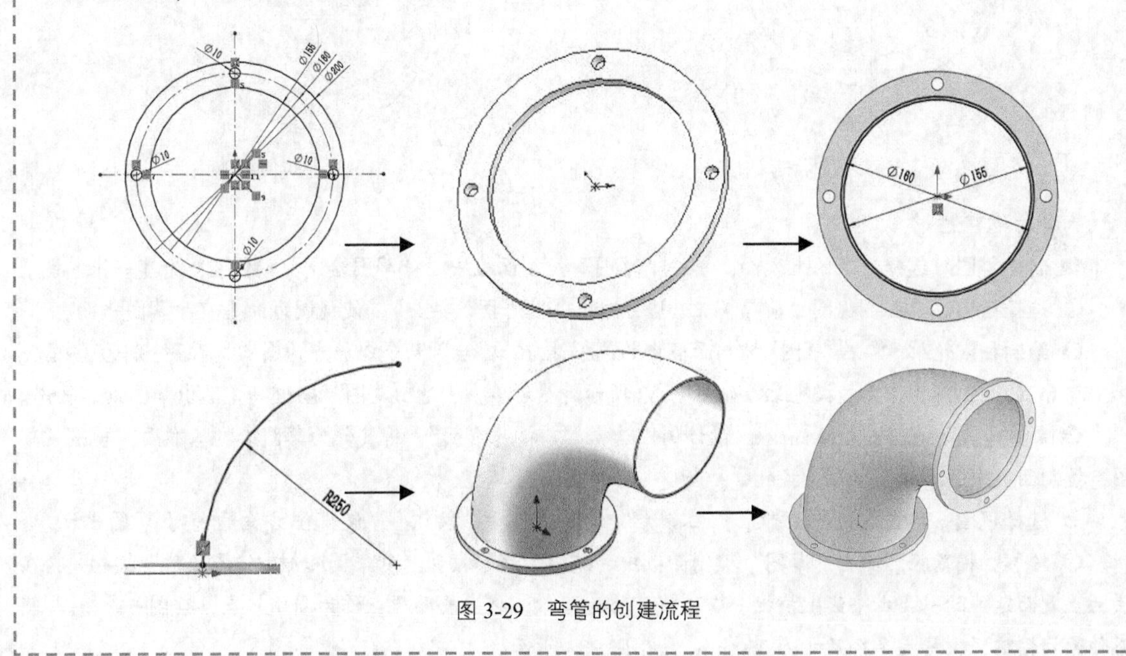

图 3-29 弯管的创建流程

创建步骤

01 创建一端法兰

❶ 新建文件。启动 SOLIDWORKS 2022，选择菜单栏中的“文件”→“新建”命令，或单击“快速访问”工具栏中的“新建”按钮，在弹出的“新建 SOLIDWORKS 文件”对话框中，单击“零件”按钮，然后单击“确定”按钮，新建一个零件文件。

❷ 新建草图。在 FeatureManager 设计树中选择“上视基准面”，将其作为草图绘制基准面，单击“草图”控制面板中的“草图绘制”按钮，新建一张草图。

❸ 选择视图。单击“视图（前导）”工具栏中的“正视于”按钮，使视图方向垂直于草图平面。

❹ 绘制中心线。单击“草图”控制面板中的“中心线”按钮，过原点绘制两条相互垂直的中心线。

❺ 绘制圆。单击“草图”控制面板中的“圆”按钮，绘制一个以原点为圆心、直径为 180mm 的圆，将其作为构造线。

❻ 绘制圆并标注尺寸。单击“草图”控制面板中的“圆”按钮⊙，绘制法兰草图并标注尺寸，如图 3–30 所示。

❼ 拉伸实体。单击“特征”控制面板中的“拉伸凸台/基础实体”按钮，在弹出的“凸台–拉伸”属性管理器中将拉伸的终止条件设置为“给定深度”，在“深度”文本框中输入“10”，其他选项保持系统默认设置，单击“确定”按钮✔，完成法兰的创建，如图 3–31 所示。

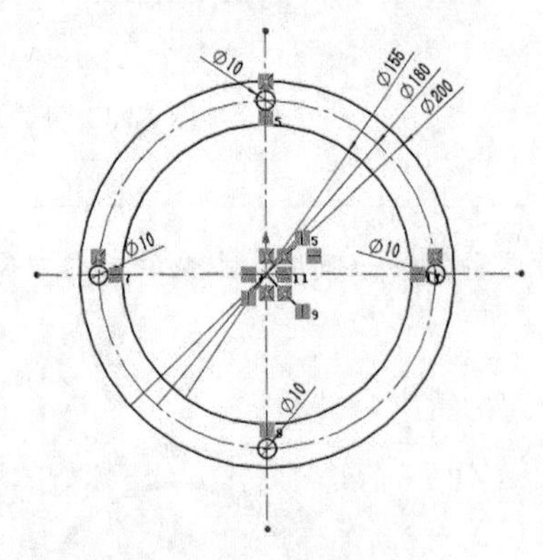

图 3-30　绘制圆并标注尺寸

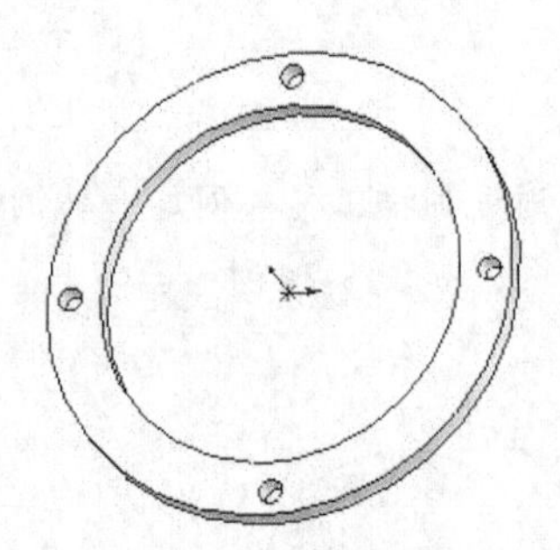

图 3-31　拉伸实体

02 扫描弯管

❶ 新建草图。选择法兰的上表面，单击“草图”控制面板中的“草图绘制”按钮，新建一张草图。

❷ 选择视图。单击“视图（前导）”工具栏中的“正视于”按钮，使视图方向垂直于草图平面。

❸ 绘制扫描轮廓。单击“草图”控制面板中的“圆”按钮⊙，绘制两个以原点为圆心，直径分别为 160mm 和 155mm 的圆，将其作为扫描轮廓，如图 3–32 所示。然后单击“退出草图”按钮，退出草图绘制状态。

❹ 新建草图。在 FeatureManager 设计树中选择“前视基准面”，将其作为草图绘制基准面，单击“草图”控制面板中的“草图绘制”按钮，新建一张草图。

❺ 选择视图。单击“视图（前导）”工具栏中的“正视于”按钮，使视图方向垂直于草图平面。

❻ 绘制扫描路径。单击“草图”控制面板中的“中心线”按钮和“圆心/起/终点画弧”按钮，在法兰上表面延伸的一条水平线上捕捉一点，将其作为圆心，将上表面原点作为圆弧起点，绘制一个 1/4 圆弧作为扫描路径，标注半径尺寸为 250mm，如图 3–33 所示。

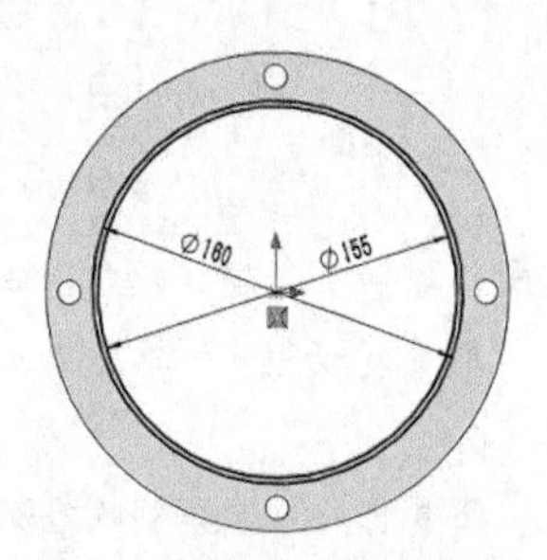

图 3-32　绘制扫描轮廓

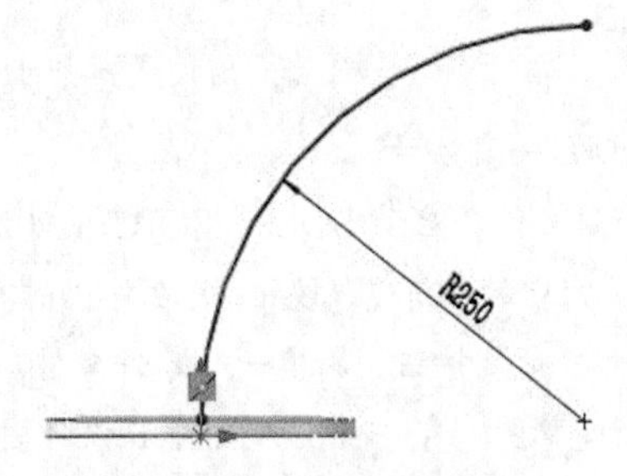

图 3-33　绘制扫描路径

❼ 扫描弯管。单击“特征”控制面板中的“扫描”按钮，系统弹出“扫描”属性管理器；选择步骤❸中绘制的草图，将其作为扫描轮廓，选择步骤❻中绘制的草图，将其作为扫描路径，如图 3–34 所示，单击“确定”按钮✔，生成弯管，如图 3–35 所示。

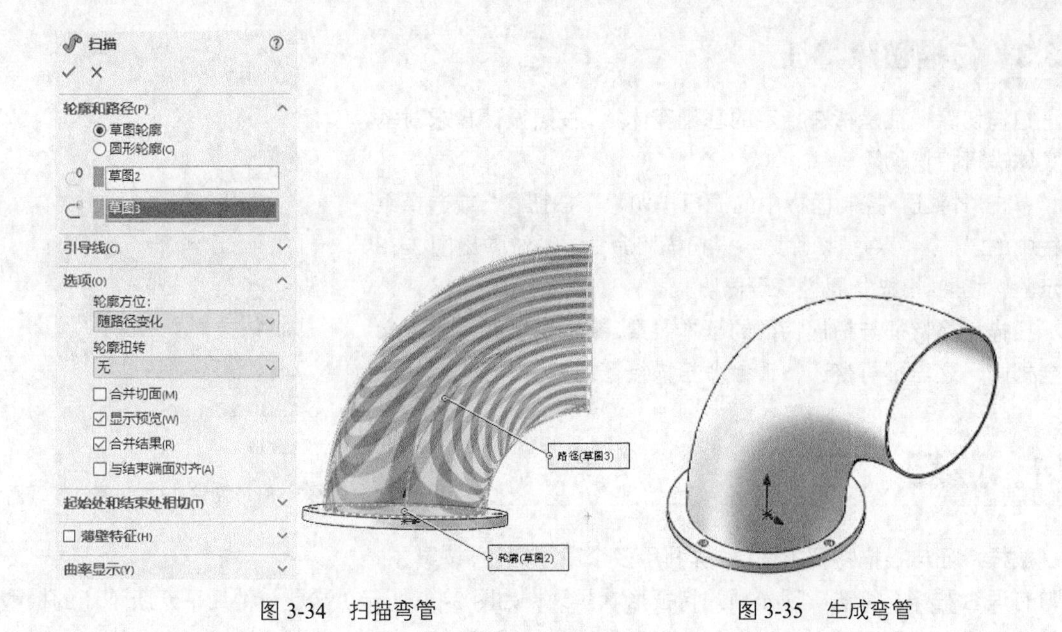

图 3-34　扫描弯管　　　　图 3-35　生成弯管

03 创建另一端法兰

❶ 新建草图。选择弯管的另一端面，单击“草图”控制面板中的“草图绘制”按钮，新建一张草图。

❷ 设置视图方向。单击“视图（前导）”工具栏中的“正视于”按钮，使视图方向垂直于草图平面。

❸ 绘制另一端法兰草图。重复 01 中绘制法兰的步骤❹～❻，绘制另一端的法兰草图，如图 3-36 所示。

❹ 拉伸生成实体。单击“特征”控制面板中的“拉伸凸台/基础实体”按钮，在“凸台-拉伸”属性管理器中将拉伸的终止条件设置为“给定深度”，在“深度”文本框中输入“10”，其他选项保持系统默认设置，单击“确定”按钮，完成法兰的创建。

❺ 保存文件。单击“快速访问”工具栏中的“保存”按钮，将零件保存为“弯管.sldprt”，最终效果如图 3-37 所示。

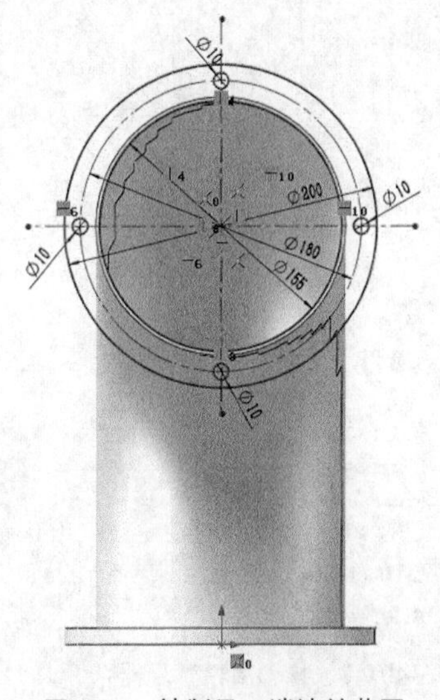

图 3-36　绘制另一端法兰草图

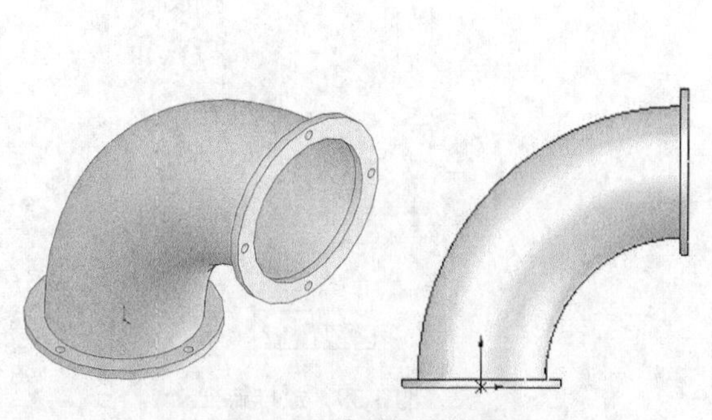

图 3-37　弯管最终效果

3.3.3 扫描切除特征

扫描切除特征是指在指定的基础实体上，按照设计需求对基础实体进行扫描切除。

单击“特征”控制面板中的“扫描切除”按钮，或选择菜单栏中的“插入”→“切除”→“扫描”命令。系统弹出图 3-38 所示的“切除-扫描”属性管理器。

扫描切除特征与扫描特征的基本要素、参数类型和参数含义完全相同，这里不再赘述，请参考扫描特征的相应介绍。

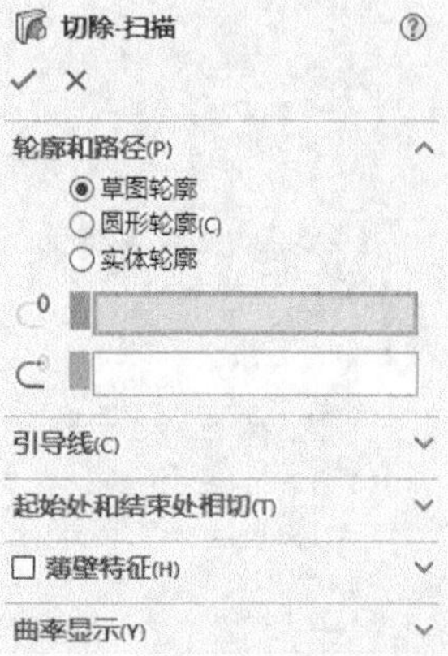

图 3-38 “切除-扫描”属性管理器

3.4 放样

放样特征与扫描特征不同，放样利用多个草图截面，按照“非均匀有理 B 样条”算法实现光顺的特征形状呈现，如图 3-39 所示。这是一种几乎无所不能的模型构建方法。用户利用这种方法可以创建出足够密集的截面草图，且结果十分精确。由于模型由各个草图截面的法向截面组成，从而该特征可实现参数化驱动；而这些截面草图又是基于同样多的可参数化的工作面所确定的草图面，因此整个特征是可参数化的。

3.4.1 “放样”选项说明

单击“特征”控制面板中的“放样凸台/基础实体”按钮，或选择菜单栏中的“插入”→“凸台/基础实体”→“放样”命令。系统打开图 3-40 所示的“放样”属性管理器，其中的可控参数如下。

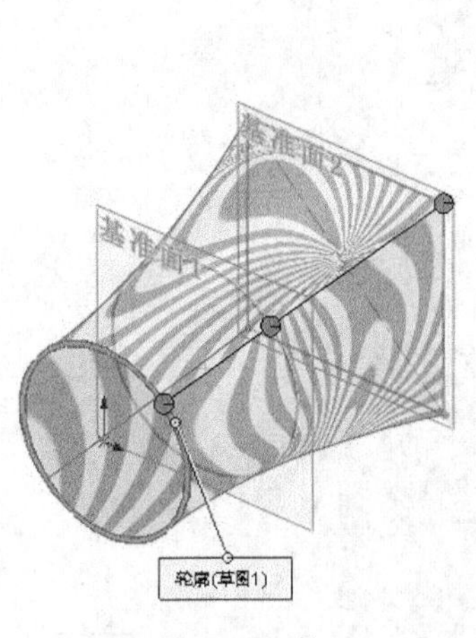

图 3-39 放样特征

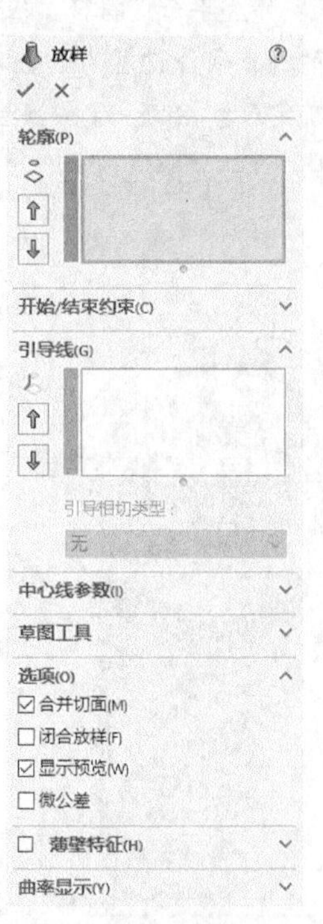

图 3-40 “放样”属性管理器

1. “轮廓”选项组

决定用来生成放样的轮廓。

（1）“轮廓”：选择要连接的草图轮廓、面或边线。放样根据轮廓选择的顺序而生成，对于每个轮廓，用户都需要选择想要放样路径经过的点。

（2）“移动”：上移和下移。调整轮廓的顺序。

2. “开始/结束约束”选项组

对轮廓草图的光顺过程应用约束，以控制开始和结束轮廓的相切。

3. “引导线”选项组

设置放样引导线，从而使轮廓截面依照引导线的方向进行放样。

（1）“引导线”：通过选择引导线来控制放样。

（2）“移动”：上移和下移。调整引导线的顺序。

4. “中心线参数”选项组

设置放样引导线，从而使轮廓截面依照引导线的方向进行放样。

（1）“中心线”：使用中心线引导放样形状。在图形区域中选择一种草图。

（2）“截面数”：在轮廓之间并绕中心线添加截面。通过移动滑杆来调整截面数。

5. “草图工具”选项组

使用 SelectionManager 以帮助选取草图实体。

“拖动草图”：激活拖动模式。当编辑放样特征时，可从任何已为放样定义了轮廓线的 3D 草图中拖动任何 3D 草图线段、点、或基准面。3D 草图在被拖动时更新。也可编辑 3D 草图以使用尺寸标注工具来标注轮廓线的尺寸。

6. “选项”选项组

控制放样的显示形式。

7. “薄壁特征”选项组

控制放样薄壁的厚度，从而生成薄壁放样特征。

上面所讲述的 4 个特征都是凸台/基础实体特征，对应的还有拉伸切除、旋转切除、扫描切除和放样切除，用来对实体进行切除，其设置与凸台相同。

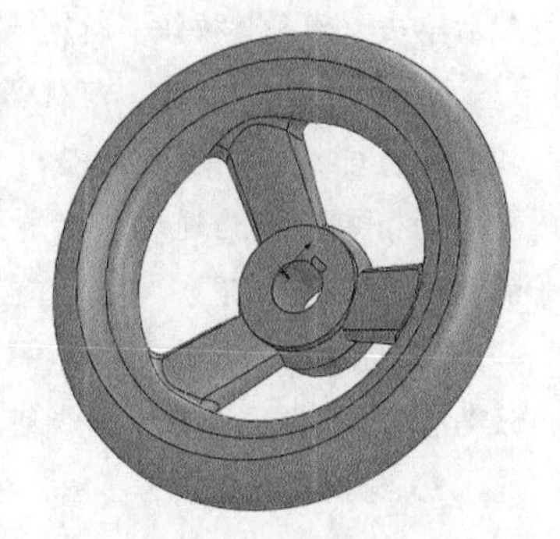

图 3-41　圆轮缘手轮

3.4.2 实例——圆轮缘手轮

在本例中，我们要创建的圆轮缘手轮如图 3-41 所示。

思路分析

操作件是用来操纵仪器、设备、机器等的一种常用零件，如手柄、手轮、扳手等。它们的结构和外形应满足操作方便、安全、美观、轻便等要求。

操作件已部分标准化，大多可直接外购，有时也需要自行建模绘制图样，进行加工制造。有时用到非标准的操作件，则需要绘制其零件图。

本例通过创建一个典型的操作件类零件——圆轮缘手轮，来介绍操作件类零件的建模方法。圆轮缘手轮的创建流程如图 3-42 所示。

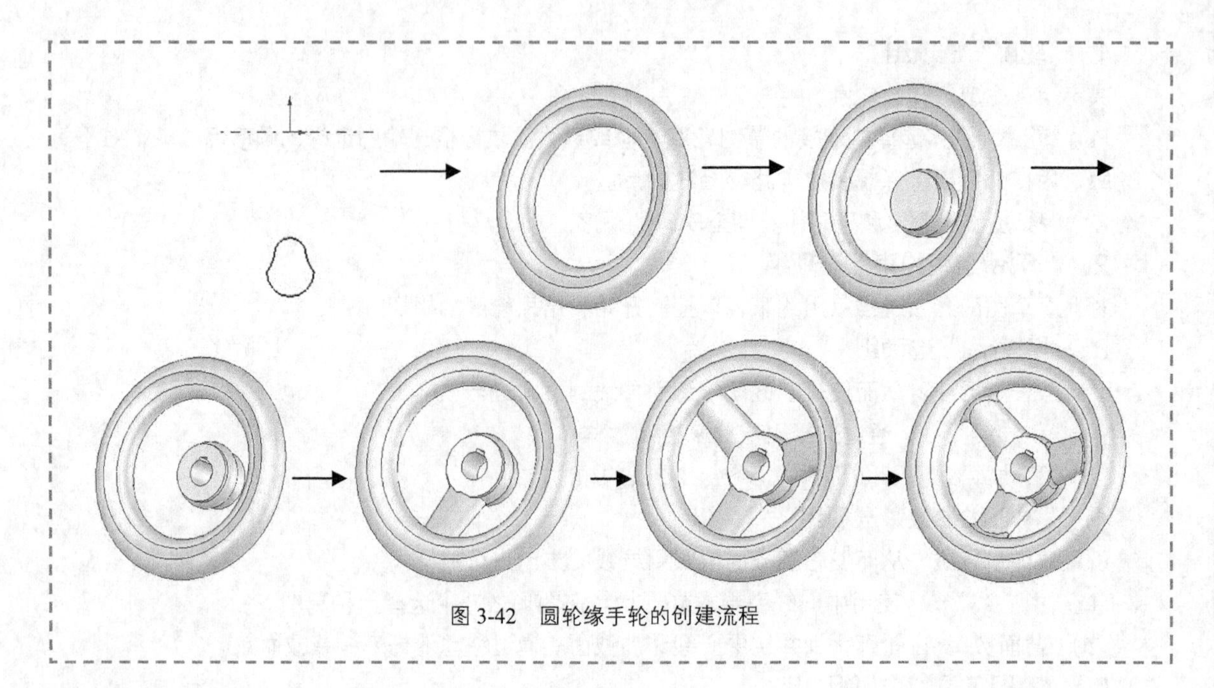

图 3-42 圆轮缘手轮的创建流程

创建步骤

01 创建圆轮

❶ 新建文件。启动 SOLIDWORKS 2022，单击“快速访问”工具栏中的“新建”按钮，或选择菜单栏中的“文件”→“新建”命令，在弹出的“新建 SOLIDWORKS 文件”对话框中，单击“零件”按钮，然后单击“确定”按钮，新建一个零件文件。

❷ 新建草图。将“前视基准面”作为草图绘制平面，单击“草图”控制面板中的“草图绘制”按钮，进入草图绘制状态；单击“草图”控制面板中的“中心线”按钮，绘制 4 条中心线，其中，两条中心线为通过坐标原点的水平中心线和竖直中心线，第 3、4 条为水平中心线（位于过原点的水平中心线之下）。

❸ 标注尺寸。单击“草图”控制面板中的“智能尺寸”按钮，将第 3 条中心线到坐标原点的距离标注为 37mm，将第 4 条中心线到坐标原点的距离标注为 42.50mm。

❹ 绘制圆。单击“草图”控制面板中的“圆”按钮，分别以第 3、4 条中心线与竖直中心线的交点为圆心绘制圆。

❺ 裁剪曲线。单击“草图”控制面板中的“剪裁实体”按钮，将两个圆裁剪为上、下两个半圆。

❻ 添加智能尺寸。单击“草图”控制面板中的“智能尺寸”按钮，将两个圆弧的半径分别标注为 5mm 和 7.5mm，如图 3–43 所示。

❼ 绘制圆弧。单击“草图”控制面板中的“3 点圆弧”按钮，以两圆的两个端点为圆弧起点和终点，以任意点为圆心绘制两段圆弧。

❽ 添加智能尺寸。单击“草图”控制面板中的“智能尺寸”按钮，将所绘制圆弧的半径标注为 12mm，得到的圆轮草图如图 3–44 所示。

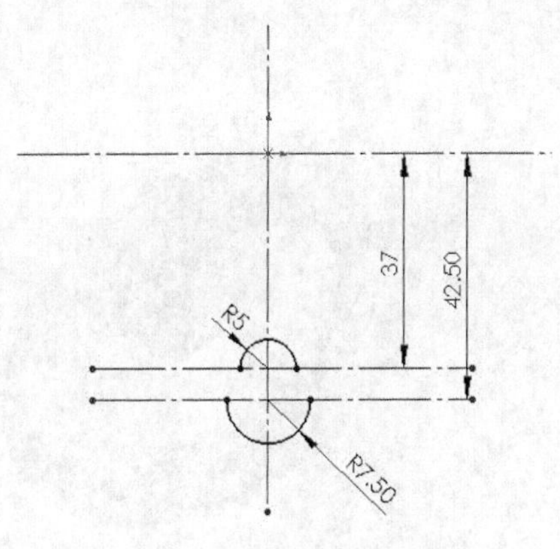

图 3-43　添加智能尺寸

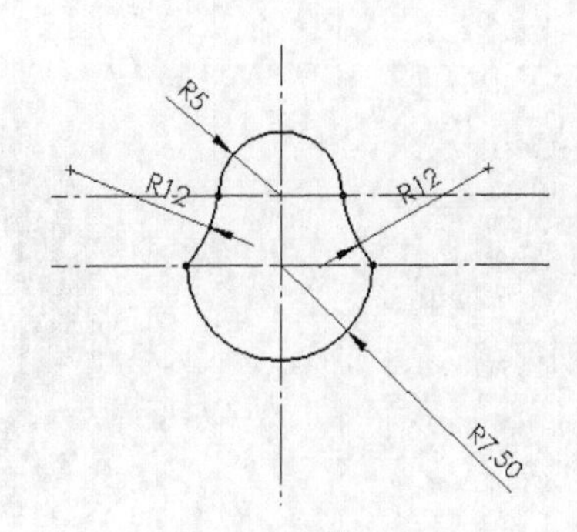

图 3-44　圆轮草图

❾ 创建圆轮。单击“特征”控制面板中的“旋转凸台/基础实体”按钮，系统弹出“旋转”属性管理器；在绘图区选择通过坐标原点的中心线，将其作为旋转轴，选择旋转类型为“给定深度”，在“角度”文本框中输入“360”，其他选项设置如图 3–45 所示，单击“确定”按钮，完成圆轮的创建。结果如图 3–46 所示。

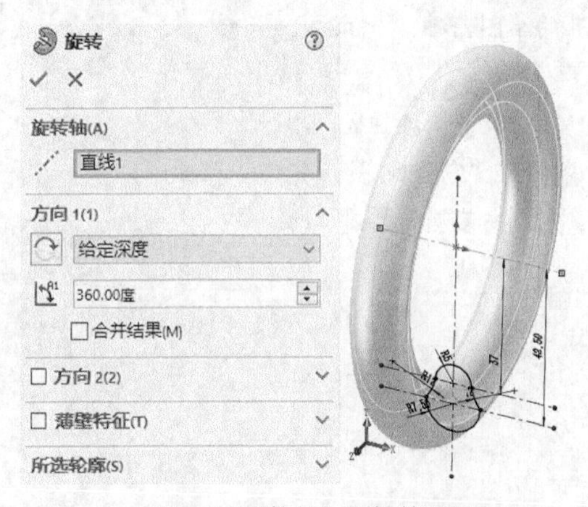

图 3-45　“旋转”属性管理器

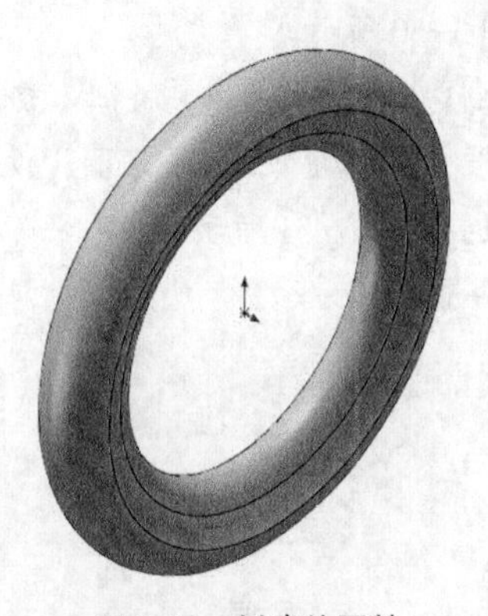
图 3-46　创建的圆轮

02 创建安装座

❶ 新建草图。选择“前视基准面”，将其作为草图绘制平面，单击“草图”控制面板中的“草图绘制”按钮，进入草图绘制状态。

❷ 绘制中心线。单击“草图”控制面板中的“中心线”按钮，绘制一条过坐标原点的水平中心线，将其作为旋转轴。

❸ 绘制草图轮廓。利用草图工具绘制旋转特征的草图轮廓，标注草图轮廓的尺寸，如图 3–47 所示。

❹ 创建安装座基础实体。单击“特征”控制面板中的“旋转凸台/基础实体”按钮，系统弹出“旋转”属性管理器；在绘图区选择过坐标原点的中心线，将其作为旋转轴，选择旋转类型“给定深度”，在“角度”文本框中输入“360”，其他选项设置如图 3–48 所示；单击“确定”按钮，完成安装座基础实体的创建。结果如图 3–49 所示。

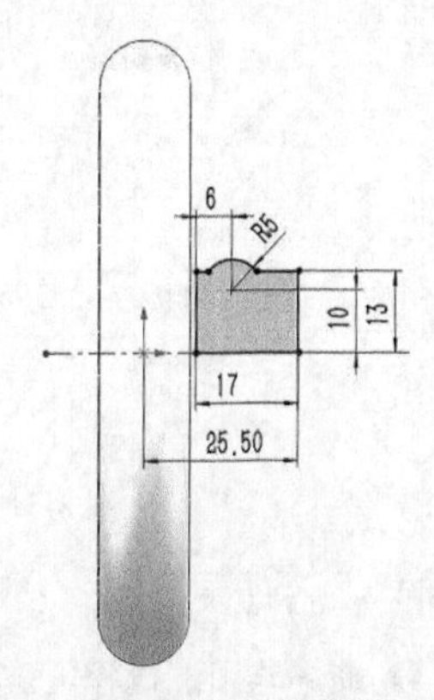

图 3-47　绘制草图轮廓并标注尺寸

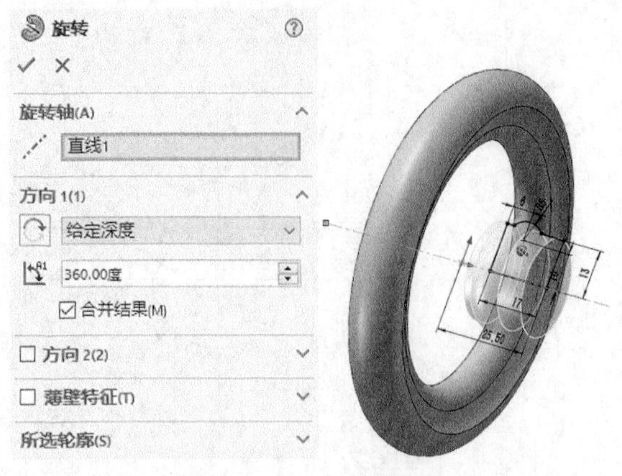

图 3-48 “旋转”属性管理器

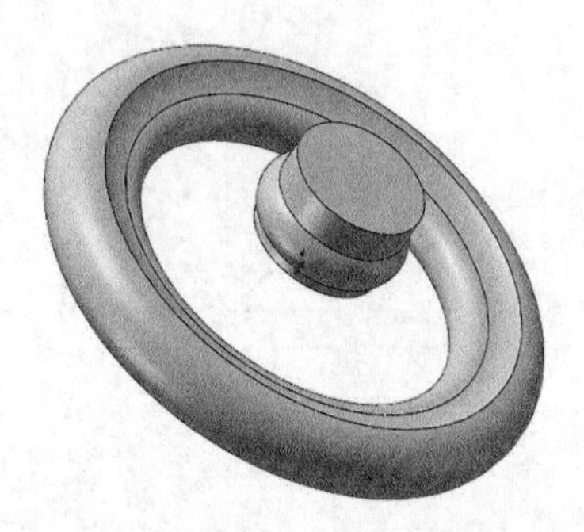

图 3-49 创建的安装座基础实体

❺ 新建草图。选择图 3-44 中安装座的顶端面，单击“草图”控制面板中的“草图绘制”按钮，在其上新建一张草图。单击“视图（前导）”工具栏中的“正视于”按钮，使视图方向垂直于该草图平面，以方便绘制草图。

❻ 绘制安装孔草图。利用草图工具绘制安装孔的草图轮廓，并标注尺寸，如图 3-50 所示。

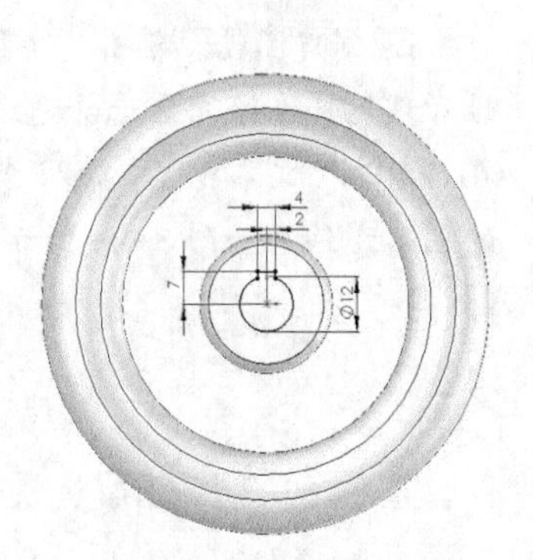

图 3-50 绘制安装孔草图

❼ 创建安装座。单击“特征”控制面板中的“拉伸切除”按钮，系统弹出“切除-拉伸”属性管理器；设置切除终止条件为“完全贯穿”，其他选项设置如图 3-51 所示，单击“确定”按钮，完成安装座的创建。结果如图 3-52 所示。

图 3-51 “切除-拉伸”属性管理器

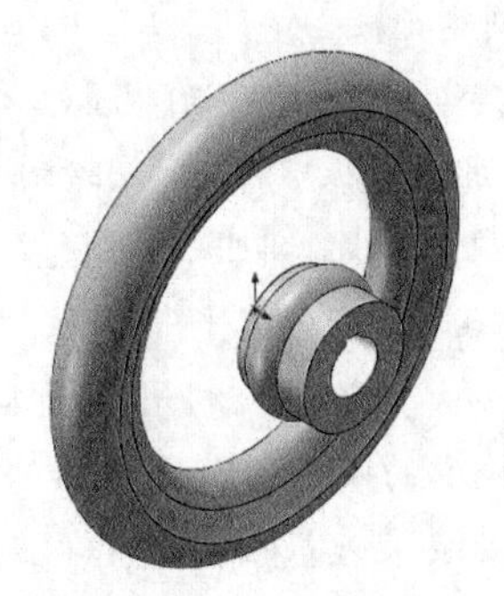

图 3-52 创建的安装座

03 创建轮辐

❶ 新建草图。选择“前视基准面”，将其作为草图绘制平面，单击“草图”控制面板中的“草图绘制”按钮，进入草图绘制状态。

❷ 绘制轮辐草图 1。单击“视图（前导）”栏中的“隐藏线可见”按钮，将模型转换到隐藏线可见状

态。按住<Ctrl>键，选择圆轮的内圆弧和安装座的外圆弧，单击“草图”控制面板中的“转换实体引用”按钮，将选中的轮廓边线转换为图素。单击“草图”控制面板中的“中心线”按钮，绘制一条以两个圆弧的圆心为端点的线段，如图 3–53 所示；然后单击“视图（前导）”栏中的“带边线上色”按钮，将模型转换到“带边线上色”状态。选择菜单栏中的“插入”→“退出草图”命令，完成轮辐草图 1 的绘制。

❸ 变换视角。单击“视图（前导）”工具栏中的“等轴测”按钮，以等轴测视图观察模型；如果在绘图区看不到所绘制的草图，可以选择菜单栏中的“视图”→“隐藏/显示（H）”→“草图”命令，从而显示草图。

❹ 创建基准面 1。单击“特征”控制面板“参考几何体”下拉列表中的“基准面”按钮，系统弹出“基准面”属性管理器，在绘图区选择所绘制的中心线和草图中圆轮圆弧的圆心，此时系统会自动激活“垂直”按钮和“重合”按钮，如图 3–54 所示；单击“确定”按钮，创建通过所选圆弧圆心点并垂直于所选中心线的基准面 1。

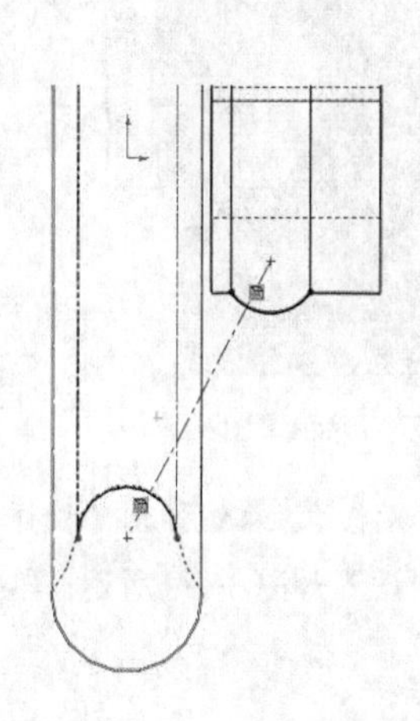

图 3-53　绘制轮辐草图 1

图 3-54　创建基准面 1

❺ 创建基准面 2。单击“特征”控制面板“参考几何体”工具栏中的“基准面”按钮，系统弹出“基准面”属性管理器，然后在绘图区选择草图中安装座圆弧的圆心和所绘制的中心线。单击“确定”按钮，创建通过所选圆弧圆心并垂直于所选中心线的基准面 2，结果如图 3–55 所示。

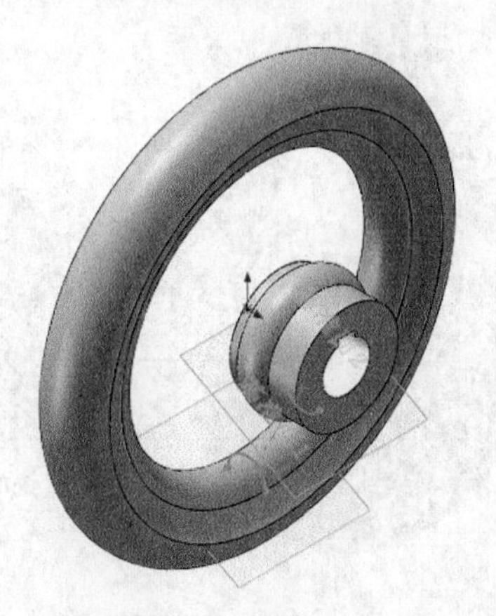

图 3-55　基准面 2

❻ 新建草图。将“基准面 1”作为草绘平面，单击“草图”控制面板中的“草图绘制”按钮，在其上新建一张草图；单击“视图（前导）”工具栏中的“正视于”按钮，正视于基准面 1，以方便绘制草图。

❼ 绘制轮辐草图 2。利用草图工具绘制图 3−56 所示的草图轮廓；单击菜单栏中的“插入”→“退出草图”命令，完成轮辐草图 2 的绘制。

❽ 新建草图。选择基准面 2，将其作为草图绘制平面，单击“草图”控制面板中的“草图绘制”按钮，在其上新建一张草图；单击“视图（前导）”工具栏中的“正视于”按钮，正视于基准面 2，以方便绘制草图。

❾ 绘制轮辐草图 3。利用草图工具绘制图 3−57 所示的草图轮廓；选择菜单栏中的“插入”→“退出草图”命令，完成轮辐草图 3 的绘制。

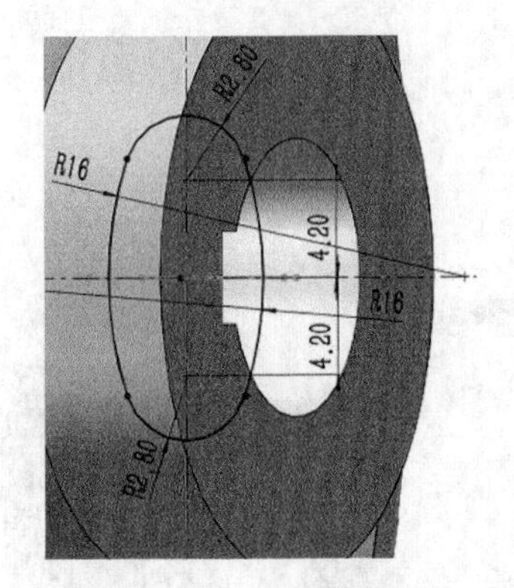

图 3-56　轮辐草图 2

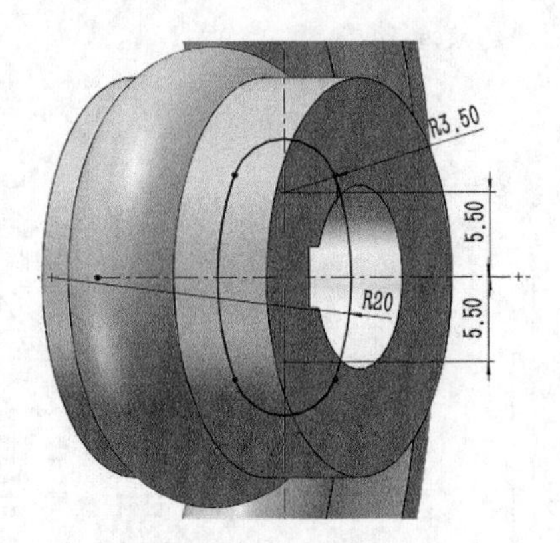

图 3-57　轮辐草图 3

❿ 创建放样特征。单击“特征”控制面板中的“放样凸台/基础实体”按钮，系统弹出“放样”属性管理器；在绘图区选择刚刚绘制的两个草图，将其作为放样轮廓，其他选项设置如图 3−58 所示，单击“确定”按钮，完成放样特征的创建。

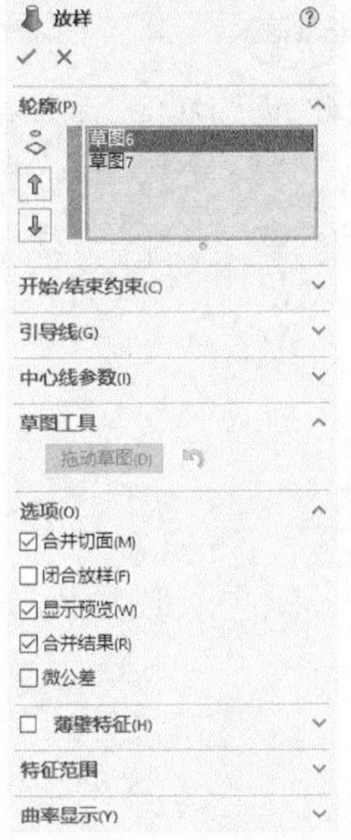

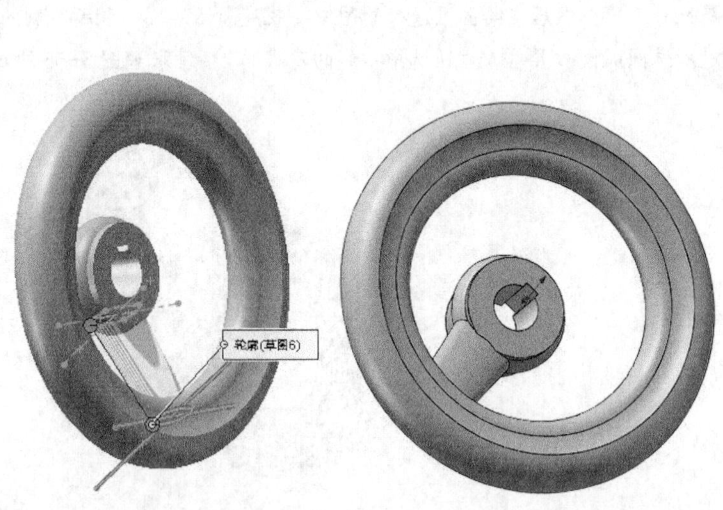

图 3-58　创建放样特征

⓫ 显示临时轴。选择菜单栏中的“视图”→“隐藏/显示（H）”→“临时轴”命令，在绘图区显示临时轴，为圆周阵列特征进行准备。

⓬ 创建圆周阵列特征。单击“特征”控制面板中的“圆周阵列”按钮，系统弹出“阵列（圆周）1”属性管理器，选择圆轮的旋转临时轴，将其作为阵列轴，在“实例数”文本框中设置实例数为“3”，单击“要阵列的特征”选项框，然后在绘图区选择放样特征作为要阵列的特征，其他选项设置如图 3-59 所示；单击“确定”按钮，创建圆周阵列特征，完成轮辐的创建。

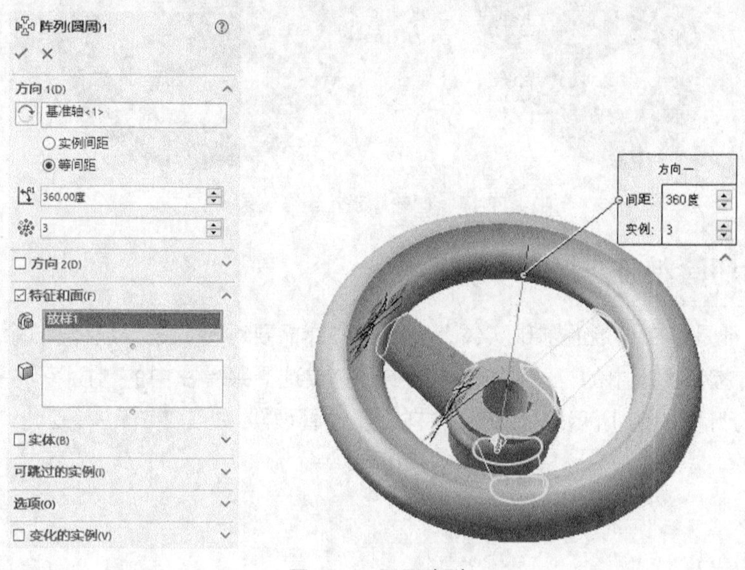

图 3-59　圆周阵列

04 创建圆角

❶ 创建圆角特征。单击“特征”控制面板中的“圆角”按钮，系统弹出“圆角”属性管理器，如图3-60（左）所示；选择圆角类型“固定大小圆角”，在“半径”文本框中输入“1”，在绘图区选择轮辐与圆轮和安装座相交的边线，其他选项设置如图 3-60 所示，单击“确定”按钮，完成圆角特征的创建。

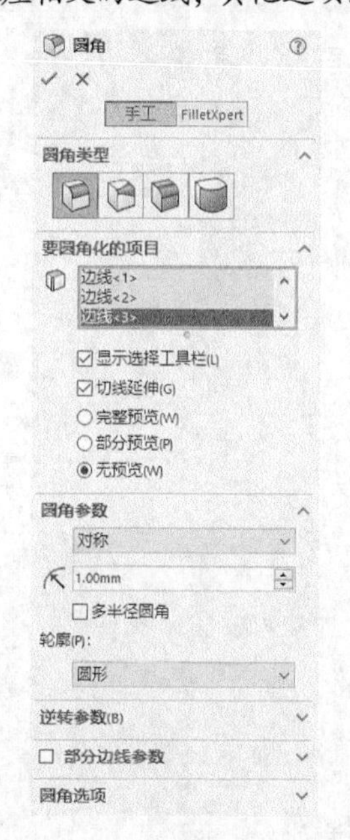

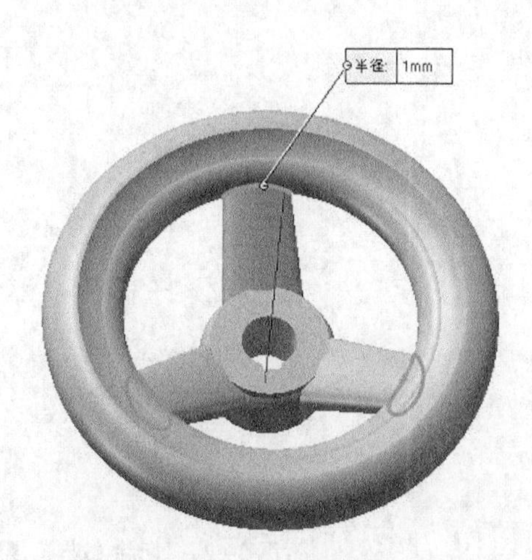

图 3-60　创建圆角特征

❷ 保存文件。单击“快速访问”工具栏中的“保存”按钮，将零件保存为“圆轮缘手轮.sldprt”，最终效果如图 3−61 所示。

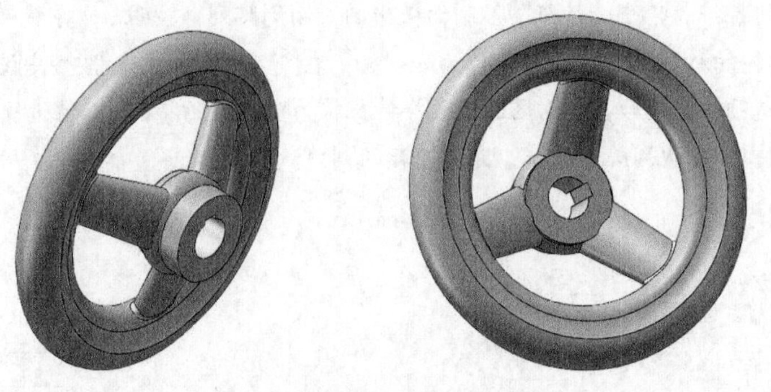

图 3-61　圆轮缘手轮最终效果

3.4.3　放样–切除特征

放样−切除特征是指在给定的基础实体上，按照设计需要对特征进行放样−切除。

单击“特征”控制面板中的“放样切除”按钮，或选择菜单栏中的“插入”→“切除”→“放样”命令。系统打开图 3-62 所示的“切除-放样”属性管理器。

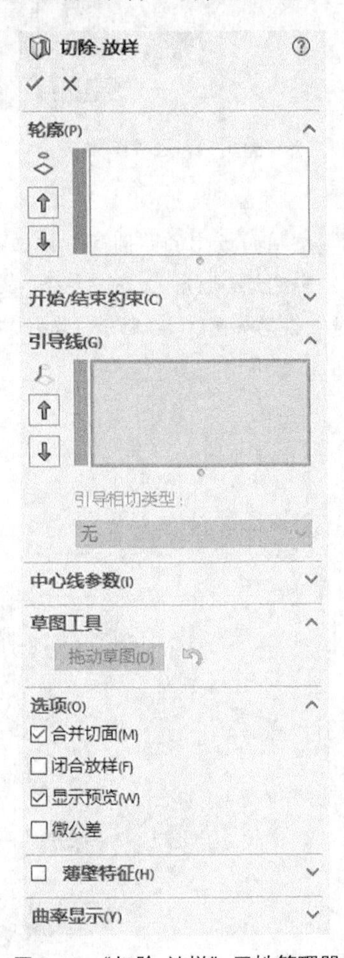

图 3-62　“切除-放样”属性管理器

放样-切除特征与放样特征的基本要素、参数类型和参数含义完全相同，这里不再赘述，请参考放样特征的相应介绍。

3.5 综合实例——齿条

在本例中，我们要创建的齿条零件如图 3-63 所示。

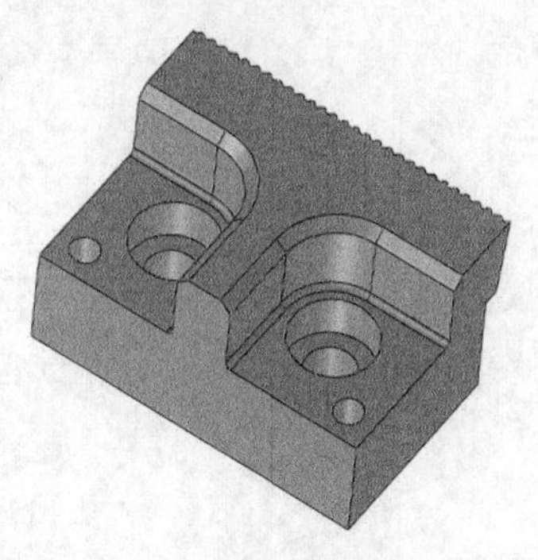

图 3-63 齿条

思路分析

齿条零件图如图 3-64 所示。

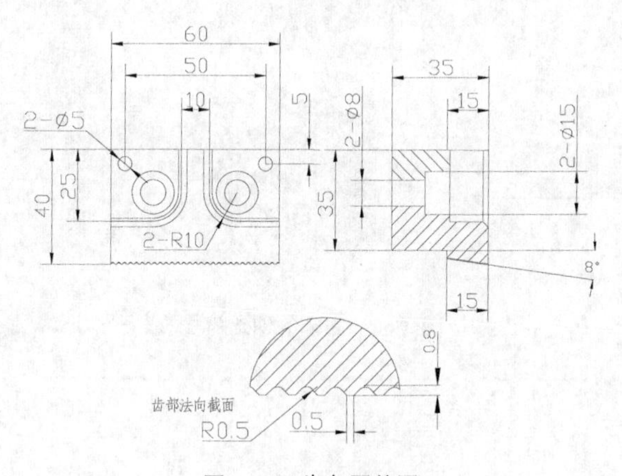

图 3-64 齿条零件图

怎样加工，就怎样建模。这里所说的“加工”，并不仅是指机械加工，而是泛指制造的过程。对于齿条零件来说，一般的制造过程如下。

- 毛坯是圆钢或粗略锻造的方块。
- 完成轮廓设计。
- 挖掉图中 25mm 的部分。
- 钻 M8 的沉头螺钉孔。
- 钻 5mm 的销孔。
- 加工 90 度的齿槽。

- 制作倒角等修饰。

这样做不仅用相关的特征清楚地表达了设计者的意图，还预留了准确的加工数据，使后面的工艺设计者能够根据这些素材，准确地理解设计的意图。这样，CAD 设计数据作为整个设计数据源头的作用才能被确保。

使用任何 CAD 软件，操作者的设计能力、设计知识、设计经验都是最关键的因素，这些将决定未来 CAD 系统的作用究竟有多大，而不是软件的能力起决定性作用。

齿条的创建流程如图 3-65 所示。

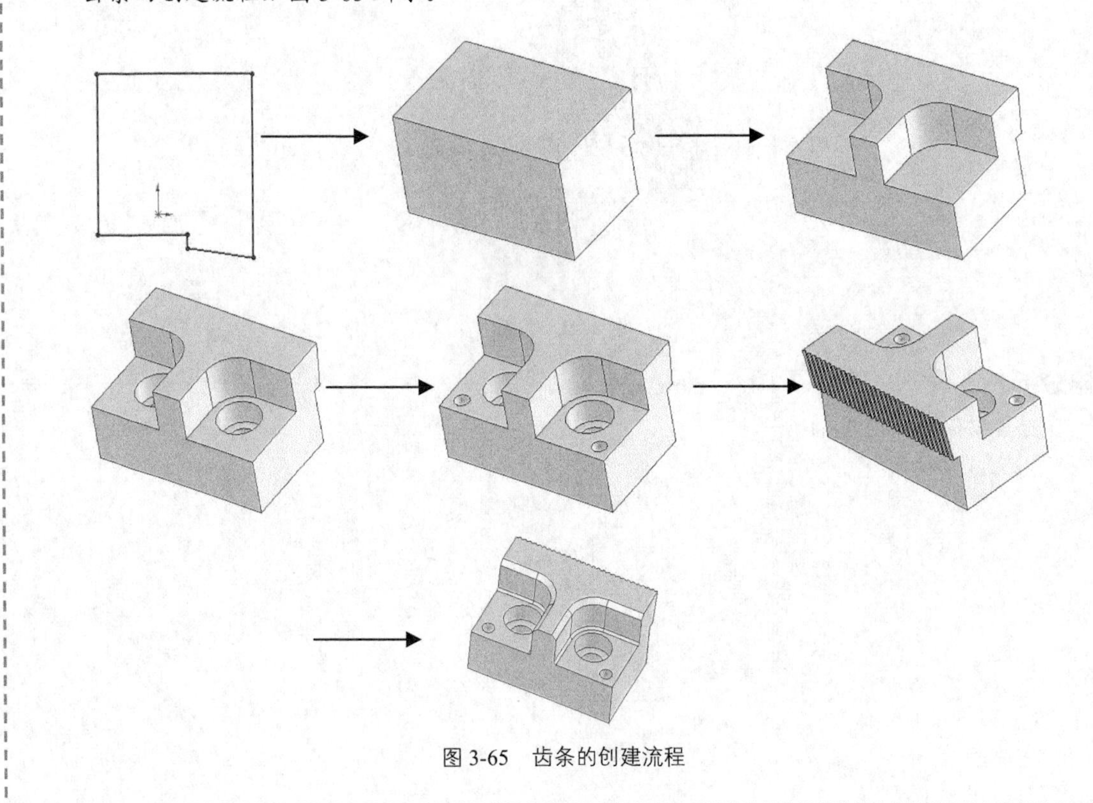

图 3-65 齿条的创建流程

创建步骤

3.5.1 创建主体部分

01 新建文件。启动 SOLIDWORKS 2022，单击“快速访问”工具栏中的“新建”按钮，或选择菜单栏中的“文件”→“新建”命令，系统弹出“新建 SOLIDWORKS 文件”对话框，单击“零件”按钮，然后单击“确定”按钮，创建一个新的零件文件。

02 新建草图。在 FeatureManager 设计树中选择“前视基准面”，将其作为草图绘制基准面，单击“草图”控制面板中的“草图绘制”按钮，将其作为草绘平面。

03 绘制草图轮廓。单击“草图”控制面板中的“直线”按钮，绘制图 3-66 所示的图形，不必考虑大小，只考虑相对位置。

04 标注尺寸。单击“草图”控制面板中的“智能尺寸”按钮，标注草图尺寸，如图 3-67 所示。

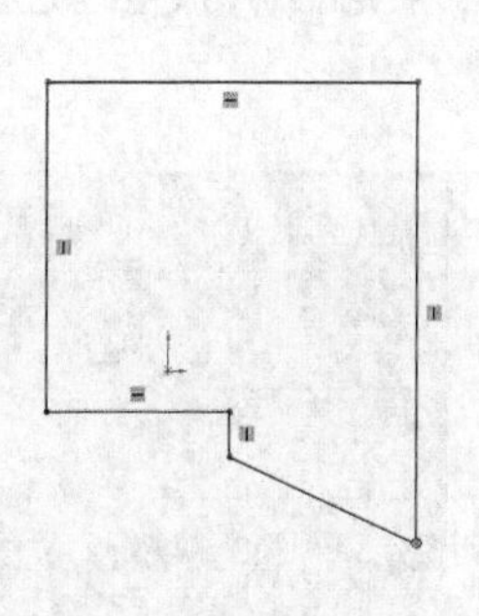

图 3-66　草图轮廓

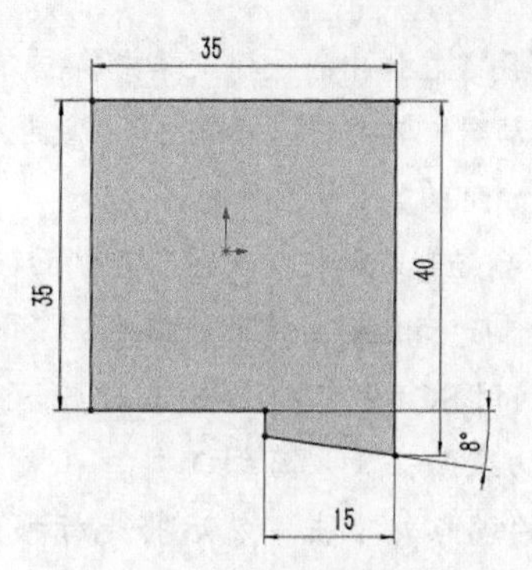

图 3-67　标注草图尺寸

05 创建凸台-拉伸特征。单击“特征”控制面板中的“拉伸凸台/基础实体”按钮，在弹出的“凸台-拉伸”属性管理器中输入拉伸深度数据并确认其他选项，具体参数设置如图 3-68 所示。单击“确定”按钮✔，完成凸台-拉伸特征的创建，如图 3-69 所示。

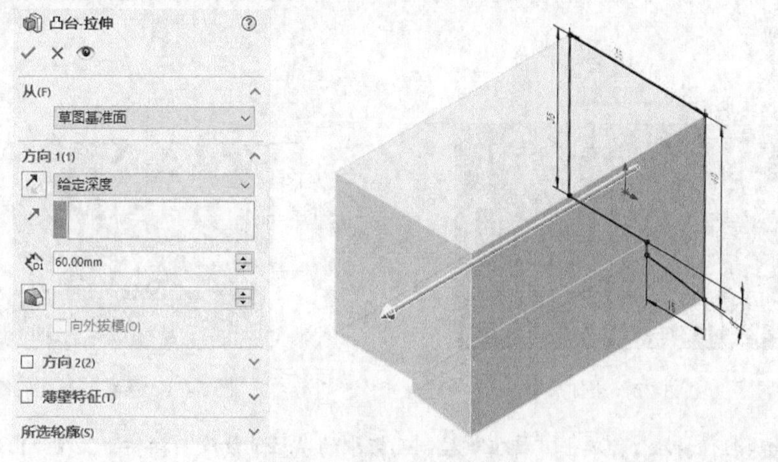

图 3-68　设置凸台-拉伸参数

06 在零件顶面单击鼠标右键，SOLIDWORKS 2022 将自动选定这个平面，在弹出的快捷菜单中列出了以后可能进行的操作，如图 3-70 所示。

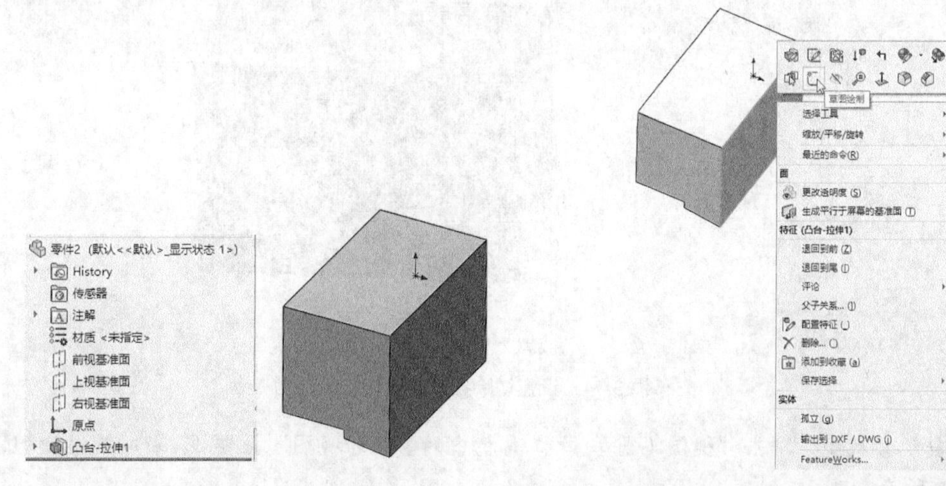

图 3-69　创建凸台-拉伸特征　　　　图 3-70　在零件顶面上单击鼠标右键后系统弹出快捷菜单

07 新建草图。在弹出的快捷菜单中单击“草图绘制”按钮，SOLIDWORKS 2022 将以这个平面为基础，新建一张草图。单击“标准视图”工具栏中的“垂直于”按钮，使视图方向垂直于草图平面。

08 绘制边角矩形。单击“草图”控制面板中的“边角矩形”按钮，绘制边角矩形，结果如图 3–71 所示。

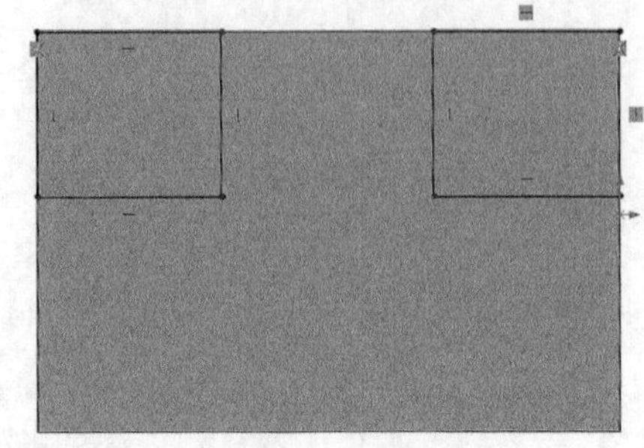
图 3-71　边角矩形

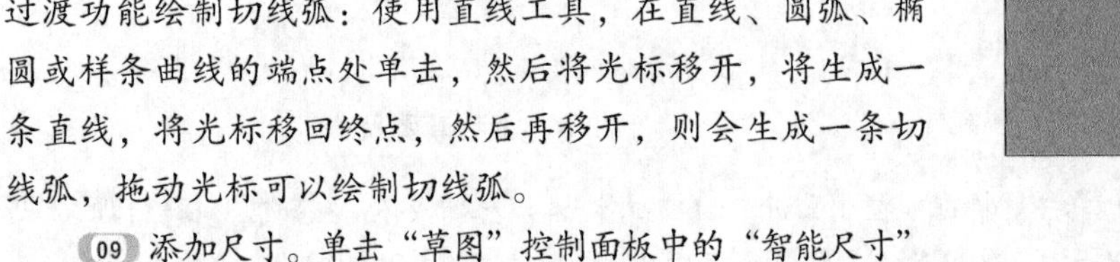
这里可以利用 SOLIDWORKS 2022 中直线工具的自动过渡功能绘制切线弧：使用直线工具，在直线、圆弧、椭圆或样条曲线的端点处单击，然后将光标移开，将生成一条直线，将光标移回终点，然后再移开，则会生成一条切线弧，拖动光标可以绘制切线弧。

09 添加尺寸。单击“草图”控制面板中的“智能尺寸”按钮，为草图添加尺寸，如图 3–72 所示。

10 绘制圆角。单击“草图”控制面板中的“绘制圆角”按钮，添加圆角半径 10mm，最终的草图轮廓如图 3–73 所示。

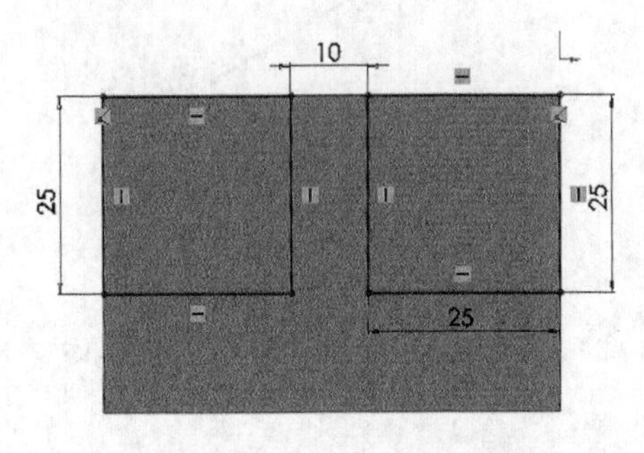

图 3-72　添加尺寸

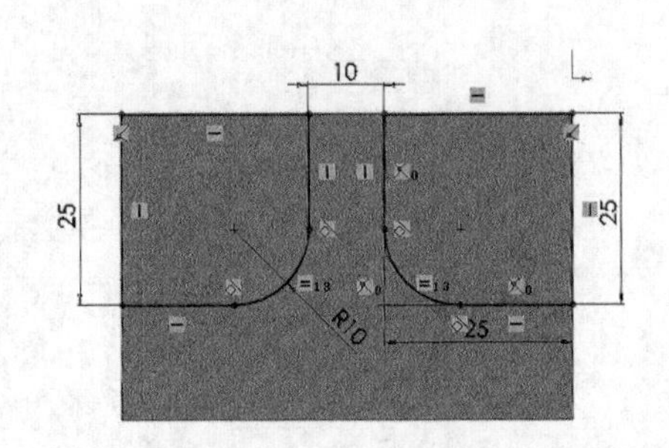

图 3-73　最终的草图轮廓

11 创建切除拉伸特征 1。单击“特征”控制面板中的“拉伸切除”按钮，在弹出的“切除–拉伸”属性管理器中设置切除拉伸参数，如图 3–74 所示，单击“确定”按钮，完成切除拉伸特征 1 的创建。

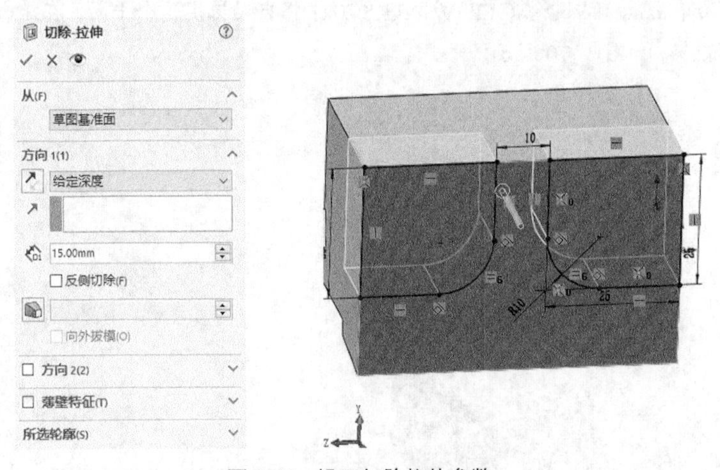

图 3-74　设置切除拉伸参数

12 旋转观察模型。单击“视图（前导）”工具栏中的“旋转视图”按钮，旋转观察模型，效果如图 3–75 所示。

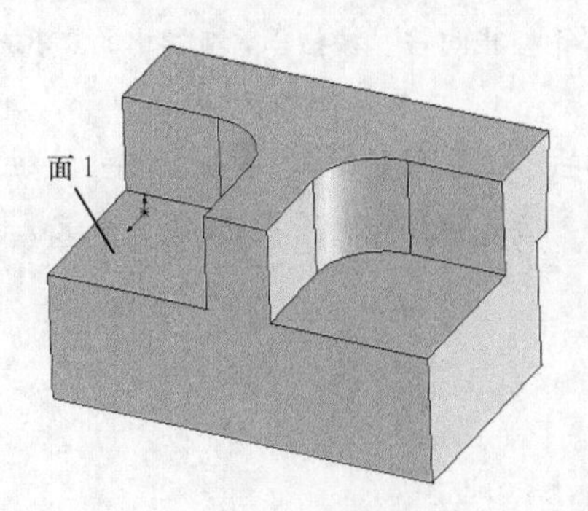

图 3-75　旋转观察模型

3.5.2　创建螺钉孔及销孔

01 选择草绘平面。将图 3–75 中所示的面 1 作为新的草图绘制平面，开始绘制草图，如图 3–76 所示。

02 转换实体引用。单击“草图”控制面板中的“转换实体引用”按钮，将草图绘制平面上的棱边投影到新草图中，作为相关设计的参考图线。

03 选择与面 1 对称的平面，单击“草图”控制面板中的“转换实体引用”按钮，将平面上的棱边投影到草图上，作为参考图线。

04 转换构造线。按住<Ctrl>键，将所有参考图线选中，在弹出的“属性”属性管理器中勾选“作为构造线”复选框，如图 3–77 所示；单击“确定”按钮，使其成为虚线形式的构造线。

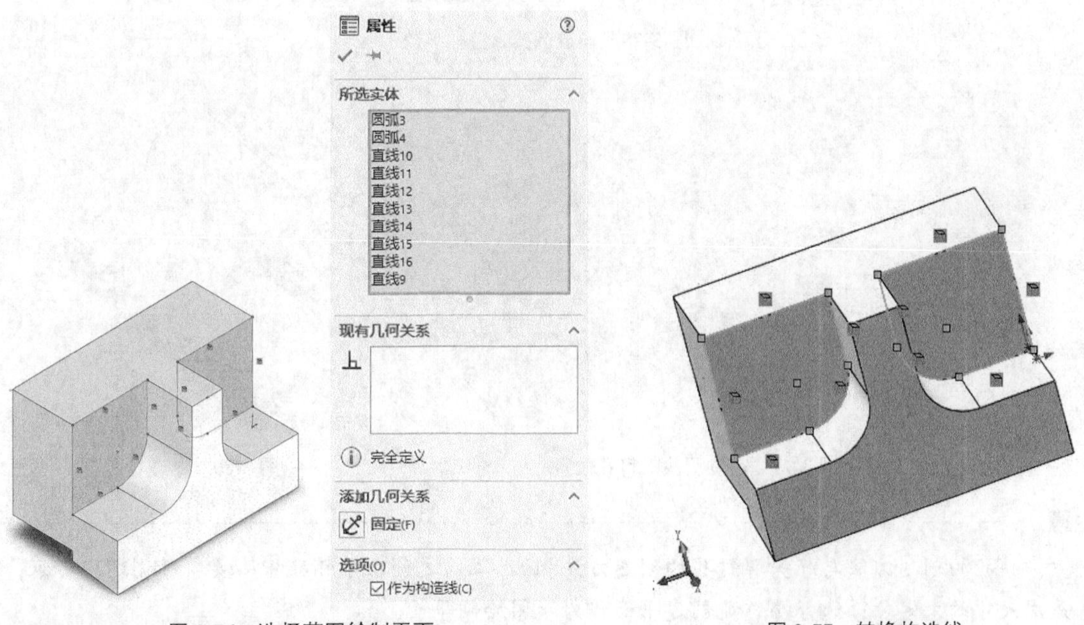

图 3-76　选择草图绘制平面　　图 3-77　转换构造线

05 退出草图。在绘图区的空白处单击鼠标右键，在弹出的快捷菜单中选择“退出草图”命令，从而生成用来放置和定位沉头螺钉孔的草图，在 FeatureManager 设计树中，在默认情况下该草图被命名为“草图 3”。

06 设置沉头螺钉孔参数。在 FeatureManager 设计树中选择“草图 3”；将该草图平面作为螺钉孔放置面。单击“特征”控制面板中的“异型孔向导”按钮，在弹出的“孔规格”属性管理器中设置沉头螺钉孔的参数，如图 3–78 所示。

07 创建沉头螺钉孔特征。单击“位置”选项卡，单击 3D 草图 按钮，将两段圆弧构造线的中心点作为沉头螺钉孔的中心位置，如图 3–79 所示。单击“确定”按钮，完成沉头螺钉孔特征的创建，结果如图 3–80 所示。

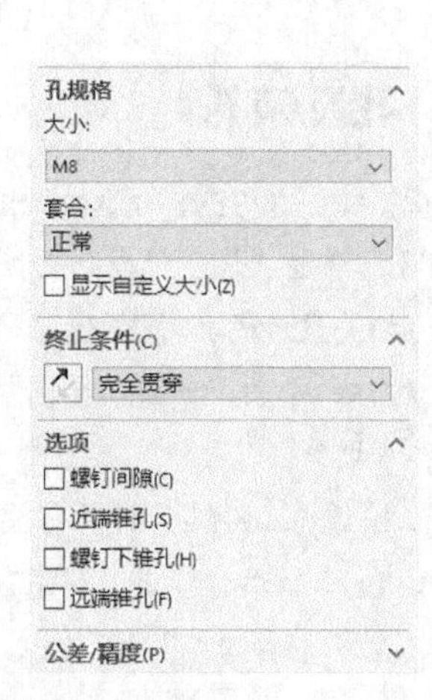

图 3-78 设置沉头螺钉孔参数

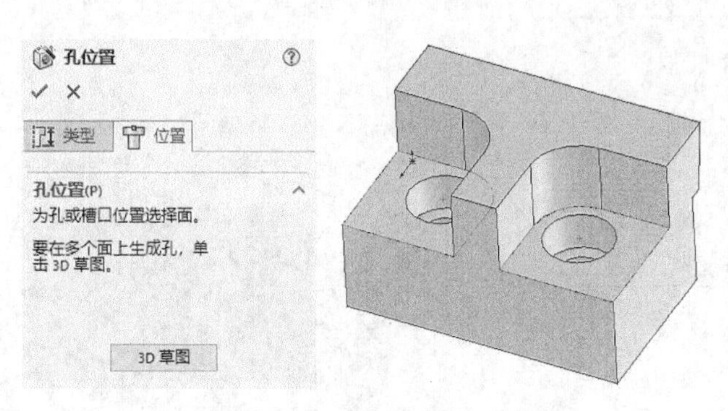

图 3-79 定位沉头螺钉孔位置

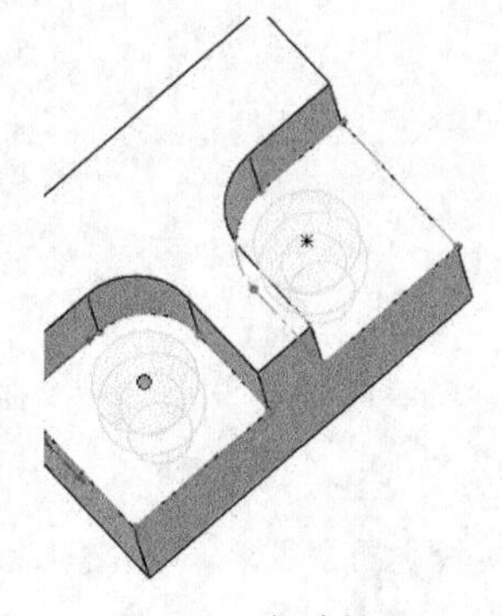

图 3-80 创建结果

注意

销孔的创建方法与沉头螺钉孔的创建方法相似，不同之处在于销孔中心要单独创建中心点，并用尺寸约束定位；选择螺钉孔创建平面作为草图绘制平面。

08 创建销孔特征。设置销孔参数。单击“特征”控制面板中的“异型孔向导”按钮，在“孔规格”属性管理器中设置销孔参数，如图 3–81 所示。

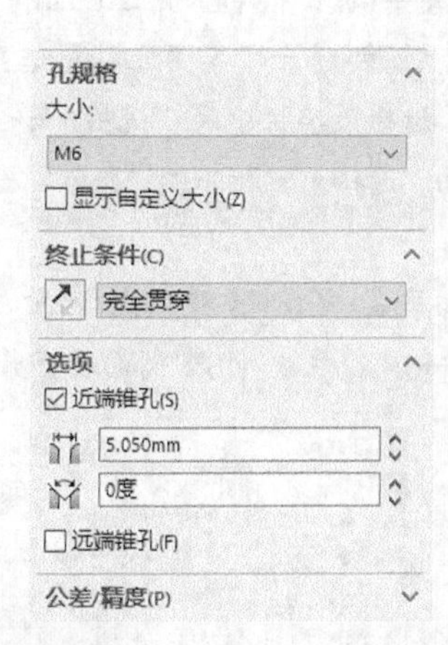

图 3-81　设置销孔参数

09 生成销孔特征。单击“位置”选项卡，单击 3D 草图 按钮，将孔的中心位置定位到草图中所绘制的两个点上，如图 3–82 所示。单击“确定”按钮✔，生成两个销孔，如图 3–83 所示。

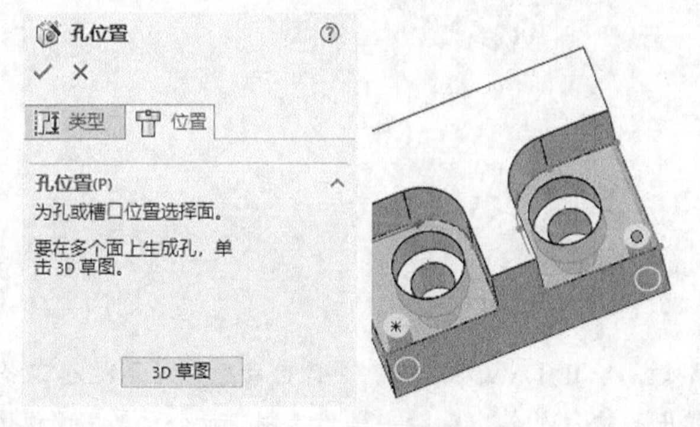

图 3-82　设置销孔位置

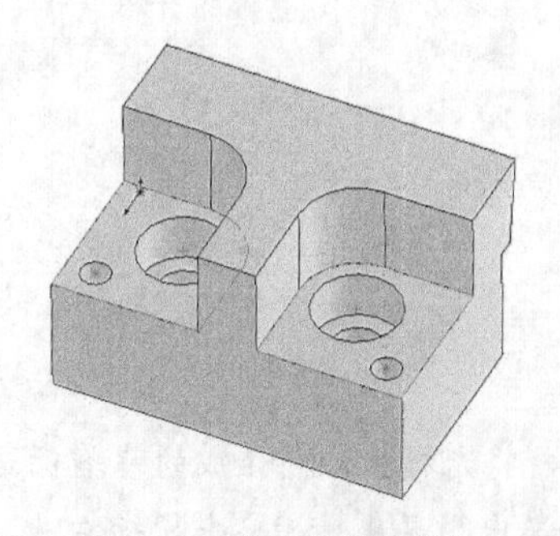

图 3-83　生成的销孔特征

10 特征设置。打开“M6 螺纹孔螺纹孔钻头”特征，选择“3D 草图 2”单击鼠标右键，在弹出的快捷菜单中选择“编辑草图”命令，如图 3–84 所示，打开草图。

11 约束定位点。单击“草图”控制面板中的“智能尺寸”按钮，用尺寸约束两个点的位置，如图 3–85 所示；在绘图区的空白处双击鼠标左键，退出草图绘制状态。

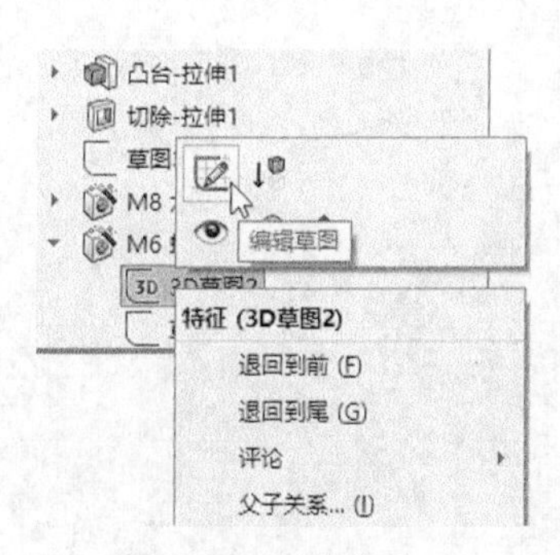

图 3-84　快捷菜单

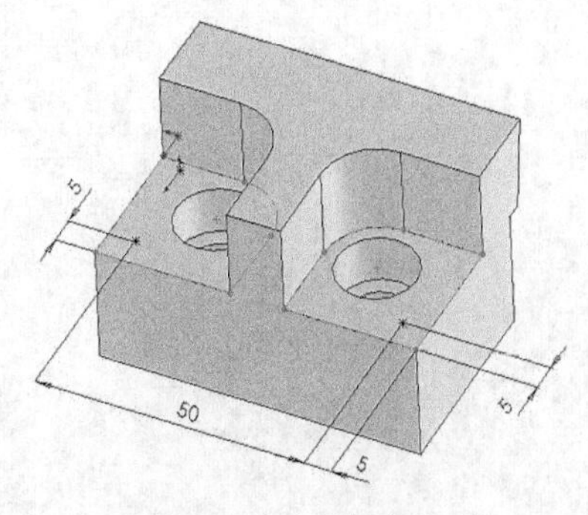

图 3-85　约束定位点

3.5.3 创建齿部特征

齿部是沿着零件中的 8° 斜面加工出来的，因此有必要在与斜面垂直的草图平面中进行齿槽法向轮廓的描述，所以先创建一个与 8° 斜面垂直的基准面，将其作为生成齿槽特征的草图平面。

01 旋转图形。选择菜单栏中的“视图”→“修改”→“旋转”命令，将 8° 斜面显示出来。

02 创建基准面。选择菜单栏中的“插入”→“参考几何体”→“基准面”命令，系统弹出“基准面”属性管理器。

03 设置基准面参数。分别以 8° 斜面和面的棱边作为参考实体，单击“垂直”按钮⊥，如图 3-86 所示，单击“确定”按钮✔，生成与 8° 斜面垂直并通过所选棱边的基准面。

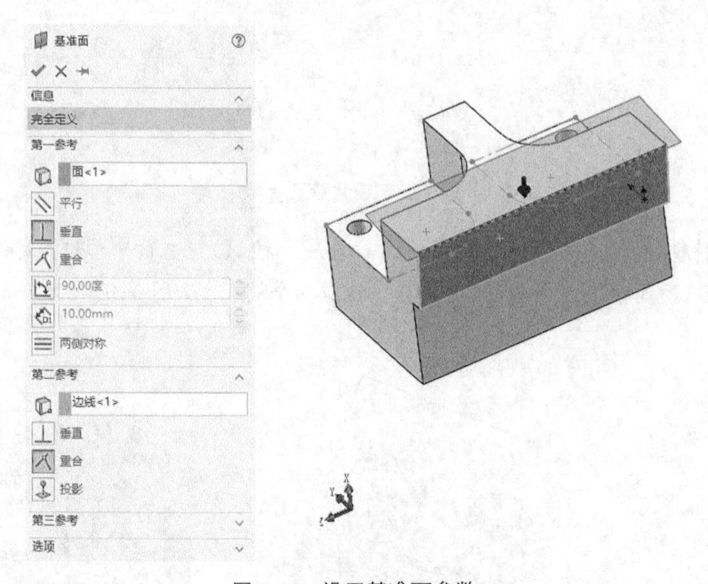

图 3-86　设置基准面参数

04 将光标放在新生成的基准面边框附近，SOLIDWORKS 2022 将自动感应拾取这个工作面，系统会弹出明显反馈。单击鼠标右键，在弹出的快捷菜单中选择“草图绘制”命令；单击“视图（前导）”工具栏中的“正视于”按钮，将转换视图方向垂直于草图平面（在默认状态下并不能自动转换视图方向到草图的垂直方向）。

05 绘制齿槽草图。绘制草图靠着 8° 斜面轮廓的边绘制齿槽草图，单击“草图”控制面板中的“智能尺寸”按钮，标注齿槽草图的尺寸；标注较小的图线，可能不能感应所要选定的对象，应当进一步放大显示才行，如图 3-87 所示。

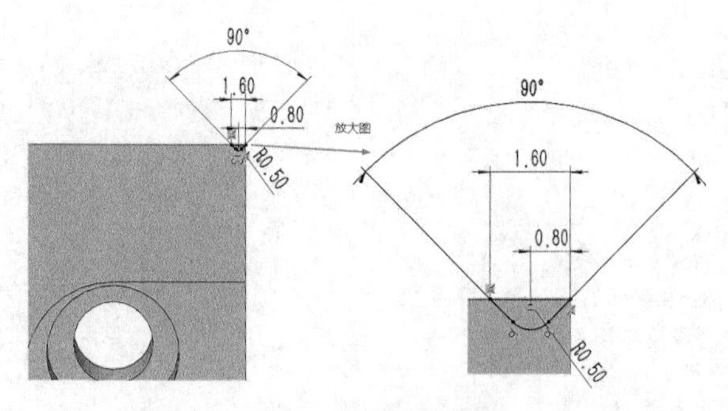

图 3-87　绘制齿槽草图

06 生成分割线。单击“曲线”工具栏中的“分割线”按钮，或选择菜单栏中的“插入”→“曲线”→“分割线”命令，在绘图区选择“投影”要分割的面，如图 3-88 所示；单击“确定”按钮✔，从而在所选面上生成分割线。

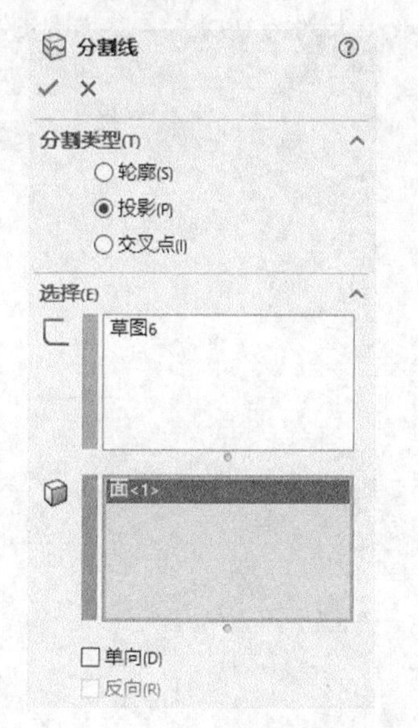

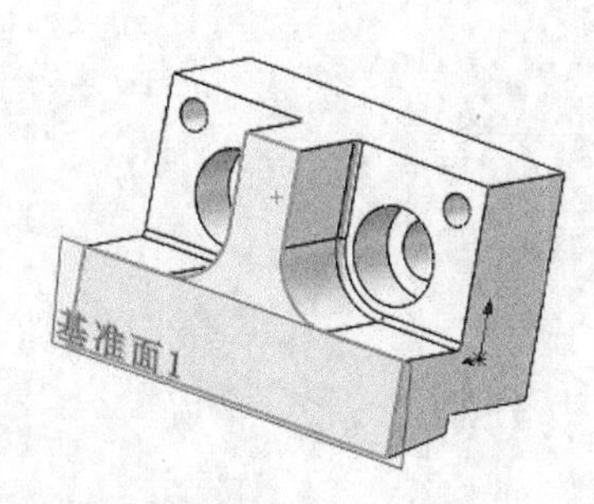

图 3-88 设置“投影”要分割的面

07 投影分割线。在分割线所在面上单击鼠标右键，在弹出的快捷菜单中选择“草图绘制”命令；选择分割线所分割的区域，单击“草图”控制面板中的“转换实体引用”按钮，将分割线所在的区域投影到新草图中，如图 3-89 所示。

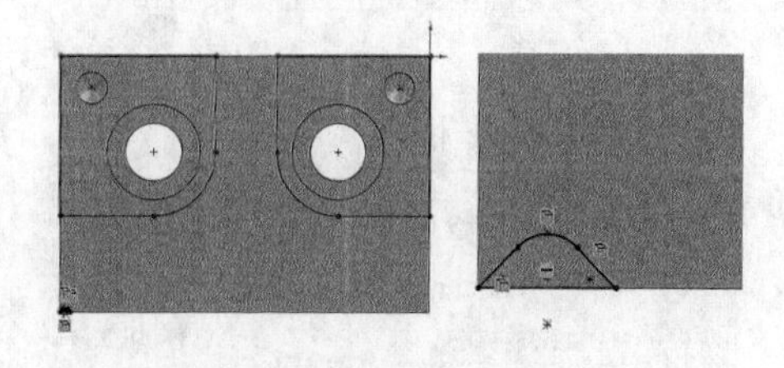

图 3-89 投影分割线

08 创建切除拉伸特征 2。单击“特征”控制面板中的“拉伸切除”按钮，在弹出的“切除-拉伸”属性管理器中将切除的终止条件设置为“成形到下一面”，将“基准面 1”作为切除方向，如图 3-90 所示，单击“确定”按钮✔，生成单个齿槽。

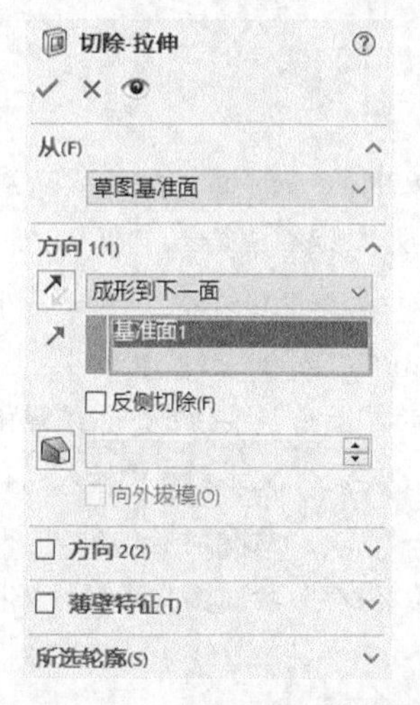

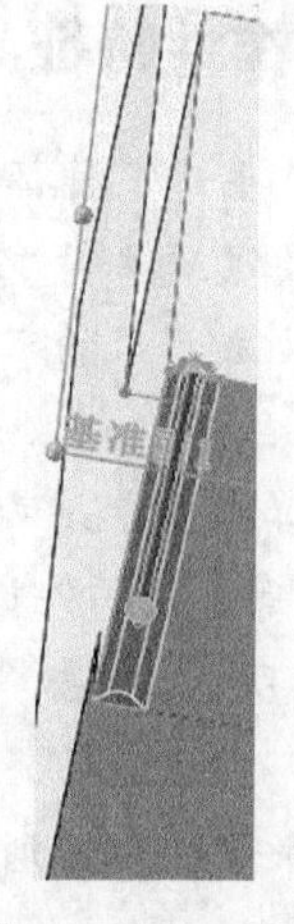

图 3-90 创建切除拉伸特征 2

09 线性阵列。在 FeatureManager 设计树中选择齿槽特征“切除–拉伸 2”，单击“特征”控制面板中的“线性阵列”按钮，在绘图区选择图 3–91 所示的零件棱边，将其作为阵列方向，在弹出的“线性阵列”属性管理器的“间距”文本框中输入“2.1”，单击“实例数”文本框的微调按钮，并在绘图区观察预览效果，从而确定阵列的实例数（大约为 29）；单击“确定”按钮，生成线性阵列特征，结果如图 3–92 所示。

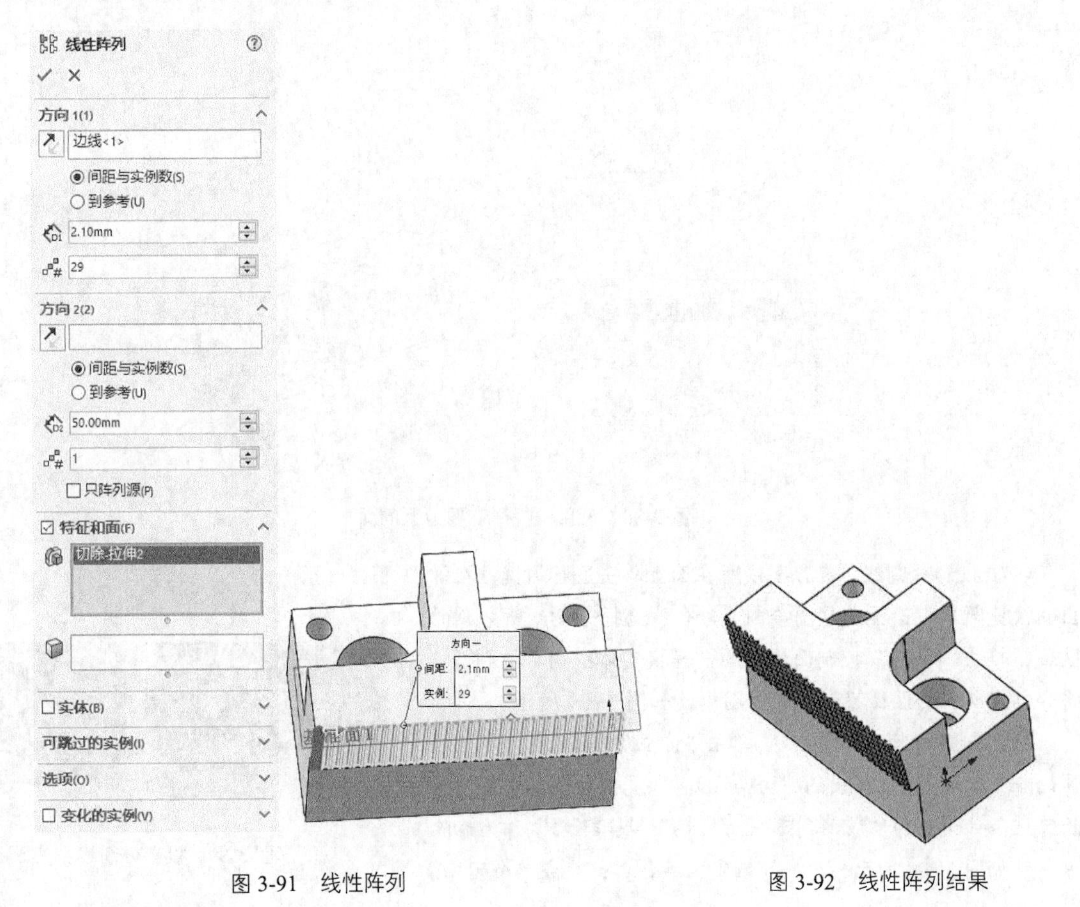

图 3-91　线性阵列　　　图 3-92　线性阵列结果

3.5.4 创建其他修饰性特征

01 创建倒角特征。单击“特征”控制面板中的“倒角”按钮，系统弹出“倒角”属性管理器。选择倒角参数“角度距离”，在“距离”文本框中输入“2”，在“角度”文本框中输入“45”，在绘图区选择要生成倒角的零件棱边，如图 3–93 所示，单击“确定”按钮，完成倒角特征的创建。

02 创建圆角特征。单击“特征”控制面板中的“圆角”按钮，系统弹出“圆角”属性管理器；在“圆角类型”面板中选择“等半径”单选按钮，在“半径”文本框中输入“1”，在绘图区选择要生成圆角的零件棱边，如图 3–94 所示，单击“确定”按钮，完成圆角特征的创建。

03 保存文件。单击“快速访问”工具栏中的“保存”按钮，将零件保存为“齿条.sldprt”。利用旋转功能观察模型，最终结果如图 3–95 所示。

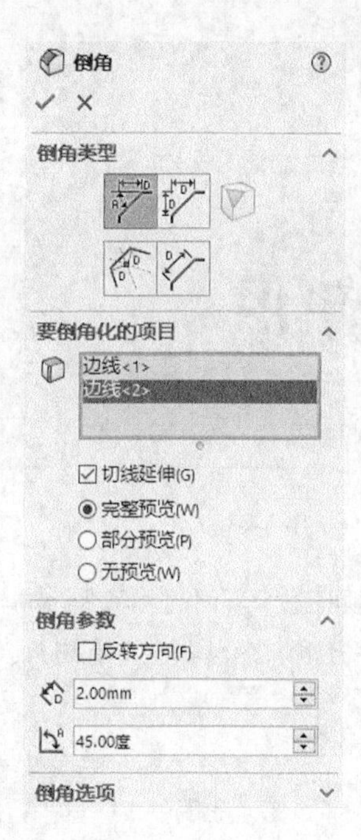

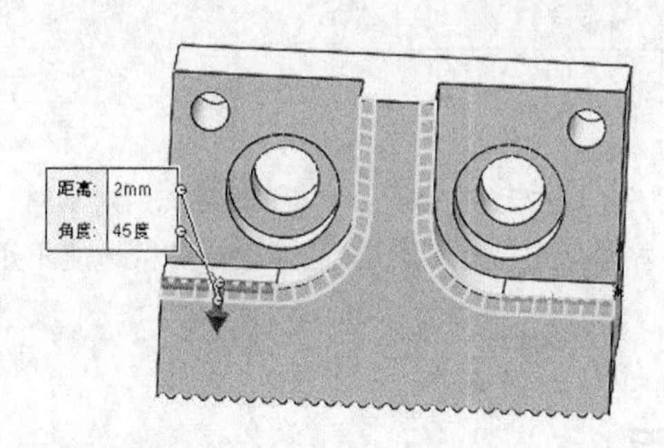

图 3-93　创建倒角特征

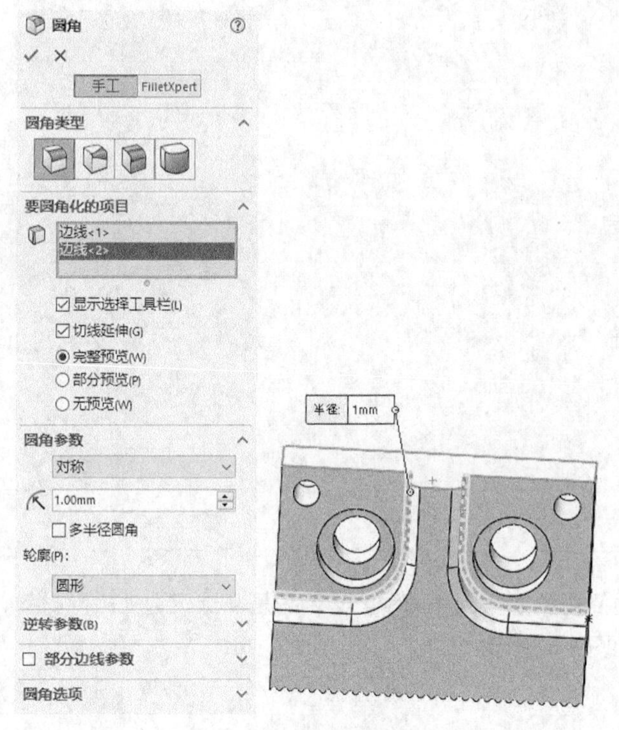

图 3-94　创建圆角特征

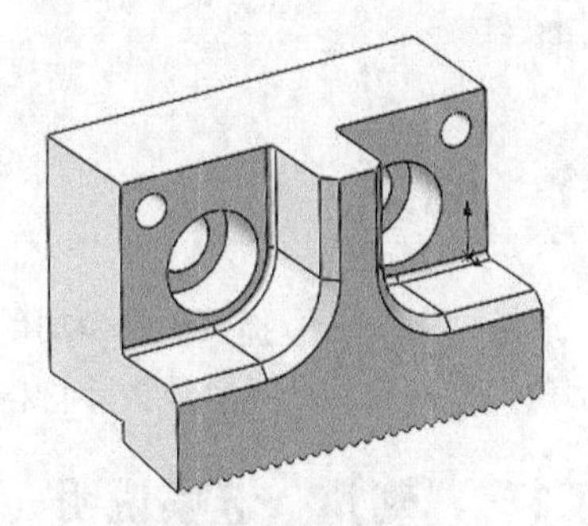

图 3-95　最终结果

第 4 章

基于特征的特征

多数情况下，用户无须针对基于特征的特征创建草图，但必须将基于草图的特征作为编辑对象。它们一般不能作为可变化的一方，实现基于装配体关系的设计关联。基于特征的特征主要有倒角、圆角、抽壳、筋等。

学习要点

- 倒角
- 圆角
- 圆顶
- 抽壳
- 筋
- 拔模、包覆
- 孔
- 弯曲
- 线性阵列、圆周阵列
- 镜像

4.1 倒角

SOLIDWORKS 提供的倒角功能有边倒角和拐角倒角两种。边倒角是从选定边处去除材料，拐角倒角则是从实体的拐角处去除材料，如图 4-1 所示。

4.1.1 “倒角”选项说明

单击“特征”控制面板中的“倒角”按钮，或选择菜单栏中的“插入”→“特征”→“倒角”命令。系统弹出图 4-2 所示的“倒角”属性管理器，其中的可控参数如下。

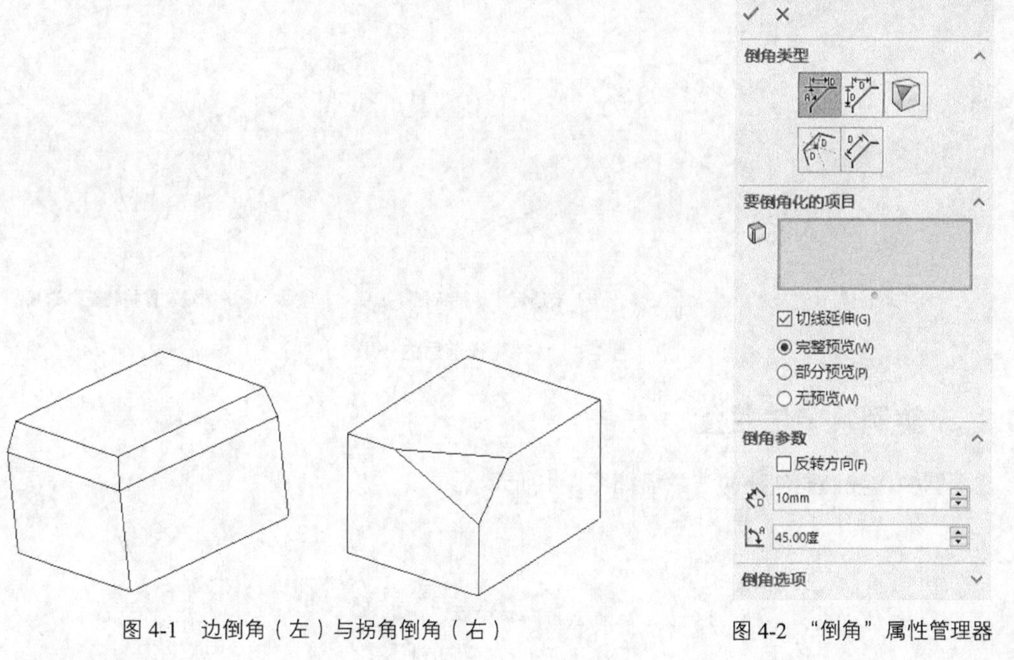

图 4-1 边倒角（左）与拐角倒角（右）

图 4-2 “倒角”属性管理器

1. 倒角类型

选择生成倒角的方式。

（1）角度距离：输入一个角度和一个距离来创建倒角。

（2）距离-距离：在所选边线的两侧分别指定两个距离值来生成倒角特征。

（3）顶点：在与顶点相交的 3 条边线上分别指定距顶点的距离来生成倒角特征。

（4）等距面：通过偏移选定边线旁边的面来求解等距面倒角特征。

（5）面-面：混合非相邻、非连续的面。

2. 要倒角化的项目

用于在图形区域中选取边线、面和环。

（1）“切线延伸”复选框：选择该项后，所选边线将延伸至被截断处。

（2）“完整预览”单选按钮：选择该选项表示显示所有边线的倒角预览。

（3）“部分预览”单选按钮：选择该选项表示只显示一条边线的倒角预览。

（4）“无预览”单选按钮：选择该选项可以延长复杂模型的重建时间。

3. 倒角参数

（1）“反转方向”复选框：用于反转倒角方向。

（2）“距离”：在对应的文本框中指定距离。

（3）“角度”：在对应的文本框中指定角度值。

4. 倒角选项

控制倒角生成方式。

（1）“通过面选择”复选框：勾选该复选框后，通过隐藏边线的面选取边线。

（2）“保持特征”复选框：勾选该复选框后，系统将保留无关的拉伸-凸台等特征。图 4-3 展示了保持特征前后的效果。

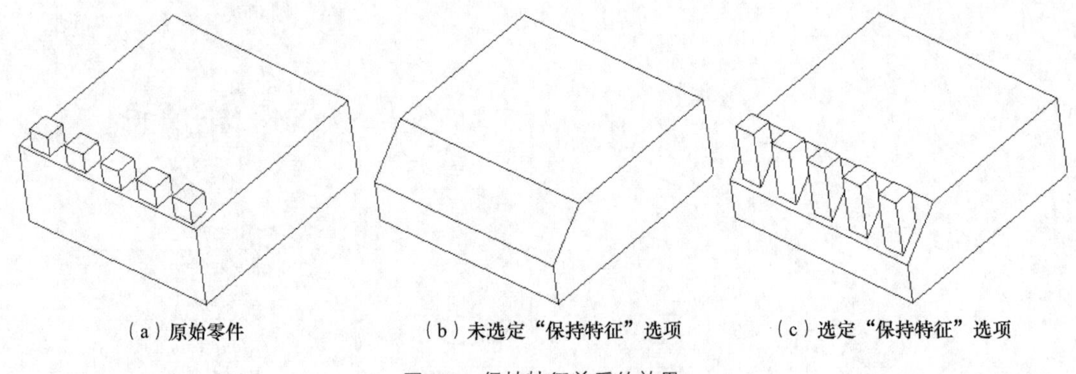

图 4-3　保持特征前后的效果

4.1.2　实例——法兰盘

在本例中，我们要创建的法兰盘如图 4-4 所示。

图 4-4　法兰盘

思路分析

首先绘制法兰盘的底座草图并拉伸，然后绘制法兰盘轴部并拉伸切除轴孔，最后对法兰盘相应的部分进行倒角处理。法兰盘的创建流程如图 4-5 所示。

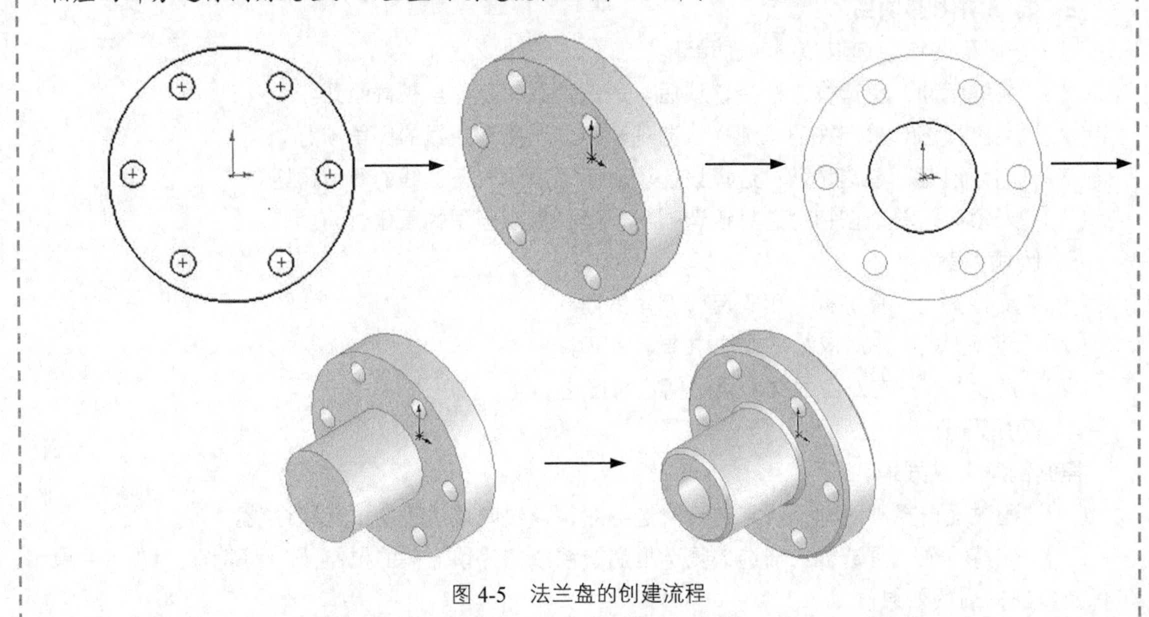

图 4-5　法兰盘的创建流程

创建步骤

01 新建文件。启动 SOLIDWORKS 2022，选择菜单栏中的“文件”→“新建”命令或单击“快速访问”工具栏中的“新建”按钮，创建一个新的零件文件。

02 绘制法兰盘底座的草图。在 FeatureManager 设计树中选择“前视基准面”，将其作为绘制图形的基准面。单击“草图”控制面板中的“圆”按钮，以原点为圆心绘制一个大圆，并在圆点水平位置的左侧绘制一个小圆。

03 标注尺寸。单击“草图”控制面板中的“智能尺寸”按钮，标注在步骤 02 中绘制的圆的直径以及定位尺寸，如图 4-6 所示。

04 添加几何关系。选择菜单栏中的“工具”→“关系”→“添加”命令，此时系统弹出“添加几何关系”属性管理器。选择两个圆的圆心，然后单击属性管理器中的（水平）按钮。设置好几何关系后，单击“确定”按钮。

05 绘制圆周阵列草图。单击菜单栏中的“工具”→“草图工具”→“圆周阵列”命令，或者单击“草图”控制面板中的“圆周阵列草图”按钮，此时系统弹出“圆周阵列”属性管理器，如图 4-7 所示。在“要阵列的实体”选项组中，选择图 4-6 所示的小圆。按照图 4-7 进行设置后，单击“确定”按钮，绘制完成的阵列草图如图 4-8 所示。

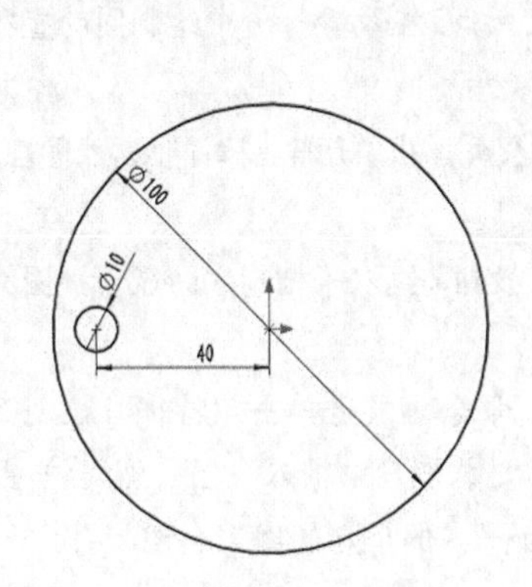

图 4-6　标注尺寸 1

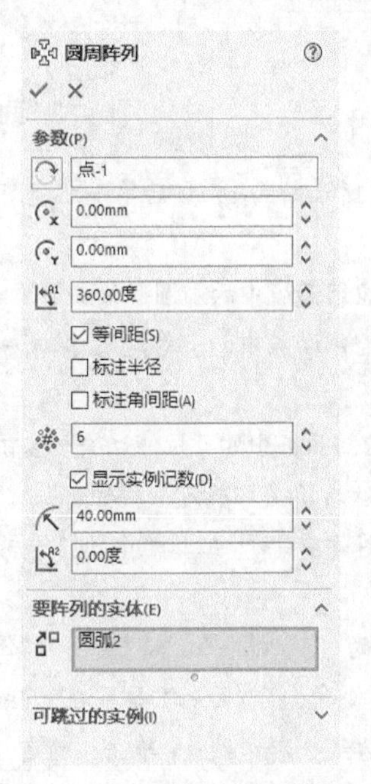

图 4-7　“圆周阵列”属性管理器

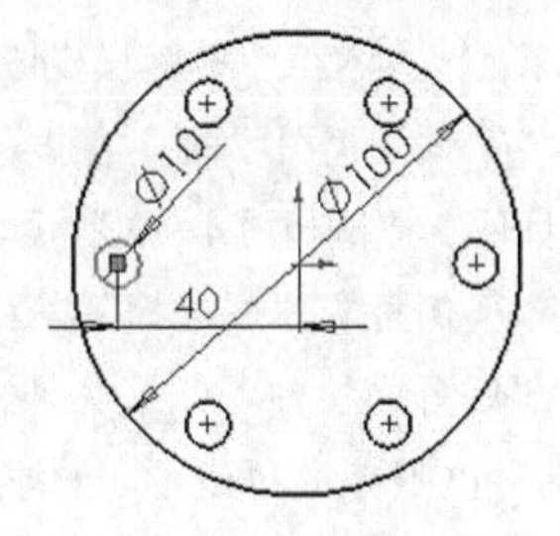

图 4-8　圆环阵列草图

06 拉伸实体。选择菜单栏中的“插入”→“凸台/基础实体”→“拉伸”命令，或者单击“特征”控制面板中的“拉伸凸台/基础实体”按钮，此时系统弹出“凸台–拉伸”属性管理器。在“深度”文本框中输入“20”，然后单击“确定”按钮。

07 设置视图方向。单击“视图（前导）”工具栏中的“等轴测”按钮，以等轴测方向显示视图，创建的拉伸 1 特征如图 4-9 所示。

08 设置基准面。单击选择图 4-9 所示的面 1，然后单击“视图（前导）”工具栏中的“正视于”按钮，将该表面作为绘制图形的基准面。

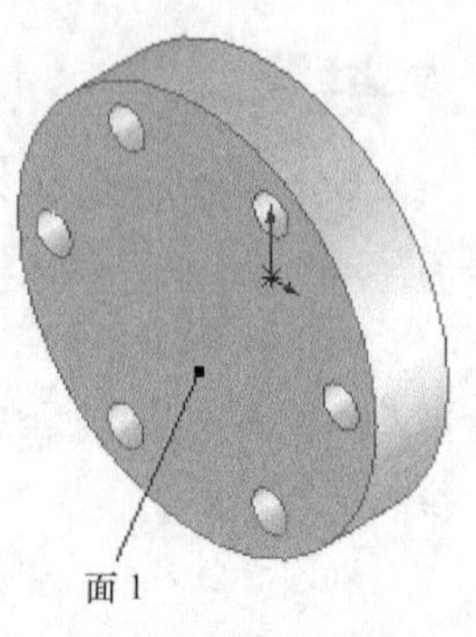

图 4-9　拉伸 1 特征

09 绘制草图。单击“草图”控制面板中的“圆”按钮，以原点为圆心绘制一个圆。

10 标注尺寸。单击“草图”控制面板中的“智能尺寸”按钮，标注在步骤 08 中绘制的圆的直径，如图 4-10 所示。

11 拉伸实体。单击“特征”控制面板中的“拉伸凸台/基础实体”按钮，系统弹出“凸台-拉伸”属性管理器。在“深度”文本框中输入“45”，然后单击“确定”按钮。

12 设置视图方向。单击“视图（前导）”工具栏中的“等轴测“按钮，以等轴测方向显示视图，创建的拉伸 2 特征如图 4-11 所示。

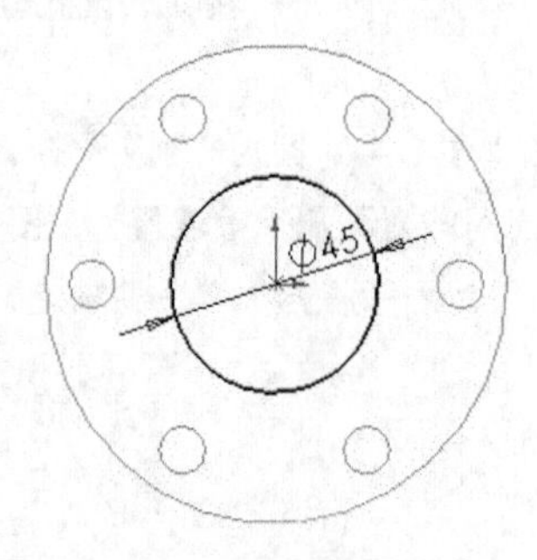

图 4-10　标注尺寸 2

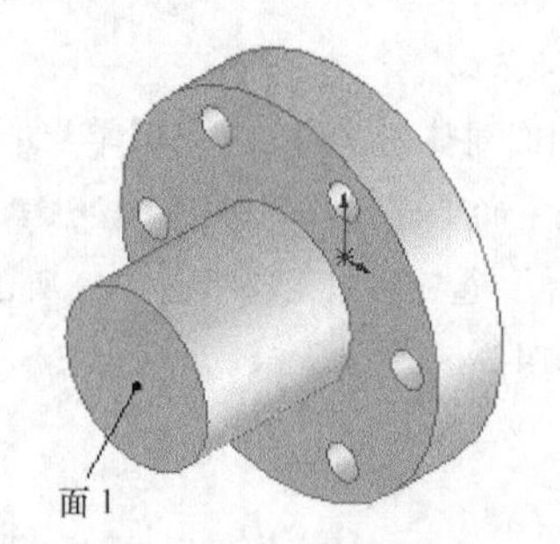

图 4-11　拉伸 2 特征

13 设置基准面。选择图 4-11 所示的面 1，然后单击“视图（前导）”工具栏中的“正视于”按钮，将该表面作为绘制图形的基准面。

14 绘制草图。单击“草图”控制面板中的“圆”按钮，以原点为圆心绘制一个圆。

15 标注尺寸。单击“草图”控制面板中的“智能尺寸”按钮，标注在步骤 13 中绘制圆的直径，如图 4-12 所示。

16 拉伸实体。单击“特征”控制面板中的“拉伸切除”按钮，系统弹出“切除-拉伸”属性管理器。在“深度”文本框中输入“45”，然后单击“确定”按钮。

17 设置视图方向。单击“视图（前导）”工具栏中的“等轴测”按钮，以等轴测方向显示视图，创建的拉伸 3 特征如图 4-13 所示。

18 倒角实体。选择菜单栏中的“插入”→“特征”→“倒角”命令，或者单击“特征”控制面板中的“倒角”按钮，系统弹出“倒角”属性管理器。在“距离”文本框中输入“2”，然后单击选择图 4-13 所示的边线 1、边线 2、边线 3 和边线 4。单击“确定”按钮，倒角后的图形如图 4-14 所示。

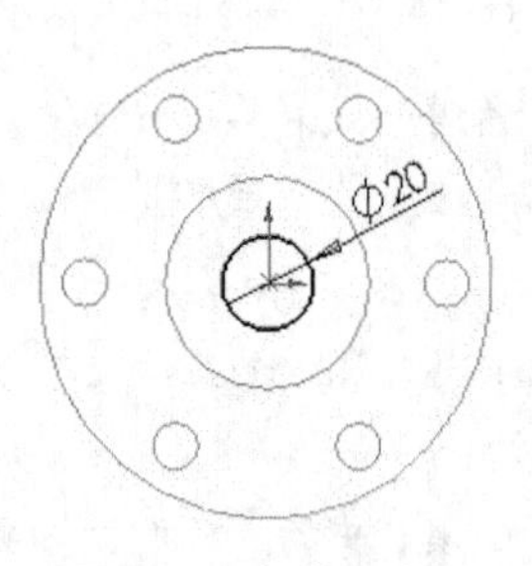

图 4-12　标注尺寸 3

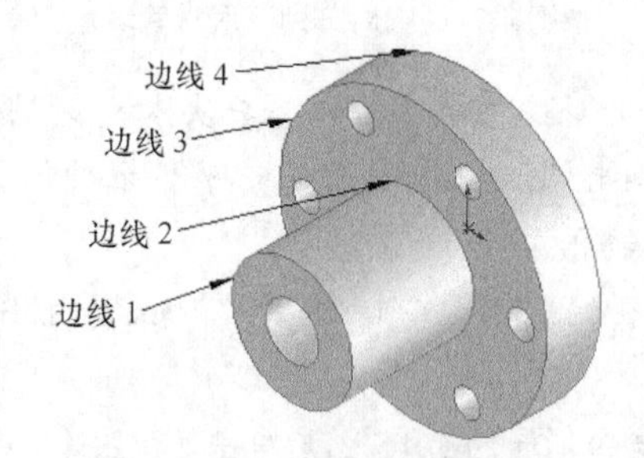

图 4-13　拉伸 3 特征

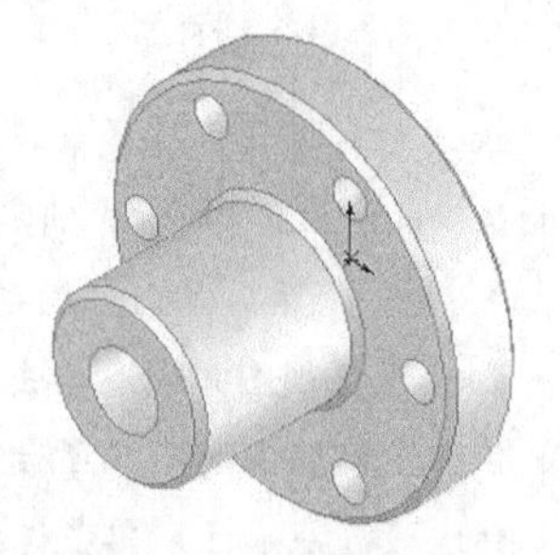
图 4-14　倒角后的图形

4.2 圆角

圆角以现有特征的棱边为基础，可以使零件产生平滑的效果。倒圆角操作一般应在实体特征的设计后期进行。若在前期开展，以后会由于相关特征的修改及重新定义等操作而引起其重生成失败。同时在设计过程中应尽量避免将圆角边作为参考。

4.2.1 “圆角”选项说明

选择菜单栏中的“插入”→“特征”→“圆角”命令，或单击“特征”控制面板中的“圆角”按钮。系统打开图 4-15 所示的“圆角”属性管理器，其中的可控参数如下。

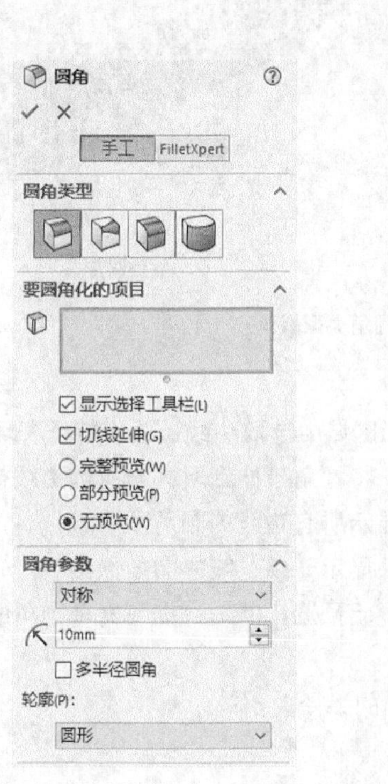

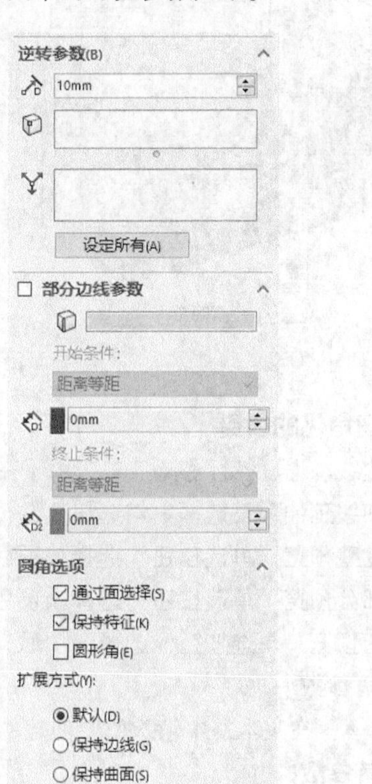

图 4-15 “圆角”属性管理器

1. 两个属性管理器切换按钮

（1）手工：在特征层次保持控制。

（2）FilletXpert：仅限等半径圆角。

2. “圆角类型”选项组

用于选取圆角类型。圆角类型如图 4-16 所示。

（1）固定大小圆角：选择该项可以生成整个等半径的圆角。

（2）变量大小圆角：选择该项可以生成带变化的半径值的圆角。

（3）面圆角：选择该项可以混合非相邻、非连续的面。

（4）完整圆角：选择该项可以生成相切于 3 个相邻面组（与一个或多个面相切）的圆角。

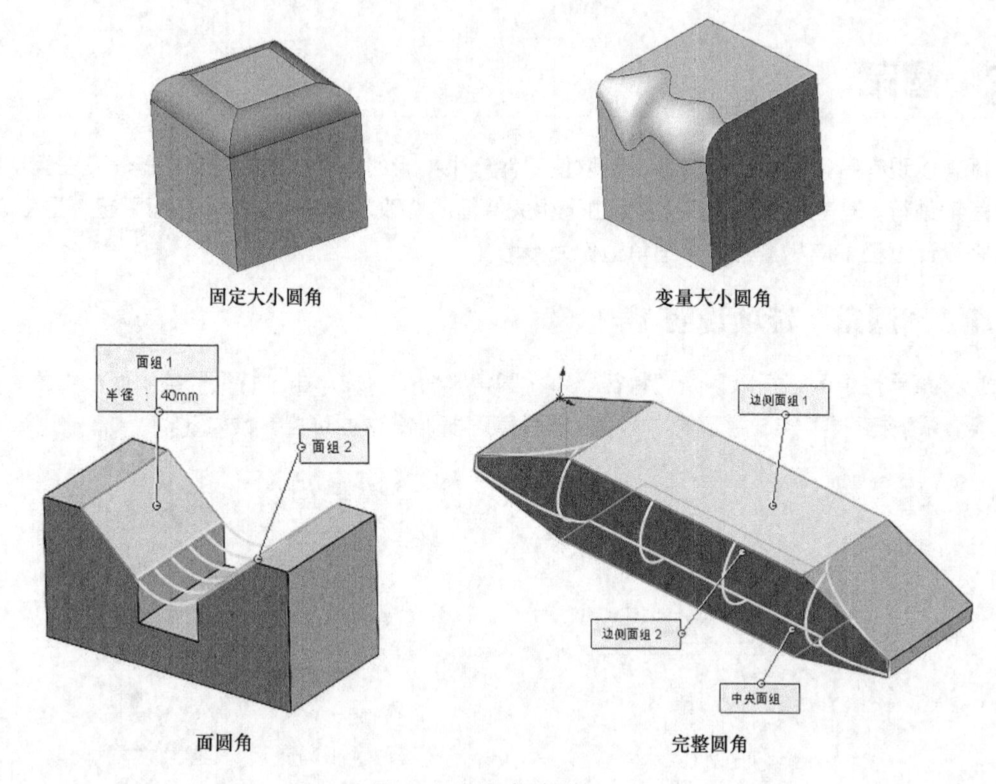

图 4-16 圆角类型展示

3. 要圆角化的项目

（1）“边线、面、特征和环” ：用于在图形区域中选取边线、面、特征和环。

（2）“切线延伸”复选框：勾选该复选框后，将圆角延伸到所有与所选边线相切的边线上。

（3）“完整预览”单选按钮：选择该项后，显示所有边线的圆角预览。

（4）“部分预览”单选按钮：选择该项后，只显示一条边线的圆角预览。

（5）“无预览”单选按钮：选择该项后，不显示预览，但是可提高复杂圆角的显示时间。

4. 圆角参数

“半径” ：在文本框中输入所要创建的圆角的半径。

5. 逆转参数

逆转参数用来对边线中特定点单独设置圆角参数。

（1）“距离” ：从顶点测量而设定圆角逆转距离。

（2）“逆转顶点” ：在图形区域中选择一个或多个顶点。逆转圆角边线在所选顶点汇合。

（3）“逆转距离” ：以相应的逆转距离值列举边线数。若想将不同逆转距离应用到边线，在逆转顶点下选择一顶点，在逆转距离下选择一边线。然后设定一距离。

（4）“设定所有”：将当前的距离应用到逆转距离下的所有边线上。

6. 圆角选项

设置圆角的生成方式。

（1）“通过面选择”复选框：勾选该复选框后，在上色模式中启用隐藏边线选择。

（2）“保持特征”复选框：勾选该复选框后，如果应用一个大到可覆盖特征的圆角半径，则保持切除或凸台特征可见；取消该项则包含使用圆角的切除或凸台特征，未使用圆角的切除或凸台特征不可见。

（3）“圆形角”复选框：勾选该复选框后，生成带圆形角的等半径圆角。必须选择至少两个相邻边线来圆角化。圆角与边线平滑过渡，可消除边线汇合处的尖锐接合点。

（4）“扩展方式”：控制在单一闭合边线（如圆、样条曲线、椭圆）上圆角与边线汇合时的行为。从以下选项中选择，包括“默认”“保持边线”“保持曲面”。

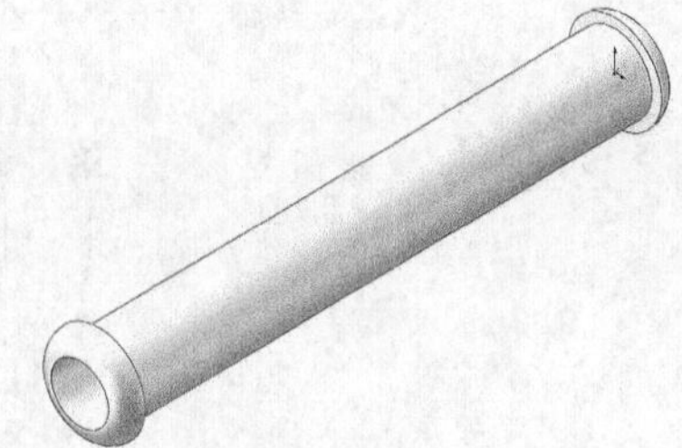

图 4-17 圆柱连接

4.2.2 实例——圆柱连接

在本例中，我们要创建的圆柱连接如图 4-17 所示。

思路分析

首先绘制圆柱连接的外形轮廓草图，然后对其进行两次拉伸，使之成为圆柱连接主体轮廓，最后进行倒圆角处理。创建流程如图 4-18 所示。

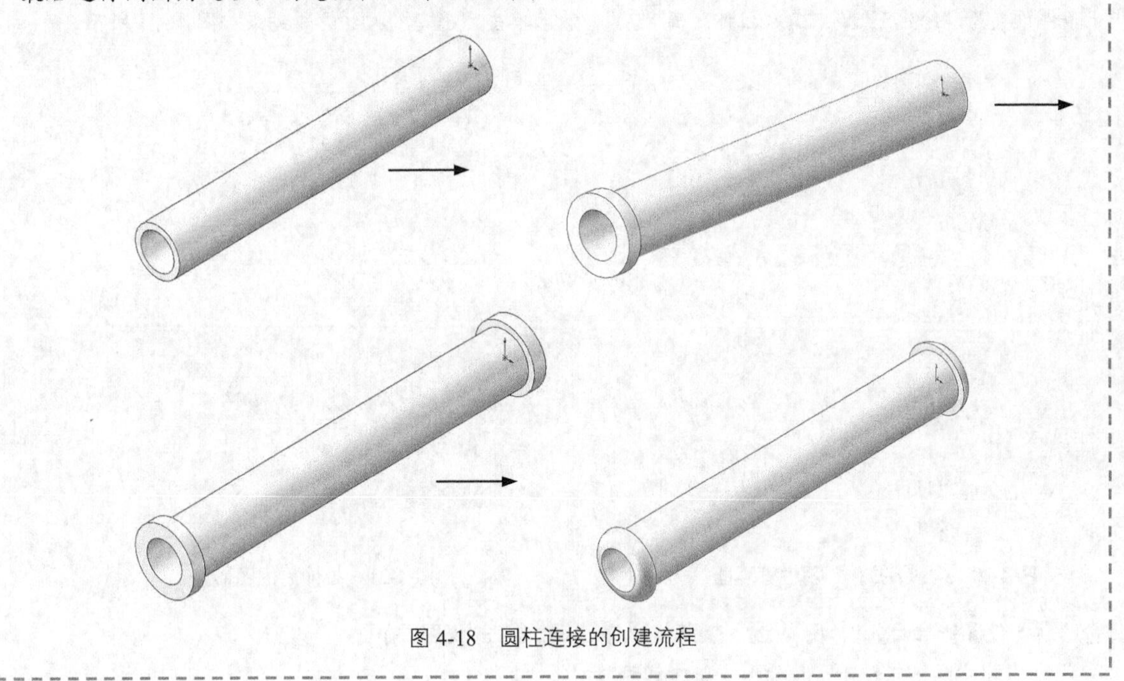

图 4-18 圆柱连接的创建流程

绘制步骤

01 新建文件。启动 SOLIDWORKS 2022，选择菜单栏中的“文件”→“新建”命令，或者单击“快速访问”工具栏中的“新建”按钮，在弹出的“新建 SOLIDWORKS 文件”对话框中选择“零件”按钮，然后单击“确定”按钮，创建一个新的零件文件。

02 绘制草图。在左侧的 FeatureManager 设计树中选择“前视基准面”，将其作为绘制图形的基准面。单击“草图”控制面板中的“圆”按钮，在坐标原点分别绘制直径为 7.5mm 和 10mm 的圆，标注尺寸后，结果如图 4–19 所示。

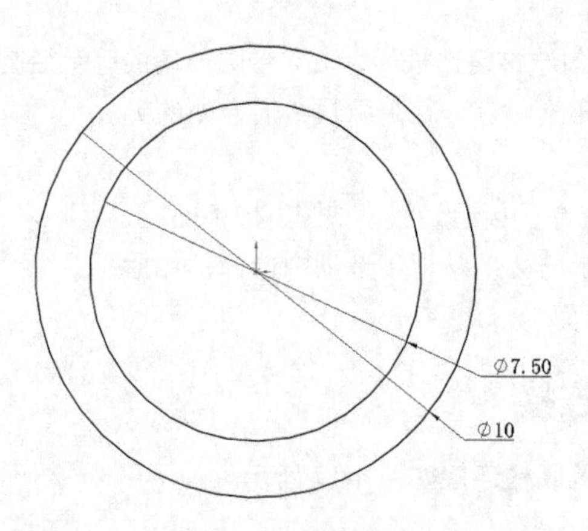

图 4-19　绘制的草图

03 拉伸实体。选择菜单栏中的“插入”→“凸台/基础实体”→“拉伸”命令，或者单击“特征”控制面板中的“拉伸凸台/基础实体”按钮，系统弹出图 4-20 所示的“凸台-拉伸”属性管理器。将拉伸终止条件设置为“给定深度”，输入拉伸距离“70”，然后单击“确定”按钮。结果如图 4-21 所示。

图 4-20 “凸台-拉伸”属性管理器

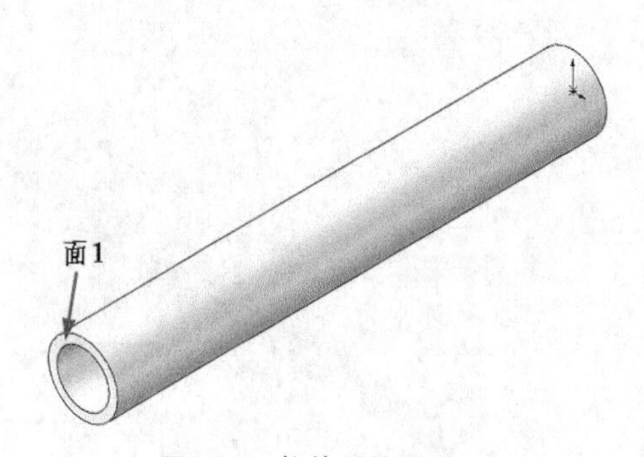

图 4-21　拉伸后的图形

04 设置基准面。选择图 4-21 中的面 1 为基准面。单击“视图（前导）”工具栏中的“正视于”按钮，新建草图。

05 绘制草图。单击“草图”控制面板中的“圆”按钮，在上步骤中的拉伸体圆心处分别绘制直径为 7.5mm 和 13.5mm 的圆，如图 4-22 所示。

06 拉伸实体。选择菜单栏中的“插入”→“凸台/基础实体”→“拉伸”命令，或者单击“特征”控制面板中的“拉伸凸台/基础实体”按钮，系统弹出图 4-23 所示的“凸台-拉伸”属性管理器。将拉伸终条件设置为“给定深度”，输入拉伸距离“2.5”，然后单击“确定”按钮。结果如图 4-24 所示。

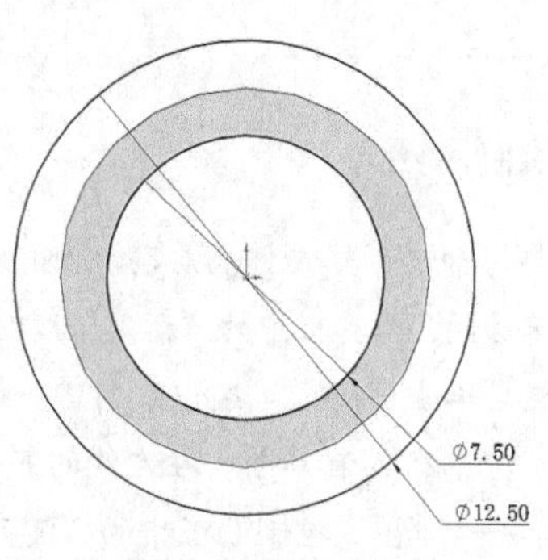

图 4-22　绘制草图

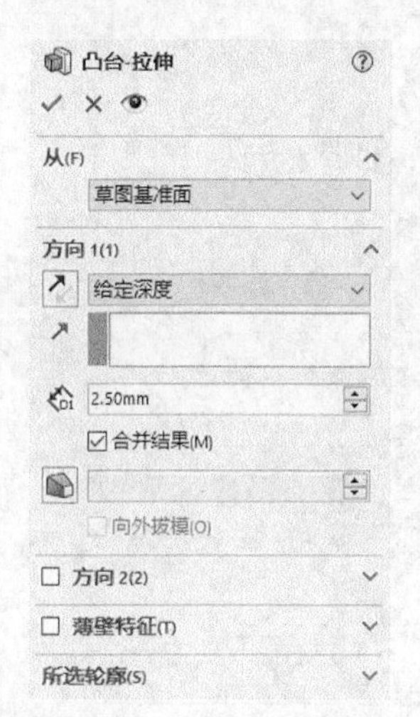

图 4-23 “凸台-拉伸”属性管理器

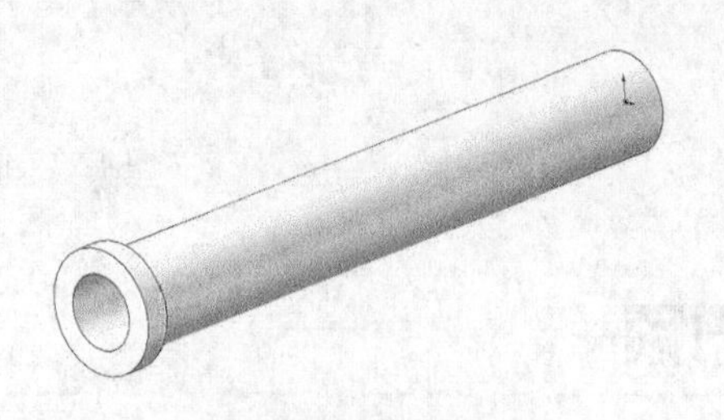

图 4-24 拉伸结果

07 重复步骤 04 ～ 06 ，在另一端创建拉伸体，结果如图 4–25 所示。

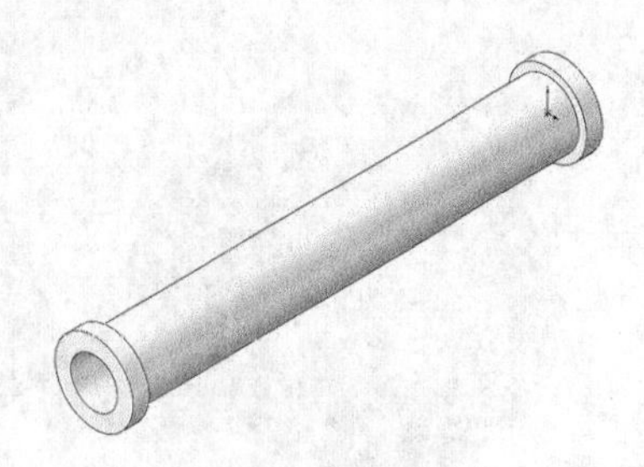

图 4-25 另侧拉伸

08 圆角实体。选择菜单栏中的“插入”→“特征”→“圆角”命令，或者单击“特征”控制面板中的“圆角”按钮，系统弹出图 4–26 所示的“圆角”属性管理器。在“半径”一栏中输入“2.5”，然后用鼠标选取图 4–26 中的两条边线。然后单击属性管理器中的“确定”按钮，结果如图 4–27 所示。

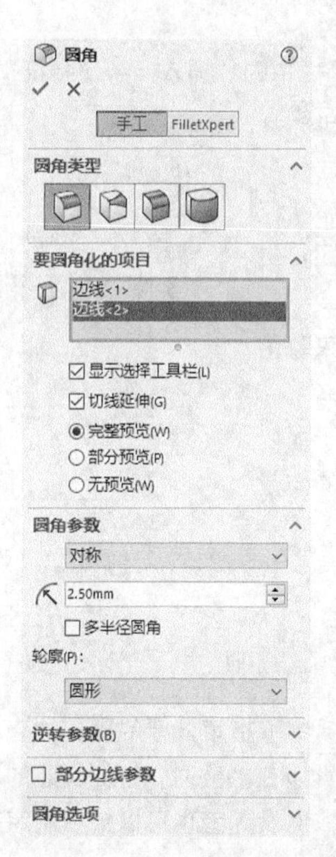

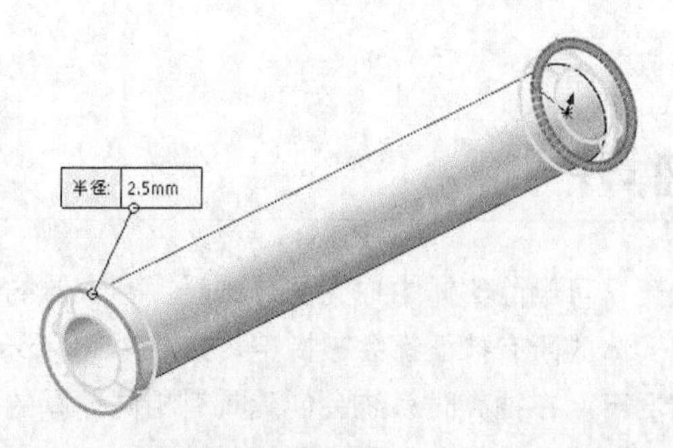

图 4-26 “圆角”属性管理器

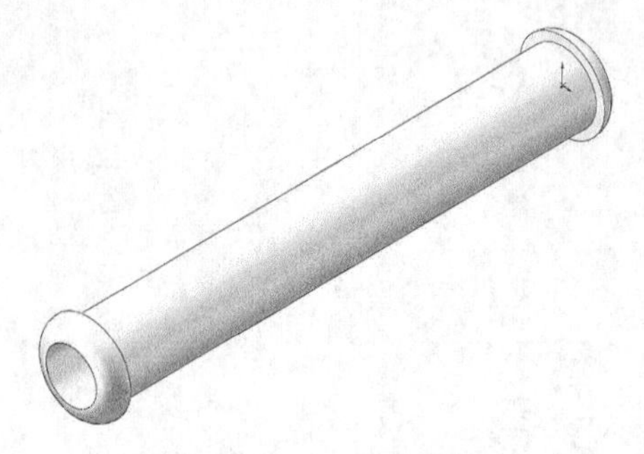

图 4-27　圆角实体

4.3 圆顶

在同一模型上同时添加一个或多个圆顶到所选平面或非平面。圆顶示意图如图 4-28 所示。

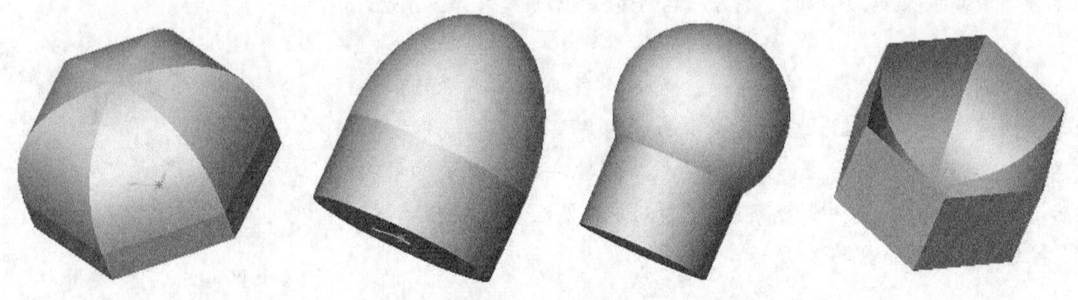

图 4-28　圆顶示意图

单击"特征"控制面板中的"圆顶"按钮，或选择菜单栏中的"插入"→"特征"→"圆顶"命令。系统打开图 4-29 所示的"圆顶"属性管理器，其中的可控参数如下。

（1）"到圆顶的面"：选择一个或多个平面或非平面。

（2）"距离"：设定圆顶扩展的距离。单击"反向"按钮，生成一个凹陷的圆顶。

（3）"约束点或草图"：通过选择一包含点的草图来约束草图的形状以控制圆顶。

（4）"方向"：从图形区域中选择一方向向量，以垂直于面以外的方向拉伸圆顶。也可将线性边线或由两个草图点所生成的向量作为方向向量。

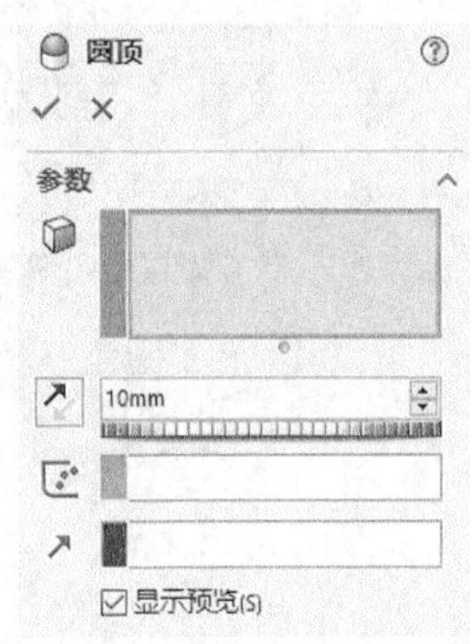

图 4-29　"圆顶"属性管理器

4.4 抽壳

通过抽壳，可删除实体中抽壳面，然后掏空实体的内部，留下指定壁厚的壳。抽壳后，在抽壳之前增加到实体的所有特征都会被掏空，如图 4-30 所示。因此，在抽壳时，特征创建的次序非常重要。默认情况下，在抽壳时系统会创建具有相同壁厚的实体，但设计者也可以单独制定某些表面的厚度，使创建完成后的实体壁厚度不相等。

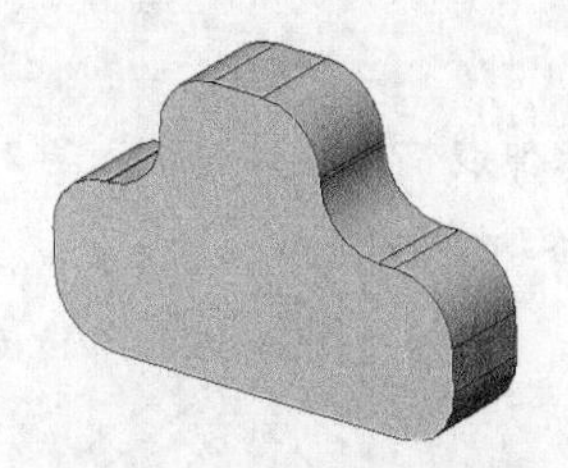
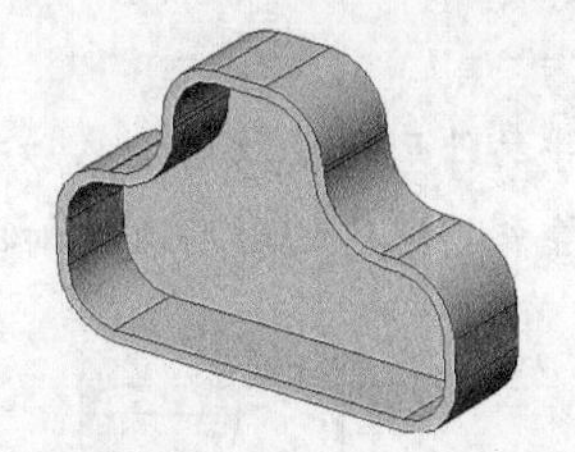

图 4-30　抽壳前（左）与抽壳后（右）

4.4.1　“抽壳”选项说明

单击“特征”控制面板中的“抽壳”按钮，或选择菜单栏中的“插入”→“特征”→“抽壳”命令。系统弹出图 4-31 所示的“抽壳”属性管理器，其中的可控参数如下。

1. “参数”选项组

为抽壳特征指定新的参数。

（1）“厚度”：设置要保留面的厚度。

（2）“移除的面”：在图形区域中选择一个或多个面，将其作为要移除的面。

（3）“壳厚朝外”复选框：勾选该复选框后，则系统将实体的外边缘作为基准增厚实体，从而增加零件的厚度。

（4）“显示预览”复选框：勾选该复选框后，则会在图形区域中完全显示实体抽壳效果。

2. “多厚度设置”选项组

利用该选项组，可以生成不同面具有不同厚度的抽壳特征。如图 4-32 所示。

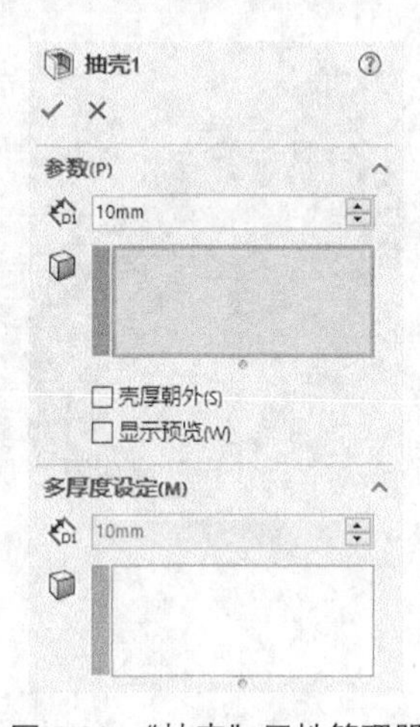

图 4-31　“抽壳”属性管理器

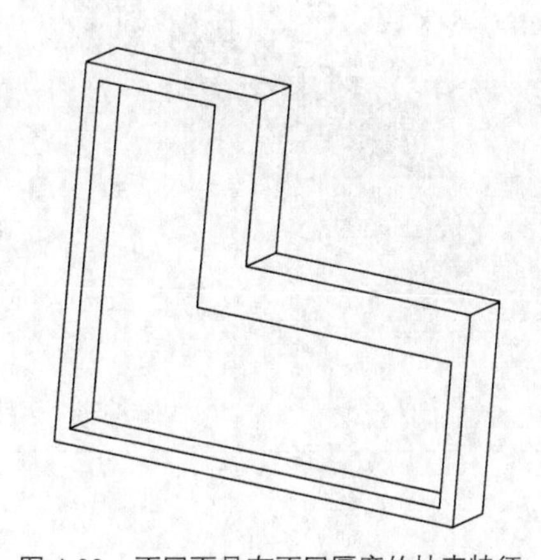

图 4-32　不同面具有不同厚度的抽壳特征

（1）“多厚度”：设定保留的所有面的厚度。

（2）“多厚度面”：在图形区域中选择一个或多个面作为增加厚度的面。

4.4.2　实例——铲斗

在本例中，我们要创建的铲斗如图 4-33 所示。

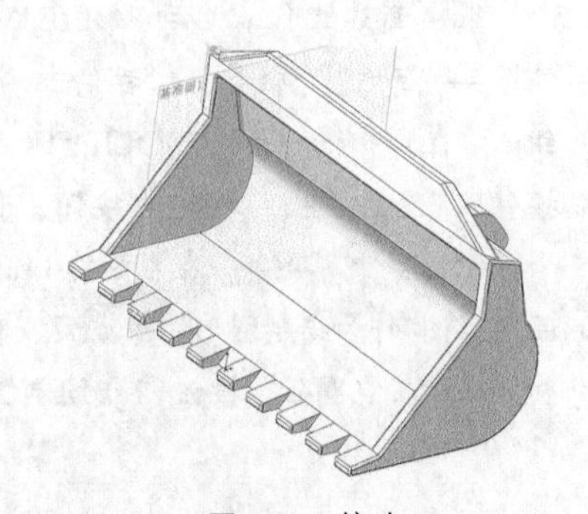

图 4-33　铲斗

思路分析

首先绘制铲斗的外形轮廓草图，然后将其拉伸成铲斗主体轮廓，再对拉伸体进行抽壳，最后绘制齿并进行阵列。铲斗的创建流程如图 4-34 所示。

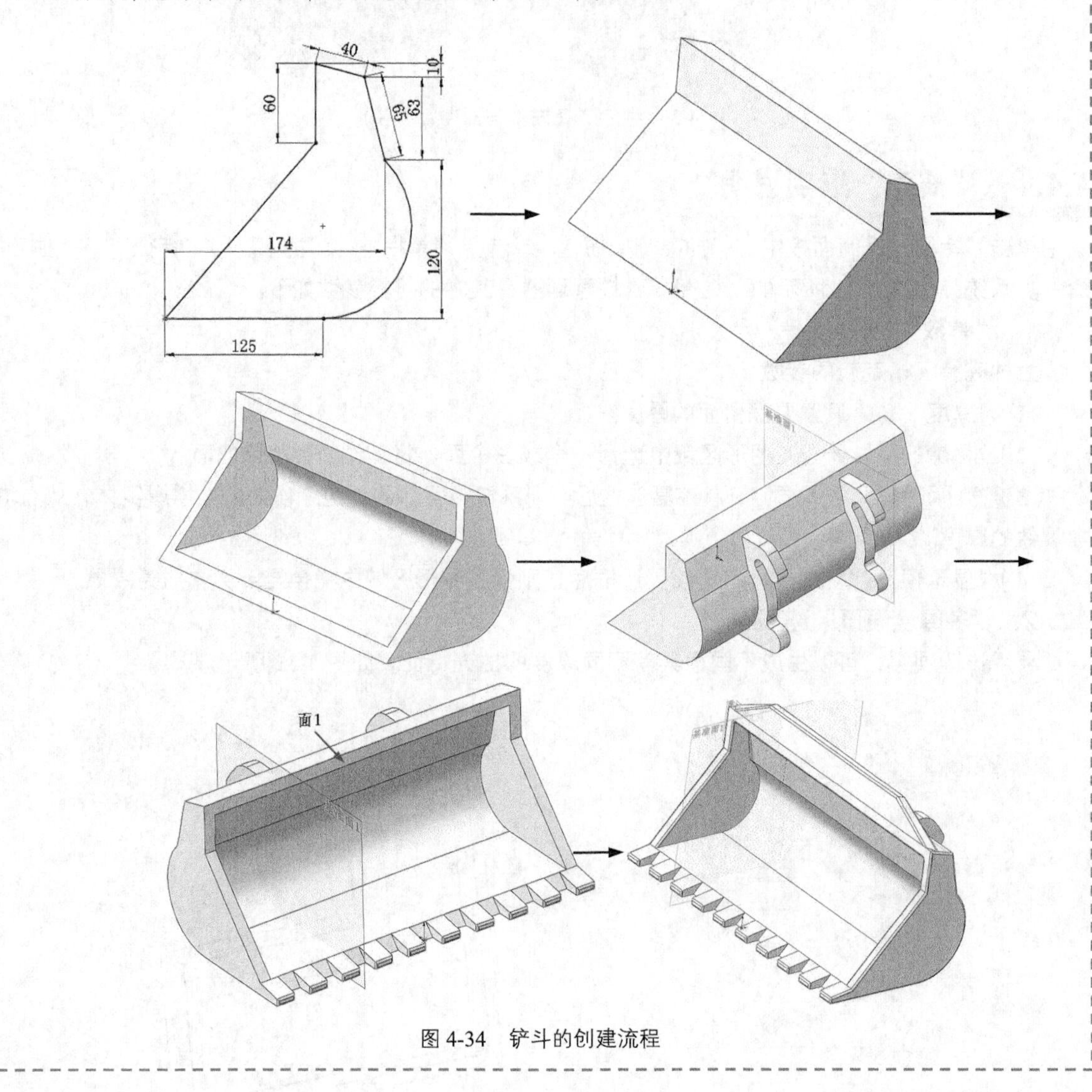

图 4-34　铲斗的创建流程

创建步骤

01 新建文件。启动 SOLIDWORKS 2022，选择菜单栏中的“文件”→“新建”命令，或者单击“快速访问”工具栏中的“新建”按钮，在弹出的“新建 SOLIDWORKS 文件”对话框中选择“零件”按钮，然后单击“确定”按钮，创建一个新的零件文件。

02 绘制草图 1。在左侧的 FeatureManager 设计树中选择“前视基准面”，将其作为绘制图形的基准面。单击“草图”控制面板中的“直线”按钮和“三点圆弧”按钮，绘制图 4-35 所示的草图 1。

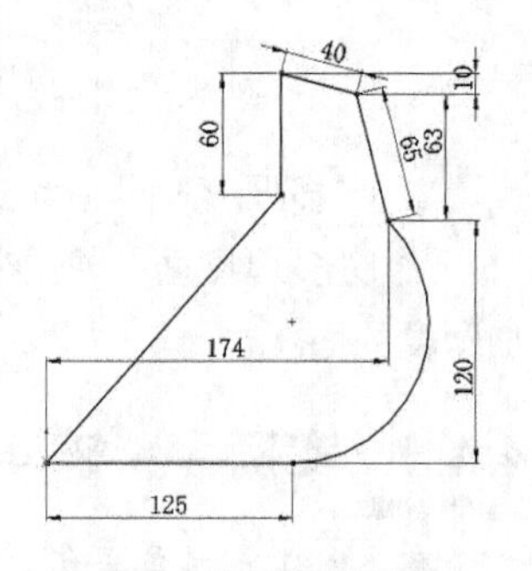

图 4-35　绘制草图 1

03 拉伸实体 1。选择菜单栏中的“插入”→“凸台/基础实体”→“拉伸”命令，或者单击“特征”控制面板中的“拉伸凸台/基础实体”按钮，系统弹出图 4-36 所示的“凸台-拉伸”属性管理器。将拉伸终止条件设置为“两侧对称”，在“拉伸距离”文本框中输入“450”，然后单击“确定”按钮✔。结果如图 4-37 所示。

图 4-36 “凸台-拉伸”属性管理器

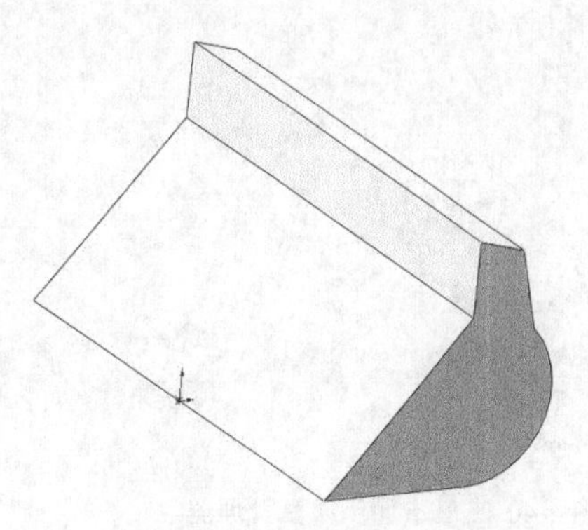

图 4-37 拉伸实体 1

04 实体抽壳。选择菜单栏中的“插入”→“特征”→“抽壳”命令，或者单击“特征”控制面板中的“抽壳”按钮，系统弹出图 4-38 所示的“抽壳 1”属性管理器。输入厚度“15”，在视图中选择图 4-38 所示的两个面，将其作为移除面，然后单击“确定”按钮✔。结果如图 4-39 所示。

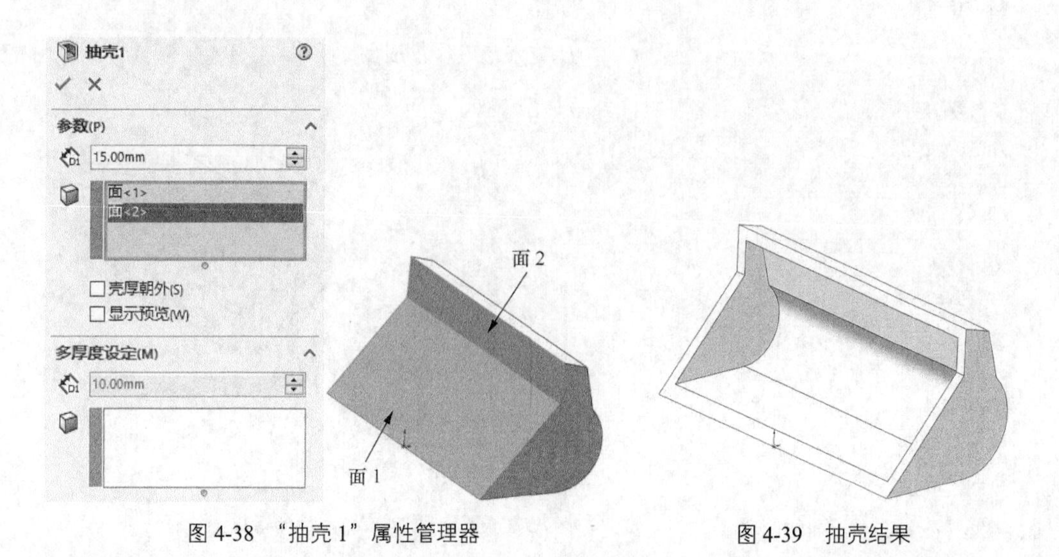

图 4-38 “抽壳 1”属性管理器　　　　图 4-39 抽壳结果

05 创建基准平面。在左侧的 FeatureManager 设计树中选择“前视基准面”，将其作为参考面。单击“特征”控制面板“参考几何体”下拉列表中的“基准面”按钮，系统弹出“基准面”属性管理器，在“偏移距离”文本框中输入“115”，如图 4-40 所示；单击“确定”按钮✔，生成基准面 1。

06 绘制草图 2。将基准面 1 作为绘制图形的基准面。在左侧的 FeatureManager 设计树中选择“前视基准面”，将其作为绘制图形的基准面。单击“草图”控制面板中的“中心线”按钮、“直线”按钮、“转换实体引用”按钮和“三点圆弧”按钮，绘制图 4-41 所示的草图 2。

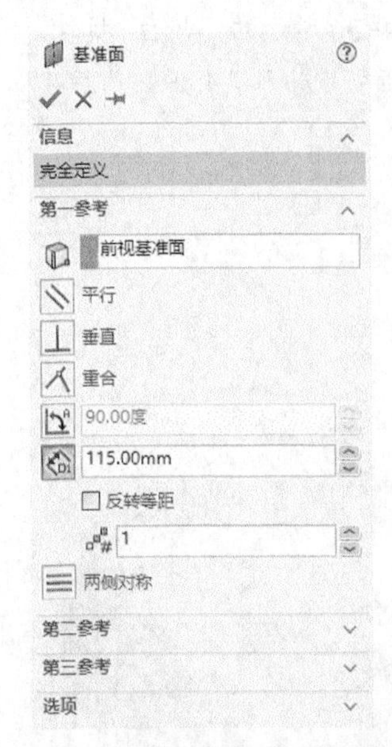

图 4-40 “基准面”属性管理器

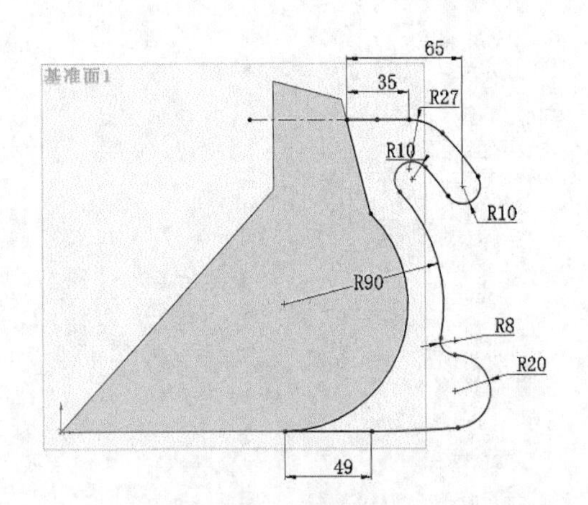

图 4-41 绘制草图 2

07 拉伸实体 2。选择菜单栏中的“插入”→“凸台/基础实体”→“拉伸”命令，或者单击“特征”控制面板中的“拉伸凸台/基础实体”按钮，系统弹出图 4-42 所示的“凸台-拉伸”属性管理器。设置拉伸终止条件为“给定深度”，输入拉伸距离“20”，然后单击“确定”按钮✔。结果如图 4-43 所示。

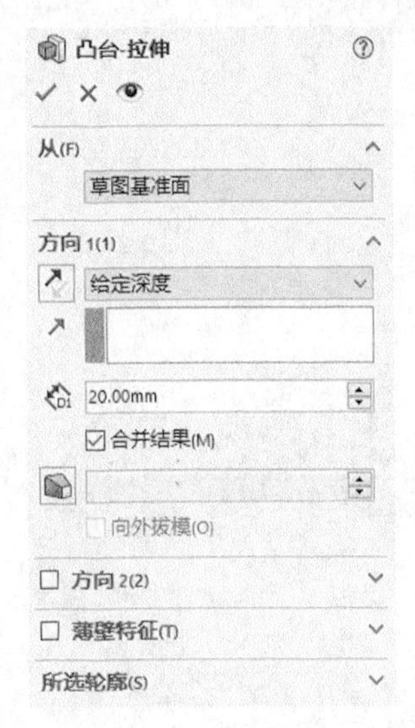

图 4-42 “凸台-拉伸”属性管理器

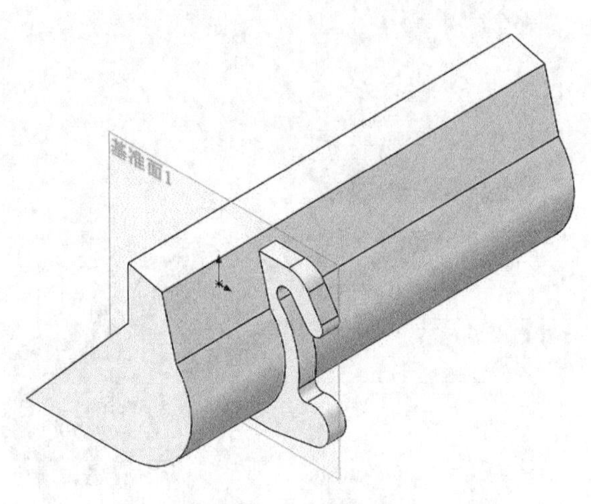

图 4-43 拉伸结果 1

08 镜像特征 1。选择菜单栏中的“插入”→“阵列/镜向”→“镜向”命令，或者单击“特征”控制面板中的“镜向”按钮，系统弹出图 4-44 所示的“镜向”属性管理器。以“前视基准面”为镜像面，在视图中选择在步骤 07 中创建的拉伸特征，将其作为要镜像的特征，然后单击“确定”按钮✔。结果如图 4-45 所示。

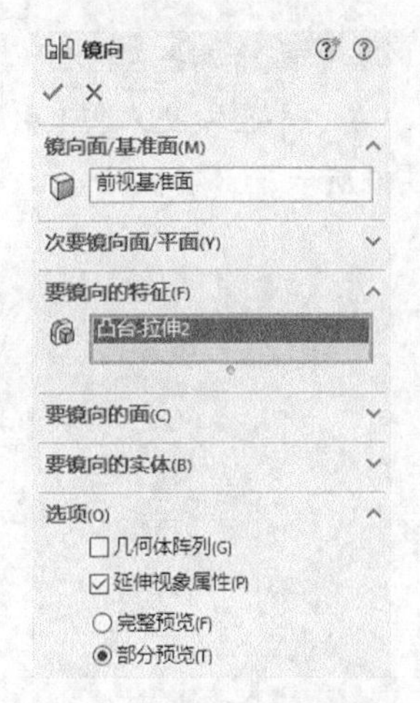

图 4-44 “镜向”属性管理器

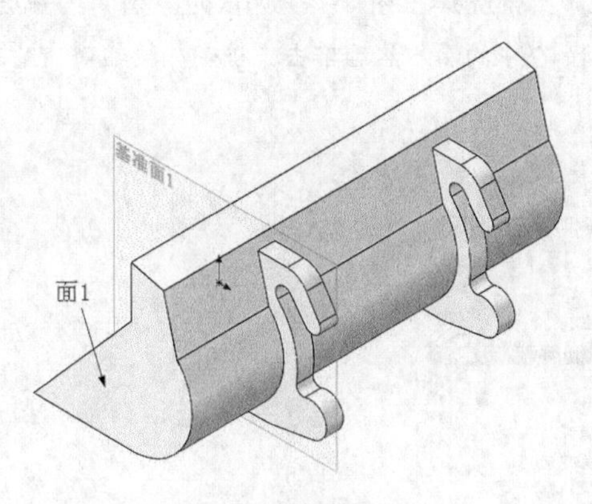

图 4-45 镜像结果 1

09 绘制草图 3。在视图中选择图 4-45 所示的面 1，将其作为绘制图形的基准面。单击“草图”控制面板中的“直线”按钮，绘制图 4-46 所示的草图 3。

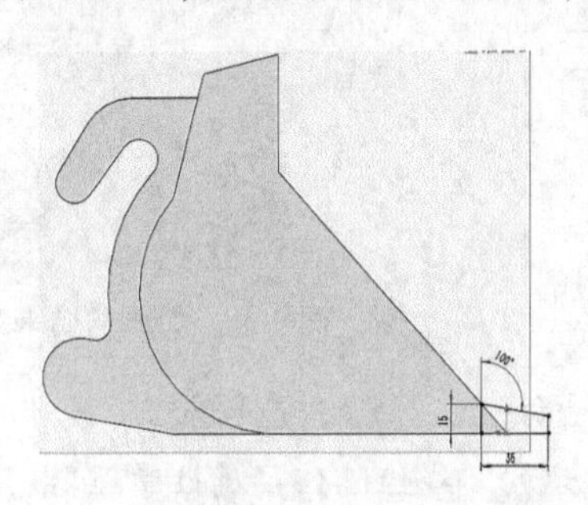

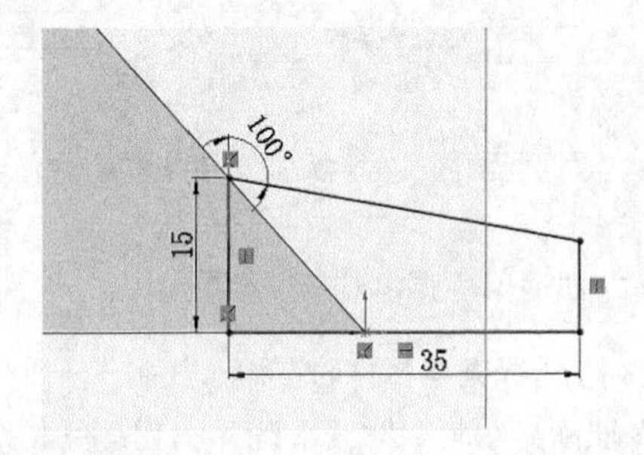

图 4-46 草图 3

10 拉伸实体 3。选择菜单栏中的“插入”→“凸台/基础实体”→“拉伸”命令，或者单击“特征”控制面板中的“拉伸凸台/基础实体”按钮，系统弹出图 4-47 所示的“凸台-拉伸”属性管理器。设置拉伸终止条件为“给定深度”，在“拉伸距离”文本框中输入“25”，然后单击“确定”按钮。结果如图 4-48 所示。

图 4-47 “凸台-拉伸”属性管理器

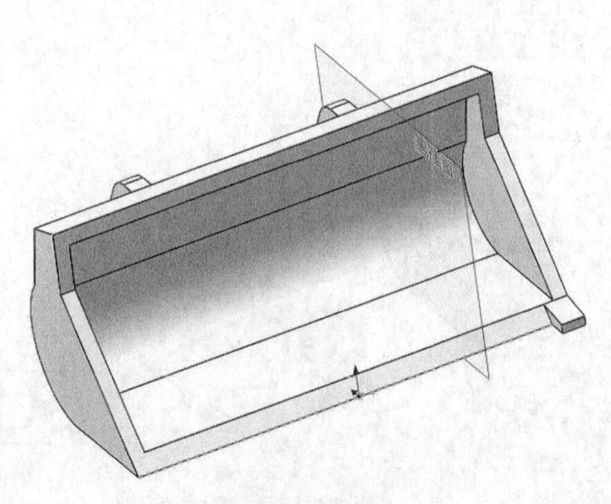

图 4-48 拉伸结果 2

11 倒圆角。选择菜单栏中的“插入”→“特征”→“圆角”命令，或者单击“特征”控制面板中的“圆角”按钮，系统弹出图 4–49 所示的“圆角”属性管理器。在“半径”文本框中输入“2.5”，然后选取图 4–49 中的面。然后单击“确定”按钮，结果如图 4–50 所示。

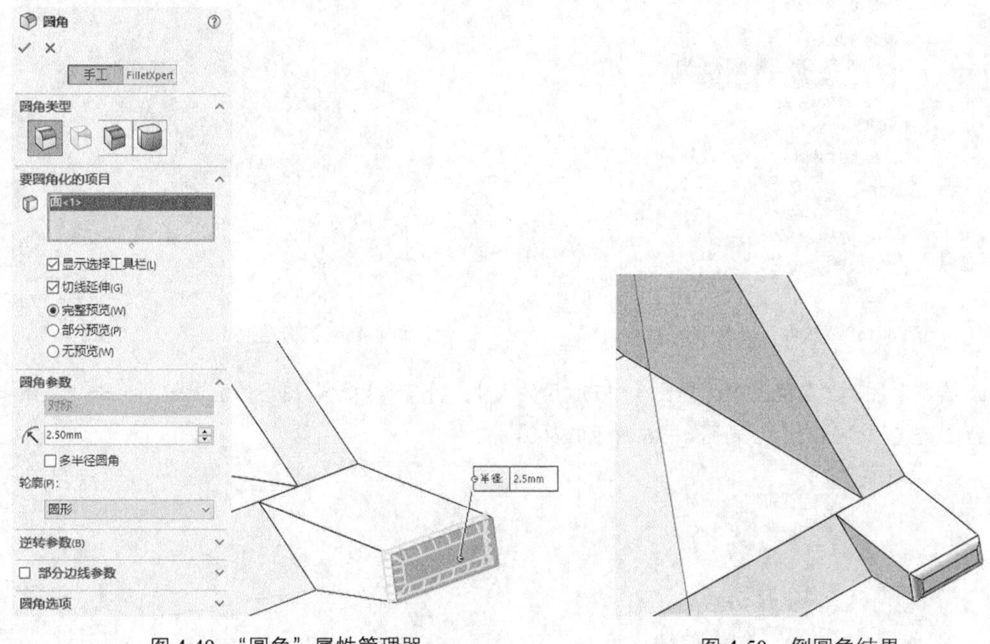

图 4-49 “圆角”属性管理器　　图 4-50 倒圆角结果

12 线性阵列。选择菜单栏中的“插入”→“阵列/镜向”→“线性阵列”命令，或者单击“特征”控制面板中的“线性阵列”按钮，系统弹出图 4–51 所示的“线性阵列”属性管理器。在视图中选择图4–51 所示的边线，将其作为阵列方向，输入阵列距离“47”，将个数设为 5，选择在步骤 11 中创建的拉伸特征和圆角特征，将其作为要阵列的特征，然后单击“确定”按钮。结果如图 4–52 所示。

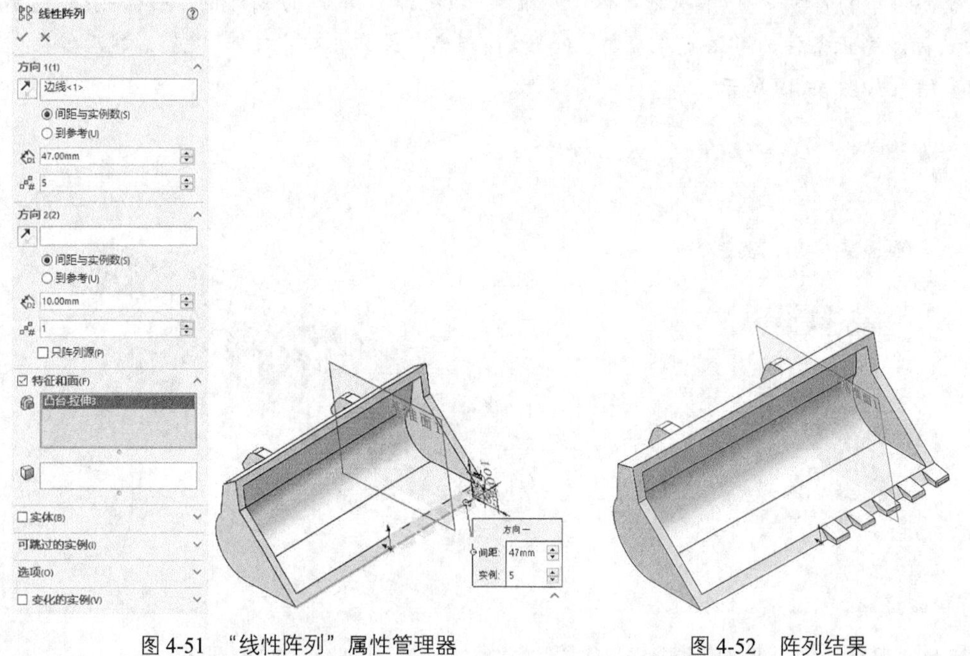

图 4-51 “线性阵列”属性管理器　　图 4-52 阵列结果

13 镜像特征 2。选择菜单栏中的“插入”→“阵列/镜向”→“镜向”命令，或者单击“特征”控制面板中的“镜向”按钮，系统弹出图 4-53 所示的“镜向”属性管理器。以“前视基准面”为镜像面，在视图中选择在步骤 12 中创建的阵列特征，将其作为要镜像的特征，然后单击“确定”按钮✔。结果如图 4-54 所示。

图 4-53 “镜向”属性管理器

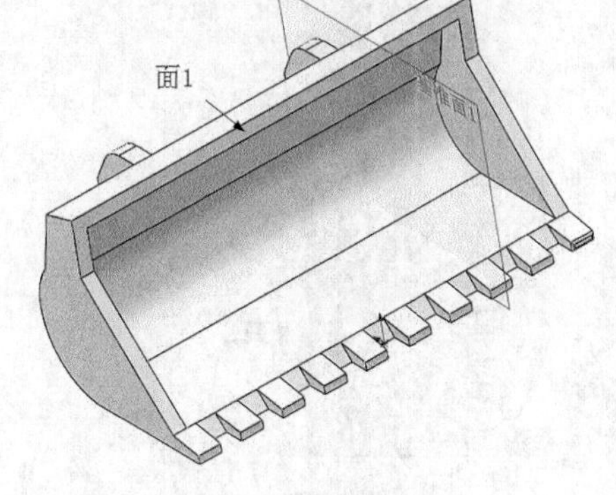

图 4-54 镜像结果 2

14 绘制放样草图 1。在视图中选择图 4-54 所示的面 1，将其作为绘制图形的基准面。单击“草图”控制面板中的“直线”按钮，绘制图 4-55 所示的放样草图 1。

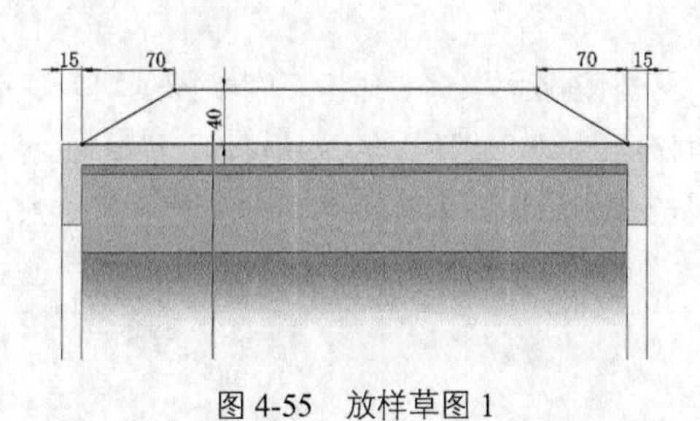

图 4-55 放样草图 1

15 创建基准平面。单击“特征”控制面板“参考几何体”下拉列表中的“基准面”按钮，系统弹出“基准面”属性管理器，选择图 4-57 所示的面，将其作为参考面，在“偏移距离”文本框中输入“15”，如图 4-56 所示；单击“确定”按钮✔，生成的基准面如图 4-57 所示。

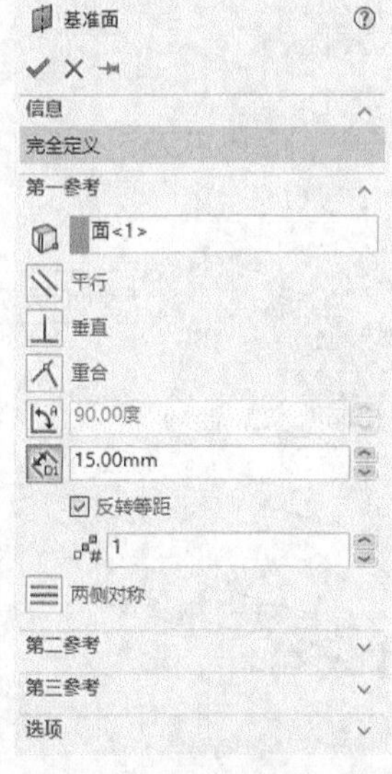

图 4-56 “基准面”属性管理器

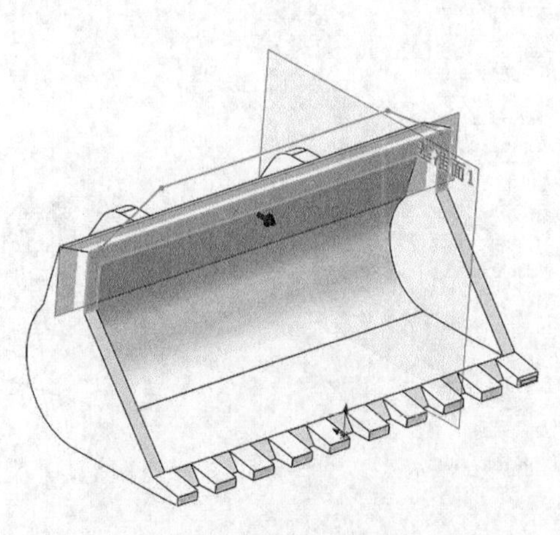

图 4-57 生成的基准面

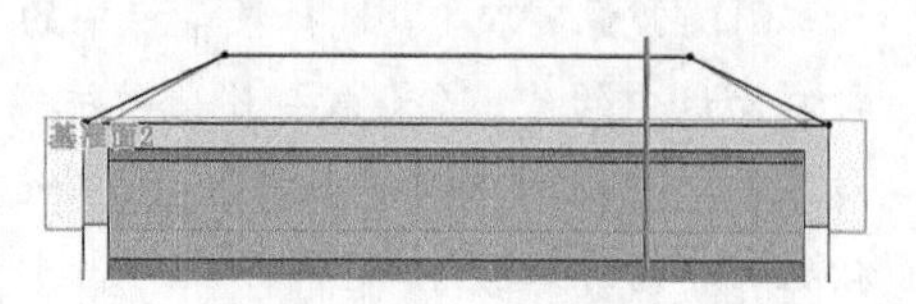

图 4-58　放样草图 2

16 绘制放样草图 2。在左侧的 FeatureManager 设计树中选择“基准面 2”，将其作为绘制图形的基准面。单击“草图”控制面板中的“直线”按钮，绘制图 4-58 所示的放样草图 2。单击“退出草图”按钮，退出草图绘制状态。

17 绘制放样草图 3。在视图中选择实体上表面，将其作为绘制图形的基准面。单击“草图”控制面板中的“直线”按钮，连接两个放样草图的右端端点。如图 4-59 所示，单击“退出草图”按钮，退出草图绘制状态。

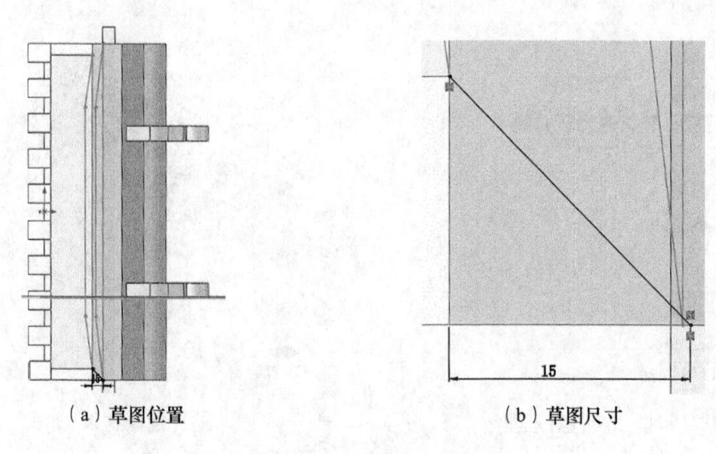

（a）草图位置　　（b）草图尺寸

图 4-59　放样草图 3

18 放样实体。选择菜单栏中的“插入”→“凸台/基础实体”→“放样”命令，或者单击“特征”控制面板中的“放样凸台/基础实体”按钮，系统弹出图 4-60 所示的“放样”属性管理器。选择在步骤 14 和步骤 18 中绘制的放样草图 1、放样草图 2，将其作为放样轮廓，将放样草图 3 作为引导线，然后单击“确定”按钮。结果如图 4-61 所示。

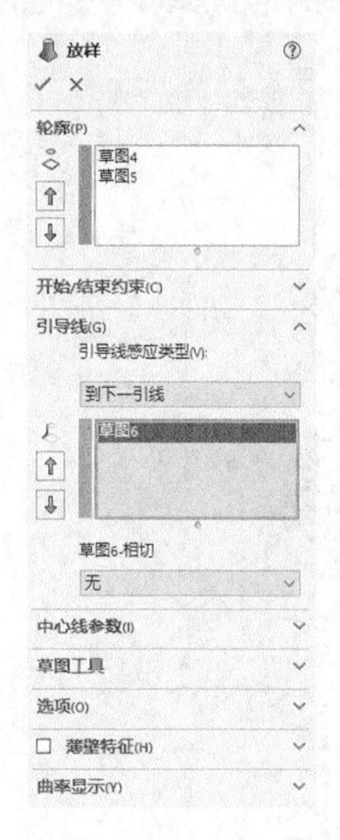

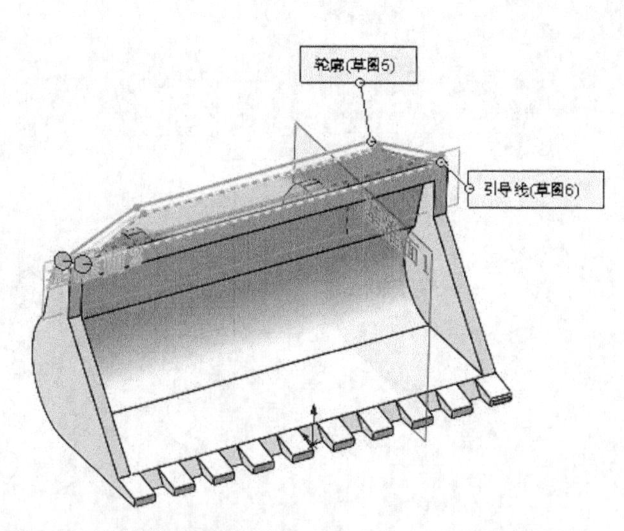

图 4-60　“放样”属性管理器

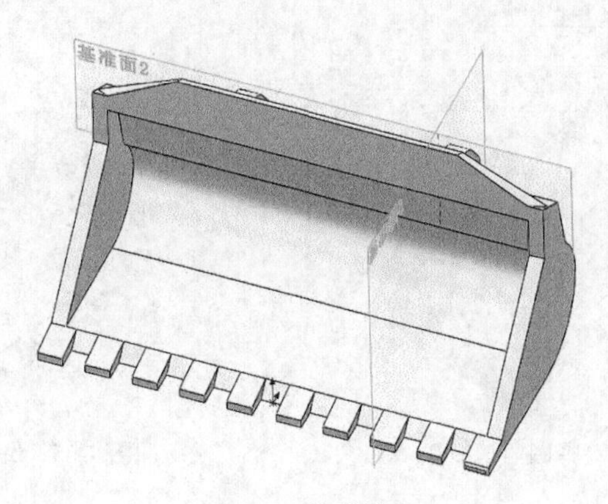

图 4-61　放样结果

19 倒圆角。选择菜单栏中的“插入”→“特征”→“圆角”命令，或者单击“特征”控制面板中的“圆角”按钮，系统弹出图 4-62 所示的“圆角”属性管理器。在“半径”文本框中输入“2.5”，取消“切线延伸”的勾选，然后选取图 4-63 中的边线。然后单击“确定”按钮。重复执行“圆角”命令，选择图 4-64 所示的边线，输入圆角半径值“1.25”，结果如图 4-65 所示。

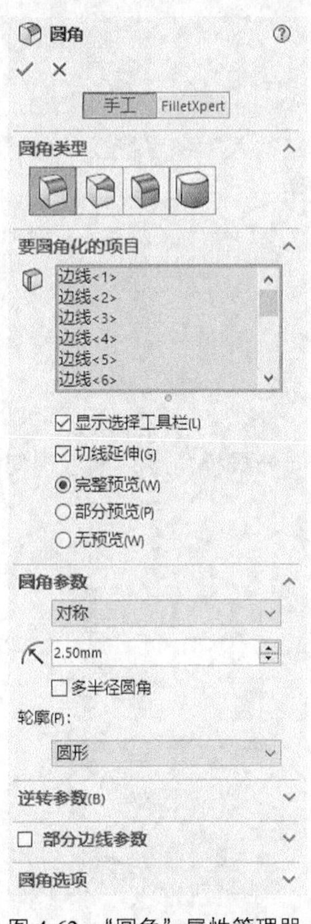

图 4-62　“圆角”属性管理器

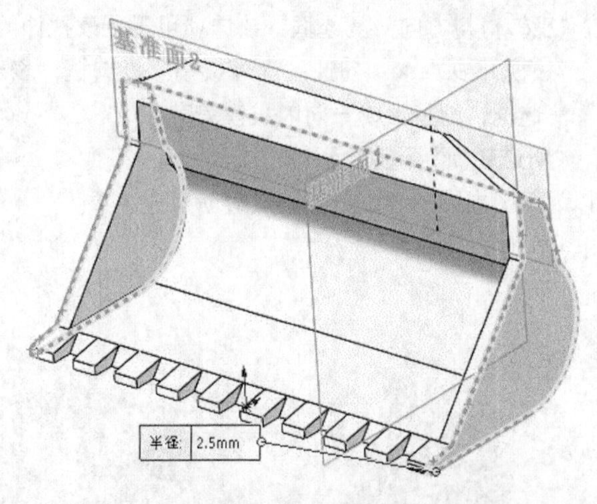

图 4-63　选择圆角边线 1

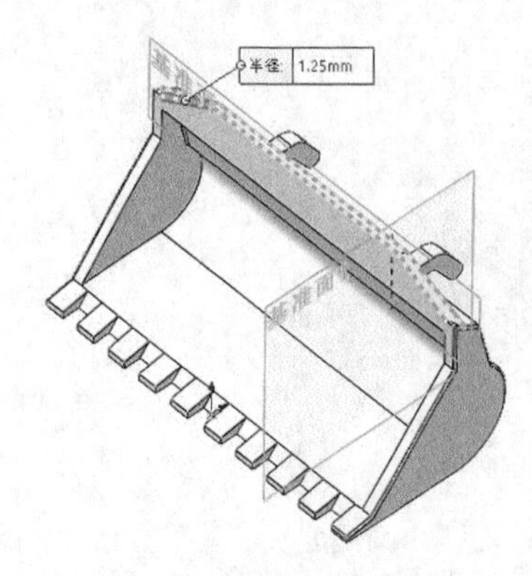

图 4-64　选择圆角边线 2

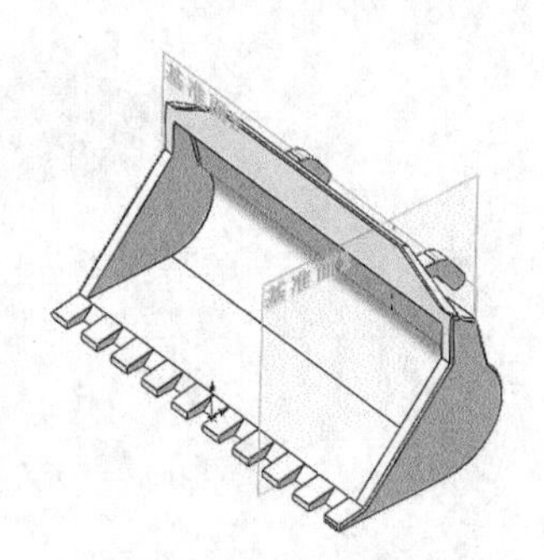

图 4-65　倒圆角结果

4.5 筋

筋特征是零件建模过程中的常用特征，它只能用作增加材料的特征，不能用来生成切除特征，用于创建附属于零件的肋片或辐板，如图 4-66 所示。筋特征实际上是由开环的草图轮廓沿指定方向和厚度生成的特殊类型的拉伸特征。

4.5.1 “筋”选项说明

单击“特征”控制面板中的“筋”按钮，或选择菜单栏中的“插入”→“特征”→“筋”命令。系统弹出图 4-67 所示的“筋”属性管理器，其中的可控参数如下。

1. “参数”选项组

为筋特征指定新的参数。

（1）“厚度”：可添加厚度到所选草图边上。

（2）“拉伸方向”：设置筋的拉伸方向。

（3）“反转材料方向”复选框：该选项用于更改拉伸的方向。

（4）“拔模开/关”：勾选“向外拔模”复选框，表示生成一向外拔模角度，如取消勾选“向外拔模”复选框，则将生成一向内拔模角度。

2. “所选轮廓”选项组

可以为草图中的多个线条分别设置筋拉伸参数。

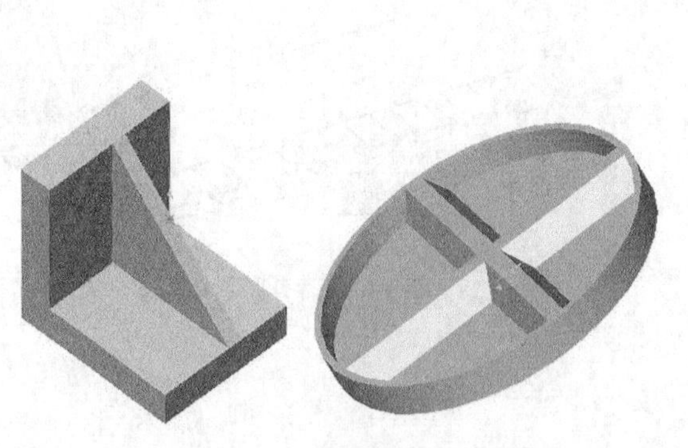

图 4-66　筋特征

图 4-67　“筋”属性管理器

4.5.2 实例——导流盖

在本例中，我们要创建的导流盖如图 4-68 所示。

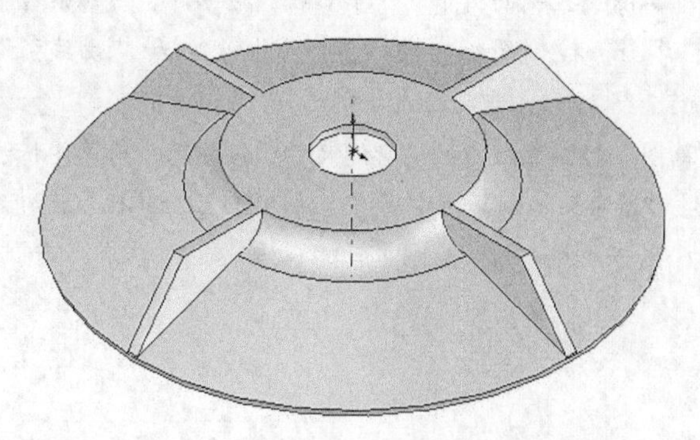

图 4-68 导流盖

思路分析

本例首先绘制开环草图，旋转成薄壁模型，接着绘制筋特征，重复操作绘制其余筋，完成零件建模，最终生成导流盖模型。导流盖的创建流程如图 4-69 所示。

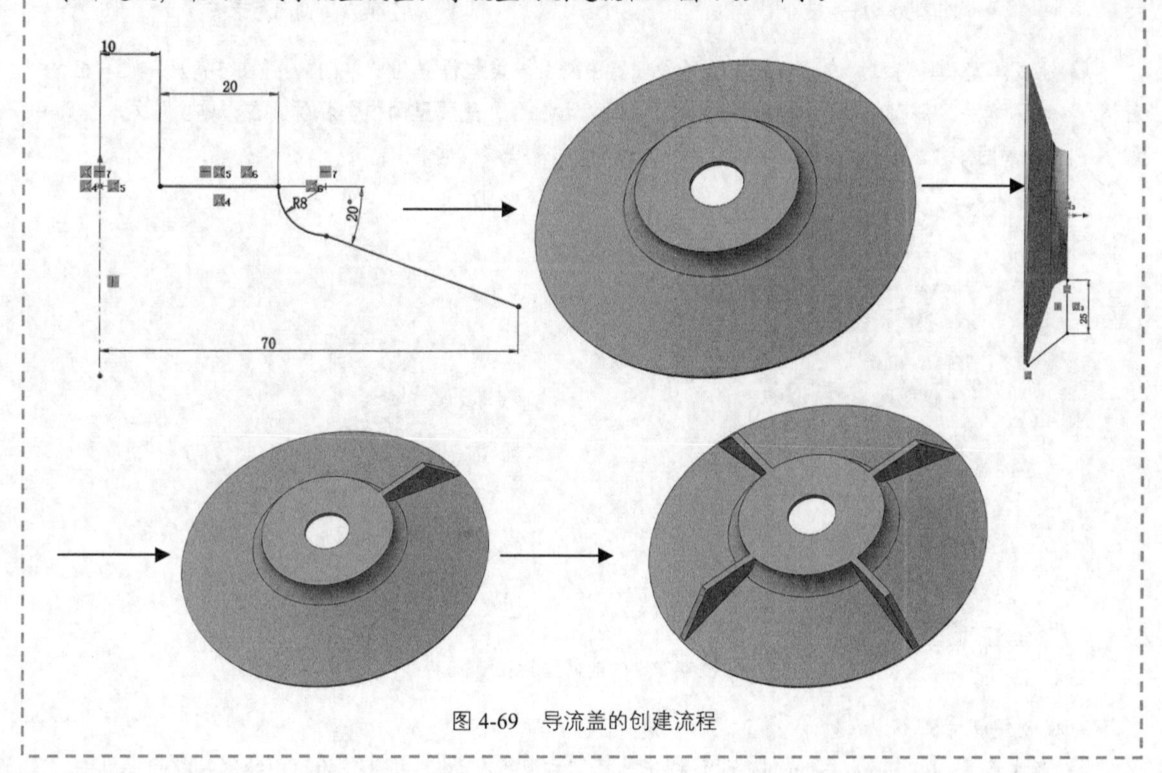

图 4-69 导流盖的创建流程

创建步骤

01 生成薄壁旋转特征

❶ 新建文件。启动 SOLIDWORKS 2022，选择菜单栏中的“文件”→“新建”命令，或单击“快速访问”工具栏中的“新建”按钮，在弹出的“新建 SOLIDWORKS 文件”对话框中，单击“零件”按钮，然后单击“确定”按钮，新建一个零件文件。

❷ 新建草图。在 FeatureManager 设计树中选择“前视基准面”，将其作为草图绘制基准面，单击“草图”控制面板中的“草图绘制”按钮，新建一张草图。

❸ 绘制中心线。单击“草图”控制面板中的“中心线”按钮，过原点绘制一条竖直中心线。

❹ 绘制轮廓。单击“草图”控制面板中的“直线”按钮和“切线弧”按钮，绘制旋转草图轮廓。

❺ 标注尺寸。单击“草图”控制面板中的“智能尺寸”按钮，为草图标注尺寸，如图 4–70 所示。

❻ 旋转生成实体。单击“特征”控制面板中的“旋转凸台/基础实体”按钮，在弹出的询问对话框中单击“否”按钮，如图 4–71 所示。

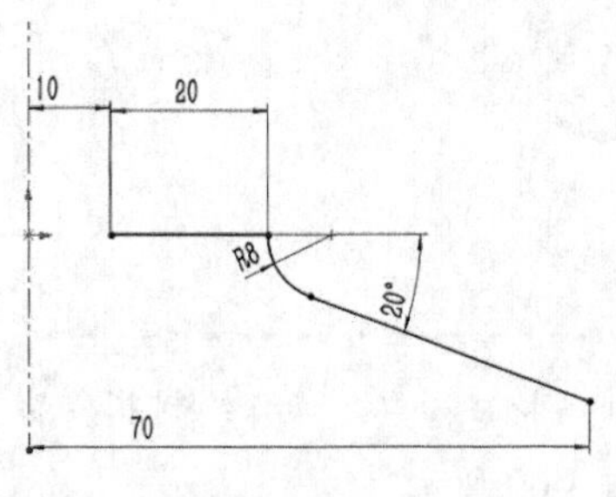

图 4-70 标注尺寸

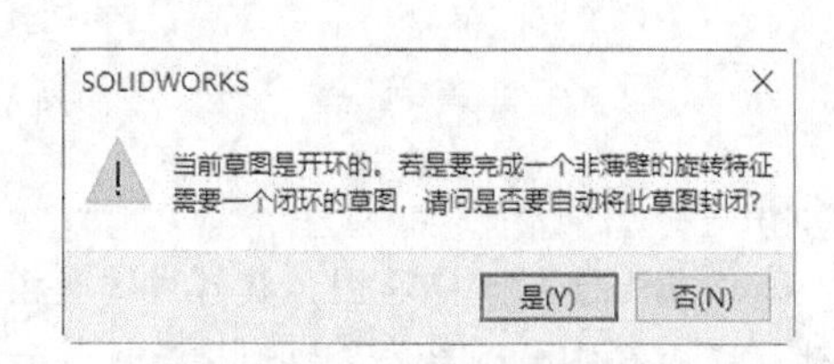

图 4-71 询问对话框

❼ 生成薄壁旋转特征。在“旋转”属性管理器中将旋转类型设置为“单向”，并在“角度”文本框中输入“360”，单击“薄壁特征”控制面板中的“反向”按钮，使薄壁向内部拉伸，在“厚度”文本框中输入“2”，如图 4–72 所示。单击“确定”按钮，生成薄壁旋转特征。

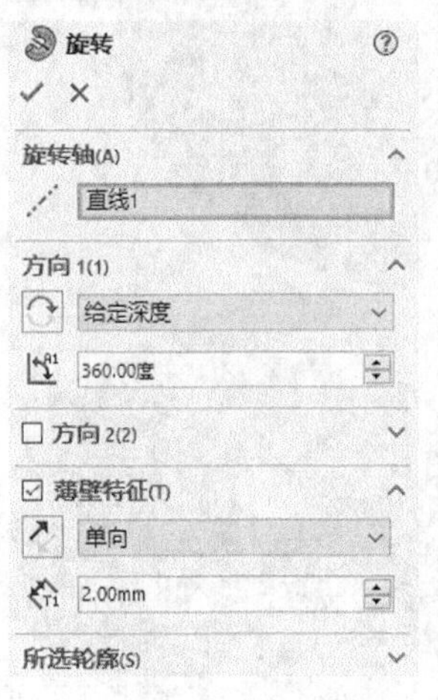

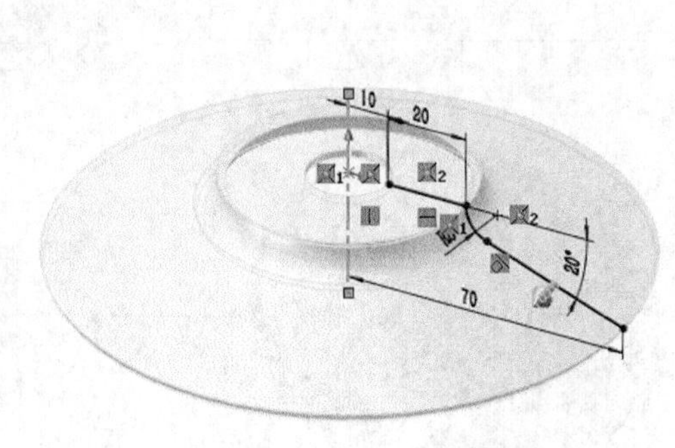

图 4-72 生成薄壁旋转特征

02 创建筋特征

❶ 新建草图。在 FeatureManager 设计树中选择“右视基准面”，将其作为草图绘制基准面，单击“草图”控制面板中的“草图绘制”按钮，新建一张草图。单击“视图（前导）”工具栏中的“正视于”按钮，使草图平面垂直于右视基准面。

❷ 绘制直线。单击“草图”控制面板中的“直线”按钮，将光标移到台阶的边缘，当光标变为形状时，表示指针正位于边缘上，移动光标以生成从台阶边缘到零件边缘的折线。

❸ 标注尺寸。单击“草图”控制面板中的“智能尺寸”按钮，为草图标注尺寸，如图 4–73 所示。

❹ 设置视图方向。单击“视图（前导）”工具栏中的“等轴测”按钮，通过等轴测视图观看图形。

❺ 创建筋特征。单击“特征”控制面板中的“筋”按钮，或选择菜单栏中的“插入”→“特征”→“筋”命令，系统弹出“筋 1”属性管理器；单击“两侧”按钮，设置厚度生成方式为两边均等添加材料，在“筋厚度”文本框中输入“10”，单击“平行于草图”按钮，设定筋的拉伸方向为平行于草图，如图 4–74 所示，单击“确定”按钮，生成筋特征。

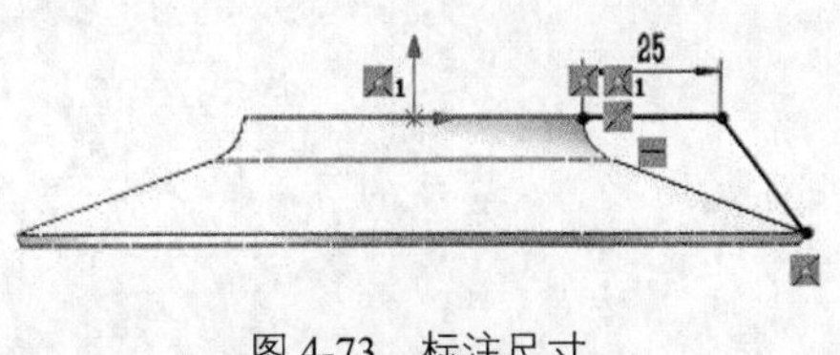

图 4-73　标注尺寸

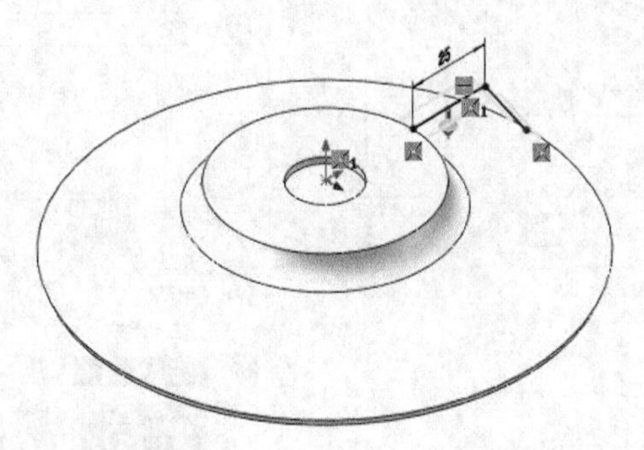

图 4-74　创建筋特征

❻ 重复执行步骤❹、步骤❺的操作，创建其余 3 个筋特征。同时也可利用圆周阵列命令阵列筋特征。最终结果如图 4–75 所示。

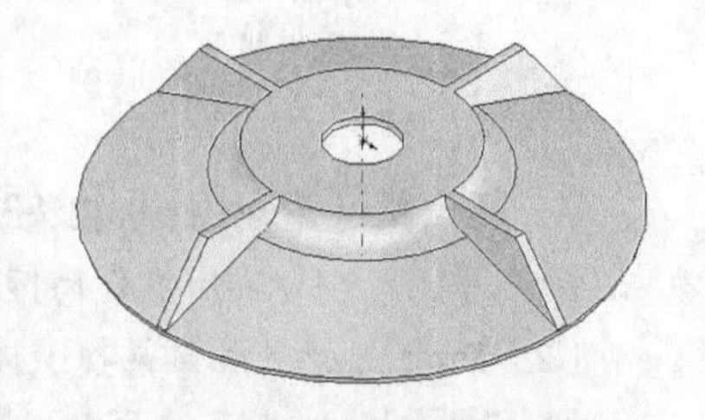

图 4-75　最终结果

4.6 拔模

拔模特征是指以特定的角度斜削所选模型面的特征，它通常应用于模具或铸件。拔模特征的说明如图 4-76 所示。在拔模过程中，用户以指定的角度斜削模型中所选的面。使型腔零件更容易脱出模具。在绘图过程中，可以在现有的零件上进行拔模，或者在拉伸特征时进行拔模。也可以将拔模应用到实体或曲面模型中。

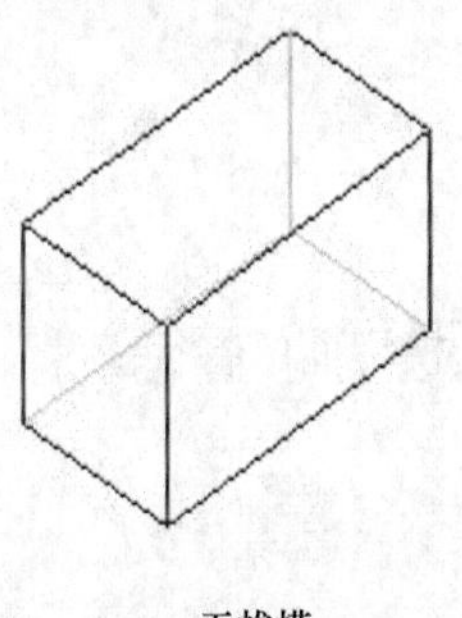

无拔模

向内拔模 10

向外拔模 10

图 4-76　拔模特征说明

单击“特征”控制面板中的“拔模”按钮，选择菜单栏中的“插入”→“特征”→“拔模”命令。系统弹出图 4-77 所示的“拔模”属性管理器，其中的可控参数如下。

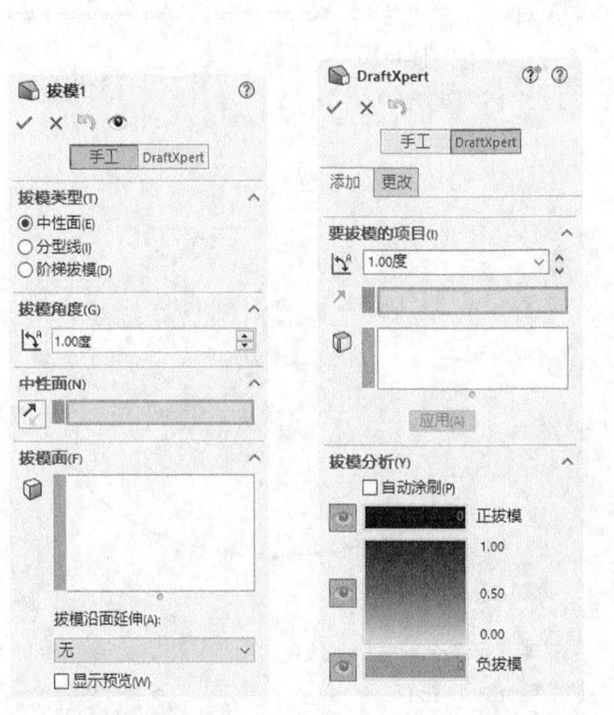

图 4-77 “拔模”属性管理器

1. 两个属性管理器切换按钮

（1）手工：在特征层次保持控制。

（2）DraftXpert：测试并找出拔模过程的错误。

2. DraftXpert 下的两个选项卡

（1）“添加”：生成新的拔模特征。

（2）“更改”：修改拔模特征。

3. “拔模类型”选项组

可从中选择中性面、分型线、阶梯拔模等拔模类型。

4. “拔模角度”选项组

在文本框中输入拔模角度。

5. “中性面”选项组

中性面用来决定模具的拔模方向，生成使用特定的角度斜削所选模型面的特征。

6. “拔模面”选项组

选定要拔模的面。

7. “要拔模的项目”选项组

可从中设置拔模角度、方向等参数。

8. “拔模分析”选项组

核实拔模角度，检查面内的角度，以及找出零件的分型线、浇注面和出坯面等。

9. “要更改的拔模”选项组

可从中对拔模角度、方向等参数进行修改。

10. “现有拔模”选项组

按角度、中性面或拔模方向过滤所有拔模。从列表中选择值以选择模型中包含该值的所有拔模，同时将它们显示在拔模列表下。然后可以根据需要更改或删除这些拔模。

4.7 包覆

该特征将草图包裹到平面或非平面上。可从圆柱、圆锥或拉伸的模型生成一个平面。也可选择一个平面轮廓来添加多个闭合的样条曲线草图。包覆特征支持轮廓选择和草图再用。可以将包覆特征投影至多个面上。

单击“特征”控制面板中的“包覆”按钮，选择菜单栏中的“插入”→“特征”→“包覆”命令。系统弹出图 4-78 所示的“包覆”属性管理器，其中的可控参数如下。

图 4-78 “包覆”属性管理器

1. “包覆类型”选项组

（1）“浮雕”：在面上生成突起特征。

（2）“蚀雕”：在面上生成缩进特征。

（3）“刻划”：在面上生成草图轮廓的压印。

2. “包覆方法”选项组

（1）“分析”：将草图包覆至平面或非平面上。

（2）“样条曲面”：可以在任何面类型上包覆草图。

3. “包覆参数”选项组

（1）“源草图”：在视图中选择要创建包覆的草图。

（2）“包覆草图的面”：选择一个非平面的面。

（3）“厚度”：输入厚度值。勾选“反向”复选框，更改方向。

4. “拔模方向”选项组

通过选取直线、线性边线或基准面来设定拔模方向。对于直线或线性边线，拔模方向即选定实体的方向。对于基准面，拔模方向与基准面正交。

4.8 孔

孔特征是机械设计中的常见特征。SOLIDWORKS 2022 将孔特征分成两种类型——简单直孔和异型孔。其中异型孔包括柱形沉头孔、锥形沉头孔、通用孔和螺纹孔。孔特征的效果如图 4-79 所示。

4.8.1 “孔”选项说明

1. 简单孔

单击“特征”控制面板中的“简单直孔”按钮，或选择菜单栏中的“插入”→“特征”→“特征”→“简单直孔”命令。系统弹出图 4-80 所示的“孔”属性管理器，其中的可控参数如下。

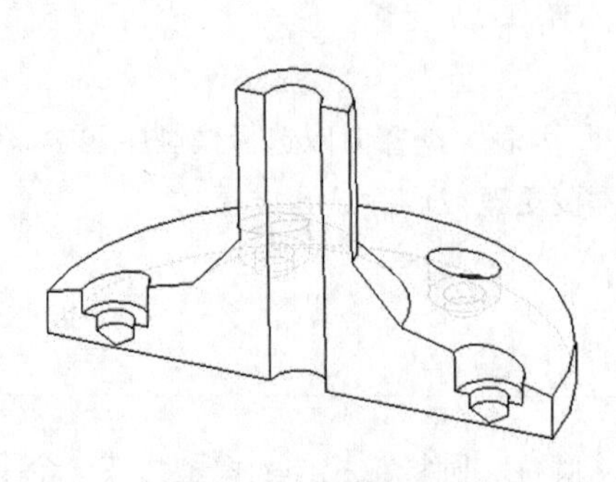

图 4-79　孔特征

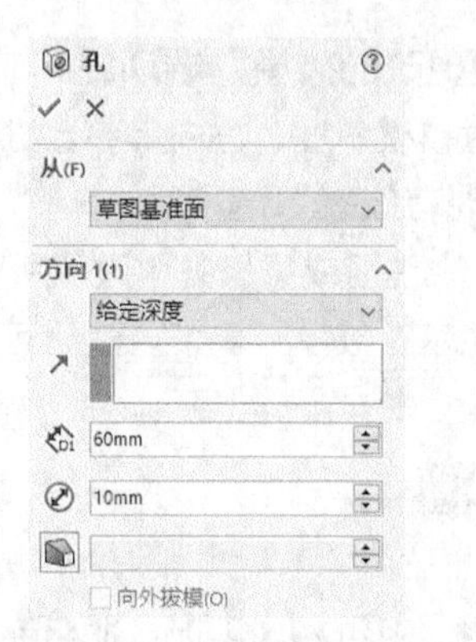

图 4-80　“孔”属性管理器

（1）“从”选项组

为简单直孔特征设定开始条件。包括“草图基准面”“曲面/面/基准面”“顶点”“等距”。

（2）“方向 1”选项组

设置终止条件。

①“终止条件” ：对孔的终止条件进行设置。

②“拉伸方向”↗：以除垂直于草图轮廓外的方向拉伸孔。

③“深度”：在文本框中指定孔的深度。

④“孔直径”：在文本框中指定要生成孔的直径。

⑤“拔模开/关”：将激活右侧的拔模角度文本框，在文本框中指定拔模的角度，从而生成带拔模性质的拉伸特征孔的选项。

2．异型孔

单击“特征”控制面板中的“异型孔向导”按钮，或选择菜单栏中的“插入”→“特征”→“孔向导”命令。在选择“孔类型”之后，属性管理器会动态地更新相应参数。使用属性管理器来设定孔类型参数并找出孔。除了基于终止条件和深度的动态图形预览外，属性管理器中的图形显示可以帮助用户设置选择的孔类型的具体细节。“孔规格”属性管理器如图 4-81 所示。

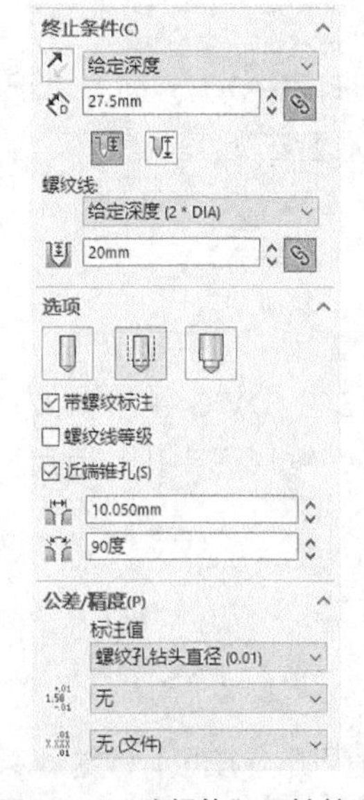

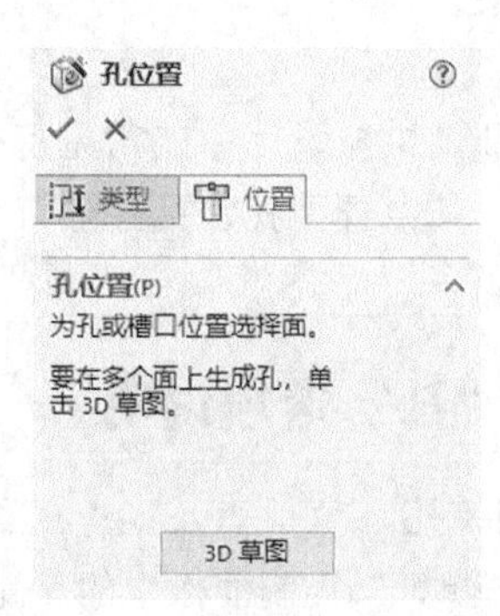

图 4-81　“孔规格”属性管理器

无论是简单直孔还是异型孔，用户都需要选取孔的放置平面并且标注孔的轴线与其他几何实体之间的相对尺寸，以完成孔的定位。

在进行零件建模的过程中，一般最好在设计阶段将近结束时再生成孔特征。这样可以避免因疏忽而将材料添加到现有的孔内。

4.8.2 实例——基座

在本例中，我们要创建的基座如图 4-82 所示。

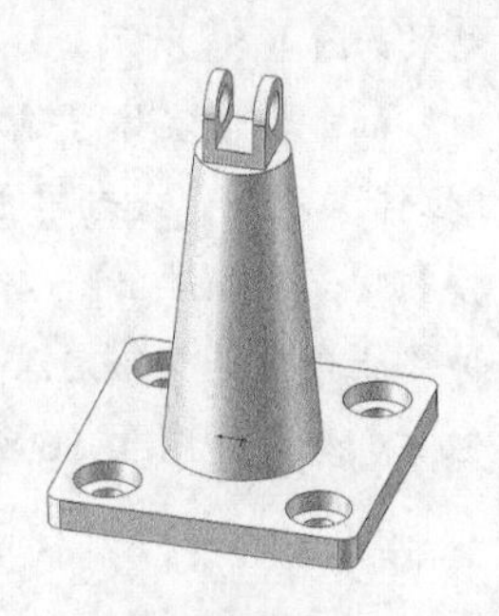

图 4-82 基座

思路分析

首先绘制基座的底座外形轮廓草图，然后拉伸创建底座，再将草图旋转为主体轮廓，最后创建沉头孔。基座的创建流程如图 4-83 所示。

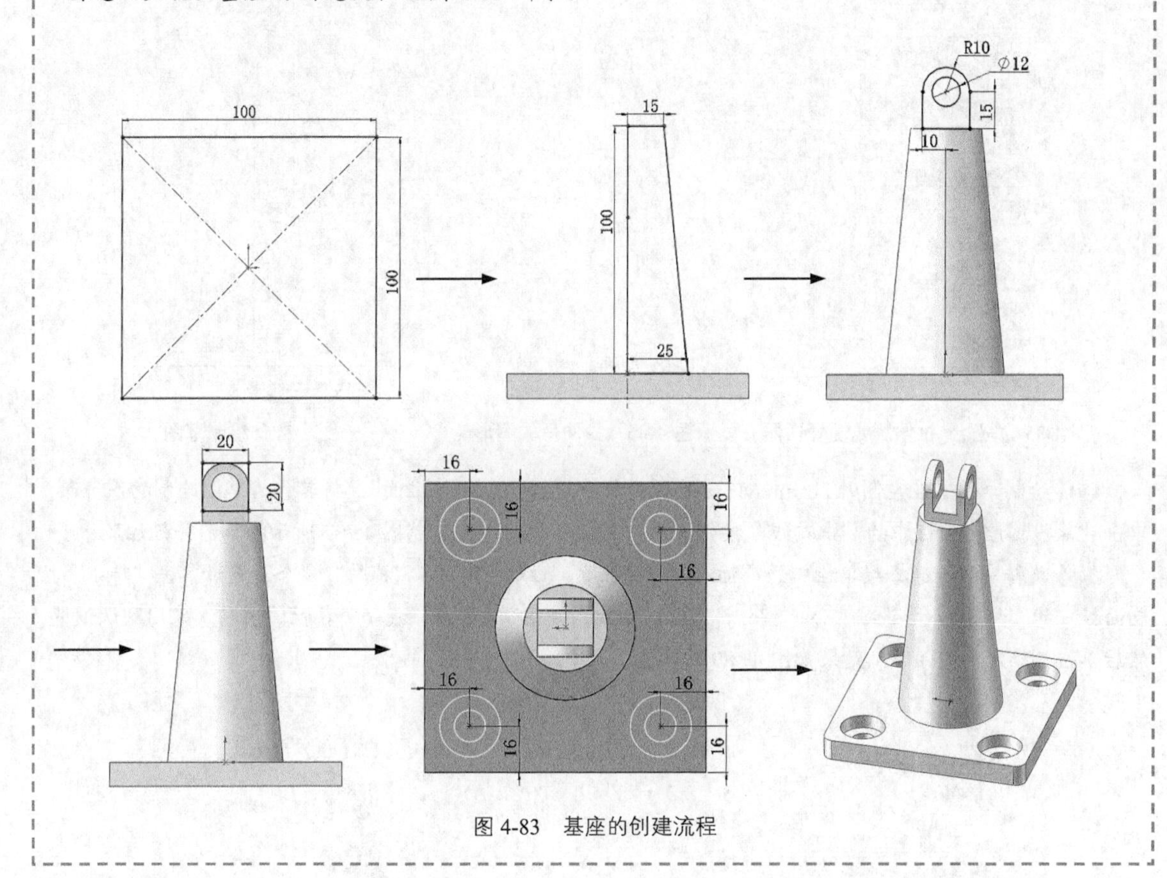

图 4-83 基座的创建流程

创建步骤

01 新建文件。启动 SOLIDWORKS 2022，选择菜单栏中的“文件”→“新建”命令，或者单击“快速访问”工具栏中的“新建”按钮，在弹出的“新建 SOLIDWORKS 文件”对话框中选择“零件”按钮，然后单击“确定”按钮，创建一个新的零件文件。

02 绘制草图。在左侧的 FeatureManager 设计树中选择“前视基准面”，将其作为草图绘制的基准面。单击“草图”控制面板中的“中心矩形”按钮，在坐标原点绘制边长为 100mm 的正方形，标注尺寸后的结果如图 4-84 所示。

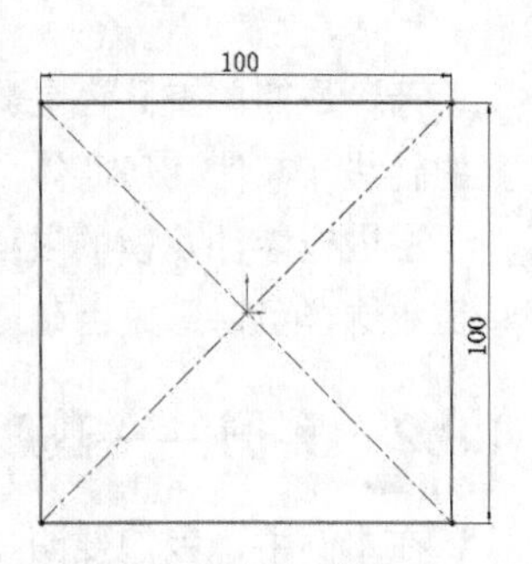

图 4-84 标注尺寸后的草图

03 拉伸实体。选择菜单栏中的“插入”→“凸台/基础实体”→“拉伸”命令，或者单击“特征”控制面板中的“拉伸凸台/基础实体”按钮，系统弹出图 4-85 所示的“凸台-拉伸”属性管理器。设置拉伸终止条件为“给定深度”，输入拉伸距离“10”，然后单击“确定”按钮。结果如图 4-86 所示。

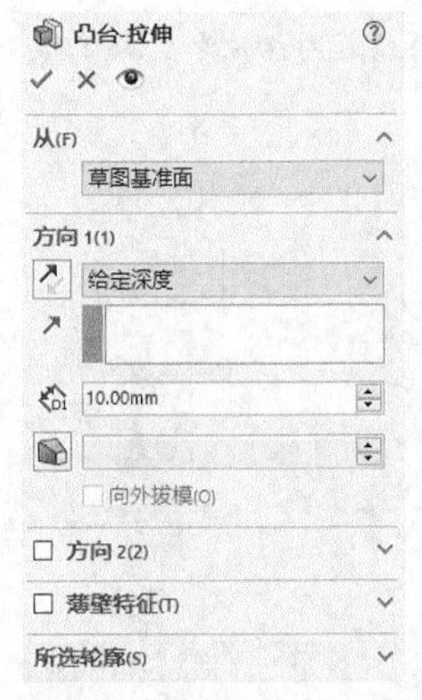

图 4-85 “凸台-拉伸”属性管理器

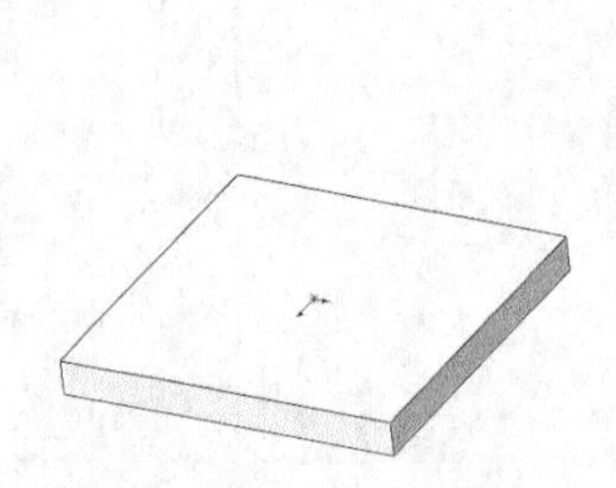
图 4-86 拉伸后的图形

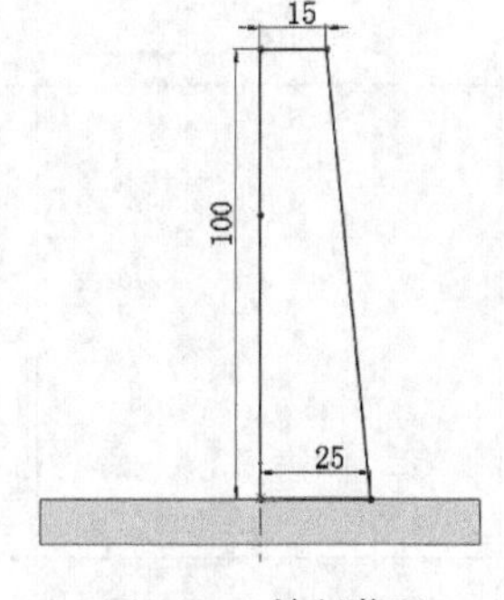

图 4-87 绘制草图

04 绘制草图。在左侧的 FeatureManager 设计树中选择“上视基准面”，将其作为草图绘制的基准面。单击“草图”控制面板中的“中心线”按钮和“直线”按钮，绘制图 4-87 所示的草图并标注尺寸。

05 旋转实体。选择菜单栏中的“插入”→“凸台/基础实体”→“旋转”命令，或者单击“特征”控制面板中的“旋转凸台/基础实体”按钮，系统弹出图 4-88 所示的“旋转”属性管理器。采用默认设置，然后单击“确定”按钮。结果如图 4-89 所示。

图 4-88 “旋转”属性管理器

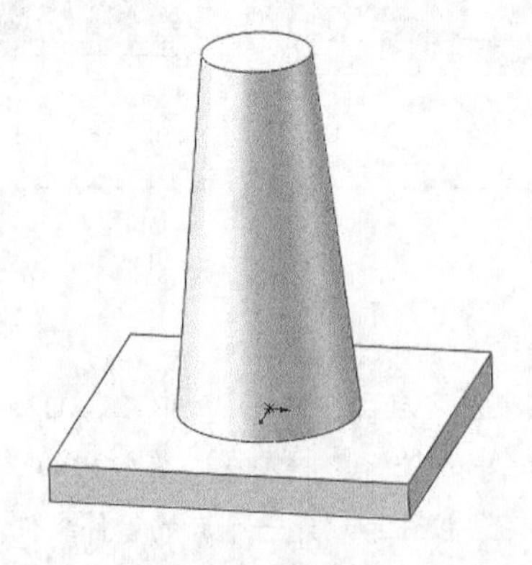
图 4-89 绘制结果

06 绘制草图。在左侧的 FeatureManager 设计树中选择“上视基准面”，将其作为草图绘制的基准面。

单击“草图”控制面板中的“直线”按钮、“圆”按钮和“剪裁实体”按钮，绘制图 4–90 所示的草图并标注尺寸。

07 拉伸实体。选择菜单栏中的“插入”→“凸台/基础实体”→“拉伸”命令，或者单击“特征”控制面板中的“拉伸凸台/基础实体”按钮，系统弹出图 4–91 所示的“凸台–拉伸”属性管理器。设置拉伸终止条件为“两侧对称”，输入拉伸距离“20”，然后单击“确定”按钮。结果如图 4–92 所示。

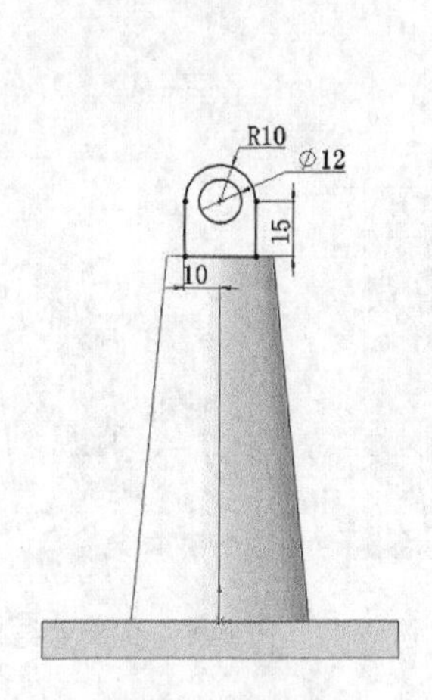

图 4-90　草图 1

图 4-91　“凸台-拉伸”属性管理器

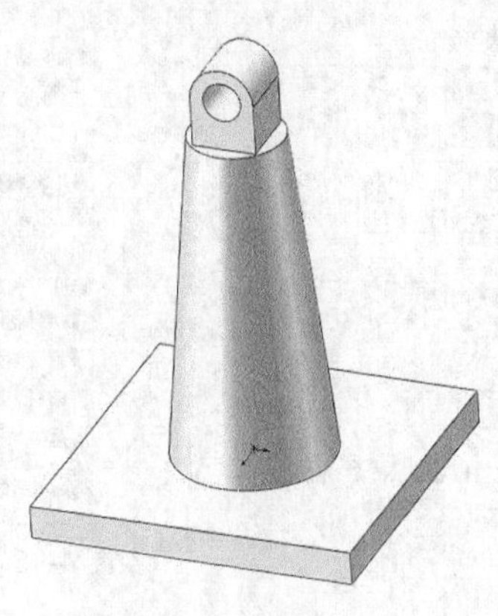

图 4-92　拉伸结果 1

08 绘制草图。在左侧的 FeatureManager 设计树中选择“上视基准面”，将其作为草图绘制的基准面。单击“草图”控制面板中的“边角矩形”按钮，绘制图 4–93 所示的草图并标注尺寸。

09 拉伸切除实体。选择菜单栏中的“插入”→“切除”→“拉伸”命令，或者单击“特征”控制面板中的“拉伸切除”按钮，系统弹出图 4–94 所示的“切除–拉伸”属性管理器。设置拉伸终止条件为“两侧对称”，输入拉伸距离“12”，然后单击“确定”按钮。结果如图 4–95 所示。

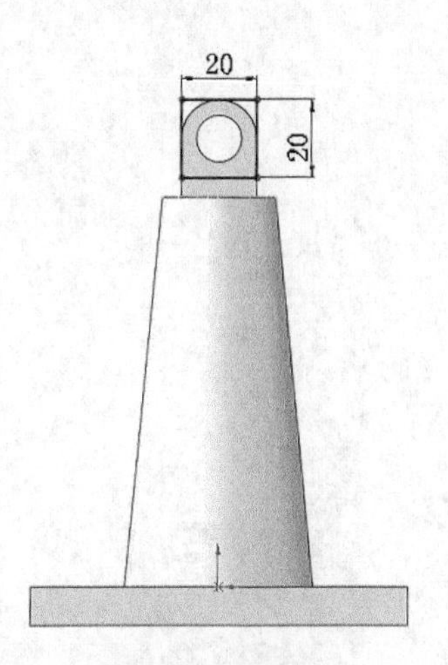

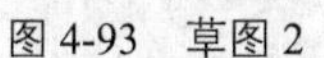

图 4-93　草图 2

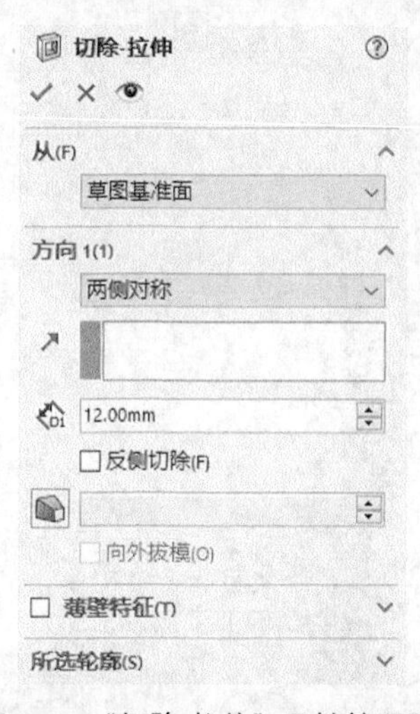

图 4-94　“切除-拉伸”属性管理器

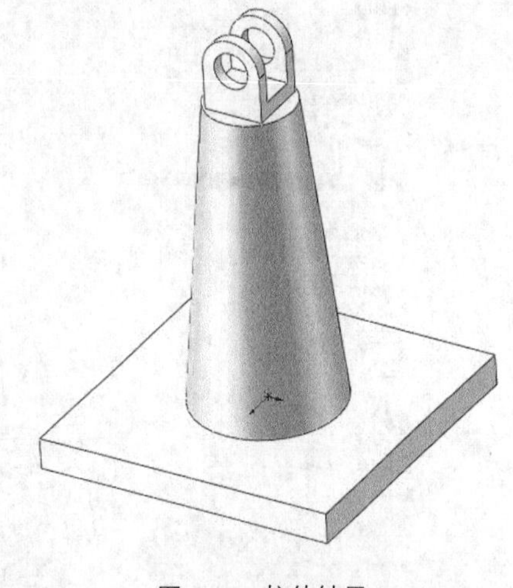

图 4-95　拉伸结果 2

10 创建沉头孔。选择菜单栏中的“插入”→“特征”→“孔向导”命令，或者单击“特征”控制面板中的“异型孔向导”按钮，此时系统弹出图 4–96 所示的“孔规格”属性管理器，选择类型为“柱形沉头孔”，设置大小为“M10”，设置终止条件为“完全贯穿”，选择“位置”选项卡，单击“3D 草图”按钮。依次在绘图基准面上放置孔，单击“草图”控制面板中的“智能尺寸”按钮，标注孔的位置尺寸。然后单击“确定”按钮。结果如图 4-97 所示。

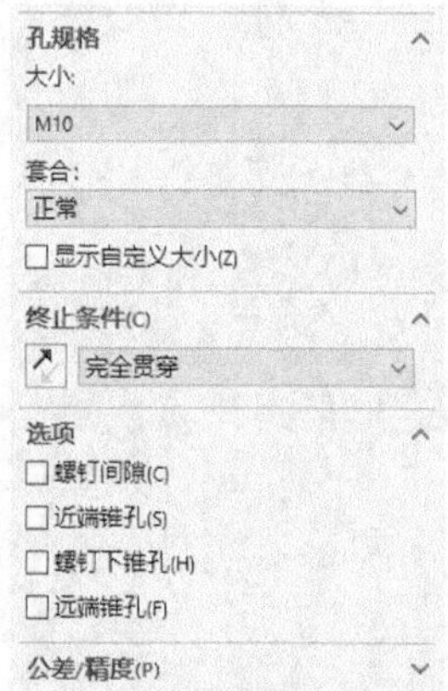

图 4-96 “孔规格”属性管理器

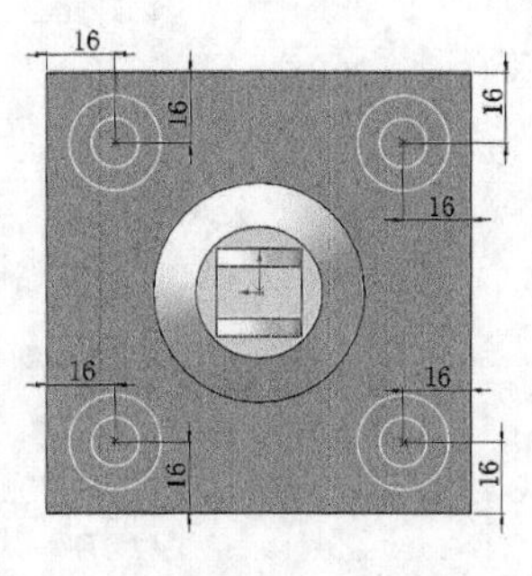

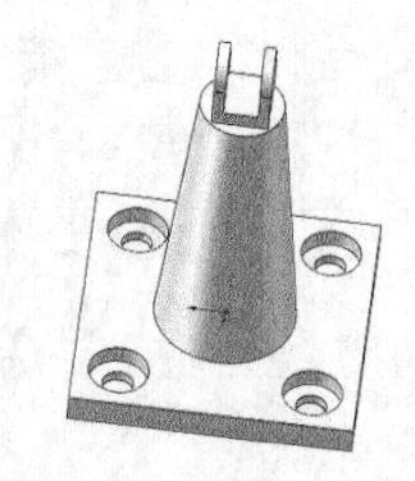

图 4-97 绘制孔结果

11 倒圆角。选择菜单栏中的“插入”→“特征”→“圆角”命令，或者单击“特征”控制面板中的“圆角”按钮，系统弹出图 4-98 所示的“圆角”属性管理器。在“半径”文本框中输入“5”，然后选取图 4-99 中的边线。单击“确定”按钮，结果如图 4-100 所示。

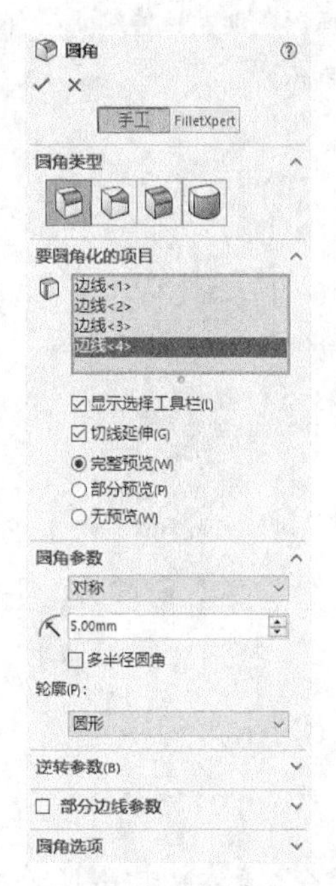

图 4-98 “圆角”属性管理器

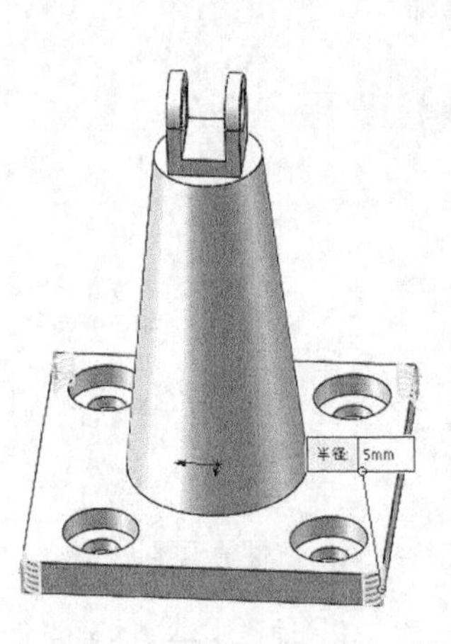

图 4-99 选择圆角边

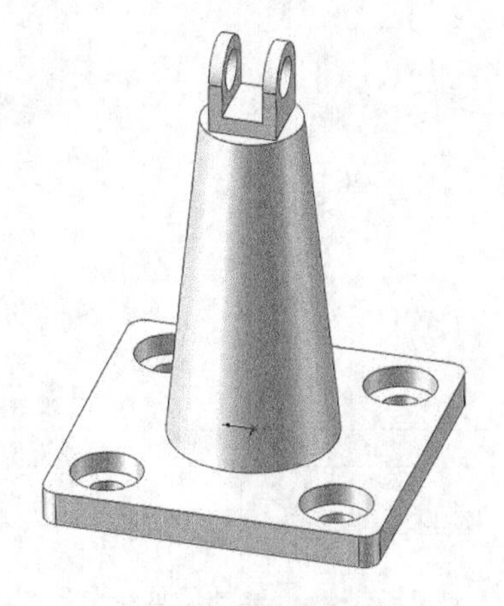

图 4-100 倒圆角结果

4.9 弯曲

弯曲是指以直观的方式对复杂的模型进行变形，弯曲实体示意图如图 4-101 所示。有关弯曲特征的一般信息如下。

在弯曲过程中，系统使用边界框计算零件的界限。剪裁基准面一开始便位于实体界限，垂直于三重轴的蓝色 Z 轴。

弯曲特征仅影响剪裁基准面之间的区域。

弯曲特征的中心在三重轴的中心附近。

选择菜单栏中的“插入”→“特征”→“弯曲”命令。系统弹出图 4-102 所示的“弯曲”属性管理器，其中的可控参数如下。

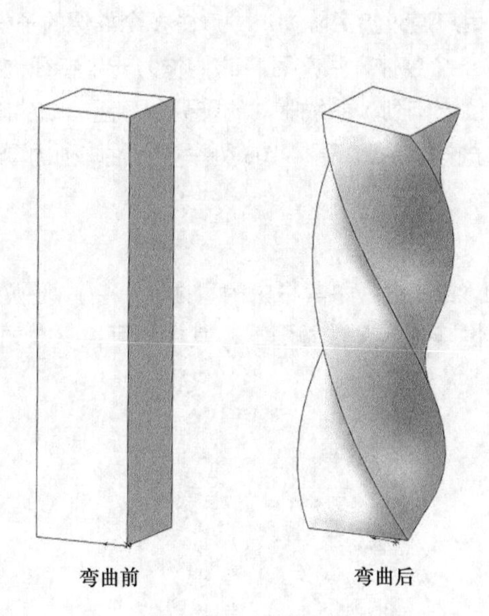

图 4-101 弯曲实体

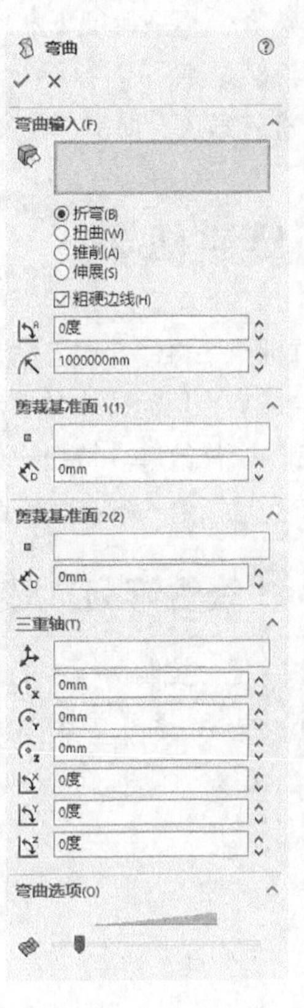

图 4-102 “弯曲”属性管理器

1. “弯曲输入”选项组

（1）“弯曲的实体”：在视图中选择要弯曲的实体。

（2）“折弯”：绕三重轴的红色 X 轴（折弯轴）折弯一个或多个实体。定位三重轴和剪裁基准面，控制折弯的角度、位置和界限。

（3）“扭曲”：扭曲实体和曲面实体。定位三重轴和剪裁基准面，控制扭曲的角度、位置和界限。绕三重轴的蓝色 Z 轴扭曲。

（4）“锥削”：锥削实体和曲面实体。定位三重轴和剪裁基准面，控制锥削的角度、位置和界限。

按照三重轴的蓝色 Z 轴方向进行锥削。

（5）“伸展”：伸展实体和曲面实体。指定一距离或拖动剪裁基准面的边线。按照三重轴的蓝色 Z 轴方向进行伸展。

（6）“粗硬边线”复选框：生成如圆锥面、圆柱面及平面等分析曲面，这通常会形成剪裁基准面与实体相交的分割面。取消此复选框的勾选，则结果将基于样条曲线，因此曲面和平面会显得更光滑，而原有面保持不变。

2. “剪裁基准面”选项组

（1）“参考实体”：将剪裁基准面的原点锁定到模型上的所选点。

（2）“剪裁距离”：沿三重轴的剪裁基准面轴（蓝色 Z 轴）从实体的外部向内移动来剪裁基准面。

3. “三重轴”选项组

（1）“选择坐标系特征”：将三重轴的位置和方向锁定到坐标系。

（2）“旋转原点”：沿指定轴移动三重轴（相对于三重轴的默认位置）。

（3）“旋转角度”：绕指定轴旋转三重轴（相对于三重轴自身）。

4.10 线性阵列

特征阵列用于将任意特征作为原始样本特征，用户通过指定阵列尺寸产生多个类似的子样本特征。特征阵列完成后，原始样本特征和子样本特征成为一个整体，用户可将它们作为一个特征进行相关的操作，如删除、修改等。特征阵列包括线性阵列、圆周阵列、曲线驱动的阵列和草图驱动的阵列等。

线性阵列是指沿一条或两条直线路径生成多个子样本特征。图 4-103 列举了线性阵列的零件模型。

4.10.1 “线性阵列”选项说明

单击“特征”控制面板中的“线性阵列”按钮，或选择菜单栏中的“插入”→“阵列/镜向”→“线性阵列”命令。系统弹出图 4-104 所示的“线性阵列”属性管理器，其中的可控参数如下。

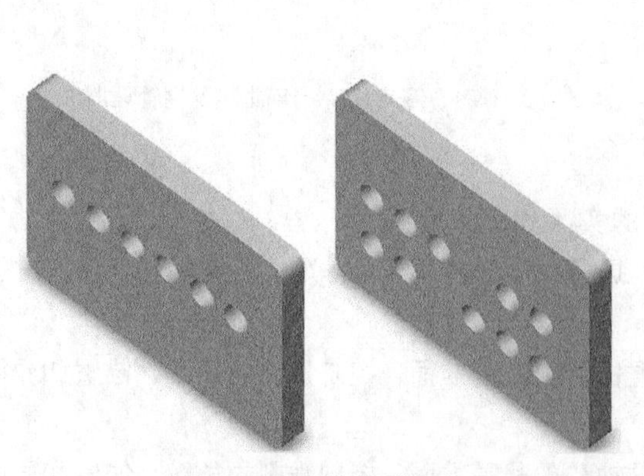

图 4-103　线性阵列模型

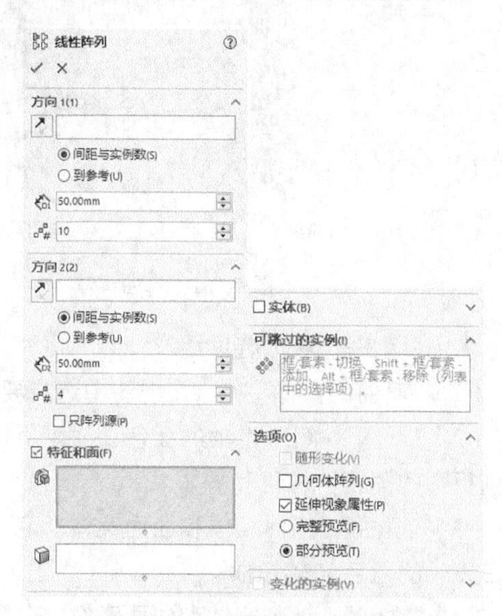

图 4-104　“线性阵列”属性管理器

1. “方向 1”选项组

可以选择线性边线、直线、轴或尺寸。

（1）“反向”：来改变阵列的方向。

（2）“间距”：在所选择方向上设置要阵列的距离及要阵列的个数。这里的距离是指每个阵列个体之间的间距。阵列的数量包括原始要阵列的特征数，即阵列的数量指阵列的总数。

2. “方向 2”选项组

在第 2 个方向上设置阵列可控参数，同阵列方向 1。

3. “特征和面”选项组

（1）“要阵列的特征”：将所选择的特征作为源特征以生成阵列。

（2）“要阵列的面”：使用构成源特征的面生成阵列。在图形区域中选择源特征的所有面。这对于只输入构成特征的面而不是特征本身的模型很有用。当使用要阵列的面时，阵列必须保持在同一面或边界内。它不能够跨越边界。

4. “实体”选项组

在零件图中有多个实体特征，可利用阵列实体来生成多个实体。

5. “可跳过的实例”选项组

在生成阵列时跳过在图形区域中选择的阵列实例。当将光标移动到每个阵列的实例上时，光标变为并且实例标号也出现在图形区域中。单击以选择要跳过的阵列实例。若想恢复阵列实例，再次单击图形区域中的实例标号。

6. “选项”选项组

可以对阵列的细节进行设置。

（1）随形变化：允许重复时执行阵列更改。

（2）几何体阵列：通过只使用特征的几何体（面和边线）来生成阵列，而不阵列和求解特征的每个实例。几何体阵列可加速阵列的生成和重建。 对于具有与零件其他部分合并的特征，不能生成几何体阵列。

（3）延伸视像属性：将 SOLIDWORKS 2022 的颜色、纹理和装饰螺纹数据延伸给所有阵列实例。

（4）完整预览：在包括起始条件和终止条件的每个阵列实例位置处显示已计算几何体的预览效果。

（5）部分预览:在每个阵列实例位置处显示源特征几何体的预览效果。

4.10.2 实例——窥视孔盖

在本例中，我们要创建的窥视孔盖如图 4-105 所示。

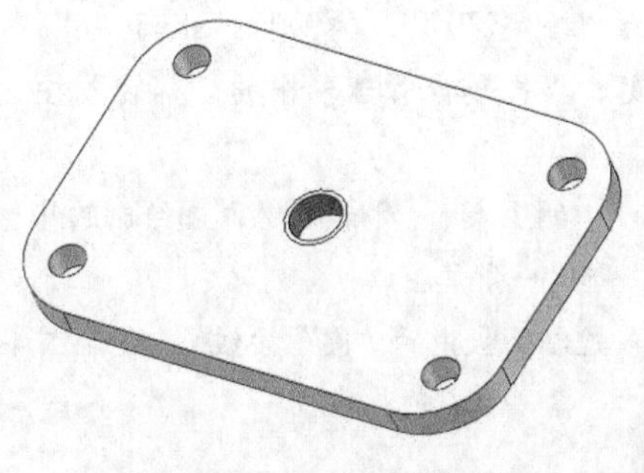

图 4-105 窥视孔盖

思路分析

首先通过拉伸创建盖板，然后通过切除拉伸创建单孔，再通过线性阵列创建其余孔，最后创建安装孔。窥视孔盖的创建流程如图 4-106 所示。

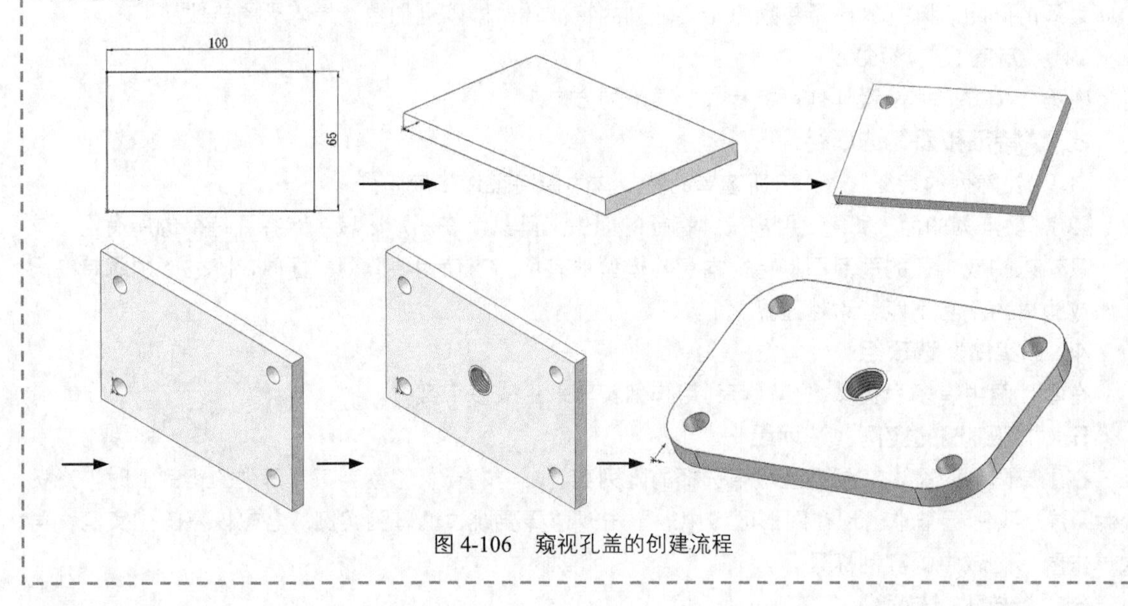

图 4-106　窥视孔盖的创建流程

创建步骤

01 新建文件。启动 SOLIDWORKS 2022，选择菜单栏中的“文件”→“新建”命令，或单击“快速访问”工具栏中的“新建”按钮，在打开的“新建 SOLIDWORKS 文件”对话框中，选择“零件”按钮，单击“确定”按钮，创建一个新的零件文件。

02 新建草图。在左侧的 FeatureManager 设计树中选择“前视基准面”，将其作为草图绘制的基准面。单击“草图绘制”按钮，新建一张草图。

03 绘制中心线。单击“草图”控制面板中的“边角矩形”按钮，绘制草图。

04 标注尺寸。单击“草图”控制面板中的“智能尺寸”按钮，为草图标注尺寸，如图 4−107 所示。

05 拉伸形成实体。选择菜单栏中的“插入”→“凸台/基础实体”→“拉伸”命令，或者单击“特征”控制面板中的“拉伸凸台/基础实体”按钮，系统弹出图 4−108 所示的“凸台−拉伸”属性管理器。设定拉伸的终止条件为“给定深度”。输入拉伸距离“6”，其他选项的系统默认值保持不变。单击属性管理器中的“确定”按钮。结果如图 4−109 所示。

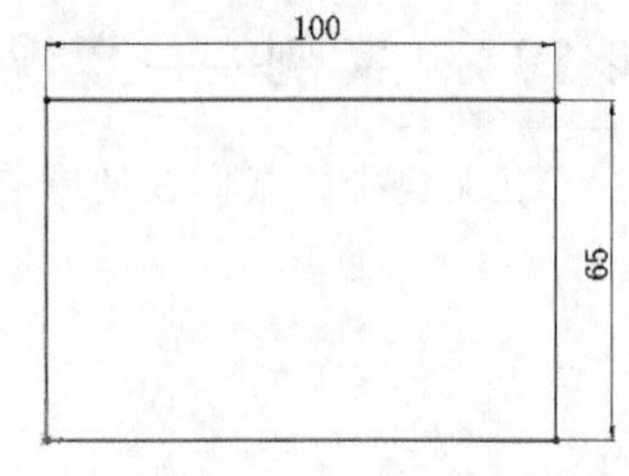

图 4-107　标注尺寸

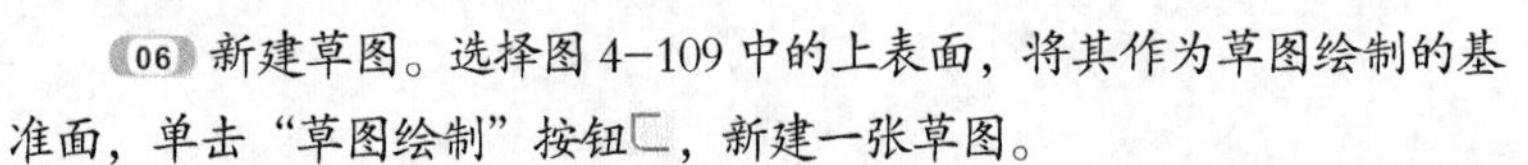

06 新建草图。选择图 4−109 中的上表面，将其作为草图绘制的基准面，单击“草图绘制”按钮，新建一张草图。

07 绘制草图。单击“草图”控制面板中的“圆”按钮，绘制图 4−110 所示的单孔草图。

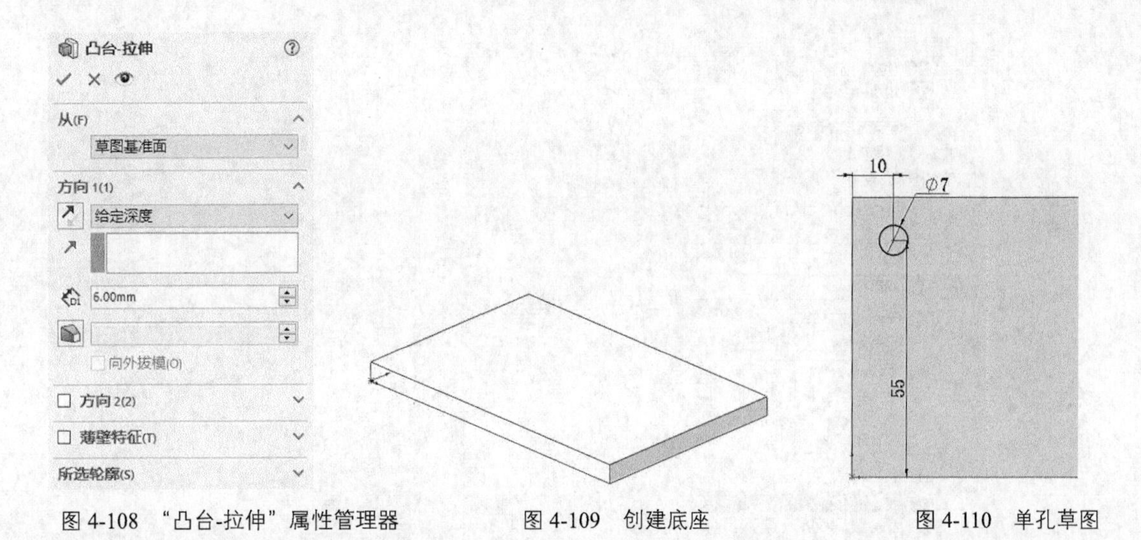

图 4-108 “凸台-拉伸”属性管理器　　图 4-109 创建底座　　图 4-110 单孔草图

08 拉伸形成实体。选择菜单栏中的“插入”→“切除”→“拉伸”命令，或者单击“特征”控制面板中的“拉伸切除”按钮，系统弹出图 4–111 所示的“切除–拉伸”属性管理器。设定拉伸的终止条件为“完全贯穿”，其他选项的系统默认值保持不变，如图 4–111 所示。单击属性管理器中的“确定”按钮，结果如图 4–112 所示。

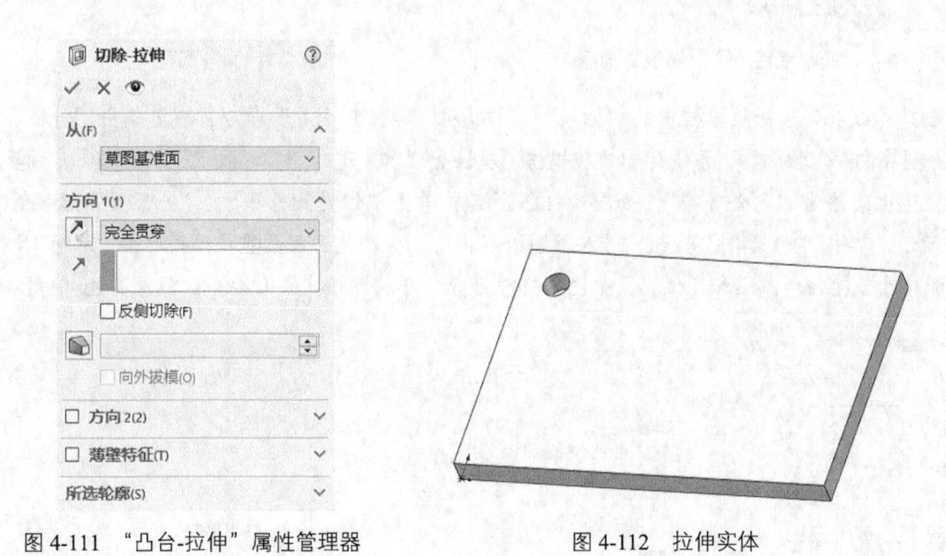

图 4-111 “凸台-拉伸”属性管理器　　图 4-112 拉伸实体

09 阵列孔。选择菜单栏中的“插入”→“阵列/镜向”→“线性阵列”命令，或者单击“特征”控制面板中的“线性阵列”按钮，系统弹出“线性阵列”属性管理器，在视图中以水平边线为方向 1，输入距离“80”，设置阵列个数为“2”；将竖直边线作为方向 2，输入距离“45”，设置阵列个数为“2”，选择上一步创建的孔为要阵列的特征，如图 4–113 所示，单击“确定”按钮，结果如图 4–114 所示。

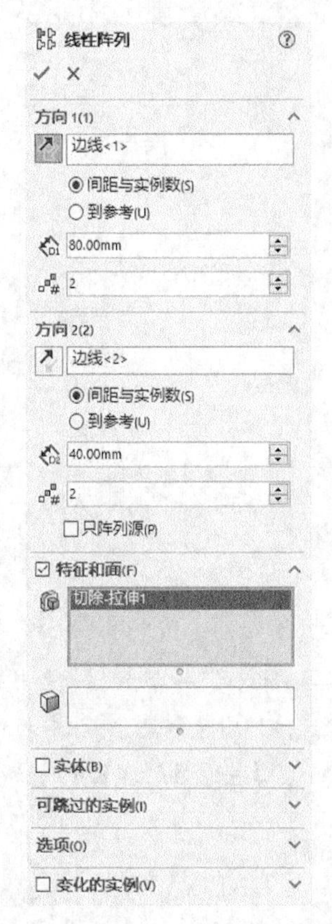

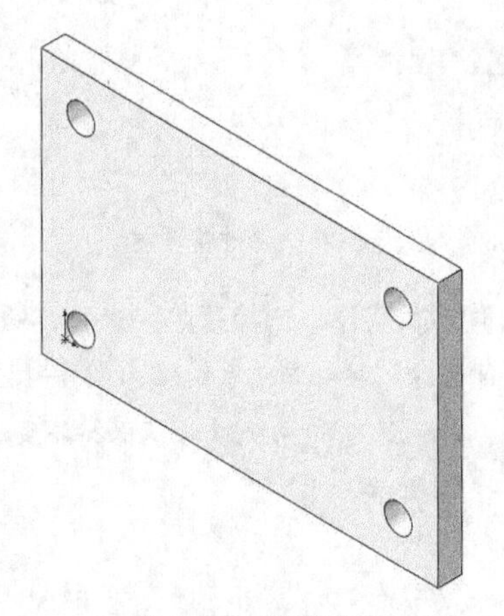

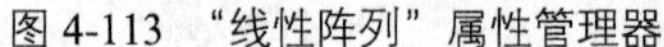

图 4-113 “线性阵列”属性管理器　　图 4-114 阵列孔

10 创建螺纹孔。选择菜单栏中的“插入”→“特征”→“孔向导”命令，或者单击“特征”控制面板中的“异型孔向导”按钮，系统弹出“孔规格”属性管理器，选择“直螺纹孔”孔类型，设置孔大小M12，设置终止条件为“完全贯穿”，如图 4-115 所示，单击“位置”选项卡，“孔位置”属性管理器如图 4-116 所示，单击“3D 草图”按钮，进入草图绘制状态，在外表面上放置孔，并单击“草图”控制面板中的“智能尺寸”按钮，添加孔位置，如图 4-117 所示，单击“确定”按钮，结果如图 4-118 所示。

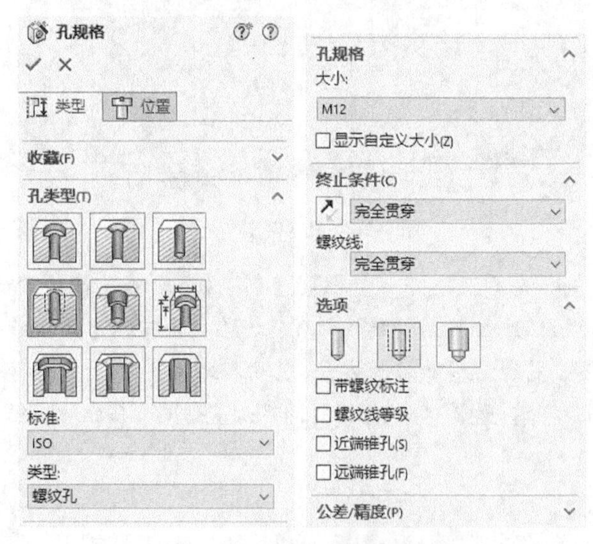

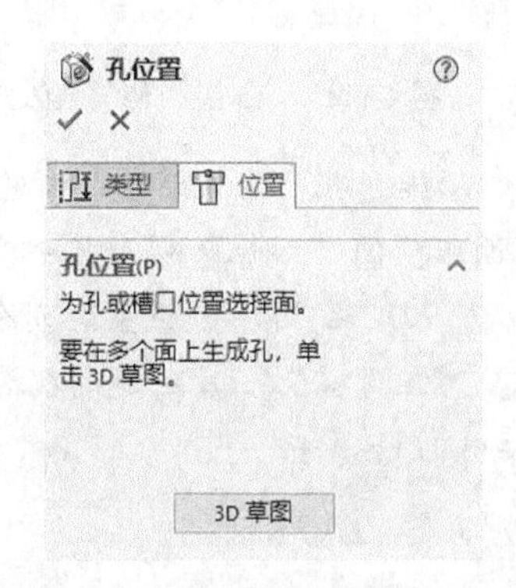

图 4-115 “孔规格”属性管理器　　图 4-116 “孔位置”属性管理器

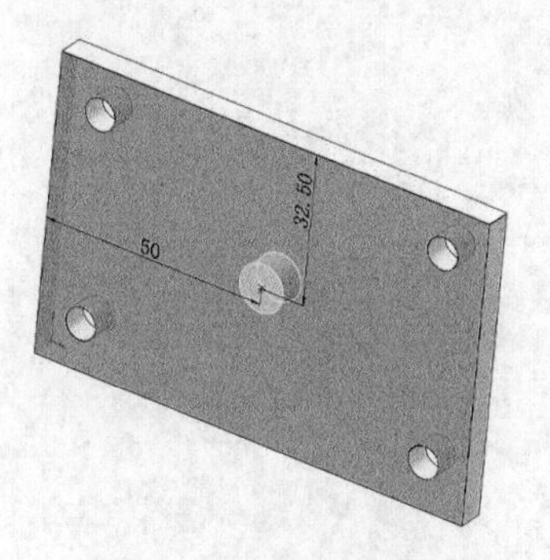

图 4-117　标注孔位置

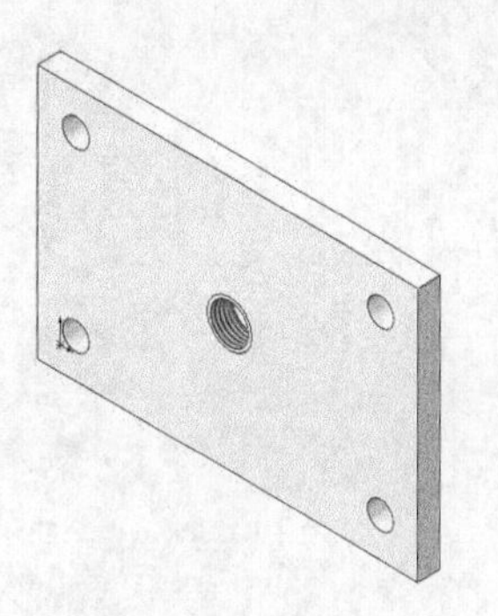

图 4-118　螺纹孔

11 圆角处理。选择菜单栏中的“插入”→“特征”→“圆角”命令，或单击“特征”控制面板中的“圆角”按钮，系统弹出图 4-119 所示的“圆角”属性管理器，在视图中选择拉伸体的 4 条边线，输入圆角半径“15”，单击“确定”按钮，结果如图 4-120 所示。

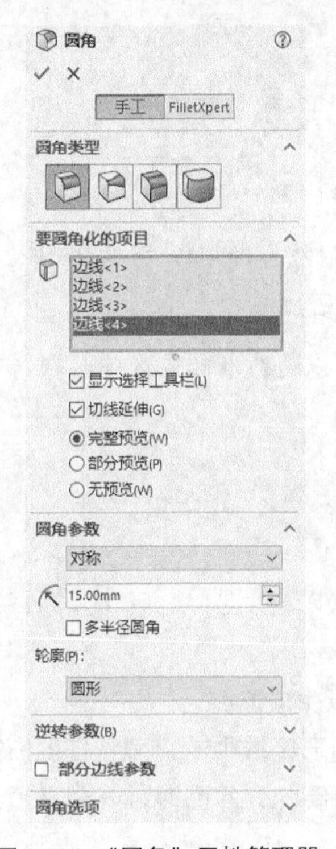

图 4-119 “圆角”属性管理器

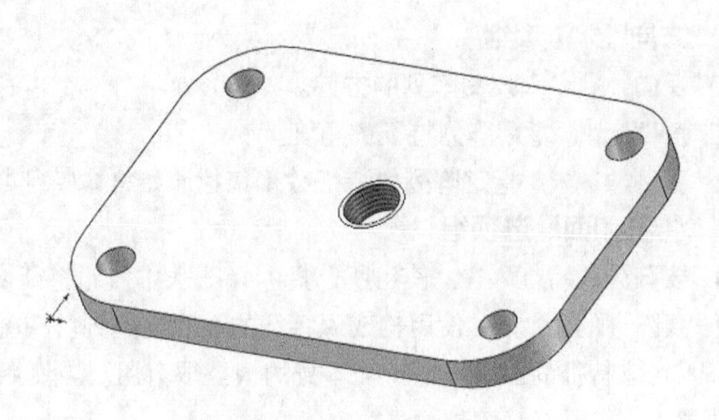

图 4-120　圆角处理结果

4.11 圆周阵列

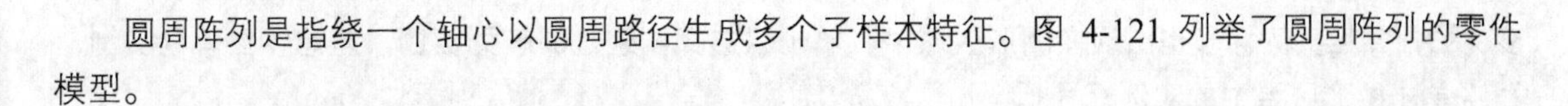

圆周阵列是指绕一个轴心以圆周路径生成多个子样本特征。图 4-121 列举了圆周阵列的零件模型。

4.11.1 “圆周阵列”选项说明

单击“特征”控制面板中的“圆周阵列”按钮，或选择菜单栏中的“插入”→“阵列/镜向”→“圆周阵列”命令。系统弹出图 4-122 所示的“阵列（圆周）1”属性管理器，其中的可控参数如下。

图 4-121　圆周阵列模型

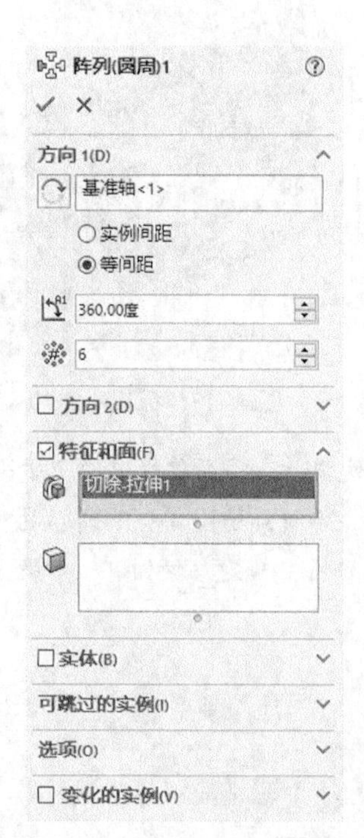

图 4-122　“阵列（圆周）1”属性管理器

注意

在生成圆周阵列之前，首先要生成一个中心轴。这个轴可以是基准轴或者临时轴。

1. “方向 1”选项组

（1）“反向”：来改变阵列的方向。

（2）“角度”：指定阵列特征的角度。

（3）“实例数”：指定阵列的特征数（包括原始样本特征数）。

2. “特征和面”选项组

（1）“要阵列的特征”：使用所选择的特征来作为源特征以生成阵列。

（2）“要阵列的面”：使用构成源特征的面生成阵列。在图形区域中选择源特征的所有面。这对于只输入构成特征的面而不是特征本身的模型很有用。当使用要阵列的面时，阵列必须保持在同一面或边界内。它不能够跨越边界。

3. “实体”选项组

在零件图中有多个实体特征，可利用阵列实体来生成多个实体。

4. “可跳过的实例”选项组

在生成阵列时跳过在图形区域中选择的阵列实例。当将光标移动到每个阵列的实例上时，光标变为，并且实例标号也出现在图形区域中。单击以选择要跳过的阵列实例。若想恢复阵列实例，再次单击图形区域中的实例标号。

5. “选项”选项组

可以对圆周阵列的细部进行设置，在前面线性阵列的介绍里已讲述过，这里不再赘述。

4.11.2 实例——叶轮

在本例中，我们要创建的叶轮如图 4-123 所示。

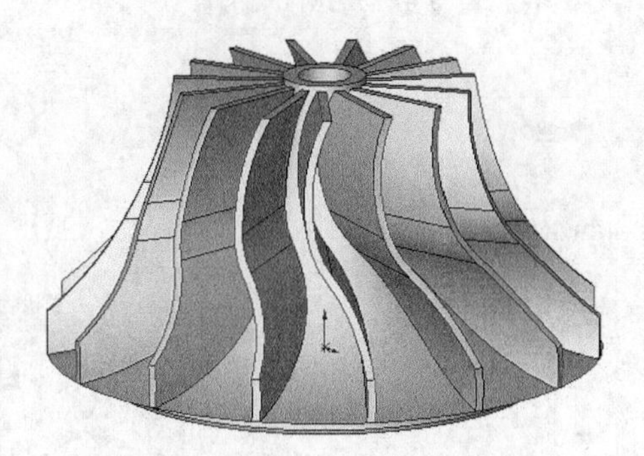

图 4-123 叶轮

思路分析

首先绘制底座草图。通过旋转创建底座，然后通过拉伸和拉伸切除创建单叶，再通过圆周阵列创建叶片，最后通过拉伸创建凸台。叶轮的创建流程如图 4-124 所示。

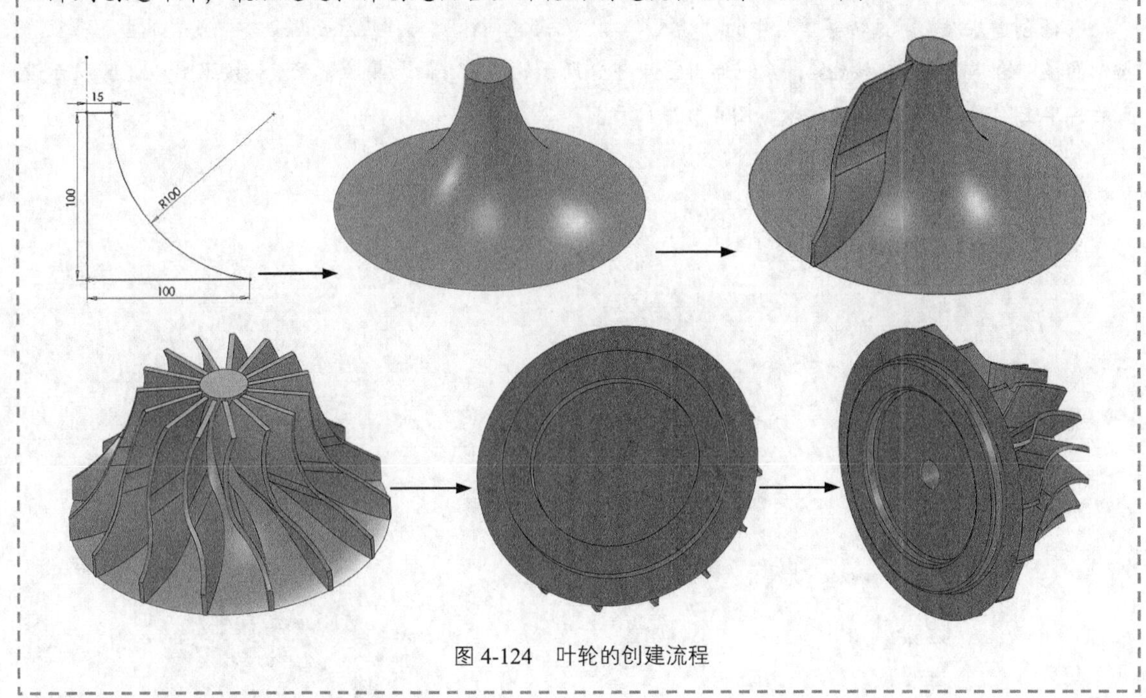

图 4-124 叶轮的创建流程

创建步骤

01 新建文件。启动 SOLIDWORKS 2022，选择菜单栏中的“文件”→“新建”命令，或者单击“快速访问”工具栏中的“新建”按钮，在弹出的“新建 SOLIDWORKS 文件”对话框中选择“零件”按钮，然后单击“确定”按钮，创建一个新的零件文件。

02 绘制草图。在左侧的 FeatureManager 设计树中选择“前视基准面”，将其作为草图绘制的基准面。单击“草图”控制面板中的“中心线”按钮，绘制一条通过原点的竖直中心线；单击“草图”控制面板中的“直线”按钮和“三点圆弧”按钮，绘制草图。草图及草图尺寸如图 4–125 所示。

03 旋转实体。选择菜单栏中的“插入”→“凸台/基础实体”→“旋转”命令，或者单击“特征”控制面板中的“旋转凸台/基础实体”按钮，系统弹出图 4–126 所示的“旋转”属性管理器。按照图 4–126 所示设置后，单击“确定”按钮。结果如图 4–127 所示。

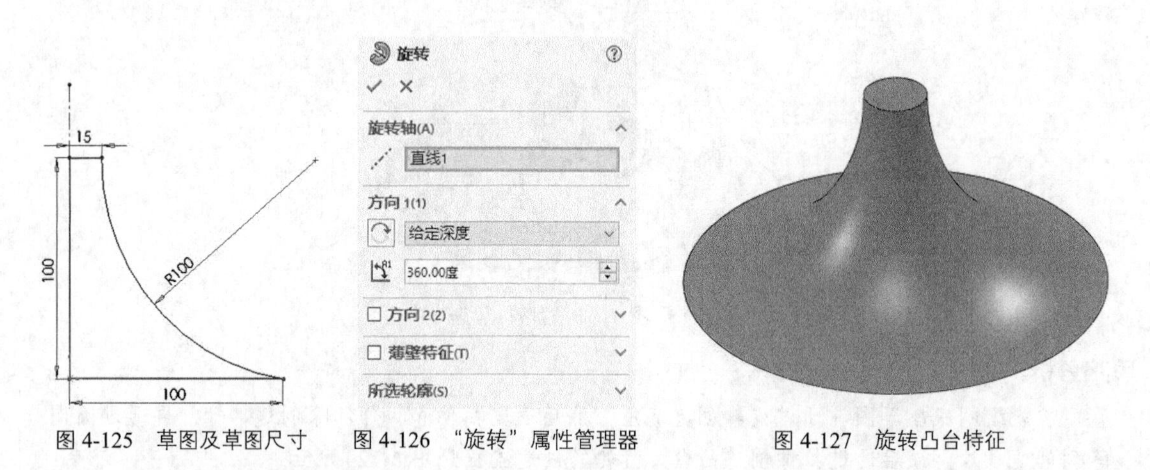

图 4-125　草图及草图尺寸　　图 4-126　“旋转”属性管理器　　图 4-127　旋转凸台特征

04 创建基准面。选择菜单栏中的“插入”→“参考几何体”→“基准面”命令，或者单击“特征”控制面板中的“基准面”按钮，系统弹出图 4–128 所示的“基准面”属性管理器。按照图 4–128 所示设置后，单击“确定”按钮。结果如图 4–129 所示。

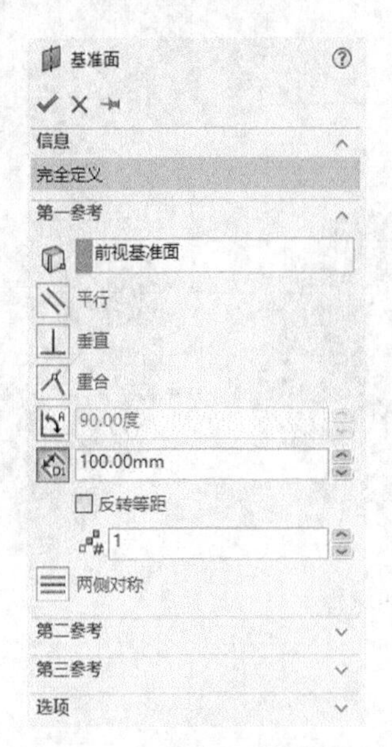

图 4-128　“基准面”属性管理器

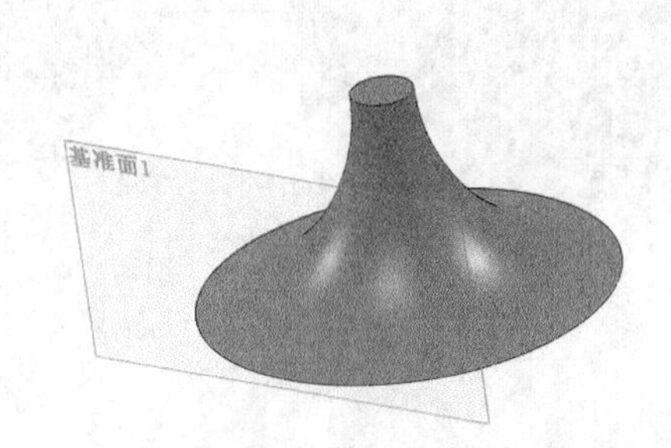

图 4-129　创建基准面

05 设置基准面。选择图 4–129 中的基准平面 1，将其作为基准面，单击“视图（前导）”工具栏中的“正视于”按钮，新建草图。

06 绘制草图。单击“草图”控制面板中的“中心线”按钮、“圆弧”按钮、“等距实体”按钮和“直线”按钮，绘制草图，结果如图 4–130 所示。

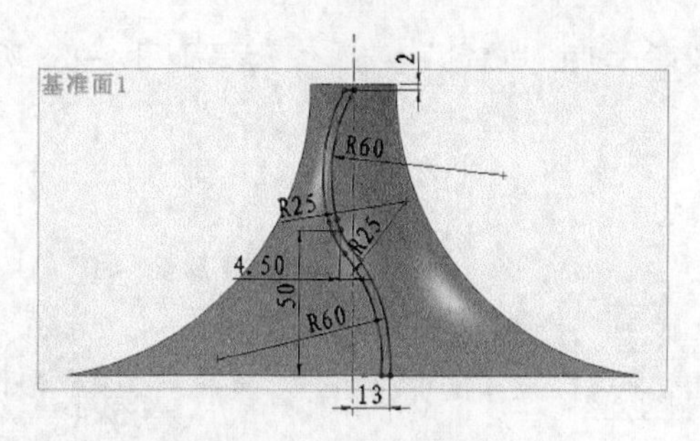

图 4-130 绘制草图

07 拉伸实体。选择菜单栏中的“插入”→“凸台/基础实体”→“拉伸”命令，或者单击“特征”控制面板中的“拉伸凸台/基础实体”按钮，系统弹出图 4-131 所示的“凸台-拉伸”属性管理器。设置拉伸终止条件为“成形到一面”，选择旋转体外表面，将其作为成形面，然后单击“确定”按钮✔。结果如图 4-132 所示。

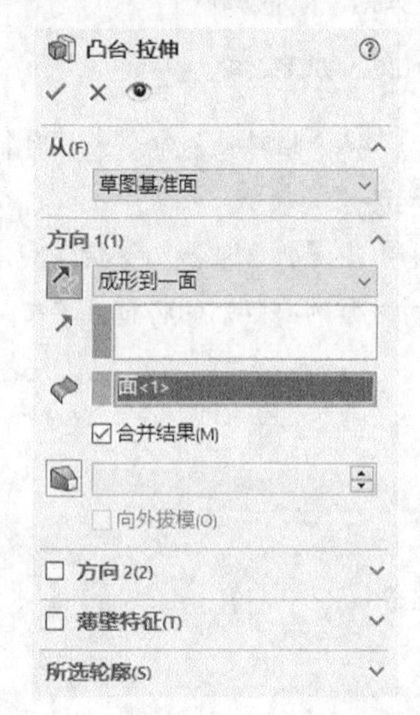

图 4-131 “凸台-拉伸”属性管理器

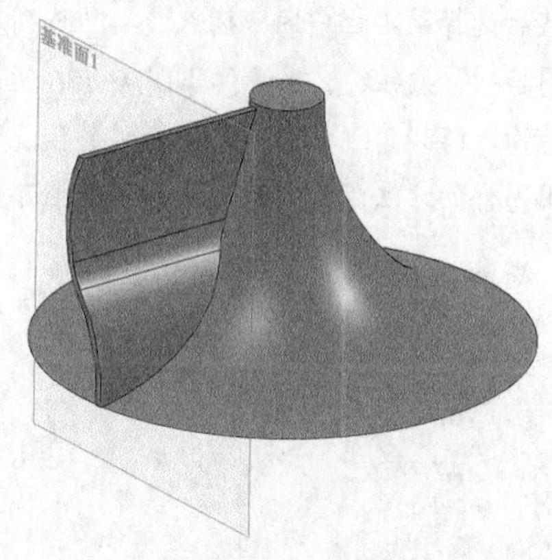

图 4-132 拉伸实体

08 设置基准面。隐藏基准面 1。在左侧的 FeatureManager 设计树中选择“右视基准面”，将其作为草图绘制的基准面，单击“视图（前导）”控制面板中的“正视于”按钮，新建草图。

09 绘制草图。单击“草图”控制面板中的“直线”按钮和“三点圆弧”按钮，绘制草图，结果如图 4-133 所示。

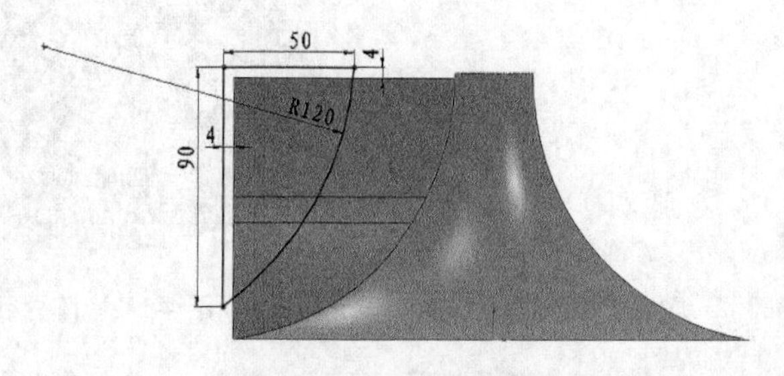

图 4-133 绘制草图

10 切除拉伸实体。选择菜单栏中的“插入”→“切除”→“拉伸”命令，或者单击“特征”控制面板中的“拉伸切除”按钮，系统弹出图 4-134 所示的“切除-拉伸”属性管理器。将方向 1 设置为“完全贯穿”，将方向 2 设置为完全贯穿，单击“确定”按钮✔，结果如图 4–135 所示。

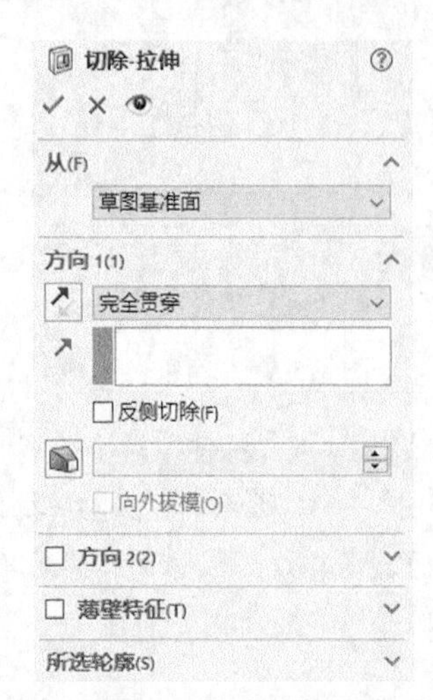

图 4-134 “切除-拉伸”属性管理器

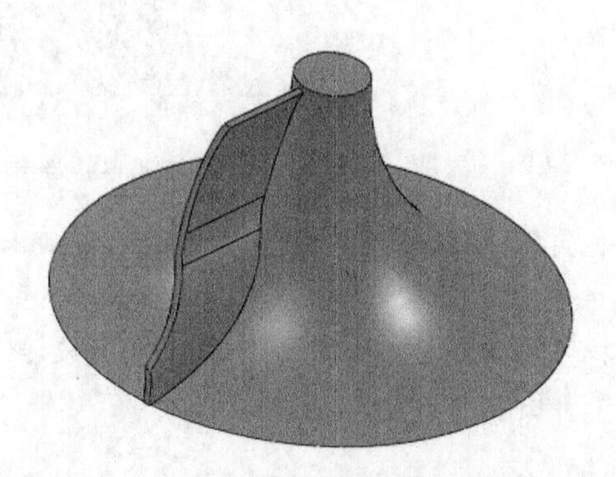

图 4-135 切除实体

11 圆周阵列。选择菜单栏中的“视图”→“隐藏/显示（H）”→“临时轴”命令，临时轴显示在视图窗口中。然后选择菜单栏中的“插入”→“阵列/镜向”→“圆周阵列”命令，或者单击“特征”控制面板中的“圆周阵列”按钮，系统弹出图 4–136 所示的“阵列（圆周）”属性管理器。将旋转实体的临时轴作为基准轴，输入阵列角度“360”，将阵列个数设置为“16”，将叶片作为要阵列的特征，单击“确定”按钮✔，最后用同样的方法隐藏临时轴，结果如图 4–137 所示。

图 4-136 “阵列（圆周）”属性管理器

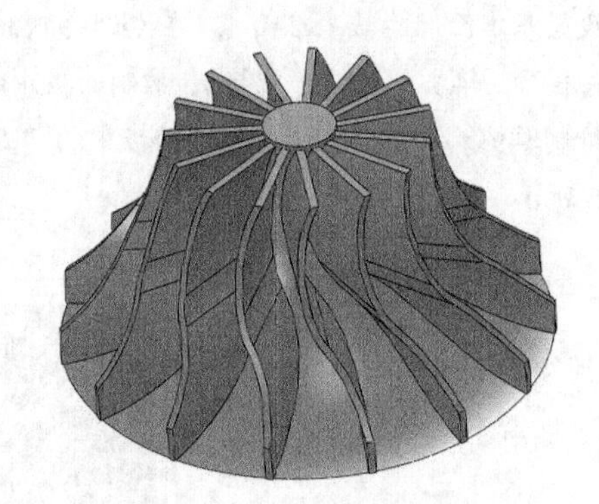

图 4-137 阵列叶片

12 设置基准面。将图 4–137 中的下底面作为草图绘制的基准面，单击“视图（前导）”工具栏中的“正视于”按钮，新建草图。

13 绘制草图。单击“草图”控制面板中的“圆”按钮，绘制直径为 200mm 的圆。

(14) 切除拉伸实体。选择菜单栏中的“插入”→“切除”→“拉伸”命令，或者单击“特征”控制面板中的“拉伸切除”按钮，系统弹出图 4-138 所示的“切除-拉伸”属性管理器。将拉伸终止条件设置为“完全贯穿”，勾选“反侧切除”复选框，单击“确定”按钮，结果如图 4-139 所示。

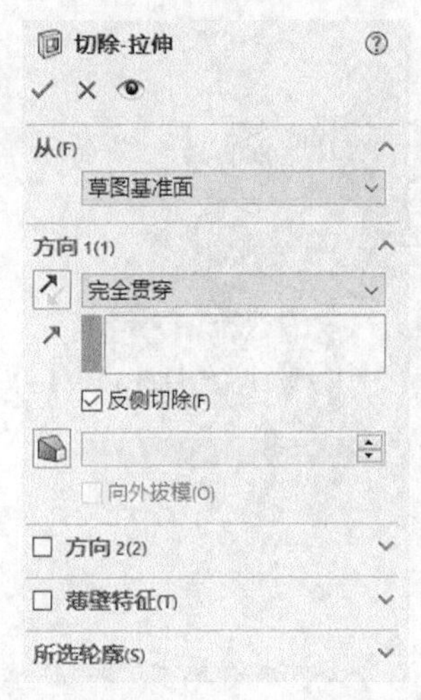

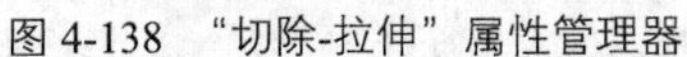

图 4-138 “切除-拉伸”属性管理器

图 4-139 切除拉伸实体

(15) 设置基准面。将图 4-139 中的下底面作为草图绘制的基准面，单击“视图（前导）”工具栏中的“正视于”按钮，新建草图。

(16) 绘制草图。单击“草图”控制面板中的“圆”按钮，在坐标原点分别绘制直径为 120mm 和 160mm 的同心圆。

(17) 拉伸实体。选择菜单栏中的“插入”→“凸台/基础实体”→“拉伸”命令，或者单击“特征”控制面板中的“拉伸凸台/基础实体”按钮，系统弹出图 4-140 所示的“凸台-拉伸”属性管理器。设置拉伸终止条件为“给定深度”，输入拉伸距离“10”，然后单击“确定”按钮。结果如图 4-141 所示。

(18) 设置基准面。选择图 4-141 中的下底面，将其作为草图绘制的基准面，单击“视图（前导）”工具栏中的“正视于”按钮，新建草图。

图 4-140 “凸台-拉伸”属性管理器

图 4-141 拉伸实体

19 绘制草图。单击“草图”控制面板中的“圆”按钮，在坐标原点绘制直径为 20mm 的圆。

20 切除拉伸实体。选择菜单栏中的“插入”→“切除”→“拉伸”命令，或者单击“特征”控制面板中的“拉伸切除”按钮，系统弹出“切除-拉伸”属性管理器。设置拉伸终止条件为“完全贯穿”，单击“确定”按钮，结果如图 4-142 所示。

图 4-142　拉伸切除结果

21 圆角处理。选择菜单栏中的“插入”→“特征”→“圆角”命令，或者单击“特征”控制面板中的“圆角”按钮，系统弹出图 4-143 所示的“圆角”属性管理器。输入圆角半径“2”，选择凸台的 4 条边线，单击“确定”按钮，结果如图 4-144 所示。

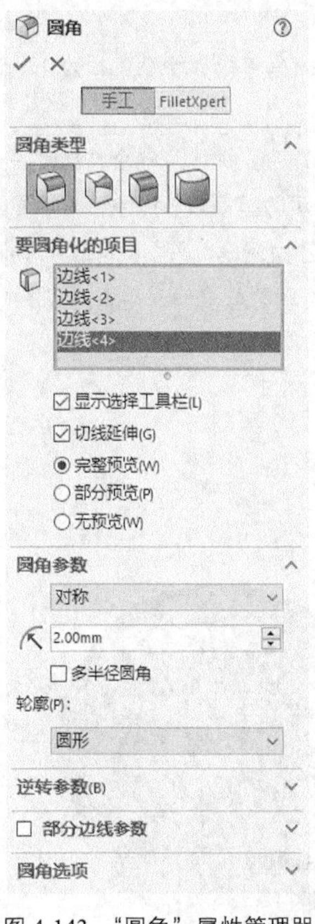

图 4-143　“圆角”属性管理器

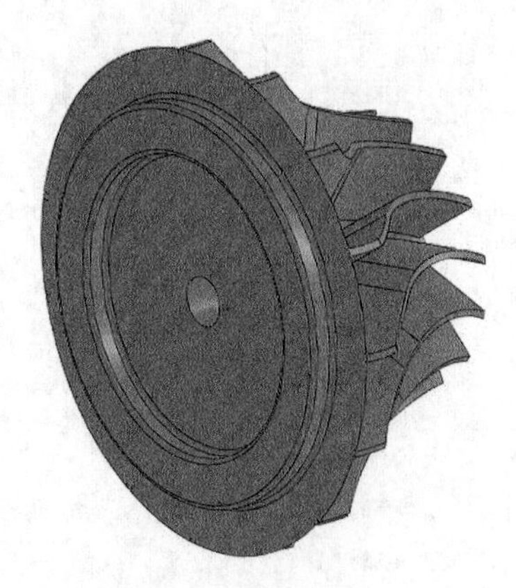

图 4-144　圆角处理

4.12 镜像

如果零件结构是对称的，用户可以只创建一半零件模型，然后使用特征镜像的方法生成整个零件。如果修改了原始特征，则镜像的特征也将更新。图 4-145 为运用特征镜像方法生成的零件模型。

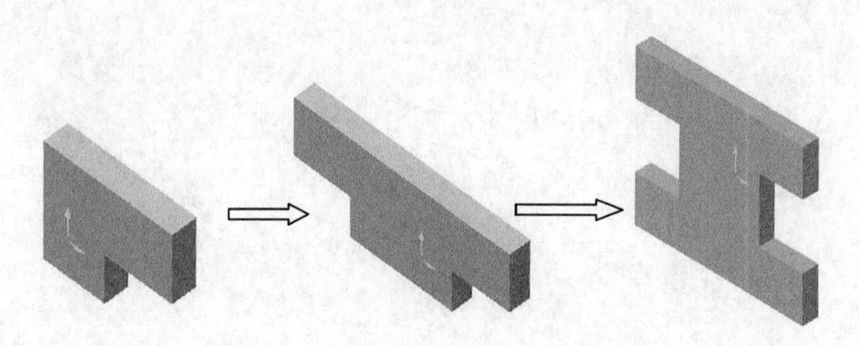

图 4-145 运用特征镜向方法生成的零件模型

4.12.1 “镜向”选项说明

单击“特征”控制面板中的“镜向”按钮，或选择菜单栏中的“插入”→“阵列/镜向”→“镜向”命令。系统弹出图 4-146 所示的“镜向”属性管理器，其中的可控参数如下。

图 4-146 “镜向”属性管理器

1. “镜向面/基准面”选项组

如要生成镜像特征、实体或镜像面须选择镜像面或基准面来进行镜像操作。

2. “次要镜向面/平面”

仅在零件中可用。可以在一个特征中一次绕两个基准面镜向一个项目。

3. “要镜向的特征”选项组

将所选择的特征作为源特征以生成镜像的特征。如果用户选择模型上的平面，系统将绕所选面镜像整个模型。

4. “要镜向的面”选项组

使用构成源特征的面生成镜像特征。

5. “要镜向的实体”选项组

在单一模型或多实体零件中选择一实体来生成一镜像实体。

6. “选项”选项组

可以加速特征阵列的生成及重建。

4.12.2 实例——连杆 4

在本例中，我们要创建的连杆 4 如图 4-147 所示。

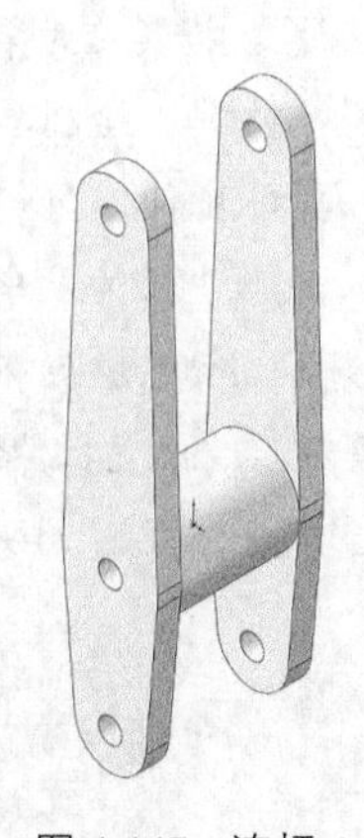

图 4-147 连杆 4

思路分析

首先绘制连杆 4 的杆轮廓草图，然后将其拉伸成为杆主体轮廓，再绘制外形轮廓并进行拉伸，最后对外形轮廓进行镜像，完成连杆 4 的创建。连杆 4 的创建流程如图 4-148 所示。

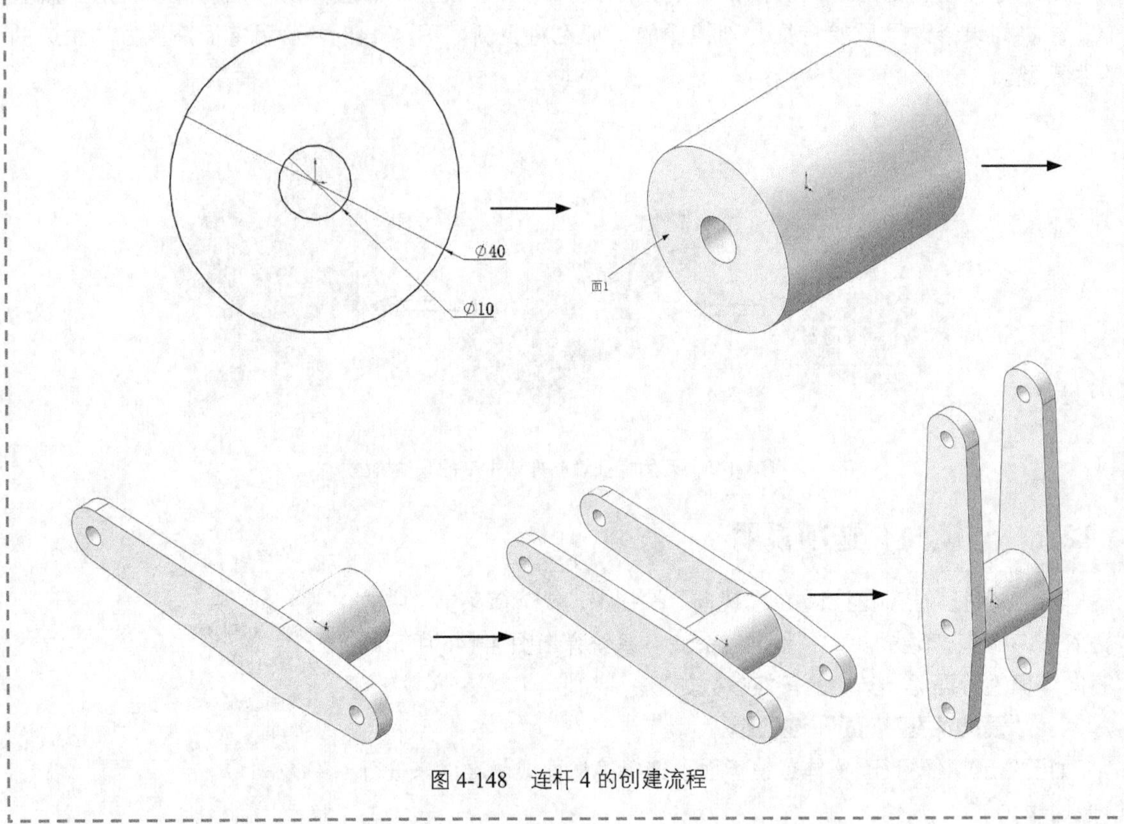

图 4-148　连杆 4 的创建流程

创建步骤

01 新建文件。启动 SOLIDWORKS 2022，选择菜单栏中的“文件”→“新建”命令，或者单击“快速访问”工具栏中的“新建”按钮，在弹出的“新建 SOLIDWORKS 文件”对话框中选择“零件”按钮，然后单击“确定”按钮，创建一个新的零件文件。

02 绘制草图 1。在左侧的 FeatureManager 设计树中选择“前视基准面”，将其作为草图绘制的基准面。单击“草图”控制面板中的“圆”按钮，绘制草图并标注草图尺寸，结果如图 4-149 所示。

03 拉伸实体 1。选择菜单栏中的“插入”→“凸台/基础实体”→“拉伸”命令，或者单击“特征”控制面板中的“拉伸凸台/基础实体”按钮，系统弹出图 4-150 所示的“凸台-拉伸”属性管理器。设置拉伸终止条件为“两侧对称”，输入拉伸距离“50”，然后单击“确定”按钮。结果如图 4-151 所示。

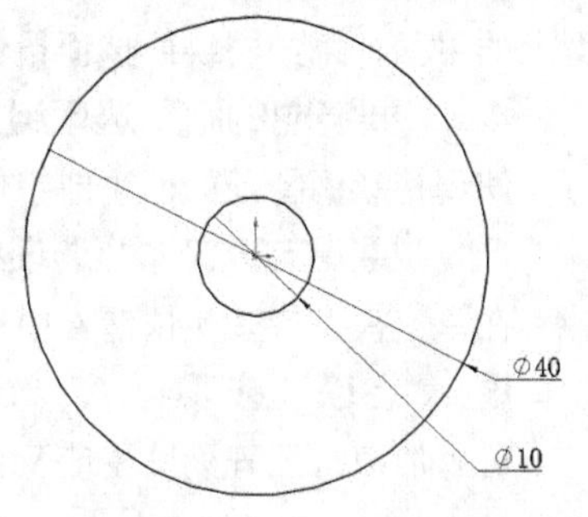

图 4-149　草图及草图尺寸 1

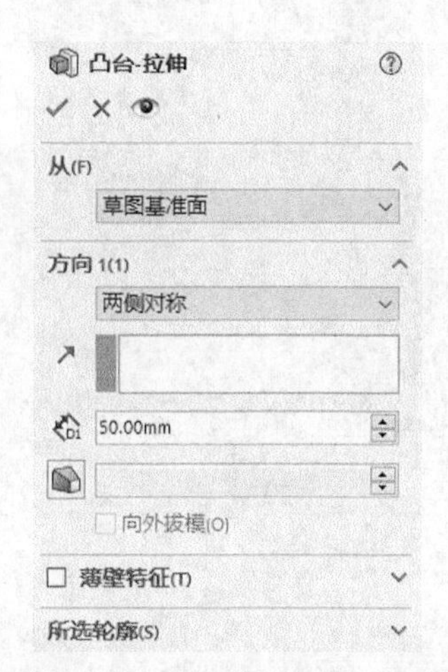

图 4-150 “凸台-拉伸”属性管理器

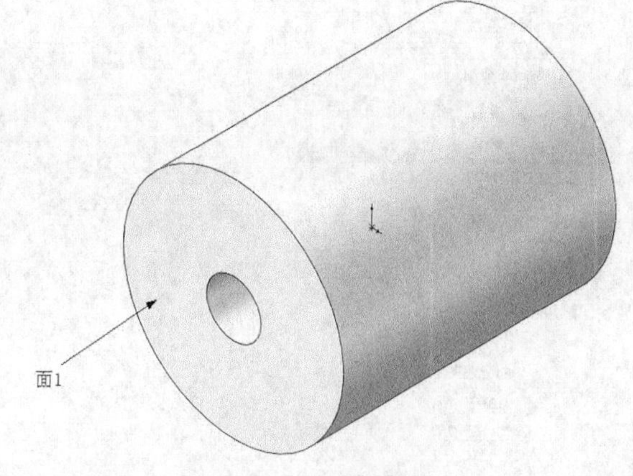

图 4-151 拉伸实体 1

04 绘制草图 2。在视图中选择图 4-151 所示的面 1，将其作为草图绘制的基准面。单击“草图”控制面板中的“直线”按钮，“圆”按钮和“剪裁实体”按钮，绘制草图并标注草图尺寸，结果如图 4-152 所示。

05 拉伸实体 2。选择菜单栏中的“插入”→“凸台/基础实体”→“拉伸”命令，或者单击“特征”控制面板中的“拉伸凸台/基础实体”按钮，系统弹出图 4-153 所示的“凸台-拉伸”属性管理器。设置拉伸终止条件为“给定深度”，输入拉伸距离“10”，然后单击“确定”按钮。结果如图 4-154 所示。

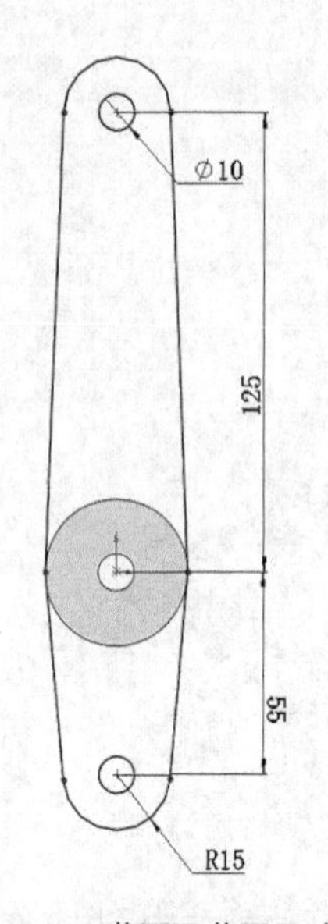

图 4-152 草图及草图尺寸 2

图 4-153 “凸台-拉伸”属性管理器

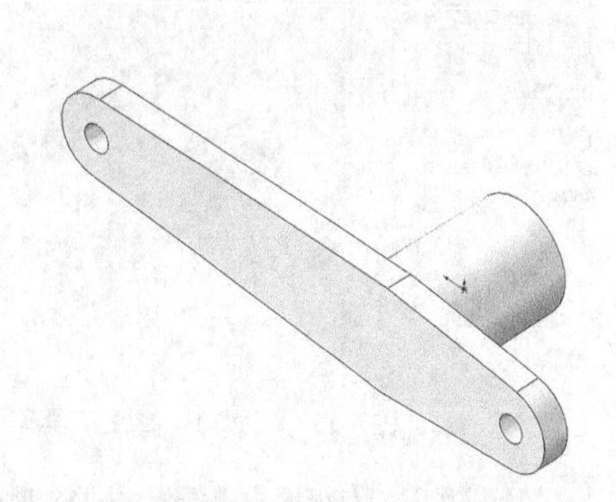

图 4-154 拉伸实体 2

06 镜像特征。选择菜单栏中的“插入”→“阵列/镜向”→“镜向”命令，或者单击“特征”控制面板中的“镜向”按钮，系统弹出图 4-155 所示的“镜向”属性管理器。将“前视基准面”作为镜像面，在视图中选择在步骤 05 中创建的拉伸特征为要镜像的特征，然后单击“确定”按钮。结果如图 4-156 所示。

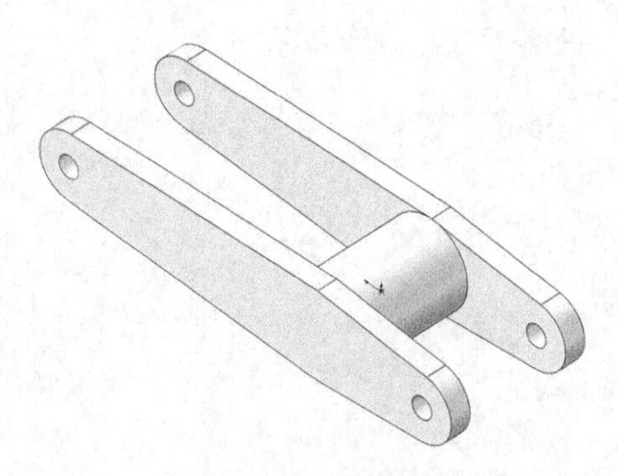

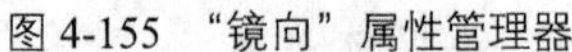

图 4-155 “镜向”属性管理器　　图 4-156 镜像实体

07 圆角实体。选择菜单栏中的“插入”→“特征”→“圆角”命令，或者单击“特征”控制面板中的“圆角”按钮，系统弹出图 4−157 所示的“圆角”属性管理器。在“半径”一栏中输入“40”，然后选取图 4−157 中的边线。单击“确定”按钮，结果如图 4−158 所示。

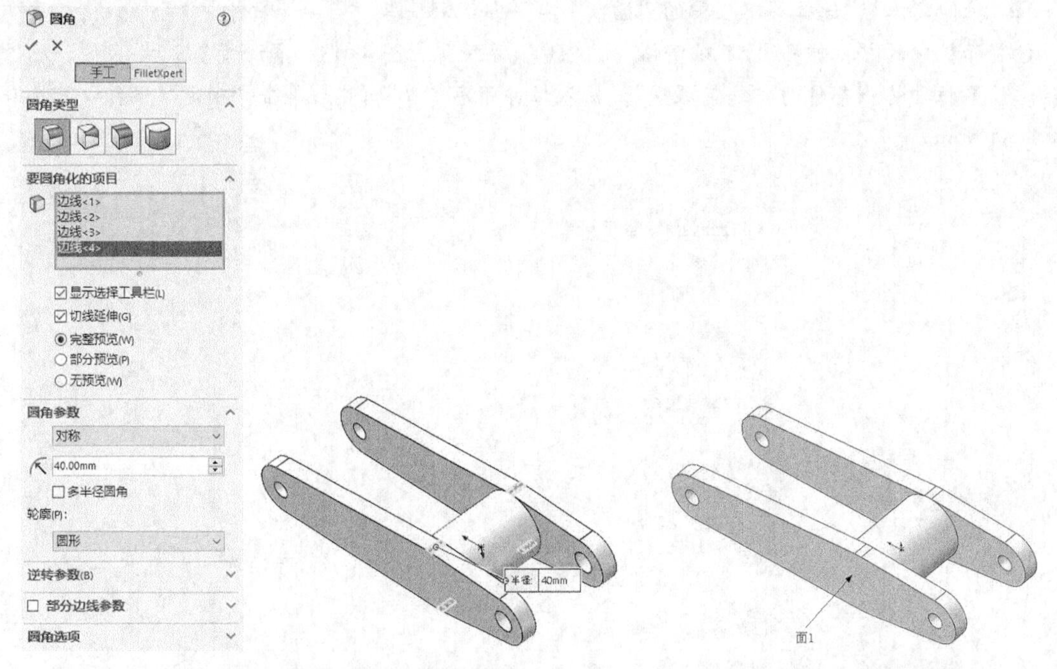

图 4-157 “圆角”属性管理器　　图 4-158 选择圆角边

08 绘制草图。在视图中选择图 4−158 所示的面 1，将其作为草图绘制的基准面。单击“草图”控制面板中的“圆”按钮，绘制草图并标注尺寸，结果如图 4−159 所示。

09 切除拉伸实体。选择菜单栏中的“插入”→“切除”→“拉伸”命令，或者单击“特征”控制面板中的“拉伸切除”按钮，系统弹出图 4−160 所示的“切除−拉伸”属性管理器。将方向 1 的终止条件设置为“完全贯穿”，然后单击“确定”按钮。结果如图 4−161 所示。

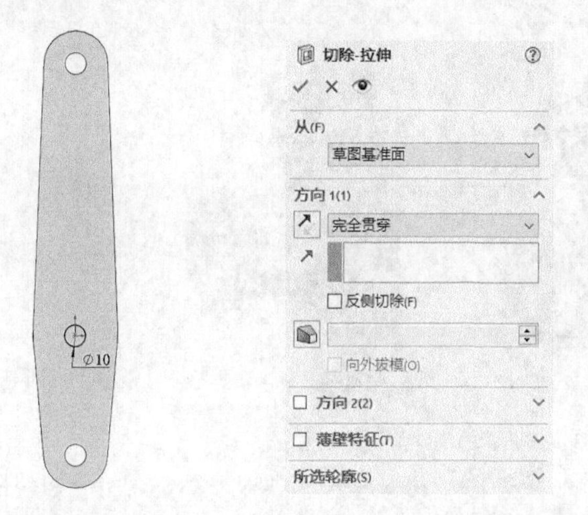

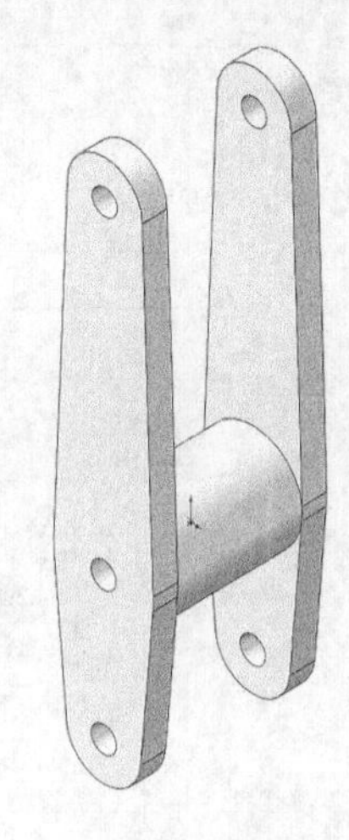

图 4-159　草图及草图尺寸 3　图 4-160　“切除-拉伸”属性管理器　　图 4-161　切除实体

4.13　综合实例——三通管

在本例中，我们要创建的三通管如图 4-162 所示。

图 4-162　三通管

思路分析

三通管常用于管线的连接处，它将水平方向和垂直方向的管线连通成一条管路。本例利用拉伸工具的薄壁特征和圆角特征进行零件建模，最终生成三通管零件模型。三通管的创建流程如图 4-163 所示。

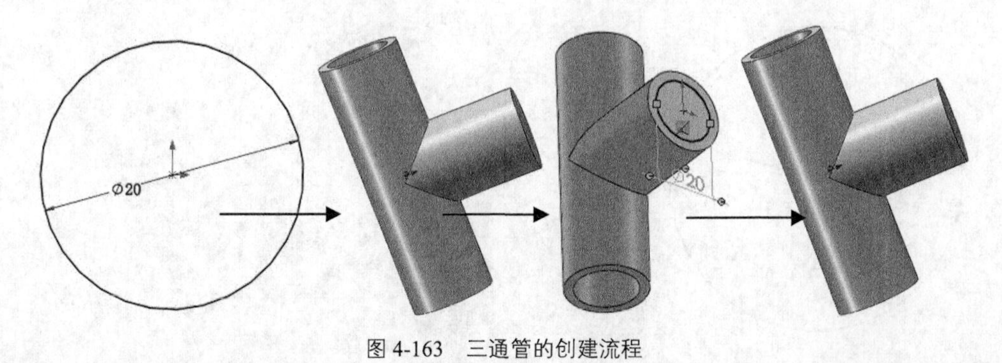

图 4-163　三通管的创建流程

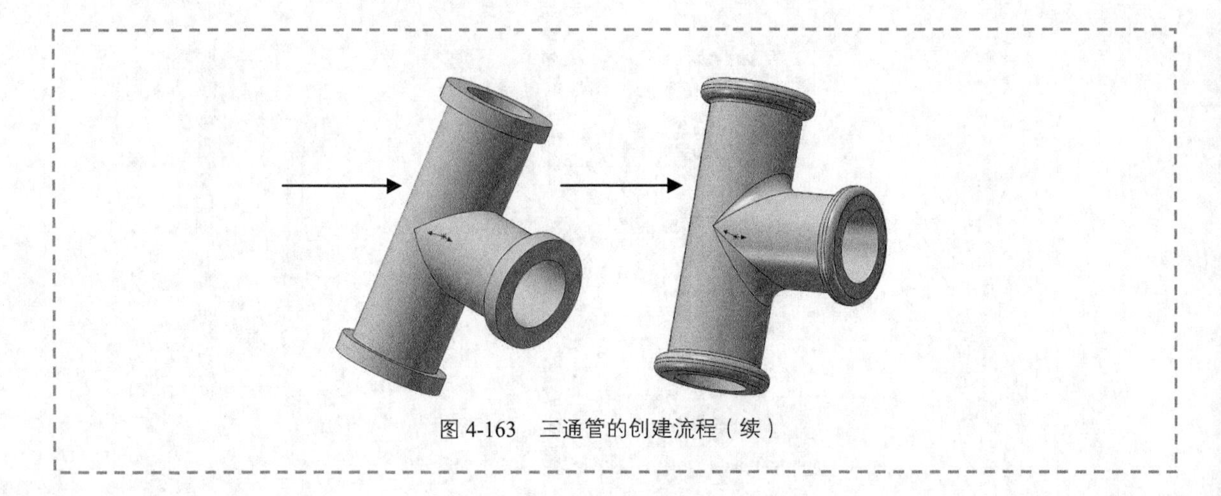

图 4-163　三通管的创建流程（续）

创建步骤

01 创建三通管主体部分

❶ 新建文件。启动 SOLIDWORKS 2022，选择菜单栏中的“文件”→“新建”命令，或单击“快速访问”工具栏中的“新建”按钮，在弹出的“新建 SOLIDWORKS 文件”对话框中，先单击“零件”按钮，再单击“确定”按钮，新建一个零件文件。

❷ 新建草图。在 FeatureManager 设计树中选择“上视基准面”，将其作为草图绘制基准面，单击“草图”控制面板中的“草图绘制”按钮，新建一张草图。

❸ 绘制圆。单击“草图”控制面板中的“圆”按钮，以原点为圆心绘制一个直径为 20mm 的圆，将其作为拉伸轮廓草图，如图 4−164 所示。

❹ 拉伸实体 1。单击“特征”控制面板中的“拉伸凸台/基础实体”按钮，或选择菜单栏中的“插入”→“凸台/基础实体”→“拉伸”命令，在弹出的“凸台−拉伸”属性管理器中设置拉伸终止条件为“两侧对称”，在 “深度”文本框中输入“80”，并勾选“薄壁特征”复选框，将薄壁类型设定为“单向”、将薄壁的厚度设为 3mm，如图 4−165 所示，单击“确定”按钮，生成薄壁特征。

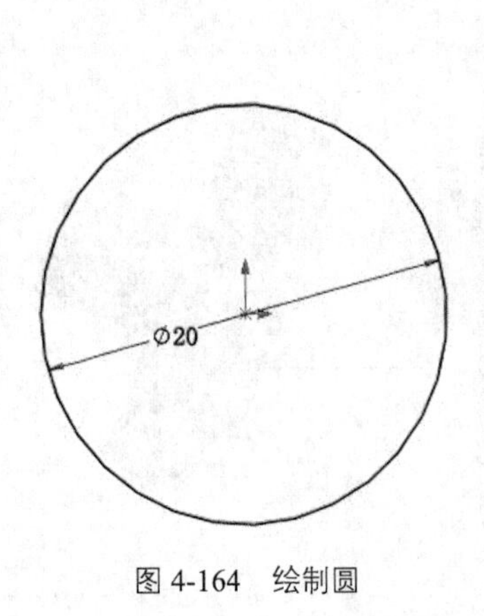

图 4-164　绘制圆

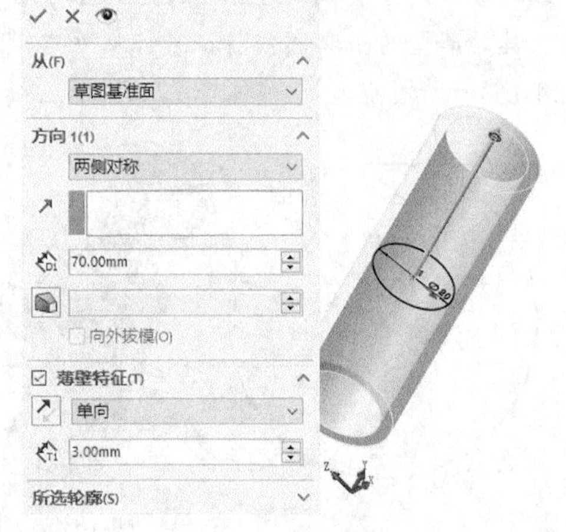

图 4-165　拉伸实体 1

❺ 创建基准面。在 FeatureManager 设计树中选择“右视基准面”，将其作为草图绘制基准面，选择菜单栏中的“插入”→“参考几何体”→“基准面”命令，或单击“特征”控制面板“参考几何体”下拉列表中的“基准面”按钮，打开“基准面”属性管理器，在“偏移距离”文本框中输入“40”，如图 4-166 所示。单击“确定”按钮✔，生成基准面。

❻ 新建草图。选择基准面 1，单击“草图”控制面板中的“草图绘制”按钮，在基准面 1 上新建一张草图。单击“视图（前导）”工具栏中的“正视于”按钮，使草图平面垂直于基准面 1。

❼ 绘制凸台轮廓。单击“草图”控制面板中的“圆”按钮，以原点为圆心，绘制一个直径为 26mm 的圆，将其作为凸台轮廓，如图 4-167 所示。

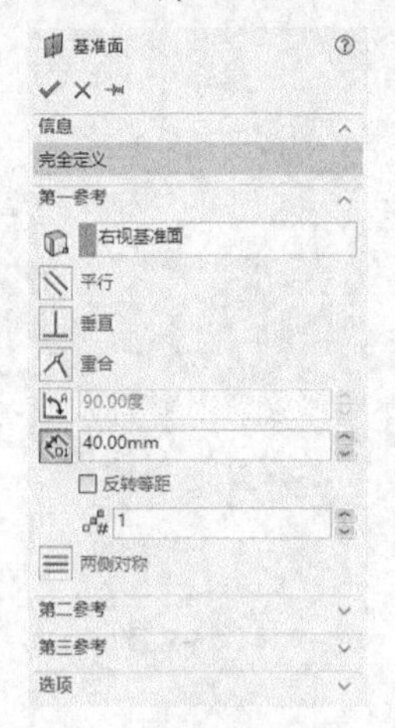

图 4-166　创建基准面

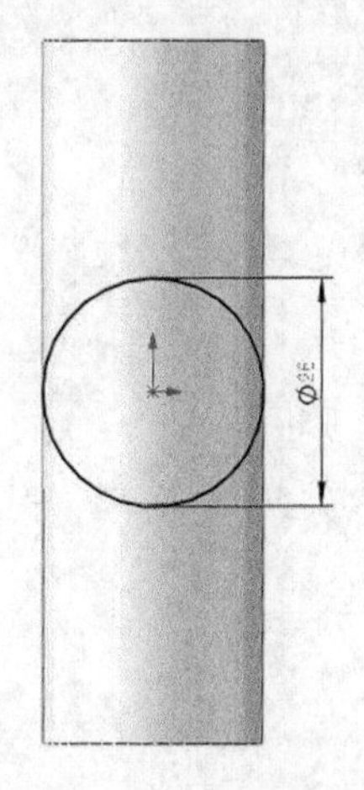

图 4-167　凸台轮廓

❽ 拉伸实体 2。单击“特征”控制面板中的“拉伸凸台/基础实体”按钮，在弹出的“凸台-拉伸”属性管理器中将拉伸终止条件设置为“成形到一面”，如图 4-168 所示。单击“确定”按钮✔，生成凸台拉伸特征。

❾ 设置视图方向。单击“视图（前导）”工具栏中的“等轴测”按钮，以等轴测视图观看模型。

❿ 隐藏基准面。选择菜单栏中的“视图”→“隐藏/显示（H）”→“基准面”命令，将基准面隐藏起来。在 FeatureManager 设计树中选择基准面并单击鼠标右键，在弹出的快捷菜单中单击“隐藏”按钮，将基准面隐藏，此时的模型如图 4-169 所示。

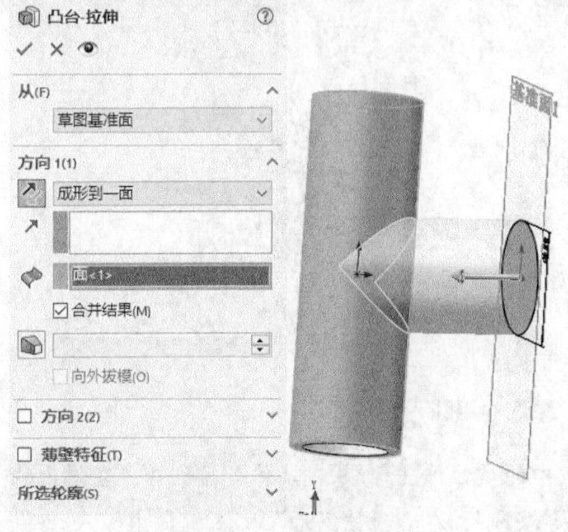

图 4-168　拉伸实体 2

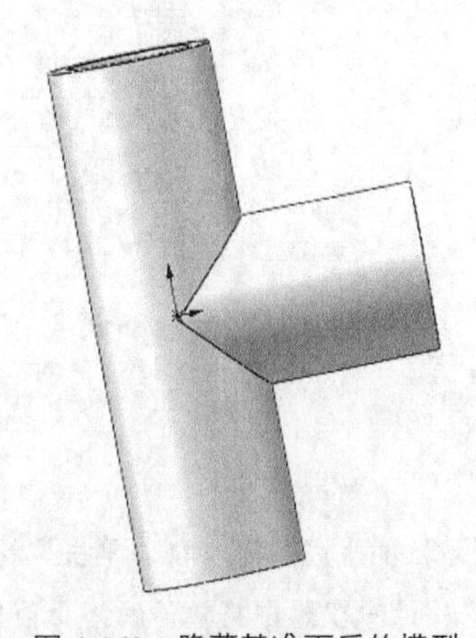

图 4-169　隐藏基准面后的模型

⓫ 新建草图。选择生成的凸台面，单击“草图”控制面板中的“草图绘制”按钮，在其上新建一张草图。

⓬ 绘制拉伸切除轮廓。单击“草图”控制面板中的“圆”按钮，以原点为圆心，绘制一个直径为 20mm 的圆，将其作为拉伸切除的轮廓，如图 4–170 所示。

⓭切除实体。单击“特征”控制面板中的“拉伸切除”按钮，在弹出的“切除–拉伸”属性管理器中将切除的终止条件设置为“给定深度”，设置切除深度为“40”，单击“确定”按钮，生成切除特征，结果如图 4–171 所示。

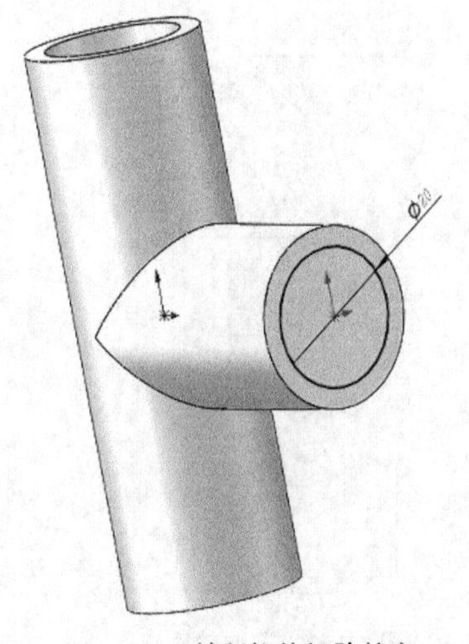

图 4-170　绘制拉伸切除轮廓

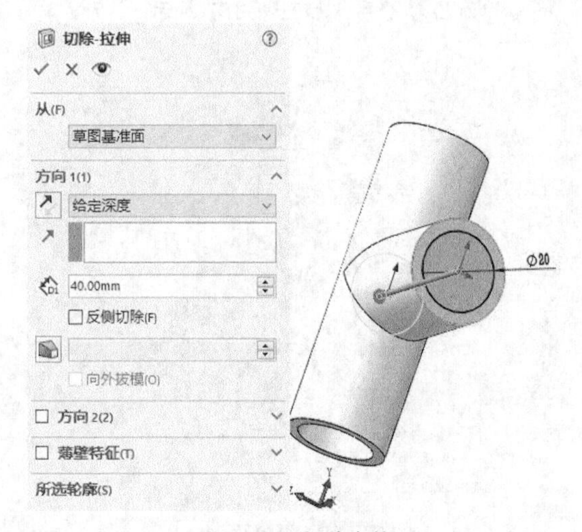

图 4-171　切除实体

02 创建接头

❶ 新建草图。选择基础实体特征的顶面，单击“草图”控制面板中的“草图绘制”按钮，在其上新建一张草图。

❷ 生成等距圆环。选择圆环的外侧边缘，单击“草图”控制面板中的“等距实体”按钮，打开“等距实体”属性管理器，在“等距距离”文本框中输入“3”，方向向外，单击“确定”按钮，生成等距圆环，如图 4–172 所示。

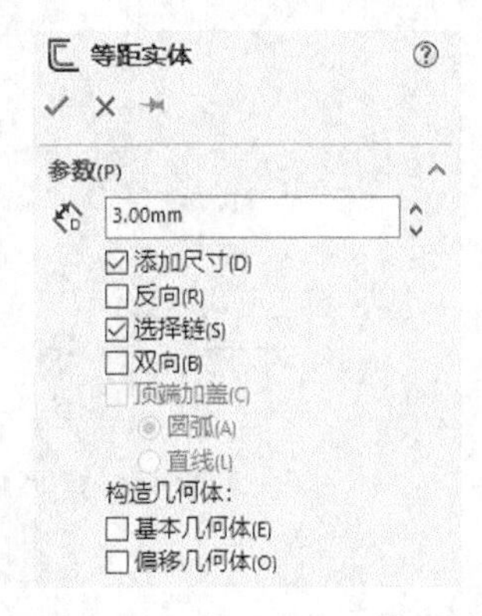

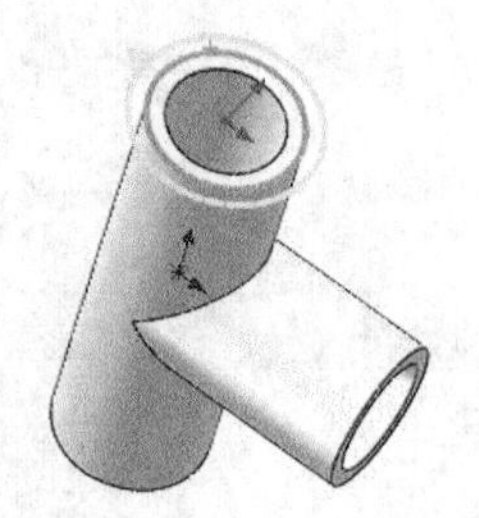

图 4-172　生成等距圆环

❸ 拉伸生成薄壁特征。单击“特征”控制面板中的“拉伸凸台/基础实体”按钮，在弹出的“拉伸–薄壁”属性管理器中将拉伸的终止条件设置为“给定深度”，在“拉伸深度”文本框中输入“5”，方向向下，勾选“薄壁特征”复选框，输入“薄壁厚度”为“4”，使薄壁的拉伸方向向内，如图 4–173 所示。单

击“确定”按钮✔，拉伸生成薄壁特征。

❹ 生成另外两个端面上的薄壁特征。仿照上面的步骤，在模型的另外两个端面生成薄壁特征，特征参数与第一个薄壁特征相同，如图 4–174 所示。

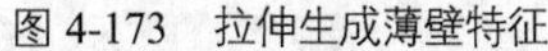

图 4-173　拉伸生成薄壁特征

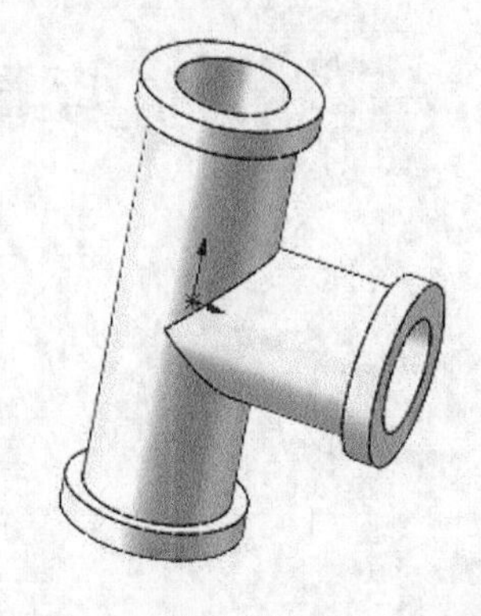

图 4-174　生成另外两个端面上的薄壁特征

❺ 创建圆角。单击“特征”控制面板中的“圆角”按钮，在弹出的“圆角”属性管理器中将圆角类型设置为“等半径”，在“半径”文本框中输入“2”，单击按钮右侧的选项框，然后在绘图区选择端面拉伸薄壁特征的两条边线，如图 4–175 所示。单击“确定”按钮✔，生成等半径圆角特征。

❻ 创建其他圆角特征。仿照步骤❺，在“半径”文本框中输入“2”，单击按钮右侧的选项框，然后在绘图区选择其余边线，如图 4–176 所示。继续创建管接头圆角，将圆角半径设置为“5”，如图 4–177 所示，倒圆角最终效果如图 4–178 所示。

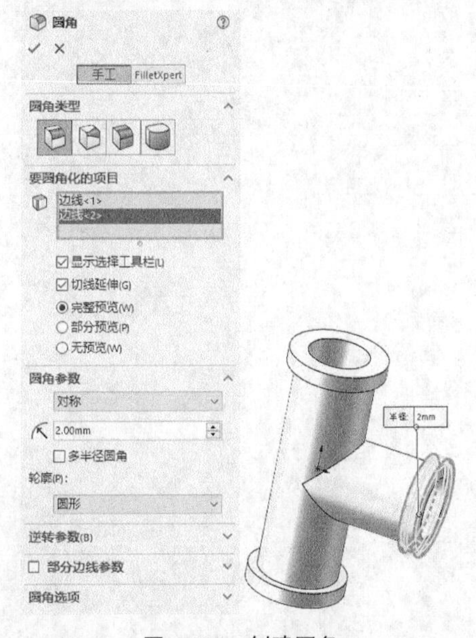

图 4-175　创建圆角

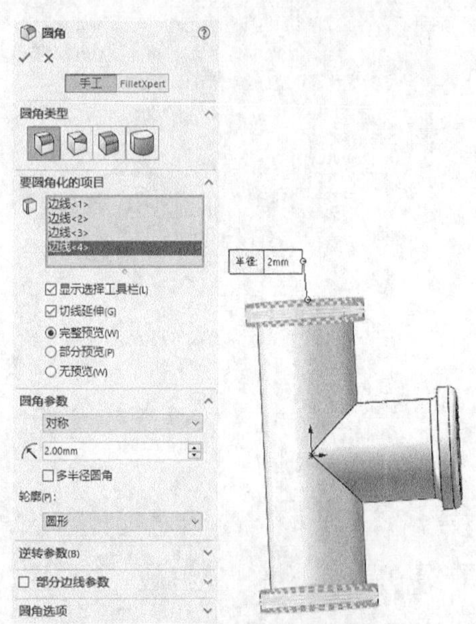

图 4-176　创建其他圆角特征

❼ 单击“快速访问”工具栏中的“保存”按钮，将零件保存为“三通管.sldprt”。

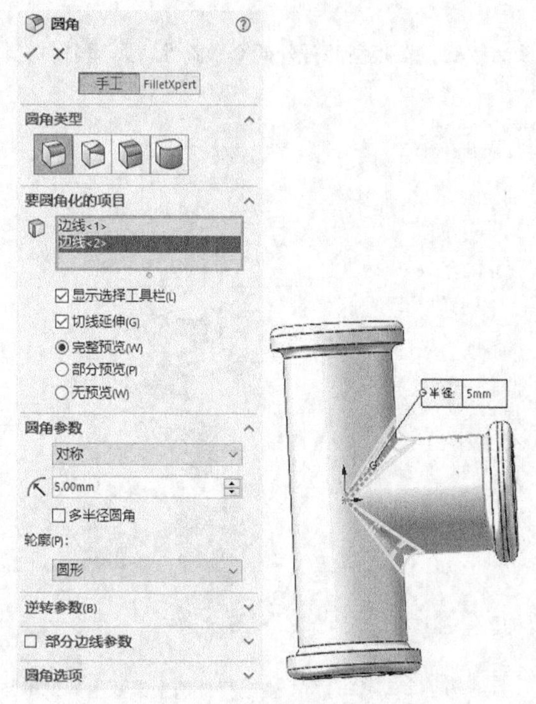

图 4-177　选择圆角边

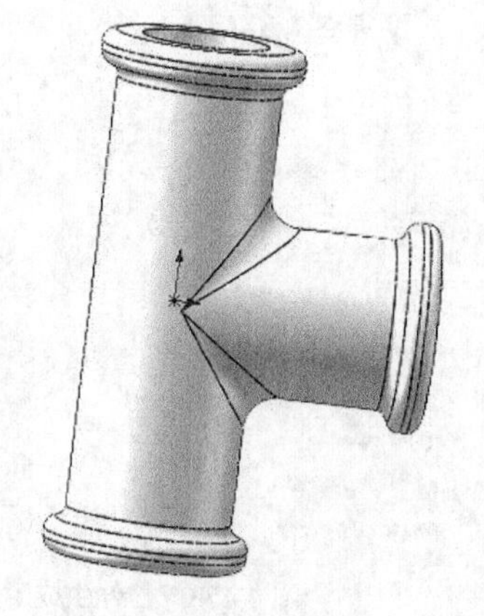

图 4-178　最终结果

第 5 章

装配体的应用

本章介绍零件的装配，包括如何建立装配体文件、零部件的压缩与轻化，装配体的干涉检查，装配体爆炸视图等内容，并列举实例帮助读者掌握相关知识。

装配体是在一个文件中的两个或多个零部件的组合。这些零部件之间通过配合关系来确定位置和限制运动。

学习要点

- 建立装配体文件
- 零部件的压缩与轻化
- 装配体的干涉检查
- 装配体爆炸视图
- 动画制作

5.1 建立装配体文件

装配体的设计方法有两种——自上而下设计法和自下而上设计法，也可以将两种设计方法结合起来使用。无论采用哪种方法，其目标都是配合这些零部件，以便生成装配体或子装配体。

1. 自下而上设计法

自下而上设计法是比较传统的方法。在自下而上设计法中，先生成零部件并将之插入装配体，然后根据设计要求配合零部件。当使用以前生成的不在线的零部件时，自下而上设计法是首选的方法。

自下而上设计法的另一个优点是因为零部件是独立设计的，与自上而下设计法相比，它们的相互关系及重建行为更为简单。使用自下而上设计法可以让用户专注于单个零部件的设计工作。当不需要建立控制零部件大小的参考关系时（相对于其他零件），此方法较为适用。

2. 自上而下设计法

自上而下设计法从装配体中开始设计工作，这是两种设计方法的不同之处。用户可以使用一个零部件的几何体来更准确地定义另一个零部件，或生成组装零部件后才添加的加工特征。用户可以将布局草图作为设计的开端，定义固定的零部件位置、基准面等，然后参考这些定义来设计零部件。

例如，可以将一个零部件插入装配体中，然后根据此零部件生成一个夹具。使用自上而下设计法在关联中生成夹具，这样用户可参考模型的几何体，通过与原零部件建立几何关系来控制夹具的尺寸。如果改变了零部件的尺寸，夹具会自动更新。

5.1.1 创建装配体

新建装配体文件可以采用以下方法。

（1）选择菜单栏中的“文件”→“新建”命令，系统弹出图 5-1 所示的“新建 SOLIDWORKS 文件”对话框。

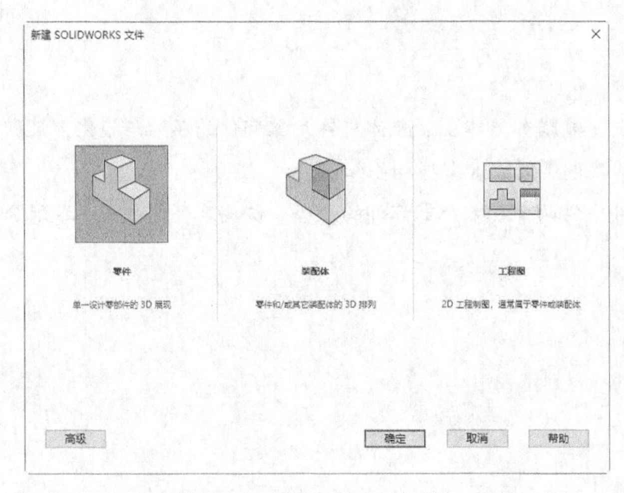

图 5-1 “新建 SOLIDWORKS 文件”对话框

（2）在“新建 SOLIDWORKS 文件”对话框中单击“装配体”按钮，单击“确定”按钮后即进入装配体制作界面，如图 5-2（a）所示。

（3）单击“开始装配体”属性管理器下的“要插入的零部件/装配体”选项组下的“浏览”按钮，系统弹出“打开”对话框。

（4）选择一个零部件，将其作为装配体的基准零部件，单击“打开”按钮，然后在窗口中合适的位置处单击空白界面以放置零部件。即可得到图 5-2（b）所示的导入零部件后的界面。

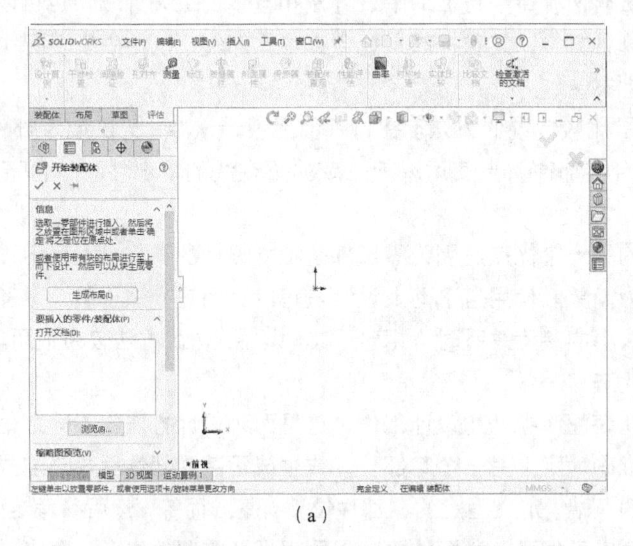

（a）

图 5-2 装配体制作界面和导入零部件后的界面

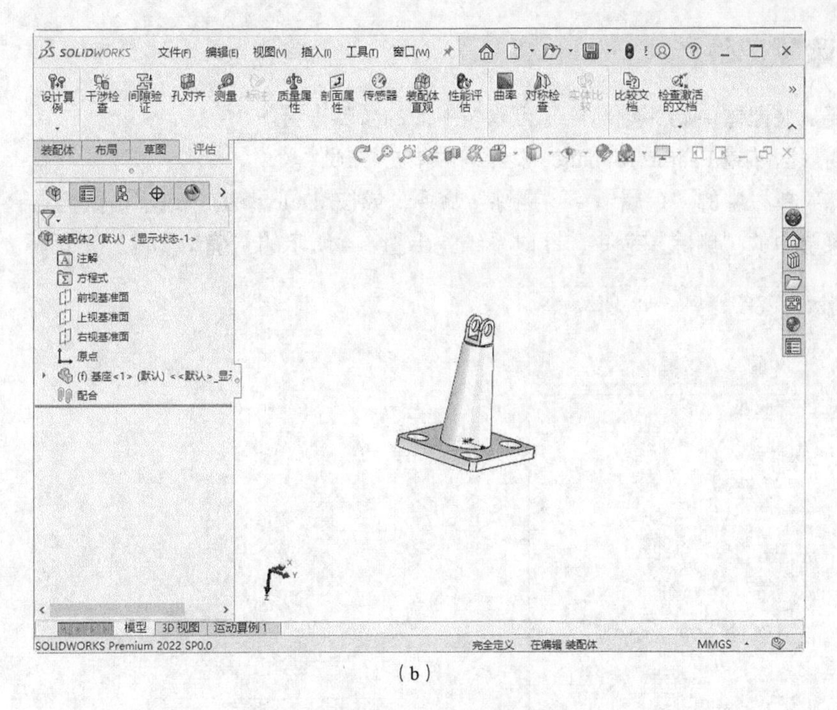

（b）

图 5-2　装配体制作界面和导入零部件后的界面（续）

（5）在将一个零部件（单个零部件或子装配体）放入装配体中时，这个零部件文件会与装配体文件链接。此时零部件出现在装配体中，零部件的数据还保存在原零部件文件中。

另外，在编辑零件状态，单击菜单栏中的“文件”→“从零件/装配体制作装配体”按钮，也可以进入装配体制作界面。

注意

对零部件文件所进行的任何改变都会使装配体更新。在保存装配体时，文件的扩展名为*.sldasm，其文件名前的按钮也与零件图不同。

5.1.2　插入零部件

制作装配体需要按照装配的过程，依次插入相关零件，有多种方法可以将零部件添加到一个新的或现有的装配体中，具体如下。

（1）使用“插入零部件”属性管理器。

（2）从任何窗格中的文件探索器拖动。

（3）从一个打开的文件窗口中拖动。

（4）从资源管理器中拖动。

（5）从 Internet Explorer 中拖动超文本链接。

（6）在装配体中拖动以增加现有零部件的实例。

（7）从任何窗格的设计库中拖动。

（8）使用插入、智能扣件来添加螺栓、螺钉、螺母、销钉及垫圈。

5.1.3 删除零部件

如果想要从装配体中删除零部件，可以按下面的步骤进行。

（1）在图形区域或 FeatureManager 设计树中单击零部件。

（2）选择菜单栏中的“编辑”→“删除”命令，或按<Delete>键，或单击鼠标右键，选择图 5-3 所示的快捷菜单中的“删除”命令，此时系统弹出图 5-4 所示的“确认删除”对话框。

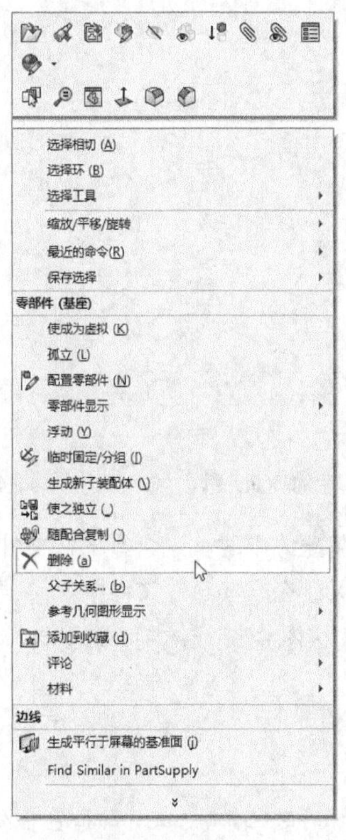

图 5-3 快捷菜单

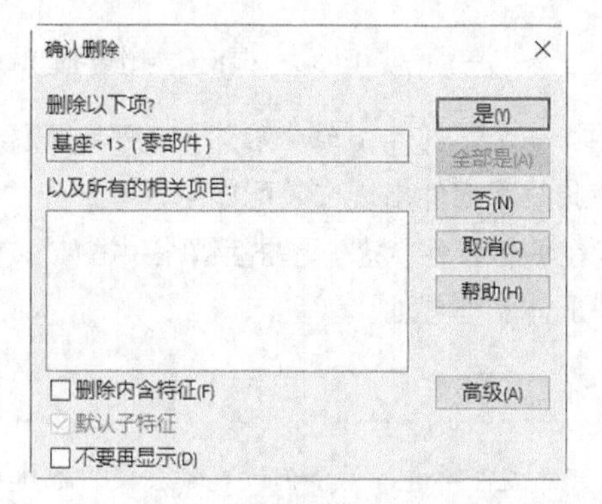

图 5-4 “确认删除”对话框

（3）单击对话框中的“是”按钮以确认删除。此零部件及其所有相关项目（配合、零部件阵列、爆炸步骤等）都会被删除。

5.1.4 进行零部件装配

在进行零部件装配时，需要单击“装配体”控制面板中的“配合”按钮，或选择菜单栏中的“插入”→“配合”命令，此时系统弹出图 5-5 所示的“配合”属性管理器，其中的可控参数如下。

（1）“配合选择”选项组：选择想要配合在一起的面、边线、基准面等，被选择的选项出现在其后的选项面板中。在使用该选项组时可以参考以下所列举的配合类型。

（2）“标准”选项卡：在“标准”配合类型下有重合、平行、垂直、相切、同轴心、距离和角度等选项。所有配合类型会始终显示在属性管理器中，但只有适用于当前选择的配合才可供使用。在使用该选项卡时根据需要可以切换配合对齐。

（3）“高级”选项卡：在“高级”选项卡配合类型下有轮廓中心、对称、宽度、路径配合、线性/线性耦合等选项，如图 5-6 所示。可以根据需要切换配合对齐。

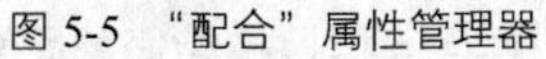
图 5-5 “配合”属性管理器

图 5-6 “高级”选项板

（4）“机械”选项卡：在高级配合下有凸轮、槽口、齿轮、齿条小齿轮、螺旋和万向节配合等选项。

（5）“配合”选项组：配合框包含打开属性管理器时添加的所有配合，或正在编辑的所有配合。当配合框中有多个配合时，可以选择其中一个进行编辑。

注意

要同时编辑多个配合，要在特征管理器中选择多个配合，然后单击鼠标右键并选择编辑特征，即所有配合会出现在配合框中。

（6）“选项”选项组：可以对配合的细节进行设置。

①“添加到新文件夹”复选框：勾选该复选框后，新的配合会出现在特征管理器的配合组文件夹中。取消勾选后，新的配合会出现在配合组中。

②“显示弹出对话”复选框：勾选该复选框后，当添加标准配合时会出现图 5-7 所示的配合弹出工具栏。取消勾选后，需要在属性管理器中添加标准配合。

③“显示预览”复选框：勾选该复选框后，在为有效配合选择了足够多的对象后便会出现配合预览。

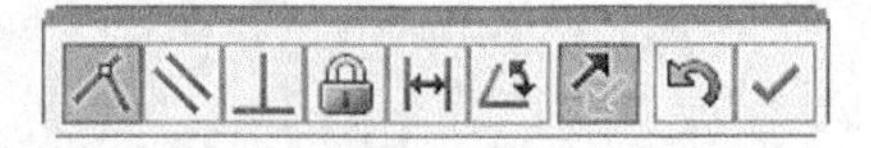

图 5-7　配合弹出工具栏

④“只用于定位”复选框：勾选该复选框后，会将零部件移至配合指定的位置，但不会将配合添加到特征管理器中。配合会出现在配合框中，以便进行编辑和放置零部件，但当用户关闭“配合”属性管理器时，不会有任何内容出现在特征管理器中。

注意

选择此复选框，不必在添加很多配合后，又在特征管理器中删除这些配合。

⑤“使第一个选择透明”：用户选择的第一个零部件透明，从而可以更容易选择第二个零部件。当第二个零部件位于第一个零部件后方时此选项尤其有用。

5.1.5　常用配合方法

下面来介绍在建立装配体文件时常用的几种配合方法，这些配合方法都出现在“配合”属性管理器中。

（1）“重合”配合：该配合会将所选择的面、边线及基准面（它们之间相互组合或与单一顶组合）重合在一条直线上或将两个点重合，定位两个顶点使它们彼此接触。

注意

两个圆锥之间的配合必须借用同样半角的圆锥。拉伸指的是拉伸实体或曲面特征的单一面。不可通过拔模拉伸。

（2）“平行”配合：所选的项目会保持相同的方向，并且互相保持相同的距离。

（3）“垂直”配合：所选项目会以 90° 的角度相互垂直配合，例如两个所选的面垂直配合。

注意

在“平行”配合与“垂直”配合中，圆柱指的是圆柱的轴。

（4）“相切”配合：所选的项目会保持相切（至少有一个选择项目须为圆柱面、圆锥面或球面），例如滑轮轴的圆柱面和滑轮的平面相切配合，如图 5-8 所示。

（5）“同轴心”配合：该配合会使所选的项目位于同一中心点上。

（6）“距离”配合：所选的项目之间会保持指定的距离。单击此按钮，利用输入的数据确定配合件的距离，设置不同距离值后的配合效果如图 5-9 所示。

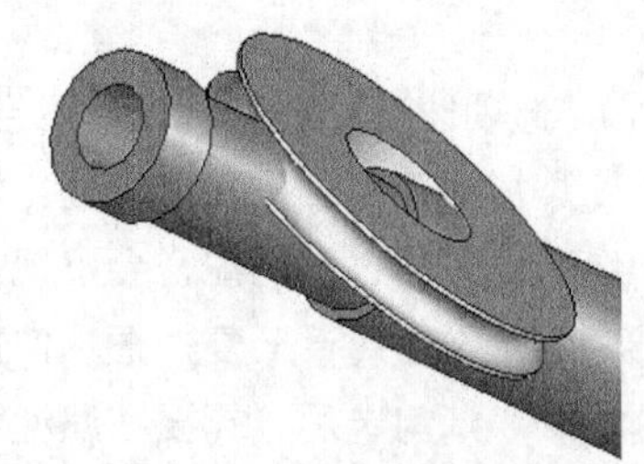

图 5-8　滑轮轴的圆柱面和滑轮的平面相切配合效果

注意

这里，直线也可指轴。在配合时必须在“配合”属性管理器的距离框中键入距离值。默认值为所选实体之间的当前距离。两个圆锥之间的配合必须借用同样半角的圆锥。

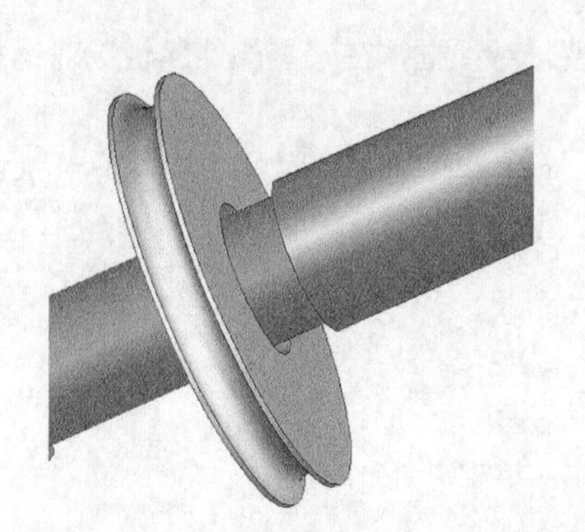

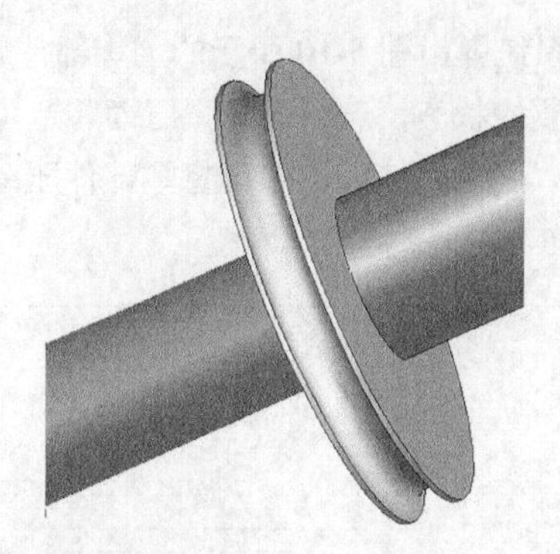

图 5-9 设置不同的距离值后的配合效果

（7）“角度”配合：该配合会将所选项目以指定的角度配合。单击此按钮，则可输入一定的角度以便确定配合的角度。必须在“配合”属性管理器的距离框中键入距离值。默认值为所选实体之间的当前角度。

5.2 零部件的压缩与轻化

对于零部件数目较多或零部件较为复杂的装配体，根据某段时间内的工作范围，用户可以指定合适的零部件压缩状态。这样可以减少工作时装入和计算的数据量。装配体的显示和重建会更快，用户也可以更有效地使用系统资源。

5.2.1 压缩状态

对于装配体零件，有如下两种压缩状态。

（1）还原。还原（或解除压缩）是装配体零部件的正常状态。当完全还原零部件时，零部件的所有模型数据将被装入内存，用户可以使用所有功能并可以完全访问和使用它的所有模型数据，所以可选取、参考、编辑，在配合中使用它的实体。

（2）压缩。用户可以利用压缩状态暂时将零部件从装配体中移除（而不是删除）。它不被装入内存，不再是装配体中所有功能的部分。结果无法看到压缩的零部件，也无法选取其实体。

将一个压缩的零部件从内存中移除，所以装入速度、重建模型速度和显示性能均得到了提高。由于减少了复杂程度，其余的零部件计算速度会更快。

不过，压缩零部件，包含的配合关系也会被压缩。因此，装配体中零部件的位置可能缺乏限制。参考压缩零部件的关联特征也可能受到影响。

5.2.2 改变压缩状态

如果要改变零部件的压缩状态，可以采用以下步骤。

（1）在特征管理器或图形区域中，在所需要的零部件上单击鼠标右键，并单击“零部件属性”按钮▤。

（2）如要同时改变多个零部件，在选择零部件时按住<Ctrl>键，然后单击鼠标右键并选择“零部件属性”选项。

（3）此时系统弹出图 5-10 所示的“零部件属性”对话框，在“零部件属性”对话框的压缩状态中，选择所需要的状态，这里选择“压缩”选项。

（4）单击“确定”按钮，即可将零部件压缩。被压缩的零部件不显示，同时其名字前面的按钮呈灰色，如图 5-11 所示。

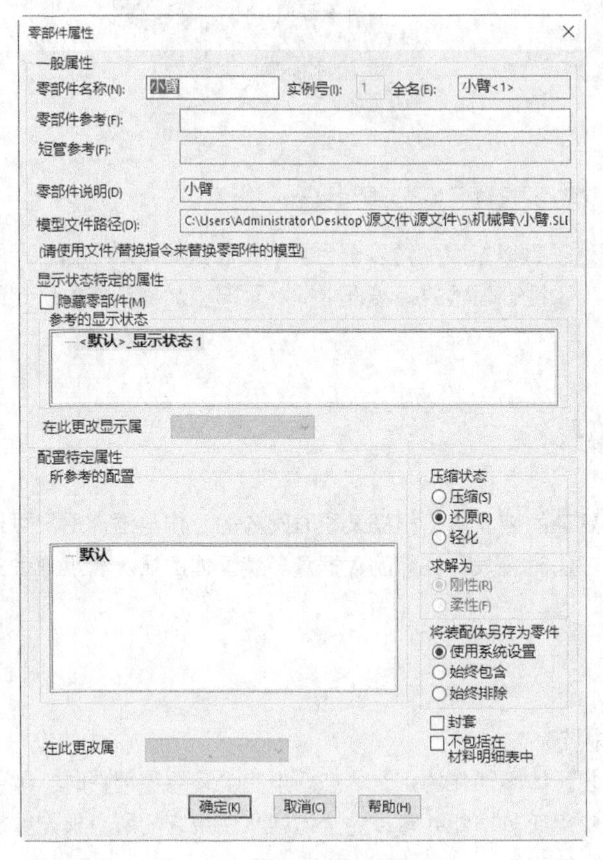

图 5-10 “零部件属性”对话框

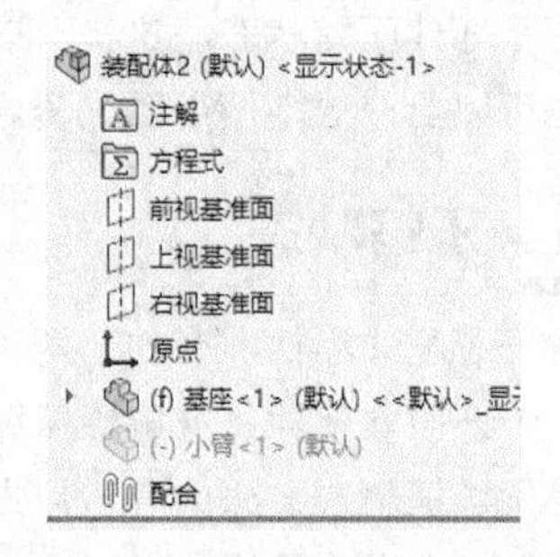

图 5-11 压缩后的零部件状态

5.2.3 轻化状态

用户可以在装配体中激活的零部件被完全还原或轻化时装入装配体。零部件和子装配体都可以被轻化。当零部件完全还原时，其所有模型数据将被装入内存。

当零部件被轻化时，只有部分模型数据被装入内存，其余的模型数据根据需要装入。

通过使用轻化零部件，大型装配体的性能可以得到显著提高。将轻化的零部件装入装配体的速度比将完全还原的零部件装入同一装配体的速度更快。因为计算的数据更少，包含轻化零部件的装配体重建速度更快。

因为零部件的完整模型数据只有在需要时才装入，所以轻化零部件的运行效率很高。只有受当前编辑进程中所进行更改影响的零部件才完全还原。

5.3 装配体的干涉检查

装配好零部件以后，要进行装配体的干涉检查。在一个复杂的装配体中，如果想用视觉来检查零部件之间是否有干涉的情况是件困难的事。而利用系统的干涉检查功能便可以实现以下几点。

（1）确定零部件之间是否发生干涉。

（2）显示干涉的真实体积为上色体积。

（3）更改干涉和不干涉零部件的显示设定，以更容易看到干涉。

（4）选择忽略想排除的干涉，如紧密配合、螺纹扣件的干涉等。

（5）选择将实体之间的干涉包括在多实体零部件内。

（6）选择将子装配体看成单一零部件，这样子装配体零部件之间的干涉将不被报出。

（7）将重合干涉和标准干涉区分开来。

5.3.1 配合属性

单击“评估”控制面板中的“干涉检查”按钮，或选择菜单栏中的“工具”→“干涉检查”命令，系统弹出图 5-12 所示的“干涉检查”属性管理器，其中的可控参数如下。

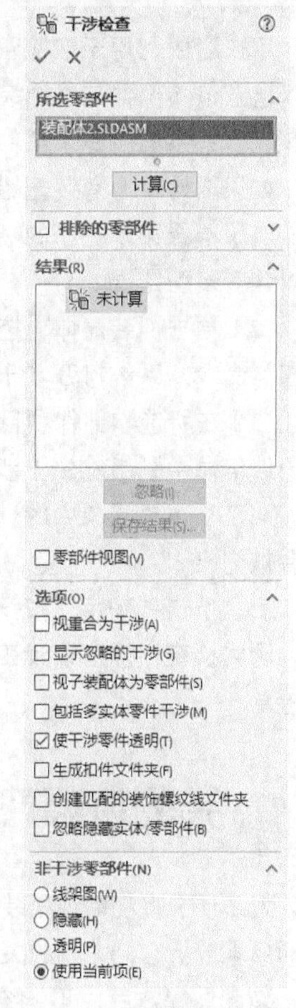

图 5-12 “干涉检查”属性管理器

1. “所选零部件”选项组

显示所选择的零部件。在默认情况下，除非预选了其他零部件，否则将显示顶层装配体。当检查一装配体的干涉情况时，其所有零部件都将被检查。

“计算”按钮：单击它，系统会检查零件之间是否发生干涉。

2. “结果”选项组

显示检测到的干涉。每个干涉的体积都将出现在每个列举项的右边，当在结果下选择一干涉时，干涉将在图形区域中以红色高亮显示。

（1）“忽略”按钮：单击此按钮表示所选干涉在忽略和解除忽略模式之间转换。如果干涉被设定为忽略模式，则会在以后的干涉计算中保持忽略模式。

（2）“零部件视图”复选框：勾选该复选框后，系统会按零部件名称而不按干涉号显示干涉。

3. “选项”选项组

可以对干涉检查的条件进行设置。

（1）“视重合为干涉”复选框：将重合实体报告为干涉。

（2）“显示忽略的干涉”复选框：在结果清单中以灰色按钮显示被忽略的干涉。当取消勾选时，忽略的干涉将不列举。

（3）“视子装配体为零部件”复选框：当取消勾选时，子装配体被看成为单一零部件，这样子装配体的零部件之间的干涉将不报出。

（4）“包括多实体零件干涉”复选框：报告多实体零件中实体之间的干涉。

（5）“使干涉零件透明”复选框：以透明模式显示所选干涉的零部件。

（6）“生成扣件文件夹”复选框：将扣件（如螺母和螺栓）之间的干涉隔离为在结果下的单独文件夹。

（7）“忽略隐藏实体/零部件”复选框：隐藏实体的干涉忽略。

4. “非干涉零部件”选项组

以所选模式显示非干涉的零部件，包括“线架图”“隐藏”“透明”“使用当前项”4 个选项。

5.3.2 干涉检查

用户可以利用干涉检查发现在移动或旋转零部件时该零部件与其他零部件之间是否有冲突，也可以检查该零部件与整个装配体或所选的零部件组之间是否有碰撞，还可以发现所选的零部件和与其有配合关系的所有零部件是否有碰撞。

如果要检查含有装配错误的装配体，可以采用以下步骤。

（1）选择菜单栏中的“文件”→“打开”命令，打开一个装配体文件。为了示范，该装配体中可以含有装配错误。

（2）单击“装配体”控制面板中的“干涉检查”按钮，或选择菜单栏中的“工具”→“干涉检查”命令，系统打开“干涉检查”属性管理器。

（3）在所选零部件项目中系统默认窗口内的整个装配体，单击“计算”按钮，则进行干涉检查，在干涉信息中列出发生干涉情况的干涉零件。

（4）在单击清单中的一个项目时，相关的干涉体会在图形区域中高亮显示，相关零部件的名称也会被列出。

（5）单击“确定”按钮，即可完成对干涉体的干涉检查操作。

因为检查干涉对设计工作而言非常重要，所以用户在每次移动或旋转一个零部件后都要进行干涉检查。

5.4 装配体爆炸视图

为了便于直观地观察装配体中零部件与零部件之间的关系，用户需要经常分离装配体中的零部件以形象地分析它们之间的关系。装配体爆炸视图可以分离其中的零部件以便查看这个装配体。

装配体爆炸后，不能给装配体添加配合，一个爆炸视图包括一个或多个爆炸步骤，每一个爆炸视图均被保存在所生成的装配体配置中，每一个配置都可以有一个爆炸视图。装配体爆炸前后的视图对比如图 5-13 所示。

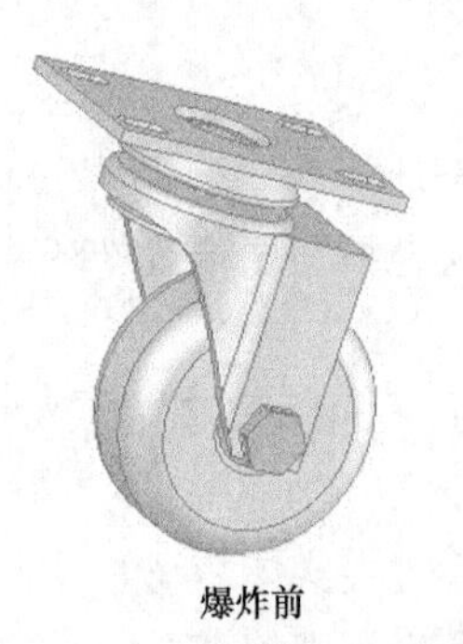

爆炸前

爆炸后

图 5-13　装配体爆炸前后的视图对比

5.4.1 “爆炸”属性管理器

单击“装配体”控制面板上的“爆炸视图”按钮，或选择菜单栏中的“插入”→“爆炸视图”命令，系统弹出图 5-14 所示的“爆炸”属性管理器，其中的可控参数如下。

1.“爆炸步骤”选项组

列出爆炸的零部件。可以拖动活动步骤以重新排序步骤。

2.“添加阶梯”选项组

用于设置参数。

（1）“爆炸步骤的零部件”：显示当前爆炸步骤所选的零部件。

（2）“爆炸方向”：显示当前爆炸步骤所选的方向。

（3）“爆炸距离”：显示当前爆炸步骤零部件移动的距离。

（4）“添加阶梯”按钮：单击添加爆炸步骤以预览对爆炸步骤的更改。

（5）“重设”按钮：将 PropertyManager 中的选项重置为初始状态。

3.“选项”选项组

可以对细节进行设置。

（1）“自动调整零部件间距”复选框：沿轴心自动均匀地分布零部件组的间距。

（2）“选择子装配体零部件”复选框：勾选该复选框可以选择子装配体的单个零部件。取消勾选该复选框可以选择整个子装配体。

4.“重新使用爆炸”按钮

单击该按钮表示使用先前在所选子装配体中定义的爆炸步骤。

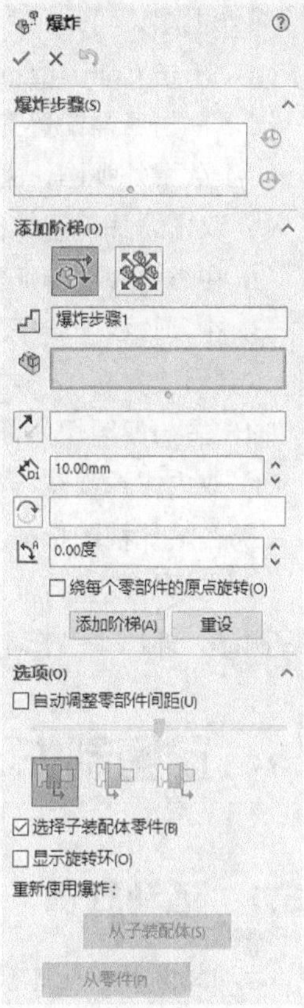

图 5-14 “爆炸”属性管理器

5.4.2 爆炸视图编辑

如果对生成的爆炸视图并不满意，可以对其进行修改，具体的操作步骤如下。

（1）在属性管理器中选择所要编辑的爆炸视图，此时在视图中，要爆炸的零部件为蓝色高亮显示。

（2）可在属性管理器中编辑相应的参数，或通过拖动控标来改变距离参数，直到零部件到达目标位置为止。

（3）改变要爆炸的零部件或要爆炸的方向，单击相对应的方框，然后选择或取消选择目标项目。

（4）要清除所爆炸的零部件并重新选择，在图形区域选择该零件后单击鼠标右键，再选择“删除”选项。

（5）撤消上一个步骤的编辑，单击“撤销”按钮。

（6）编辑每一个步骤之后，单击“完成”按钮。

（7）要删除一个爆炸视图的步骤，在操作步骤上单击鼠标右键，在弹出的快捷菜单中选择“删除”选项。

（8）单击“确定”按钮，以完成对爆炸视图的修改。

5.4.3 爆炸的解除

将爆炸视图保存在生成它的装配体配置中，每一个装配体配置都可以有一个爆炸视图，如果要解除爆炸视图，可采用以下步骤。

（1）单击 ConfigurationManager 标签。

（2）单击所需配置旁边的，并在爆炸视图特征旁单击以查看爆炸步骤。

（3）欲爆炸视图，采用下面任意一种方法。

① 双击爆炸视图特征。

② 在爆炸视图特征上单击鼠标右键，然后选择“爆炸”选项。

③ 在爆炸视图特征上单击鼠标右键，然后选择“动画爆炸”选项，在装配体爆炸时显示动画控制器，弹出工具栏。

（4）若想解除爆炸，可采用下面的任意一种方法，恢复装配体原来的状态。

① 双击爆炸视图特征。

② 在爆炸视图特征上单击鼠标右键，然后选择“解除爆炸”选项。

③ 在爆炸视图特征上单击鼠标右键，然后选择“动画解除爆炸”选项，在装配体爆炸时显示动画控制器，弹出工具栏。

5.5 动画制作

5.5.1 运动算例

运动算例是装配体模型运动的图形模拟。用户可将诸如光源和相机透视图之类的视觉属性融合到运动算例中。运动算例不更改装配体模型或其属性。

1. 新建运动算例

新建运动算例有两种方法。

（1）新建一个零件文件或装配体文件，在 SOLIDWORKS 2022 界面左下角会出现“运动算例”标签。在“运动算例”标签上单击鼠标右键，在弹出的快捷菜单中选择“生成新运动算例”选项，如图 5-15 所示。自动生成新的运动算例。

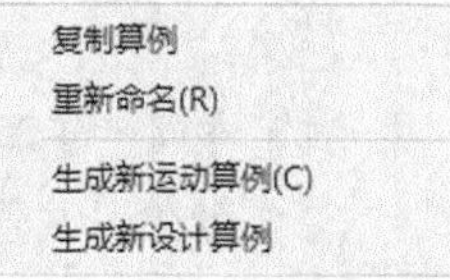

图 5-15 快捷菜单

（2）打开装配体文件，单击“装配体”控制面板中的“新建运动算例”按钮，在界面左下角自动生成新的运动算例。

2. 运动算例 MotionManager 简介

单击“运动算例 1”标签，弹出“运动算例 1”MotionManager 界面，如图 5-16 所示。

图 5-16 “运动算例 1”MotionManager 界面

（1）MotionManager 工具

算例类型：选取运动类型的逼真度，包括动画和基本运动。

计算：单击此按钮，部件的视像属性将会随着动画的进程而变化。

从头播放：重设定部件并播放模拟。在计算模拟后使用。

播放：从当前时间栏位置播放模拟。

停止：停止播放模拟。

播放速度：设定播放速度乘数或总的播放持续时间。

播放模式：包括正常，循环和往复。正常播放模式为一次性从头到尾播放。循环播放模式位从头到尾连续播放，然后从头反复播放模式为继续播放；往复，从头到尾连续播放，然后从尾反放。

保存动画：将动画保存为 AVI 格式或其他格式。

动画向导：在当前时间栏位置处插入“视图旋转”或“爆炸/解除爆炸”效果。

自动解码：单击该按钮，在移动或更改零部件时自动放置新键码。再次单击可切换该选项

添加/更新键码：单击以添加新键码或更新现有键码的属性。

马达：移动零部件，似乎由电机所驱动。

弹簧：在两个零部件之间添加一个弹簧。

接触：定义选定零部件之间的接触。

引力：为算例添加引力。

无过滤：显示所有项。

过滤动画：显示在动画过程中移动或更改的项目。

过滤驱动：显示引发运动或发生其他更改的项目。

过滤选定：显示选中项。

过滤结果：显示模拟结果项目。

整屏显示全图：显示所有动画运算过程。

放大：放大时间线以更精确定位关键点和时间栏。

缩小：缩小时间线以在窗口中显示更大的时间间隔。

（2）MotionManager 界面

时间线：时间线是动画的时间界面。时间线位于 MotionManager 设计树的右方。时间线显示运动算例中动画事件的时间和类型。时间线被竖直网格线均分，这些网络线对应于表示时间的数字标记。数字标记从 00:00:00 开始。时标依赖于窗口大小和缩放等级。

时间栏：时间线上的纯黑灰色竖直线即时间栏，它代表当前时间。在时间栏上单击鼠标右键，系统弹出图 5-17 所示的时间栏右键快捷菜单。

图 5-17　时间栏右键快捷菜单

放置键码：在光标位置添加新键码点并拖动键码点以调整位置。

粘贴：粘贴先前剪切或复制的键码点。

选择所有：选取所有键码点以将之重组。

更改栏：更改栏是连接键码点的水平栏，表示键码点之间的更改。

键码点：代表动画位置更改的开始或结束，或者某特定时间点的其他特性。

关键帧：是键码点之间可以为任何时间长度的区域。用来定义装配体零部件运动或视觉属性更改所发生的时间。

MotionManager 界面上的按钮和更改栏，以及更改栏功能如图 5-18 所示。

按钮和更改栏	更改栏功能
	总动画持续时间
	视向及相机视图
	选取了禁用观阅键码播放
	驱动运动
	从动运动
	爆炸
	外观
	配合尺寸
	任何零部件或配合键码
	任何压缩的键码
	位置还未解出
	位置不能到达
	隐藏的子关系

图 5-18　MotionManager 界面上的按钮和更改栏，以及更改栏功能

5.5.2　动画向导

单击“运动算例 1”MotionManager 上的“动画向导”按钮，系统弹出“选择动画类型”对话框，如图 5-19 所示。

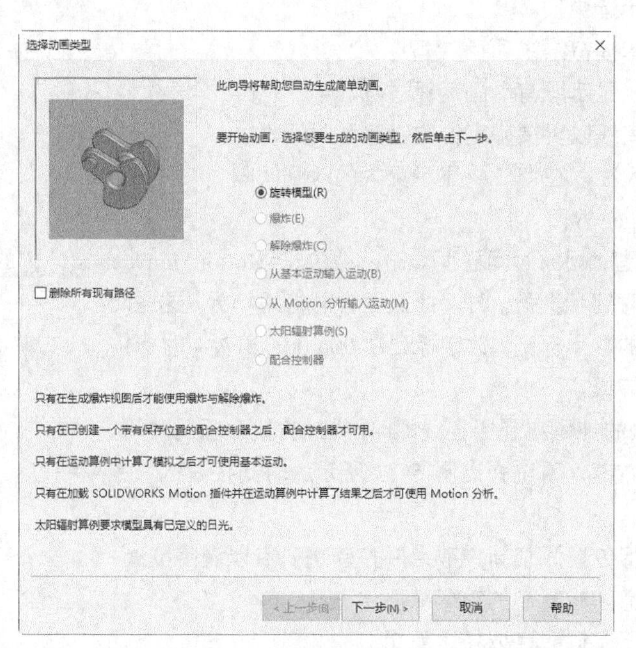

图 5-19　“选择动画类型”对话框

1. 旋转

旋转零部件或装配体。操作步骤如下。

（1）打开零部件文件。

（2）选中“选择动画类型”对话框中的“旋转模型”单选按钮，单击“下一步”按钮。

（3）系统弹出“选择-旋转轴”对话框，如图 5-20 所示，选择旋转轴，设置旋转次数和旋转方

向，单击“下一步”按钮。

（4）系统弹出“动画控制选项”对话框，如图 5-21 所示。设置时间长度，单击“完成”按钮。

（5）单击“运动算例 1”MotionManager 界面上的“播放”按钮▶，播放动画。

图 5-20 “选择-旋转轴”对话框

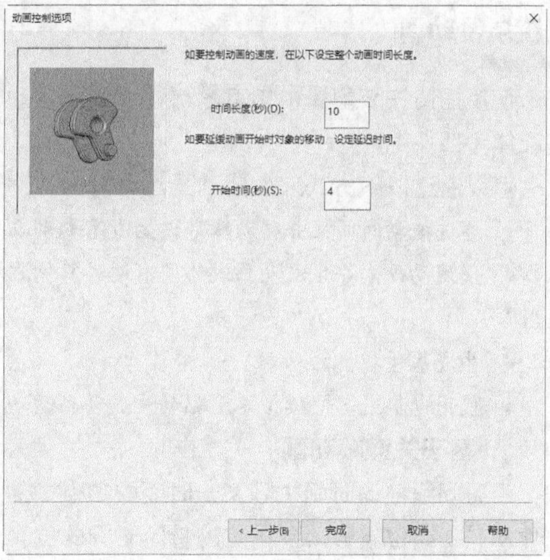

图 5-21 “动画控制选项”对话框

2. 爆炸/解除爆炸

（1）打开装配体文件。

（2）创建装配体的爆炸视图。

（3）单击“运动算例 1”MotionManager 界面上的“动画向导”按钮，系统弹出“选择动画类型”对话框，如图 5-22 所示。

（4）选中“选择动画类型”对话框中的“爆炸”单选按钮，单击“下一步”按钮。

（5）系统弹出“动画控制选项”对话框，如图 5-23 所示。在对话框中设置时间长度，单击“完成”按钮。

图 5-22 “选择动画类型”对话框

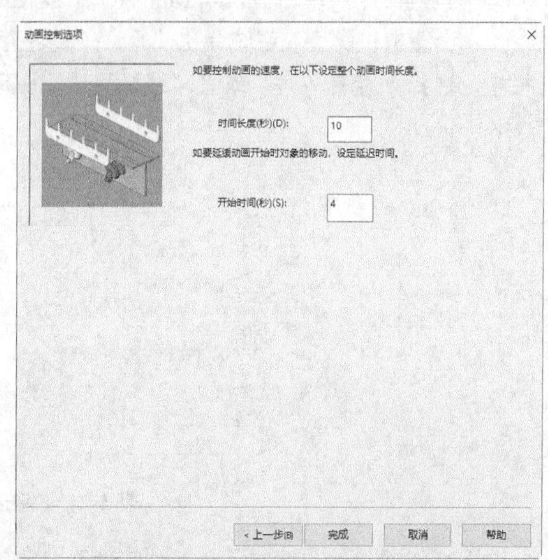

图 5-23 “动画控制选项”对话框

（6）单击“运动算例 1”MotionManager 界面上的“播放”按钮▶，播放爆炸视图动画。

（7）选中“选择动画类型”对话框中的“解除爆炸”单选按钮。

（8）单击“运动算例 1”MotionManager 界面上的“播放”按钮▶，播放解除爆炸视图。

5.5.3 动画

使用插值在装配体中指定零部件点到点运动的简单动画。可使用动画将基于电机的动画应用到装配体零部件上。

可以通过以下方式来生成动画运动算例。

- 通过拖动时间栏并移动零部件生成基本动画。
- 使用动画向导生成动画或为现有运动算例添加旋转、爆炸或解除爆炸效果（在运动分析算例中无法使用）。
- 生成基于相机的动画。
- 使用电机或其他模拟单元驱动生成动画运动

1. 基于关键帧动画

沿时间线拖动时间栏到某一时间关键点，然后将零部件移动到目标位置。MotionManager 将零部件从其初始位置移动到指定的特定时间的位置。

沿时间线移动时间栏为装配体零部件的下一更改定义时间。

在图形区域中将装配体零部件移动到对应于时间栏键码点处装配体位置的位置。

创建步骤如下。

（1）打开一个装配体或一个零部件。

（2）将时间线拖动到一定位置，在视图中创建动作。

（3）在时间线上创建键码。

（4）重复步骤（2）和步骤（3）创建动作，单击 MotionManager 工具栏上的▶键，播放动画。

2. 基于马达的动画

将基于马达的动画作用于实体上。操作步骤如下。

（1）执行命令。单击 MotionManager 工具栏上的“马达”按钮。

（2）设置电机类型。系统弹出“马达”属性管理器，如图 5-24 所示。在属性管理器“马达类型”一栏中，选择“旋转马达”或者“线性马达（驱动器）”选项。

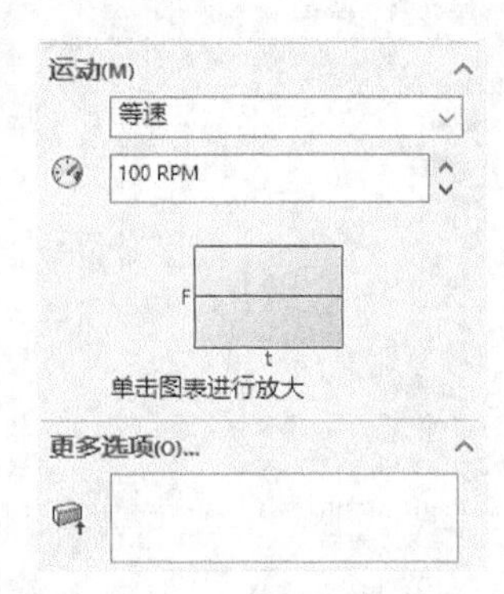

图 5-24 “马达”属性管理器

（3）选择零部件和方向。在属性管理器“零部件/方向”一栏中选择要添加动画效果的表面或零部件，通过单击“反向”按钮来调节。

（4）选择运动类型。在属性管理器“运动”一栏中，在类型下拉菜单中选择运动类型，包括等速、距离、振荡、线段、数据点和表达式。

等速：电机速度为常量。输入速度值。

距离：电机以设定的距离和时间帧运行。输入位移、开始时间、及持续时间值，如图 5-25 所示。

振荡：输入振幅和频率值，如图 5-26 所示。

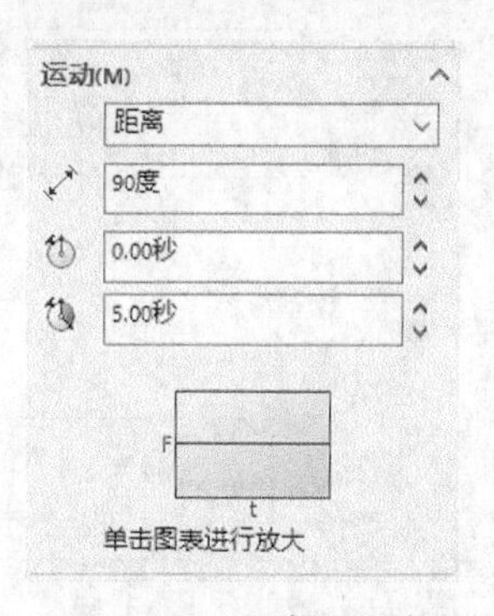

图 5-25 “距离”运动

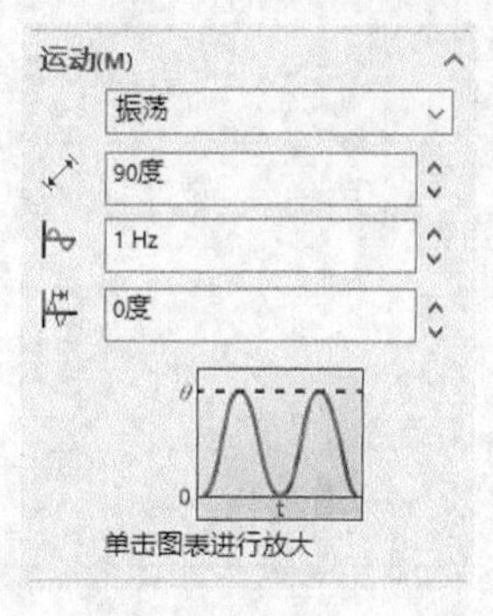

图 5-26 “振荡”运动

线段：选定线段（猝动、速度、加速度），设定插值时间和数值。线段“函数编制程序”对话框如图 5-27 所示。

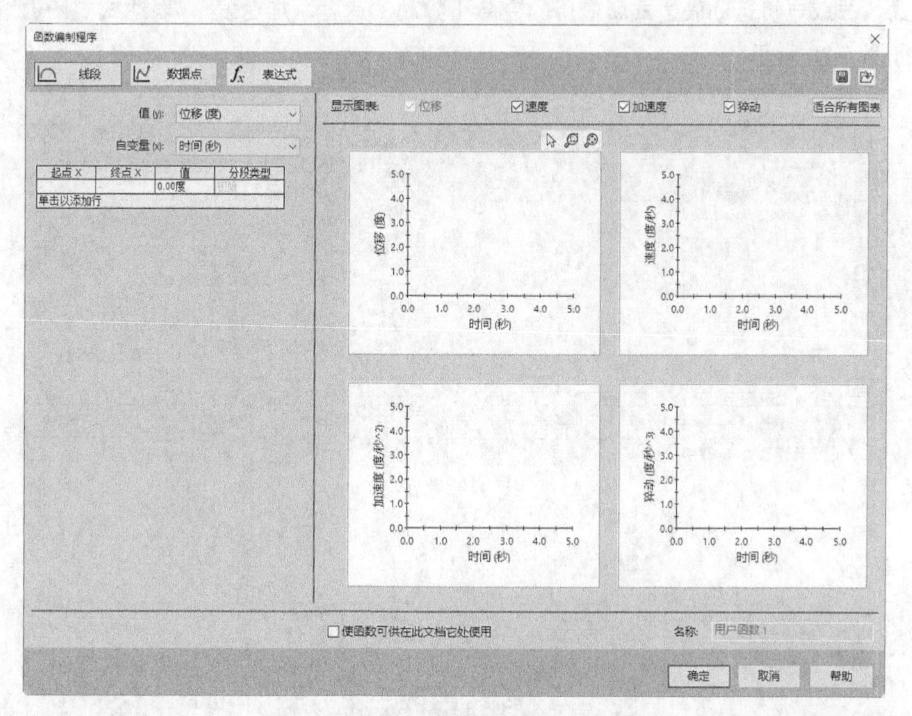

图 5-27 线段“函数编制程序”对话框

数据点：输入表达数据（位移、时间、立方样条曲线），数据点“函数编制程序”对话框如图 5-28 所示。

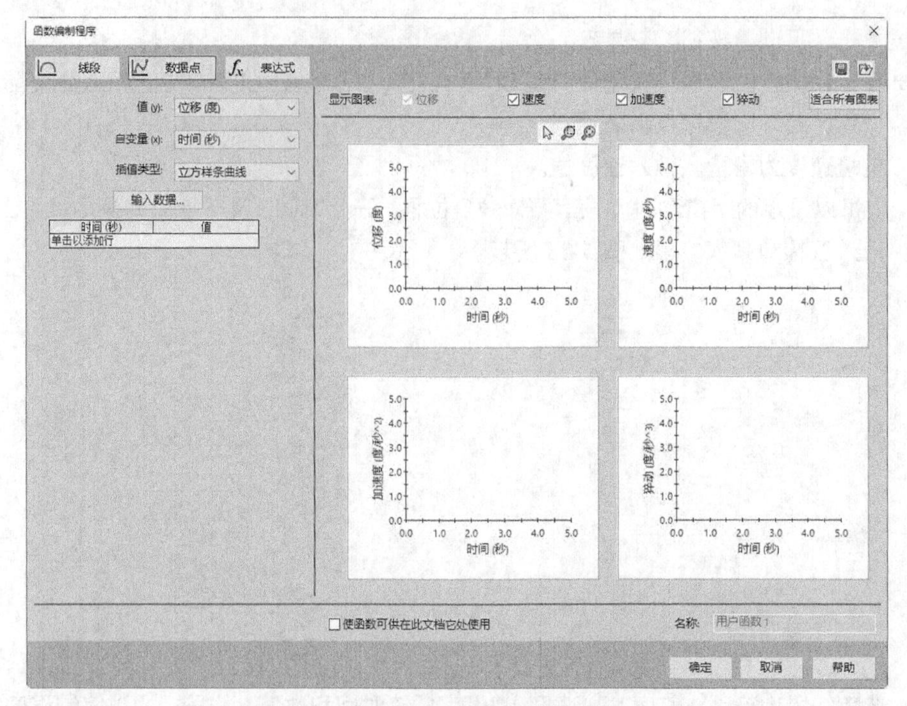

图 5-28　数据点“函数编制程序”对话框

表达式：选取电机运动表达式所应用的变量（猝动、速度、加速度），表达式“函数编制程序”对话框，如图 5-29 所示。

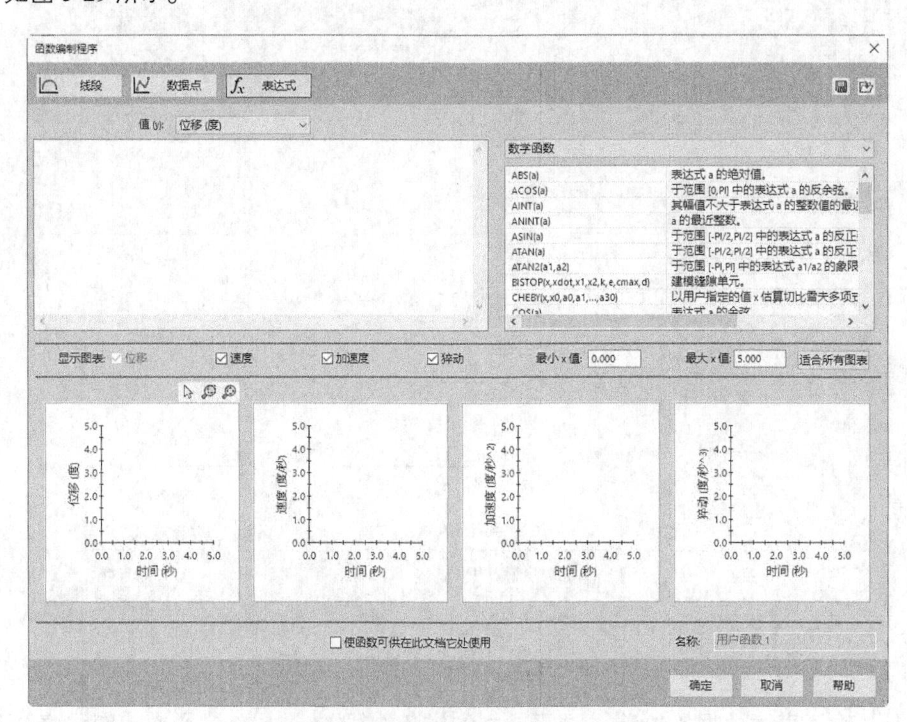

图 5-29　表达式“函数编制程序”对话框

（5）确认动画。单击“确定”按钮✔，动画设置完毕。

3. 基于相机橇的动画

通过生成一个假零部件作为相机橇，然后将相机附加到相机橇上的草图实体来生成基于相机的动画。通常有以下几种动画实例。

（1）沿模型或通过模型来移动相机。

（2）观看解除爆炸或爆炸的装配体。

（3）导览虚拟建筑。

（4）隐藏假零部件，以便只在动画中观看相机视图。

使用假零部件生成相机橇动画，操作步骤如下。

（1）创建一个相机橇。

（2）添加相机，将之附加到相机橇上，然后定位相机橇。

（3）在视向及相机视图（MotionManager 设计树）上单击鼠标右键，然后切换禁用观阅键码。

（4）在视图工具栏上，单击适当的工具以在界面左侧显示相机橇，在界面右侧显示零部件。

（5）在动画中的每个时间点重复执行这些步骤以设定动画序列。

① 在时间线中拖动时间栏。

② 在图形区域中将相机橇拖到新位置。

（6）重复执行步骤（4）和步骤（5），直到完成相机橇的路径为止。

（7）在 FeatureManager 设计树中，在相机橇上单击鼠标右键，然后选择“隐藏”选项。

（8）在第一个视向及相机视图键码点处（时间 00:00:00）用鼠标右键单击时间线。

（9）选取视图方向然后选取相机。

（10）单击 MotionManager 工具栏中的“从头播放”按钮▶。

下面介绍如何创建相机橇。

操作步骤如下。

（1）生成一个假零部件作为相机橇。

（2）打开一个装配体并将相机橇（假零部件）插入装配体中。

（3）使相机橇远离模型定位。

（4）在相机橇侧面和模型之间添加平行配合。

（5）在相机橇正面和模型正面之间添加平行配合。

（6）使用前视视图将相机橇相对于模型而大致置中。

（7）保存此装配体。

下面介绍如何添加相机并定位相机橇。

操作步骤如下。

（1）打开包括相机橇的装配体文档。

（2）单击“视图（前导）”工具栏中的“前视”按钮。

（3）在“MotionManager 工具栏”中的“光源、相机与布景”按钮上单击鼠标右键，然后选择“添加相机”选项。

（4）将荧屏分割成视口，相机在 PropertyManager 中显示。

（5）在 PropertyManager 中，在目标点下选择目标。

（6）在图形区域中，选择一个草图实体并用来将目标点附加到相机橇上。

（7）在 PropertyManager 中，在相机位置下单击选择的位置。

（8）在图形区域中，选择一个草图实体并用来指定相机位置。

（9）拖动视野将视口作为参考来进行拍照。

（10）在 PropertyManager 中，在相机旋转下单击，通过选择设定卷数。

（11）在图形区域中选择一个面以便用户在拖动相机橇来生成路径时防止出现相机滑动。

5.5.4　基本运动

基本运动在计算运动时会考虑到质量。基本运动计算相当快，所以可将之用来生成使用基于物理的模拟的演示性动画。

（1）在 MotionManager 工具栏中选择算例类型“基本运动”。

（2）在 MotionManager 工具栏中选取工具以包括模拟单元；比如电机、弹簧、接触及引力。

（3）设置好参数后，单击 MotionManager 工具栏中的计算按钮，以计算模拟。

（4）单击 MotionManager 工具栏中的“从头播放”按钮，从头播放模拟。

5.5.5　保存动画

单击“运动算例 1”MotionManager 上的“保存动画”按钮，系统弹出“保存动画到文件”对话框，如图 5-30 所示。

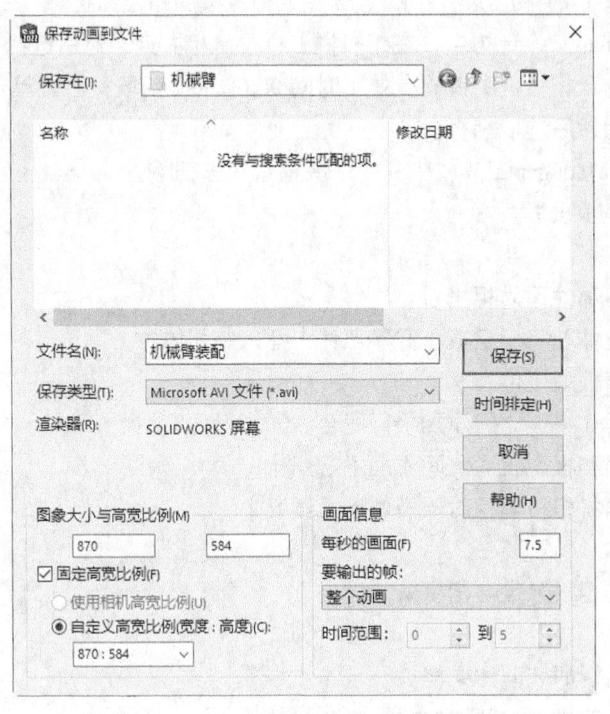

图 5-30　“保存动画到文件”对话框

（1）保存类型：Microsoft 文件（*.avi）、一系列 Windows 位图（*.bmp）、一系列 Truevision Targas（*.tga）。其中一系列 Windows 位图（*.bmp）和一系列（Truevision Targas*. tga）是静止图像系列。

（2）渲染器

SOLIDWORKS 屏幕：制作荧屏动画的副本。

（3）图像大小与高度比例

固定高宽比例：在变更图像宽度或高度时，保留图像的原有比例。

使用相机高宽比例：在至少定义了一个相机时可用。

自定义高宽比例：选择或键入新的比例。调整此比例以在输出中使用不同的视野显示模型。

（4）画面信息

每秒的画面：为每秒的画面输入数值。

整个动画：保存整个动画

时间范围：要保存部分动画，选择时间范围并输入开始和结束数值的秒数（例如 3.5～15）。

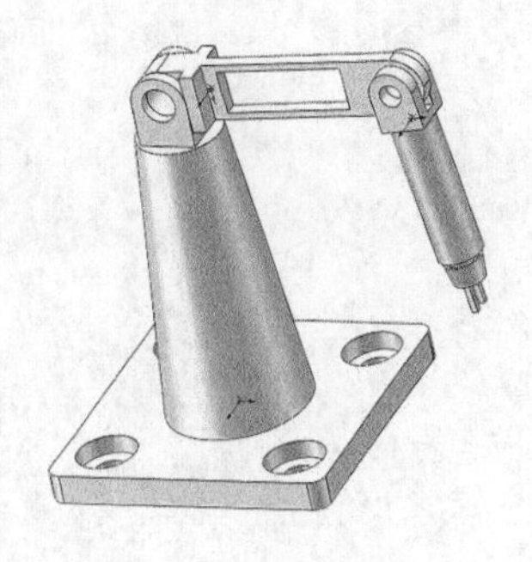

图 5-31　机械臂装配体

5.6 综合实例——机械臂装配

在本例中，我们要创建的机械臂装配体如图 5-31 所示。

思路分析

首先导入基座定位，然后插入大臂并进行装配，再插入小臂并进行装配，最后将零部件旋转到适当角度。机械臂装配体的创建流程如图 5-32 所示。

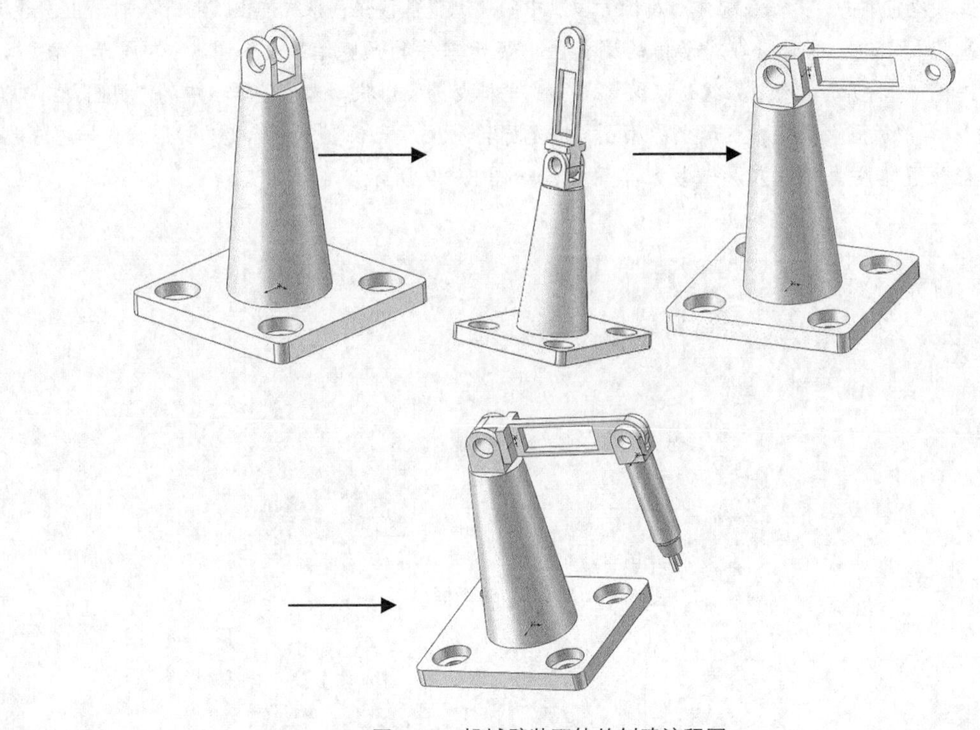

图 5-32　机械臂装配体的创建流程图

创建步骤

01 启动 SOLIDWORKS 2022，单击“快速访问”工具栏中的“新建”按钮，或选择“文件”→“新建”命令，在弹出的“新建 SOLIDWORKS 文件”对话框中单击“装配体”按钮，如图 5-33 所示。然后单击“确定”按钮，创建一个新的装配文件。系统弹出“开始装配体”属性管理器，如图 5-34 所示。

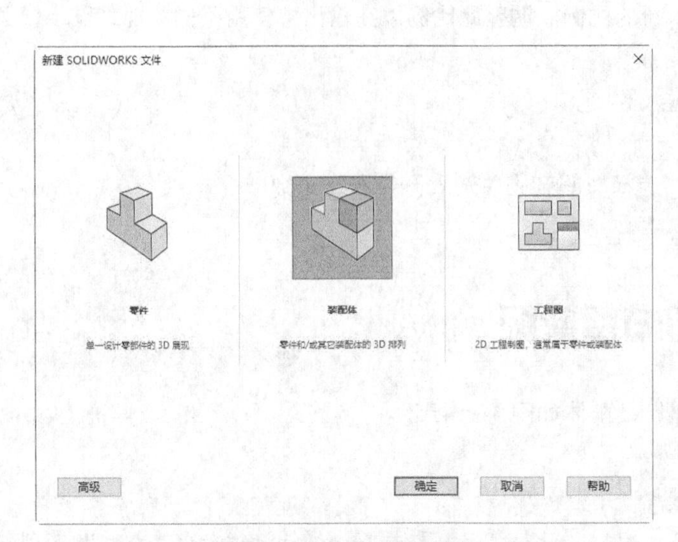

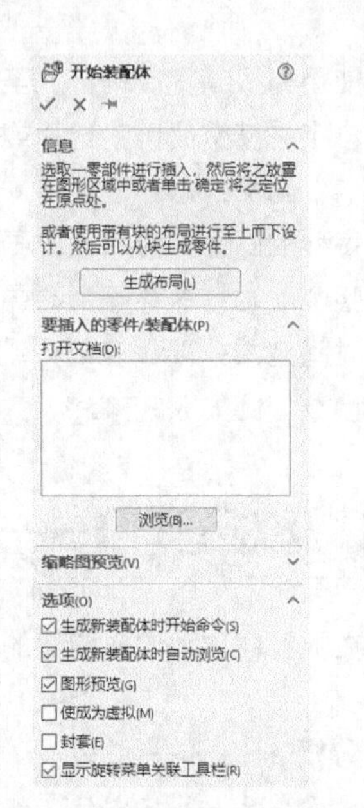

图 5-33 “新建 SOLIDWORKS 文件”对话框　　　　图 5-34 “开始装配体”属性管理器

02 定位基座。单击“开始装配体”属性管理器中的“浏览”按钮，系统弹出“打开”对话框，选择已创建的“基座”零件，这时将在对话框的浏览区中显示零件的预览结果，如图 5-35 所示。在“打开”对话框中单击“打开”按钮，系统进入装配界面，光标变为形状，选择菜单栏中的“视图”→“隐藏/显示（H）”→“原点”命令，显示坐标原点，将光标移动至原点位置，光标变为形状，如图 5-36 所示，在目标位置单击，将基座放入装配界面中，如图 5-37 所示。

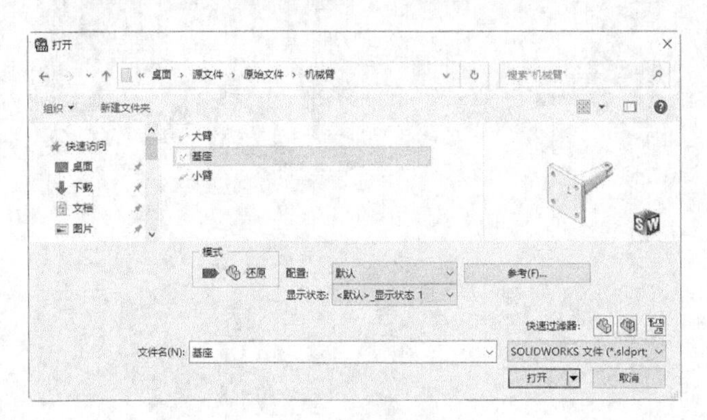

图 5-35 “打开”对话框

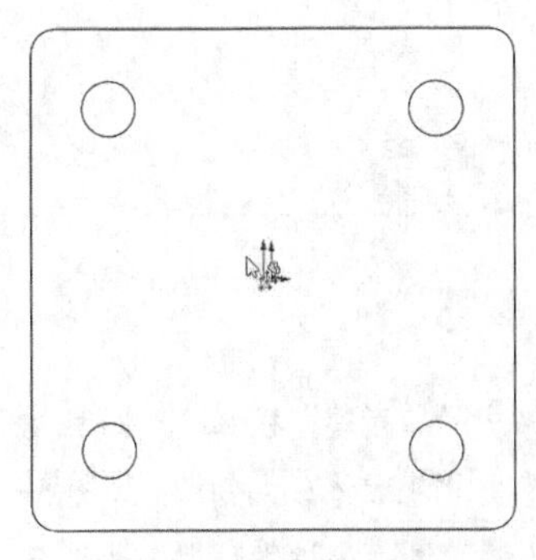

图 5-36 定位原点

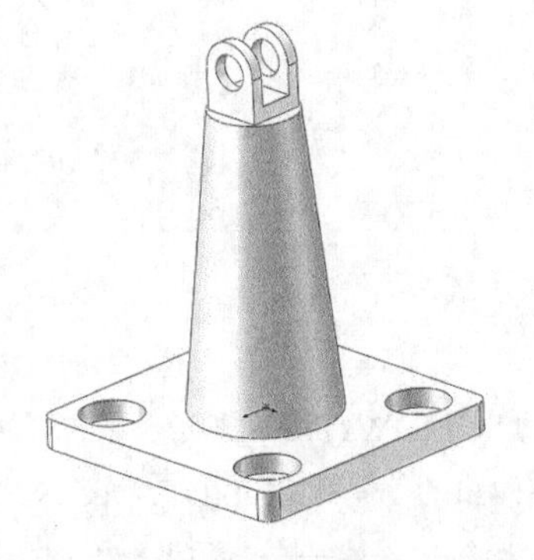

图 5-37 插入基座

03 插入大臂。选择菜单栏中的“插入”→“零部件”→“现有零件/装配体”命令，或单击“装配体”控制面板中的“插入零部件”按钮，系统弹出图 5-38 所示的“插入零部件”属性管理器，单击“浏览”按钮，在弹出的“打开”对话框中选择“大臂”，将其插入装配界面中，如图 5-39 所示。

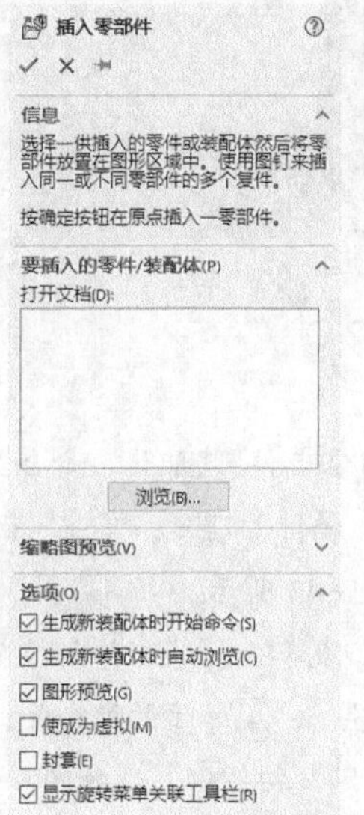

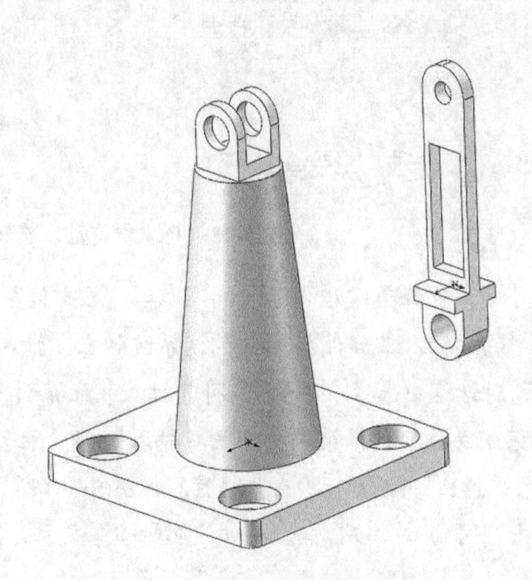

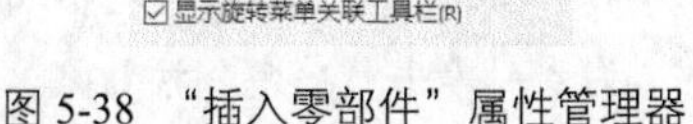

图 5-38 “插入零部件”属性管理器

图 5-39 插入大臂

04 添加装配关系。选择菜单栏中的“插入”→“配合”命令，或单击“装配体”控制面板中的“配合”按钮，系统弹出“配合”属性管理器，如图 5-40 所示。选择图 5-41 所示的配合面，在“配合”属性管理器中单击“同轴心”按钮，添加“同轴心”关系，单击“确定”按钮。选择图 5-41 所示的配合面 1，在“配合”属性管理器中单击“重合”按钮，添加“重合”关系，单击“确定”按钮，将大臂拖动、旋转到适当位置，如图 5-42 所示。

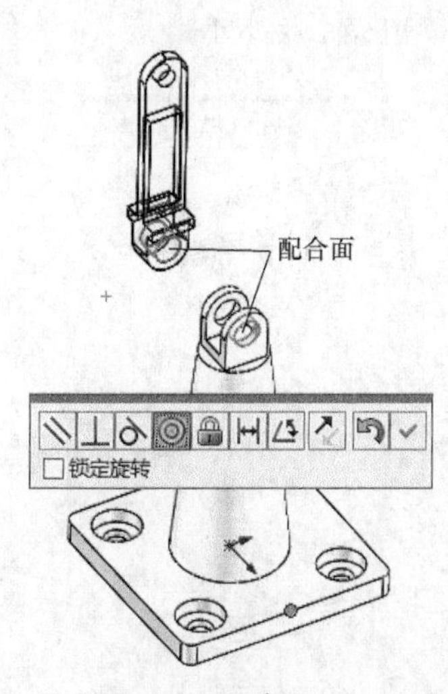

图 5-40 “配合”属性管理器

图 5-41 配合面 1

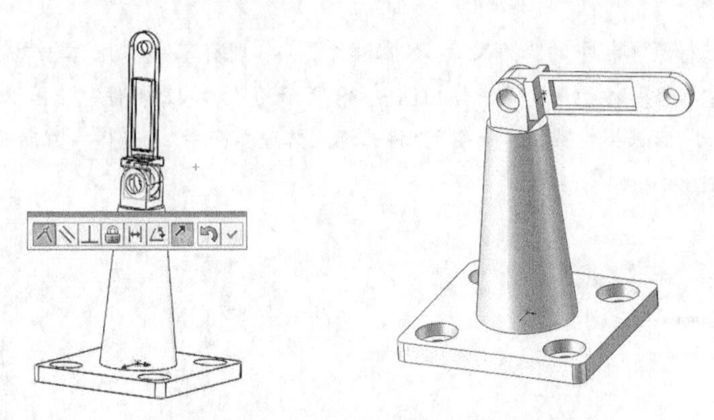

图 5-42　将大臂拖动、旋转到适当位置

05 插入小臂。选择菜单栏中的“插入”→“零部件”→“现有零部件/装配体”命令，或单击“装配体”控制面板中的“插入零部件”按钮，系统弹出“插入零部件”属性管理器，单击“浏览”按钮，在弹出的“打开”对话框中选择“小臂”，将其插入装配界面中，如图 5-43 所示。

06 添加装配关系。选择菜单栏中的“插入”→“配合”命令，或单击“装配体”控制面板中的“配合”按钮，系统弹出“配合”属性管理器，如图 5-40 所示。选择图 5-44 所示的配合面，在“配合”属性管理器中单击“同轴心”按钮，添加“同轴心”关系，单击“确定”按钮。选择图 5-45 所示的配合面，在“配合”属性管理器中单击“重合”按钮，添加“重合”关系，单击“确定”按钮，将小臂拖动、旋转到适当位置，结果如图 5-46 所示。

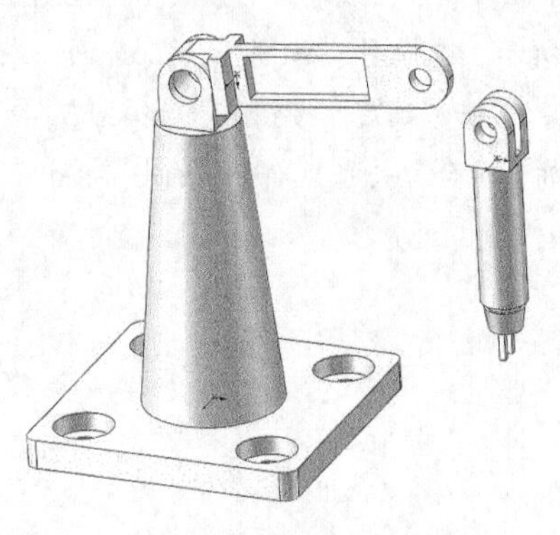

图 5-43　插入小臂

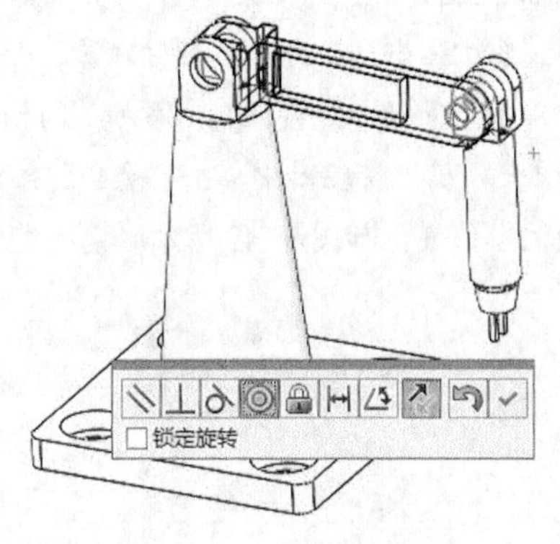

图 5-44　配合面 2

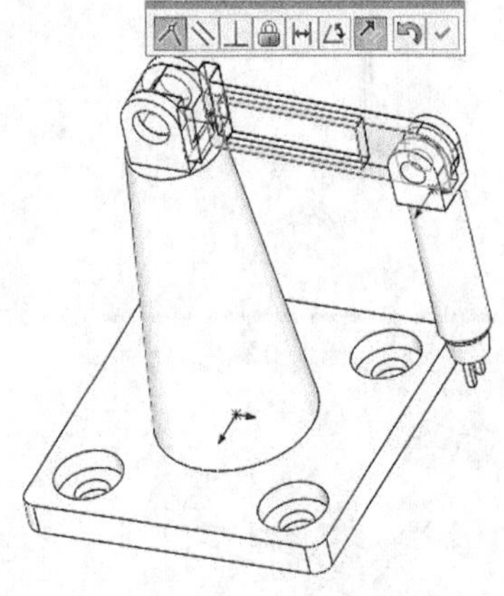

图 5-45　配合面 3

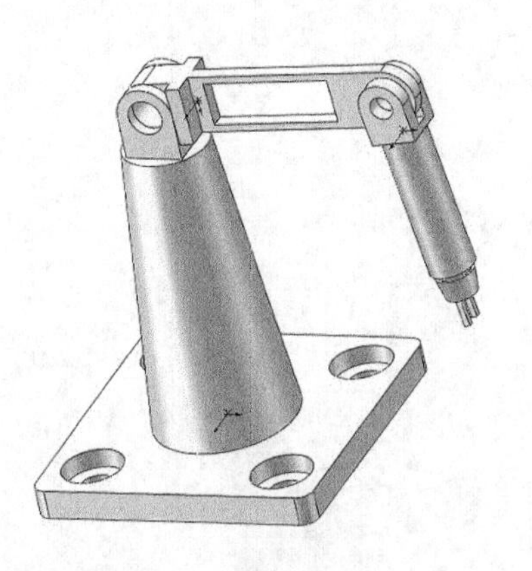

图 5-46　配合结果

第 6 章

工程图基础

在产品设计过程中，工程图是很重要的，它一方面体现着设计结果，另一方面也是指导生产的参考依据。在工程图方面，SOLIDWORKS 提供了强大的功能，用户可以很方便地借助于零件或三维模型创建所需要的各个视图，包括剖面视图、局部放大视图等，以提高工作效率。

学习要点

- 工程图的生成方法
- 定义图纸格式
- 标准三视图的生长
- 模型视图的生成
- 派生视图的生成
- 操纵视图
- 注解的标注
- 分离工程图
- 打印工程图

6.1 工程图的生成方法

在默认情况下，SOLIDWORKS 系统在工程图和零件或装配体三维模型之间提供全相关的功能，全相关意味着无论什么时候修改零件或装配体的三维模型，所有相关的工程视图都将自动更新，以反映零件或装配体的形状和尺寸变化；反之，当在一个工程图中修改一个零件或装配体尺寸时，系统也将自动地将相关的其他工程视图及三维零件或装配体中的相应尺寸加以更新。

在安装 SOLIDWORKS 软件时，可以设定工程图与三维模型间的单向链接关系，这样当在工程图中对尺寸进行了修改时，并不更新三维模型。如果要改变此选项，只有再重新安装一次软件。

此外，SOLIDWORKS 系统提供多种类型的图形文件输出格式。包括最常用的 DWG 和 DXF 格式及其他几种常用的标准格式。

工程图包含一个或多个由零件或装配体生成的视图。在生成工程图之前，必须先保存与它有关的零件或装配体的三维模型。

要生成新的工程图，可进行如下操作。

（1）启动 SOLIDWORKS 2022，单击“快速访问”工具栏中的“新建”按钮□。

（2）在“新建 SOLIDWORKS 文件”对话框的“模板”选项卡中单击“工程图”按钮，如图 6-1 所示。

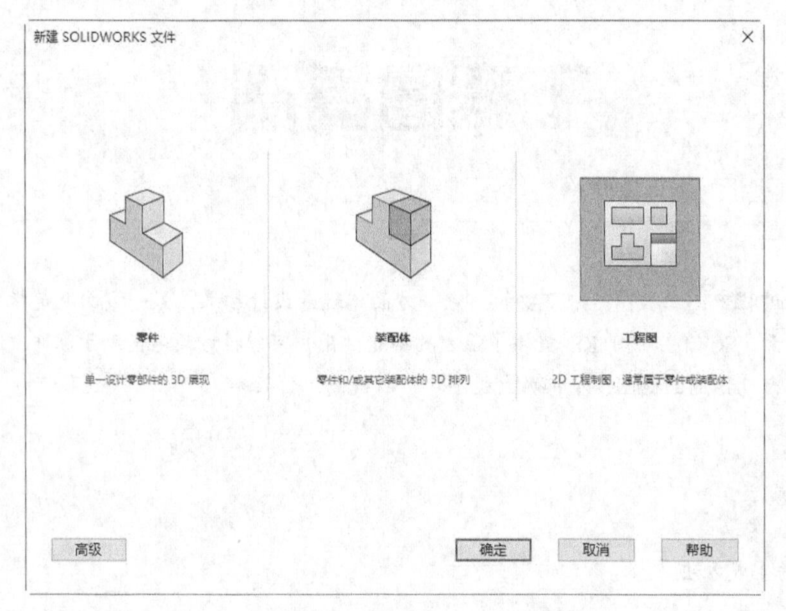

图 6-1 “新建 SOLIDWORKS 文件”对话框

（3）单击“确定”按钮，系统弹出“图纸格式/大小”对话框，如图 6-2 所示，选择图纸格式。

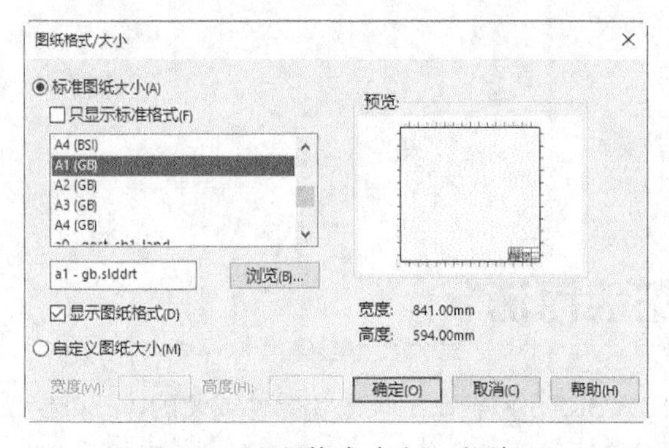

图 6-2 “图纸格式/大小”对话框

- “标准图纸大小”：在列表框中选择一个标准图纸大小的图纸格式。
- “只显示标准格式”：勾选此复选框，在列表框中只显示标准格式的图纸。
- “自定义图纸大小”：在“宽度”和“高度”输入框中设置图纸的大小。

如果要选择已有的图纸格式，则单击“浏览”按钮导航到所需要的图纸格式文件。

（4）单击“确定”按钮进入工程图编辑状态。

在工程图窗口（见图 6-3）中也包括特征管理器设计树，它与零件和装配体窗口中的特征管理器设计树相似，包括项目层次关系的清单。每张图纸都有一个图标，在每张图纸下有图纸格式和每个视图的图标。项目图标旁边的符号▶表示它包含相关的项目，单击该符号，系统将展开所有的项目并显示其内容。

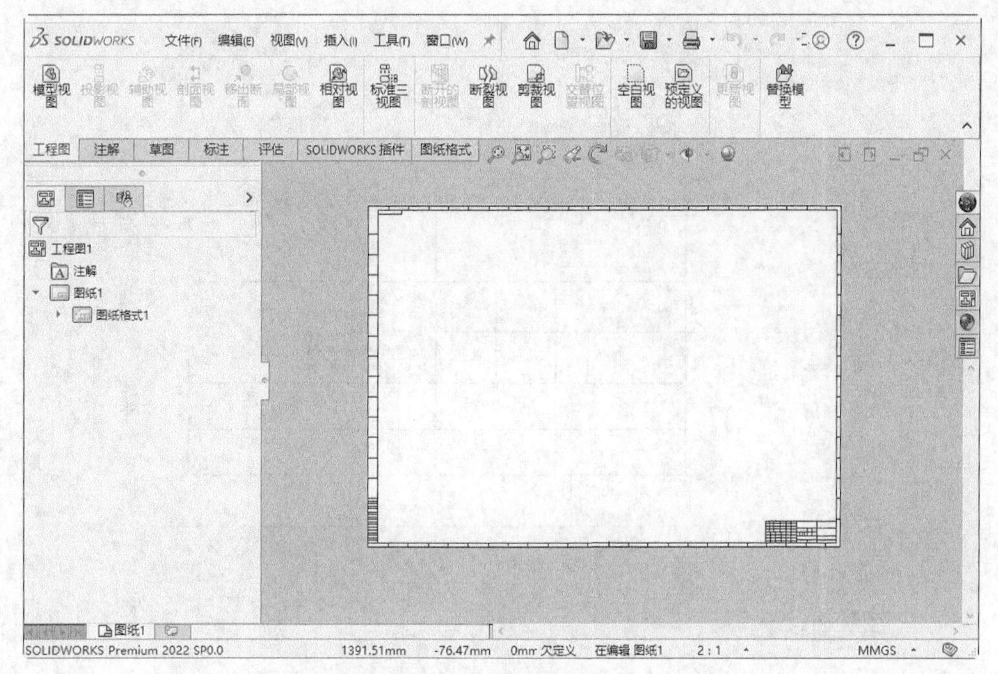

图 6-3　工程图窗口

标准视图包含视图中显示的零件和装配体的特征清单。派生的视图（例如局部或剖面视图）包含不同的特定视图的项目（如局部视图图标、剖切线等）。

工程图窗口的顶部和左侧有标尺，标尺会报告图纸中光标的位置。选择“视图”→“用户界面”→“标尺”命令可以打开或关闭标尺。

如果要放大视图，在 FeatureManager 设计树中的视图名称上单击鼠标右键。在弹出的快捷菜单中选择“放大所选范围”命令。

用户可以在 FeatureManager 设计树中重新排列工程图文件的顺序，在图形区域中将工程图拖动到指定的位置。

工程图文件的扩展名为“.slddrw”。新工程图使用所插入的第一个模型的名称。在保存工程图时，模型名称作为默认文件名出现在“另存为”对话框中，并带有扩展名“.slddrw”。

6.2 定义图纸格式

SOLIDWORKS 提供的图纸格式不符合任何标准，用户可以自定义工程图纸格式以符合本单位的标准格式。

要定义工程图纸格式，可进行如下操作。

（1）在工程图纸上的空白区域处单击鼠标右键，或者在 FeatureManager 设计树中的“图纸 1”图标上单击鼠标右键。

（2）在弹出的快捷菜单中选择“编辑图纸格式”命令。

（3）双击标题栏中的文字，即可修改文字。同时在“注释”属性管理器的“文字格式”栏中可以修改对齐方式、文字旋转角度和字体等属性，如图 6-4 所示。

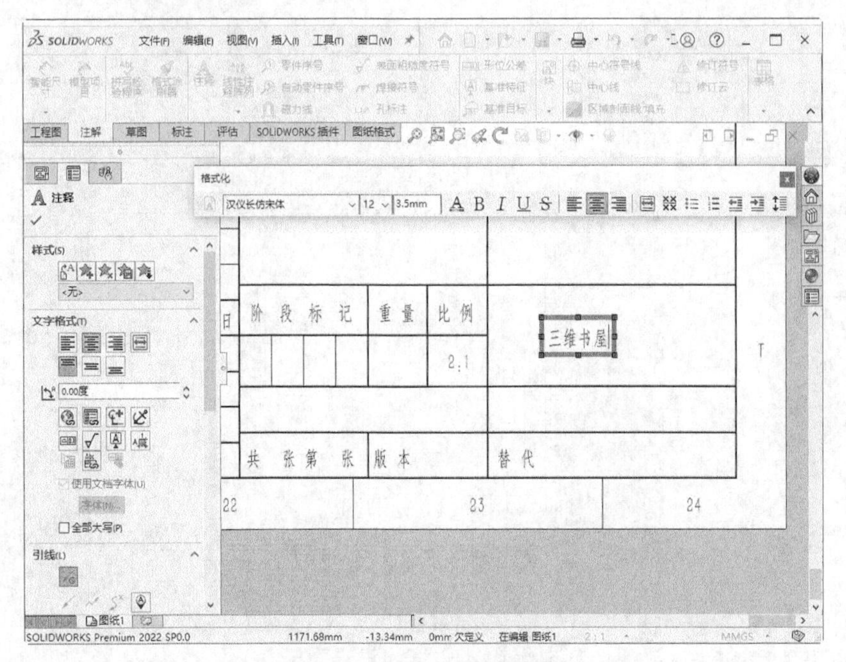

图 6-4 “注释”属性管理器

（4）如果要移动线条或文字，单击该项目后将其拖动到新的位置。

（5）如果要添加线条，则单击“草图”控制面板中的“直线”按钮⁄，然后绘制线条。

（6）在 FeatureManager 设计树中的“图纸”图标▭上单击鼠标右键，在弹出的快捷菜单中选择“属性”命令。

（7）在弹出的“图纸属性”对话框（见图 6-5）中进行如下设定。

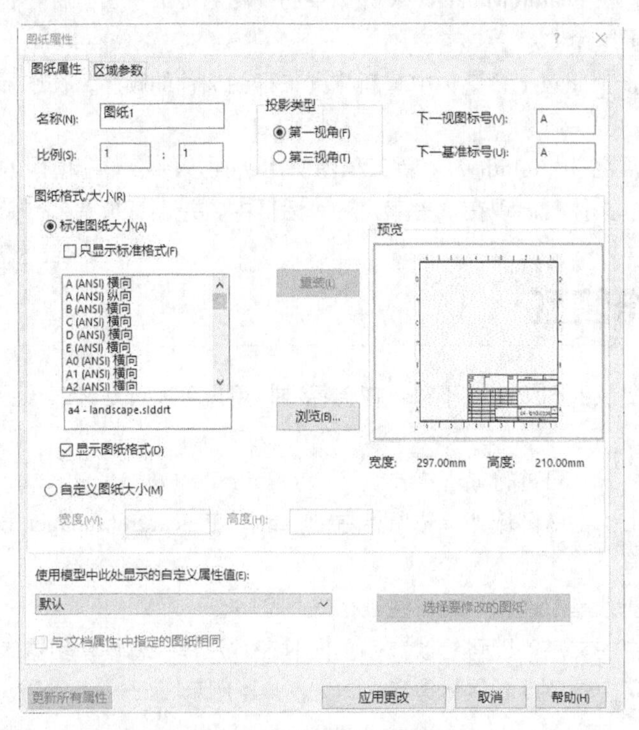

图 6-5 “图纸属性”对话框

① 在“名称”文本框中输入图纸的标题。

② 在“标准图纸大小”下拉列表框中选择一种标准纸张（如 A4、B5 等尺寸）。如果选择了“自定义图纸大小”，则在下面的“宽度”“高度”文本框中指定纸张的大小。

③ 在“比例”文本框中指定图纸上所有视图的默认比例。

④ 单击“浏览”按钮可以使用其他图纸格式。

⑤ 在“投影类型”栏中选择“第一视角”或“第三视角”。

⑥ 在“下一视图标号”文本框中指定下一个视图要使用的英文字母代号。

⑦ 在“下一基准标号”文本框中指定下一个基准标号要使用的英文字母代号。

如果图纸上显示了多个三维模型文件，在“使用模型中此处显示的自定义属性值”下拉列表框中选择一个视图，工程图将使用该视图包含的模型自定义属性。

（8）单击“应用更改”按钮，关闭对话框。

要保存图纸格式，可进行如下操作。

（1）选择菜单栏中的“文件”→“保存图纸格式”命令。系统弹出“保存图纸格式”对话框，如图 6-6 所示。

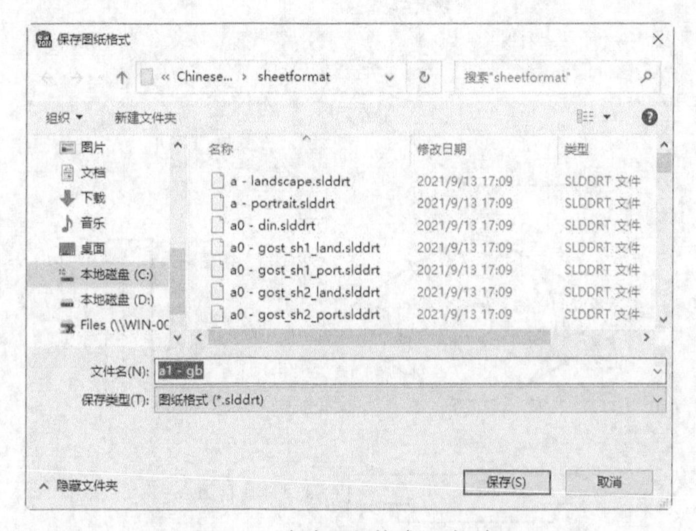

图 6-6 “保存图纸格式”对话框

（2）如果要替换 SOLIDWORKS 提供的标准图纸格式，则在下拉列表框中选择一种图纸格式，单击“确定”按钮。图纸格式将被保存在<安装目录>\data 下。

（3）如果要使用新的名称保存图纸格式，可以输入图纸格式名称，最后单击“保存”按钮。

6.3 标准三视图的生成

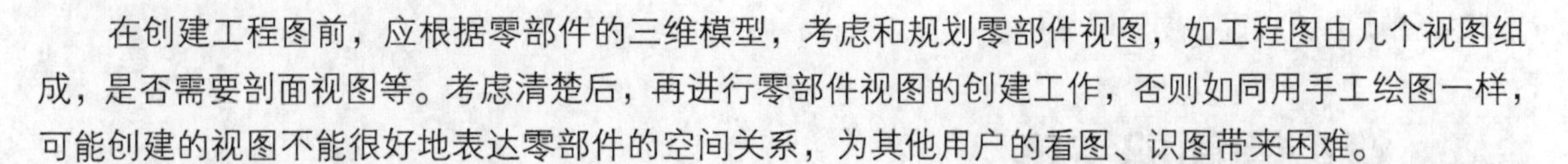

在创建工程图前，应根据零部件的三维模型，考虑和规划零部件视图，如工程图由几个视图组成，是否需要剖面视图等。考虑清楚后，再进行零部件视图的创建工作，否则如同用手工绘图一样，可能创建的视图不能很好地表达零部件的空间关系，为其他用户的看图、识图带来困难。

标准三视图是指从三维模型的前视、右视、上视 3 个正交角度投影生成 3 个正交视图，如图 6-7 所示。

在标准三视图中，主视图与俯视图及侧视图之间有固定的对齐关系。可以竖直移动俯视图，可以水平移动侧视图。SOLIDWORKS 生成标准三视图的方法有许多种，这里只介绍常用的两种方法。

用标准方法生成标准三视图的操作步骤如下。

（1）打开零件或装配体文件，或者打开包含所需要模型视图的工程图文件。

（2）新建一张工程图。

（3）单击“工程图”控制面板中的“标准三视图”按钮。此时光标变为形状。

（4）“标准三视图”属性管理器的“信息”栏提供了 3 种选择模型的方法，具体如下。

- 选择一个包含模型的视图。
- 从另一窗口的特征管理器设计树中选择模型。
- 从另一窗口的图形区域中选择模型。

（5）选择“窗口”→“文件”命令，进入零件或装配体文件中。

（6）利用步骤（4）中的一种方法选择模型，系统会自动回到工程图文件中，并将三视图放置在工程图中。

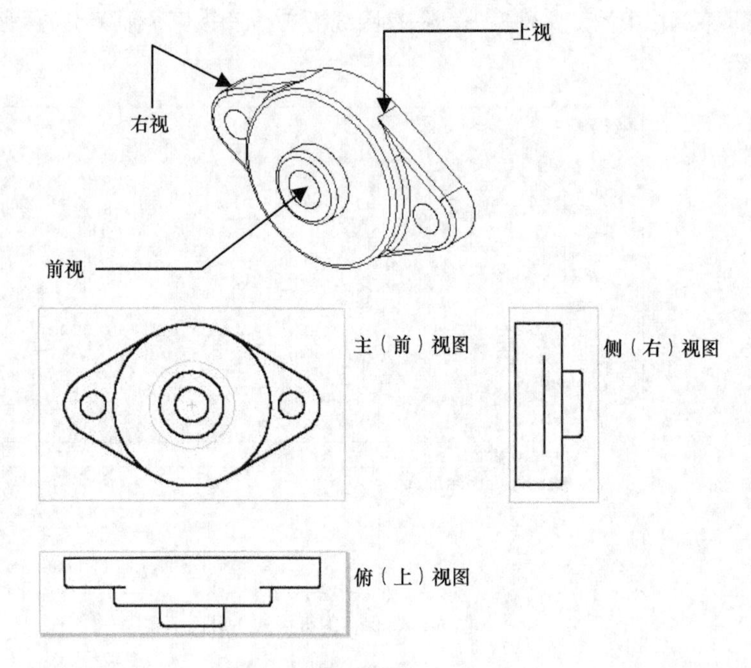

图 6-7　标准三视图

如果不打开零件或装配体模型文件，用标准方法生成标准三视图的操作步骤如下。

（1）新建一张工程图。

（2）单击“工程图”控制面板中的“标准三视图”按钮。

（3）在弹出的“标准三视图”属性管理器中，单击“浏览”按钮。

（4）在弹出的“插入零部件”属性管理器中浏览到所需要的模型文件，单击“打开”按钮，标准三视图便会被放置在图形区域中。

6.4 模型视图的生成

标准三视图是最基本也是最常用的工程图之一，但是它所提供的视角十分固定，有时不能很好地描述模型的实际情况。SOLIDWORKS 提供的模型视图解决了这个问题。通过在标准三视图中插入模型视图，可以从不同的角度生成工程图。

要插入模型视图，可进行如下操作。

（1）单击“工程图”控制面板中的“模型视图”按钮。

（2）和在生成标准三视图过程中选择模型的方法一样，在零件或装配体文件中选择一个模型。

（3）当回到工程图文件中时，光标变为形状，拖动一个视图方框，用来表示模型视图的大小。

（4）在“模型视图”属性管理器的“方向”栏中选择视图的投影方向。

（5）单击鼠标，从而在工程图中放置模型视图，如图 6-8 所示。

（6）如果要更改模型视图的投影方向，则单击“方向”栏中的视图方向。

（7）如果要更改模型视图的显示比例，则选择“使用自定义比例”复选框，然后输入显示比例。

（8）单击“确定”按钮✔，完成模型视图的插入。

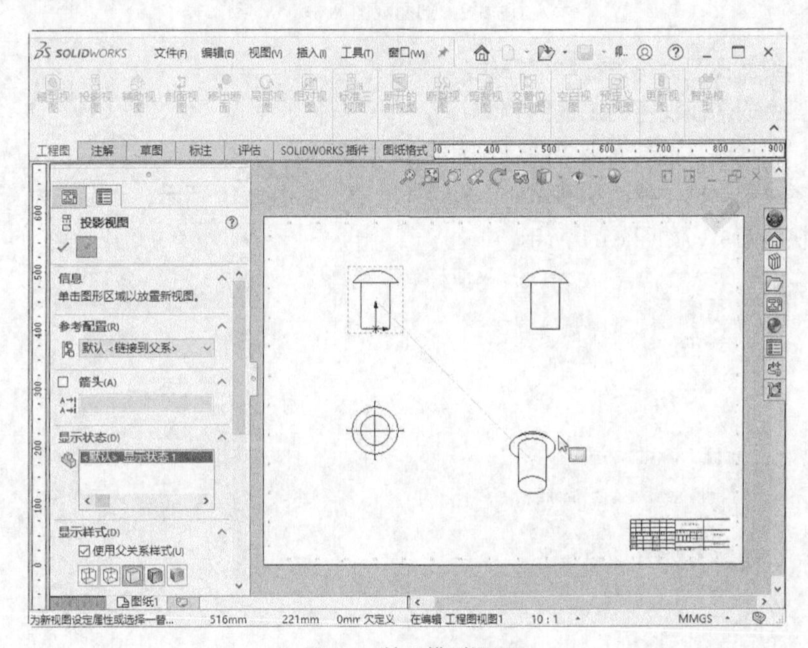

图 6-8　放置模型视图

6.5 派生视图的生成

派生视图是指从标准三视图、模型视图或其他派生视图中派生出来的视图，包括剖面视图、辅助视图、局部视图、投影视图等。

6.5.1 剖面视图

剖面视图是指用一条剖切线分割工程图中的一个视图，然后从垂直于生成的剖面的方向投影得到的视图，如图 6-9 所示。

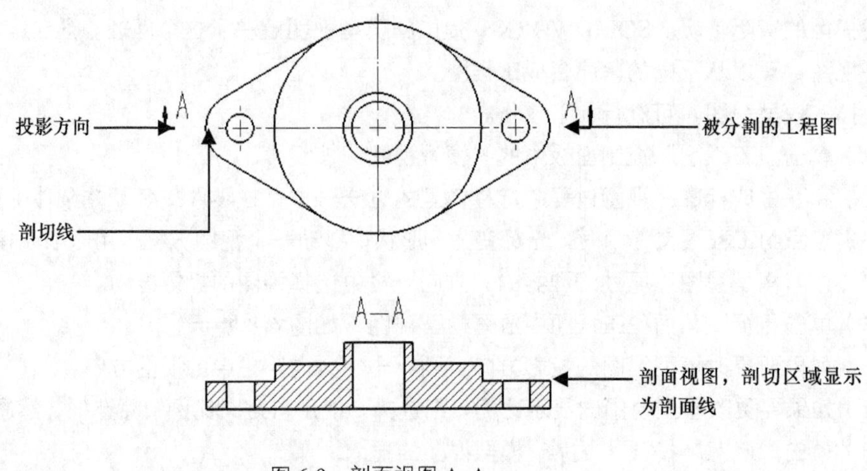

图 6-9　剖面视图 A-A

要生成一个剖面视图，可进行如下操作。

（1）打开要生成剖面视图的工程图。

（2）单击“工程图”控制面板中的“剖面视图”按钮。

（3）此时系统会弹出“剖面视图辅助”属性管理器，如图 6-10 所示，光标变为形状，在绘制剖切线时激活快捷菜单，如图 6-11 所示。

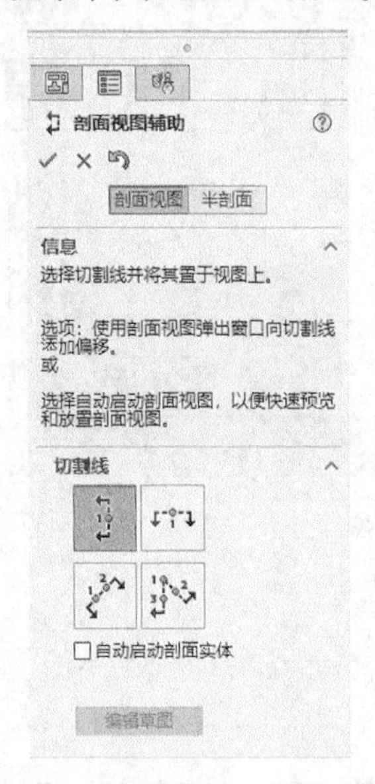

图 6-10　“剖面视图辅助”属性管理器

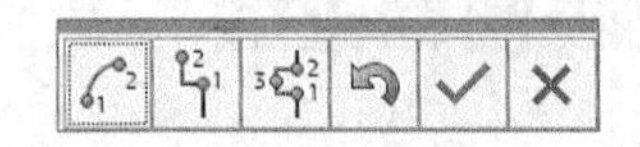

图 6-11　快捷菜单

（4）在工程图上绘制剖切线。

选择“竖直”按钮，在视图中出现竖直剖切线，在适当位置放置竖直剖切线后向外拖动鼠标，在垂直于剖切线的方向会出现一个方框，表示剖切视图的大小。将这个方框拖动到适当的位置，在快捷菜单中单击按钮，释放鼠标，则剖切视图被放置在工程图中，剖面视图 B-B 如图 6-12 所示。

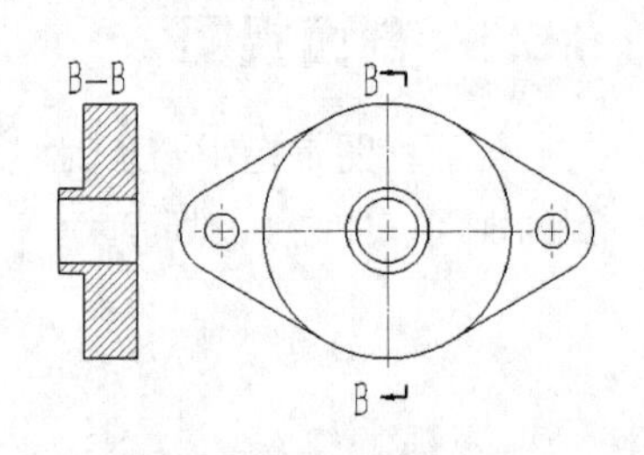

图 6-12　剖面视图 B-B

选择“水平”按钮，在视图中出现水平剖切线，在适当位置放置水平剖切线后向外拖动鼠标，在平行于剖切线的方向会出现一个方框，表示剖切视图的大小。将这个方框拖动到适当的位置，在快捷菜单中单击✔按钮，释放鼠标，则剖切视图被放置在工程图中，剖面视图 A-A 如图 6-9 所示。

用同样的方法，选择“辅助视图”按钮、“对齐”按钮，生成剖面视图 C-C、剖面视图 D-D，如图 6-13、图 6-14 所示。

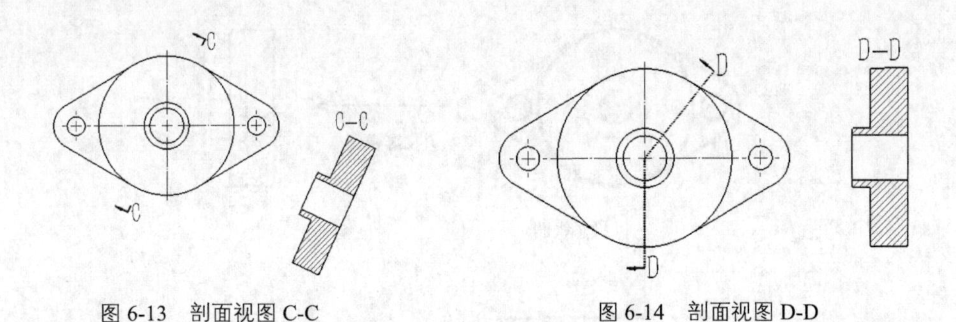

图 6-13　剖面视图 C-C　　　　图 6-14　剖面视图 D-D

（5）完成视图放置后，在“剖面视图 A−A”属性管理器（见图 6-15）中设置选项。

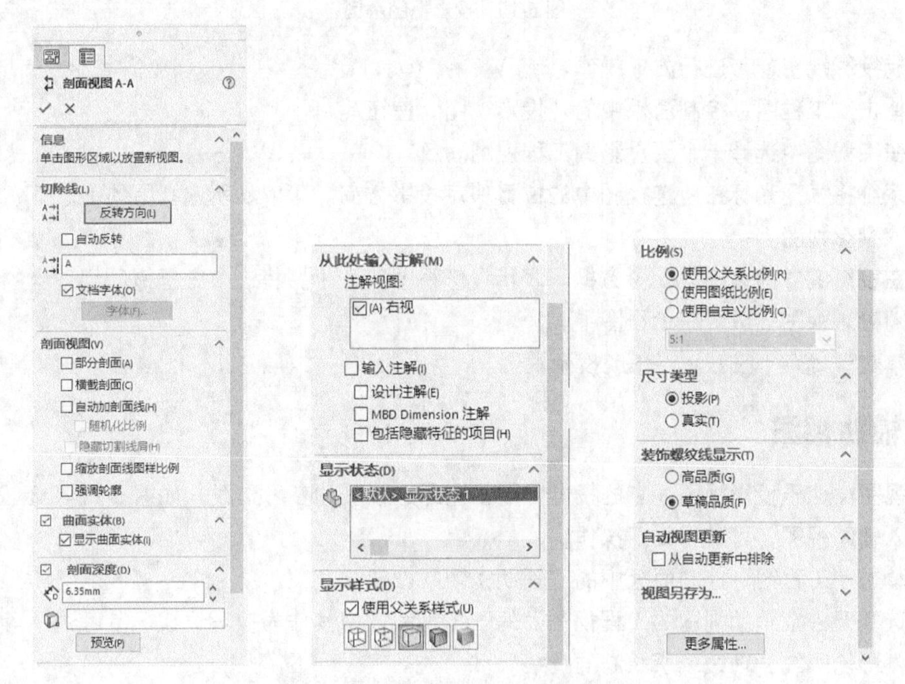

图 6-15　“剖面视图 A−A”属性管理器

如果选择“反转方向”复选框，则切除的方向会反转。

在“名称”文本框中指定与剖面线或剖面视图相关的字母。

如果剖面线没有完全穿过视图，勾选“部分剖面”复选框，将会生成局部剖面视图。

“使用自定义比例”单选按钮用来定义剖面视图在工程图纸中的显示比例。

（6）单击“确定”按钮✔，完成剖面视图的插入。

新剖面是由原实体模型计算得来的，如果更改模型，此视图将随之更新。

6.5.2 投影视图

投影视图是通过从正交方向对现有视图投影而生成的视图，如图 6-16 所示。

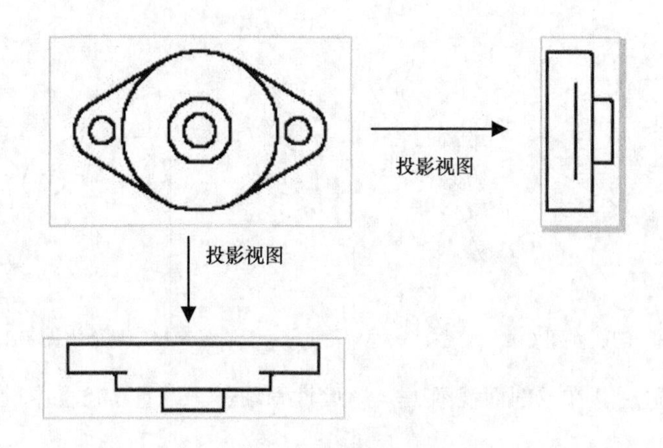

图 6-16 投影视图举例

要生成投影视图，可进行如下操作。

（1）单击“工程图”控制面板中的“投影视图”按钮。

（2）在工程图中选择一个要投影的工程视图。

（3）系统将根据光标在所选视图中的位置决定投影方向。可以从所选视图的上、下、左、右 4 个方向生成投影视图。

（4）在投影的方向会出现一个方框，表示投影视图的大小。将这个方框拖动到适当的位置，释放鼠标，则投影视图被放置在工程图中。

（5）单击“确定”按钮✔，生成投影视图。

6.5.3 辅助视图

辅助视图类似于投影视图，它的投影方向垂直所选视图的参考边线，如图 6-17 所示。、

要插入辅助视图，可进行如下操作。

（1）单击“工程图”控制面板中的“辅助视图”按钮。

（2）选择要生成辅助视图的工程视图上的一条直线，将其作为参考边线，参考边线可以是零件的边线、侧影轮廓线、轴线或所绘制的直线。

（3）在与参考边线垂直的方向会出现一个方框，表示辅助视图的大小，将这个方框拖动到适当的位置，释放鼠标，则辅助视图被放置在工程图中。

（4）在“辅助视图”属性管理器（见图 6-18）中设置选项。

在“名称”文本框中指定与剖面线或剖面视图相关的字母。

如果选择“反转方向”复选框，则切除的方向会反转。

（5）单击“确定”按钮✔，生成辅助视图。

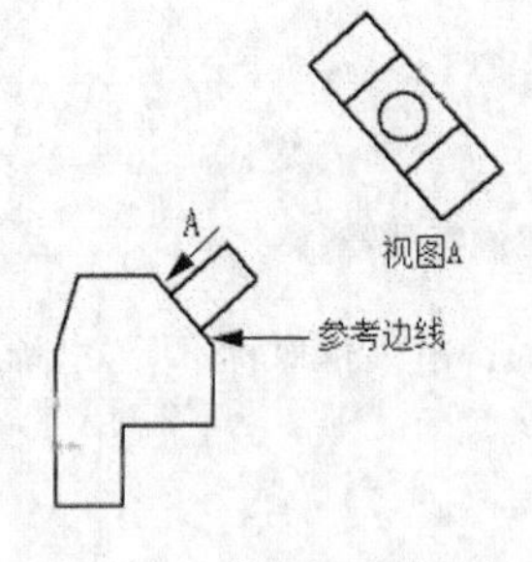

图 6-17　辅助视图举例

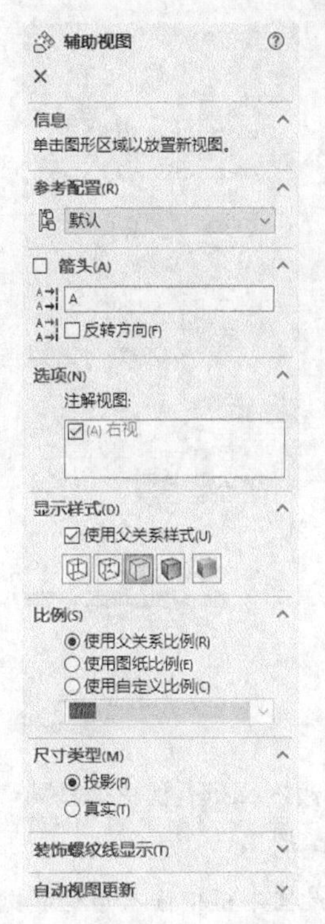

图 6-18　“辅助视图”属性管理器

6.5.4　局部视图

可以在工程图中生成一个局部视图，来放大显示视图中的某个部分，如图 6-19 所示。局部视图可以是正交视图、三维视图或剖面视图。

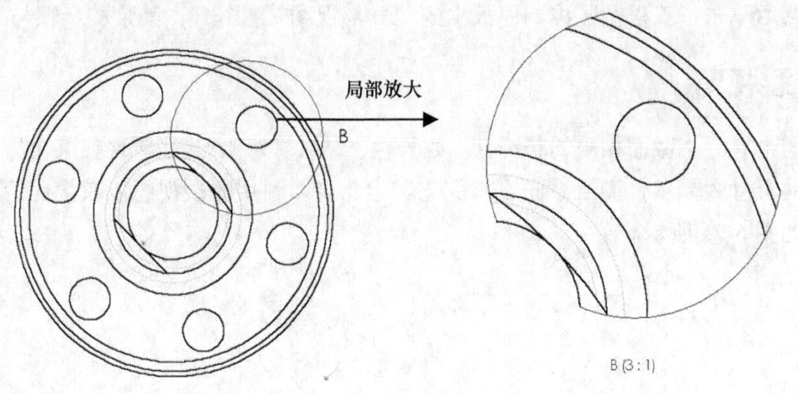

图 6-19　局部视图举例

要生成局部视图，可进行如下操作。

（1）打开要生成局部视图的工程图。

（2）单击“工程图”控制面板中的“局部视图”按钮。

（3）此时，“草图”控制面板中的“圆”按钮被激活。利用它在要放大的区域中绘制一个圆。

（4）系统会出现一个方框，表示局部视图的大小，将这个方框拖动到适当的位置，释放鼠标，则局部视图被放置在工程图中。

（5）在“局部视图 1”属性管理器（见图 6-20）中设置选项。

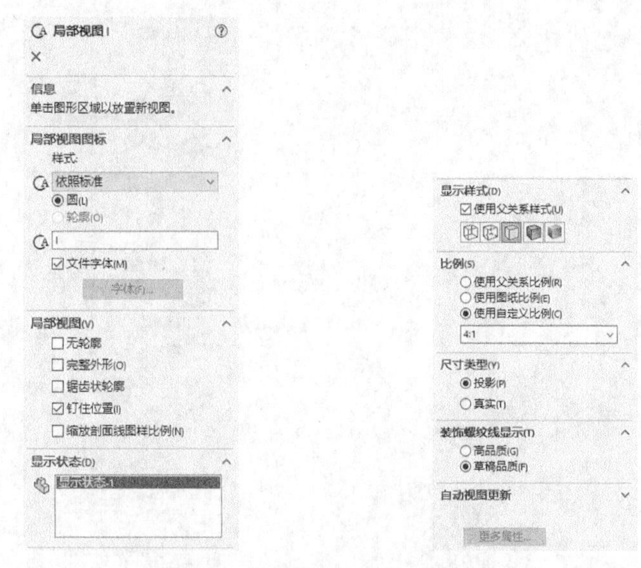

图 6-20 “局部视图 1”属性管理器

- 样式：在该下拉列表框中选择局部视图图标的样式，有“依照标准”“中断圆形”“带引线”“无引线”“相连”5 种样式。
- 名称：在此文本框中输入与局部视图相关的字母。
- “完整外形”：勾选此复选框，则系统会显示局部视图中的轮廓外形。
- “钉住位置”：勾选此复选框，在改变派生局部视图的大小时，局部视图将不会改变大小。
- “缩放剖面线图样比例”：勾选此复选框，系统将根据局部视图的比例来缩放剖面线图样。

（6）单击“确定”按钮✓，生成局部视图。

此外，局部视图中的放大区域还可以是其他任何闭合图形。方法是首先绘制用来作放大区域的闭合图形，然后单击“工程图”控制面板中的“局部视图”按钮，其余的步骤与上述步骤相同。

6.5.5 断裂视图

在工程图中有一些截面相同的长杆件（如长轴、螺纹杆等），这些零件在某个方向上的尺寸比在其他方向上的尺寸大很多，而且截面没有变化。因此可以利用断裂视图以较大比例将零部件显示在工程图上，如图 6-21 所示。

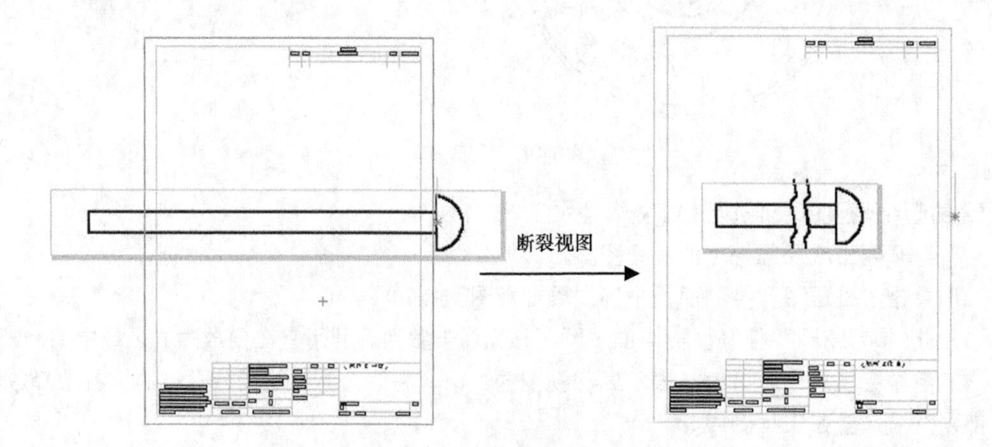

图 6-21 断裂视图举例

要生成断裂视图，可进行如下操作。

（1）选择要生成断裂视图的工程视图。

（2）单击“工程图”控制面板中的“断裂视图”按钮，系统弹出“断裂视图”属性管理器，如图 6-22 所示。

：单击此按钮，设置添加的折断线为竖直方向。

：单击此按钮，设置添加的折断线为水平方向。

“缝隙大小”：设置两条折断线之间的距离。

“折断线样式”：在下拉列表中选择折断线的样式，包括“直线切断”“曲线切断”“锯齿线切断”“小锯齿线切断”4 种。

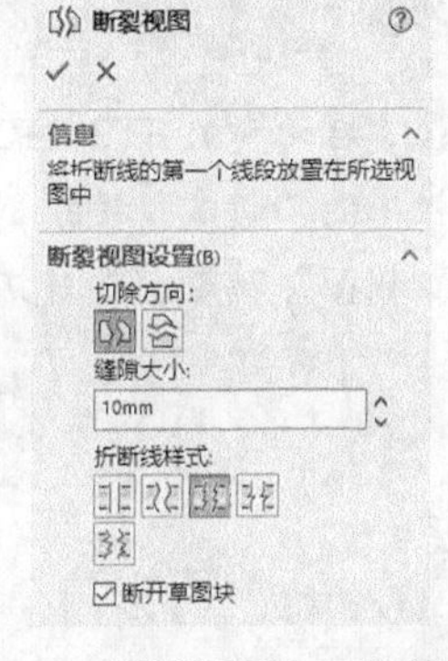

图 6-22 “断裂视图”属性管理器

（3）将折断线拖动到希望生成断裂视图的位置。

（4）单击“确定”按钮，生成断裂视图。

此时，折断线之间的工程图都被删除，折断线之间的尺寸变为悬空状态。如果要修改折断线的形状，在折断线上单击鼠标右键，在弹出的快捷菜单中选择一种折断线样式（直线、曲线、锯齿线和小锯齿线）。

6.5.6 实例——机械臂基座

在本例中，我们要创建的机械臂基座如图 6-23 所示。

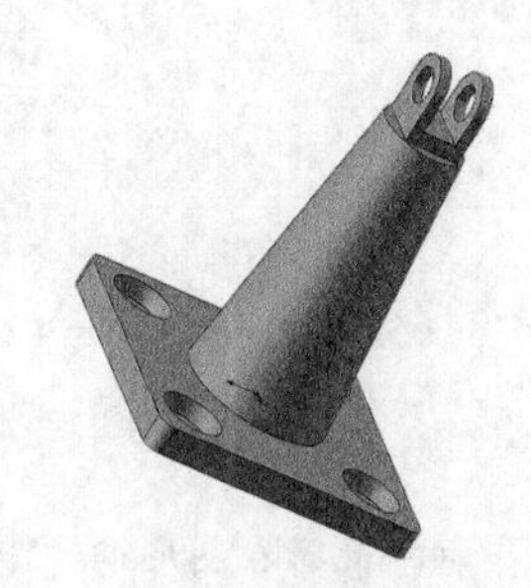

图 6-23 机械臂基座

思路分析

本例将通过图 6-23 所示的机械臂基座，介绍从零件图到工程图的转换，以及工程图视图的创建，帮助读者熟悉绘制工程图的步骤与方法。机械臂基座的创建流程如图 6-24 所示。

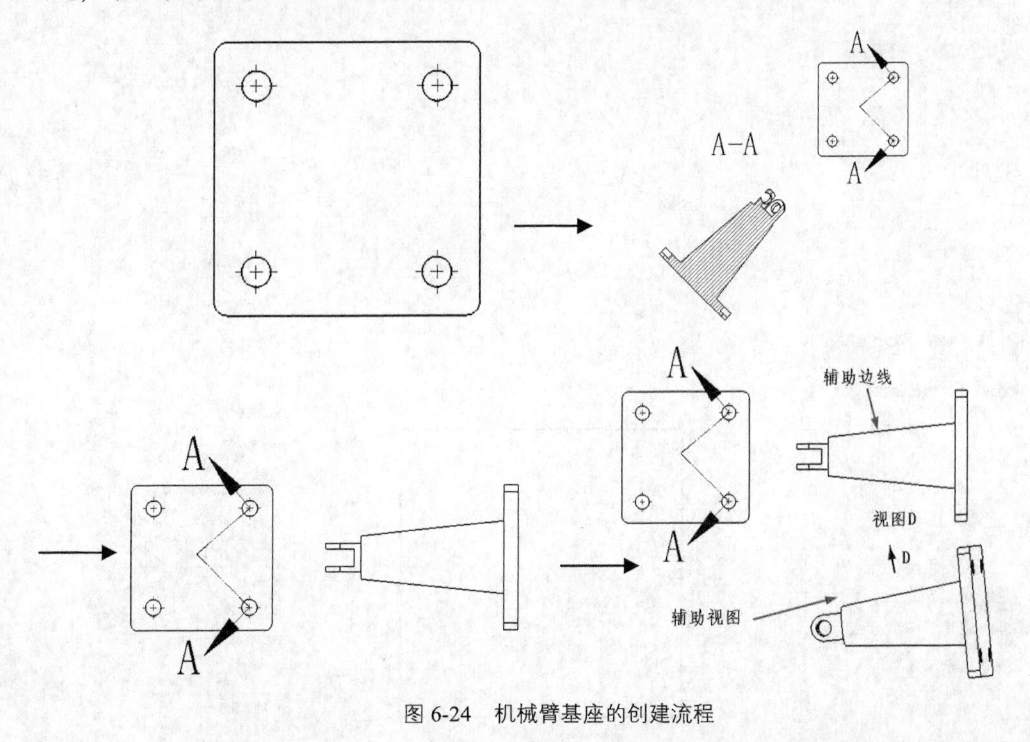

图 6-24 机械臂基座的创建流程

创建步骤

01 启动 SOLIDWORKS 2022，选择菜单栏中的“文件”→“新建”命令或单击“快速访问”工具栏中的“新建”按钮，在弹出的“新建 SOLIDWORKS 文件”对话框中，如图 6-25 所示，单击“工程图”按钮，新建工程图文件。

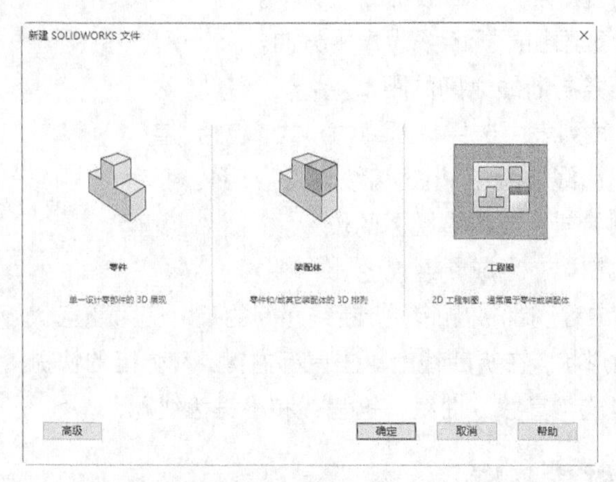

图 6-25 “新建 SOLIDWORKS 文件”对话框

02 此时在图形编辑窗口左侧，会出现图 6-26 所示的“模型视图”属性管理器，单击“浏览”按钮，在弹出的“打开”对话框中选择需要转换成工程视图的零件“基座”，单击“打开”按钮，在图形编辑窗口中出现矩形框，如图 6-27 所示，打开“模型视图”属性管理器中的“方向”选项组，选择视图方向为“前视”，如图 6-28 所示，并在图纸中选择合适的位置放置视图，视图模型如图 6-29 所示。

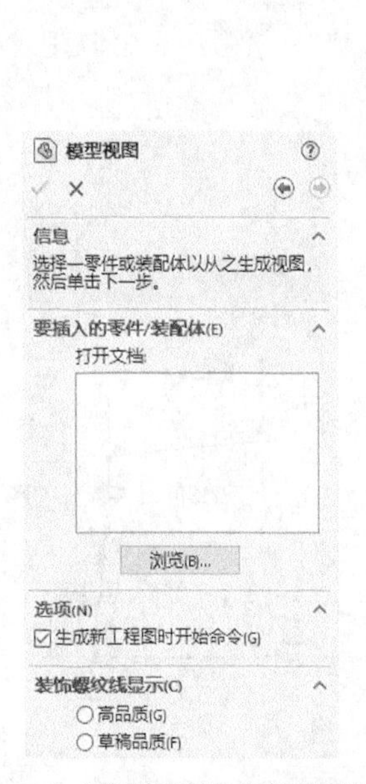

图 6-26 “模型视图”属性管理器

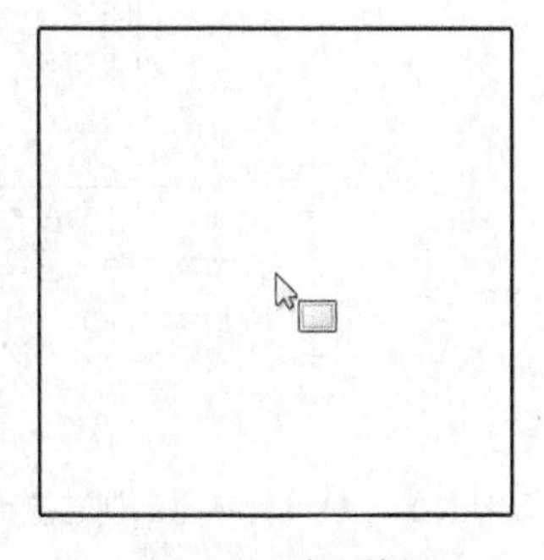

图 6-27 矩形框

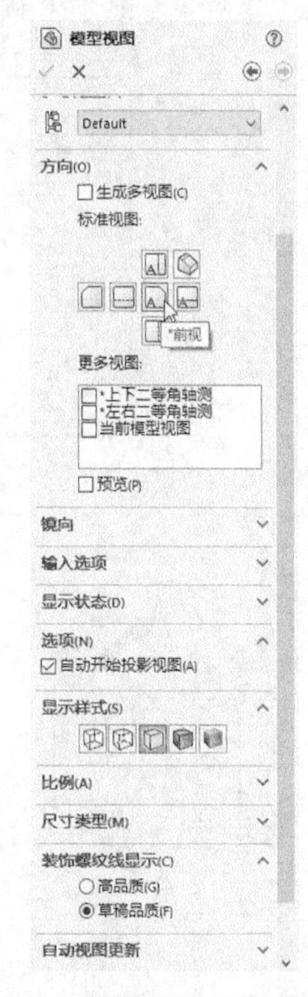

图 6-28 “模型视图”属性管理器

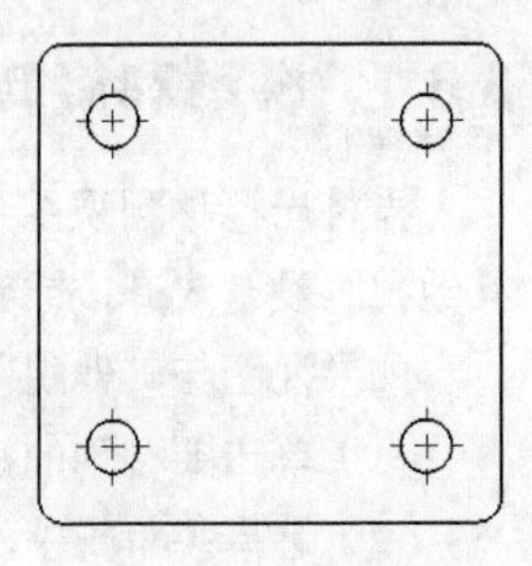
图 6-29　视图模型

03 选择菜单栏中的“插入”→“工程图视图”→“剖面视图”命令，或者单击“工程图”控制面板中的“剖面视图”按钮，系统弹出“剖面视图辅助”属性管理器，如图 6-30 所示，选择“对齐”按钮，同时在视图中确定剖切线位置，并向外拖动放置生成的剖面视图。最后在属性管理器中设置各参数，在“名称”文本框中输入剖面号“A”，取消对“文档字体”复选框的勾选，单击 字体(F)... 按钮，系统弹出“选择字体”对话框，在该对话框中设置“高度”，如图 6-31 所示，单击属性管理器中的“确定”按钮✓，这时会在视图中显示剖面视图，如图 6-32 所示。

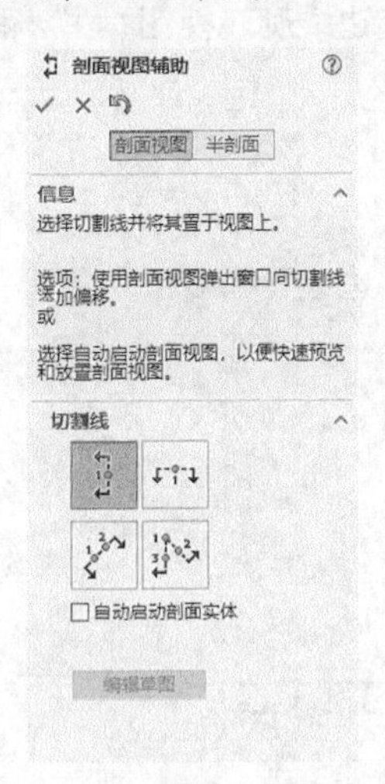

图 6-30　“剖面视图辅助”属性管理器

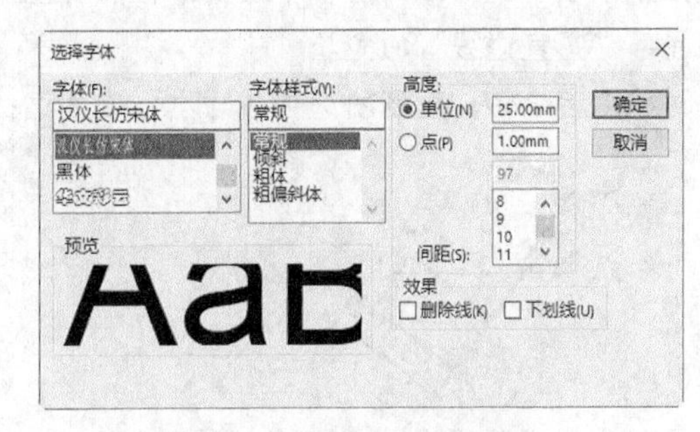

图 6-31　“选择字体”对话框

04 依次在“工程图”操控板中单击“投影视图”“辅助视图”按钮，在绘图区放置对应视图，得到的结果如图 6-33、图 6-34 所示。

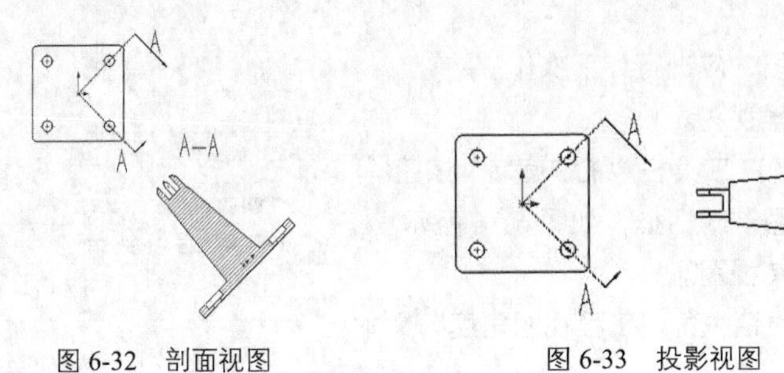

图 6-32　剖面视图　　　图 6-33　投影视图

6.6 操纵视图

在 6.5 节的派生工程视图中，许多视图的生成位置和角度都受到其他条件的限制（如辅助视图的位置与参考边线相垂直）。有时，用户需要自己任意调节视图的位置和角度，以及进行显示和隐藏，SOLIDWORKS 2022 就提供了这项功能。此外，SOLIDWORKS 2022 还可以更改工程图中的线型、线条颜色等。

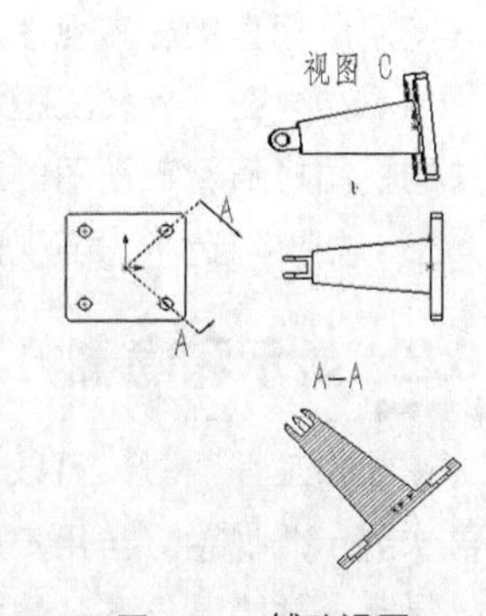

图 6-34　辅助视图

6.6.1 移动和旋转视图

当将光标移到视图边界上时，光标变为形状，表示用户可以拖动该视图。如果移动的视图与其他视图没有对齐，或者不存在约束关系，可以将其拖动到任意位置。

如果视图与其他视图之间有对齐，或者存在约束关系，若要任意移动视图可进行如下操作。

（1）单击要移动的视图。

（2）选择菜单栏中的“工具”→“对齐工程图视图”→“解除对齐关系”命令。

（3）单击该视图，即可以将它拖动到任意位置。

SOLIDWORKS 提供了两种旋转视图的方法，一种是绕着所选边线旋转视图，另一种是绕视图中心点以任意角度旋转视图。

要绕边线旋转视图，可进行如下操作。

（1）在工程图中选择一条直线。

（2）选择菜单栏中的“工具”→“对齐工程图视图”→“水平边线”命令或“工具”→“对齐工程图视图”→“竖直边线”命令。

（3）此时视图会旋转，直到所选边线为水平或竖直状态，如图 6-35 所示。

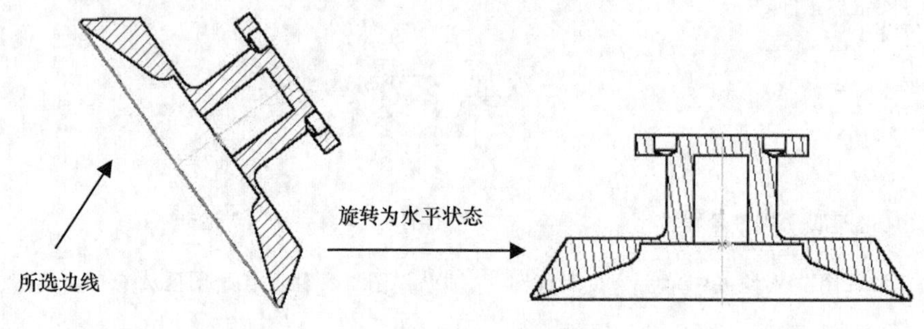

图 6-35 旋转视图

要围绕中心点旋转视图，应进行如下操作。

（1）选择要旋转的工程视图。

（2）单击“视图（前导）”工具栏中的“旋转”按钮，系统会出现“旋转工程视图”对话框，如图 6-36 所示。

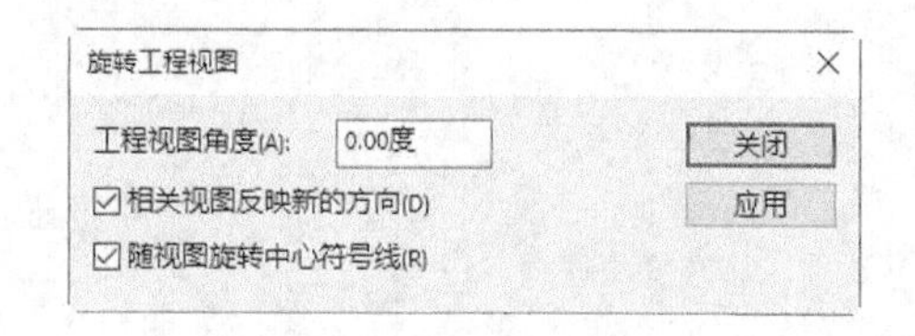

图 6-36 “旋转工程视图”对话框

（3）使用以下方法旋转视图。

在“旋转工程视图”对话框的“工程视图角度”文本框中输入旋转的角度。

使用鼠标直接旋转视图。

（4）如果在“旋转工程视图”对话框中勾选了“相关视图反映新的方向”复选框，则与该视图相关的视图将随着该视图的旋转进行相应的旋转。

（5）如果勾选了“随视图旋转中心符号线”复选框，则中心符号线将随视图一起旋转。

6.6.2 显示和隐藏

在编辑工程图时，可以使用“隐藏”命令来隐藏一个视图。隐藏视图后，可以使用“显示”命令再次显示此视图。当用户隐藏了具有从属视图（如局部、剖面或辅助视图等）的父视图时，可以选择是否一并隐藏这些从属视图。当再次显示父视图或其中一个从属视图时，同样可以选择是否显示相关的其他视图。

要隐藏或显示视图，可进行如下操作。

（1）在特征管理器设计树或图形区域中要隐藏的视图上单击鼠标右键。

（2）在弹出的快捷菜单中选择“隐藏”命令，隐藏视图。

（3）如果要查看工程图中隐藏视图的位置，但不显示它们，则选择菜单栏中的“视图”→“隐藏/显示”→“被隐藏的视图”命令。此时被隐藏的视图如图 6-37 所示。

（4）如果要再次显示被隐藏的视图，则在被隐藏的视图上单击鼠标右键，在弹出的快捷菜单中选择“显示”命令。

图 6-37　被隐藏的视图

6.6.3　更改零部件的线型

在装配体中为了区别不同的零部件，可以改变每一个零部件边线的线型。

要改变零部件边线的线型，可进行如下操作。

（1）在工程视图中要改变线型的视图上单击鼠标右键。

（2）在弹出的快捷菜单中选择“零部件线型”命令，系统会弹出“零部件线型”对话框。

（3）取消勾选“使用文档默认值”复选框，如图 6-38 所示。

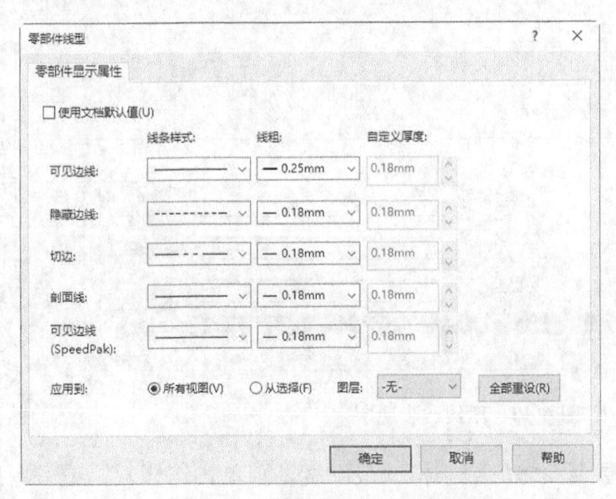

图 6-38　“零部件线型”对话框

（4）选择一个边线样式。

（5）在对应的“线条样式”“线粗”下拉列表框中选择线条样式和线条粗细。

（6）重复步骤（4）、步骤（5），直到为所有边线类型设定线型。

（7）如果选中“应用到”选项组中的“从选择”单选按钮，则会将此边线类型设定应用到该零部件视图和它的从属视图中。

（8）如果选中“所有视图”单选按钮，则会将此边线类型设定应用到该零部件的所有视图中。

（9）如果零部件在图层中，可以在“图层”下拉列表框中改变零部件边线的图层。

（10）单击“确定”按钮，关闭对话框，应用边线类型设定。

6.6.4　图层

图层像是一种素材承载胶片，用户可以将图层看作重叠在一起的透明塑料纸，假如在某一图层上没有任何可视元素，就可以透过该层图层看到下一层图层的图像。用户可以在每个图层上生成新的实体，然后指定实体的颜色、线条粗细和线型。还可以将标注尺寸、注解等项目放置在单一图层上，避免它们与工程图实体之间的干涉。SOLIDWORKS 2022 还可以隐藏图层，或将实体从一个图层上移动到另一个图层上。

要建立图层，可进行如下操作。

（1）选择菜单栏中的“视图”→“工具栏”→“图层”命令，打开“图层”工具栏，如图 6-39 所示。

（2）单击“图层属性”按钮，打开“图层”对话框。

图 6-39 “图层”工具栏

（3）在“图层”对话框中单击“新建”按钮，则在对话框中建立一个新的图层，如图 6-40 所示。

（4）在“名称”一栏中指定图层的名称。

（5）双击“说明”栏，然后输入该图层的说明文字。

（6）在“开关”一栏中有一个眼睛图标，如果要隐藏该图层，则双击该眼睛图标，图层上的所有实体都被隐藏起来；要重新打开图层，则再次双击该眼睛图标。

（7）如果要指定图层上实体的线条颜色，单击“颜色”栏，在弹出的“颜色”对话框（见图 6-41）中选择颜色。

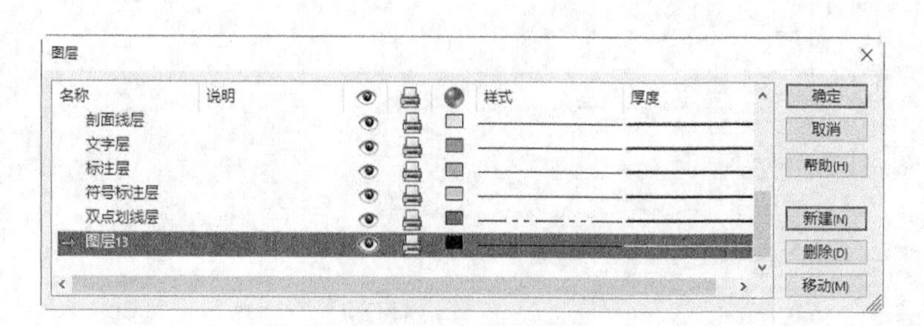

图 6-40 新建一个图层

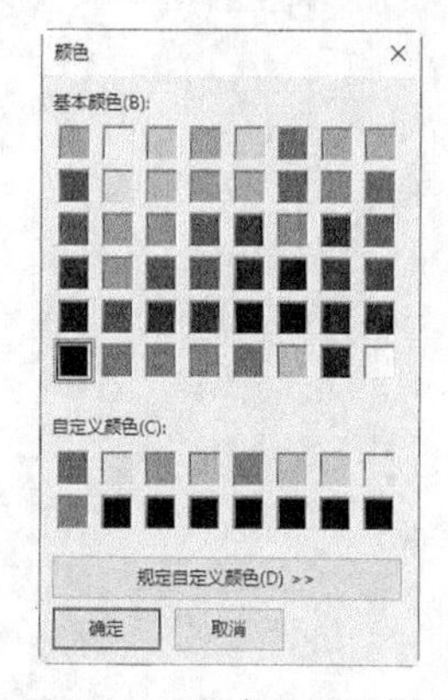

图 6-41 “颜色”对话框

（8）如果要指定图层上实体的线条样式或厚度，则单击“样式”或“厚度”栏，然后从弹出的清单中选择想要的样式或厚度。

（9）如果建立了多个图层，可以使用“移动”按钮来重新排列图层的顺序。

（10）单击“确定”按钮，关闭对话框。

建立了多个图层后，只要在“图层”工具栏中的“图层”下拉列表框中选择图层，就可以导航到任意图层。

6.7 注解的标注

如果在三维零件模型或装配体中添加了尺寸、注释或符号，则在将三维模型转换为二维工程图纸的过程中，系统会将这些尺寸、注释等一起添加到图纸中。在工程图中，用户可以添加必要的参考尺寸、注解等，这些注解和参考尺寸不会影响零件或装配体文件。

工程图中的尺寸标注是与模型相关联的，模型中的更改会反映在工程图中。通常用户在生成每个零部件特征时生成尺寸，然后将这些尺寸插入各个工程视图中。在模型中更改尺寸会更新工程图，反之，在工程图中更改插入的尺寸也会更改模型。用户可以在工程图文件中添加尺寸，但是这些尺寸是参考尺寸，并且是从动尺寸；参考尺寸显示模型的测量值，但并不驱动模型，也不能更改其数值。但是当更改模型时，参考尺寸会相应更新。当压缩特征时，特征的参考尺寸也随之被压缩。

在默认情况下，插入的尺寸显示为黑色，包括零件或装配体文件中显示为蓝色的尺寸（例如拉伸深度）。参考尺寸显示为灰色，并带有括号。

6.7.1 注释

为了更好地说明工程图，有时要用到注释，如图 6-42 所示。注释包括简单的文字、符号或超文本链接。

要添加注释，可进行如下操作。

（1）单击“注解”控制面板中的“注释”按钮A。

（2）在“注释”属性管理器的“引线”选项组中选择引导注释的引线和箭头类型。

（3）在“注释”属性管理器的“格式化”工具栏中设置注释文字的格式。

（4）将光标放在要添加注释的位置。

（5）在图形区域中添加注释，如图 6-43 所示。

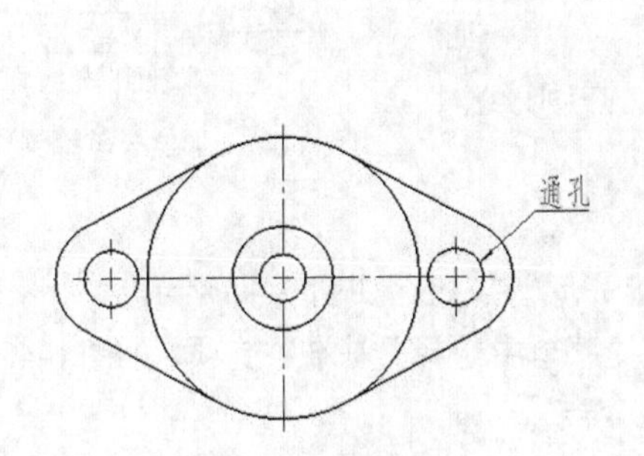

图 6-42　注释举例

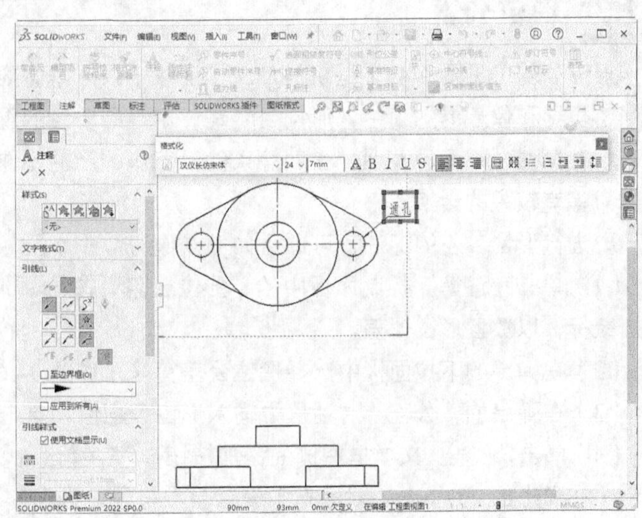

图 6-43　添加注释文字

（6）单击“确定”按钮✔，完成注释文字的添加。

6.7.2 表面粗糙度

表面粗糙度符号√用来表示加工表面上的微观几何形状特性，它对于机械零件表面的耐磨性、疲劳强度、配合性能、密封性、流体阻力及外观质量等都有很大的影响。

要设置表面粗糙度，可进行如下操作。

（1）单击“注解”控制面板中的“表面粗糙度符号”按钮√。

（2）在弹出的“表面粗糙度”属性管理器中设置表面粗糙度的属性，如图 6-44 所示。

（3）在图形区域中单击，以放置表面粗糙度符号。

（4）可以不关闭对话框，在图形上设置多个表面粗糙度符号。

（5）单击“确定”按钮✓，完成表面粗糙度的设置。

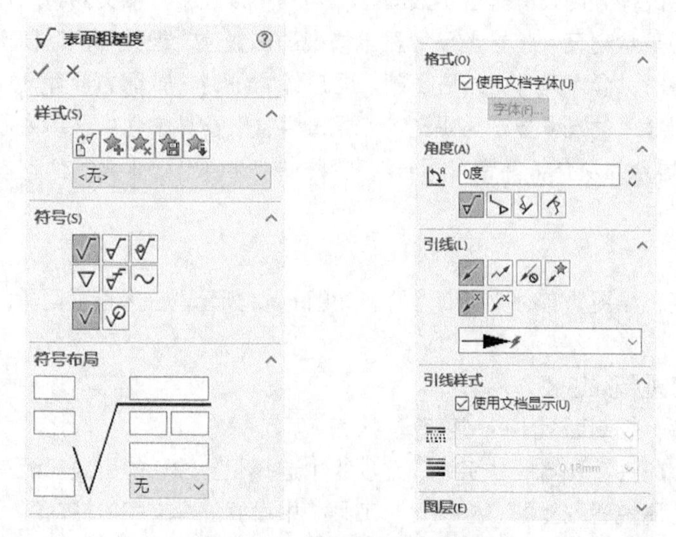

图 6-44　设置表面粗糙度的属性

6.7.3　形位公差

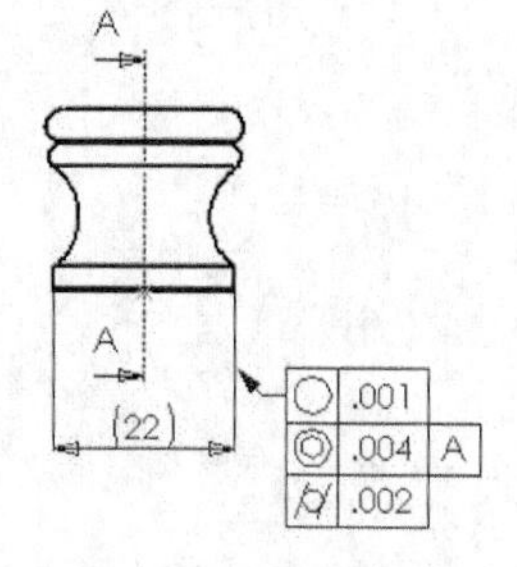

图 6-45　形位公差举例

形位公差（见图 6-45）是机械加工工业中一项非常重要的基础，尤其在精密机器和仪表的加工中，形位公差是评定产品质量的重要技术指标。它对于在高速、高压、高温、重载等条件下工作的产品零件的精度、性能和寿命等有较大的影响。

要进行形位公差的标注，可进行如下操作。

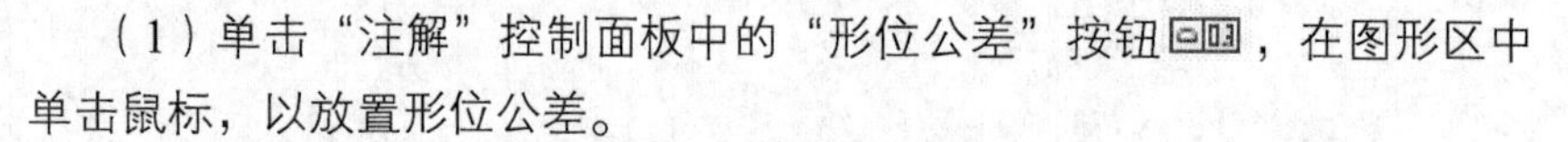

（1）单击“注解”控制面板中的“形位公差”按钮，在图形区中单击鼠标，以放置形位公差。

（2）在弹出的下拉面板中选择形位公差符号，如图 6-46 所示。

（3）在弹出的“公差”对话框中输入形位公差值，单击“完成”按钮，如图 6-47 所示。

（4）单击“公差”文本框右侧的添加按钮，在弹出的快捷菜单中选择“基准”选项，如图 6-48 所示，在弹出的“Datum”对话框中设置基准符号，如图 6-49 所示。

（5）单击“完成”按钮，完成形位公差的标注。

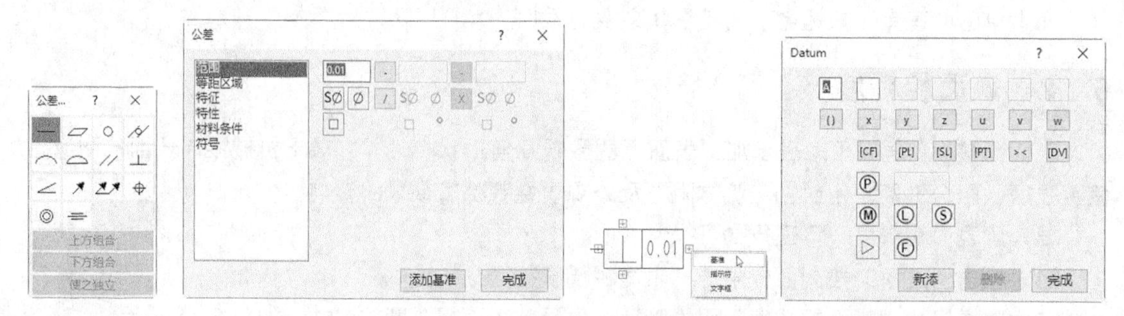

图 6-46　选择形位公差符号　　图 6-47　输入公差值　　图 6-48　选择“基准”选项　　图 6-49　设置基准符号

6.7.4 基准特征符号

基准特征符号用来表示模型平面或参考基准面，如图 6-50 所示。

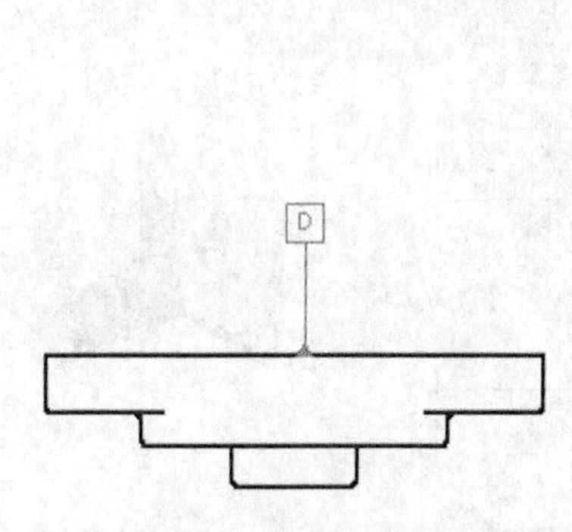

图 6-50 基准特征符号

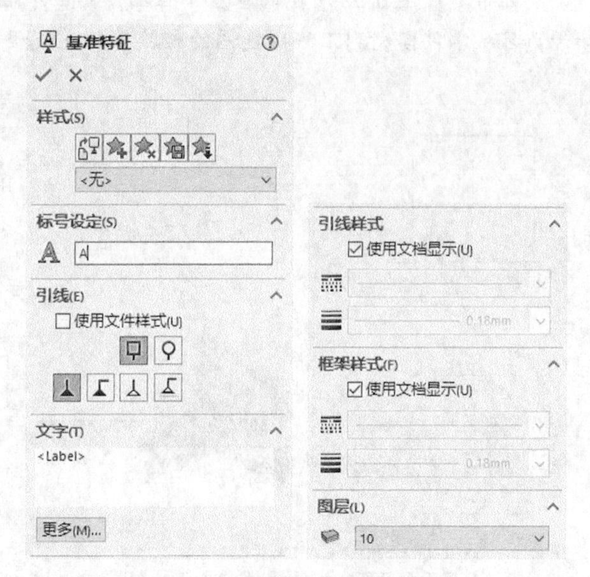

图 6-51 “基准特征”属性管理器

要插入基准特征符号，可进行如下操作。

（1）单击“注解”控制面板中的“基准特征”按钮。

（2）在“基准特征”属性管理器（见图 6-51）中设置属性。

（3）在图形区域中单击，以放置符号。

（4）可以不关闭对话框，在图形上设置多个基准特征符号。

（5）单击“确定”按钮，完成基准特征符号的标注。

6.7.5 实例——基座工程图尺寸标注

在本例中，标注的基座工程图如图 6-52 所示。

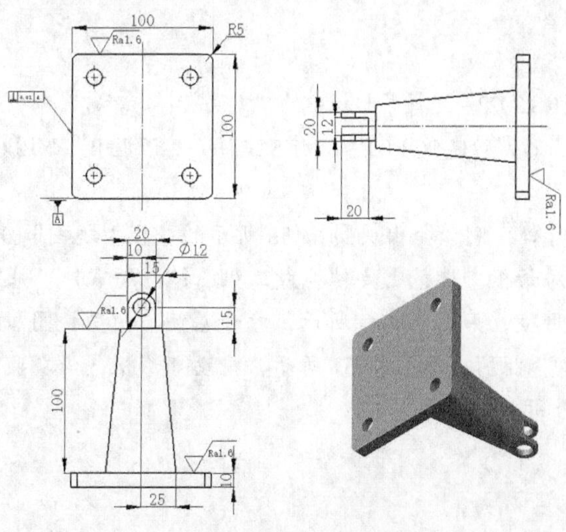

图 6-52 基座工程图

思路分析

本例将通过图 6-52 所示的基座工程图，重点介绍视图各种尺寸标注及添加类型，同时带领读者复习从零件模型到工程图视图的转换，标注流程如图 6-53 所示。

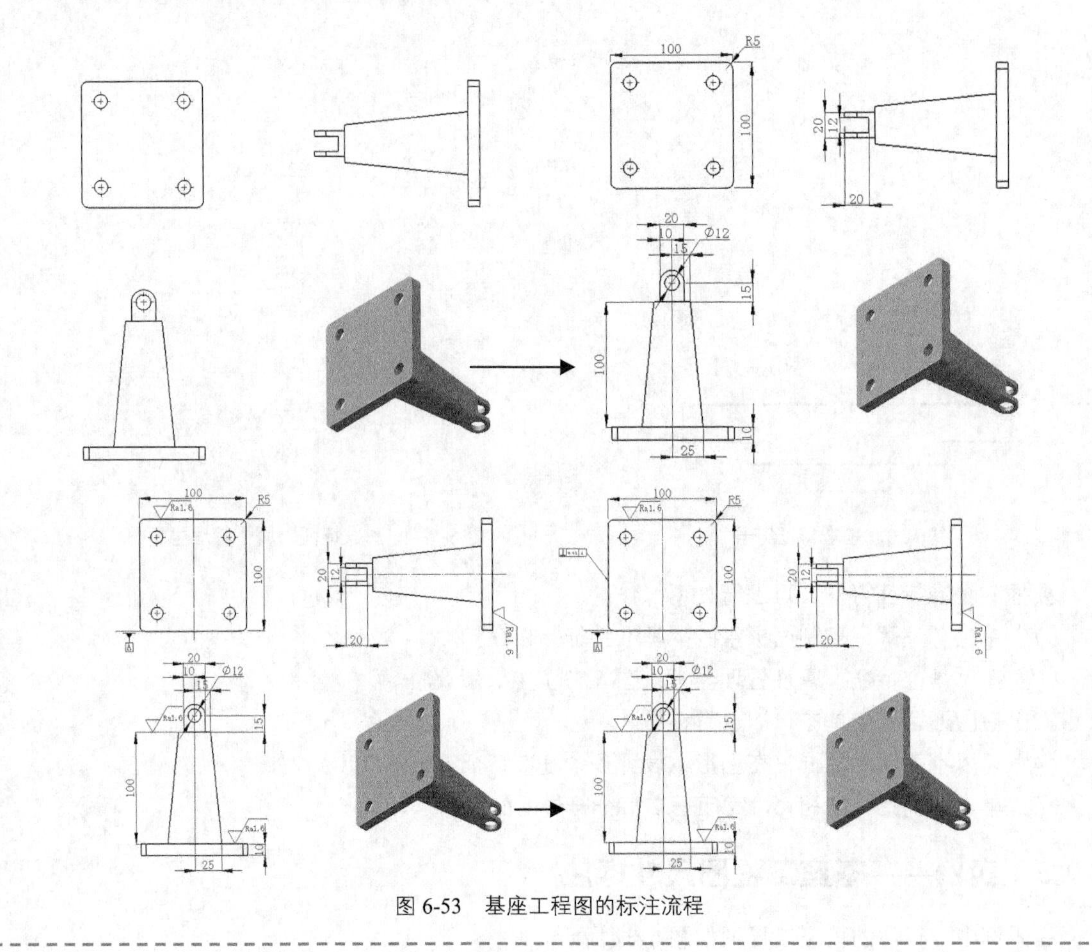

图 6-53　基座工程图的标注流程

标注步骤

01 启动 SOLIDWORKS 2022，选择菜单栏中的“文件”→“新建”命令或单击“快速访问”工具栏中的“新建”按钮，在弹出的“新建 SOLIDWORKS 文件”对话框中，如图 6–54 所示，单击“工程图”按钮，新建工程图文件。

02 此时在图形编辑窗口左侧，会出现图 5–55 所示的“模型视图”属性管理器，单击“浏览”按钮，在弹出的“打开”对话框中选择需要转换成工程图视图的零件“基座”，单击“打开”按钮，在图形编辑窗口中出现矩形框，如图 6–56 所示，打开左侧“模型视图”属性管理器中的“方向”选项组，选择视图方向为“前视”，如图 6–57 所示，拖动矩形框，沿灰色虚线依次在不同位置放置视图，放置过程如图 6–58 所示。

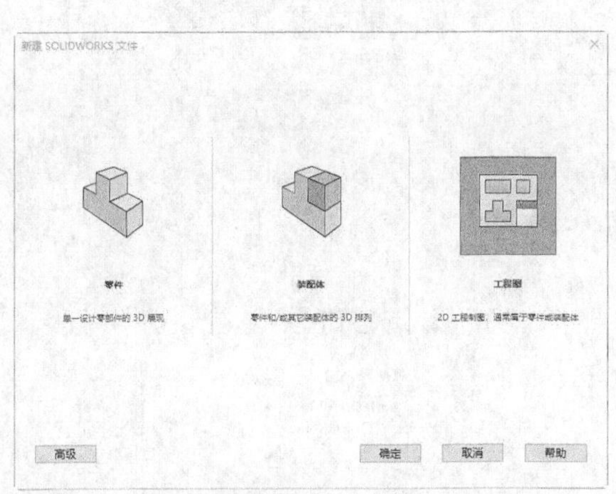

图 6-54 “新建 SOLIDWORKS 文件”对话框

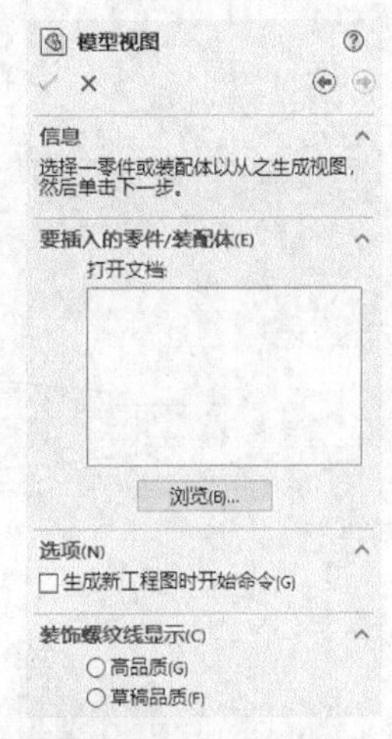

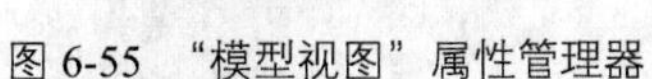
图 6-55 “模型视图”属性管理器

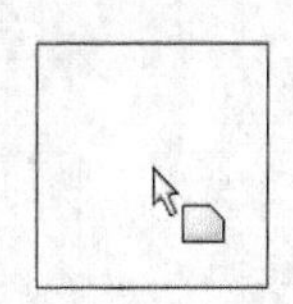
图 6-56 矩形框

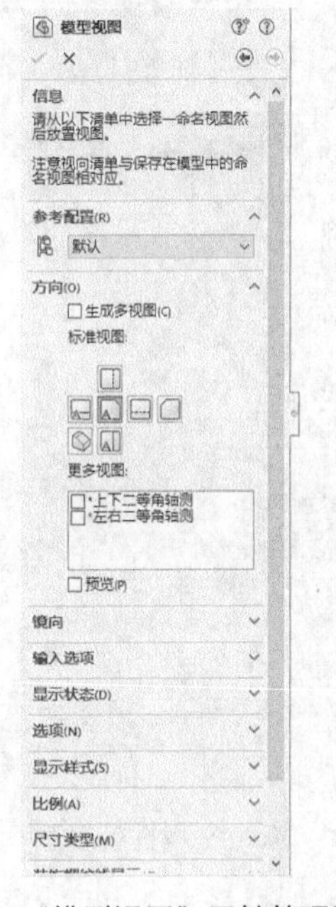

图 6-57 “模型视图”属性管理器

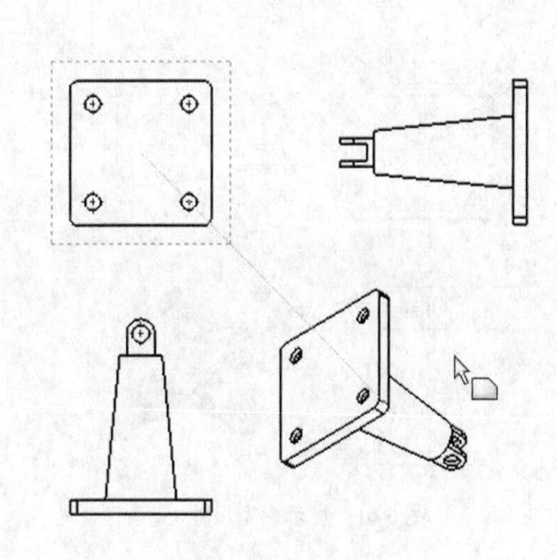
图 6-58 设置视图

03 在图形窗口中的右下角视图处单击，此时会出现“模型视图”属性管理器，在该属性管理器中设置相关参数，在“显示样式”面板中选择“带边线上色”按钮，结果如图 6-59 所示。

04 选择菜单栏中的“插入”→“模型项目”命令，或者单击“注解”控制面板中的“模型项目”按钮，系统弹出“模型项目”属性管理器，在该属性管理器中设置各参数，如图 6-60 所示，单击“确定”按钮✔，这时会在视图中自动显示模型尺寸，如图 6-61 所示。

05 在视图中单击选取要调整的尺寸，在绘图窗口左侧显示“尺寸”属性管理器，单击“其它”选项卡，如图 6-62 所示，取消对“使用文档字体”复选框的勾选，单击“字体”按钮，系统弹出“选择字体”对话框，如图 6-63 所示，在该对话框中设置“高度”选项组中的“单位”为“10”，单击“确定”按钮✔，完成尺寸显示设置。结果如图 6-64 所示。

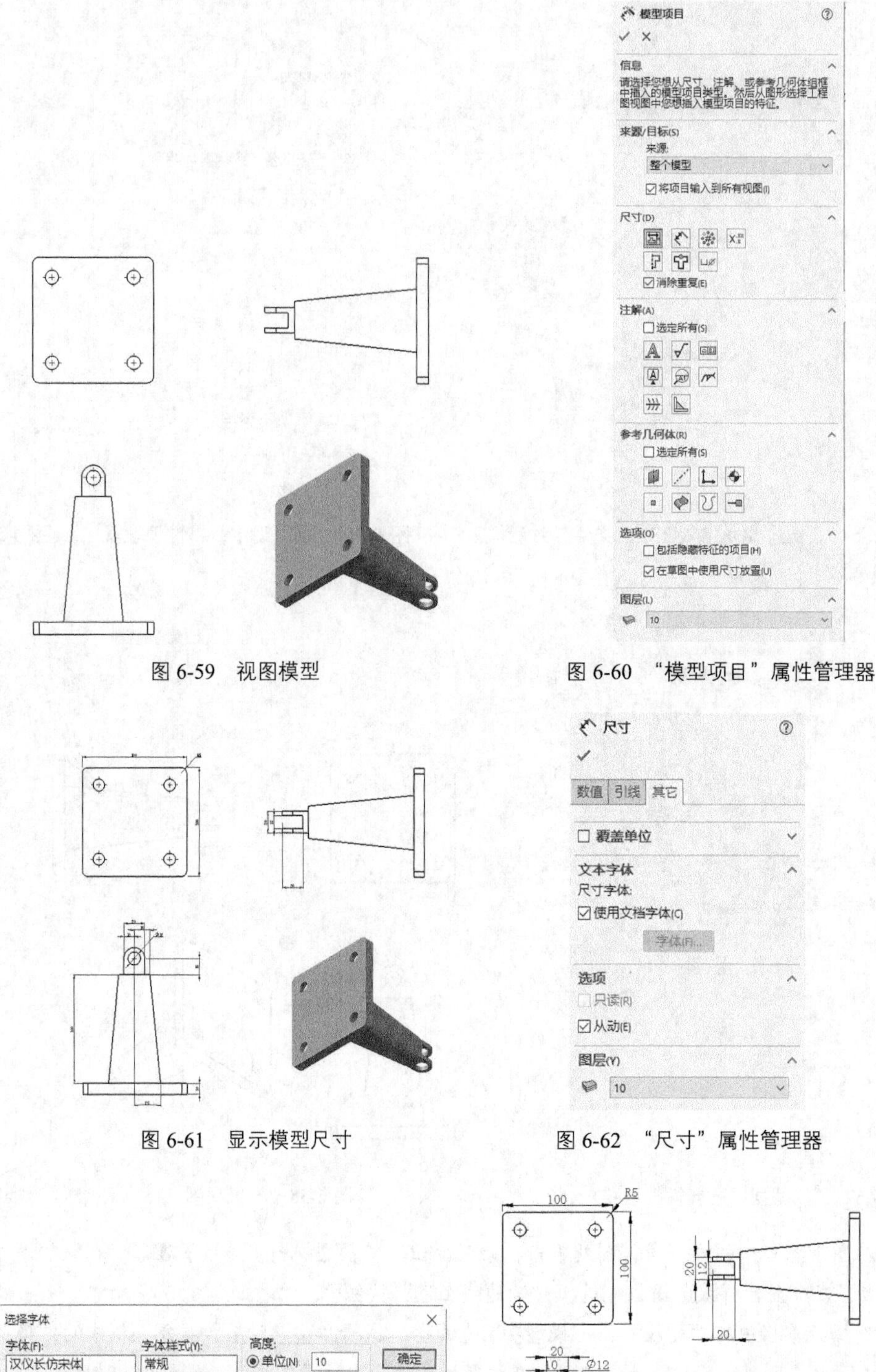

图 6-59　视图模型

图 6-60　“模型项目”属性管理器

图 6-61　显示模型尺寸

图 6-62　“尺寸”属性管理器

图 6-63　“选择字体”对话框

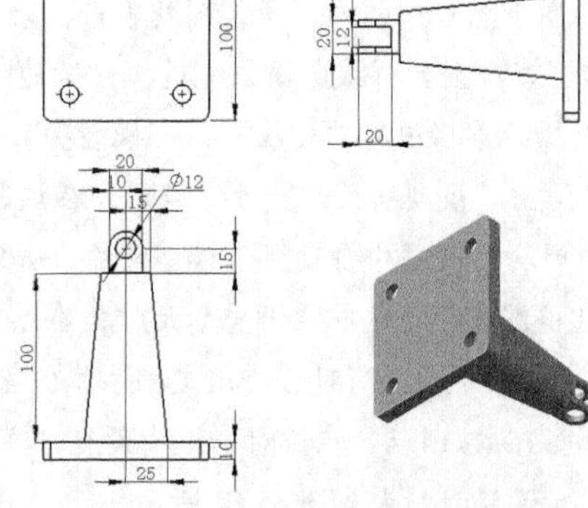

图 6-64　尺寸显示设置结果

注意

由于系统设置不同，有时模型尺寸的默认单位与实际尺寸相比大小差异过大，若出现 0.01、0.001 等精度数值时，可进行相应设置，步骤如下。

选择菜单栏中的“工具”→“选项”命令，系统弹出“文档属性-单位”对话框，切换到“文档属性”选项卡，单击“单位”选项，如图 6-65 所示，显示参数，在“单位系统”选项组中选中“MMGS（毫米、克、秒）”单选按钮，单击“确定”按钮，退出对话框。

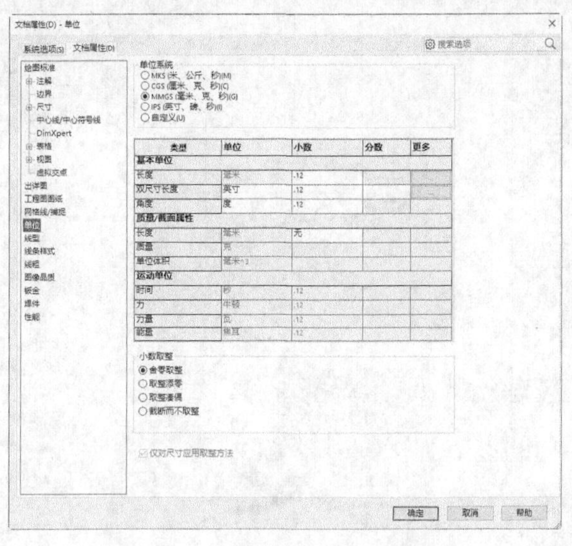

图 6-65 “文档属性-单位”对话框

06 单击“草图”控制面板中的“中心线”按钮，在视图中绘制中心线，如图 6-66 所示。

07 单击“注解”操控板中的“表面粗糙度符号”按钮√，系统弹出“表面粗糙度”属性管理器，在该属性管理器中设置各参数，如图 6-67 所示。

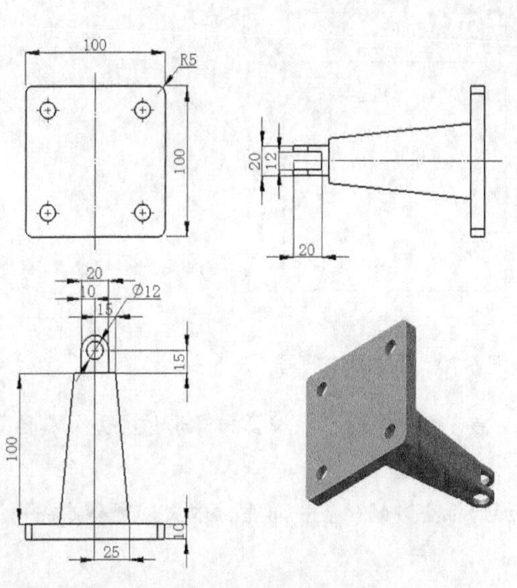

图 6-66 绘制中心线

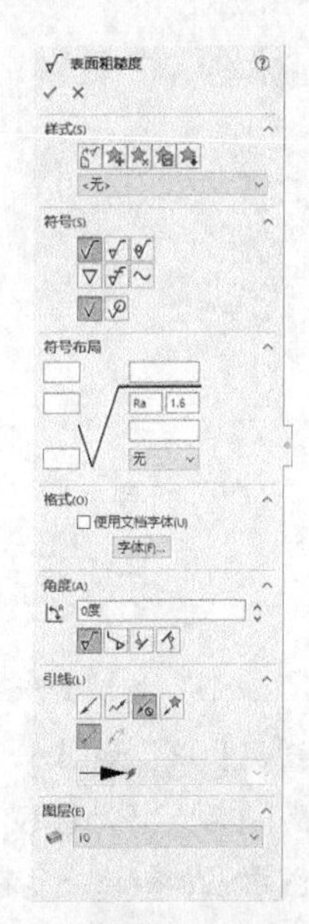

图 6-67 “表面粗糙度”属性管理器

08 设置完成后，将光标移动到需要标注表面粗糙度的位置，单击即可完成标注，单击“确定”按钮✓，表面粗糙度即可标注完成。在下表面的标注中，需要将角度设置为“90”，表面粗糙度标注结果如图 6–68 所示。

09 单击“注解”控制面板中的“基准特征”按钮，系统弹出“基准特征”属性管理器，在该属性管理器中设置各参数，如图 6–69 所示。

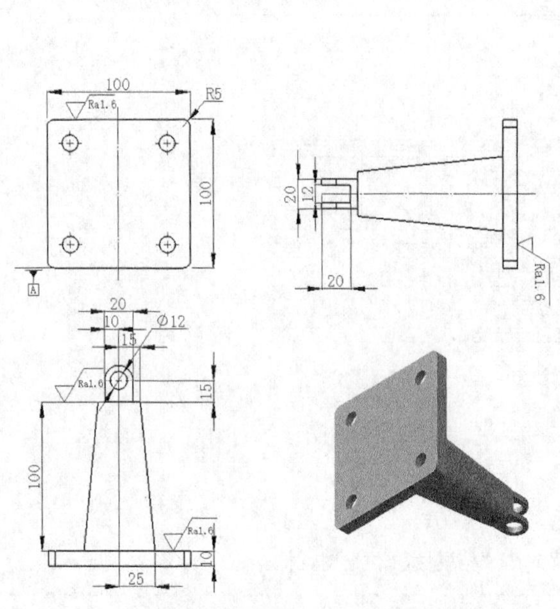

图 6-68　表面粗糙度标注结果

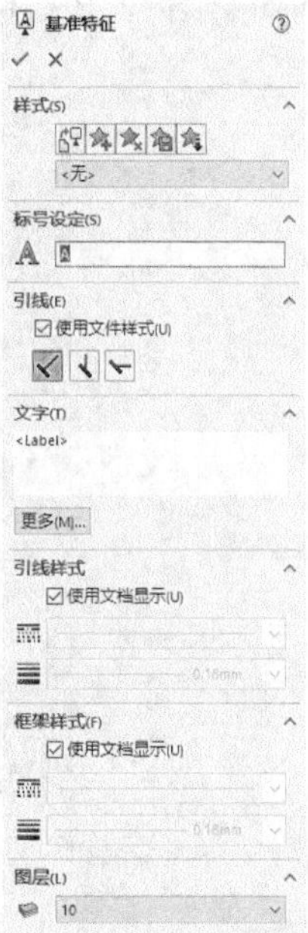

基准特征
样式(S)
<无>
标号设定(S)
A
引线(E)
使用文件样式(U)
文字(T)
<Label>
更多(M)...
引线样式
使用文档显示(U)
0.18mm
框架样式(F)
使用文档显示(U)
0.18mm
图层(L)
-无-

图 6-69　“基准特征”属性管理器

10 设置完成后，将光标移动到需要添加基准特征的位置，单击，然后将光标拖动到合适的位置再次单击即可完成标注，单击“确定”按钮✓，即可在图中添加基准符号，如图 6–70 所示。

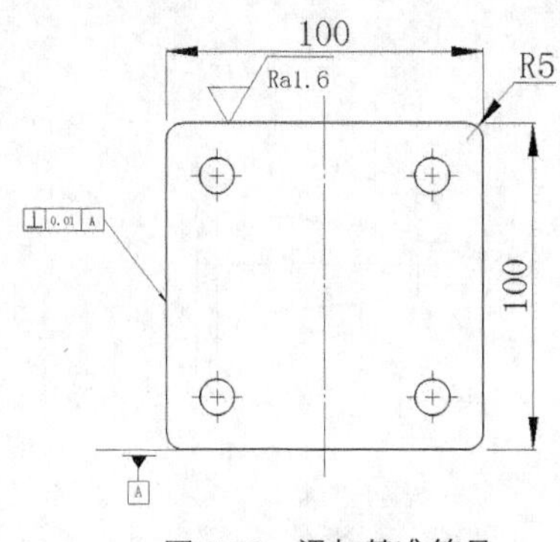

图 6-70　添加基准符号

11 单击“注解”控制面板中的“形位公差”按钮，系统弹出“形位公差”属性管理器，在该属性管理器中设置各参数，如图 6–71 所示。

12 设置完成后，将光标移动到需要添加形位公差的位置，单击，依次设置公差符号、公差值和基准符号，即可在图中添加形位公差符号，如图 6–72 所示。

13 选择视图中的所有尺寸，在“尺寸”属性管理器“引线”选项卡中的“尺寸界线/引线显示”选项组中选择实心箭头，如图 6–73 所示，单击“确定”按钮✓。最终可以得到如图 6–52 所示的基座工程图。

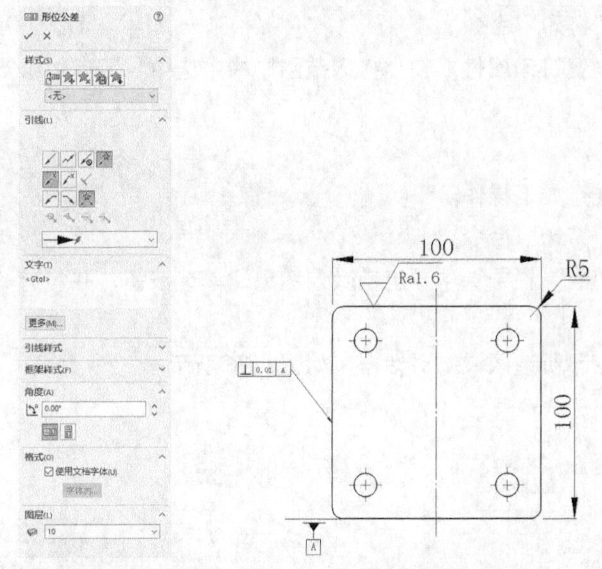

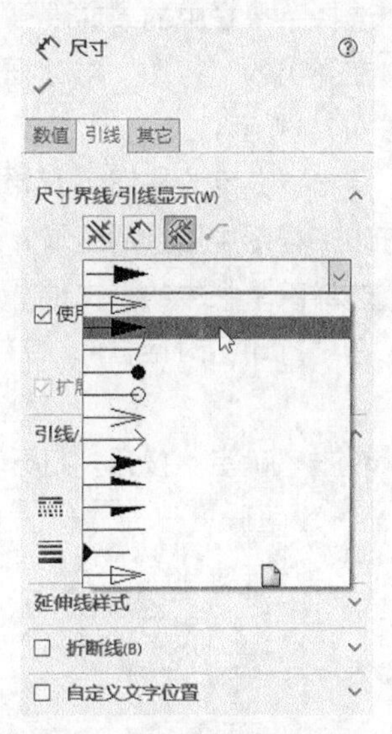

图 6-71 “形位公差”属性管理器　　图 6-72 添加形位公差符号　　图 6-73 “尺寸”属性管理器

6.8 分离工程图

无须将三维模型文件装入内存，即可打开并编辑分离工程图。用户可以将分离工程图传送给其他的 SOLIDWORKS 用户而不传送模型文件。分离工程图的视图在模型的更新方面也有更多的控制。当设计组的设计员编辑模型时，其他的设计员可以独立地在工程图中进行操作，为工程图添加细节及注解。

由于没有在内存中装入模型文件，以分离模式打开工程图的时间将大幅缩短。因为模型数据未被保存在内存中，所以有更多的内存可以用来处理工程图数据，这对大型装配体工程图来说是很大的性能改善。

要将工程图转换为分离工程图格式，可进行如下操作。

（1）单击“快速访问”工具栏中的“打开”按钮。

（2）在“打开”对话框中选择要转换为分离格式的工程图。

（3）单击“打开”按钮，打开工程图。

（4）单击“快速访问”工具栏中的“另存为”按钮，选择“保存类型”下拉列表中的“分离的工程图”选项，如图 6-74 所示，保存并关闭文件。

（5）再次打开该工程图，此时工程图已经被转换为分离格式的工程图。

分离格式的工程图的编辑方法与普通格式的工程图的编辑方法基本相同，这里就不再赘述了。

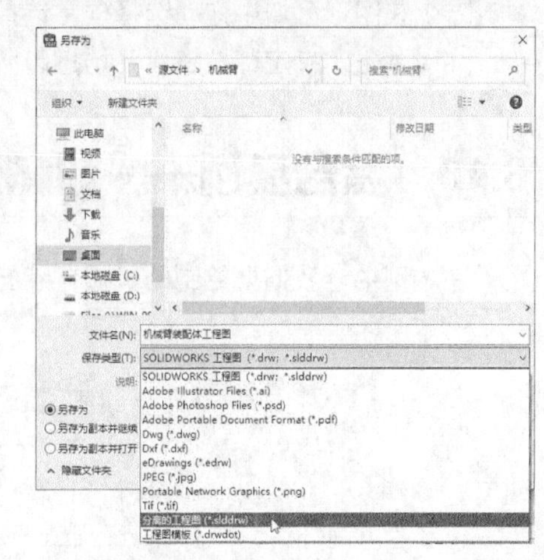

图 6-74 保存为“分离的工程图”

6.9 打印工程图

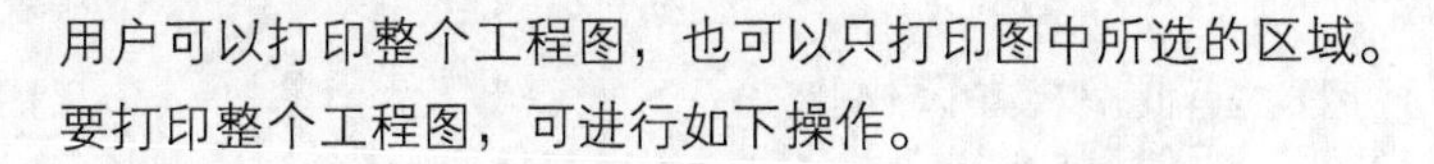

用户可以打印整个工程图，也可以只打印图中所选的区域。

要打印整个工程图，可进行如下操作。

（1）选择菜单栏中的“文件”→“打印”命令。

（2）在弹出的“打印”对话框中设置打印属性。在“打印范围”栏中选中“所有图纸”单选按钮，如图 6-75 所示。

（3）单击“确定”按钮，开始打印。

要打印工程图中所选的区域，可进行如下操作。

（1）选择菜单栏中的“文件”→“打印”命令。

（2）在“打印”对话框的“打印范围”栏中选中“当前荧屏图象”单选按钮，并勾选“选择”复选框。

（3）单击“确定”按钮，打开“打印所选区域”对话框，如图 6-76 所示。

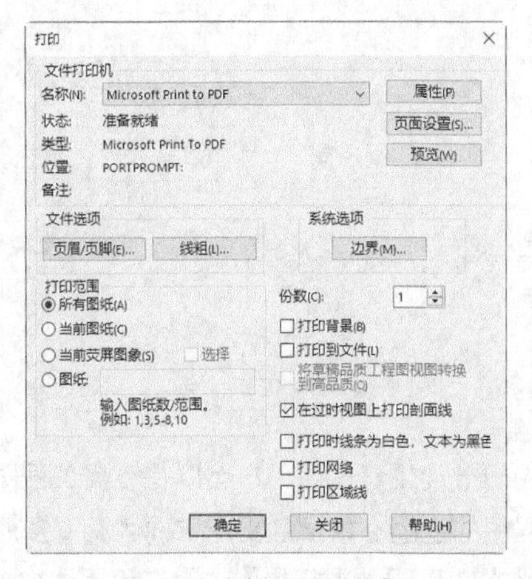

图 6-75 “打印”对话框

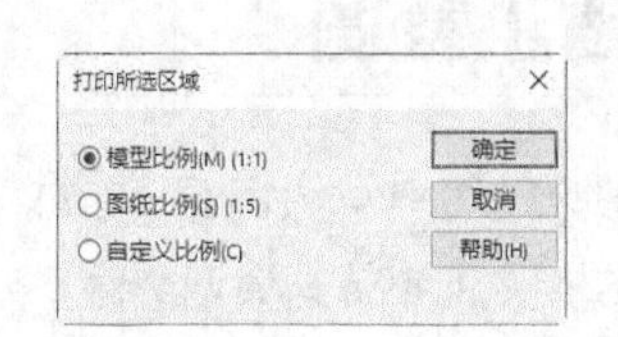

图 6-76 “打印所选区域”对话框

（4）选择比例因子以应用于所选区域。

（5）在图形区域中拖动选择框，选择要打印的区域。

（6）单击“确定”按钮，开始打印所选区域。

6.10 综合实例——机械臂装配体工程图

在本例中，我们要绘制的机械臂装配体工程图如图 6-77 所示。

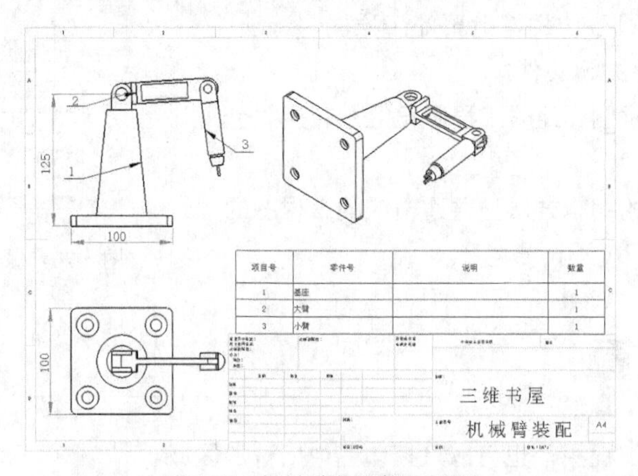

图 6-77 机械臂装配体工程图

思路分析

本例将通过利用图 6-77 所示机械臂装配体的工程图，综合利用前面所学的知识讲述利用 SOLIDWORKS 的工程图功能创建工程图的一般方法和技巧。机械臂装配体工程图的绘制流程如图 6-78 所示。

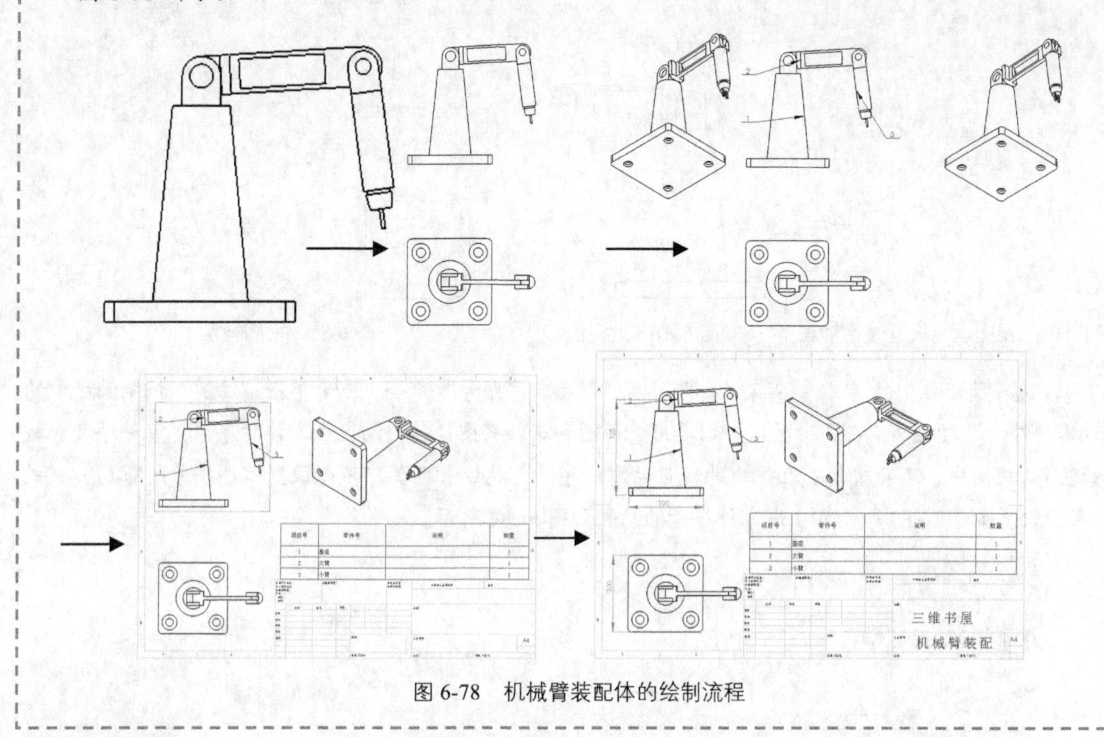

图 6-78　机械臂装配体的绘制流程

绘制步骤

01 启动 SOLIDWORKS 2022，选择菜单栏中的“文件”→“打开”命令，在弹出的“打开”对话框中选择将要转化为工程图的总装配图文件。

02 单击“文件”→“从装配体制作工程图”按钮，此时系统会弹出“新建 SOLIDWORKS 文件”对话框，单击“确定”按钮，此时系统会弹出“图纸格式/大小”对话框，选择“标准图纸大小”并设置图纸尺寸，如图 6-79 所示。单击“确定”按钮，完成图纸设置。

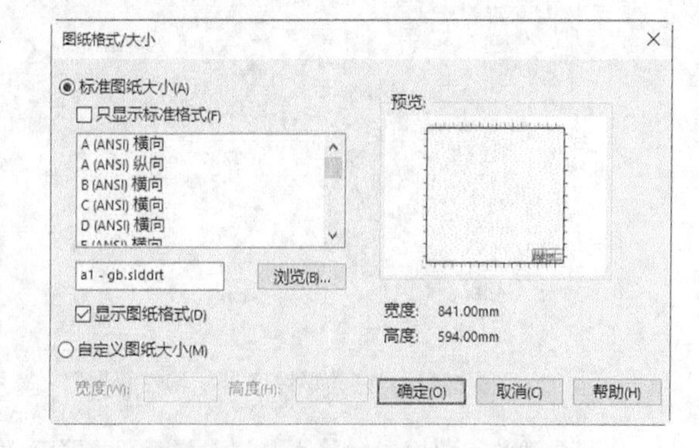

图 6-79　“图纸格式/大小”对话框

03 此时在图形编辑窗口右侧，会出现图6–80所示的“视图调色板”属性管理器，选择上视图，在图纸中合适的位置放置上视图，上视图如图 6–81 所示。

04 利用同样的方法，在图形操作窗口放置前视图、左视图，相对位置如图 6–83 所示（上视图与其他两个视图之间有固定的对齐关系。当移动它时，其他的视图也会随之移动。可以独立移动其他两个视图，但只能在与主视图水平或垂直于主视图的方向上移动）。

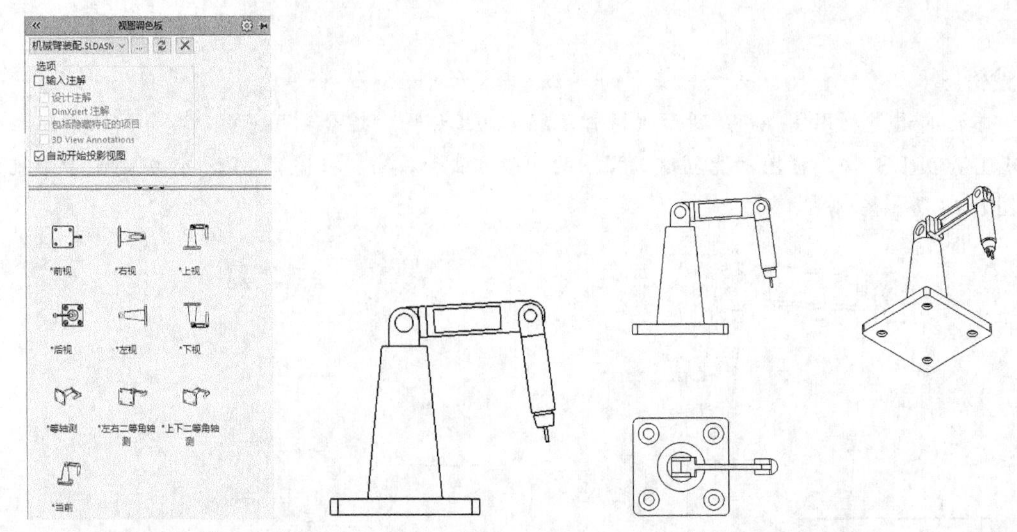

图 6-80 “视图调色板”属性管理器　　图 6-81 上视图　　图 6-82 视图模型

05 选择菜单栏中的“插入”→“注解”→“自动零件序号”命令，或者单击“注解”控制面板中的“自动零件序号”按钮，在图形区域分别单击上视图和等轴测图，将自动生成零件的序号，零件序号会被插入适当的视图中，不会重复。在弹出的“自动零件序号”属性管理器中可以设置零件序号的布局、样式等，参数设置如图 6–83 所示，生成零件序号的结果如图 6–84 所示。

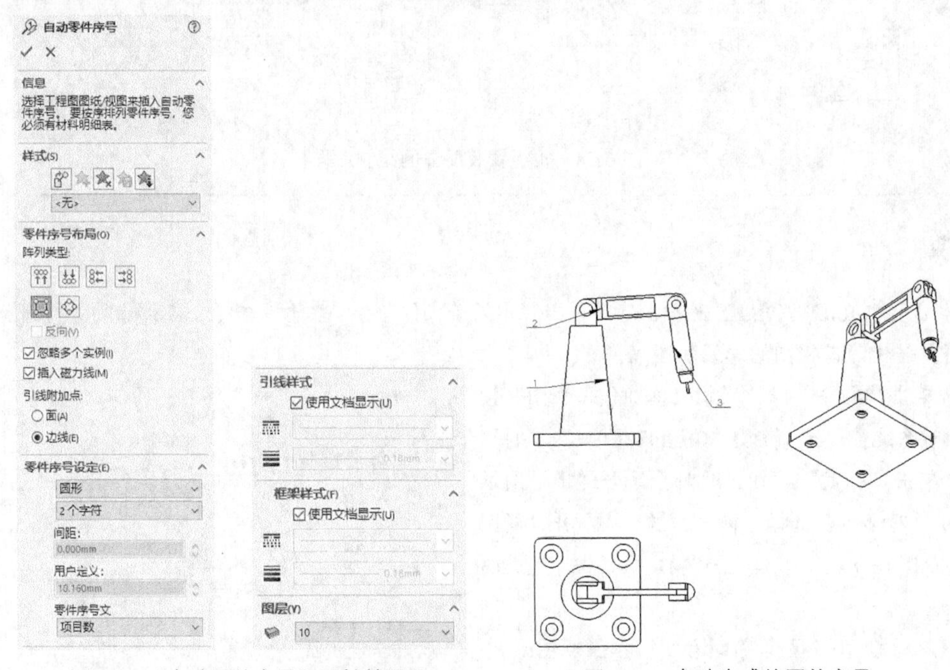

图 6-83 “自动零件序号”属性管理器　　图 6-84 自动生成的零件序号

06 调整视图比例。单击上视图模型，在界面左侧弹出“工程图视图 1”属性管理器，在“比例”选项组下选中“使用自定义比例”单选按钮，在下拉列表中选择“1:2”，如图 6–85 所示，放大视图。用同样的方法调整其他两个视图，结果如图 6–86 所示。

07 下面我们为视图生成材料明细表，可选择基于表格的材料明细表或基于 Excel 的材料明细表，但不能同时包含两者。选择菜单栏中的“插入”→“表格”→“材料明细表”命令，或者单击“注解”控制面板“表格”下拉列表中的“材料明细表”按钮，选择刚才创建的上视图，系统将弹出“材料明细表”属性管理器，如图 6-87 所示。单击“确定”按钮✔，在图形区域中将出现跟随光标的材料明细表，在图框的右下角单击，确定材料明细表的位置。创建明细表后的结果如图 6-88 所示。

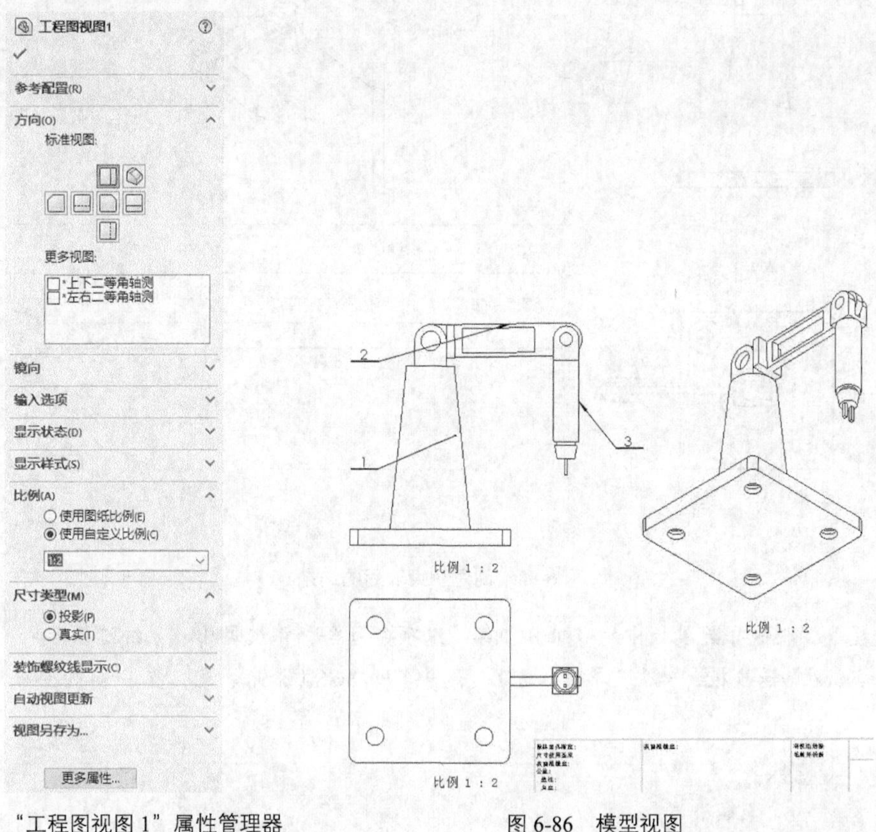

图 6-85 “工程图视图 1”属性管理器　　　　图 6-86 模型视图

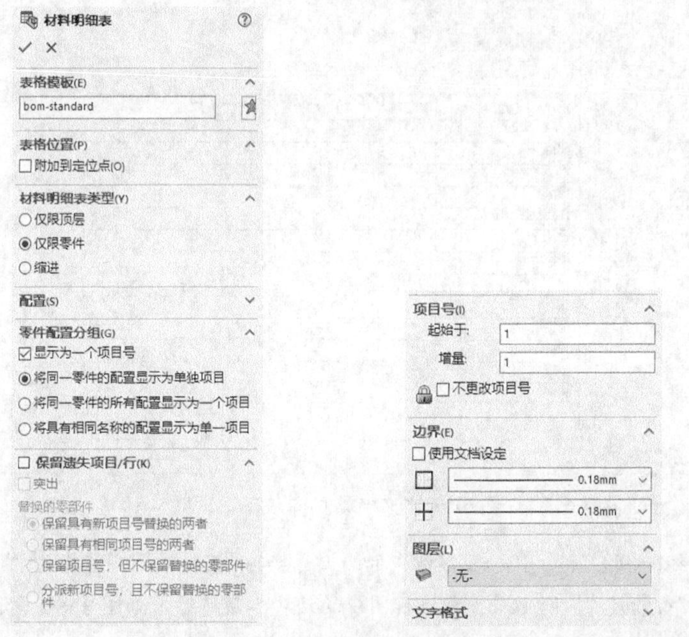

图 6-87 “材料明细表”属性管理器

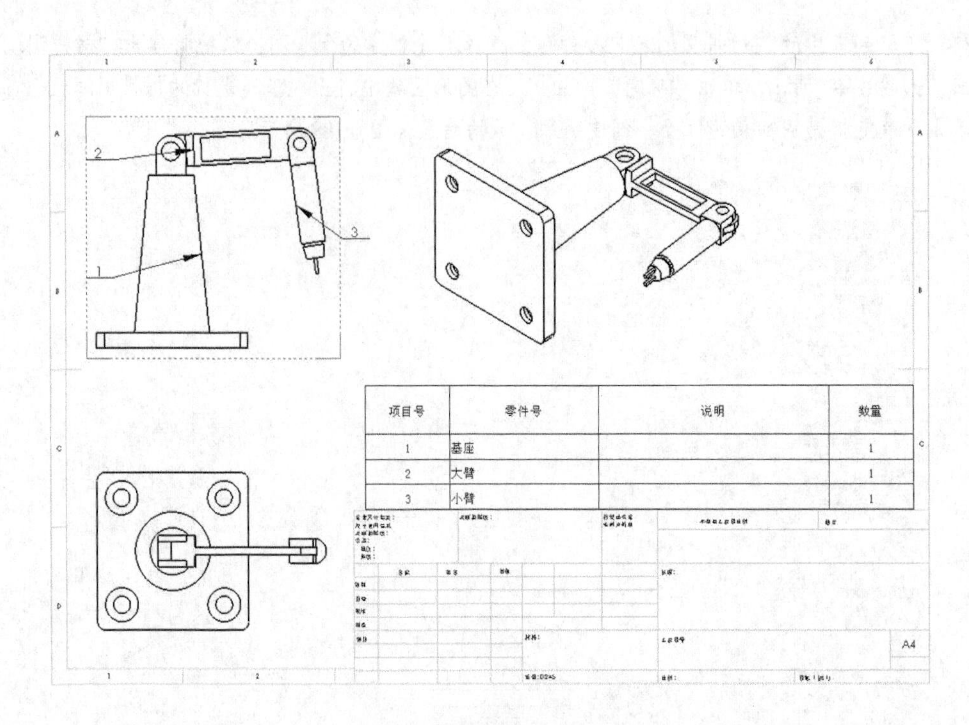

图 6-88　创建明细表后的结果

08 设置单位。选择菜单栏中的“工具”→“选项”命令，系统弹出“系统选项-单位”对话框，切换到“文档属性”选项板，单击“单位”选项，选中“MMGS（毫米、克、秒）”单选按钮，如图 6-89 所示。

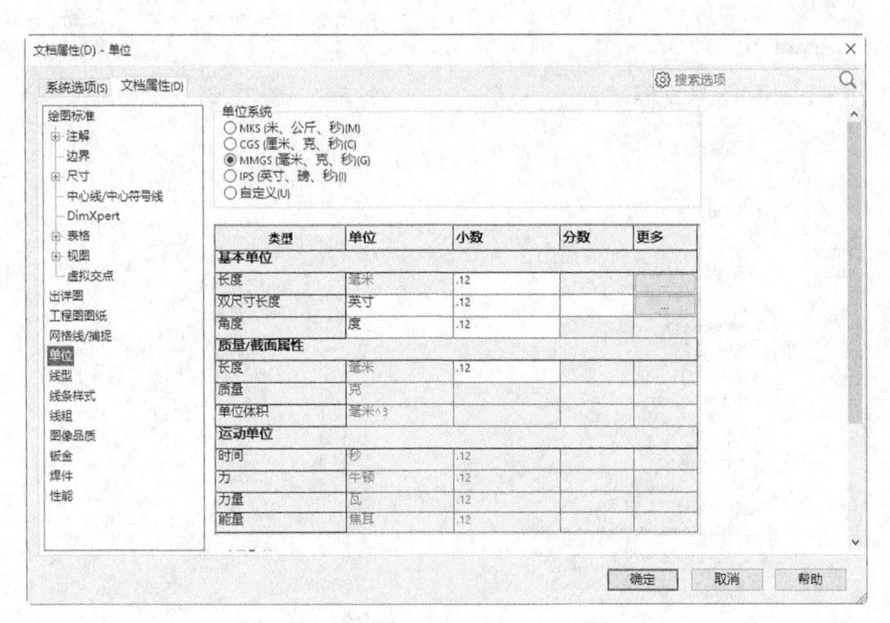

图 6-89　“文档属性-单位”对话框

09 为视图标注必要的尺寸。选择菜单栏中的“工具”→“尺寸”→“智能尺寸”命令，或者单击“注解”控制面板中的“智能尺寸”按钮，标注视图中的尺寸，最终结果如图 6-90 所示。

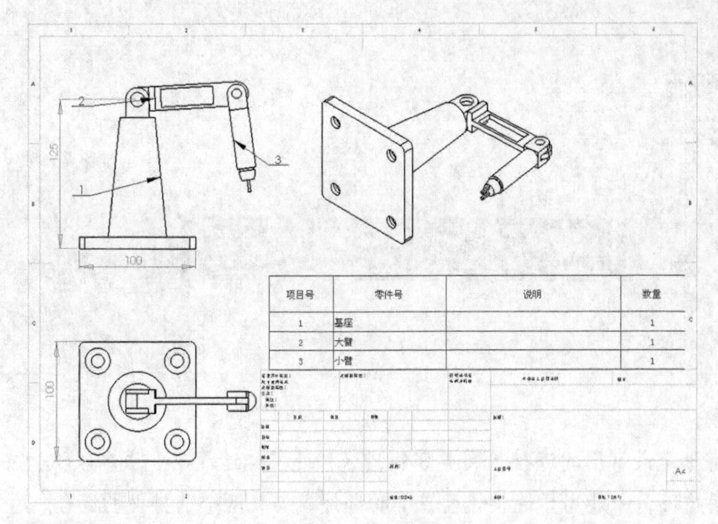

图 6-90　标注尺寸

⑩ 选择视图中的所有尺寸，如图 6-91 所示，在“尺寸”属性管理器中的“尺寸界线/引线显示”选项组中选择实心箭头，如图 6-73 所示。单击“确定”按钮✓，修改后的视图如图 6-92 所示。

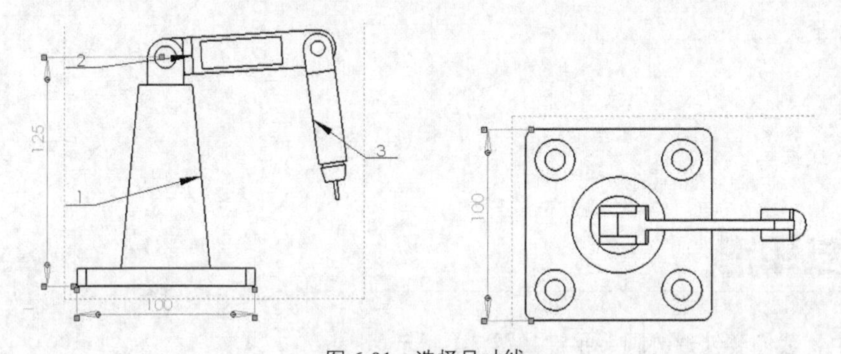

图 6-91　选择尺寸线

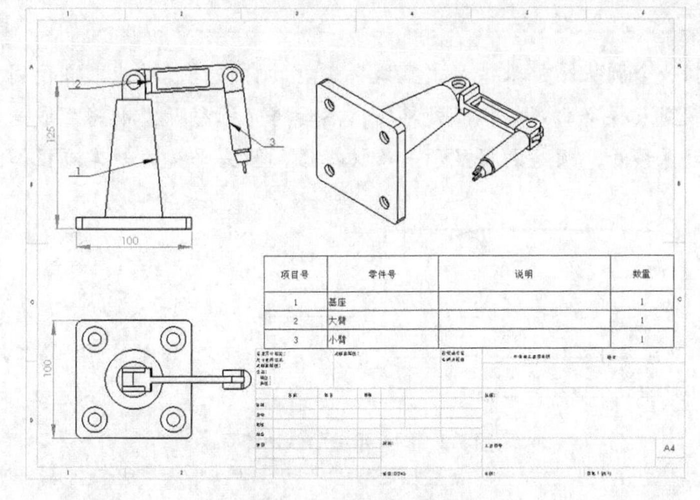

图 6-92　更改尺寸属性

⑪ 选择菜单栏中的“插入”→“注解”→“注释”命令，或者单击“注解”控制面板上的“注释”按钮A，为工程图添加注释，结果如图 6-77 所示。

第7章 连接紧固类零件

螺钉、螺栓和螺母是最常用的连接紧固类零件，这种连接构造简单、成本较低、安装方便、不受连接材料限制。因而应用广泛，一般用于连接厚度较小的部件或安装两个连接件的场合。

学习要点

- 圆头平键
- 锥销
- 垫圈
- 螺栓、螺母

7.1 圆头平键

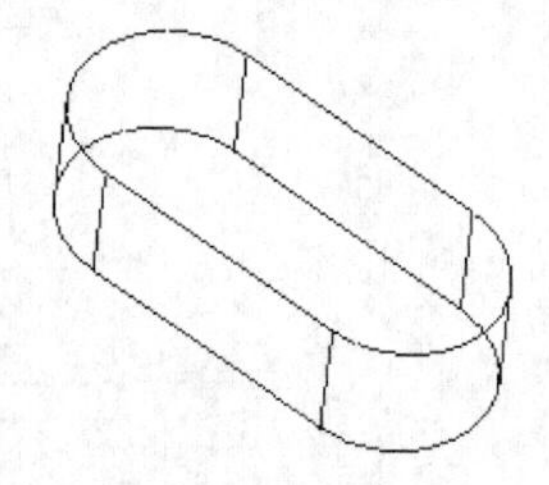

图 7-1 圆头平键

在本例中，我们要创建的圆头平键如图 7-1 所示。

思路分析

本例通过绘制一个圆头平键来学习“直线”工具的自动过渡功能，即使用“直线”工具，在直线、圆弧、椭圆或样条曲线的端点处单击，然后将光标移开，则将生成一条直线；将光标移回原始点，然后再移开，预览则将显示一条切线弧，圆头平键的创建流程如图 7-2 所示。

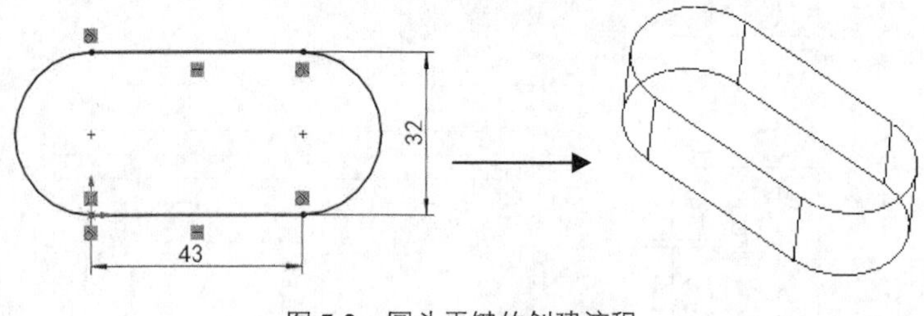

图 7-2 圆头平键的创建流程

创建步骤

01 新建文件。启动 SOLIDWORKS 2022。选择菜单栏中的“文件”→“新建”命令，或者单击“快速访问”工具栏中的“新建”按钮，系统弹出“新建 SOLIDWORKS 文件”对话框，单击“零件”按钮，然后单击“确定”按钮，创建一个新的零件文件。

02 新建草图。在 FeatureManager 设计树中选择“前视基准面”，将其作为草图绘制基准面，单击“草图”控制面板中的“草图绘制”按钮，新建一张草图。

03 绘制直线。单击“草图”控制面板中的“直线”按钮，绘制两条直线，如图 7–3 所示。

04 直线预览。在其中一条直线的端点处单击，移开光标，预览显示一条直线，如图 7–4 所示。

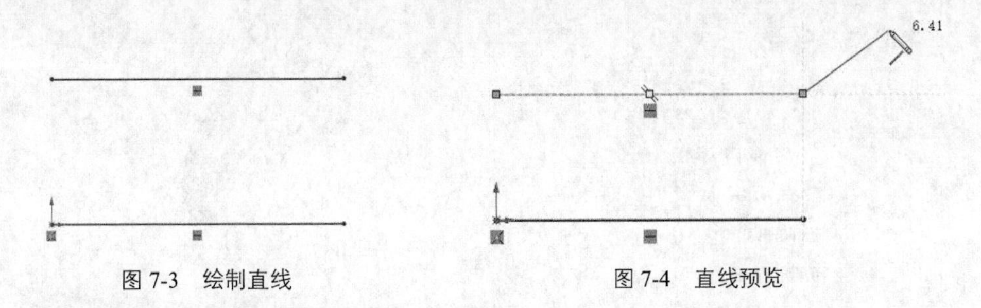

图 7-3　绘制直线　　　　图 7-4　直线预览

05 切线弧预览。将光标移回该端点处，当光标变为形状时，将其移开，预览显示一条切线弧，如图 7–5 所示。

06 绘制切线弧。将光标移至另一条直线的端点处单击，完成切线弧的绘制，如图 7–6 所示。

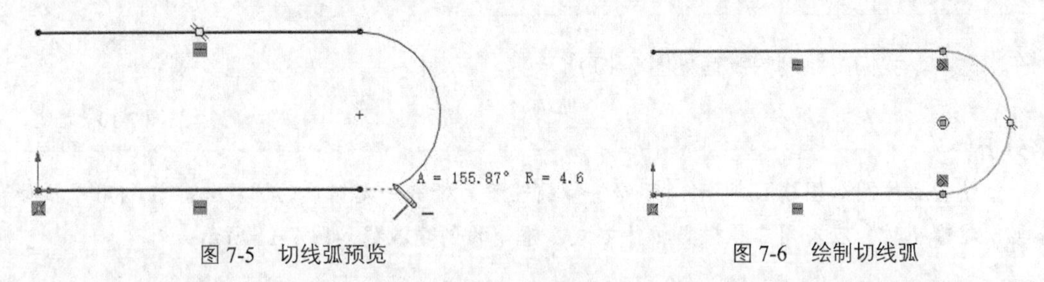

图 7-5　切线弧预览　　　　图 7-6　绘制切线弧

07 再次绘制切线弧。仿照步骤 04 ～ 06 的操作，完成直线另外一端的切线弧绘制，草图轮廓如图 7–7 所示。

08 标注尺寸。单击“草图”控制面板中的“智能尺寸”按钮，为草图标注尺寸，如图 7–8 所示。

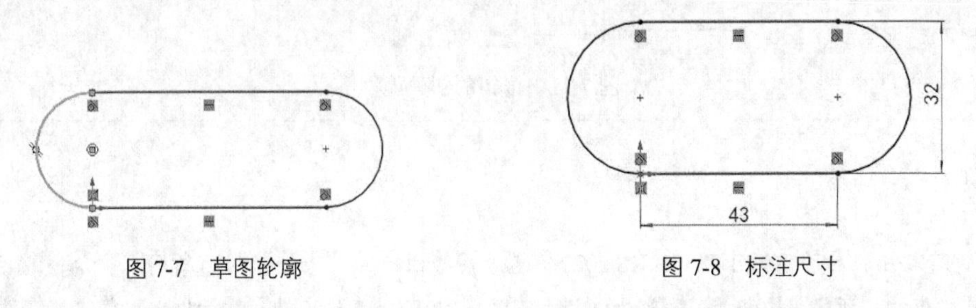

图 7-7　草图轮廓　　　　图 7-8　标注尺寸

09 拉伸实体。单击“特征”控制面板中的“拉伸凸台/基础实体”按钮，或者选择菜单栏中的“插入”→“凸台/基础实体”→“拉伸”命令，系统弹出“凸台–拉伸”属性管理器；在“方向 1”选项组中设定拉伸的终止条件为“给定深度”，在“深度”文本框中将拉伸深度设置为“20mm”，其他选项保持系统默认设置，如图 7–9 所示，单击“确定”按钮，完成拉伸特征的创建。至此完成圆头平键模型的创建。

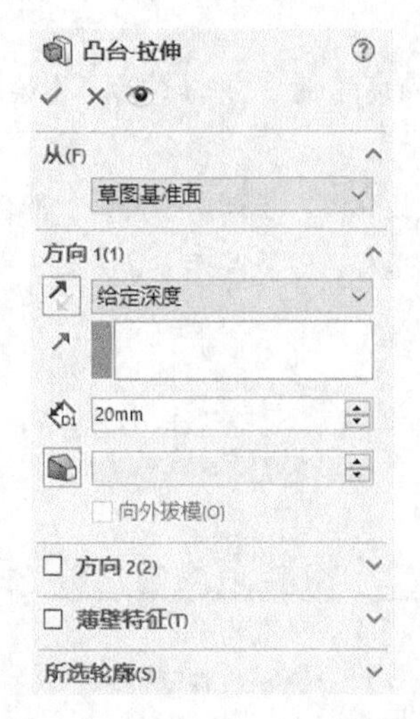

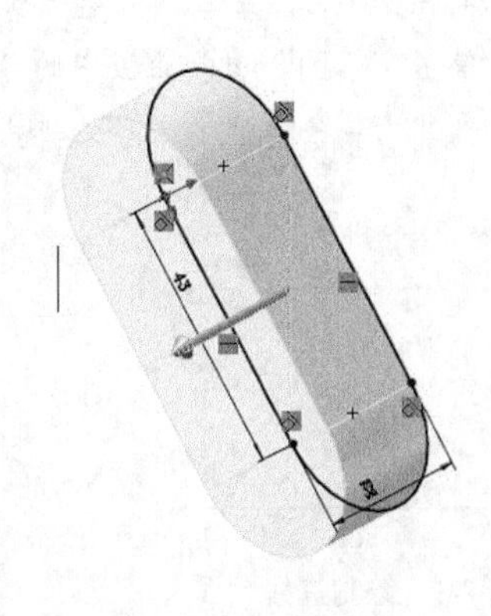

图 7-9　设置拉伸参数

7.2　锥销

在本例中，我们要绘制的锥销如图 7-10 所示。

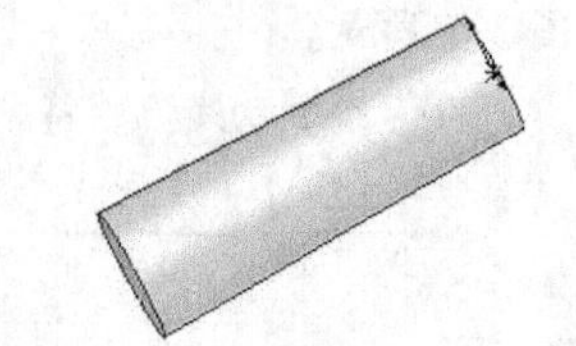

图 7-10　锥销

思路分析

锥销的立体图如图 7-10 所示，可以将锥销理解为带有一定锥度的圆柱体。在利用“拉伸”工具创建锥销时，应采用“拔模”拉伸方式，锥销的创建流程如图 7-11 所示。

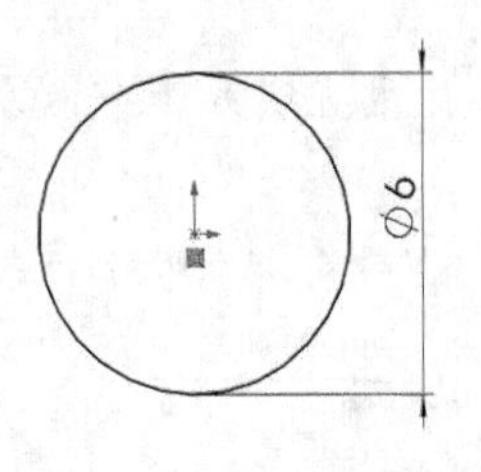

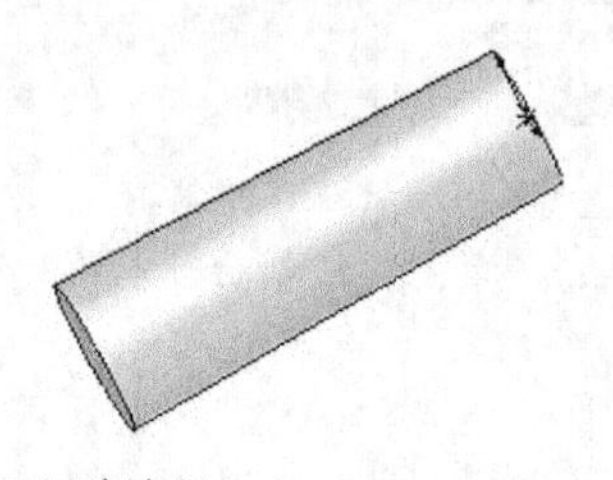

图 7-11　锥销的创建流程

创建步骤

01 新建文件。启动 SOLIDWORKS 2022，选择菜单栏中的“文件”→“新建”命令，或单击“快速访问”工具栏中的“新建”按钮，在弹出的“新建 SOLIDWORKS 文件”对话框中，单击“零件”按钮，然后单击“确定”按钮，创建一个新的零件文件。

02 新建草图。在 FeatureManager 设计树中选择“前视基准面”，将其作为草图绘制基准面，单击“草图”控制面板中的“草图绘制”按钮，新建一张草图。

03 绘制圆。单击“草图”控制面板中的“圆”按钮，以系统坐标原点为圆心绘制一个直径为 6mm 的圆，将其作为拉伸基础实体特征的草图轮廓，如图 7–12 所示。

04 拉伸圆。单击“特征”控制面板中的“拉伸凸台/基础实体”按钮，或选择菜单栏中的“插入”→“凸台/基础实体”→“拉伸”命令，系统弹出“凸台–拉伸”属性管理器；在“方向 1”选项组中设定拉伸终止条件为“给定深度”，在“深度”文本框中将拉伸深度设置为“20mm”；单击“拔模开/关”按钮，在“拔模角度”文本框中输入“1”，勾选“向外拔模”复选框，其他选项保持系统默认设置，如图 7–13 所示。

05 保存文件。单击“确定”按钮，完成锥销的绘制，结果如图 7–10 所示；单击“快速访问”工具栏中的“保存”按钮，将文件保存为“锥销.sldprt”。

图 7-12　绘制圆　　图 7-13　设置拉伸参数

7.3 垫圈

在本例中，我们要创建的垫圈如图 7-14 所示。

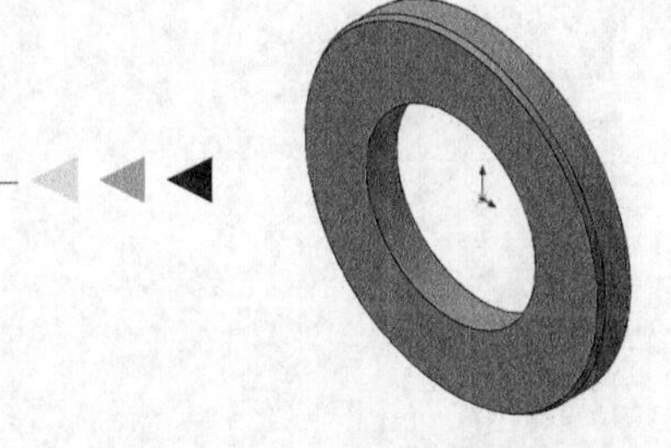

图 7-14　垫圈

思路分析

垫圈是机械设计中非常重要的零件之一。从结构上讲，垫圈是一个具有一定厚度的中空实体，可以利用 SOLIDWORKS 2022 中的拉伸、切除等功能完成垫圈的建模，垫圈的创建流程如图 7-15 所示。

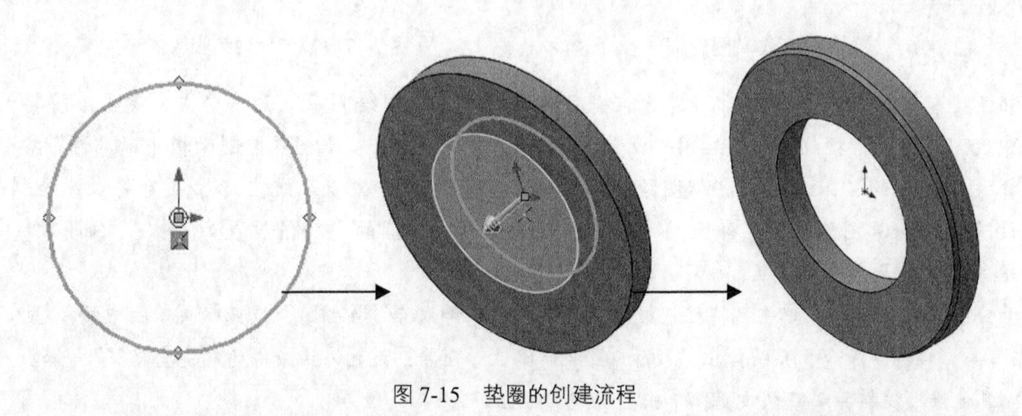

图 7-15　垫圈的创建流程

创建步骤

01 新建文件。启动 SOLIDWORKS 2022，选择菜单栏中的“文件”→“新建”命令，或单击“快速访问”工具栏中的“新建”按钮，在弹出的“新建 SOLIDWORKS 文件”对话框中，单击“零件”按钮，然后单击“确定”按钮，创建一个新的零件文件。

02 绘制垫圈实体草图轮廓。在 FeatureManager 设计树中选择“前视基准面”，将其作为草图绘制基准面，单击“视图（前导）”工具栏中的“正视于”按钮，将绘图平面转为正视方向；单击“草图”控制面板中的“圆”按钮，或选择菜单栏中的“工具”→“草图绘制实体”→“圆”命令，以系统坐标原点为圆心绘制垫圈实体的草图轮廓，在弹出的“圆”属性管理器中将圆的半径值设置为“15”，如图 7–16 所示，单击“确定”按钮。

03 拉伸创建垫圈实体。单击“特征”控制面板中的“拉伸凸台/基础实体”按钮，或选择菜单栏中的“插入”→“凸台/基础实体”→“拉伸”命令，系统弹出“凸台–拉伸”属性管理器；设置拉伸终止条件为“给定深度”，在“深度”文本框中输入“3”，将拉伸深度设置为 3mm，如图 7–17 所示，单击“确定”按钮，完成拉伸特征的创建。

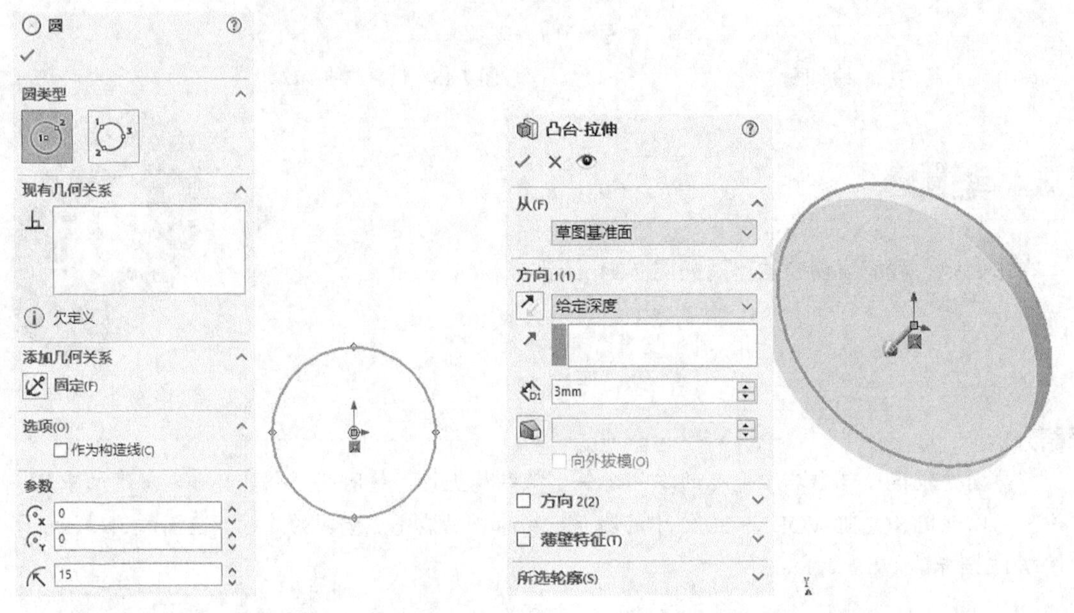

图 7-16　绘制垫圈实体草图轮廓　　　　图 7-17　拉伸创建垫圈实体

04 绘制切除拉伸草图轮廓。将“前视基准面”作为草图绘制基准面，单击“视图（前导）”工具栏中的“正视于”按钮，将绘图平面切换为正视方向；单击“草图”控制面板中的“圆”按钮，或选择菜单栏中的“工具”→“草图绘制实体”→“圆”命令，以系统坐标原点为圆心，绘制垫圈实体切除特征的草图轮廓，在弹出的“圆”属性管理器中将圆的半径值设置为“8.5”，如图 7–18 所示，单击“确定”按钮。

05 切除拉伸实体。单击“特征”控制面板中的“拉伸切除”按钮，或选择菜单栏中的“插入”→“切除”→“拉伸”命令，系统弹出“切除–拉伸”属性管理器；设置终止条件为“完全贯穿”，如图 7–19 所示，其他选项保持系统默认设置，单击“确定”按钮。

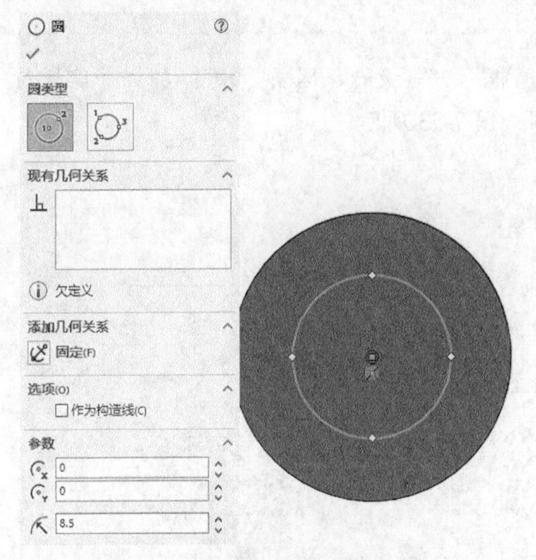

图 7-18　绘制切除拉伸草图轮廓

图 7-19　切除拉伸实体

06 创建倒角特征。单击“特征”控制面板中的“倒角”按钮，或选择菜单栏中的“插入”→“特征”→“倒角”命令，系统弹出“倒角”属性管理器；设置倒角类型为“角度距离”，在“距离”文本框中输入“0.5”，在“角度”文本框中输入“30”；选择垫圈的一条棱边，创建倒角特征，如图 7-20 所示。

07 保存文件。单击“快速访问”工具栏中的“保存”按钮，将文件保存为“垫圈.sldprt”，垫圈最终效果如图 7-21 所示。

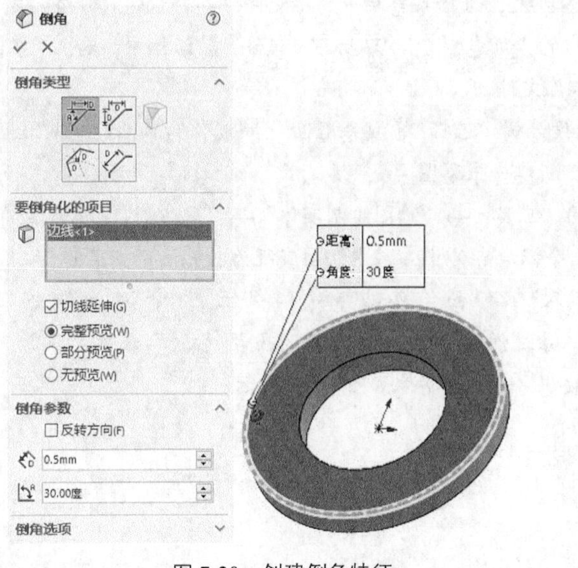

图 7-20　创建倒角特征

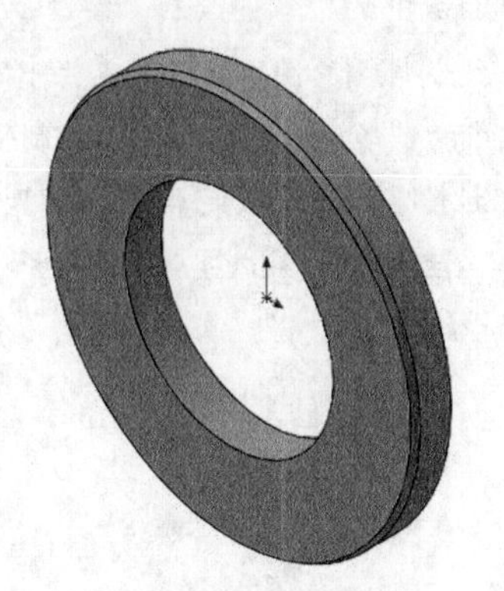

图 7-21　垫圈最终效果

7.4 螺栓

在本例中，我们要创建的螺栓如图 7-22 所示。

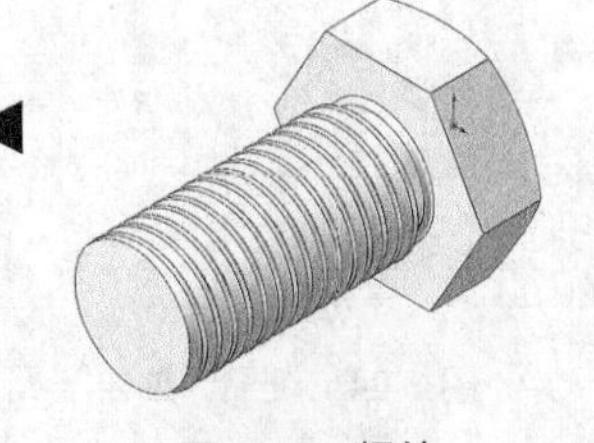

图 7-22　螺栓

思路分析

本例严格按照螺栓的基本尺寸建模，利用了拉伸、切除-旋转、圆角、切除-扫描等建模特征，并讲解了螺旋线的绘制方法。螺栓的创建流程如图 7-23 所示。

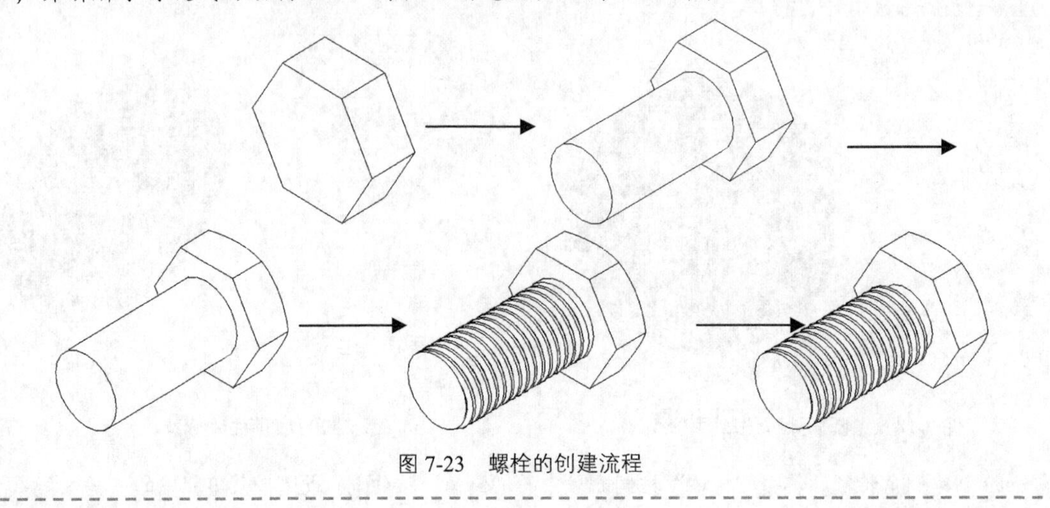

图 7-23 螺栓的创建流程

创建步骤

7.4.1 创建螺帽

01 新建文件。启动 SOLIDWORKS 2022，选择菜单栏中的“文件”→“新建”命令，或单击“快速访问”工具栏中的“新建”按钮，在弹出的“新建 SOLIDWORKS 文件”对话框中，单击“零件”按钮，然后单击“确定”按钮，创建一个新的零件文件。

02 设置基准面。在 FeatureManager 设计树中选择“前视基准面”，将其作为草图绘制基准面，单击“草图”控制面板中的“草图绘制”按钮，新建一张草图。

03 绘制螺帽草图。选择菜单栏中的“工具”→“草图绘制实体”→“多边形”命令，或单击“草图”控制面板中的“多边形”按钮。绘制一个以原点为中心、内切圆直径为 30mm 的正六边形。

04 拉伸实体。选择菜单栏中的“插入”→“凸台/基础实体”→“拉伸”命令，或单击“特征”控制面板中的“拉伸凸台/基础实体”按钮。系统弹出图 7-24 所示的“凸台-拉伸”属性管理器，在“深度”文本框中输入“12.5”。单击“确定”按钮，拉伸实体如图 7-25 所示。

图 7-24 “凸台-拉伸”属性管理器

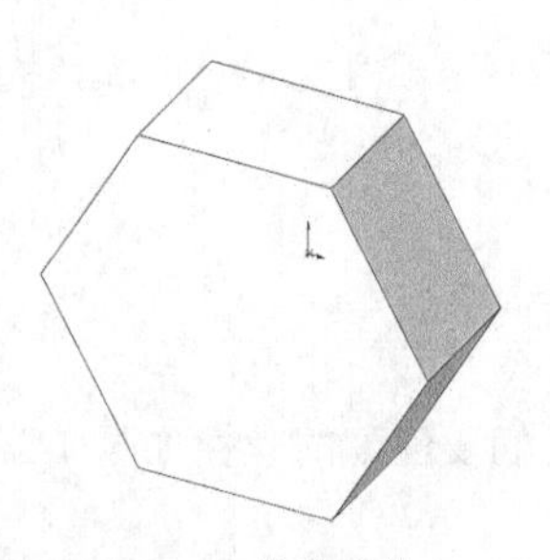

图 7-25 拉伸实体 1

7.4.2 创建螺柱

01 设置基准面。选择基础实体的顶面，然后单击“视图（前导）”工具栏中的“正视于”按钮，将该表面作为绘制图形的基准面。

02 绘制螺柱草图。选择菜单栏中的“工具”→“草图绘制实体”→“圆”命令，或单击“草图”控制面板中的“圆”按钮。绘制一个以原点为圆心、直径为 20mm 的圆，将其作为螺柱的草图轮廓。

03 拉伸实体。选择菜单栏中的“插入”→“凸台/基础实体”→“拉伸”命令，或单击“特征”控制面板中的“拉伸凸台/基础实体”按钮。系统弹出“凸台–拉伸”属性管理器；在“深度”文本框中输入“40”，单击“确定”按钮，拉伸实体如图 7–26 所示。

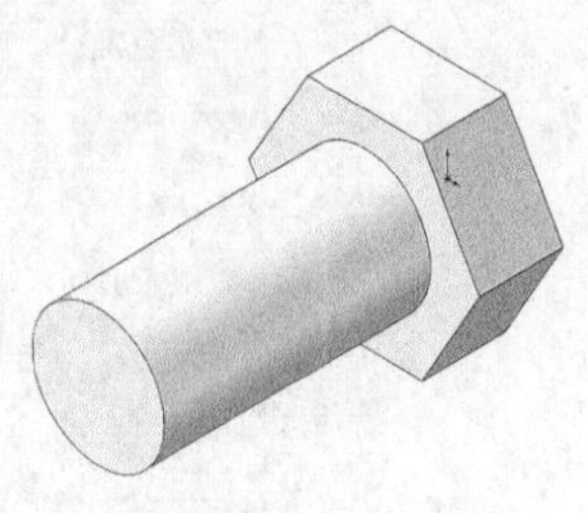

图 7-26 拉伸实体 2

7.4.3 创建倒角特征

01 设置基准面。在 FeatureManager 设计树中选择“上视基准面”，将其作为绘图基准面。单击“草图”控制面板中的“草图绘制”按钮，新建一张草图。

02 绘制倒角草图

❶ 绘制中心线。单击“草图”控制面板中的“中心线”按钮，绘制一条与原点相距 3mm 的水平中心线。

❷ 转换实体引用。选择拉伸基础实体的右侧边线，选择菜单栏中的“工具”→“草图工具”→“转换实体引用”命令，或单击“草图”控制面板中的“转换实体引用”按钮，将该基础实体特征的边线转换为草图直线。

❸ 将直线设置为构造线。再次选择该直线，然后在“线条属性”属性管理器的“选项”选项组中勾选“作为构造线”复选框，将该直线作为构造线。

❹ 绘制轮廓。单击“草图”控制面板中的“直线”按钮，并标注尺寸，绘制图 7–27 所示的直线轮廓。

03 切除旋转实体。选择菜单栏中的“插入”→“切除”→“旋转”命令，或单击“特征”控制面板中的“旋转切除”按钮。在出现的提示对话框中单击“是”按钮，如图 7–28 所示。系统弹出“切除–旋转”属性管理器，保持各种默认选项，即设置旋转类型为“给定深度”；在旋转角度文本框中输入“360”；如图 7–29 所示。单击“确定”按钮，生成切除–旋转特征，如图 7–30 所示。

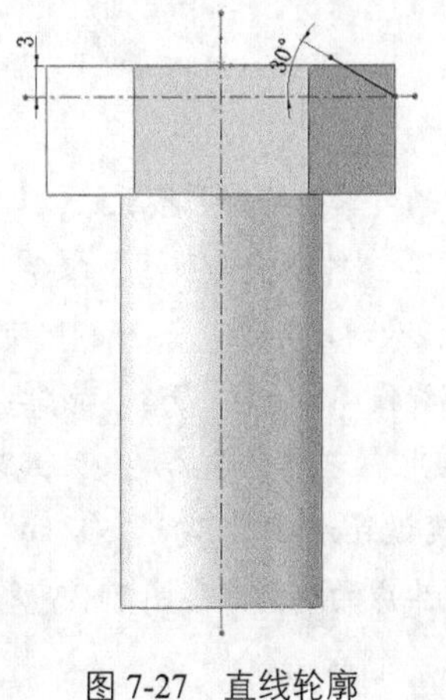

图 7-27 直线轮廓

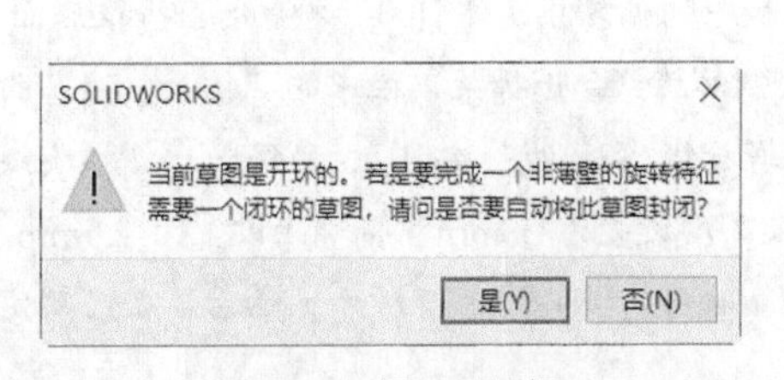

图 7-28 提示对话框

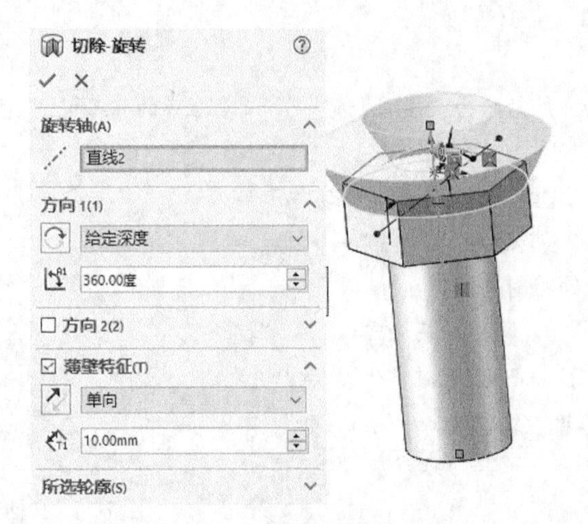

图 7-29 旋转切除实体图

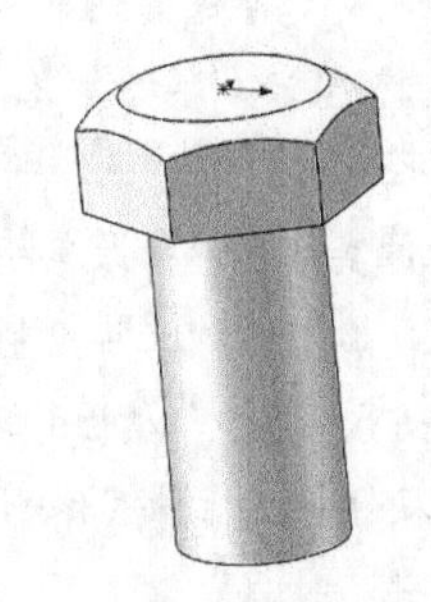

图 7-30 切除旋转结果

7.4.4 创建螺纹

01 设置基准面。在 FeatureManager 设计树中选择“上视基准面”，将其作为草图绘制基准面。单击“草图”控制面板中的“草图绘制”按钮，新建一张草图。

02 绘制螺纹草图。单击“草图”控制面板中的“直线”按钮和“中心线”按钮，绘制切除轮廓，并标注尺寸，如图 7–31 所示。然后单击绘图区右上角的“退出草图”按钮。

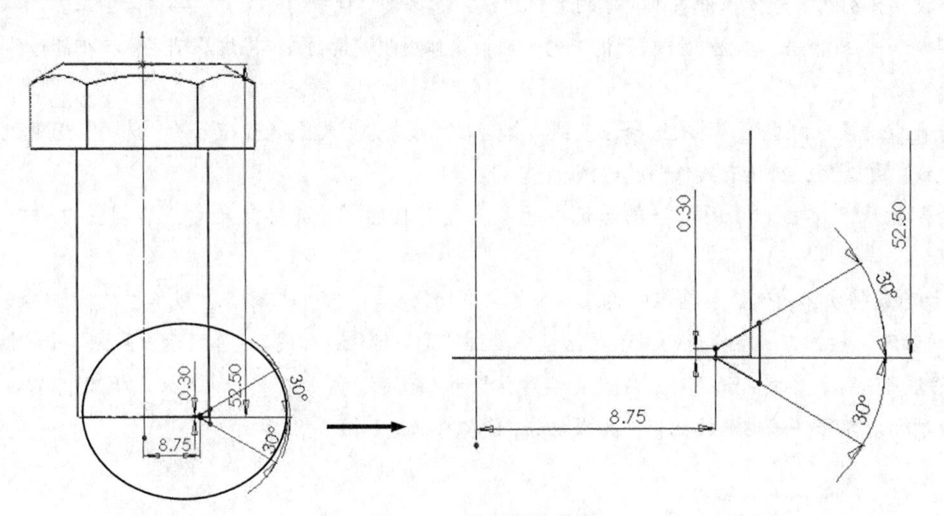

图 7-31 绘制螺纹草图

03 设置基准面。选择螺柱的底面，单击“草图”控制面板中的“草图绘制”按钮，新建一张草图。

04 转换实体引用。选择菜单栏中的“工具”→“草图工具”→“转换实体引用”命令，或单击“草图”控制面板中的“转换实体引用”按钮，将该底面的轮廓圆转换为草图轮廓。

05 绘制螺旋线。选择菜单栏中的“插入”→“曲线”→“螺旋线/涡状线”命令，或单击“曲线”工具栏中的“螺旋线/涡状线”按钮，系统弹出“螺旋线/涡状线”属性管理器；选择定义方式为“高度和螺距”，将螺纹高度设置为 38mm、将螺距设置为 2.5mm、将起始角度设置为 0°，勾选“反向”复选框，选择方向为“顺时针”，如图 7–32 所示，最后单击“确定”按钮。生成的螺旋线如图 7–33 所示。

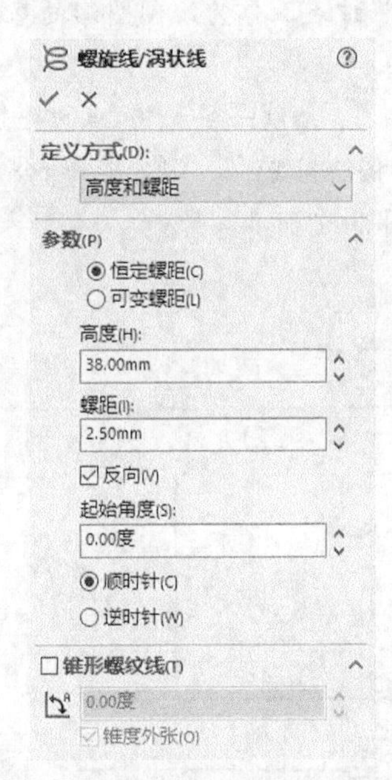

图 7-32 “螺旋线/涡状线”属性管理器

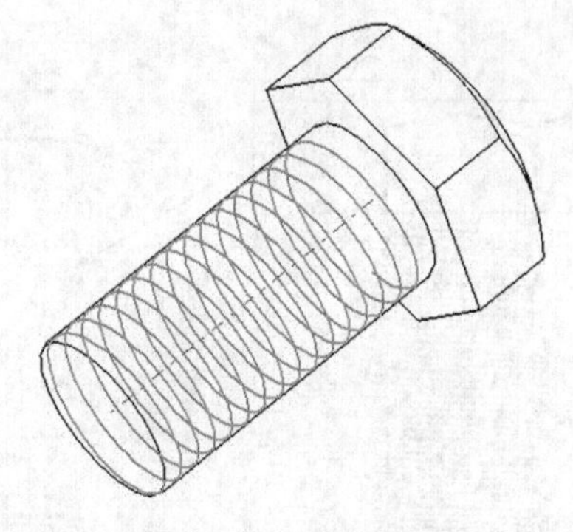

图 7-33 生成的螺旋线

06 生成螺纹。选择菜单栏中的“插入”→“切除”→“扫描”命令，或单击“特征”控制面板中的“扫描切除”按钮，系统弹出“切除-扫描”属性管理器；单击“轮廓”按钮，选择绘图区中的牙型草图；单击“路径”按钮，将螺旋线作为路径草图，如图 7-34 所示，单击“确定”按钮，生成螺纹，生成的螺纹如图 7-35 所示。

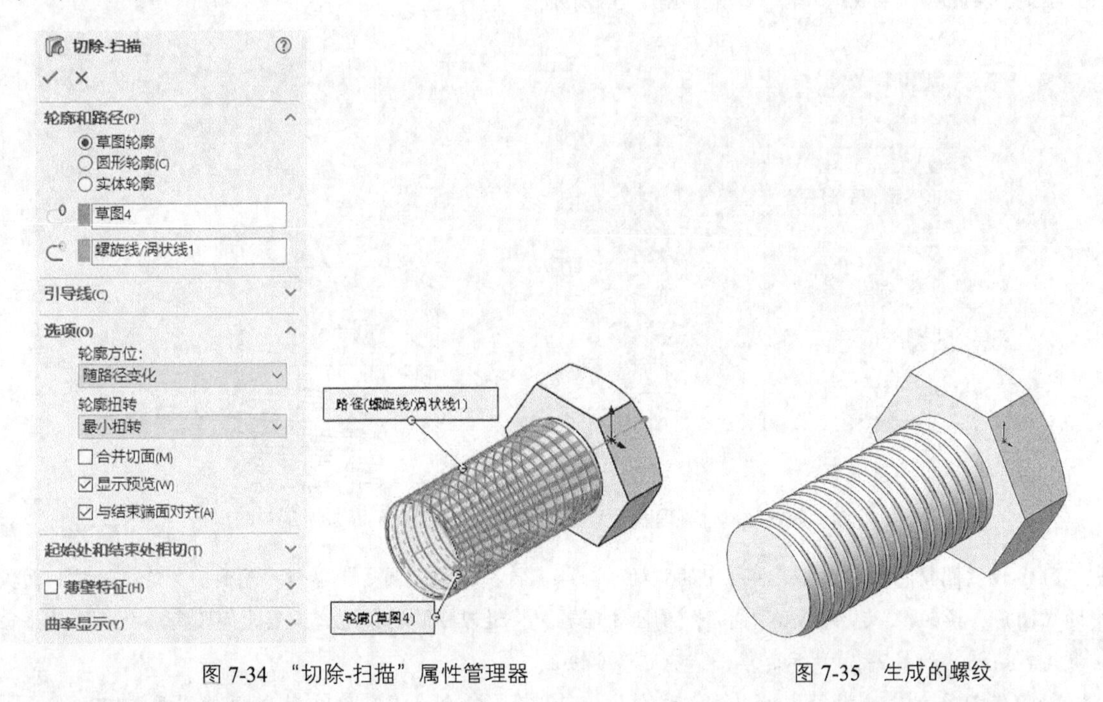

图 7-34 “切除-扫描”属性管理器

图 7-35 生成的螺纹

7.4.5 生成退刀槽

01 设置基准面。在 FeatureManager 设计树中选择“上视基准面”，将其作为草图绘制基准面。

然后单击“视图（前导）”工具栏中的“正视于”按钮，将该表面作为绘制图形的基准面，新建一张草图。

02 绘制草图。单击“草图”控制面板中的“中心线”按钮，绘制一条通过原点的竖直中心线，将其作为切除-旋转特征的旋转轴。选择菜单栏中的“工具”→“草图绘制实体”→“矩形”命令，或单击“草图”控制面板中的“边角矩形”按钮，并对其进行标注，如图 7-36 所示。

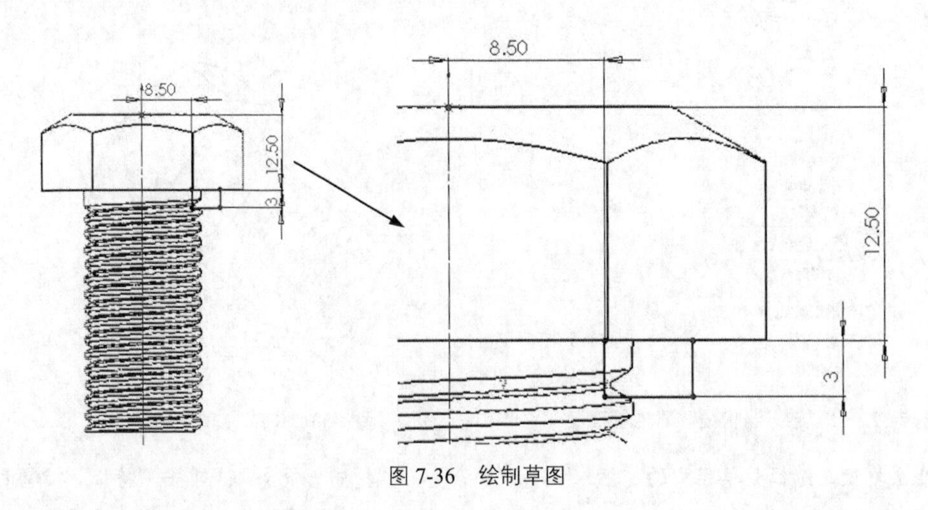

图 7-36　绘制草图

03 创建切除-旋转实体。选择菜单栏中的“插入”→“切除”→“旋转”命令，或单击“特征”控制面板中的“旋转切除”按钮，系统弹出图 7-37 所示的“切除-旋转”属性管理器，保持默认设置。单击“确定”按钮，生成退刀槽，结果如图 7-38 所示。

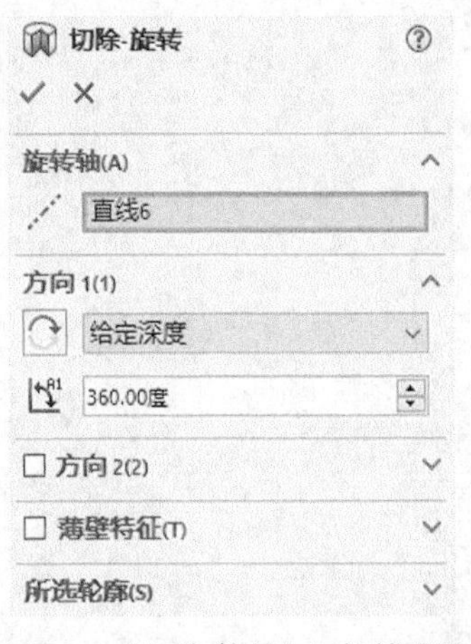

图 7-37 “切除-旋转”属性管理器

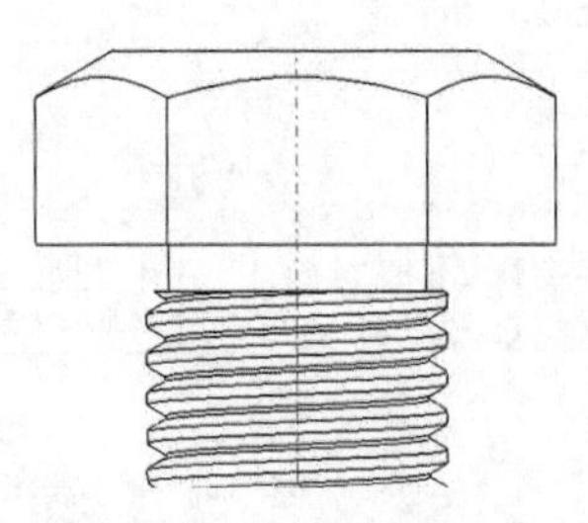

图 7-38　退刀槽

04 设置圆角特征。选择菜单栏中的“插入”→“特征”→“圆角”命令，或单击“特征”控制面板中的“圆角”按钮。系统弹出“圆角”属性管理器。将退刀槽的两条边线设置为倒圆角边，将圆角半径设置为 0.8mm，如图 7-39 所示。单击“确定”按钮。

05 保存文件。选择菜单栏中的“文件”→“保存”命令，将零件文件保存为“螺栓 M20.sldprt”，最后的效果如图 7-40 所示。

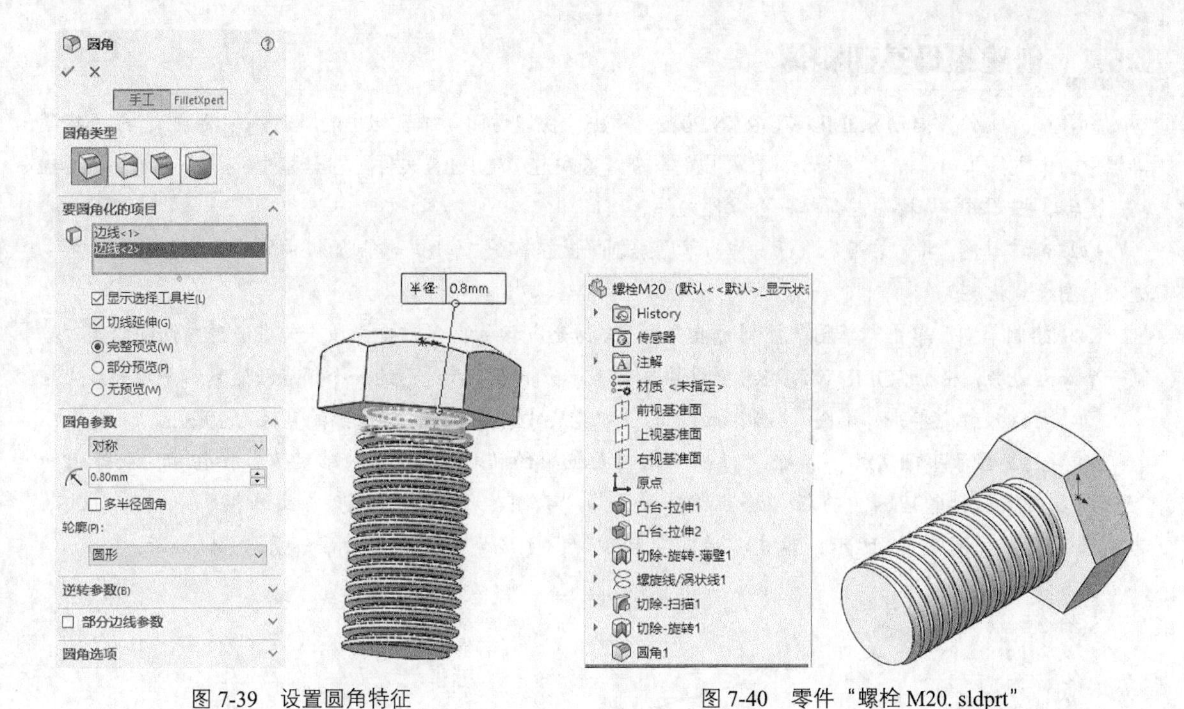

图 7-39　设置圆角特征　　　　图 7-40　零件“螺栓 M20. sldprt”

7.5 螺母

在本例中，我们要创建的螺母如图 7-41 所示。

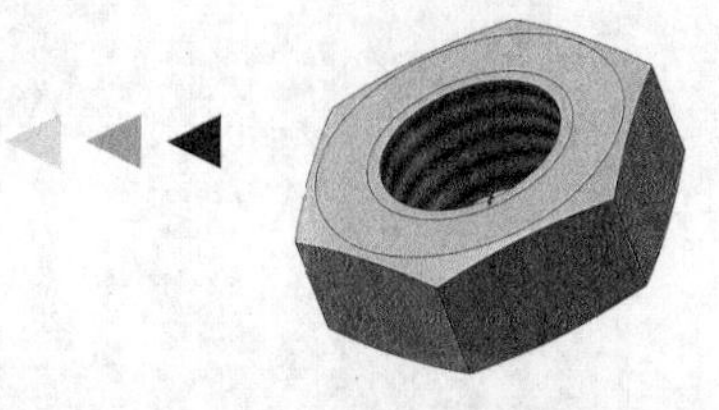

图 7-41　螺母

思路分析

首先通过拉伸创建螺母基础实体，然后通过旋转切除创建倒角，最后创建螺纹孔。螺母的创建流程如图 7-42 所示。

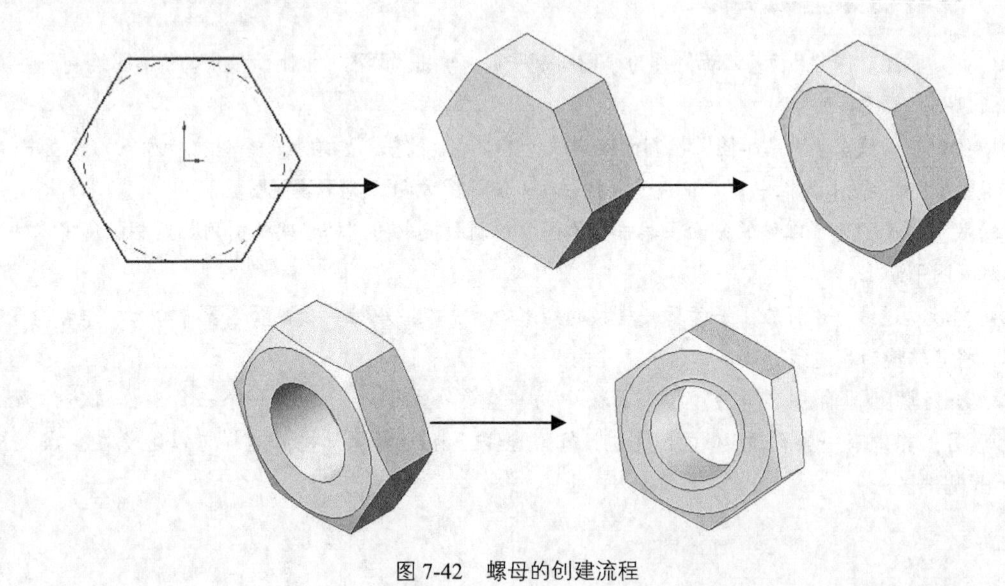

图 7-42　螺母的创建流程

7.5.1 创建螺母基础实体

01 新建文件。启动 SOLIDWORKS 2022，单击“快速访问”工具栏中的“新建”按钮，或选择菜单栏中的“文件”→“新建”命令，在弹出的“新建 SOLIDWORKS 文件”对话框中，单击“零件”按钮，然后单击“确定”按钮，新建一个零件文件。

02 新建草图。将“前视基准面”作为草图绘制平面，单击“草图”控制面板中的“草图绘制”按钮，进入草图绘制状态。

03 绘制草图。单击“草图”控制面板中的“多边形”按钮，以坐标原点为多边形内切圆的圆心绘制一个正六边形，根据 SOLIDWORKS 提供的自动跟踪功能将正六边形的一个顶点放置到水平延长线上。

04 标注尺寸。单击“草图”控制面板中的“智能尺寸”按钮，标注圆的直径为 19mm。

05 生成螺母基础实体。单击“特征”控制面板中的“拉伸凸台/基础实体”按钮，在弹出的“凸台-拉伸”属性管理器中将拉伸终止条件设置为“两侧对称”，在“深度”文本框中输入“7.2”，其他选项设置如图 7-43 所示，单击“确定”按钮，生成螺母基础实体，如图 7-44 所示。

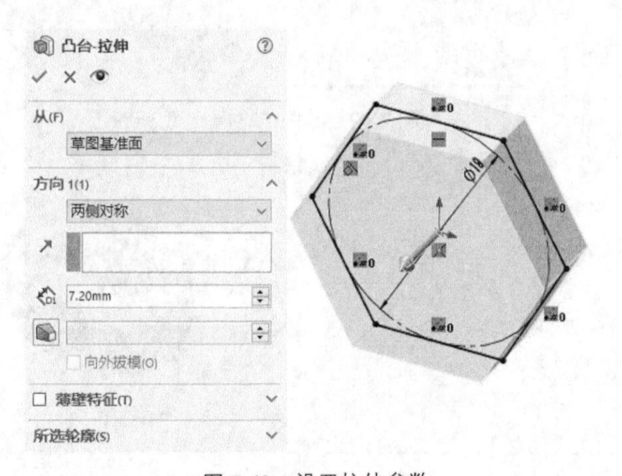

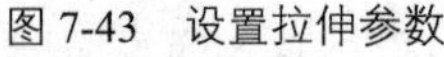
图 7-43 设置拉伸参数

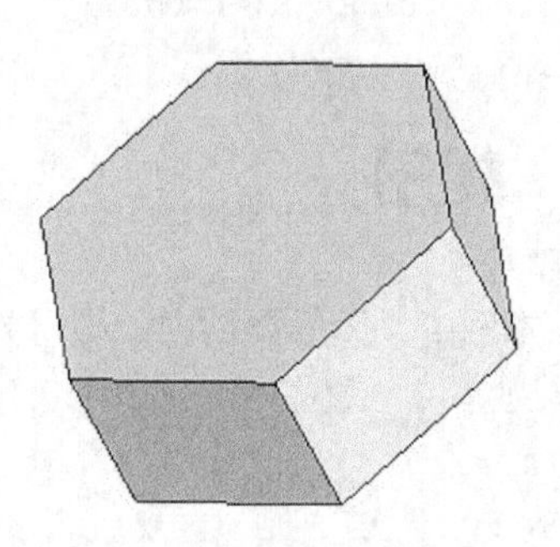
图 7-44 螺母基础实体

7.5.2 旋转切除基础实体

01 新建草图。将“上视基准面”作为草图绘制平面，单击“草图”控制面板中的“草图绘制”按钮，在其上新建一张草图。

02 绘制中心线。单击“草图”控制面板中的“中心线”按钮，绘制一条过坐标原点的竖直中心线。单击“视图（前导）”工具栏中的“正视于”按钮，使视图方向正视于该视图。

03 投影轮廓。选择零件的侧面，单击“草图”控制面板中的“转换实体引用”按钮，将零件的轮廓投影到草图平面上。

04 转换构造线。选择在上一步骤中转换的矩形轮廓，在“属性”属性管理器中勾选“作为构造线”复选框，将其转换为构造线。

05 绘制草图。单击“草图”控制面板中的“直线”按钮，绘制一个三角形，将其作为旋转切除的草图，其中有一条斜向通过矩形右上角的直线，直线尽量长些，这样可以避免在生成大尺寸零件时出现错误。

06 绘制点。单击“草图”控制面板中的“点”按钮 ，在斜向直线与矩形的交点处绘制两个点。

07 标注尺寸。单击“草图”控制面板中的“智能尺寸”按钮 ，标注尺寸，如图 7-45 所示。

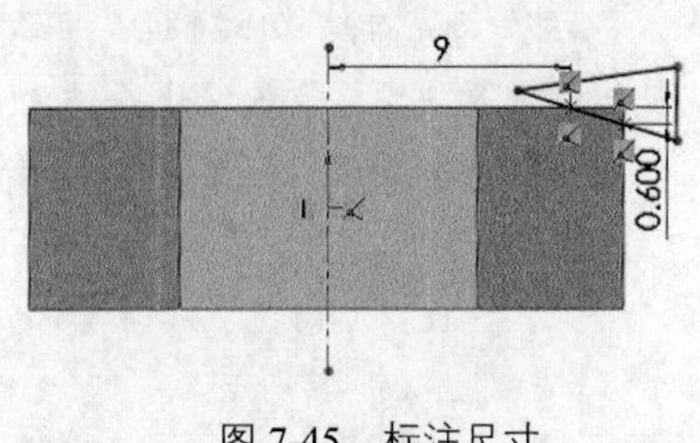

图 7-45　标注尺寸

08 创建旋转切除特征。单击“特征”控制面板中的“旋转切除”按钮 ，系统弹出“切除-旋转”属性管理器；在绘图区选择通过坐标原点的竖直中心线，将其作为旋转轴，其他选项设置如图 7-46 所示，单击“确定”按钮 ，生成旋转切除特征，结果如图 7-47 所示。

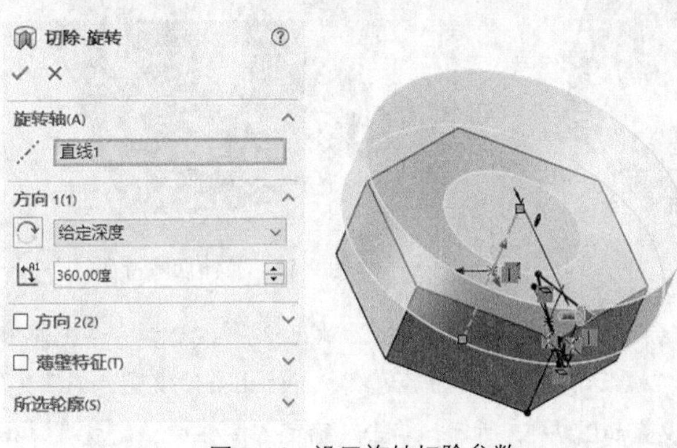

图 7-46　设置旋转切除参数

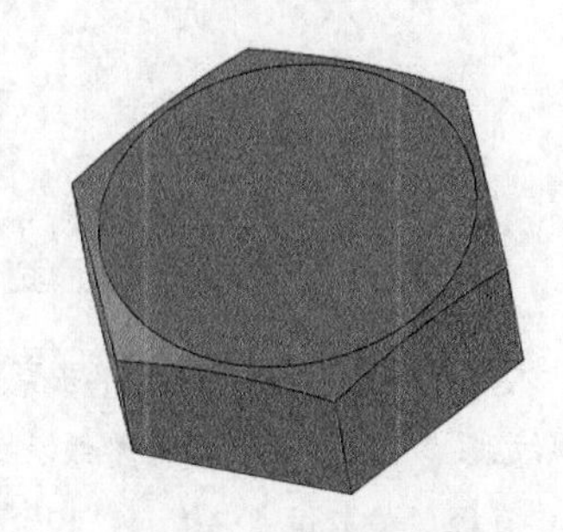
图 7-47　旋转切除特征

09 创建镜像特征。单击“特征”控制面板中的“镜向”按钮 ，在弹出的“镜向”属性管理器中选择“前视基准面”，将其作为镜像面，选择在步骤 08 中生成的“切除-旋转”特征作为要镜像的特征，其他选项设置如图 7-48 所示，单击“确定”按钮 ，生成镜像特征，结果如图 7-49 所示。

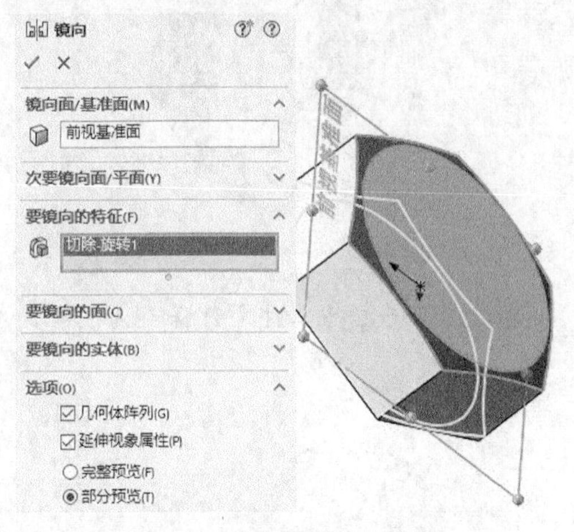

图 7-48　设置“镜向”参数

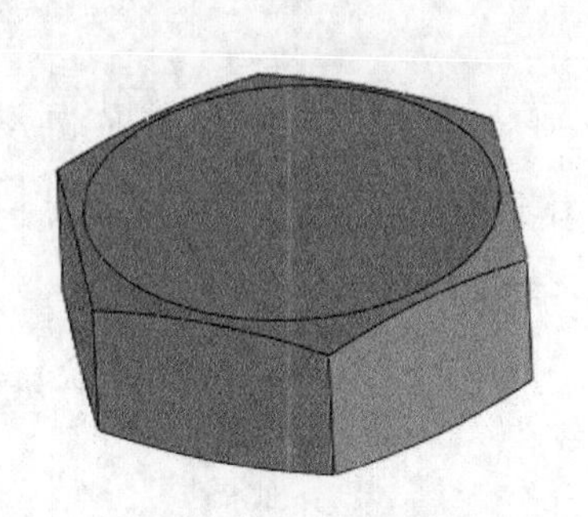
图 7-49　镜像特征

7.5.3　创建螺纹孔

01 新建草图。选择螺母基础实体的上端面，单击“草图”控制面板中的“草图绘制”按钮 ，在其上新建一张草图。

02 绘制草图。单击“草图”控制面板中的“圆”按钮 ，以坐标原点为圆心绘制一个圆。

03 标注尺寸。单击“草图”控制面板中的“智能尺寸”按钮 ，标注圆的直径为 10.5mm。

04 创建拉伸切除特征。单击“特征”控制面板中的“拉伸切除”按钮，在弹出的“切除-拉伸”属性管理器中设置切除终止条件为“完全贯穿”，具体设置如图 7-50 所示，单击“确定”按钮，完成拉伸切除特征的创建，结果如图 7-51 所示。

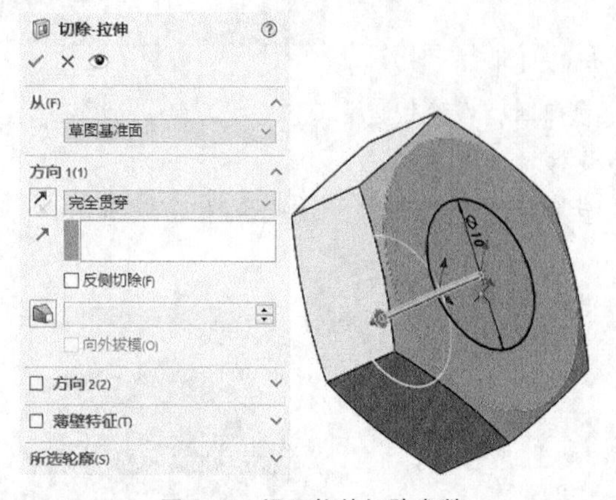

图 7-50　设置拉伸切除参数

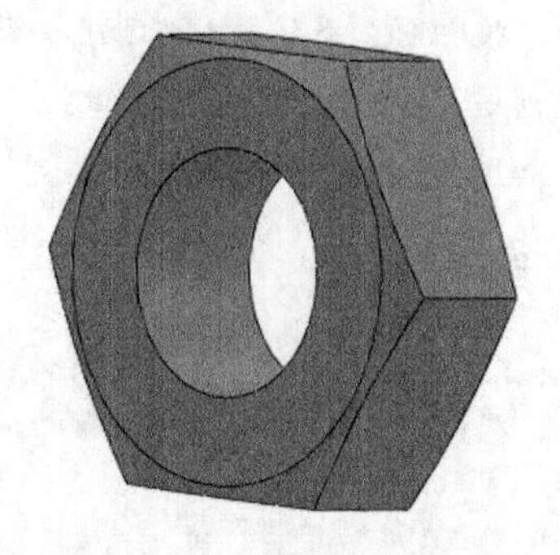

图 7-51　拉伸切除特征

05 创建螺纹孔特征。单击菜单栏中的“插入”→“注解”→“装饰螺纹线”按钮，系统弹出“装饰螺纹线”属性管理器；将螺纹孔的边线作为“螺纹设定”中的圆形边线，将终止条件设置为“通孔”，在“次要直径”文本框中输入“12”，其他选项设置如图 7-52 所示，单击“确定”按钮，完成螺纹孔特征的创建，如图 7-52 所示。

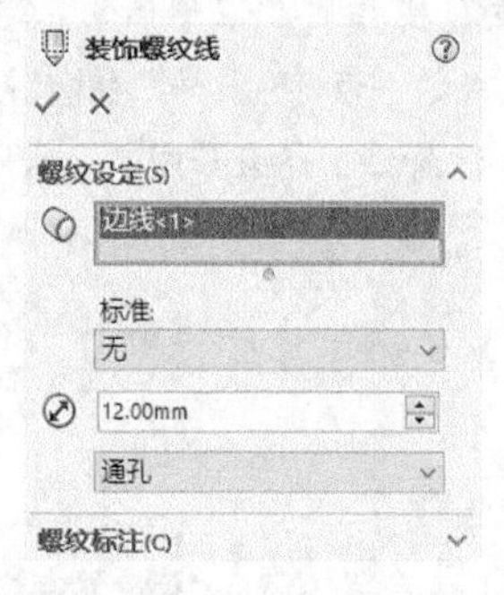

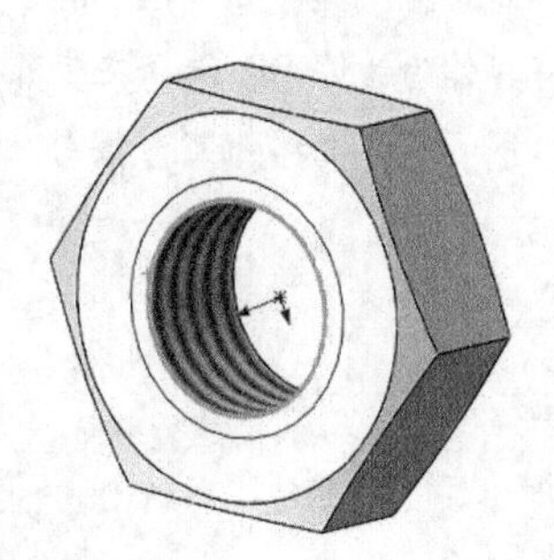

图 7-52　设置装饰螺纹线参数

06 保存文件。选择菜单栏中的“文件”→“保存”命令，将零件文件保存为“螺母 M10.sldprt”，最后的效果如图 7-53 所示。

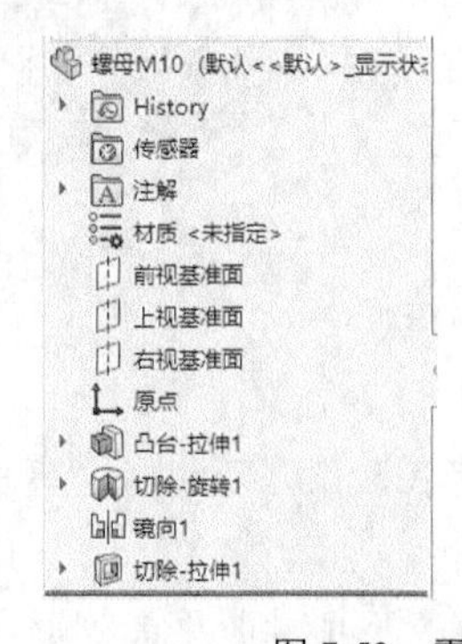

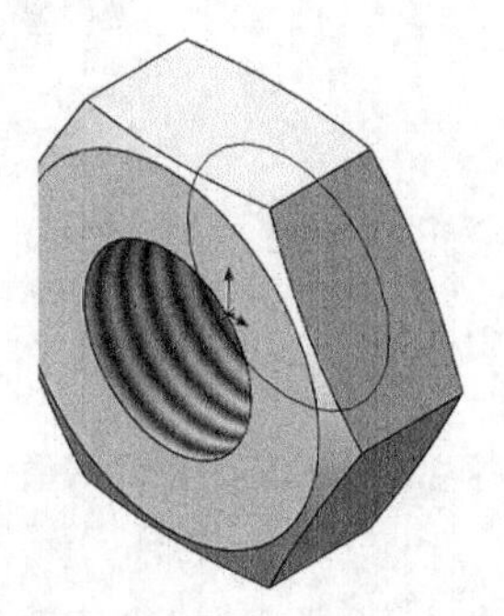

图 7-53　零件“螺母 M10.sldprt”

第 8 章

轴系零件

轴是机器中的重要零件之一，用来支持旋转的机械零件，如齿轮、带轮等。不同结构形式的轴类零件存在共同特点，如都是由相同或不同直径的圆柱段连接而成的，由于装配齿轮、带轮等旋转零件的需要，轴类零件上一般要带有键槽，同时还有轴端倒角、圆角等特征。这些共同的特征是进行实体建模的基础。

齿轮是现代机械制造和仪表制造等工业中的重要零件，齿轮传动应用很广，类型也很多，主要包括圆柱齿轮传动，圆锥齿轮传动，齿轮、齿条传动和蜗杆传动等，而最常用的是渐开线齿轮圆柱齿轮传动（包括直齿和斜齿）。

学习要点

- 阶梯轴
- 花键轴
- 直齿圆柱齿轮
- 圆锥齿轮

8.1 阶梯轴

在本例中，我们要创建的阶梯轴如图 8-1 所示。

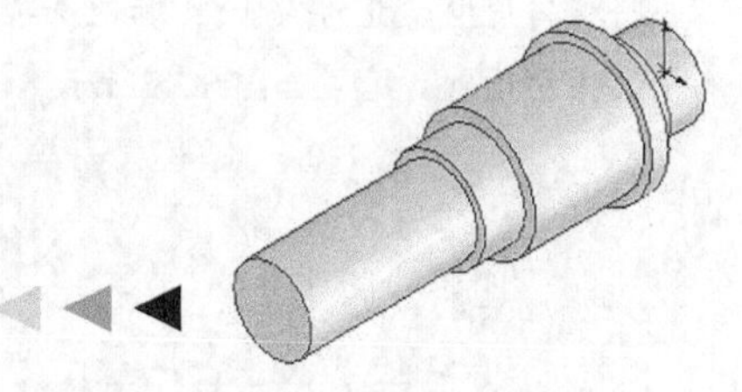

图 8-1　阶梯轴

思路分析

本例将结合轴类零件的特点，介绍运用 SOLIDWORKS 2022 中的旋转功能完成典型阶梯轴实体建模的过程。

本例中的轴由 6 段不同直径的圆柱段构成，通过使用拉伸工具，可以方便地绘制轴的外形轮廓实体，阶梯轴的创建流程如图 8-2 所示。

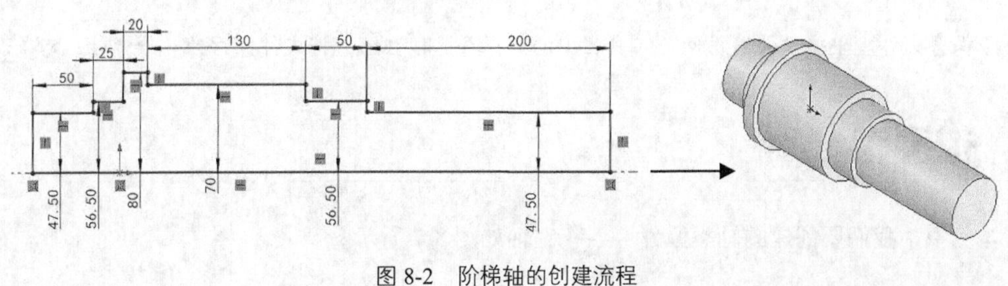

图 8-2　阶梯轴的创建流程

创建步骤

01 新建文件。启动 SOLIDWORKS 2022，单击“快速访问”工具栏中的“新建”按钮，或选择菜单栏中的“文件”→“新建”命令，在弹出的“新建 SOLIDWORKS 文件”对话框中，单击“零件”按钮，然后单击“确定”按钮，创建一个新的零件文件。

02 新建草图。在 FeatureManager 设计树中选择“前视基准面”，将其作为草图绘制基准面，单击“草图”控制面板中的“草图绘制”按钮，新建一张草图。

03 绘制中心线。单击“草图”控制面板中的“中心线”按钮，过原点绘制一条水平中心线，将其作为旋转轴线。

04 绘制轴的外形轮廓。单击“草图”控制面板中的“直线”按钮，在绘图区草绘轴的外形轮廓线，如图 8–3 所示。

05 标注尺寸。单击“草图”控制面板中的“智能尺寸”按钮，在草图上标注尺寸，如图 8–4 所示。

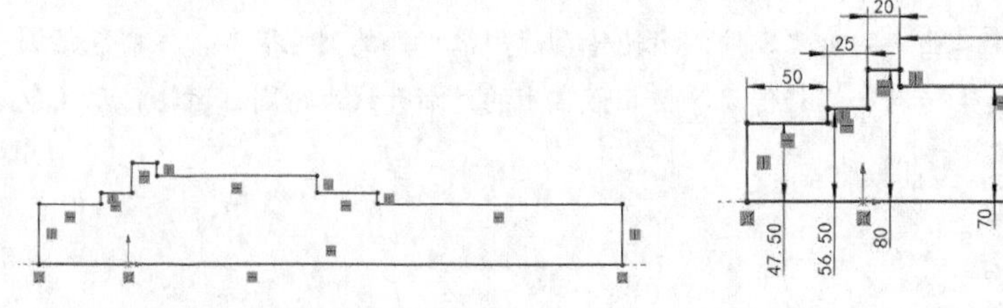

图 8-3　绘制轴的外形轮廓线

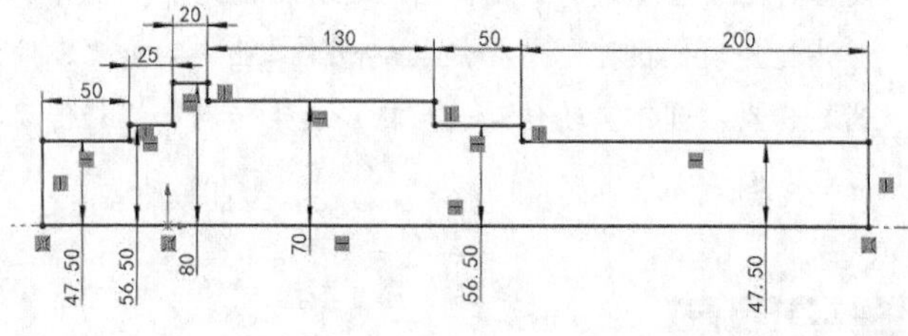

图 8-4　标注尺寸

06 旋转基础实体。单击“特征”控制面板中的“旋转凸台/基础实体”按钮，或选择菜单栏中的“插入”→“凸台/基础实体”→“旋转”命令，系统弹出“旋转”属性管理器，选择旋转类型为“给定深度”，并将旋转角度设置为 360°，其他选项保持系统默认设置，如图 8–5 所示；单击“确定”按钮，完成阶梯轴实体的绘制，结果如图 8–6 所示。

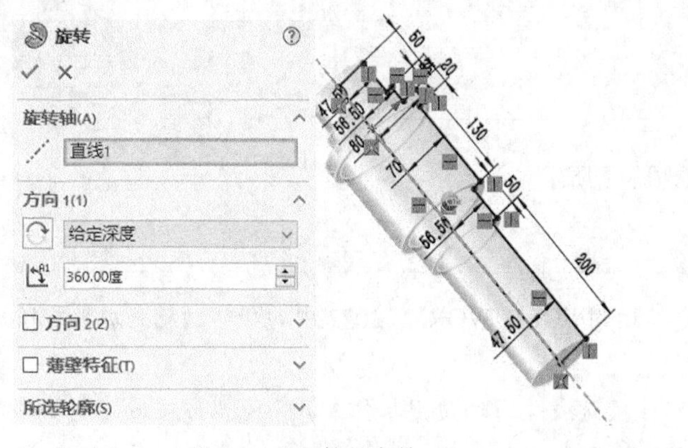

图 8-5　设置旋转参数

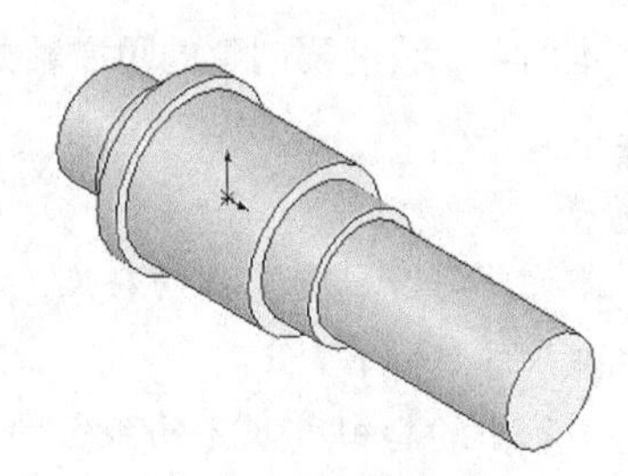

图 8-6　阶梯轴实体

07 保存文件。单击“快速访问”工具栏中的“保存”按钮，将文件保存为“阶梯轴–旋转.sldprt”。

8.2 花键轴

在本例中，我们要创建的轴类零件——花键轴如图 8-7 所示。

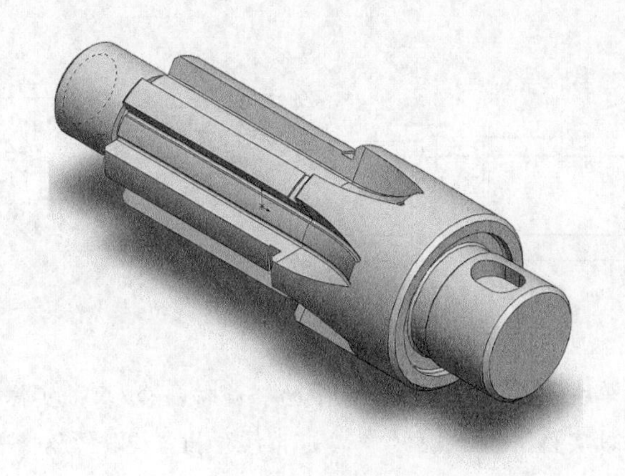

图 8-7　花键轴

思路分析

在创建花键轴时首先要绘制花键轴的草图，通过旋转生成轴的基础造型，然后创建轴端的螺纹，再设置基准面、创建键槽，最后绘制花键草图，通过扫描生成花键。花键轴的创建流程如图 8-8 所示。

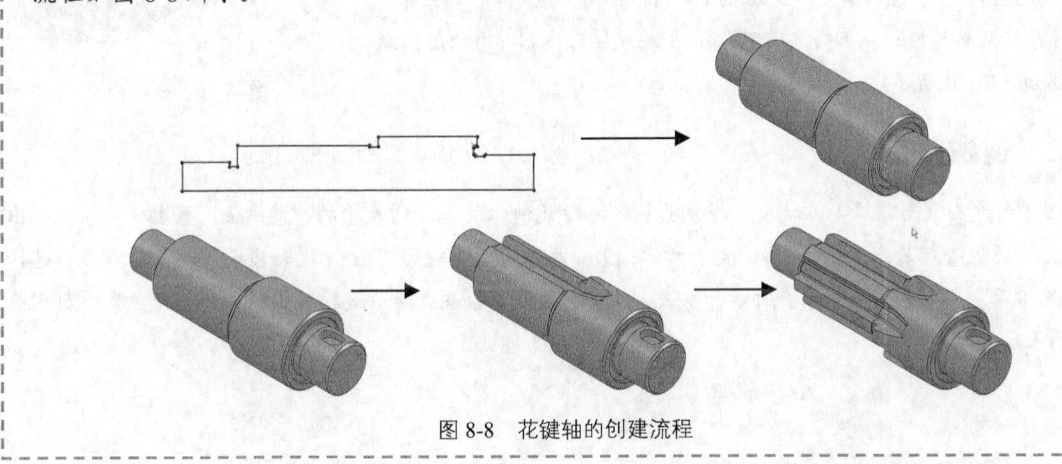

图 8-8　花键轴的创建流程

8.2.1　创建轴基础造型

01 新建文件。启动 SOLIDWORKS 2022，单击“快速访问”工具栏中的“新建”按钮，或选择菜单栏中的“文件”→“新建”命令，在弹出的“新建 SOLIDWORKS 文件”对话框中，单击“零件”按钮，然后单击“确定”按钮，创建一个新的零件文件。

02 绘制草图。在 FeatureManager 设计树中选择“前视基准面”，将其作为草图绘制基准面，单击“草图”控制面板中的“草图绘制”按钮，将其作为草绘平面；单击“草图”控制面板中的“直线”按钮，或选择菜单栏中的“工具”→“草图绘制实体”→“直线”命令，在绘图区绘制轴的外形轮廓线。

03 标注尺寸。单击“草图”控制面板中的“智能尺寸”按钮，或选择菜单栏中的“工具”→“尺寸”→“智能尺寸”命令，为草图轮廓添加驱动尺寸，如图 8−9 所示。首先标注花键轴的全长为 125mm，再标注细节尺寸，这样可以有效避免草图轮廓在添加驱动尺寸后产生几何关系的变化。

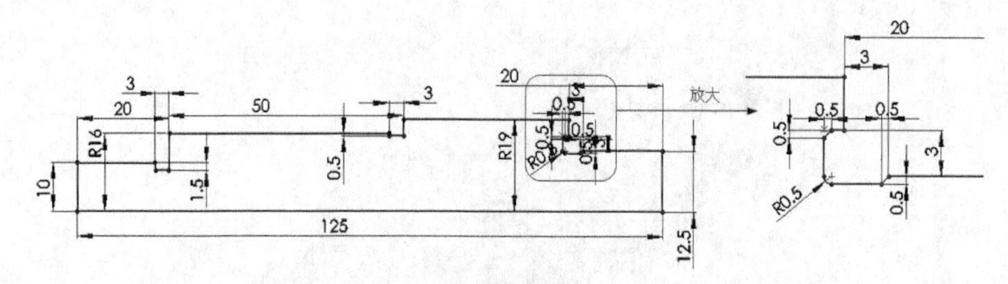

图 8-9 标注尺寸

04 旋转生成实体。单击“特征”控制面板中的“旋转凸台/基础实体”按钮，或选择菜单栏中的“插入”→“凸台/基础实体”→“旋转”命令，系统弹出“旋转”属性管理器；将长度为 125mm 的直线作为旋转轴，单击“确定”按钮，完成花键轴的基础造型绘制。

05 创建倒角特征。单击“特征”控制面板中的“倒角”按钮，或选择菜单栏中的“插入”→“特征”→“倒角”命令，系统弹出“倒角”属性管理器。选择倒角类型为“角度距离”，在“距离”文本框中输入倒角距离“1”，在“角度”文本框中输入倒角角度“45”，在绘图区选择各轴截面的棱边，单击“确定”按钮，生成 1×45° 的倒角，倒角特征如图 8-10 所示。

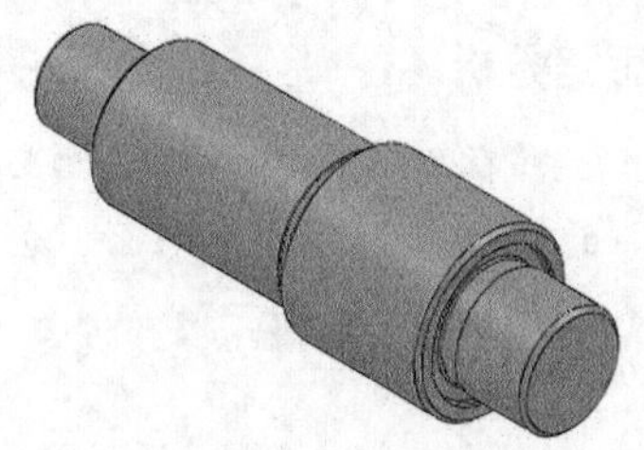

图 8-10 倒角特征

8.2.2 创建键槽

01 创建基准面。单击“特征”控制面板“参考几何体”下拉列表中的“基准面”按钮，系统弹出“基准面”属性管理器，如图 8-11（左）所示；第一参考选择直径为 25mm 的轴段圆柱面，第二参考选择“前视基准面”，如图 8-11（右）所示，单击“确定”按钮，生成与所选轴段圆柱面相切并垂直于前视基准面的基准面 1。

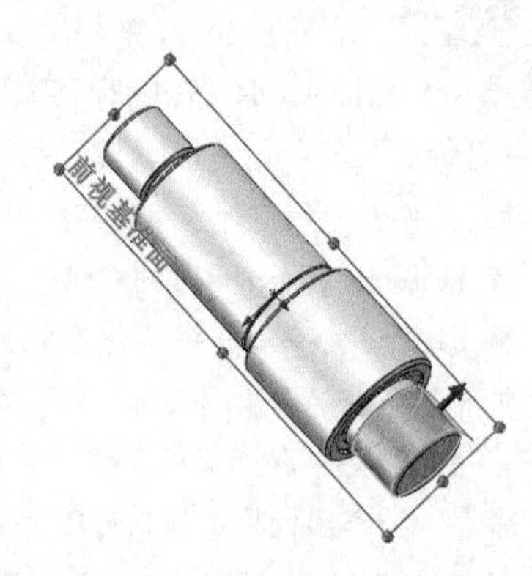

图 8-11 创建基准面

02 新建草图。选择基准面 1，单击“草图”控制面板中的“草图绘制”按钮，在该面上创建草图；

单击“视图（前导）”工具栏中的“正视于”按钮，使视图方向正视于所选基准面。

03 绘制键槽草图。单击“草图”控制面板中的“直槽口”按钮和“智能尺寸”按钮，绘制键槽草图，如图 8-12 所示。

04 创建键槽。单击“特征”控制面板中的“拉伸切除”按钮，或选择菜单栏中的“插入”→“切除”→“拉伸”命令，系统弹出“切除-拉伸”属性管理器，将切除的终止条件设置为“给定深度”，在“深度”文本框中输入切除深度“4”，如图 8-13（左）所示，单击“确定”按钮，完成键槽的创建，结果如图 8-13（右）所示。

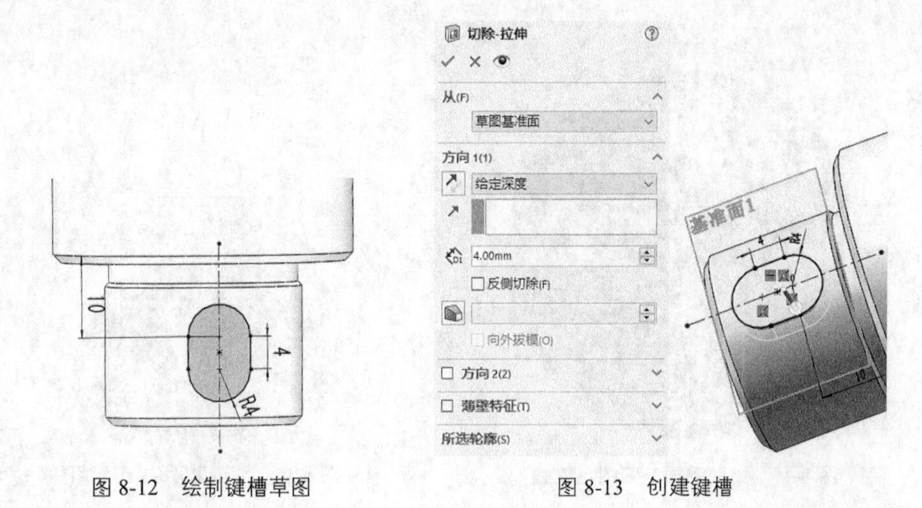

图 8-12　绘制键槽草图　　　　图 8-13　创建键槽

8.2.3　绘制花键草图

01 新建草图。选择直径为 32mm 的轴段的左端面，单击“草图”控制面板中的“草图绘制”按钮，创建一张新的草图；单击“视图（前导）”工具栏中的“剖面视图”按钮，各选项设置如图 8-14（左）所示，单击“确定”按钮，完成剖面观察设置。

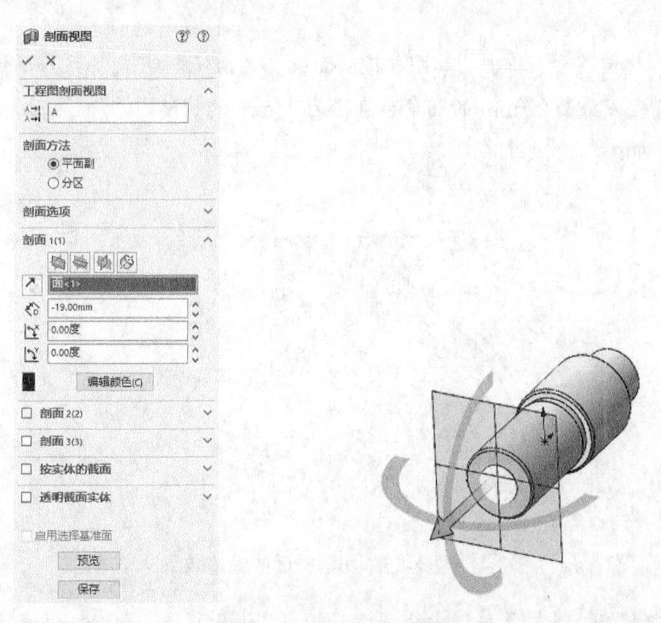

图 8-14　设置剖面观察

02 绘制构造线。在剖面观察中，在草图上绘制过圆心的 3 条构造线，其中一条是竖直线，另两条标注角度驱动尺寸为 30 度。

03 绘制键槽空刀的定位线。将剖切面的前端面作为绘图基准面，单击“草图”控制面板中的“圆”按钮，绘制一个与轴同心的圆，并将其设置为构造线，标注尺寸为 23mm，作为键槽空刀的定位线，如图 8-15 所示。

04 绘制切削截面的初始草图。单击“草图”控制面板中的“直线”按钮和“圆”按钮，绘制图 8-16 所示的草图。

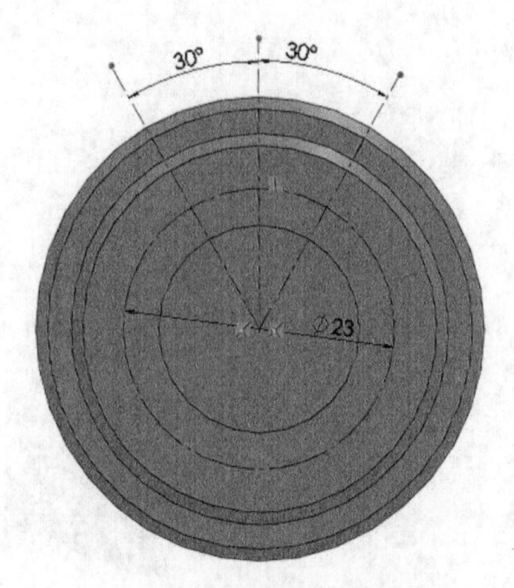

图 8-15　绘制键槽空刀的定位线

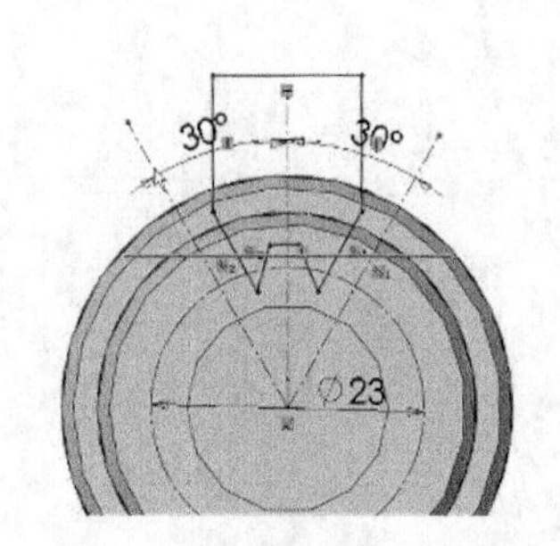

图 8-16　切削截面的初始草图

05 添加“平行”几何关系。单击“草图”控制面板“显示/删除几何关系”下拉列表中的“添加几何关系”按钮，为所绘制的初始草图添加与构造线“平行”的几何关系。

06 标注尺寸。单击“草图”控制面板中的“智能尺寸”按钮，或选择菜单栏中的“工具”→“标注尺寸”→“智能尺寸”命令，为草图添加驱动尺寸。

07 绘制圆角。单击“草图”控制面板中的“绘制圆角”按钮，为键槽空刀截面添加 0.5mm 的圆角。

08 添加“相切”几何关系。单击“草图”控制面板“显示/删除几何关系”下拉列表中的“添加几何关系”按钮，为键槽空刀截面 0.5mm 的圆角和直径为 23mm 的构造圆添加“相切”几何关系，切削截面的最终效果如图 8-17 所示。

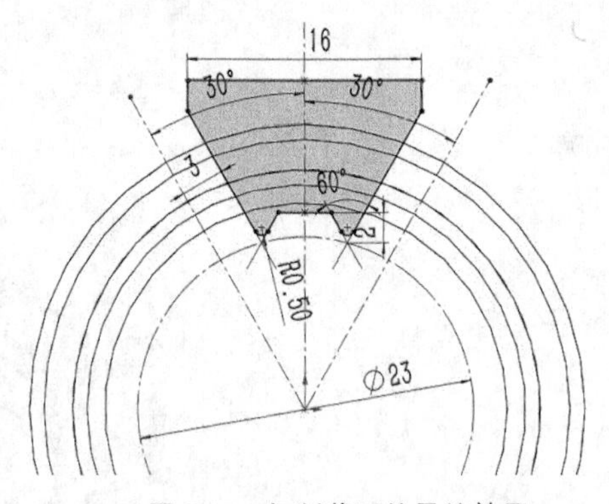

图 8-17　切削截面的最终效果

09 退出草图绘制状态。选择菜单栏中的“插入”→“退出草图”命令，结束轮廓草图的绘制。

8.2.4 创建花键

01 新建草图。在 FeatureManager 设计树中选择“前视基准面”，将其作为草图绘制基准面，单击“草图”控制面板中的“草图绘制”按钮，新建一张草图。之所以选择该面，是因为前视基准面垂直于前面绘制的轮廓草图，并与轮廓草图相交。

02 绘制切除扫描的路径。单击“草图”控制面板中的“直线”按钮，或选择菜单栏中的“工具”→“草图绘制实体”→“直线”命令，绘制切除扫描的路径。需要注意的是，扫描路径与作为轮廓的草图必须要有一个交点）。

03 标注尺寸。单击“草图”控制面板中的“智能尺寸”按钮，或选择菜单栏中的“工具”→“尺寸”→“智能尺寸”命令，标注扫描路径的水平尺寸为 52mm，根据刀具实际尺寸设置圆弧大小（30mm），如图 8–18 所示。需要注意的是，弧部分一定要超出直径为 38mm 的轴径表面，才能反映实际的加工状态。选择菜单栏中的“插入”→“退出草图”命令，退出草图绘制状态。

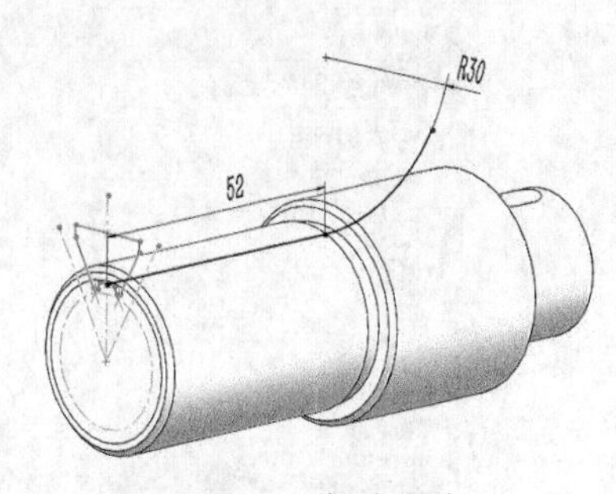

图 8-18　标注尺寸

04 扫描切除。单击“特征”控制面板中的“扫描切除”按钮，或选择菜单栏中的“插入”→“切除”→“扫描”命令，系统弹出“切除–扫描”属性管理器；将作为扫描切除轮廓的“草图 3”作为轮廓草图，将“草图 4”作为扫描路径，如图 8–19 所示，单击“确定”按钮，完成一个花键的绘制。

05 取消剖面观察。再次单击“视图（前导）”工具栏中的“剖面视图”按钮，取消剖面观察，花键效果如图 8–20 所示。

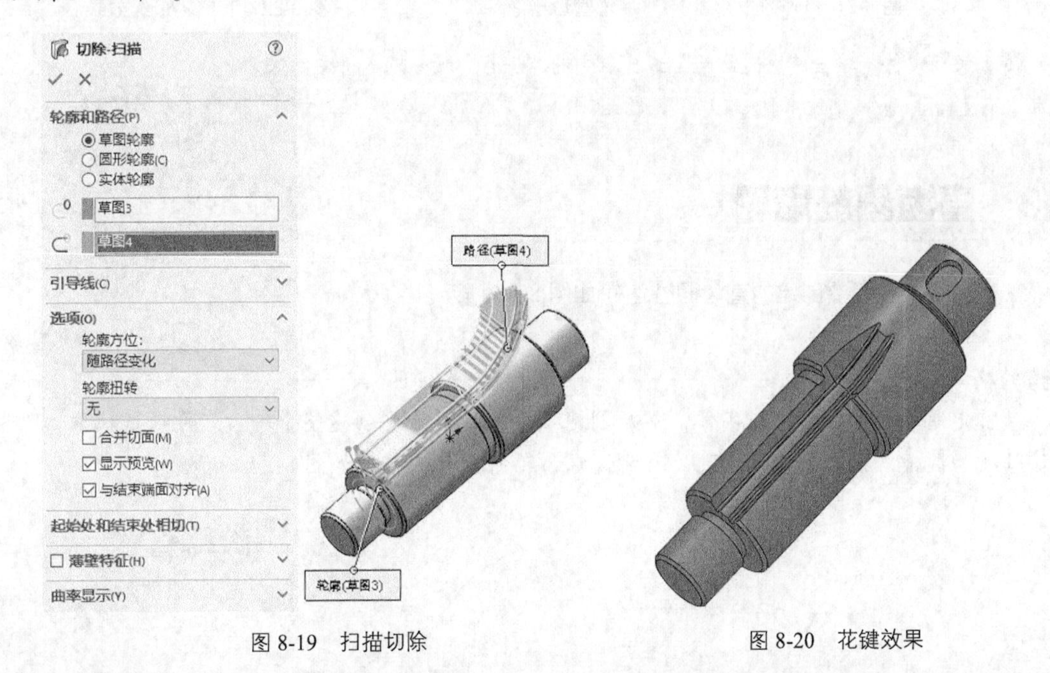

图 8-19　扫描切除　　图 8-20　花键效果

06 创建临时轴。选择菜单栏中的“视图”→“隐藏/显示（H）”→“临时轴”命令，显示临时轴线，将其作为圆周阵列的中心轴。

07 圆周阵列。单击“特征”控制面板中的“圆周阵列”按钮，或选择菜单栏中的“插入”→“阵列/镜向”→“圆周阵列”命令，系统弹出“阵列（圆周）1”属性管理器；将中心轴线作为圆周阵列的中心轴，在“实例数”文本框中输入“6”，在“要阵列的特征”选项框中选择“切除-扫描 1”特征，将其作为要阵列的特征，其他参数设置如图 8-21 所示，单击“确定”按钮，完成圆周阵列，花键轴最终效果如图 8-22 所示。

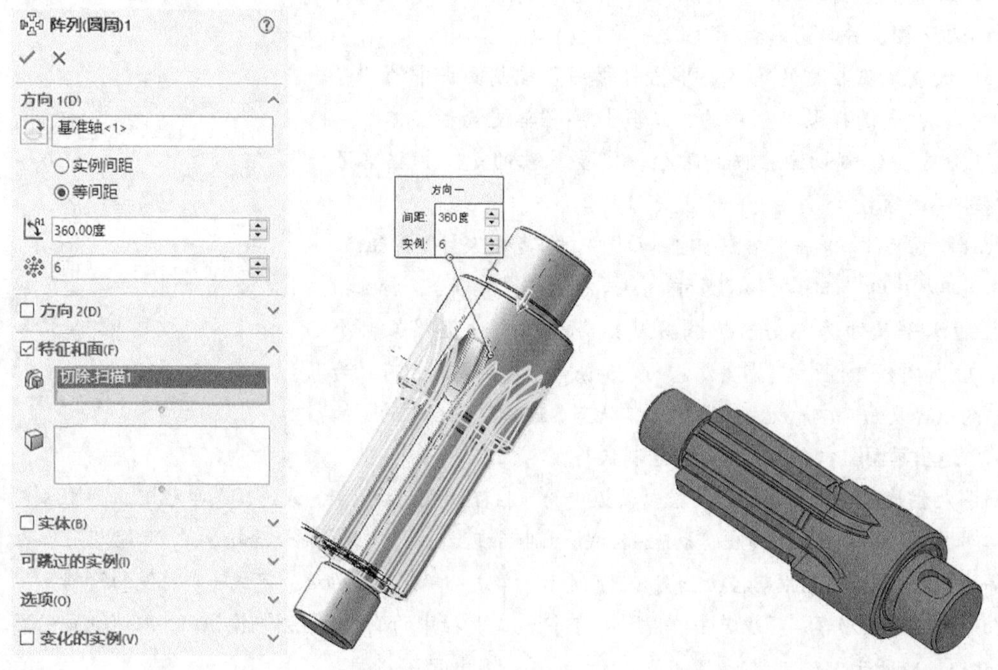

图 8-21 “阵列（圆周）1”属性管理器　　图 8-22 花键轴最终效果

08 保存文件。单击“快速访问”工具栏中的“保存”按钮，将文件保存为“花键轴.sldprt”。

8.3 直齿圆柱齿轮

在本例中，我们要创建的直齿圆柱齿轮如图 8-23 所示。

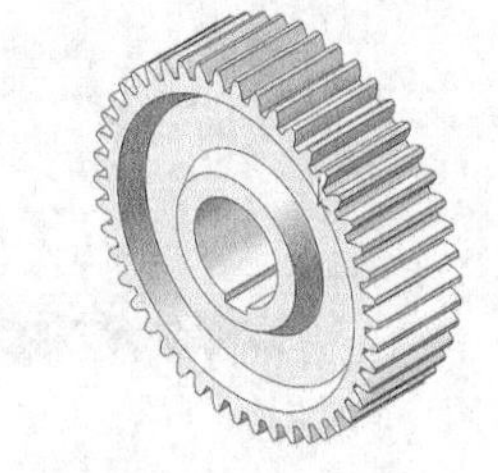

图 8-23 直齿圆柱齿轮

思路分析

首先通过拉伸创建基础实体，然后创建单齿，通过阵列创建整个轮齿，再通过拉伸切除创建轴孔和键槽，最后创建减重孔。直齿圆柱齿轮的创建流程图如图 8-24 所示。

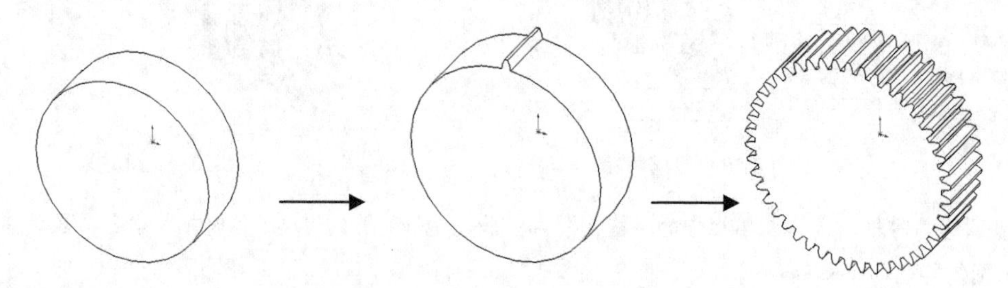

图 8-24 直齿圆柱齿轮的创建流程

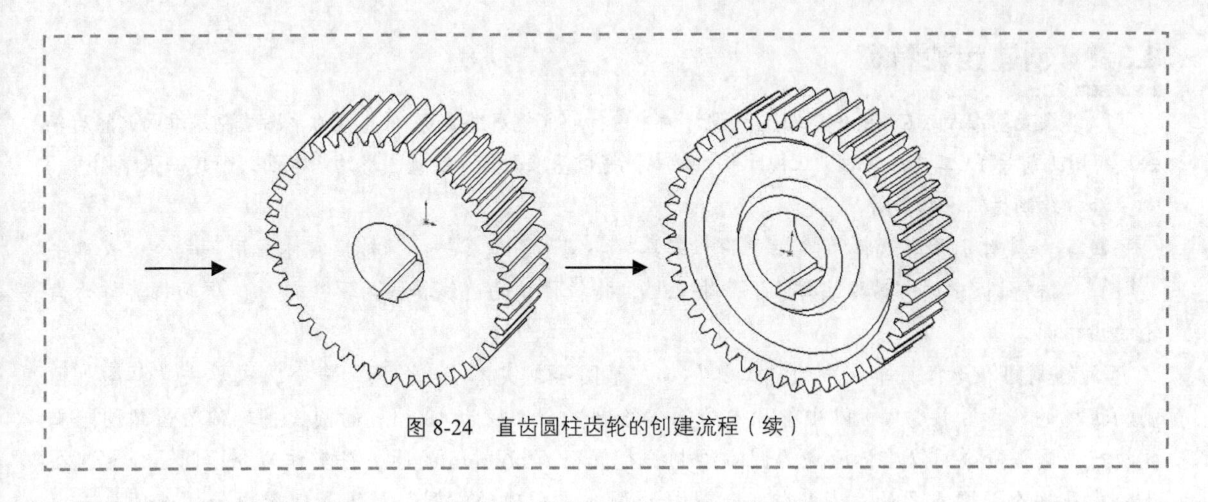

图 8-24　直齿圆柱齿轮的创建流程（续）

8.3.1　创建基础实体

01 新建文件。启动 SOLIDWORKS 2022，选择菜单栏中的“文件”→“新建”命令，或单击“快速访问”工具栏中的“新建”按钮，在弹出的“新建 SOLIDWORKS 文件”对话框中，单击“零件”按钮，然后单击“确定”按钮，创建一个新的零件文件。

02 绘制草图。在 FeatureManager 设计树中选择“前视基准面”，将其作为草图绘制基准面，然后选择菜单栏中的“工具”→“草图绘制实体”→“圆”命令，或单击“草图”控制面板中的“圆”按钮，绘制直径为 435mm 的圆，圆的中心即原点，如图 8-25 所示。

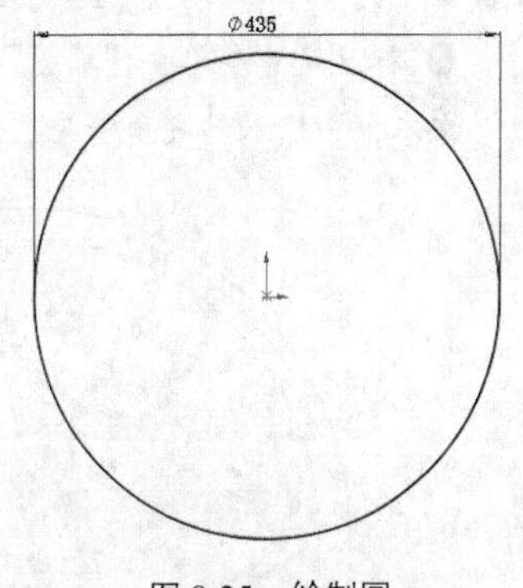

图 8-25　绘制圆

03 拉伸实体。选择菜单栏中的“插入”→“凸台/基础实体”→“拉伸”命令，或单击“特征”控制面板中的“拉伸凸台/基础实体”按钮，系统弹出“凸台-拉伸”属性管理器；在“深度”文本框中输入“140”，如图 8-26 所示。然后单击“确定”按钮，结果如图 8-27 所示。

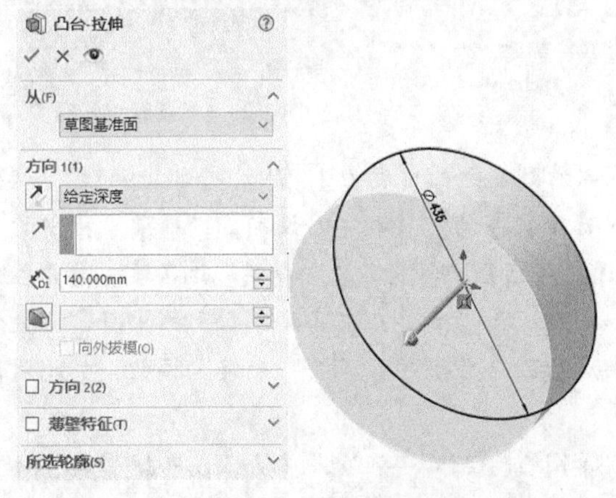

图 8-26　设置拉伸属性

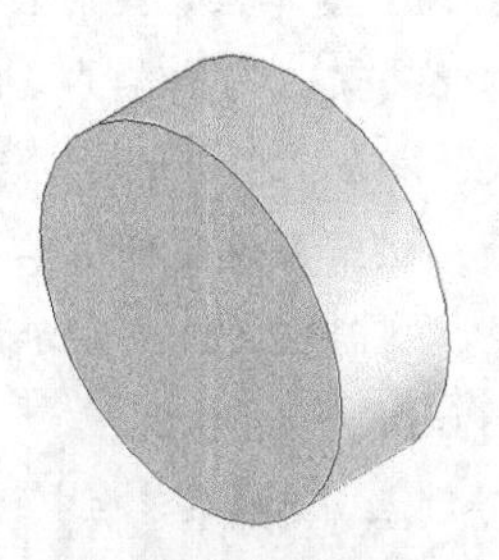

图 8-27　拉伸实体

8.3.2 创建齿轮特征

01 设置基准面。在 FeatureManager 设计树中选择“前视基准面”，将其作为草图绘制基准面，然后单击“视图（前导）”工具栏中的“正视于”按钮，将该基准面作为绘制图形的基准面，新建一张草图。

02 绘制齿轮轮廓草图

❶ 转换实体引用。选择菜单栏中的“工具”→“草图工具”→“转换实体引用”命令，或单击“草图”控制面板中的“转换实体引用”按钮，将拉伸体的边线转换为草图轮廓，从而将其作为齿轮的齿根圆。

❷ 绘制圆。选择菜单栏中的“工具”→“草图绘制实体”→“圆”命令，或单击“草图”控制面板中的“圆”按钮，以坐标原点为圆心绘制一个直径为 480mm 的圆，将其作为齿顶圆。重复执行“圆”命令，以坐标原点为圆心绘制一个直径为 460mm 的圆，将其作为分度圆。分度圆在齿轮中是一个非常重要的参考几何体。选择该圆，在出现的“圆”属性管理器中的“选项”选项组中勾选“作为构造线”复选框。单击“确定”按钮，从而将其作为构造线，从图 8-28 中可以看出分度圆成为虚线。

❸ 绘制中心线。选择菜单栏中的“工具”→“草图绘制实体”→“中心线”命令，或单击“草图”控制面板中的“中心线”按钮。绘制一条通过原点竖直向上的中心线和一条斜中心线。

❹ 标注尺寸。单击“草图”控制面板中的“智能尺寸”按钮，标注两条中心线之间的角度，在“修改”文本框中输入的夹角值为“1.957”，如图 8-29 所示。单击“确定”按钮。

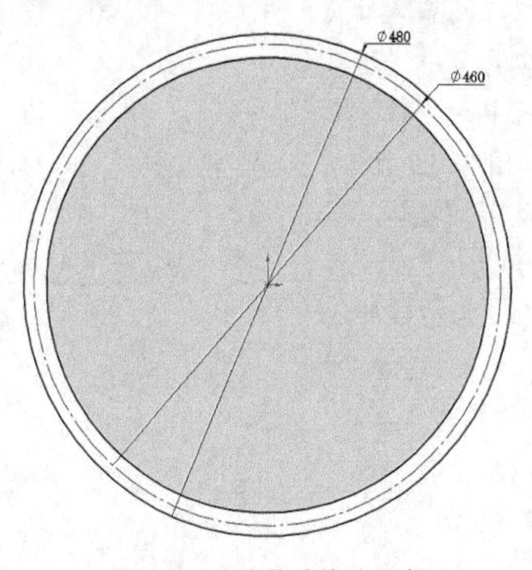

图 8-28　作为构造线的分度圆

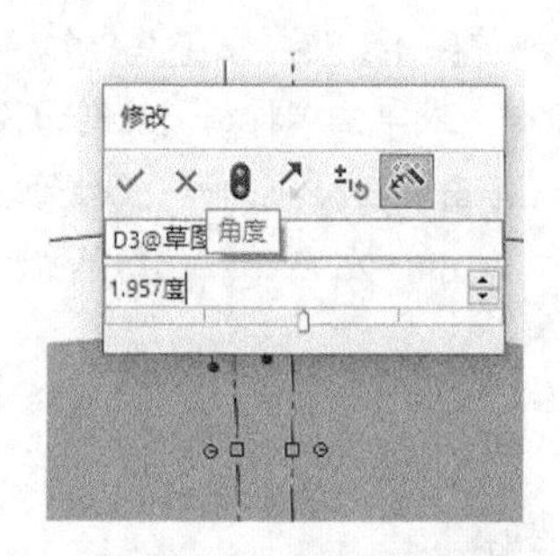

图 8-29　设置直线间角度

❺ 修改角度单位。此时在图 8-29 中可以看到显示的角度为 1.96°，并非 1.957°。这样的结果并非是标注错误，而是在“文件属性”中对标注文字的有效数字的设定。选择菜单栏中的“工具”→“选项”命令，在出现的“系统选项-普通”对话框中单击“文件属性”选项卡，单击左侧的“单位”选项，从而来设定标注单位的属性，如图 8-30 所示。在“角度单位”栏中将“小数位数”设置为“3”，从而在文件中显示角度单位小数点后的 3 位数字。单击“确定”按钮，关闭对话框。此时的草图如图 8-31 所示。

❻ 绘制点。选择菜单栏中的“工具”→“草图绘制实体”→“点”命令，或单击“草图”控制面板中的“点”按钮，在分度圆和与通过原点的竖直中心线呈 1.957° 的中心线的交点上绘制一点。

❼ 绘制中心线。选择菜单栏中的“工具”→“草图绘制实体”→“中心线”命令，或单击“草图”控制面板中的“中心线”按钮，分别在与通过原点的竖直中心线呈 1.957° 的中心线两侧绘制两条竖直中心

线，并标注尺寸，如图 8-32 所示。

❽ 绘制圆弧。选择菜单栏中的“工具”→“草图绘制实体”→“三点圆弧”命令，或单击“草图”控制面板中的“三点圆弧”按钮⌒。以与原点相距 10mm 的竖直中心线和齿根圆的交点为起点，以与原点相距 3.5mm 的竖直中心线和齿顶圆的交点为终点，在适当的位置选择圆弧上的一点，绘制圆弧，如图 8-33 所示。

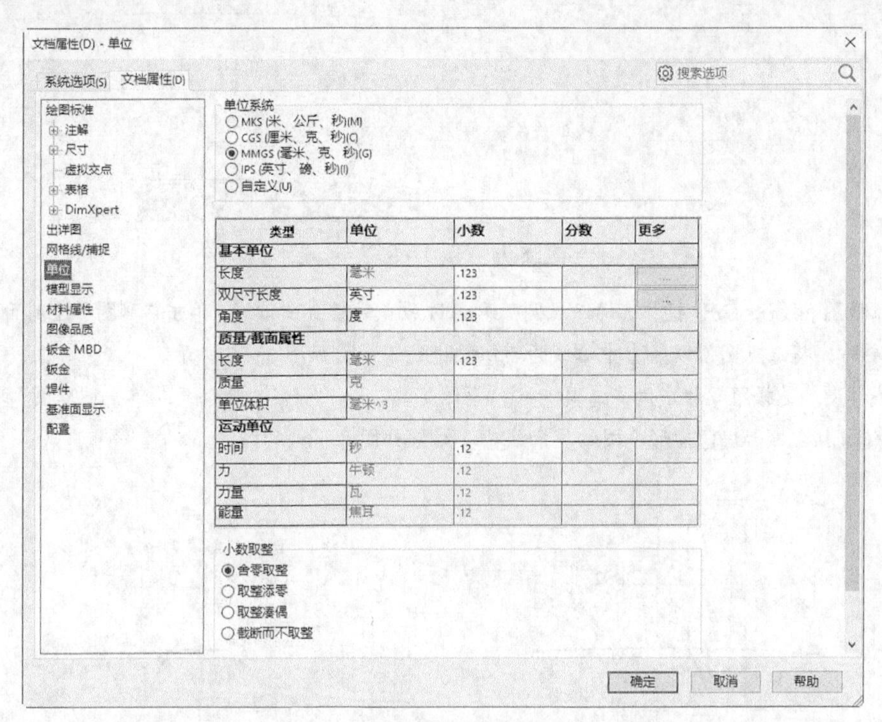

图 8-30　设置标注单位属性

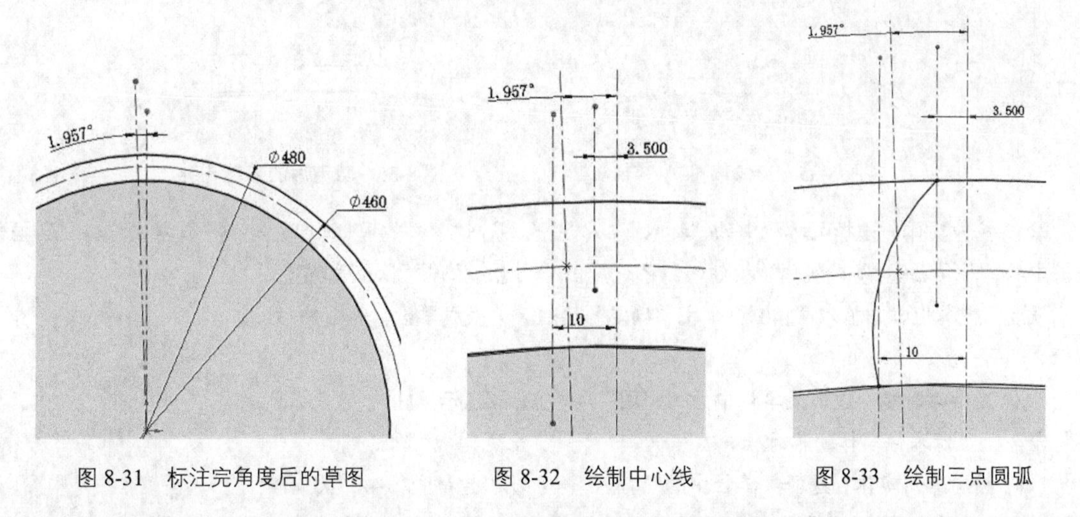

图 8-31　标注完角度后的草图　　图 8-32　绘制中心线　　图 8-33　绘制三点圆弧

❾ 添加几何关系。选择菜单栏中的“工具”→“几何关系”→“添加”命令，或单击“草图”控制面板“显示/删除几何关系”下拉列表中的“添加几何关系”按钮⊥，选择三点圆弧和在步骤❻中所绘制的交点，在“添加几何关系”属性管理器中添加“重合”约束，将三点圆弧完全定义，其颜色变为黑色，从而确定其半径，如图 8-34 所示。

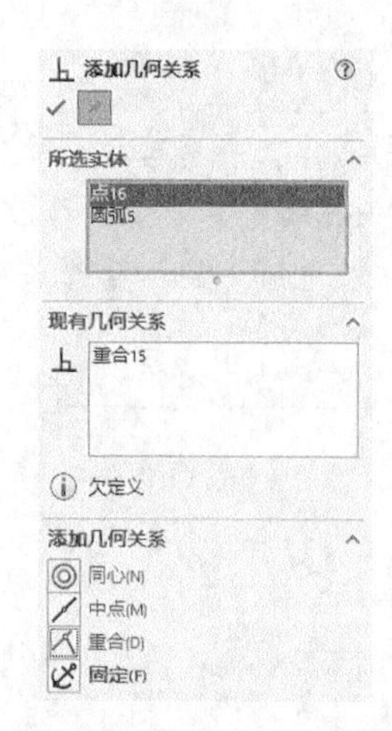

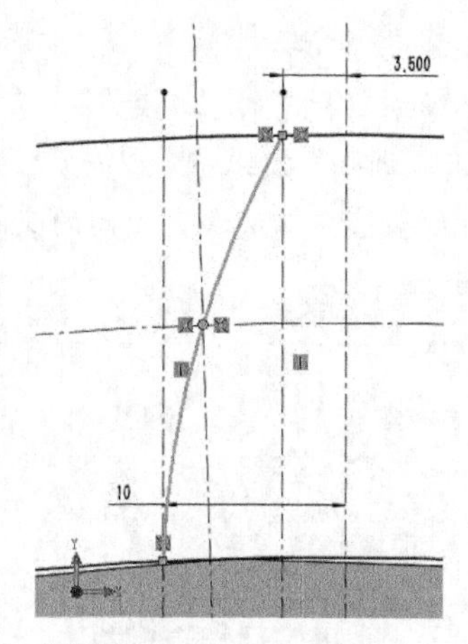

图 8-34　添加几何关系

⑩ 镜像草图。按住<Ctrl>键，选择三点圆弧和通过原点的竖直中心线。单击“草图”控制面板中的“镜向实体”按钮，将三点圆弧以竖直中心线为镜像轴进行镜像，如图 8–35 所示。

⑪ 剪裁草图。选择菜单栏中的“工具”→“草图工具”→“剪裁”命令，或单击“草图”控制面板中的“剪裁实体”按钮，裁剪齿形草图的多余线条。结果如图 8–36 所示。

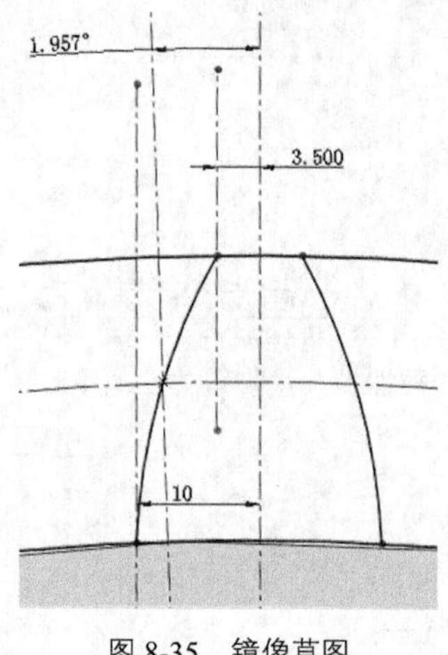

图 8-35　镜像草图

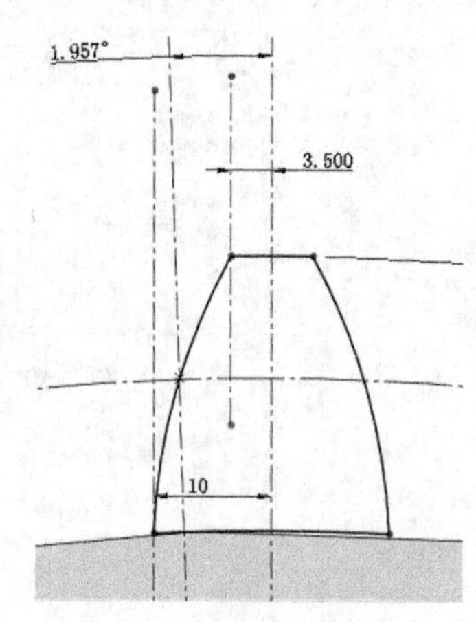

图 8-36　裁剪后的草图轮廓

03 拉伸实体。选择菜单栏中的“插入”→“凸台/基础实体”→“拉伸”命令，或单击“特征”控制面板中的“拉伸凸台/基础实体”按钮，系统弹出“凸台–拉伸”属性管理器；在“深度”文本框中输入“140”，单击“确定”按钮，生成单齿，如图 8–37 所示。

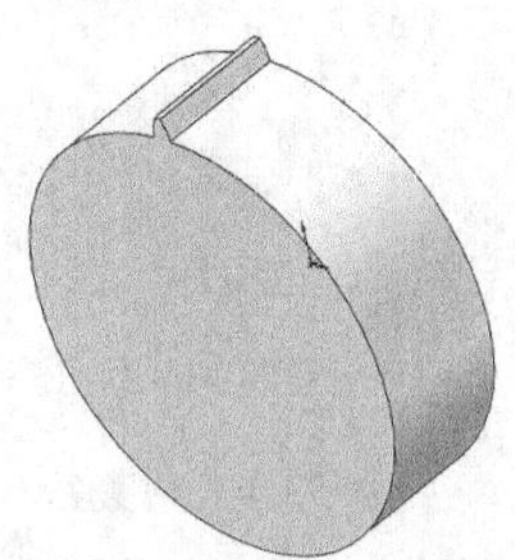

图 8-37　生成的单齿

04 显示临时轴。选择菜单栏中的“视图”→“隐藏/显示（H）”→“临时轴”命令，显示零件实体的临时轴。

05 圆周阵列实体。选择菜单栏中的“插入”→“阵列/镜向”→“圆周阵列”命令，或单击“特征”控制面板中的“圆周阵列”按钮，系统弹出“阵列（圆周）1”属性管理器；将“阵列轴”作为圆柱基础实体的临时轴，在“实例数”文本框中输入“46”，选中“等间距”单选按钮，在“要阵列的特征”选项框中，选择齿形实体即“凸台拉伸 2”特征，进行圆周阵列，如图 8–38 所示，最后单击“确定”按钮，再将临时轴隐藏，结果如图 8–39 所示。

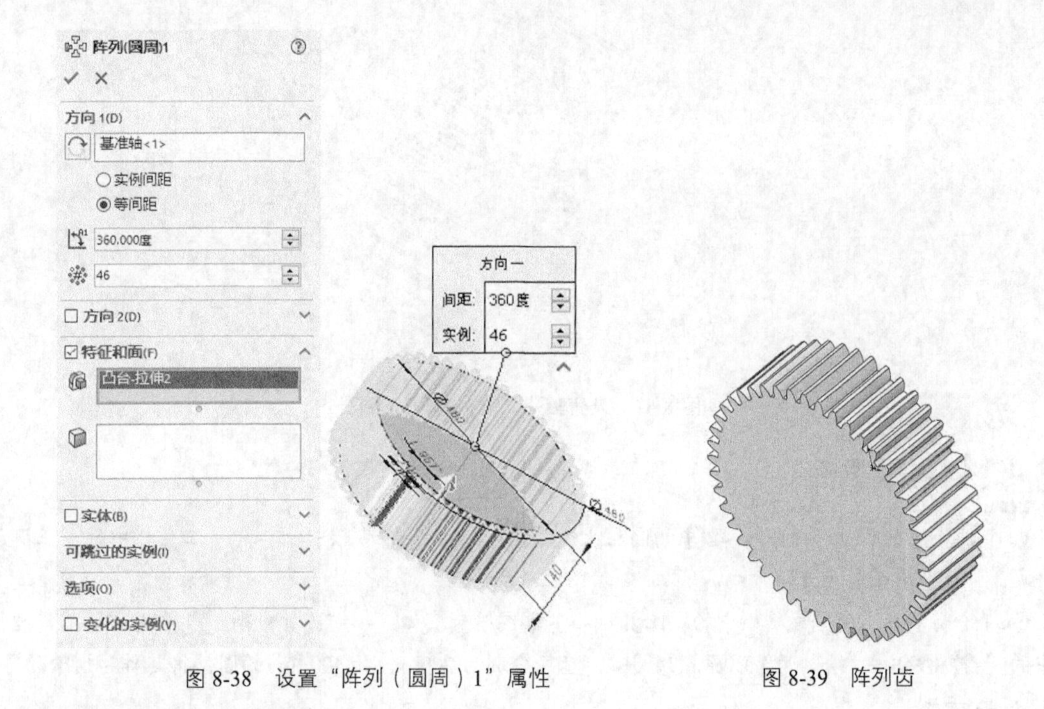

图 8-38　设置“阵列（圆周）1”属性　　　　图 8-39　阵列齿

8.3.3 创建轴孔和键槽

01 设置基准面。选择图 8-39 中的圆柱齿轮端面，然后选择“视图（前导）”工具栏中的“正视于”按钮，将该基准面转为正视方向。

02 绘制草图。选择菜单栏中的“工具”→“草图绘制实体”→“圆”命令和“直线”命令，在基准面上绘制图 8-40 所示的草图，将其作为切除拉伸草图。

03 拉伸切除实体。选择菜单栏中的“插入”→“切除”→“拉伸”命令，或单击“特征”控制面板中的“拉伸切除”按钮，系统弹出“切除-拉伸”属性管理器；设置切除终止条件为“完全贯穿”，如图 8-41 所示，然后单击“确定”按钮，得到的圆柱齿轮如图 8-42 所示。

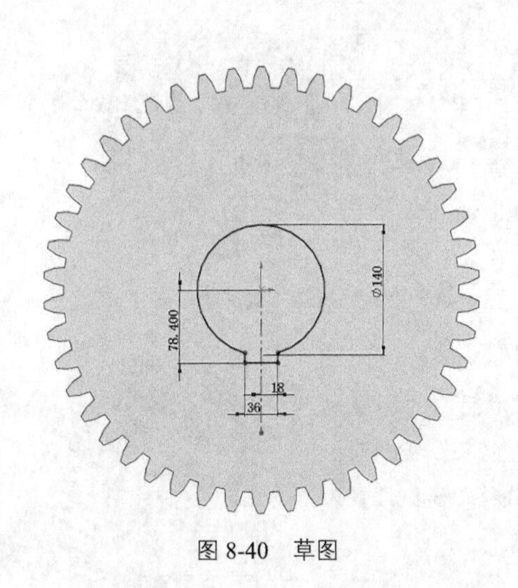

图 8-40　草图

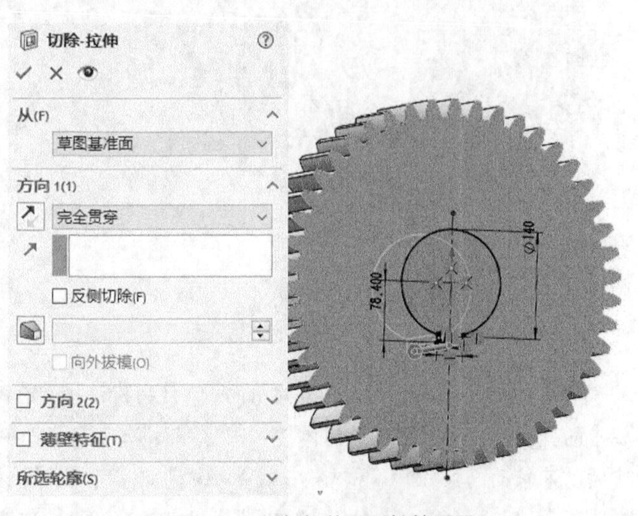

图 8-41　“切除-拉伸”属性管理器

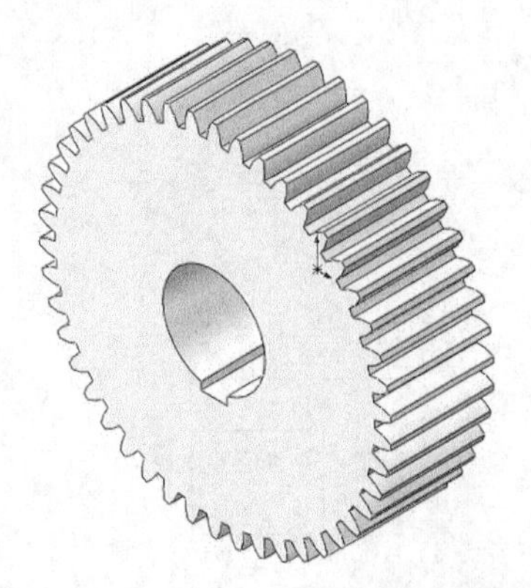

图 8-42　具有轴孔、键槽的圆柱齿轮

8.3.4　创建减重槽

01 设置基准面。选择图 8-42 中的圆柱齿轮端面，然后单击“视图（前导）”工具栏中的“正视于”按钮，将该基准面转为正视方向。

02 绘制草图。选择菜单栏中的“工具”→“草图绘制实体”→“圆”命令，或单击“草图”控制面板中的“圆”按钮，绘制两个以原点为圆心，直径分别为 200mm 和 400mm 的圆，将其作为切除的草图，如图 8-43 所示。

03 创建切除拉伸实体。选择菜单栏中的“插入”→“切除”→“拉伸”命令，或单击“特征”控制面板中的“拉伸切除”按钮，系统弹出“切除-拉伸”属性管理器；在“深度”文本框中输入“30”，单击“拔模开/关”按钮，在“拔模角度”文本框中输入“30”，如图 8-44 所示；单击“确定”按钮，结果如图 8-45 所示。

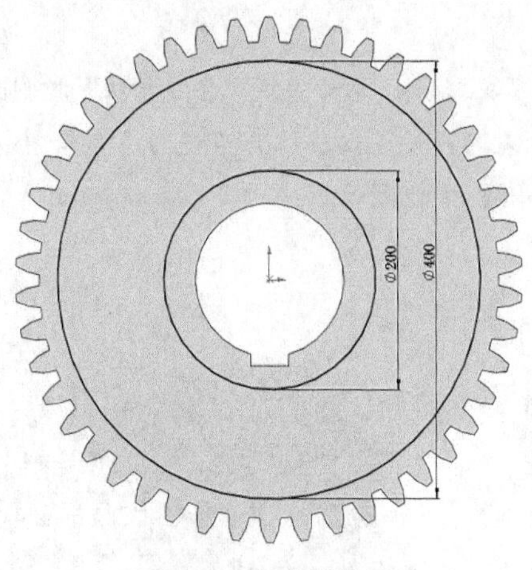

图 8-43　切除的草图

图 8-44　“切除-拉伸”属性管理器

04 创建基准面。在 FeatureManager 设计树中选择“前视基准面”，选择菜单栏中的“插入”→“参考几何体”→“基准面”命令，或单击“特征”控制面板中的“基准面”按钮，系统弹出“基准面”属性管理器，将偏移距离设置为 70mm，如图 8-46 所示。单击“确定”按钮，如图 8-47 所示。

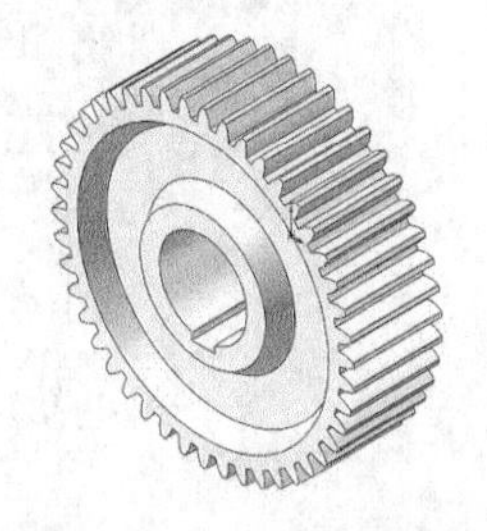

图 8-45　切除拉伸实体

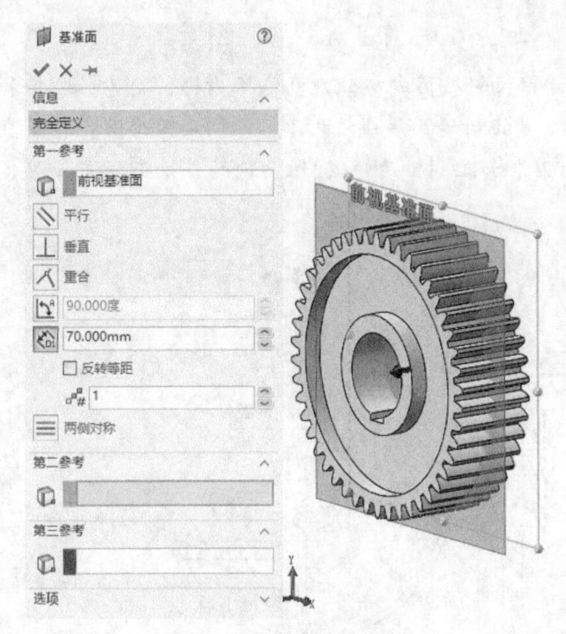

图 8-46 设置等距基准面

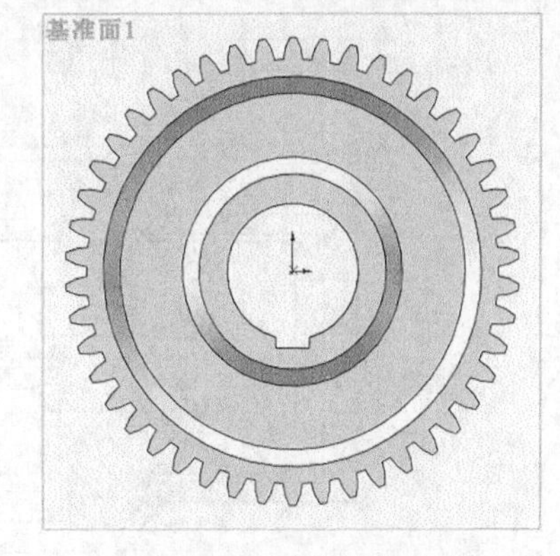

图 8-47 生成的基准面效果

05 镜像实体。选择菜单栏中的“插入”→“阵列/镜向”→“镜向”命令，或单击“特征”控制面板中的“镜向”按钮，系统弹出“镜向”属性管理器；选择作为镜像面的“基准面 1”。在图形区域或模型树中选择要镜像的特征，即“切除–拉伸 2”，如图 8–48 所示。最后单击“确定”按钮，完成特征的镜像。

06 保存文件。选择菜单栏中的“文件”→“保存”命令，将零件文件保存为“大齿轮.sldprt”。最后的效果如图 8–49 所示。

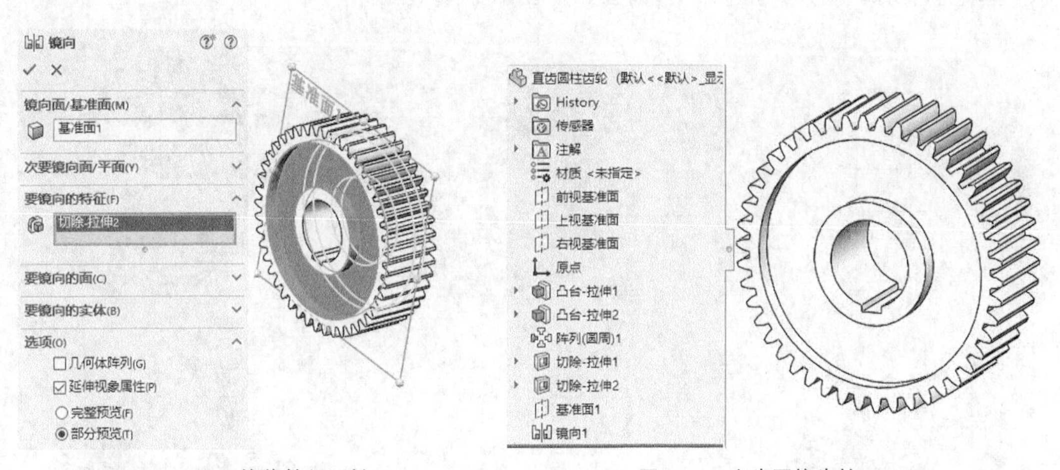

图 8-48 设置镜像特征属性

图 8-49 直齿圆柱齿轮.sldprt

8.4 圆锥齿轮

在本例中，我们要创建的齿轮类零件——圆锥齿轮如图 8-50 所示。

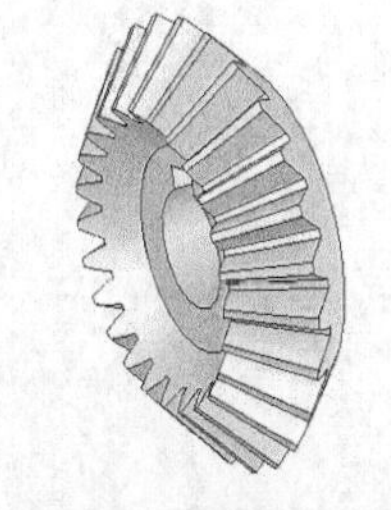

图 8-50 圆锥齿轮

思路分析

圆锥齿轮一般用于相交轴之间的传动，锥齿轮按齿向被分为直齿锥齿轮、斜齿锥齿轮和曲线齿锥齿轮（一般节圆锥与分度圆锥重合）。圆锥齿轮用展成法切削，人们利用平面齿轮与直齿圆锥啮合原理，将平面齿轮直线齿廓作为刀刃来加工圆锥齿轮。圆锥齿轮的二维工程图如图 8-51 所示。

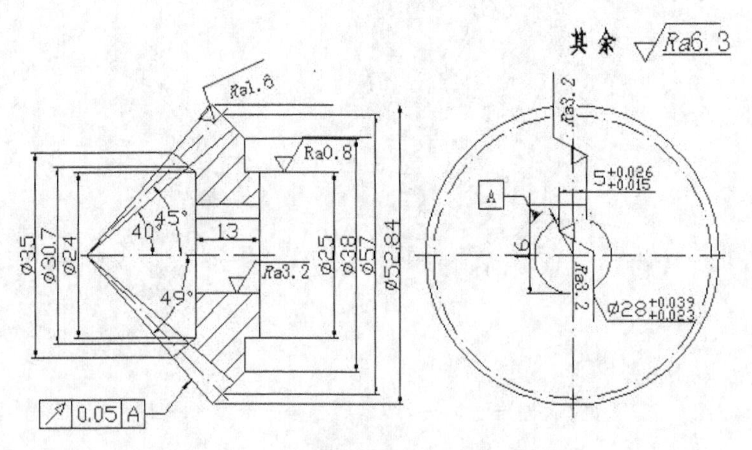

图 8-51　圆锥齿轮的二维工程图

圆锥齿轮也是齿轮系零件之一，在机械设计中经常被使用。本例将近似地绘制齿轮泵中的圆锥齿轮。在绘制圆锥齿轮时，首先绘制其轮廓草图并旋转生成实体，然后绘制圆锥齿轮的齿形草图，对齿形草图进行放样切除生成齿形实体。对生成的齿形实体进行圆周阵列，生成全部齿形实体，最后绘制键槽轴孔，具体的创建流程如图 8-52 所示。

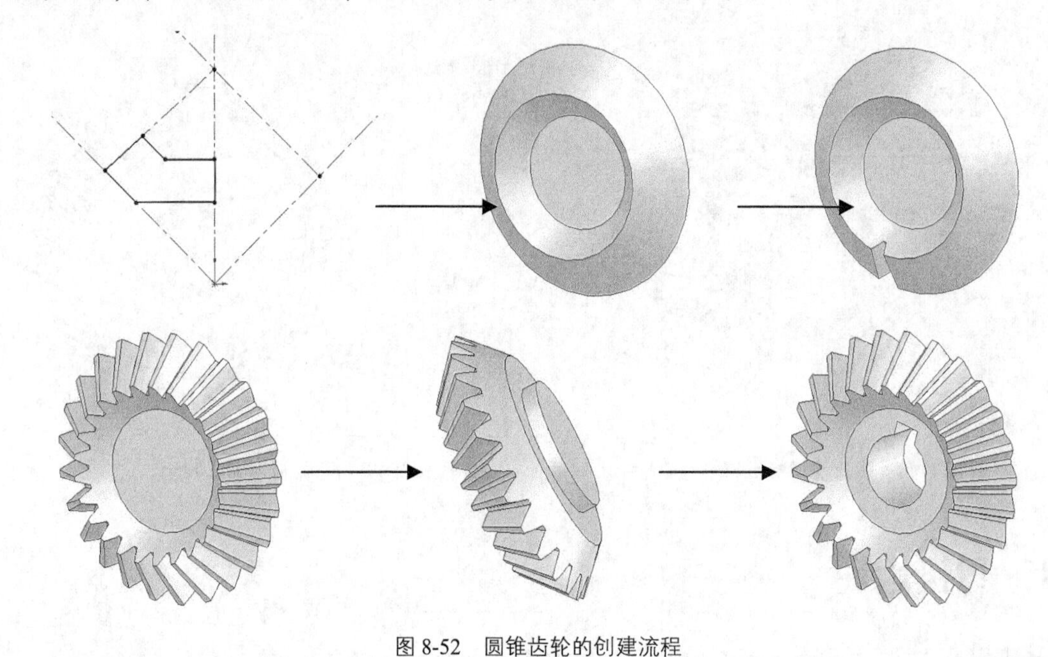

图 8-52　圆锥齿轮的创建流程

8.4.1 创建基本实体

01 新建文件。启动 SOLIDWORKS 2022，选择菜单栏中的“文件”→“新建”命令，或单击“快速访问”工具栏中的“新建”按钮，在弹出的“新建 SOLIDWORKS 文件”对话框中，单击“零件”按钮，然后单击“确定”按钮，创建一个新的零件文件。

02 绘制圆锥齿轮轮廓草图

❶ 设置基准面。在 FeatureManager 设计树中选择“前视基准面”，将其作为绘图基准面。选择菜单栏中的“工具”→“草图绘制实体”→“圆”命令，或单击“草图”控制面板中的“圆”按钮，绘制 3 个同心圆，并标注尺寸，如图 8-53 所示。

❷ 转化构造线。按住<Ctrl>键，依次选择 3 个圆，系统弹出“属性”属性管理器，勾选“作为构造线”复选框，将 3 个圆转化为构造线，结果如图 8-54 所示。

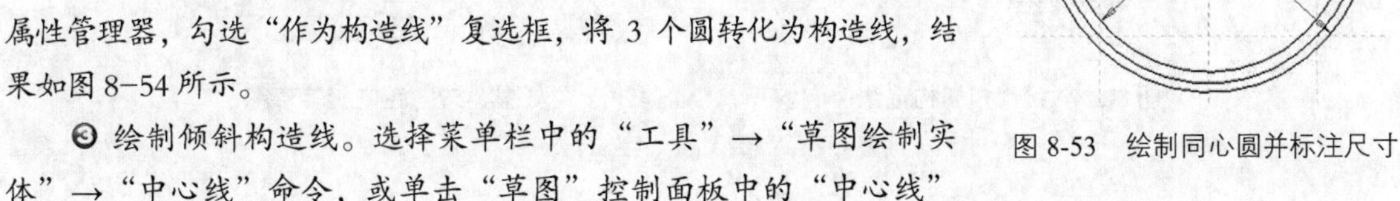

图 8-53　绘制同心圆并标注尺寸

❸ 绘制倾斜构造线。选择菜单栏中的“工具”→“草图绘制实体”→“中心线”命令，或单击“草图”控制面板中的“中心线”按钮，绘制一条过原点的竖直中心线；单击“草图”控制面板中的“直线”按钮，在弹出的“线条属性”属性管理器中勾选“作为构造线”复选框；再绘制两条角度分别为 45° 和 135° 的倾斜构造线，结果如图 8-55 所示。

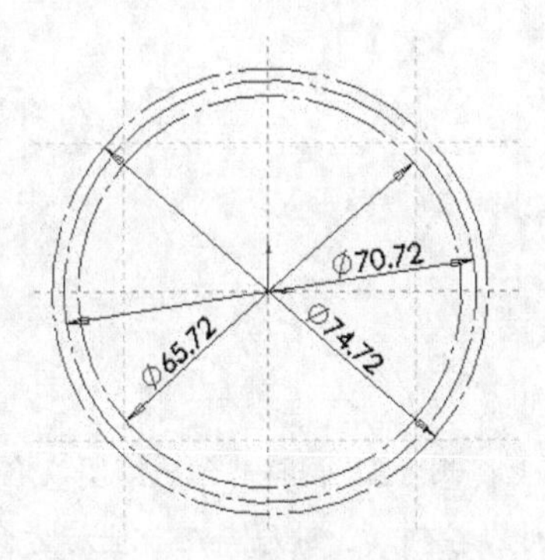

图 8-54　转化为构造线的圆

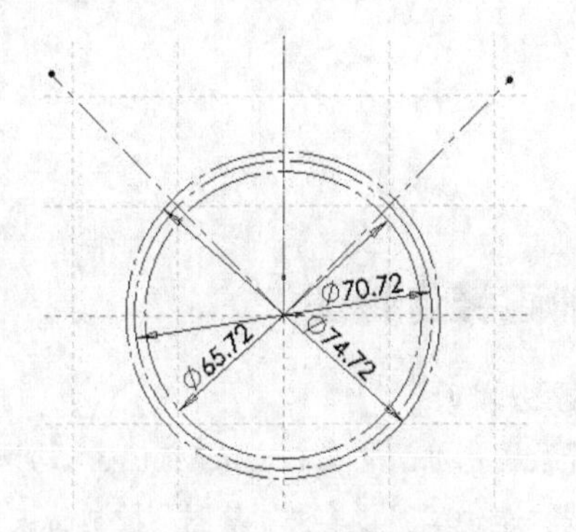

图 8-55　倾斜构造线

❹ 绘制相切构造线。过直径为 70.72mm 的圆与倾斜构造线的交点绘制两条构造线，与此圆相切，如图 8-56 所示。

❺ 绘制旋转草图。单击“草图”控制面板中的“直线”按钮，绘制图 8-57 所示的草图，作为旋转生成圆锥齿轮轮廓实体的草图。

03 旋转生成实体。选择菜单栏中的“插入”→“凸台/基础实体”→“旋转”命令，或单击“特征”控制面板中的“旋转凸台/基础实体”按钮，系统弹出“旋转”属性管理器；将“旋转轴”作为草图中的竖直中心线，其他选项保持系统默认设置，然后单击“确定”按钮，生成的圆锥齿轮轮廓如图 8-58 所示。

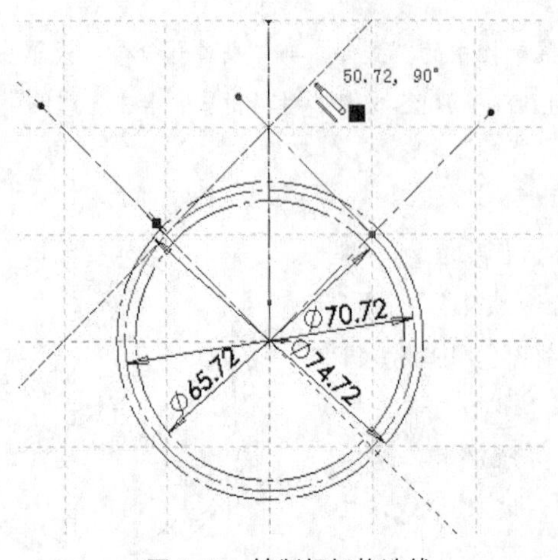

图 8-56　绘制相切构造线

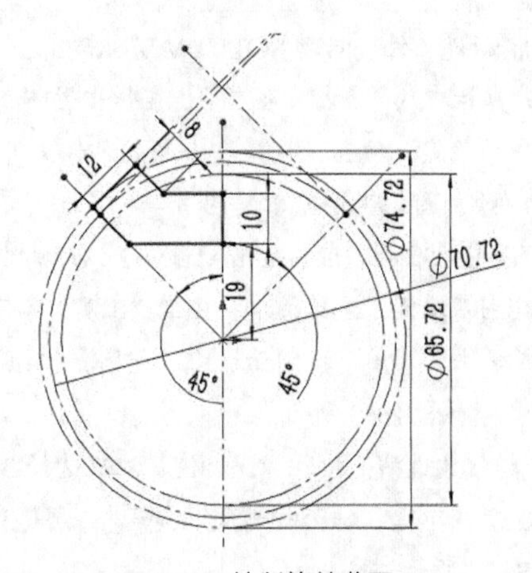

图 8-57　绘制旋转草图

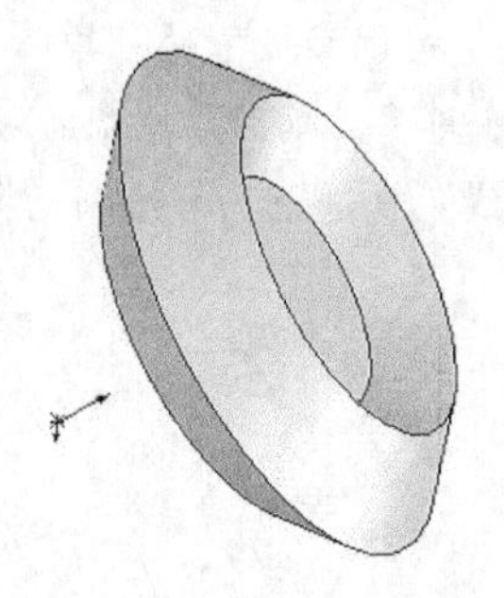

图 8-58　圆锥齿轮轮廓

8.4.2 创建锥齿特征

01 设置基准面

❶ 选择绘图基准面。在 FeatureManager 设计树中选择“上视基准面”，将其作为绘图基准面。

❷ 绘制构造线草图。单击“草图”控制面板中的“中心线”按钮，过原点在 *Y* 坐标方向上绘制一条构造线，如图 8-59 所示。

❸ 创建基准面 1。选择菜单栏中的“插入”→“参考几何体”→“基准面”命令，或单击“特征”控制面板“参考几何体”下拉列表中的“基准面”按钮，系统弹出“基准面”属性管理器，如图 8-60 所示；在“第一参考”选项框中选择“上视基准面”，在“第二参考”选项框中选择图 8-59 中的构造线草图，然后单击“第一参考”面板中的“两面夹角”按钮，在右侧的文本框中输入角度“45°”，单击“确定”按钮，生成基准面 1，结果如图 8-61 所示。

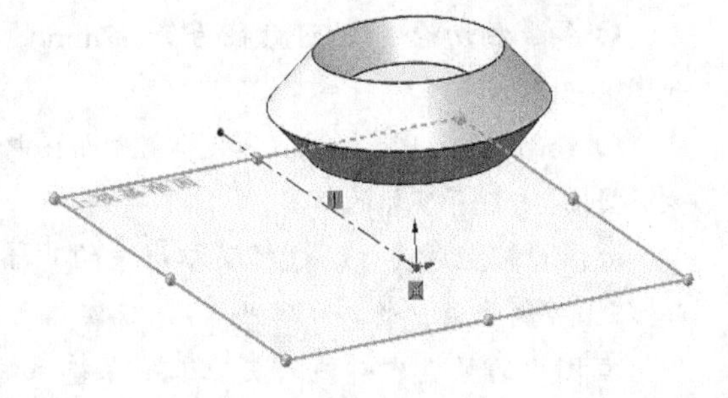

图 8-59　绘制构造线草图

❹ 显示草图。在 FeatureManager 设计树中的旋转特征草图处单击鼠标右键，系统弹出的快捷菜单如图 8-62 所示，选择“显示”命令，使草图显示出来，便于进行后面的操作。

❺ 设置基准面。选择“基准面 1”，将其作为绘图基准面，然后单击“视图（前导）”工具栏中的“正视于”按钮两次，将该表面作为绘制图形的基准面，如图 8-63 所示。

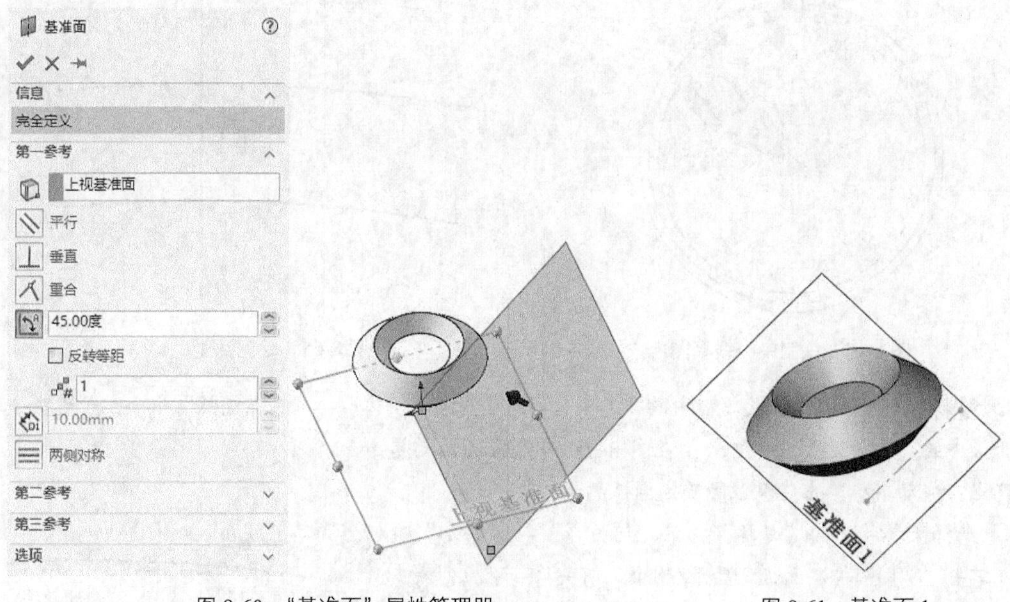

图 8-60 “基准面”属性管理器

图 8-61 基准面 1

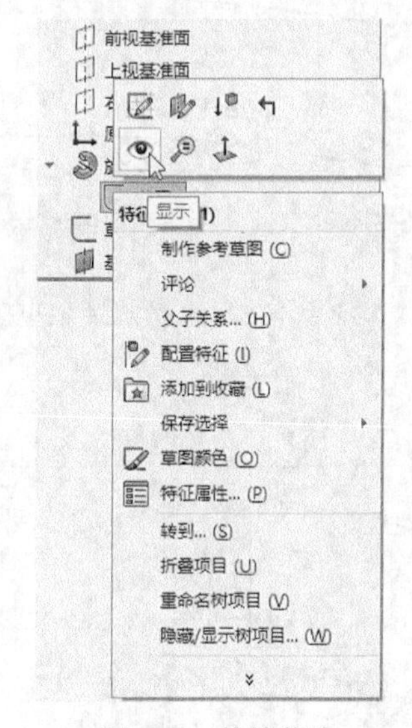

图 8-62 快捷菜单

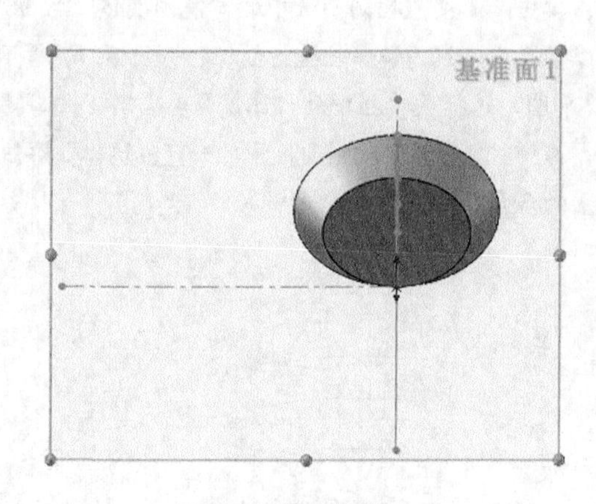

图 8-63 设置基准面

02 绘制齿形草图

❶ 绘制直线 1。过原点绘制一条竖直中心线，如图 8-64 中的直线 1 所示。

❷ 绘制直线 2、直线 3。绘制两条竖直构造线 2、3，其位置如图 8-64 所示。

❸ 绘制直线 4。过原点绘制一条倾斜构造直线 4，其与水平方向的夹角为 2.57 度，如图 8-64 所示。

❹ 绘制圆。单击“草图”控制面板中的“圆”按钮，绘制 3 个圆，直径分别为 65.72mm、70.72mm 和 75mm，如图 8-64 所示。

❺ 绘制点 1。单击“草图”控制面板中的“点”按钮，在图 8-65 所示的交点处绘制一个点。

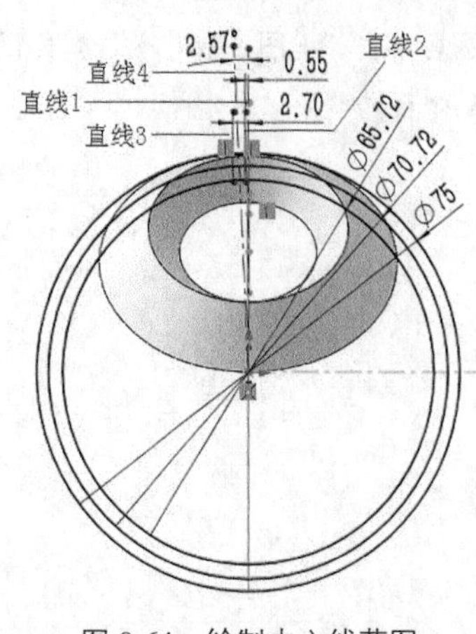

图 8-64　绘制中心线草图

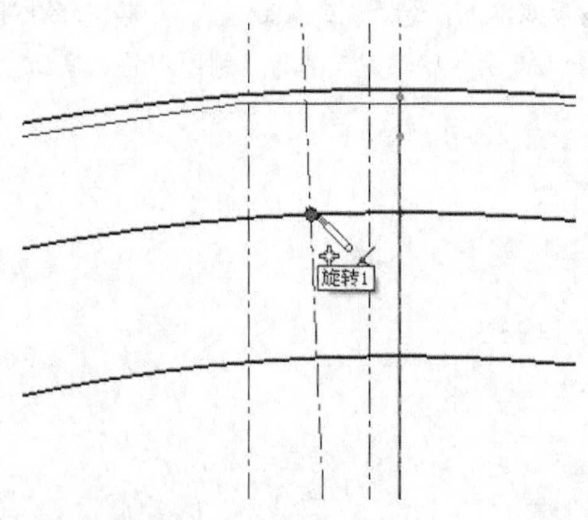

图 8-65　绘制点 1

❻ 绘制三点圆弧。选择菜单栏中的“工具”→“草图绘制实体”→“三点圆弧”命令，或单击“草图”控制面板中的“3 点圆弧”按钮，在图 8-66 中选择圆弧的起点和终点，拖动鼠标单击任意位置确定圆弧的半径。

❼ 选择菜单栏中的“工具”→“几何关系”→“添加”命令，或单击“草图”控制面板“显示/删除几何关系”下拉列表中的“添加几何关系”按钮，选择图 8-65 中绘制的交点和图 8-66 中绘制的圆弧，在“添加几何关系”属性管理器中添加“重合”约束，将三点圆弧完全定义，其颜色变为黑色，从而确定其半径。

❽ 镜像三点圆弧。按住<Ctrl>键，选择三点圆弧和过原点的竖直中心线；单击“草图”控制面板中的“镜向实体”按钮，将三点圆弧以竖直中心线为镜像轴进行镜像，如图 8-67 所示。

❾ 裁剪草图。选择菜单栏中的“工具”→“草图工具”→“剪裁”命令，或单击“草图”控制面板中的“剪裁实体”按钮，裁剪齿形草图的多余线条，结果如图 8-68 所示。

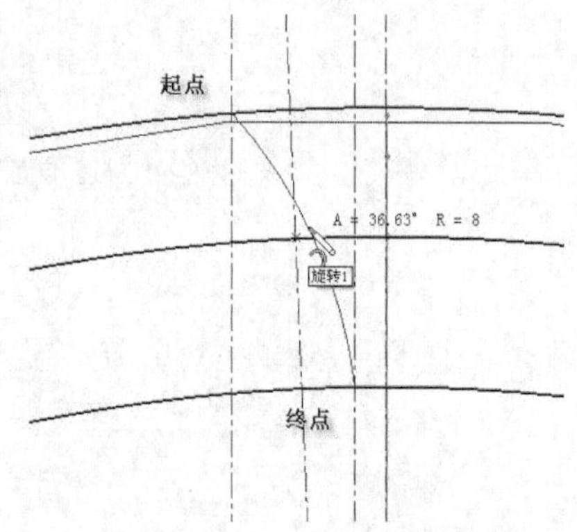

图 8-66　绘制三点圆弧

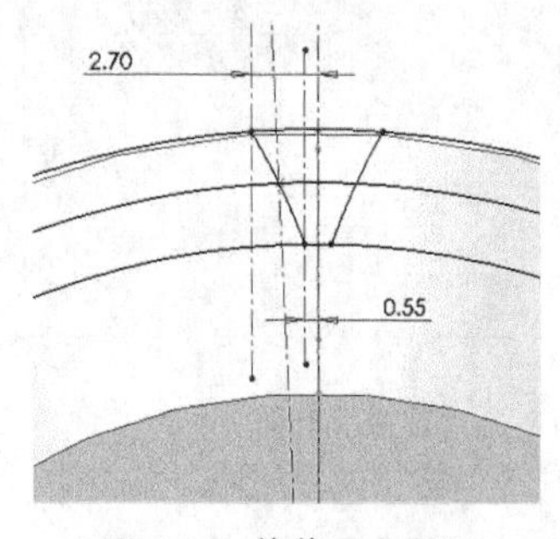

图 8-67　镜像三点圆弧

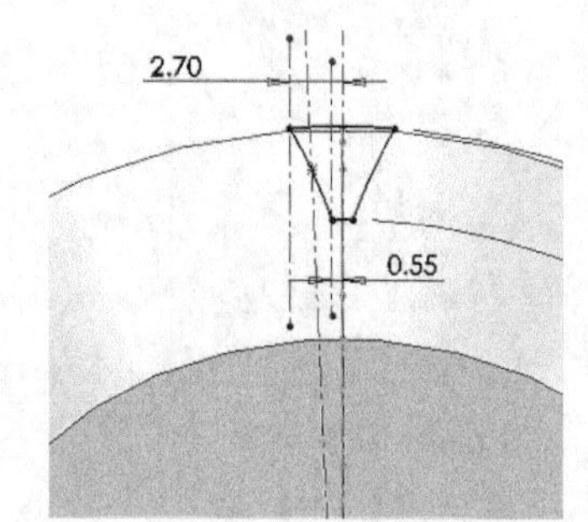

图 8-68　裁剪草图结果

03 放样切除创建齿形

❶ 绘制点 2。选择“前视基准面”，将其作为绘图基准面，在图 8-69 所示的位置绘制一个点，然后退出草图绘制状态。

❷ 切除放样实体。选择菜单栏中的“插入”→“切除”→“放样”命令，或单击“特征”控制面板中的“放样切除”按钮，系统弹出“切除-放样”属性管理器；在“轮廓”选项框中分别选择图 8-70（右）所示的齿形草图和图 8-69 所示的点草图，最后单击“确定”按钮，生成切除放样特征。

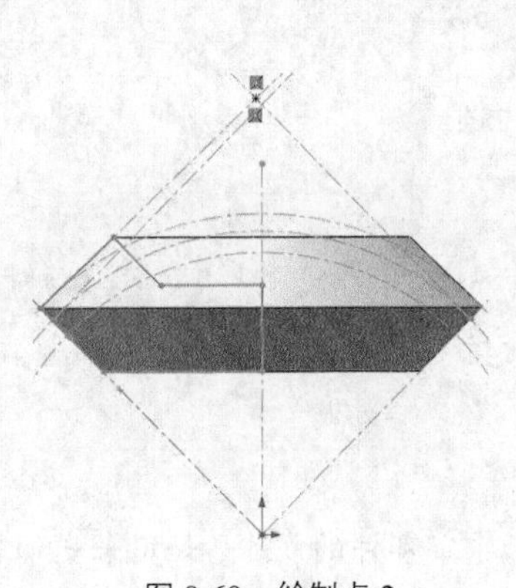

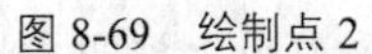
图 8-69　绘制点 2

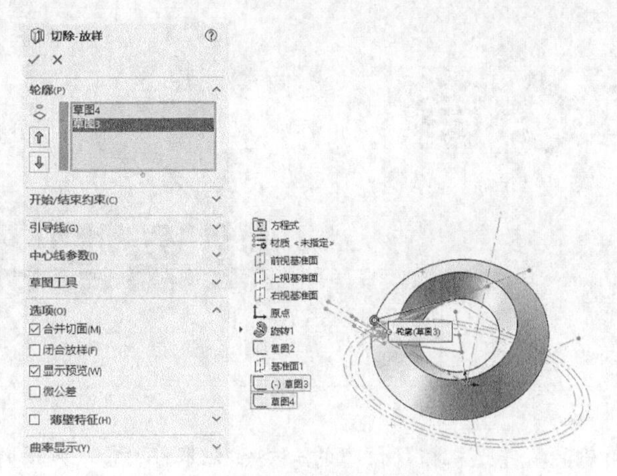

图 8-70　切除放样实体

04 圆周阵列生成多齿

❶ 显示临时轴。选择菜单栏中的“视图”→“隐藏/显示（H）”→“临时轴”命令，显示零件实体的临时轴。

❷ 圆周阵列实体。选择菜单栏中的“插入”→“阵列/镜向”→“圆周阵列”命令，或单击“特征”控制面板中的“圆周阵列”按钮，系统弹出“阵列（圆周）1”属性管理器；将圆锥齿轮轮廓实体的临时轴作为“阵列轴”，在“实例数”文本框中输入“25”，选中“等间距”单选按钮，在“要阵列的特征”选项框中选择切除放样实体，然后单击“确定”按钮进行圆周阵列，最后将临时轴、草图、基准面隐藏，结果如图 8-71 所示。

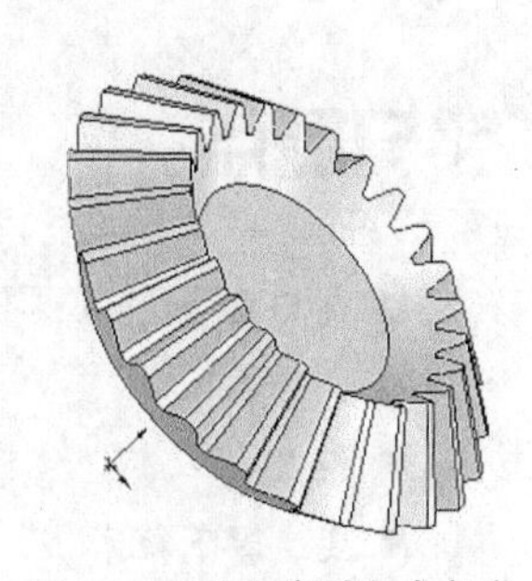
图 8-71　圆周阵列生成多齿

8.4.3　拉伸、切除实体生成锥齿轮

01 拉伸实体。将圆锥齿轮的底面设置为基准面，绘制直径为 25mm 的圆，将其拉伸生成高度为 3mm 的实体，结果如图 8-72 所示。

02 绘制键槽轴孔草图。以锥齿轮的圆形底面为基准面，绘制图 8-73 所示的草图，作为键槽轴孔草图。

03 切除拉伸实体。选择菜单栏中的“插入”→“切除”→“拉伸”命令，或单击“特征”控制面板中的“拉伸切除”按钮，在弹出的“切除–拉伸”属性管理器中，设置切除终止条件为“完全贯穿”，然后单击“确定”按钮，生成的切除拉伸实体（圆锥齿轮）如图 8-74 所示。

图 8-72　拉伸实体

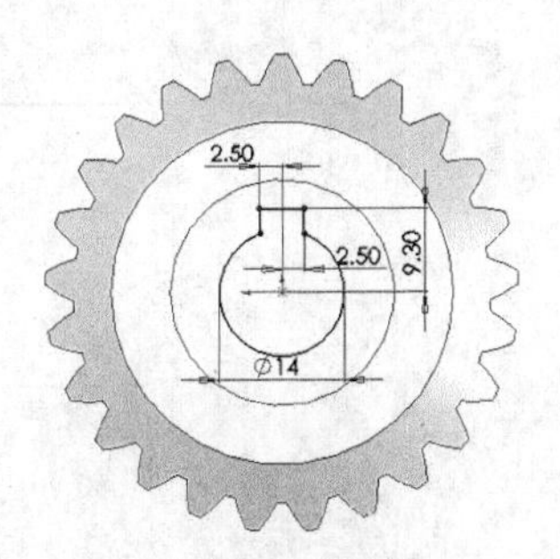

图 8-73　键槽轴孔草图

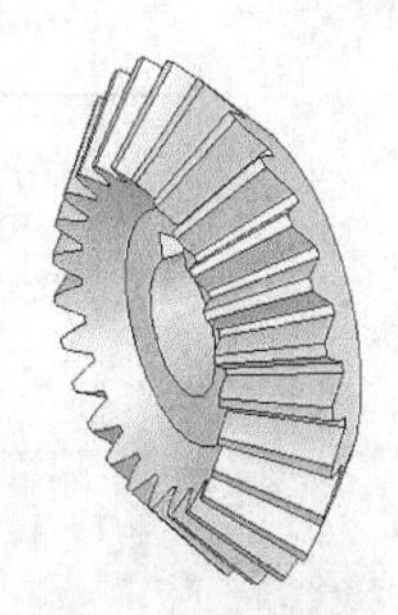
图 8-74　切除拉伸实体

04 保存文件。选择菜单栏中的“文件”→“保存”命令，将零件文件保存为“圆锥齿轮.sldprt”。

第 9 章

箱盖零件

箱盖类零件是机械设计中的一类常见零件，它一方面作为轴系零部件的载体，如用来支承轴承、安装密封端盖等；同时，箱体也是传动件的润滑装置——下箱体的容腔可以加注润滑油，用以润滑齿轮等传动件。

学习要点

- 大闷盖
- 大透盖
- 轴盖
- 变速器下箱体

9.1 大闷盖

在本例中，我们要创建的大闷盖如图 9-1 所示。

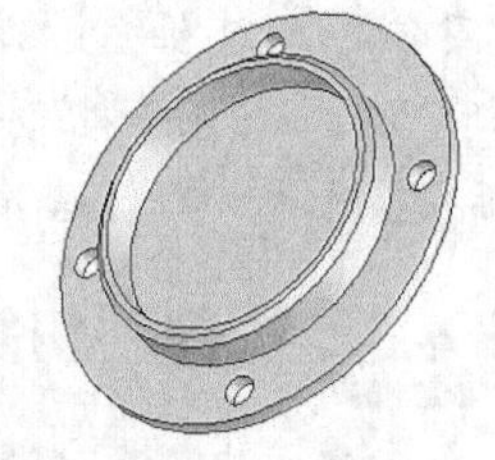

图 9-1 大闷盖

思路分析

大闷盖是变速箱中的一类重要零件。通常情况下，大闷盖的结构较简单，在变速箱中可以用来固定轴承等零件，同时也可以起到一定的密封作用。大闷盖的创建流程如图 9-2 所示。

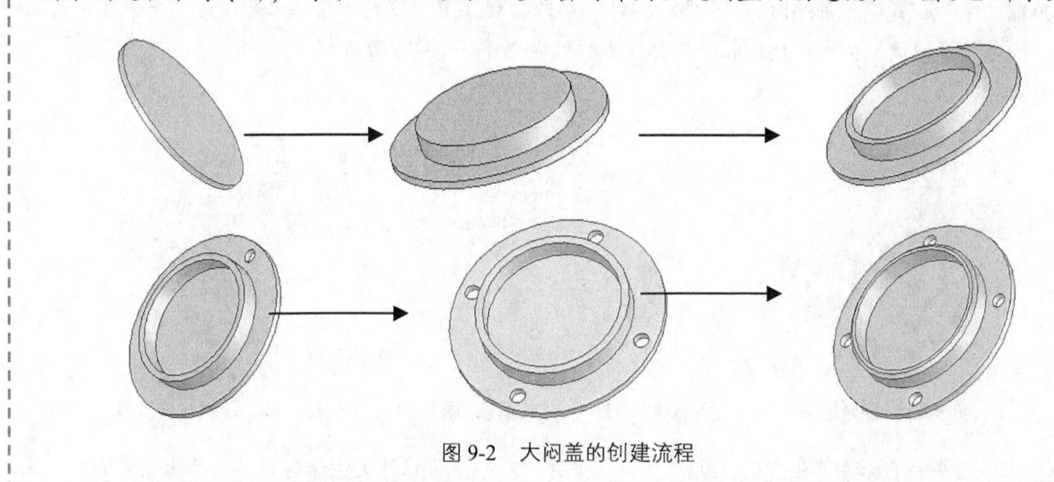

图 9-2 大闷盖的创建流程

9.1.1 创建基础实体

01 新建文件。启动 SOLIDWORKS 2022，选择菜单栏中的“文件”→“新建”命令，或单击“快速访问”工具栏中的“新建”按钮，在弹出的“新建 SOLIDWORKS 文件”对话框中，单击“零件”按钮，然后单击“确定”按钮，创建一个新的零件文件。

02 绘制草图 1。在 FeatureManager 设计树中选择“前视基准面”，将其作为草图绘制基准面，然后选择菜单栏中的“工具”→“草图绘制实体”→“圆”命令，或单击“草图”控制面板中的“圆”按钮，以系统坐标原点为圆心绘制大闷盖实体的草图轮廓并标注尺寸，如图 9–3 所示。

03 拉伸实体 1。选择菜单栏中的“插入”→“凸台/基础实体”→“拉伸”命令，或单击“特征”控制面板中的“拉伸凸台/基础实体”按钮，系统弹出“凸台–拉伸”属性管理器；在“深度”文本框中输入“10”，如图 9–4 所示；单击“确定”按钮，完成拉伸实体，结果如图 9–5 所示。

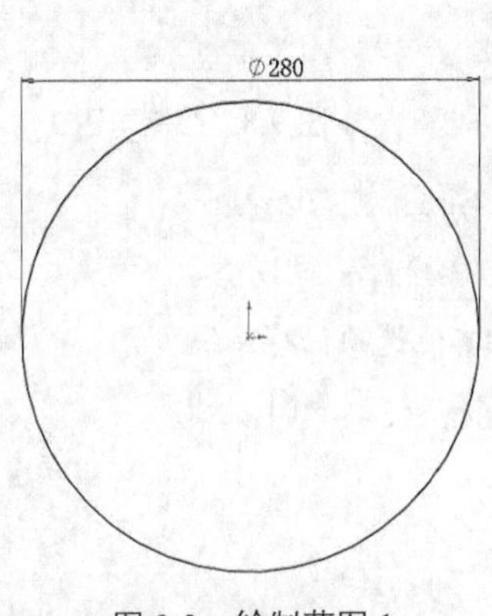

图 9-3　绘制草图 1

图 9-4　“凸台-拉伸”属性管理器

04 设置基准面。以上一步中创建的实体上表面为草图绘制平面，然后单击“视图（前导）”控制面板中的“正视于”按钮，将该表面作为绘制图形的基准面。

05 绘制草图 2。选择菜单栏中的“工具”→“草图绘制实体”→“圆”命令，或单击“草图”控制面板中的“圆”按钮，以系统坐标原点为圆心绘制直径为 200mm 的圆，如图 9–6 所示。

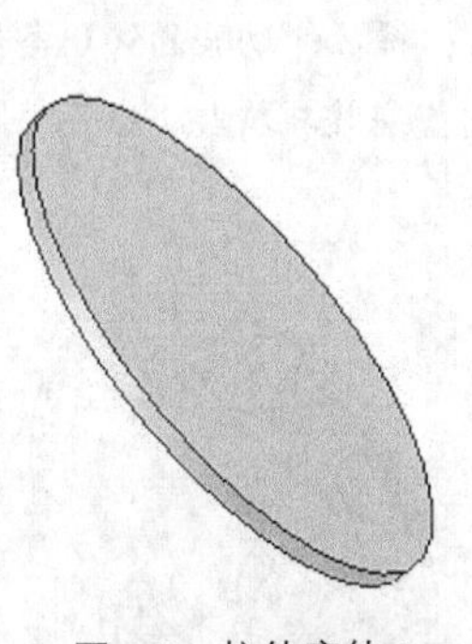

图 9-5　拉伸实体 1

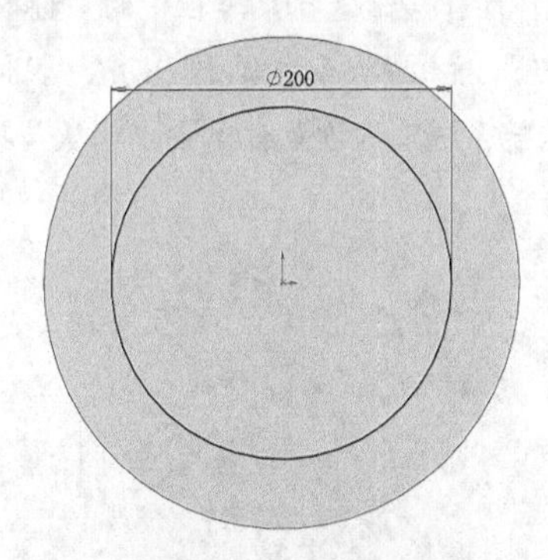

图 9-6　绘制草图 2

06 拉伸实体 2。选择菜单栏中的“插入”→“凸台/基础实体”→“拉伸”命令，或单击“特征”控制面板中的“拉伸凸台/基础实体”按钮，在弹出的“凸台–拉伸”属性管理器中将拉伸终止条件设置为

“给定深度”，在“深度”文本框中输入“27.5”，单击“确定”按钮，完成大闷盖基础实体的创建，结果如图 9–7 所示。

07 设置基准面。单击大闷盖基础实体小端面，然后单击“视图（前导）”工具栏中的“正视于”按钮，将该表面作为绘制图形的基准面。

08 绘制草图 3。选择菜单栏中的“工具”→“草图绘制实体”→“圆”命令，或单击“草图”控制面板中的“圆”按钮，以大闷盖中心为圆心绘制直径为 180mm 的圆，如图 9–8 所示。

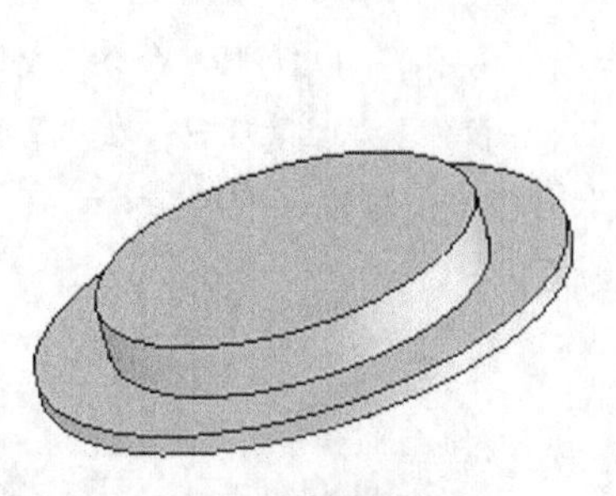

图 9-7 拉伸实体 2

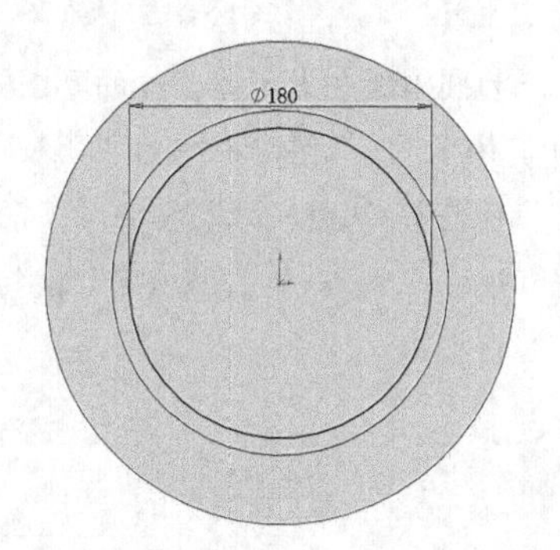

图 9-8 绘制草图 3

09 切除拉伸实体 1。选择菜单栏中的“插入”→“切除”→“拉伸”命令，或单击“特征”控制面板中的“拉伸切除”按钮，系统弹出“切除–拉伸”属性管理器；在“深度”文本框中输入“27.5”，其他选项保持系统默认设置，单击“确定”按钮，完成切除拉伸特征的创建，结果如图 9–9 所示。

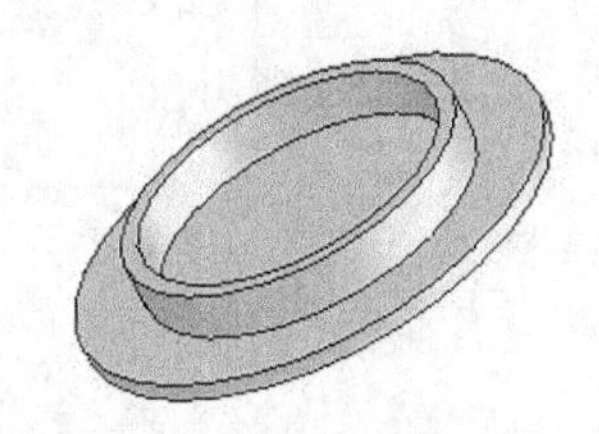

图 9-9 切除拉伸实体 1

9.1.2 创建安装孔

01 设置基准面。单击大闷盖基础实体大端面，然后单击“视图（前导）”工具栏中的“正视于”按钮，将该表面作为绘制图形的基准面，新建一张草图。

02 绘制草图 4。选择菜单栏中的“工具”→“草图绘制实体”→“圆”命令，或单击“草图”控制面板中的“圆”按钮，在大闷盖基础实体大端面上绘制端盖安装孔，孔的直径为 20mm，位置如图 9–10 所示。

03 切除拉伸实体 2。选择菜单栏中的“插入”→“切除”→“拉伸”命令，或单击“特征”控制面板中的“拉伸切除”按钮，系统弹出“切除–拉伸”属性管理器；将拉伸切除的终止条件设置为“完全贯穿”，其他选项保持系统默认设置，单击“确认”按钮，生成端盖安装孔特征，如图 9–11 所示。

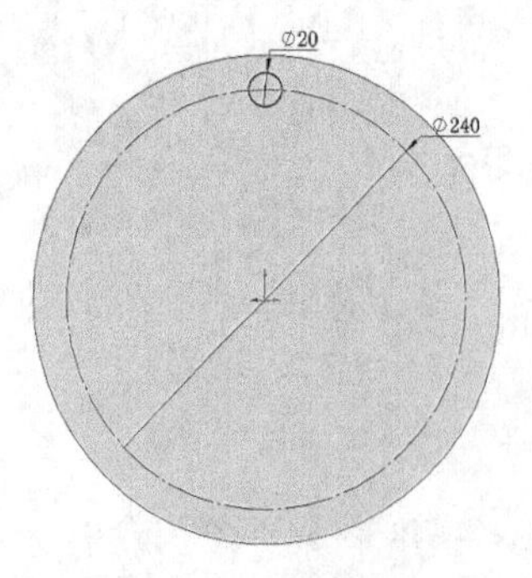

图 9-10 绘制草图 4

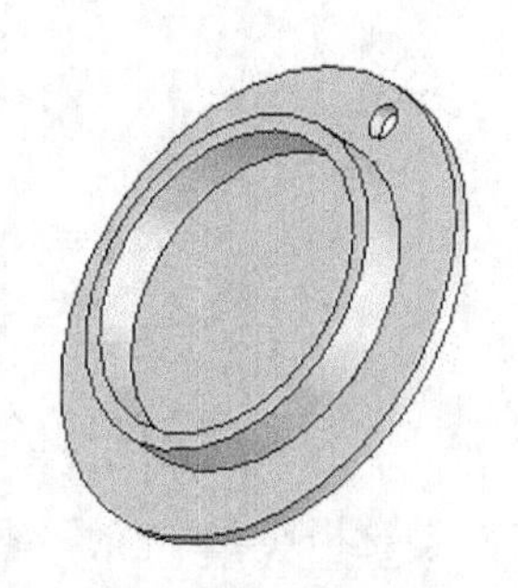

图 9-11 切除拉伸实体 2

04 创建基准轴。选择菜单栏中的“插入”→“参考几何体”→“基准轴”命令，系统弹出“基准轴”属性管理器，如图 9–12（左）所示；在“基准轴”属性管理器中，单击“圆柱/圆锥面”按钮，在图形窗口中选择大闷盖凸沿的外圆柱面，如图 9–12（右）所示，创建基准轴，将其作为外圆柱面的轴线；单击“确认”按钮，完成基准轴的创建，结果如图 9–13 所示。

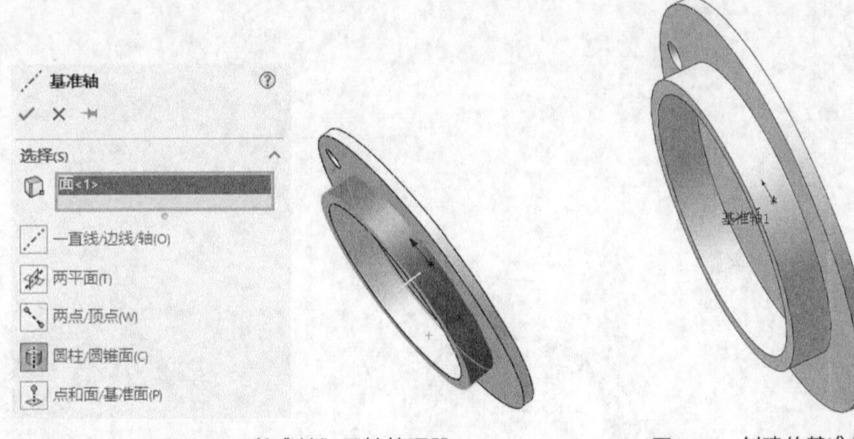

图 9-12 “基准轴”属性管理器　　图 9-13 创建的基准轴

05 阵列特征。选择菜单栏中的“插入”→“阵列/镜向”→“圆周阵列”命令，或单击“特征”控制面板中的“圆周阵列”按钮，系统弹出“阵列（圆周）1”属性管理器；在“阵列轴”选项框中选择步骤 04 创建的基准轴，输入角度值“360”、输入实例数“4”，选中“等间距”单选按钮，在“要阵列的特征”选项框中，通过设计树选择安装孔特征，其他选项保持系统默认设置，如图 9–14 所示，单击“确认”按钮，完成特征的阵列，结果如图 9–15 所示。

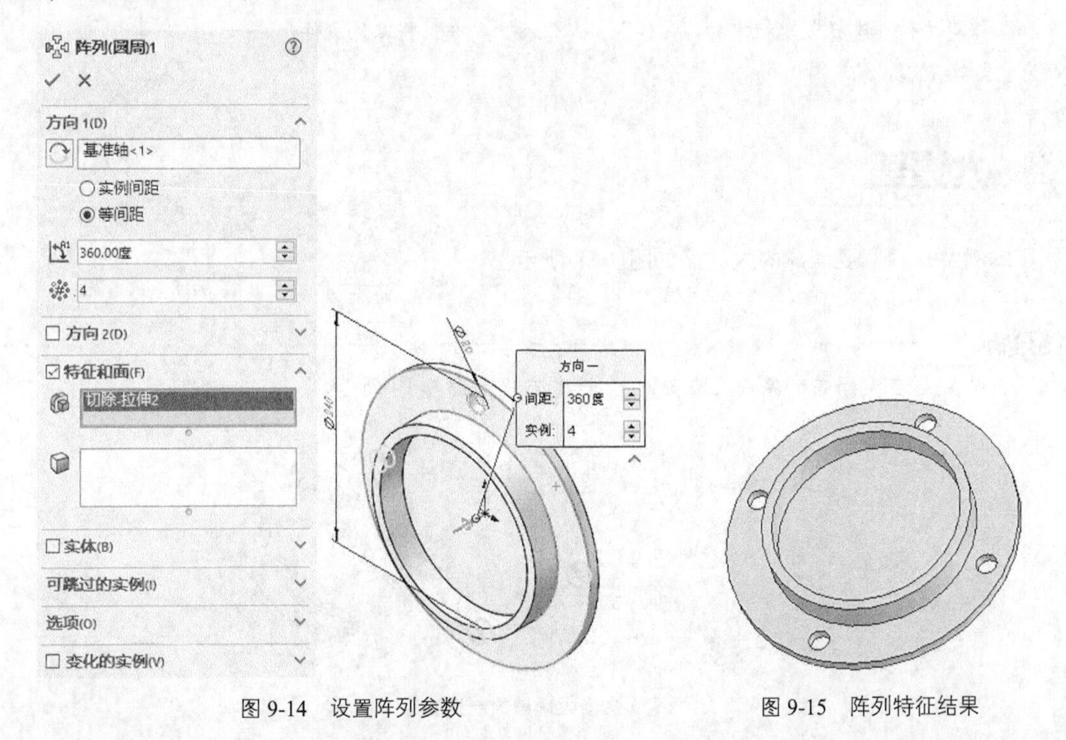

图 9-14 设置阵列参数　　图 9-15 阵列特征结果

06 创建倒角特征。选择菜单栏中的“插入”→“特征”→“倒角”命令，或单击“特征”控制面板中的“倒角”按钮，系统弹出“倒角”属性管理器；将倒角类型设置为“角度距离”，在“距离”文本框中输入倒角的距离值“1”，在“角度”文本框中输入角度值“45”，选择生成倒角特征的大闷盖小端外棱边，如图 9–16 所示，其他选项保持系统默认设置；单击“确认”按钮，完成倒角特征的创建，结果如图 9–17 所示。

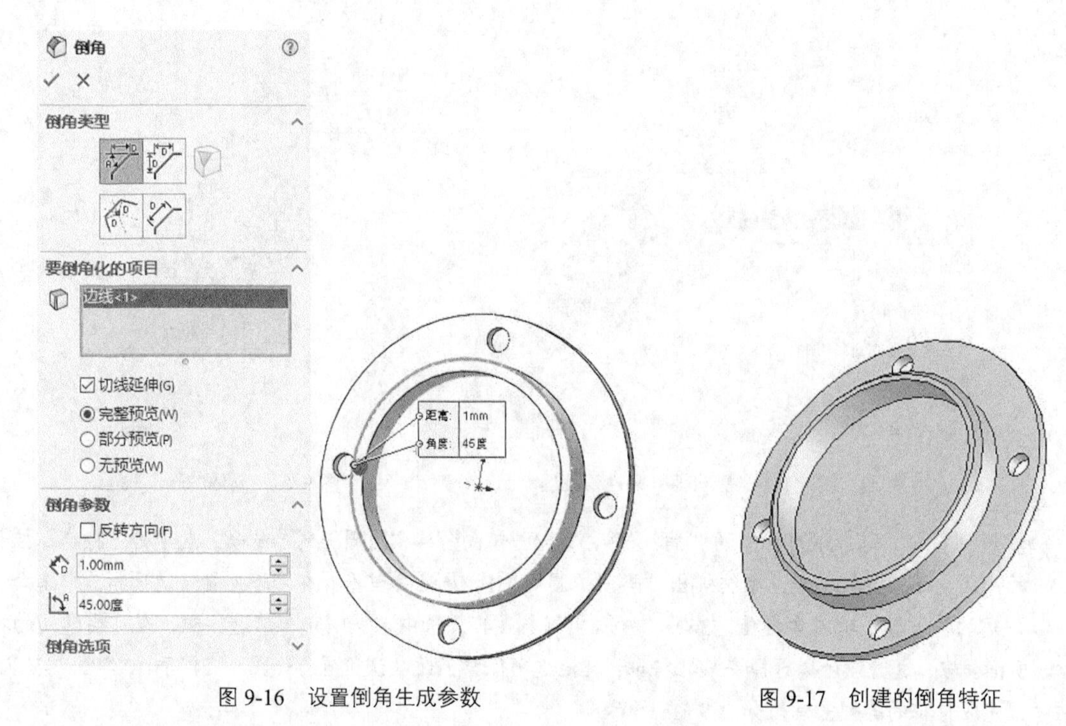

图 9-16　设置倒角生成参数　　图 9-17　创建的倒角特征

07 保存文件。选择菜单栏中的“文件”→“保存”命令，将零件文件保存为“大闷盖.sldprt”。

9.2 大透盖

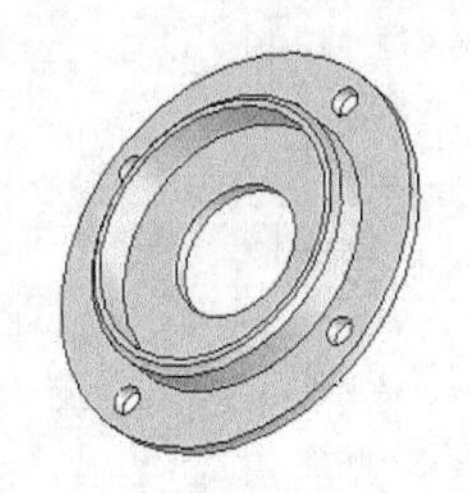

在本例中，我们要创建的大透盖如图 9-18 所示。

图 9-18　大透盖

思路分析

大透盖是在大闷盖的基础上创建的，创建流程如图 9-19 所示。

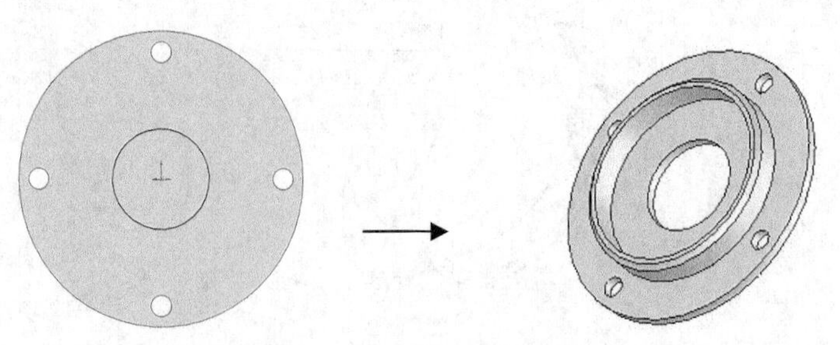

图 9-19　大透盖的创建流程

创建步骤

01 打开文件。启动 SOLIDWORKS 2022，选择菜单栏中的“文件”→“打开”命令，在弹出的“打开”对话框中，选择在上一实例中所创建的“大闷盖.sldprt”，单击“打开”按钮，如图 9-20 所示。

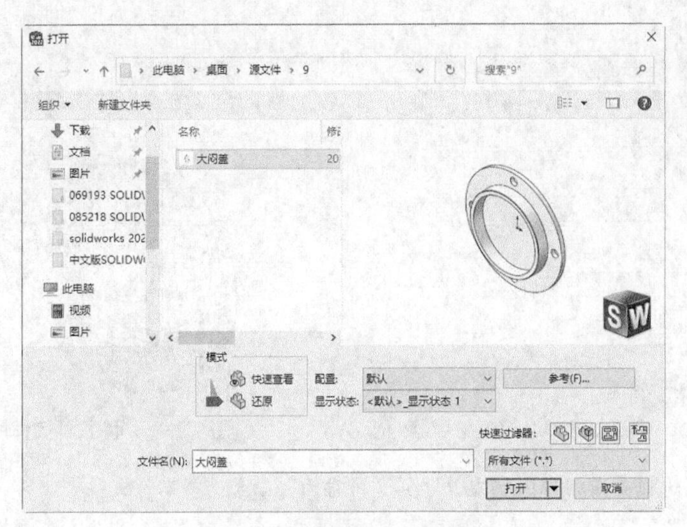

图 9-20　打开已存在的零件

02 设置基准面。单击大闷盖基础实体大端面，然后单击“视图（前导）”工具栏中的“正视于”按钮，将该表面作为绘图基准面。

03 绘制草图。选择菜单栏中的“工具”→“草图绘制实体”→“圆”命令，或单击“草图”控制面板中的“圆”按钮，在草绘平面上绘制以大闷盖中心为圆心的圆，系统弹出“圆”属性管理器，在“半径”文本框中输入圆的半径值“47.5”，如图 9-21 所示。

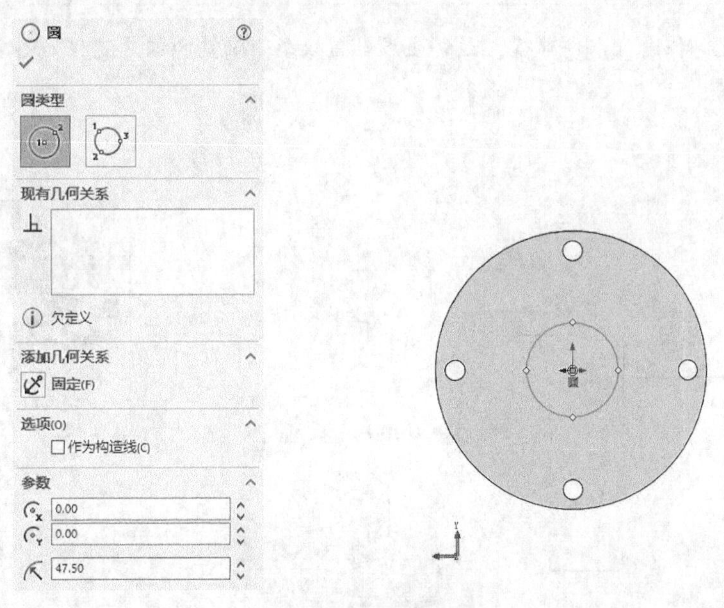

图 9-21　绘制草图

04 切除拉伸实体。选择菜单栏中的“插入”→“切除”→“拉伸”命令，或单击“特征”控制面板中的“拉伸切除”按钮，系统弹出“切除-拉伸”属性管理器；将终止条件设置为“完全贯穿”，图形窗口将高亮显示，具体设置如图 9-22 所示；其他选项保持系统默认设置，单击“确定”按钮✔，完成切除拉伸，如图 9-23 所示。

图 9-22 “切除-拉伸”属性管理器

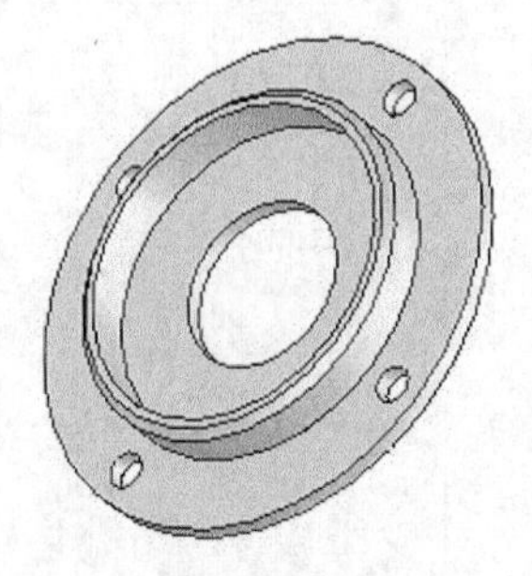

图 9-23 切除拉伸实体

05 保存文件。选择菜单栏中的“文件”→“另存为”命令，将零件文件保存为“大透盖.sldprt”。

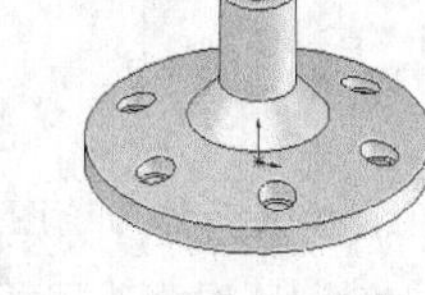

图 9-24 轴盖

9.3 轴盖

在本例中，我们要创建的轴盖如图 9-24 所示。

思路分析

利用异型孔特征进行零件建模，最终生成轴盖模型，轴盖的创建流程如图 9-25 所示。

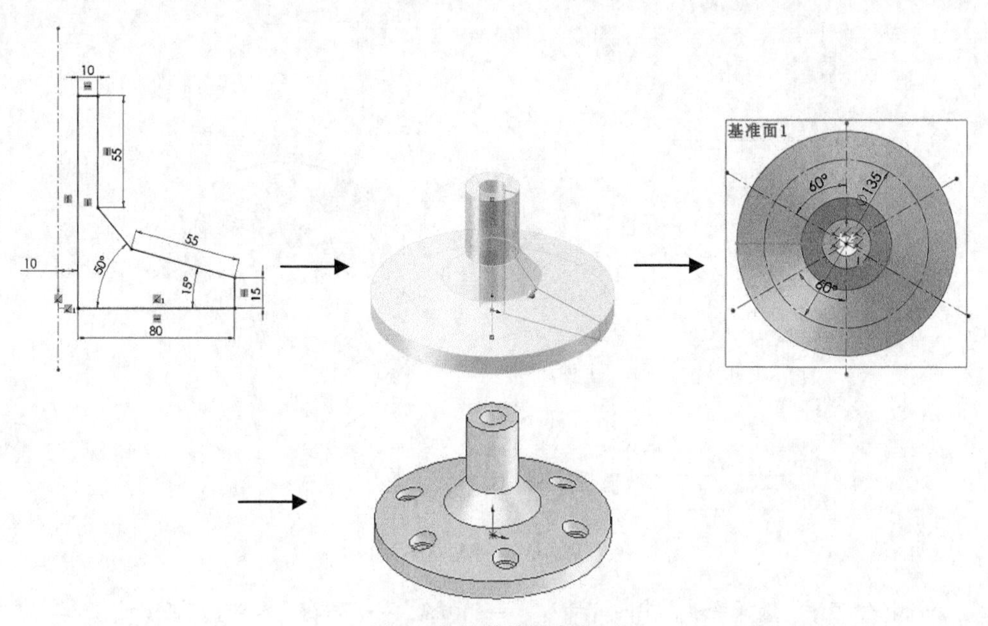

图 9-25 轴盖的创建流程

9.3.1 创建轴盖基础实体

01 新建文件。启动 SOLIDWORKS 2022，选择菜单栏中的“文件”→“新建”命令，或单击“快速访问”工具栏中的“新建”按钮，在弹出的“新建 SOLIDWORKS 文件”对话框中，单击“零件”按钮，然后单击“确定”按钮，新建一个零件文件。

02 新建草图。在 FeatureManager 设计树中选择“前视基准面”，将其作为草图绘制基准面，单击“草图”控制面板中的“草图绘制”按钮，新建一张草图。

03 绘制旋转轮廓草图。利用草图工具绘制草图，将其作为旋转特征的轮廓，如图 9–26 所示。

04 旋转所绘制的轮廓。单击“特征”控制面板中的“旋转凸台/基础实体”按钮，系统弹出“旋转”属性管理器。SOLIDWORKS 2022 会自动将草图中唯一的一条中心线作为旋转轴，将旋转类型设置为“给定深度”、在旋转角度文本框中输入“360”，其他选项设置如图 9–27（左）所示，单击“确定”按钮，生成旋转特征，如图 9–27（右）所示。

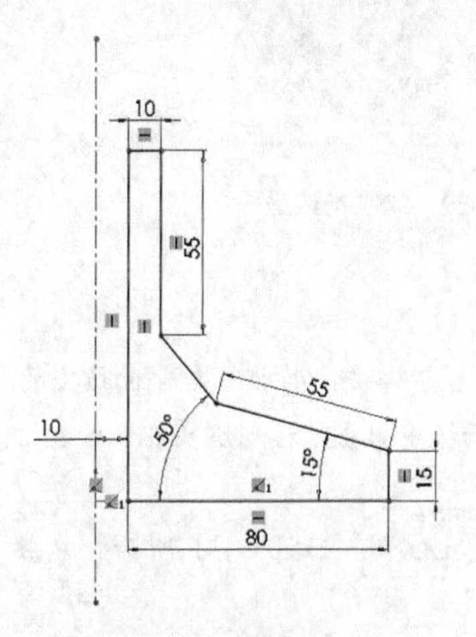

图 9-26　绘制旋转轮廓草图

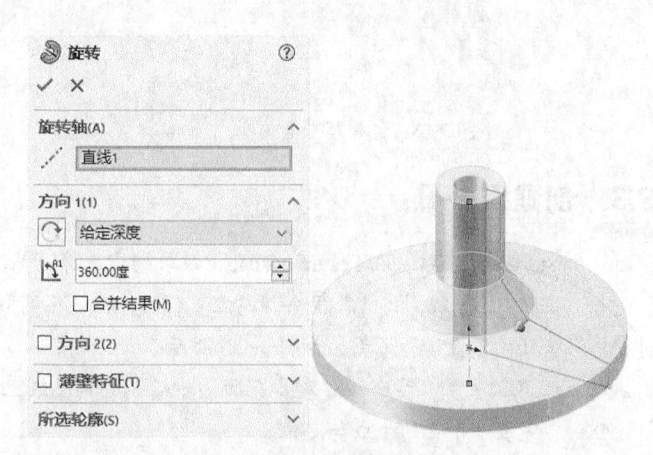

图 9-27　旋转所绘制的轮廓

9.3.2 创建基准面

01 创建基准面。单击“特征”控制面板“参考几何体”下拉列表中的“基准面”按钮，将“上视基准面”作为创建基准面的参考面，在“偏移距离”文本框中输入“25”，单击“确定”按钮，完成基准面的创建，系统默认该基准面为“基准面 1”，如图 9–28 所示。

02 新建草图。选择基准面 1，单击“草图”控制面板中的“草图绘制”按钮，新建一张草图。

03 绘制圆，并将其设置为构造线。单击“草图”控制面板中的“圆”按钮，在基准面 1 上绘制一个以原点为圆心、直径为 135mm 的圆，在“圆”属性管理器中勾选“作为构造线”复选框，将圆设置为构造线。

04 绘制构造线。单击“草图”控制面板中的“中心线”按钮，绘制 3 条过原点且相互之间的夹角为 60 度的中心线，将其作为构造线，如图 9–29 所示，单击“草图”控制面板中的“退出草图”按钮，退出草图绘制状态。

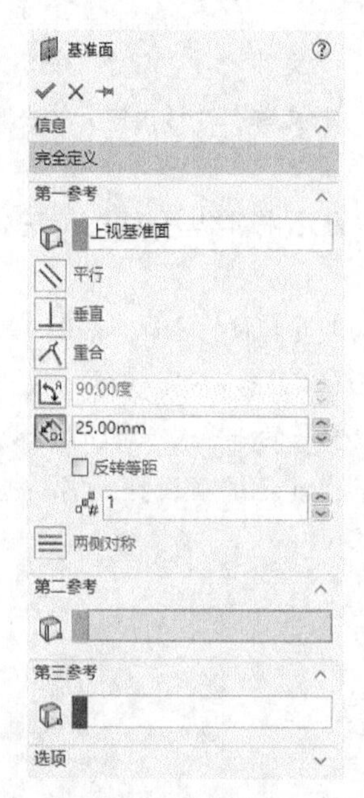

图 9-28　创建基准面

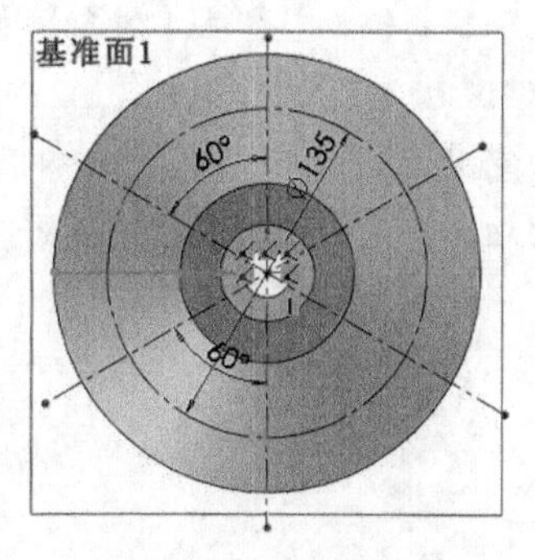

图 9-29　绘制构造线

9.3.3　创建沉头孔

01 设置沉头孔参数。在 FeatureManager 设计树中选择“基准面 1”，单击“特征”控制面板中的“异型孔向导”按钮，系统弹出“孔规格”属性管理器，在“孔类型”面板中单击“柱形沉头孔”按钮，然后对柱形沉头孔的参数进行设置，如图 9-30 所示。

02 定义孔位置。在步骤 03 和步骤 04 中绘制的构造线上定义孔位置，如图 9-31 所示。单击“确定”按钮，完成多个孔的生成与定位。

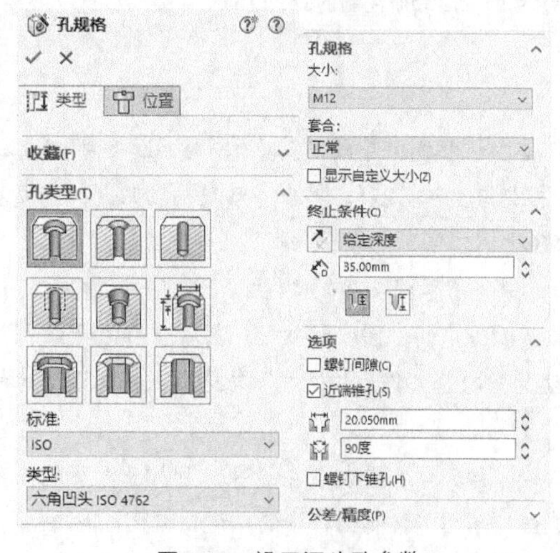

图 9-30　设置沉头孔参数

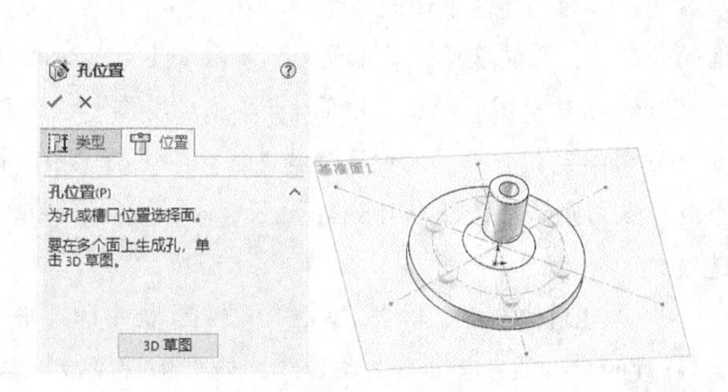

图 9-31　定义孔位置

03 保存文件。单击“快速访问”工具栏中的“保存”按钮，将零件保存为“轴盖.sldprt”，最终效果如图 9-24 所示。

9.4 变速器下箱体

在本例中，我们要创建的变速器下箱体如图 9-32 所示。

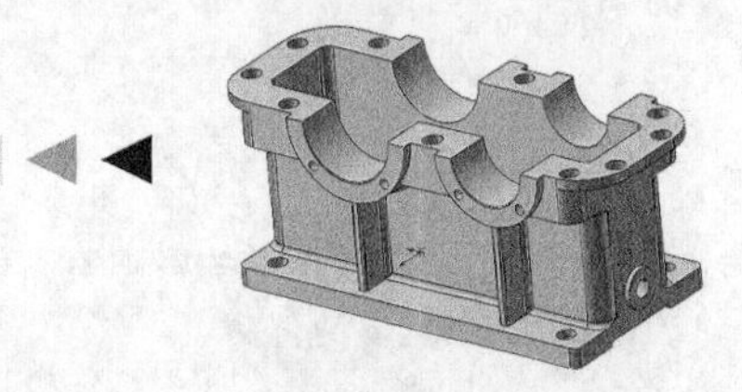

图 9-32　变速器下箱体

思路分析

本节将讲述变速器下箱体的创建流程，包括 SOLIDWORKS 2022 中的拉伸、抽壳、切除、钻孔、镜像、加强筋、倒角、倒圆等功能。通过本节的学习，读者可以掌握如何利用 SOLIDWORKS 2022 所提供的基本工具来实现复杂模型的创建。变速器下箱体的创建流程如图 9-33 所示。

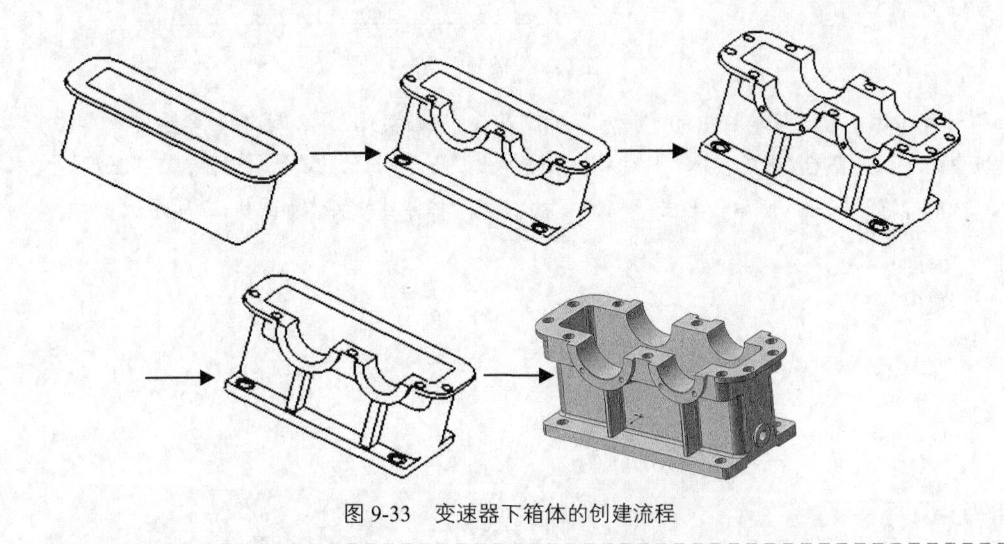

图 9-33　变速器下箱体的创建流程

9.4.1 创建下箱体外形实体

01 新建文件。启动 SOLIDWORKS 2022，选择菜单栏中的“文件”→“新建”命令，或单击“快速访问”工具栏中的“新建”按钮，在弹出的“新建 SOLIDWORKS 文件”对话框中，单击“零件”按钮，然后单击“确定”按钮，创建一个新的零件文件。

02 绘制草图

❶ 绘制矩形。在 FeatureManager 设计树中选择“前视基准面”，将其作为绘图基准面。然后选择菜单栏中的“工具”→“草图绘制实体”→“矩形”命令，或单击“草图”控制面板中的“边角矩形”按钮，绘制矩形轮廓，通过标注智能尺寸使矩形的中心在原点位置，如图 9-34 所示。

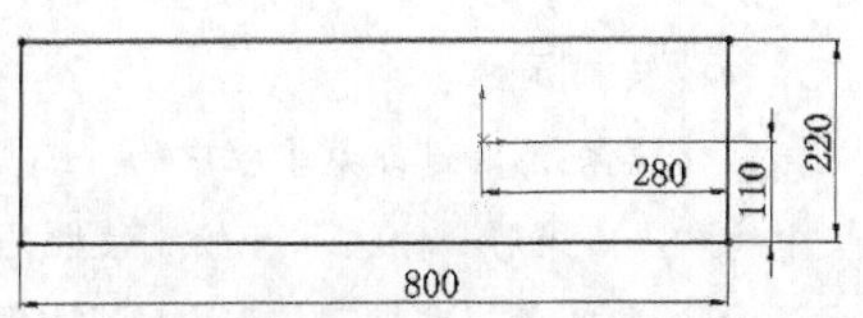

图 9-34　绘制矩形

❷ 绘制圆角。选择菜单栏中的“工具”→“草图绘制实体”→“圆角”命令，或单击“草图”控制面板中的“绘制圆角”按钮，系统弹出“绘制圆角”属性管理器，如图 9-35（左）所示，在“圆角参数”选项组下的“圆角半径”文本框中输入“40”。单击草图中矩形的 4 个顶角边，系统自动绘制草图的圆角，如图 9-35（右）所示。

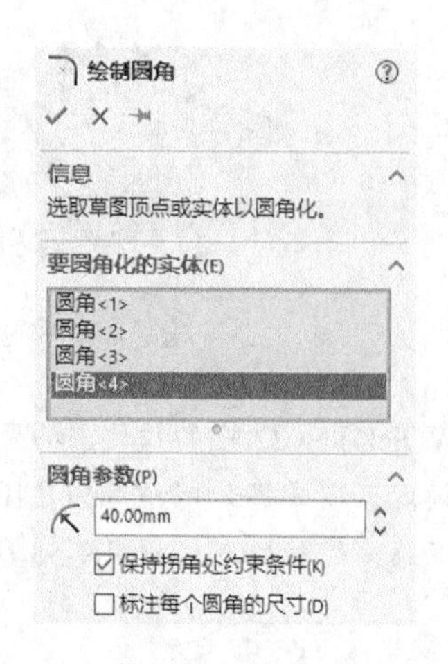

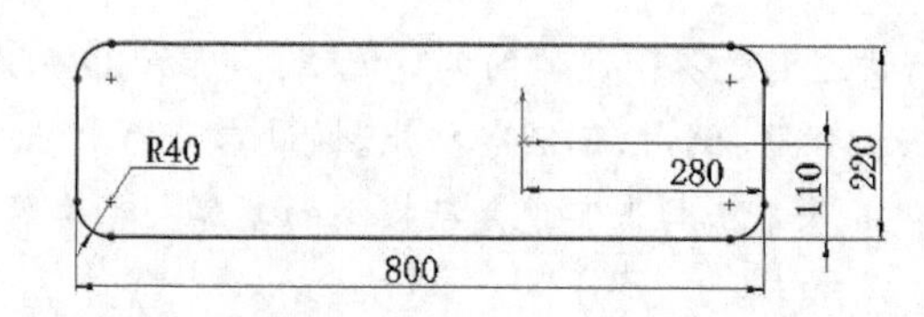

图 9-35　绘制圆角

03 拉伸实体。选择菜单栏中的“插入”→“凸台/基础实体”→“拉伸”命令，或单击“特征”控制面板中的“拉伸凸台/基础实体”按钮，系统弹出“凸台-拉伸”属性管理器，在“深度”文本框中输入“300”，如图 9-36 所示。单击“确定”按钮，拉伸后的实体如图 9-37 所示。

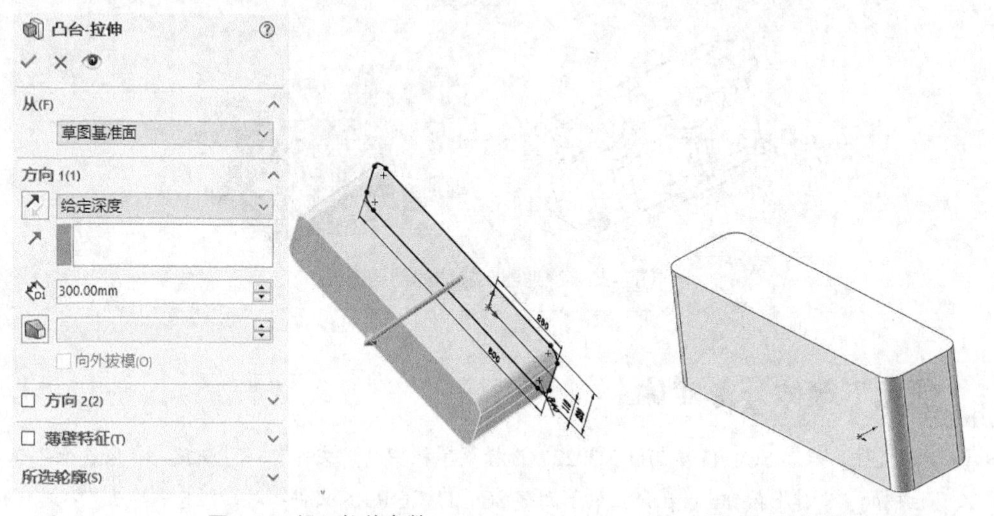

图 9-36　设置拉伸参数　　图 9-37　拉伸后的实体

9.4.2 创建装配凸缘

01 设置基准面。选择上面创建完成的箱体实体上端面，然后单击“视图（前导）”工具栏中的“正视于”按钮，将该表面作为绘图基准面。

02 绘制草图

❶ 绘制矩形。选择菜单栏中的“工具”→“草图绘制实体”→“矩形”命令，或单击“草图”控制面板中的“边角矩形”按钮，绘制装配凸缘的矩形轮廓并标注尺寸，如图 9-38 所示。

❷ 绘制圆角。选择菜单栏中的“工具”→“草图绘制实体”→“圆角”命令，或单击“草图”控制面板中的“绘制圆角”按钮，在弹出的“绘制圆角”属性管理器的“圆角半径”文本框中输入“100”。单击装配凸缘草图中矩形的 4 个顶角边，绘制草图圆角，如图 9-39 所示。

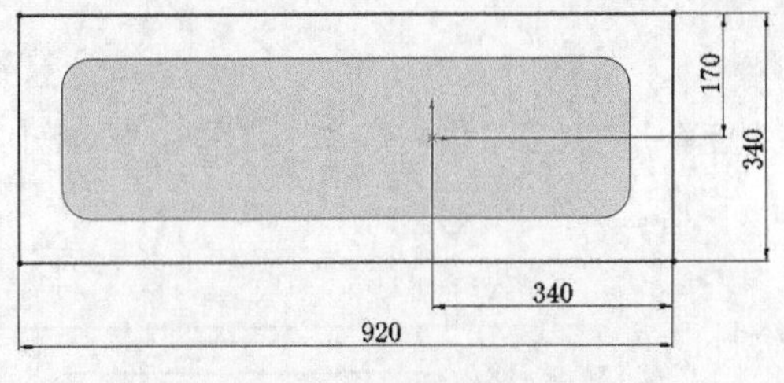

图 9-38　绘制矩形并标注

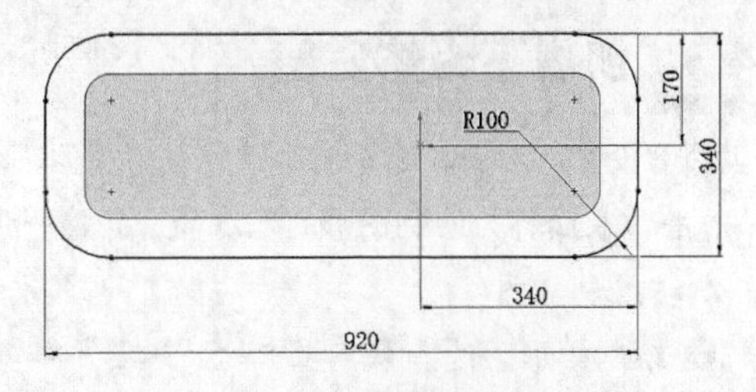

图 9-39　绘制圆角

03 创建拉伸实体。选择菜单栏中的“插入”→“凸台/基础实体”→“拉伸”命令，或单击“特征”控制面板中的“拉伸凸台/基础实体”按钮，系统弹出“凸台-拉伸”属性管理器，如图 9-40（左）所示在“深度”文本框中输入“20”；单击“确定”按钮，拉伸后的实体如图 9-40（右）所示。

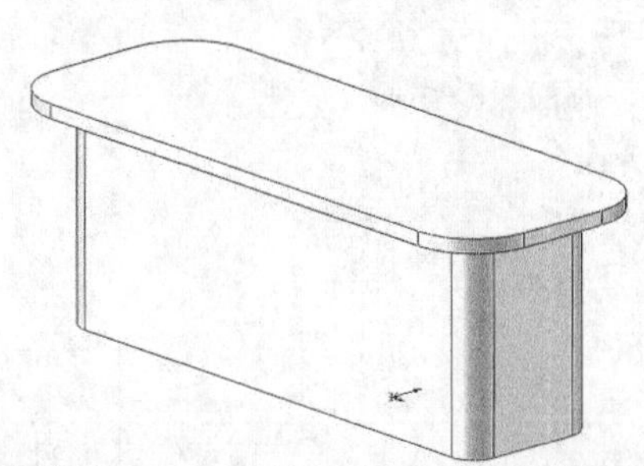

图 9-40　创建拉伸实体

04 抽壳。选择下箱体装配凸缘的上表面，单击“特征”控制面板中的“抽壳”按钮，系统弹出“抽壳 1”属性管理器，在“厚度”文本框中输入“20”，选取抽壳面如图 9-41（右）所示，其他选项保持系统默认设置，如图 9-41（左）所示。单击“确定”按钮，下箱体的壳体如图 9-42 所示。

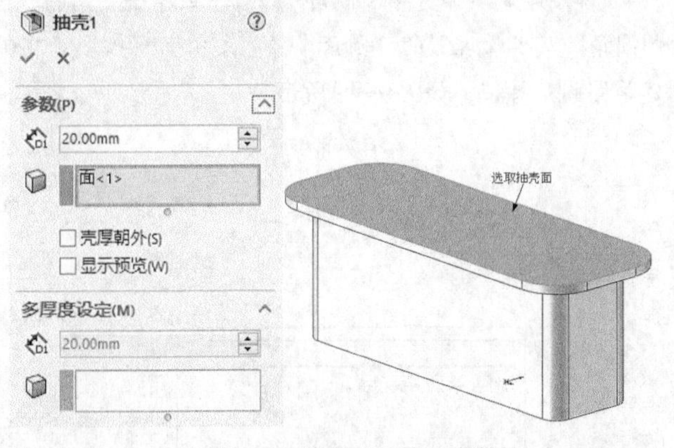

图 9-41　设置“抽壳”参数

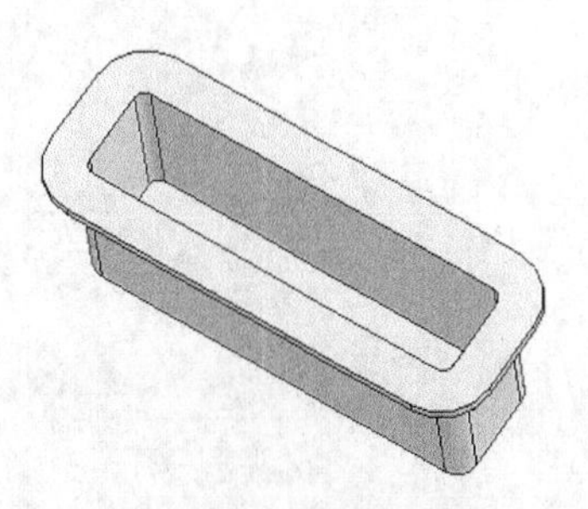

图 9-42　下箱体的壳体

9.4.3 创建下箱体底座

01 设置基准面。选择前面所完成的箱体下端面，然后单击“视图（前导）”工具栏中的“正视于”按钮，将该表面作为绘制图形的基准面，新建一张草图。

02 绘制草图

❶ 绘制矩形。选择菜单栏中的“工具”→“草图绘制实体”→“矩形”命令，或单击“草图”控制面板中的“边角矩形”按钮，绘制装配底座的矩形轮廓并标注尺寸，如图 9−43 所示。

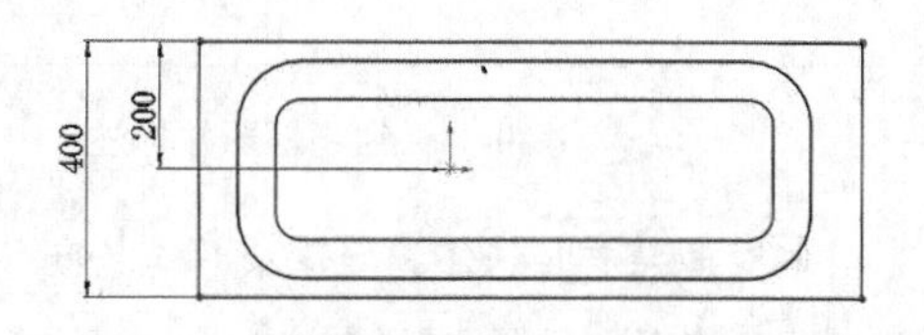

图 9-43 绘制装配底座的矩形轮廓并标注尺寸

❷ 添加几何关系。选择菜单栏中的“工具”→“几何关系”→“添加”命令，或单击“草图”控制面板“显示/删除几何关系”下拉列表中的“添加几何关系”按钮，系统弹出“添加几何关系”属性管理器。选取底座草图矩形中的边线和箱体的内侧轮廓线，在“添加几何关系”属性管理器中添加“共线”约束，将两条直线的几何关系设为“共线”，如图 9−44 所示。添加几何关系后的底座草图如图 9−45 所示。

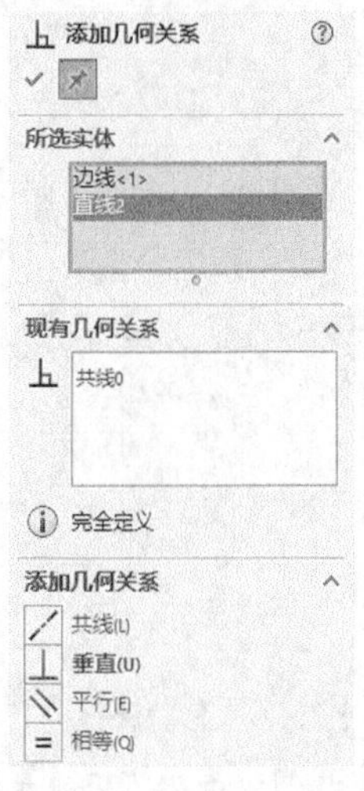

图 9-44 添加几何关系

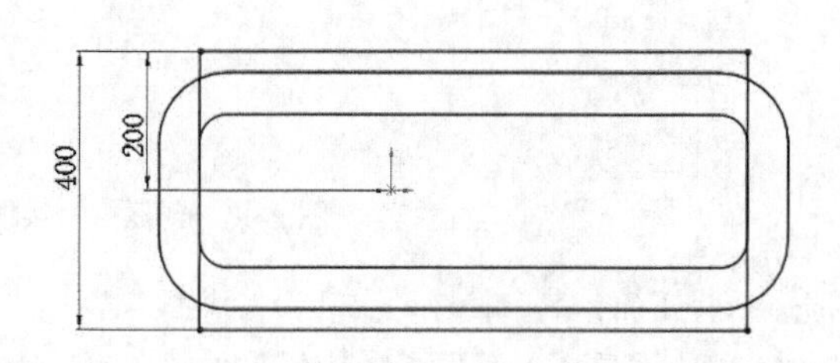

图 9-45 添加几何关系后的底座草图

❸ 绘制圆角。选择菜单栏中的“工具”→“草图绘制实体”→“圆角”命令，或单击“草图”控制面板中的“绘制圆角”按钮，在弹出的“绘制圆角”属性管理器的“圆角半径”文本框中输入“20”。单击下箱体底座草图中矩形的 4 个顶角边，创建草图圆角特征，如图 9−46 所示。

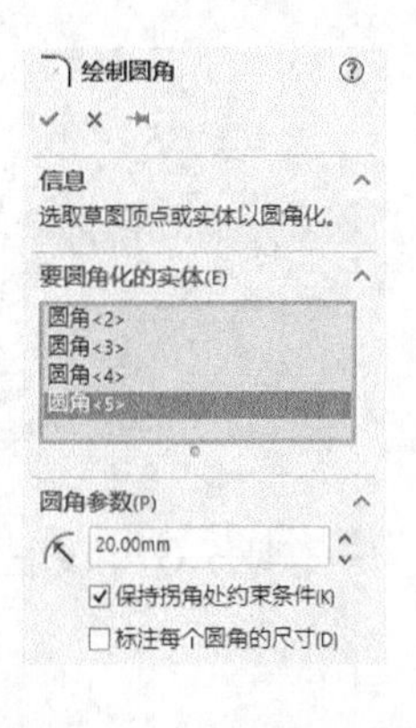

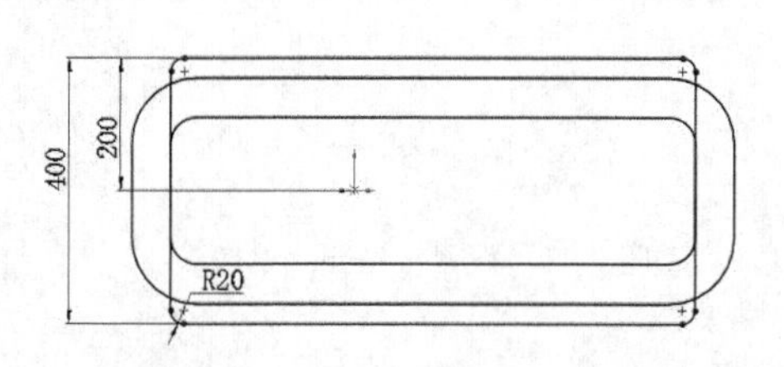

图 9-46 绘制圆角

03 拉伸实体。选择菜单栏中的“插入”→“凸台/基础实体”→“拉伸”命令，或单击“特征”控制面板中的“拉伸凸台/基础实体”按钮，系统弹出“凸台-拉伸”属性管理器；在“深度”文本框中输入“40”，然后单击“确定”按钮，完成下箱体底座的创建。如图 9-47 所示。

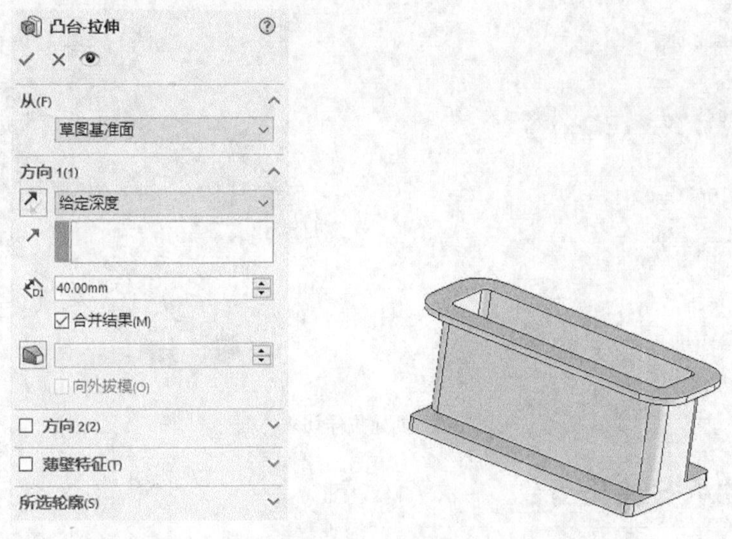

图 9-47　拉伸实体

9.4.4 创建箱体底座槽

01 设置基准面。选择下箱体底侧表面，然后单击“视图（前导）”工具栏中的“正视于”按钮，将该表面作为绘图基准面。

02 绘制草图

❶ 绘制草图轮廓。单击“草图”控制面板中的“中心线”按钮、“直线”按钮和“切线弧”按钮，绘制草图并标注尺寸，如图 9-48 所示。

❷ 添加几何关系。选择菜单栏中的“工具”→“几何关系”→“添加”命令，或单击“草图”控制面板中的“添加几何关系”按钮，使草图底边与底座的下边线共线，圆弧圆心在底座的下边线上，如图 9-48 所示。

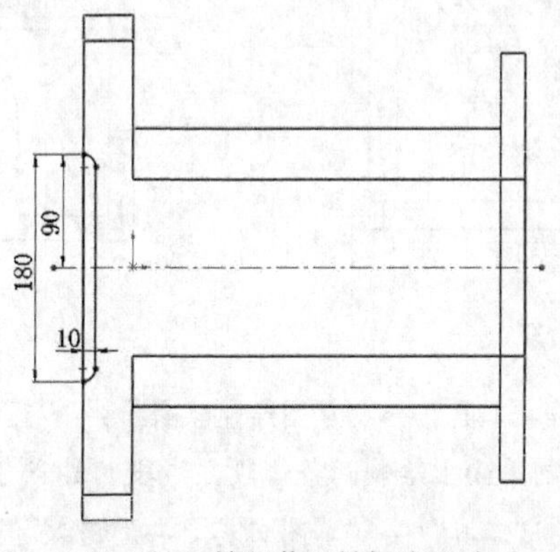

图 9-48　绘制草图并标注尺寸

03 创建拉伸切除特征。选择菜单栏中的“插入”→“切除”→“拉伸”命令，或单击“特征”控制面板中的“拉伸切除”按钮，系统弹出“切除-拉伸”属性管理器，将切除方式设置为“完全贯穿”，单击“确定”按钮✔，完成拉伸切除特征的创建，如图 9–49 所示。

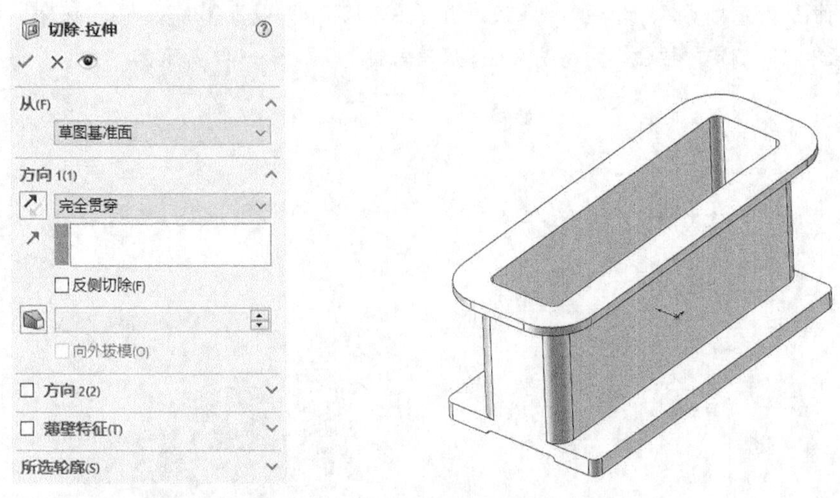

图 9-49 创建拉伸切除特征

9.4.5 创建轴承安装孔凸台

01 设置基准面。选择下箱体壳体内表面，然后单击“视图（前导）”工具栏中的“正视于”按钮，将该表面作为绘制图形的基准面，新建一张草图。

02 绘制轴承安装凸缘草图

❶ 绘制中心线。选择菜单栏中的“工具”→“草图绘制实体”→“中心线”命令，或单击“草图”控制面板中的“中心线”按钮，绘制两条中心线，将其作为草图绘制基准，一条通过下箱体中心，垂直于装配凸缘表面；另一条中心线与第一条中心线平行，并标注尺寸，如图 9–50 所示。

❷ 绘制圆。选择菜单栏中的“工具”→“草图绘制实体”→“圆”命令，或单击“草图”控制面板中的“圆”按钮，分别以图 9–50 中的圆心 1、圆心 2 为圆心画圆，并将直径分别设置为 240mm、280mm，如图 9–51 所示。

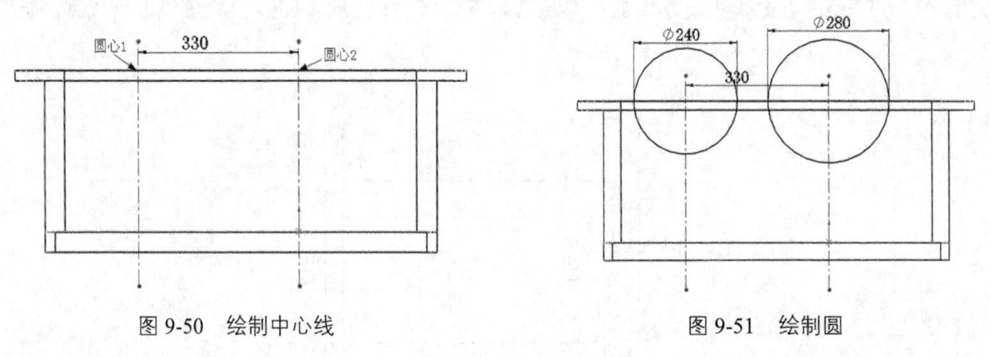

图 9-50 绘制中心线

图 9-51 绘制圆

❸ 绘制线段。选择菜单栏中的“工具”→“草图绘制实体”→“直线”命令，或单击“草图”控制面板中的“直线”按钮，在草图绘制平面上绘制两条线段，线段的端点分别为大圆弧和小圆弧的端点。

❹ 剪裁草图。选择菜单栏中的“工具”→“草图工具”→“剪裁”命令，或单击“草图”控制面板中的“剪裁实体”按钮，单击轴承安装凸缘草图圆的上半圆裁剪掉多余部分，只余下半圆，如图 9–52 所示。

03 拉伸实体。选择菜单栏中的“插入”→“凸台/基础实体”→“拉伸”命令，或单击“特征”控制面板中的“拉伸凸台/基础实体”按钮，系统弹出“凸台–拉伸”属性管理器，在“深度”文本框中输入“100”，单击“确定”按钮，完成下箱体装配凸缘的创建。拉伸后的下箱体底座基础实体如图 9–53 所示。

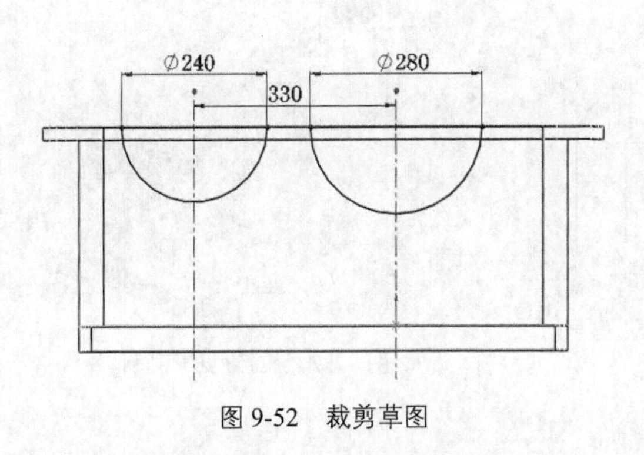

图 9-52　裁剪草图

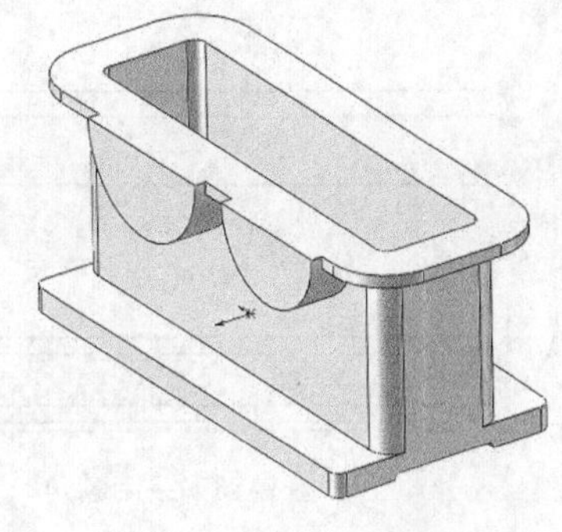

图 9-53　拉伸后的下箱体底座

04 设置基准面。选择下箱体装配凸缘上表面，然后单击“视图（前导）”工具栏中的“正视于”按钮，将该表面作为绘制图形的基准面，新建一张草图。

05 绘制安装孔凸台草图

❶ 绘制矩形并添加几何关系。选择菜单栏中的“工具”→“草图绘制实体”→“矩形”命令，或单击“草图”控制面板中的“边角矩形”按钮，绘制箱盖安装孔凸台的矩形轮廓，添加几何关系使草图矩形中的上底边“直线 1”与下箱体外边线“边线 1”共线，使“直线 2”与“边线 2”共线，使“直线 3”与“边线 3”共线，使“直线 4”与“边线 4”共线。如图 9–54 所示。

❷ 绘制圆。选择菜单栏中的“工具”→“草图绘制实体”→“圆”命令，或单击“草图”控制面板中的“圆”按钮，捕捉下箱体外轮廓线圆角的圆心，并以此为圆心绘制两个圆，将圆的半径尺寸设置为“40”，单击“确定”按钮。如图 9–55 所示。

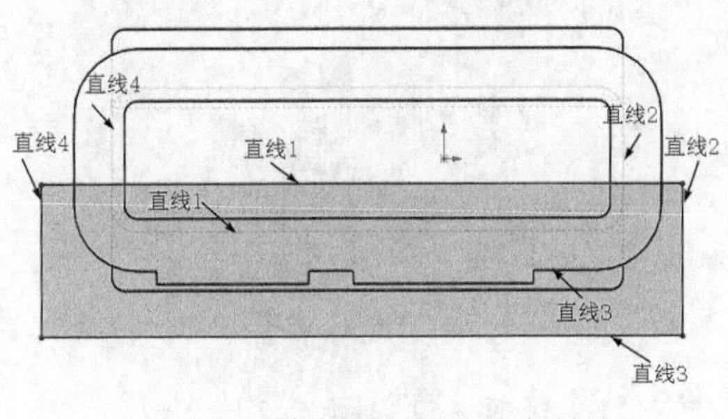

图 9-54　绘制矩形并添加几何关系

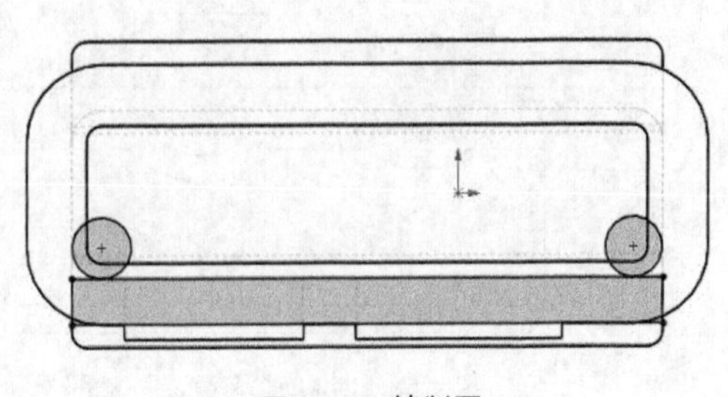

图 9-55　绘制圆

❸ 延伸并剪裁草图。单击“草图”控制面板中的“延伸实体”按钮和“剪裁实体”按钮，延伸竖直线至圆，并裁剪掉多余部分。

❹ 绘制圆角。选择菜单栏中的“工具”→“草图工具”→“圆角”命令，或单击“草图”控制面板中的“绘制圆角”按钮，在弹出的“绘制圆角”属性管理器的“圆角半径”文本框中输入“40”。单击箱盖安装孔凸台草图中矩形上面的两个顶角边，创建草图圆角特征，如图 9–56 所示。

06 拉伸实体。选择单击菜单栏中的“插入”→“凸台/基础实体”→“拉伸”命令，或单击“特征”控制面板中的“拉伸凸台/基础实体”按钮，系统弹出“凸台–拉伸”属性管理器；单击“反向”按钮，在“深度”文本框中输入“90”。单击“确定”按钮，完成箱体安装孔凸台的创建。拉伸后的下箱体如图 9–57 所示。

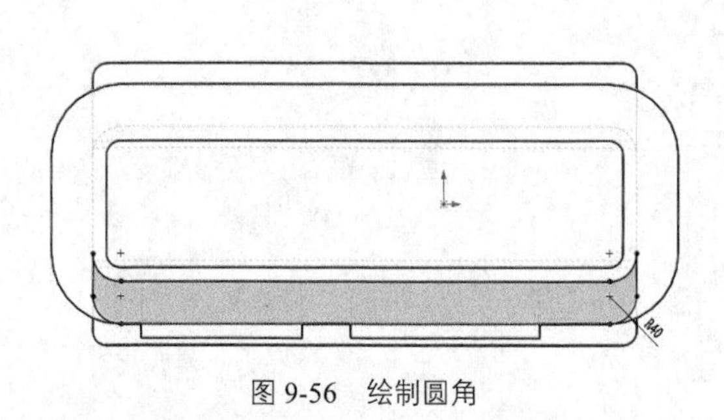

图 9-56　绘制圆角

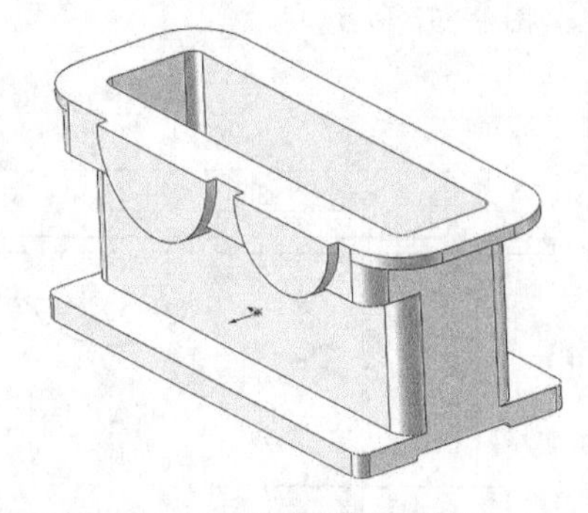

图 9-57　拉伸后的下箱体

9.4.6　创建轴承安装孔

01 创建基准面。选择轴承安装凸缘外表面，然后单击“视图（前导）”工具栏中的“正视于”按钮，将该表面作为绘制图形的基准面，新建一张草图。

02 绘制轴承安装孔草图。选择菜单栏中的“工具”→“草图绘制实体”→“圆”命令，或单击“草图”控制面板中的“圆”按钮，分别以轴承安装凸缘的圆心为圆心画圆，分别将圆的直径尺寸设置为 160mm、200mm，单击“确定”按钮，如图 9–58 所示。

03 切除拉伸实体。选择菜单栏中的“插入”→“切除”→“拉伸”命令，或单击“特征”控制面板中的“拉伸切除”按钮，系统弹出“切除–拉伸”属性管理器；在“深度”文本框中输入“120”，然后单击“确定”按钮，完成切除拉伸实体。结果如图 9–59 所示。

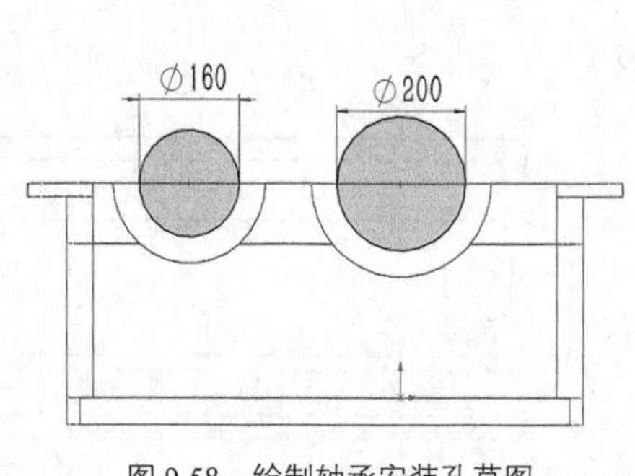

图 9-58　绘制轴承安装孔草图

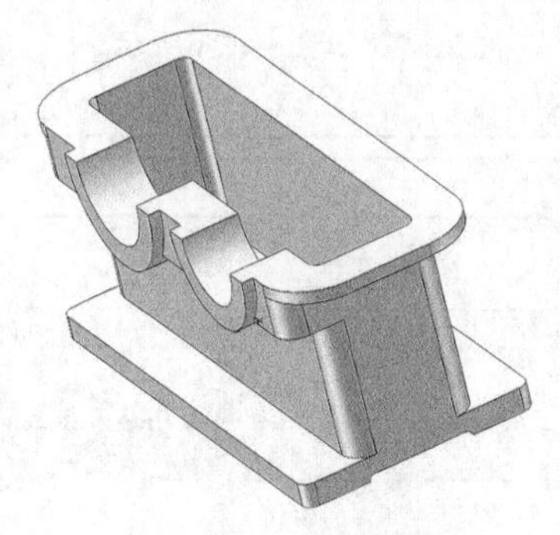

图 9-59　轴承安装孔

9.4.7　创建与上箱盖的装配孔

01 设置基准面。选择下箱体装配凸缘上表面，然后单击“视图（前导）”工具栏中的“正视于”按钮，将该表面作为绘制图形的基准面，新建一张草图。

02 绘制装配孔草图。选择菜单栏中的“工具”→“草图绘制实体”→“圆”命令，或单击“草图”控制面板中的“圆”按钮，在草图绘制平面上绘制圆并标注尺寸。如图 9–60 所示。

03 切除拉伸实体。选择菜单栏中的“插入”→“切除”→“拉伸”命令，或单击“特征”控制面板中的“拉伸切除”按钮，系统弹出“切除–拉伸”属性管理器；在“深度”文本框中输入“100”，单击“确定”按钮，完成切除拉伸。结果如图 9–61 所示。

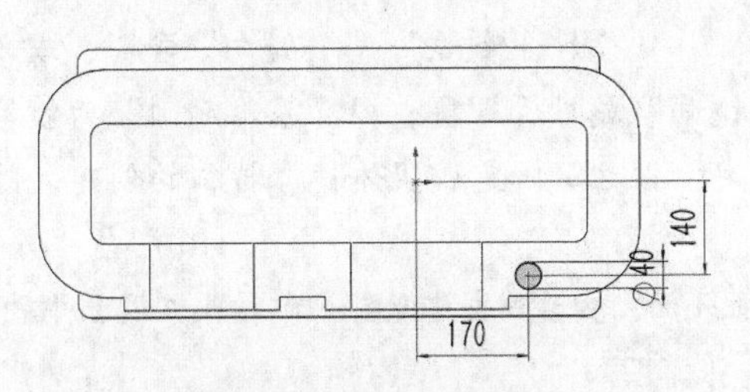

图 9-60　绘制装配孔草图

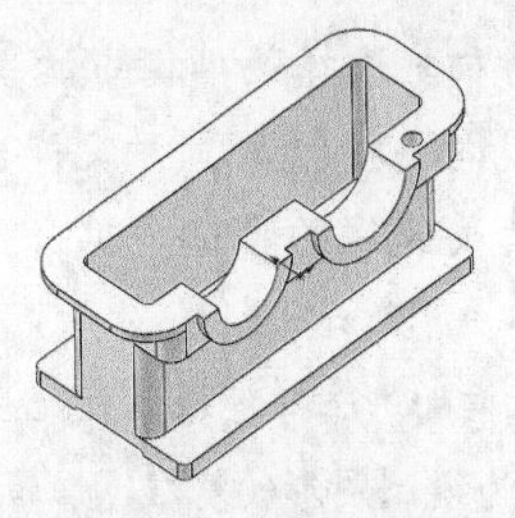

图 9-61　切除拉伸结果

04 镜像特征。选择菜单栏中的“插入”→“阵列/镜向”→“镜向”命令，或单击“特征”控制面板中的“镜向”按钮，系统弹出“镜向”属性管理器，以 FeatureManager 设计树中的“右视基准面”为镜像面，以安装孔为要镜像的特征，如图 9–62 所示。单击“确定”按钮，完成实体镜像特征的创建。结果如图 9–63 所示。

图 9-62　设置镜像参数

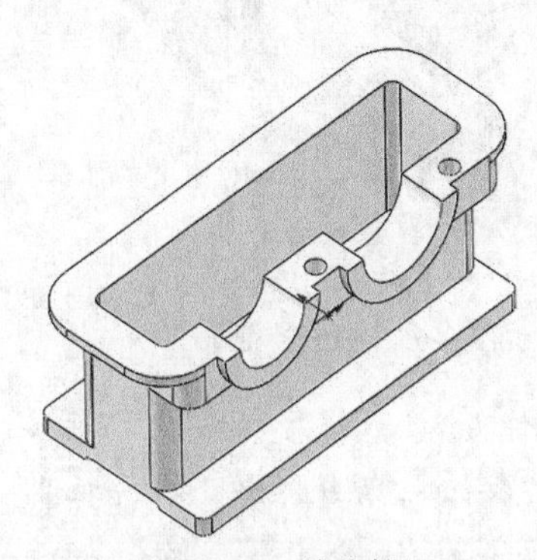

图 9-63　镜像特征

05 创建镜像基准面。单击“特征”控制面板的“参考几何体”下拉列表中的“基准面”按钮。系统弹出“基准面”属性管理器，以“右视基准面”为创建基准面的参考面，并将偏移距离设置为 320mm，同时勾选“反转等距”复选框。单击“确定”按钮，完成基准面的创建，系统默认该基准面为“基准面 1”，如图 9–64 所示。

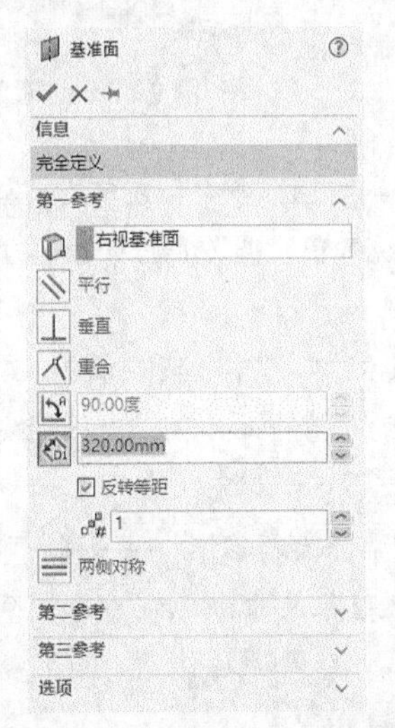

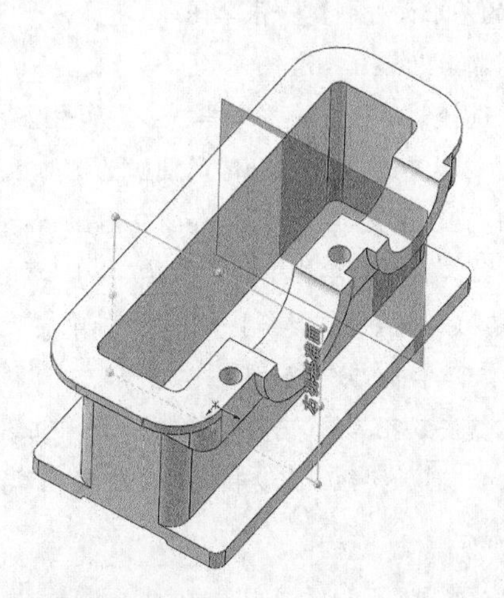

图 9-64　创建镜向基准面

06 镜像特征。选择菜单栏中的“插入”→“阵列/镜向”→“镜向”命令，或单击“特征”控制面板中的“镜向”按钮，系统弹出”镜向”属性管理器，以“基准面 1”为镜像面，以镜像后的安装孔特征为要镜像的特征。单击“确定”按钮✔，完成实体镜像特征的创建。隐藏基准面 1，镜像特征如图 9–65 所示。

07 设置基准面。选择下箱体装配凸缘上表面，然后单击“视图（前导）”工具栏中的“正视于”按钮，将该表面作为绘制图形的基准面，新建一张草图。

08 绘制圆孔草图。选择菜单栏中的“工具”→“草图绘制实体”→“圆”命令，或单击“草图”控制面板中的“圆”按钮，在草图绘制平面上绘制其余两个圆并标注尺寸。如图 9–66 所示。

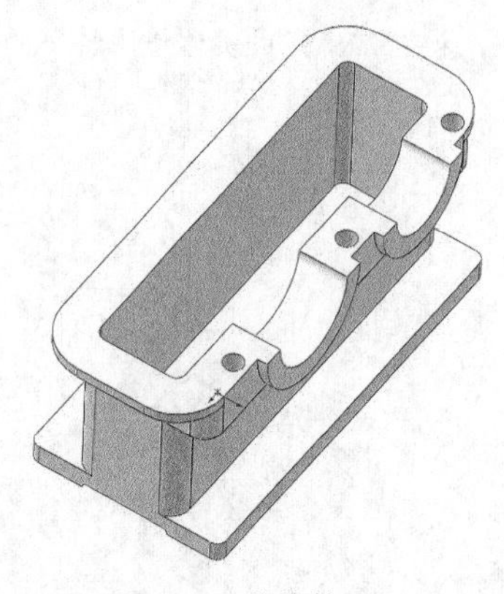

图 9-65 镜像特征

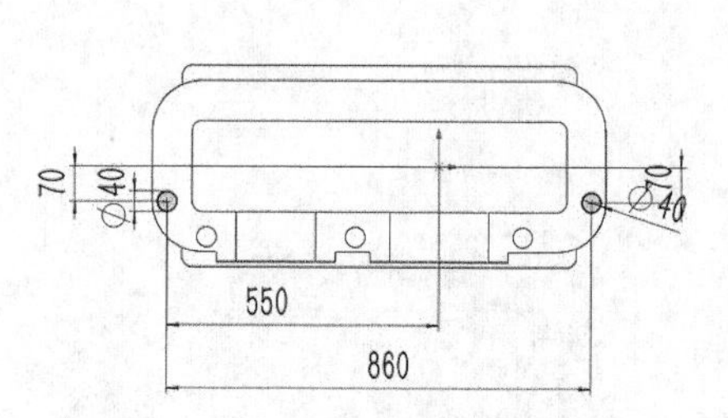

图 9-66 绘制圆孔草图并标注尺寸

09 切除拉伸实体。选择菜单栏中的“插入”→“切除”→“拉伸”命令，或单击“特征”控制面板中的“拉伸切除”按钮，系统弹出“切除–拉伸”属性管理器，将切除终止条件设置为“完全贯穿”，单击“确定”按钮✔，完成上箱盖装配孔的创建，如图 9–67 所示。

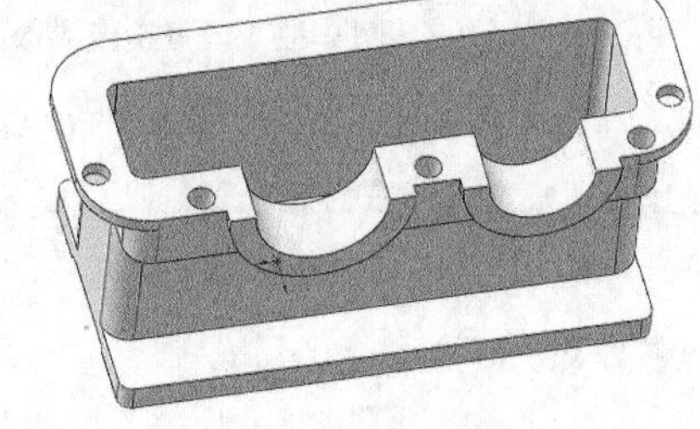

图 9-67 上箱盖装配孔

9.4.8 创建大端盖安装孔

01 设置基准面。选择下箱体轴承安装孔凸台外表面，然后单击“视图（前导）”工具栏中的“正视于”按钮，将该表面作为绘制图形的基准面，新建一张草图。

02 绘制大端盖安装孔草图

❶ 绘制圆。选择菜单栏中的“工具”→“草图绘制实体”→“圆”命令，或单击“草图”控制面板中的“圆”按钮，以大轴承安装孔凸缘的圆心为圆心画圆，系统弹出“圆”属性管理器。勾选“作为构造线”复选框，并将直径设置为“240”，如图 9–68 所示。

❷ 绘制中心线。选择菜单栏中的“工具”→“草图绘制实体”→“中心线”命令，或单击“草图”控制面板中的“中心线”按钮，绘制一条过大轴承安装孔圆心的垂直中心线，过大轴承安装孔绘制另一条与垂直中心线呈 45° 的中心线，如图 9–69 所示。

❸ 绘制大端盖安装孔草图。选择菜单栏中的“工具”→“草图绘制实体”→“圆”命令，或单击“草图”控制面板中的“圆”按钮，绘制大端盖安装孔草图，设置直径尺寸为“20”，如图 9–70 所示。

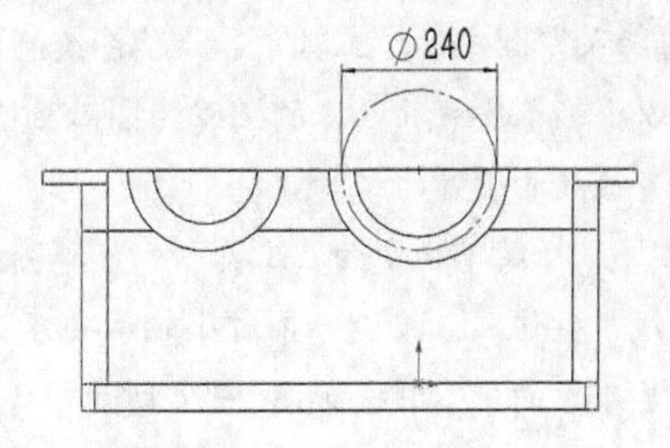

图 9-68　绘制圆

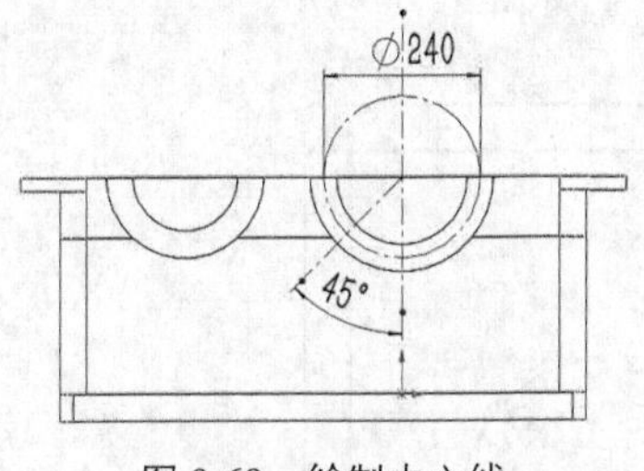

图 9-69　绘制中心线

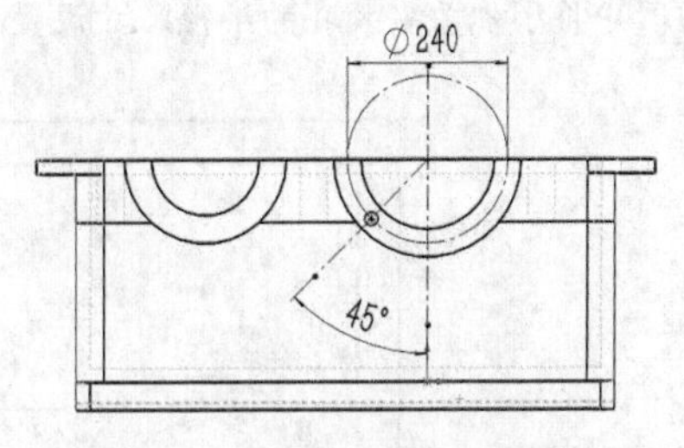

图 9-70　绘制大端盖安装孔草图

03 切除拉伸实体。选择菜单栏中的“插入”→“切除”→“拉伸”命令，或单击“特征”控制面板中的“拉伸切除”按钮，系统弹出“切除-拉伸”属性管理器，在“深度”文本框中输入“20”，单击“确定”按钮，完成大端盖安装孔的创建，如图 9-71 所示。

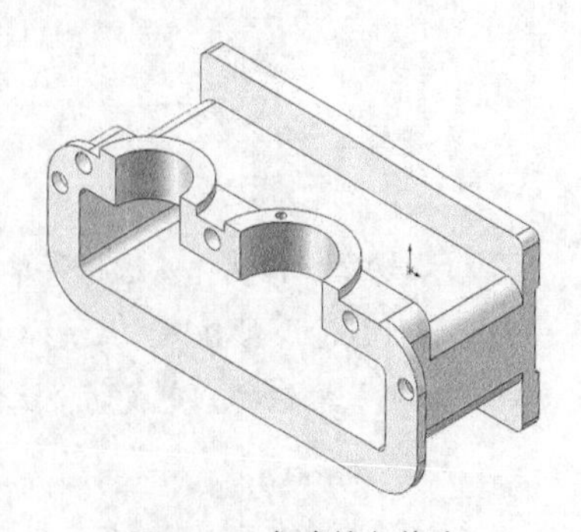

图 9-71　大端盖安装孔

04 镜像特征。选择菜单栏中的“插入”→“阵列/镜向”→“镜向”命令，或单击“特征”控制面板中的“镜向”按钮，系统弹出“镜向”属性管理器；以大端盖安装孔为镜像特征；以“右视基准面”为镜向基准面，如图 9-72 所示。最后单击“确定”按钮。完成镜像特征的创建。镜像结果如图 9-73 所示。

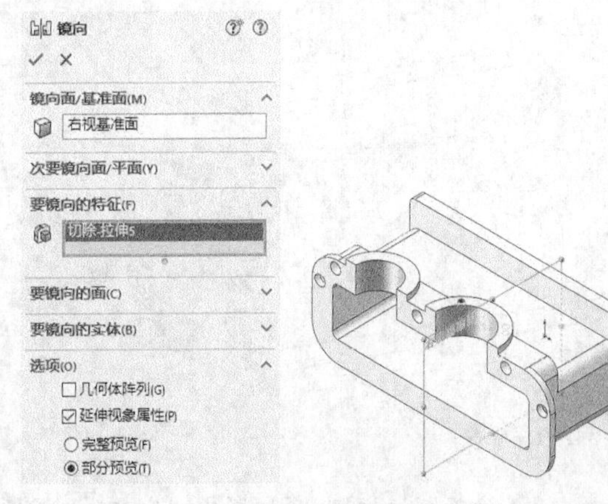

图 9-72　镜像特征

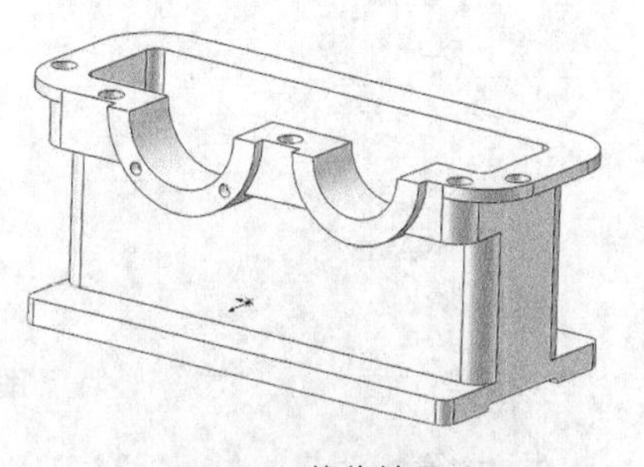

图 9-73　镜像结果

9.4.9 创建小端盖安装孔

01 设置基准面。选择下箱体轴承安装孔凸台外表面，然后单击“视图（前导）”工具栏中的“正视于”按钮，将该表面作为绘制图形的基准面，新建一张草图。

02 绘制小端盖安装孔草图

❶ 绘制圆。选择菜单栏中的“工具”→“草图绘制实体”→“圆”命令，或单击“草图”控制面板中的“圆”按钮，以小轴承安装孔凸缘的圆心为圆心画圆，系统弹出“圆”属性管理器。勾选“作为构造线”复选框，并将直径尺寸设置为“200”。

❷ 绘制中心线。选择菜单栏中的“工具”→“草图绘制实体”→“中心线”命令，或单击“草图”控制面板中的“中心线”按钮，绘制一条过小轴承安装孔圆心的垂直中心线，过小轴承安装孔中心绘制另一条与垂直中心线呈45°的中心线，如图9-74所示。

❸ 创建小端盖安装孔。单击“草图”控制面板中的“圆”按钮，绘制小端盖安装孔草图，在弹出的“圆”属性管理器中将小端盖安装孔的半径尺寸设置为“10”，如图9-74所示。

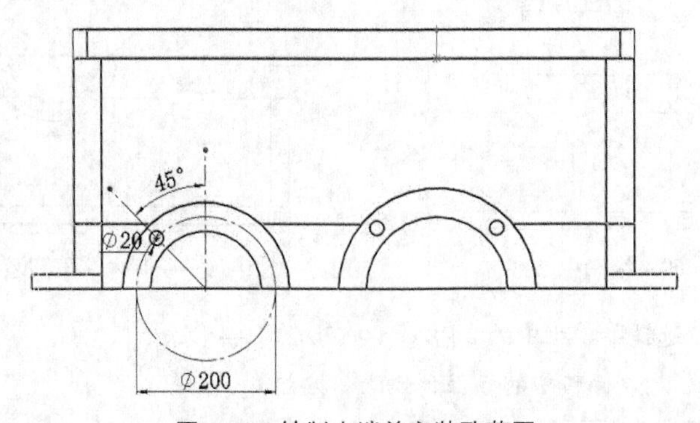

图9-74 绘制小端盖安装孔草图

03 切除拉伸实体。选择菜单栏中的“插入”→“切除”→“拉伸”命令，或单击“特征”控制面板中的“拉伸切除”按钮，系统弹出“切除-拉伸”属性管理器；在“深度”文本框中输入“20”，然后单击“确定”按钮，完成切除拉伸，如图9-75所示。

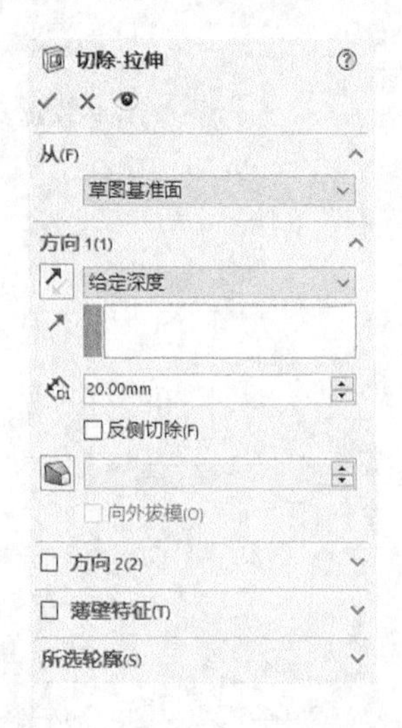

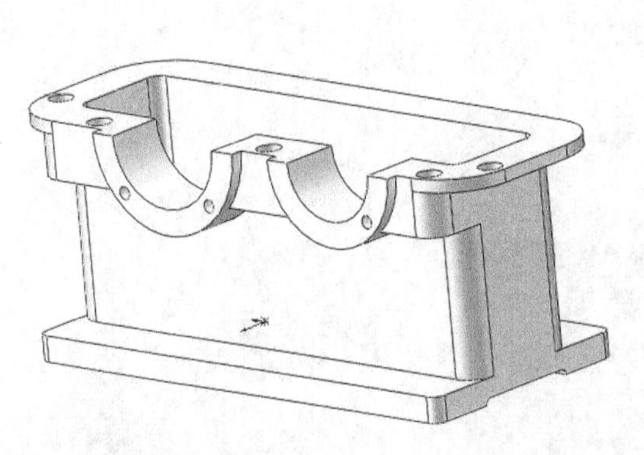

图9-75 切除拉伸实体

04 创建镜像基准面。单击“特征”控制面板中的“基准面”按钮。系统弹出“基准面”属性管理器，以“右视基准面”为创建基准面的参考面，将偏移距离设置为 330mm，同时勾选“反转等距”复选框。单击“确定”按钮，完成基准面 2 的创建。

05 镜像孔特征。选择菜单栏中的“插入”→“阵列/镜向”→“镜向”命令，或单击“特征”控制面板中的“镜向”按钮，系统弹出“镜向”属性管理器，以小端盖安装孔为镜像特征；以“基准面 2”为镜像基准面，如图 9-76 所示。然后单击“确定”按钮，完成镜像孔特征。结果如图 9-77 所示。

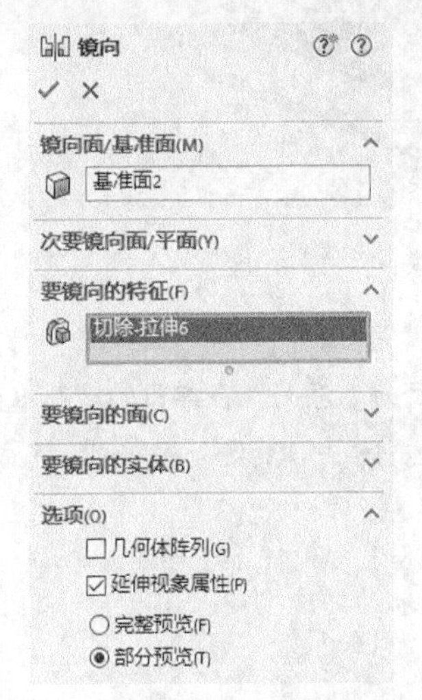

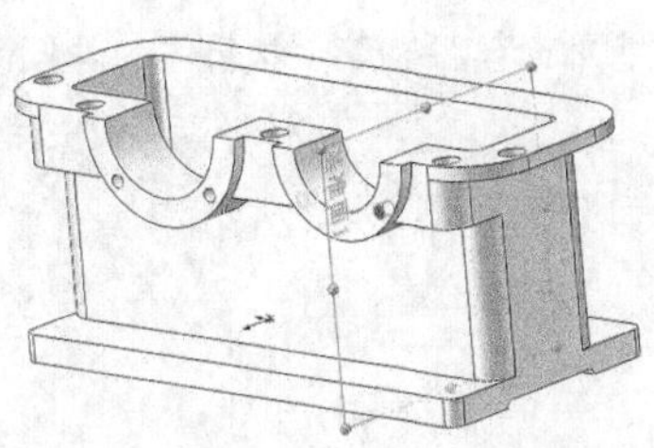

图 9-76　镜像孔特征

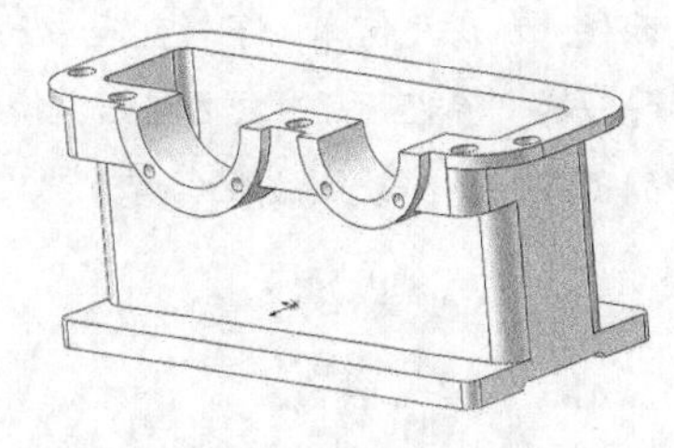

图 9-77　小端盖安装孔特征

9.4.10　创建箱体底座安装孔

01 创建底座安装孔。以下箱体底座上表面为草图绘制平面。选择菜单栏中的“插入”→“特征”→“孔向导”命令，或单击“特征”控制面板中的“异型孔向导”按钮，系统弹出“孔规格”属性管理器。选取“旧制孔”，在“孔类型”多选框中，选择“柱形沉头孔”；将“终止条件”设置为“给定深度”，并在“截面尺寸”输入框中，设置底座安装孔的尺寸，如图 9-78 所示。单击“位置”按钮，系统弹出“孔位置”对话框，单击“3D 草图”按钮，同时光标变为形状，提示输入钻孔位置信息，如图 9-79 所示。单击下箱体底座上表面，并设置钻孔位置，如图 9-80 所示。最后单击“确定”按钮，完成下箱体底座安装孔的创建，如图 9-81 所示。

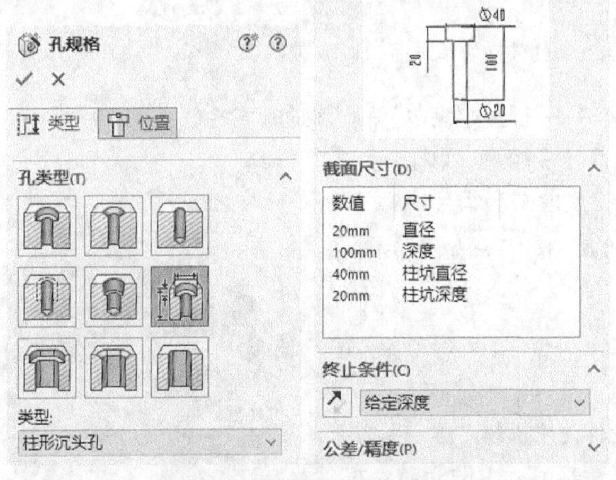

图 9-78　“孔规格”属性管理器

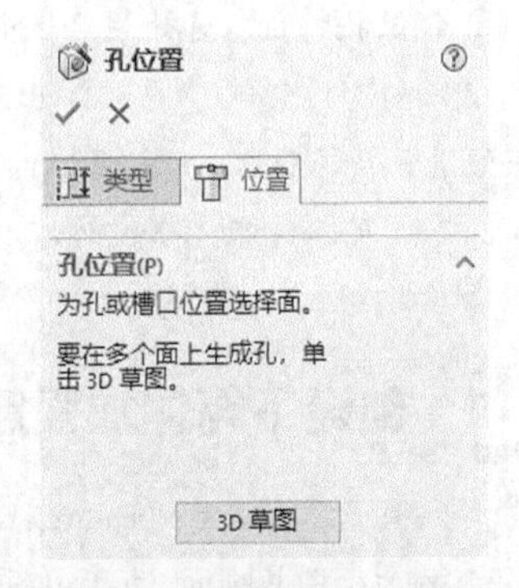

图 9-79　“孔放置”对话框

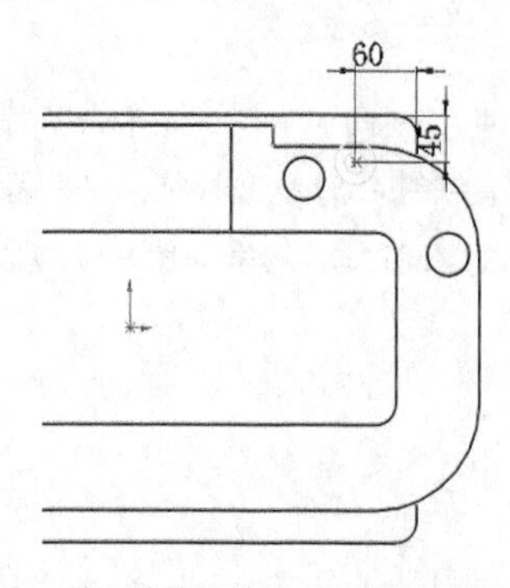

图 9-80　在下箱体底座上表面设置钻孔位置

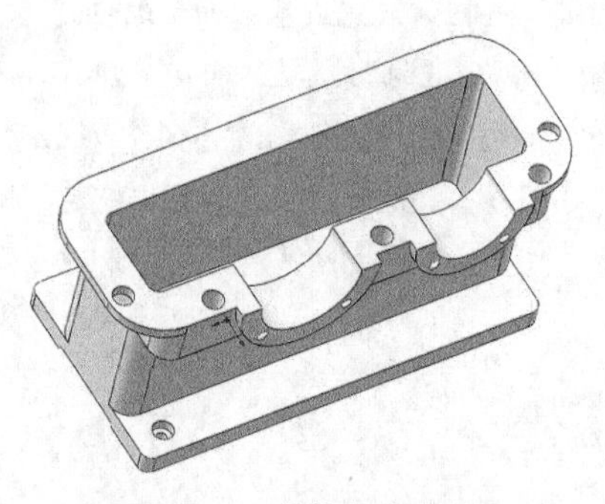

图 9-81　下箱体底座安装孔

02 创建镜像基准面。选择菜单栏中的“插入”→“参考几何体”→“基准面”命令，或单击“特征”控制面板“参考几何体”下拉列表中的“基准面”按钮，以箱体的外侧面为参考面，在弹出的“基准面”属性管理器“偏移距离”文本框中输入“400”，勾选“反转等距”复选框，单击“确定”按钮，完成基准面的创建，系统默认该基准面为“基准面 3”，如图 9–82 所示。

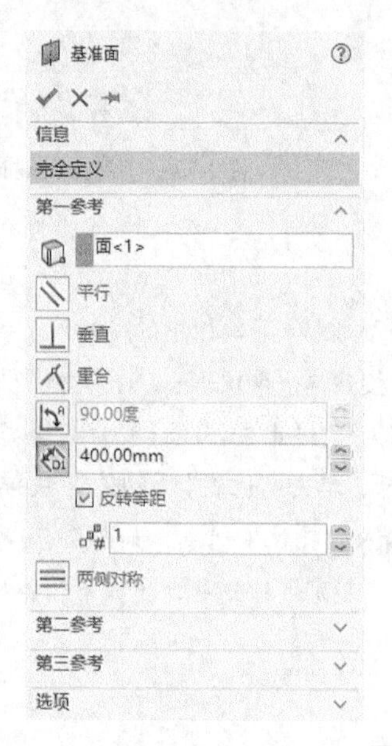

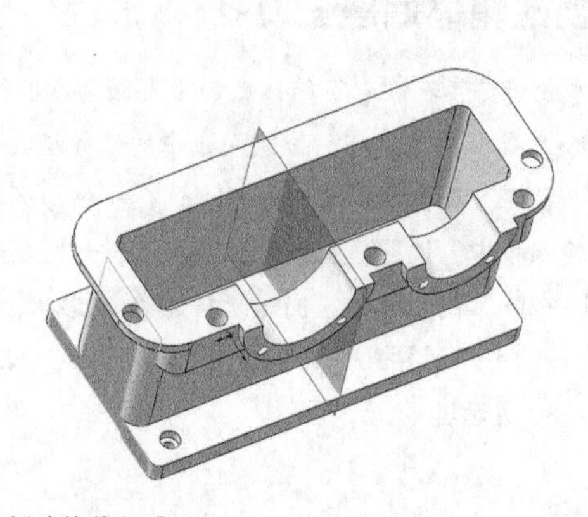

图 9-82　创建镜像基准面

03 镜像孔特征。选择菜单栏中的“插入”→“阵列/镜向”→“镜向”命令，或单击“特征”控制面板中的“镜向”按钮，系统弹出“镜向”属性管理器；以下箱体底座安装孔为镜像特征；以“基准面 3”为镜像基准面。单击“确定”按钮，完成实体镜像特征的创建，隐藏基准面 3。结果如图 9–83 所示。

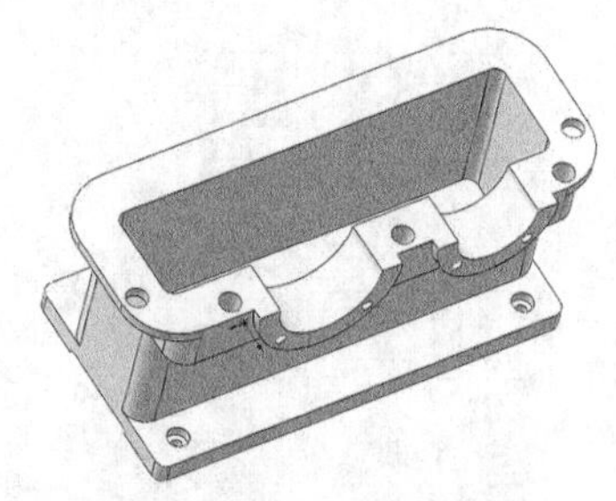

图 9-83　镜像孔特征后的底座

9.4.11　创建下箱体加强筋

01 设置基准面。在 FeatureManager 设计树中选择“右视基准面”，将其作为绘图基准面。然后单击“视图（前导）”工具栏中的“正视于”按钮，将该表面作为绘图基准面。

02 绘制加强筋 1 草图。选择菜单栏中的“工具”→“草图绘制实体”→“直线”命令，或单击“草图”控制面板中的“直线”按钮⟋，绘制加强筋 1 草图，并标注尺寸，如图 9-84 所示。

03 创建加强筋 1 特征。选择菜单栏中的“插入”→“特征”→“筋”命令，或单击“特征”控制面板中的“筋”按钮，系统弹出“筋 1”属性管理器。属性设置如图 9-85 所示。然后单击“确定”按钮✔，最终的加强筋 1 特征如图 9-86 所示。

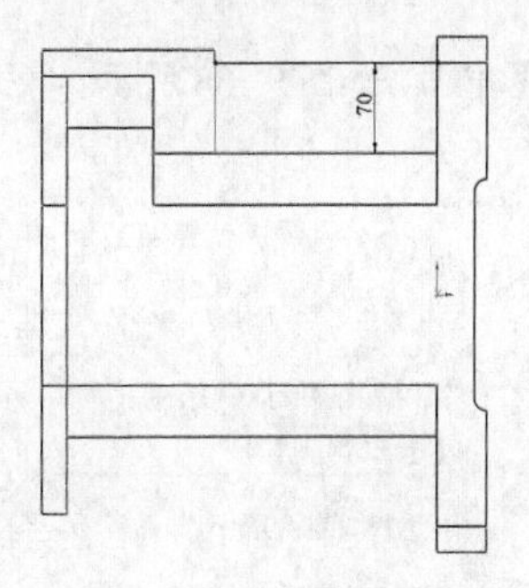

图 9-84　绘制加强筋 1 草图

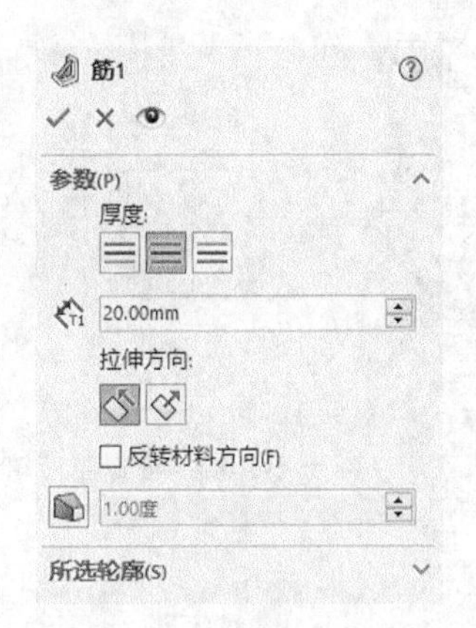

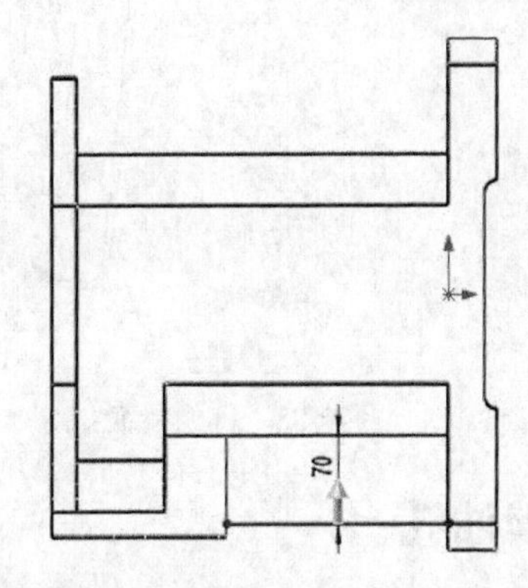

图 9-85　设置加强筋的属性

04 设置基准面。在 FeatureManager 设计树中选择“基准面 2”，将其作为绘图基准面。然后单击“视图（前导）”工具栏中的“正视于”按钮，将该表面作为绘图基准面。

05 绘制加强筋2 草图。选择菜单栏中的“工具”→“草图绘制实体”→“直线”命令，或单击“草图”控制面板中的“直线”按钮⟋，绘制加强筋 2 的草图，并标注尺寸，加强筋 2 草图如图 9-84 所示。

06 创建加强筋 2 特征。选择菜单栏中的“插入”→“特征”→“筋”命令，或单击“特征”控制面板中的“筋”按钮，系统弹出“筋 2”属性管理器。属性设置如图 9-85 所示。然后单击“确定”按钮✔，创建下箱体的另一条筋特征。结果如图 9-87 所示。

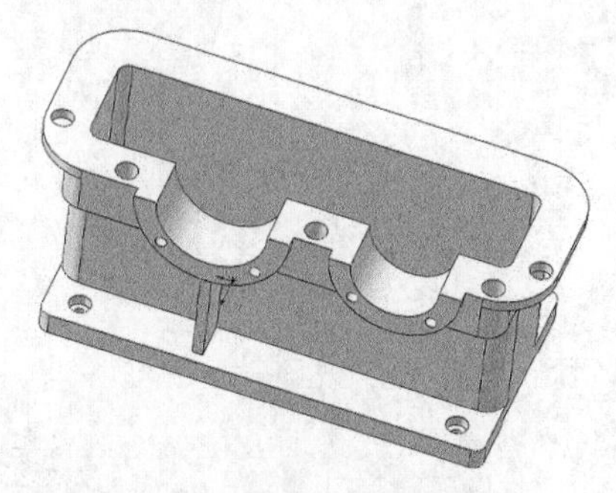

图 9-86　最终的加强筋 1 特征

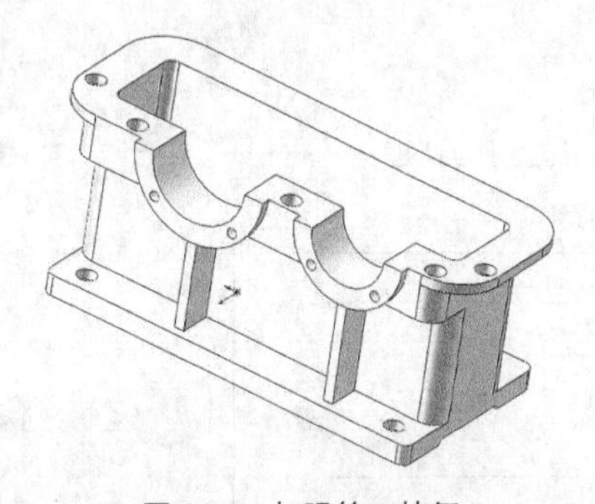

图 9-87　加强筋 2 特征

07 镜像特征。选择菜单栏中的“插入”→“阵列/镜向”→“镜向”命令，或单击“特征”控制面板中的“镜向”按钮，系统弹出“镜向”属性管理器；以筋等特征为镜像特征；以“上视基准面”为镜像基准面，如图 9-88 所示。单击“确定”按钮✓，完成镜像特征。至此，变速箱下箱体全部主体特征如图 9-89 所示。

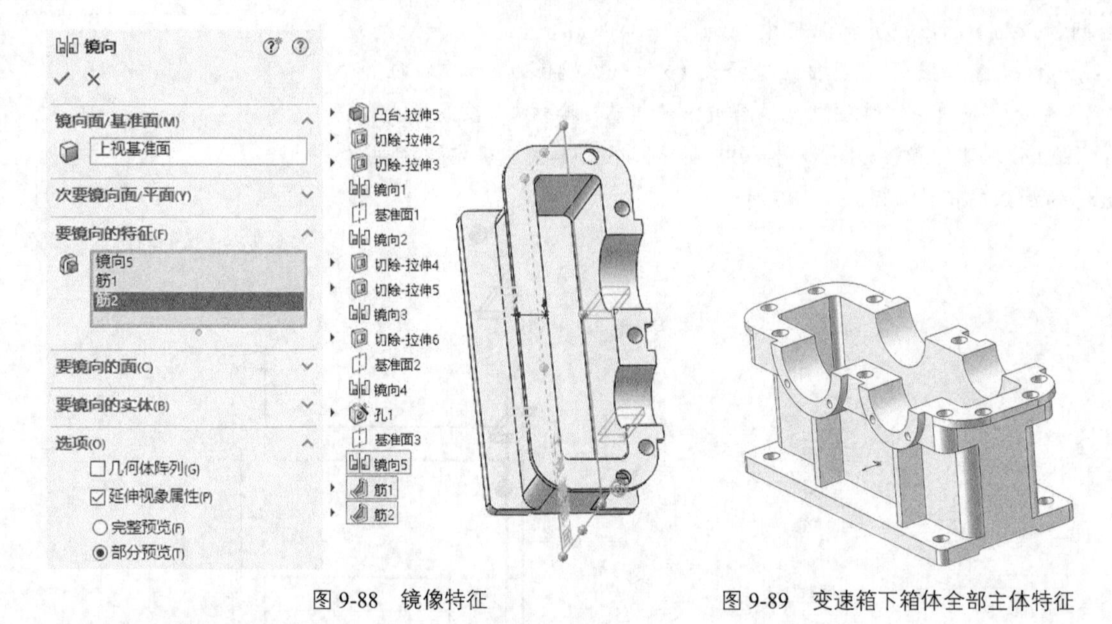

图 9-88　镜像特征　　　　图 9-89　变速箱下箱体全部主体特征

9.4.12　创建泄油孔

01 设置选择下箱体的侧端面，然后单击“视图（前导）”工具栏中的“正视于”按钮，将该表面作为绘图基准面。

02 绘制草图。选择菜单栏中的“工具”→“草图绘制实体”→“圆”命令，或单击“草图”控制面板中的“圆”按钮，绘制泄油孔凸台的草图，并标注尺寸，如图 9-90 所示。

03 拉伸实体。选择菜单栏中的“插入”→“凸台/基础实体”→“拉伸”命令，或单击“特征”控制面板中的“拉伸凸台/基础实体”按钮，系统弹出“凸台-拉伸”属性管理器；在“深度”文本框中输入“10”。单击“拔模开/关”按钮，将拔模角度设置为“5”，然后单击“确定”按钮✓，如图 9-91（左）所示，完成拉伸，即完成箱盖安装孔凸台的创建。拉伸后的下箱体如图 9-91（右）所示。

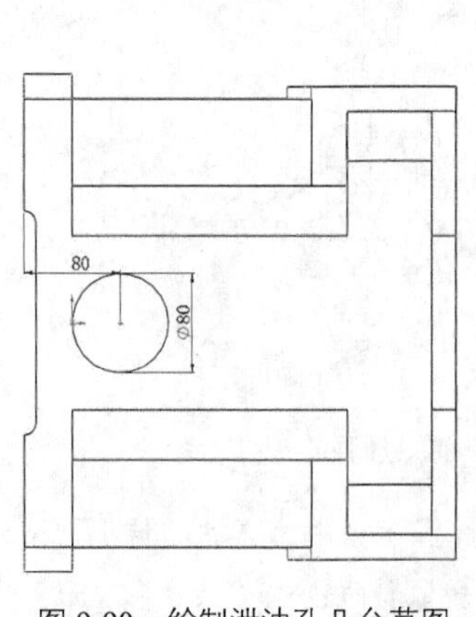

图 9-90　绘制泄油孔凸台草图

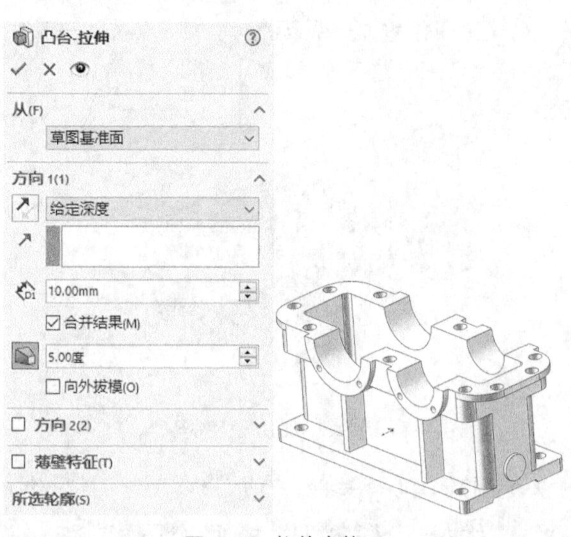

图 9-91　拉伸实体

04 设置基准面。选择泄油孔凸台上表面，然后单击“视图（前导）”工具栏中的“正视于”按钮，将该表面作为绘图基准面。

05 绘制草图。选择菜单栏中的“工具”→“草图绘制实体”→“圆”命令，或单击“草图”控制面板中的“圆”按钮，以泄油孔凸台中心为圆心绘制泄油孔的草图，并标注尺寸，如图 9–92 所示。

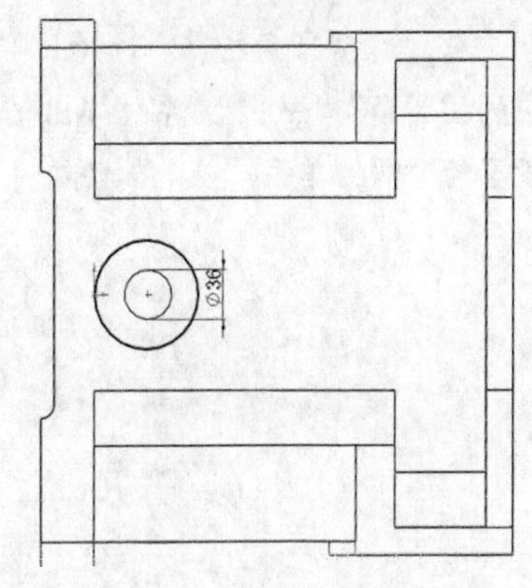

图 9-92　绘制泄油孔的草图

06 切除拉伸实体。选择菜单栏中的“插入”→“切除”→“拉伸”命令，或单击“特征”控制面板中的“切除拉伸”按钮，系统弹出“切除-拉伸”属性管理器；将拉伸类型设置为“成形到下一面”，图形区高亮显示“拉伸切除”的方向，如图 9–93 所示。然后单击“确定”按钮，完成切除拉伸，此时的泄油孔如图 9–94 所示。

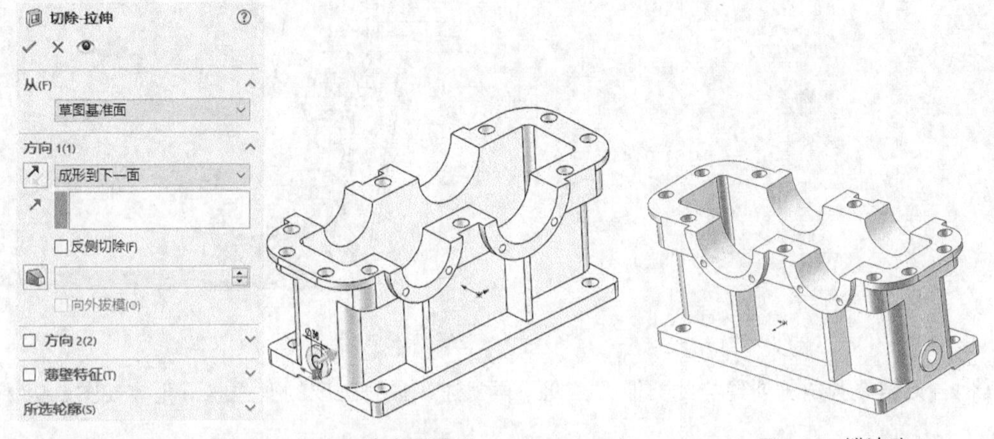

图 9-93　设置切除-拉伸参数　　图 9-94　泄油孔

07 创建倒角特征。选择菜单栏中的“插入”→“特征”→“倒角”命令，或单击“特征”控制面板中的“倒角”按钮，系统弹出“倒角”属性管理器；如图 9–95 所示，选择“角度距离”倒角类型，输入倒角距离“10”，倒角角度为“45”，选择生成倒角特征的轴承安装孔外边线，如图 9–96 所示。单击“确定”按钮，完成下箱体倒角特征的创建。结果如图 9–96 所示。

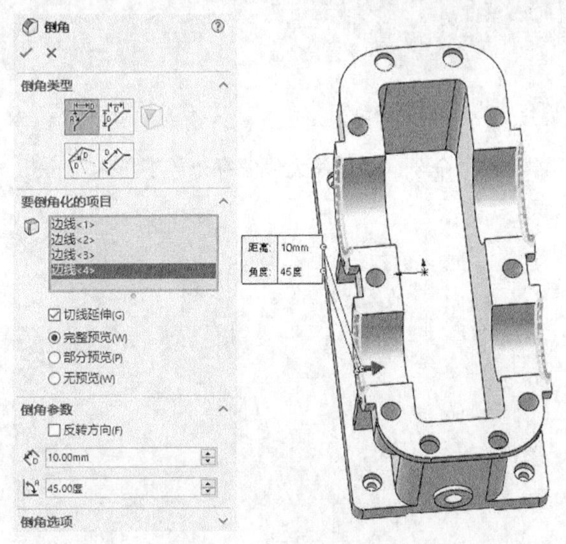

图 9-95　设置倒角特征

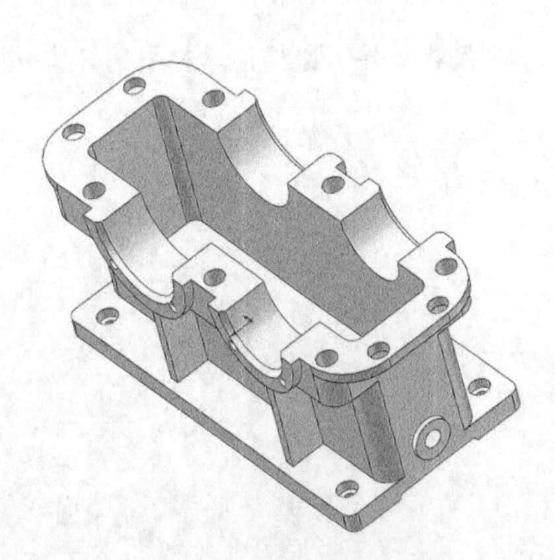
图 9-96　下箱体的倒角特征

08 设置圆角特征。选择菜单栏中的“插入”→“特征”→“圆角”命令，或单击“特征”控制面板中的“圆角”按钮，系统弹出“圆角”属性管理器。以下箱体筋特征的外边线为倒圆角边，将圆角半径设置为“5”，单击“确定”按钮，完成下箱体筋圆角特征的创建，如图 9-97 所示。

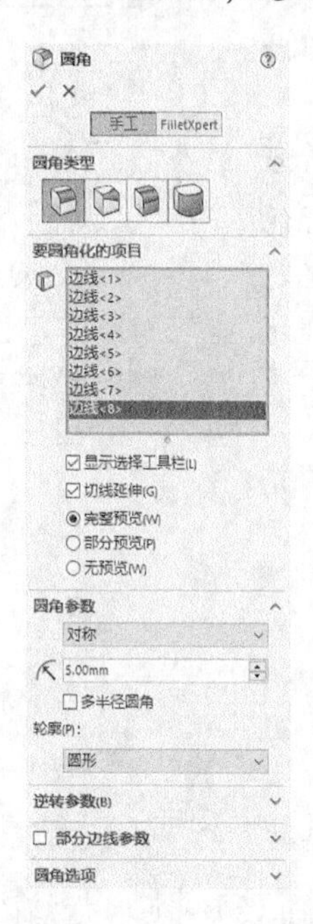

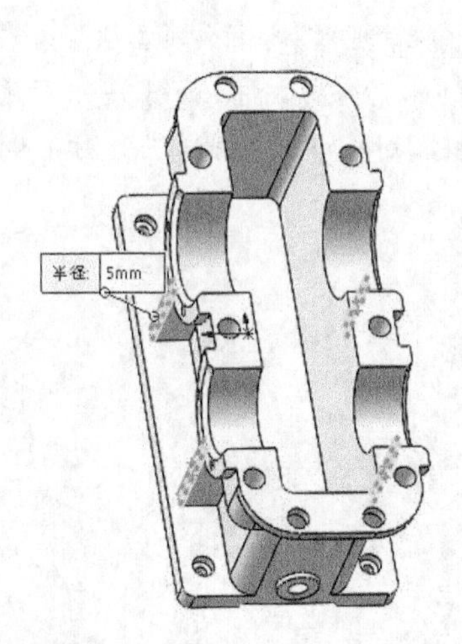

图 9-97　设置圆角特征

其他各处铸造圆角的创建与此类似，在此不再赘述，最终生成的变速器下箱体如图 9-98 所示。

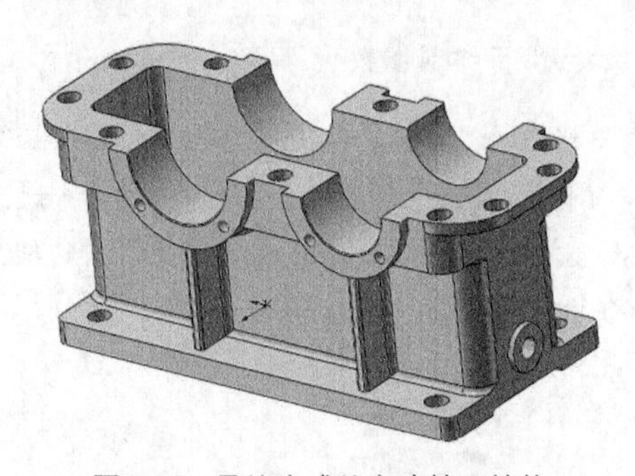

图 9-98　最终生成的变速箱下箱体

09 保存文件。选择菜单栏中的“文件”→“保存”命令，将零件文件保存为“下箱体.sldprt”。

第 10 章

叉架类零件

叉架类零件主要起连接、拨动、支承等作用，它包括拨叉、连杆、支架、摇臂、杠杆等零件。其结构形状多样，差别较大，但都是由支承部分、工作部分和连接部分组成，多数为不对称零件，具有凸台、凹坑、铸（锻）造圆角、拔模斜度等常见结构。

学习要点

- 主连接
- 主件
- 齿轮泵基座

10.1 主连接

在本例中，我们要创建的主连接如图 10-1 所示。

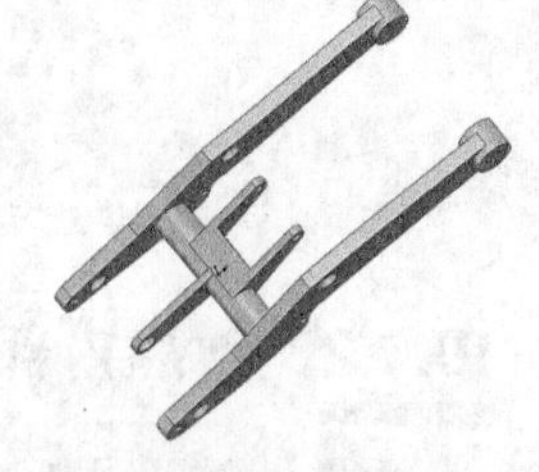

图 10-1　主连接

思路分析

依次绘制主连接的外形草图，然后拉伸出主连接主体轮廓，最后进行镜像处理。主连接的创建流程图如图 10-2 所示。

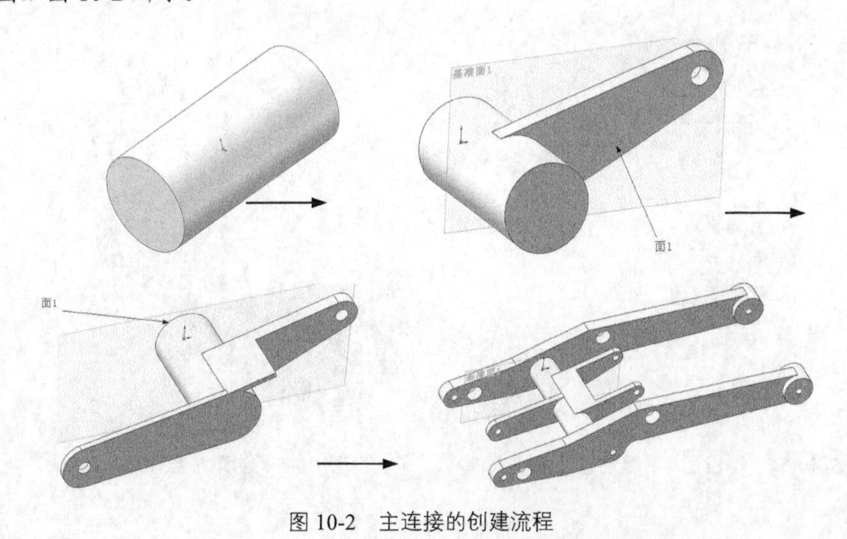

图 10-2　主连接的创建流程

10.1.1 创建圆柱基础实体

01 新建文件。启动 SOLIDWORKS 2022，选择菜单栏中的“文件”→“新建”命令，或者单击“快速访问”工具栏中的“新建”按钮，在弹出的“新建 SOLIDWORKS 文件”对话框中选择“零件”按钮，然后单击“确定”按钮，创建一个新的零件文件。

02 绘制草图 1。在左侧的 FeatureManager 设计树中选择“前视基准面”，将其作为绘制图形的基准面。单击“草图”控制面板中的“圆”按钮，绘制直径为 45mm 的圆。

03 拉伸实体 1。选择菜单栏中的“插入”→“凸台/基础实体”→“拉伸”命令，或者单击“特征”控制面板中的“拉伸凸台/基础实体”按钮，此时系统弹出图 10–3 所示的“凸台–拉伸”属性管理器。将拉伸终止条件设置为“两侧对称”，将拉伸距离设置为 95mm，然后单击“确定”按钮。结果如图 10–4 所示。

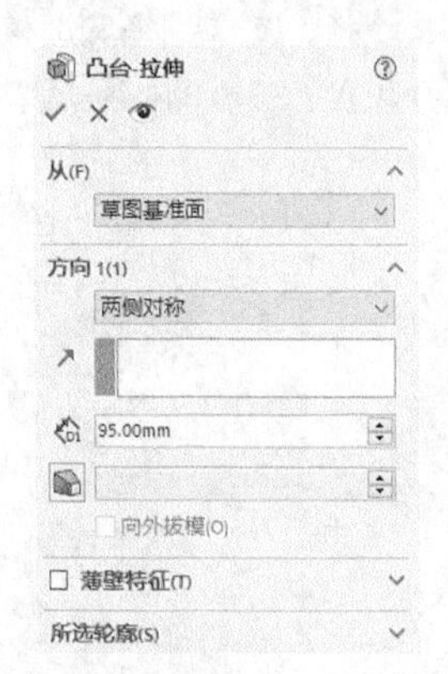

图 10-3 “凸台–拉伸”属性管理器

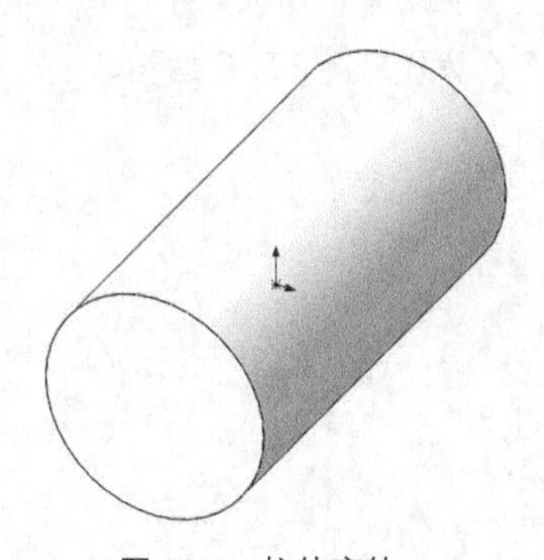

图 10-4 拉伸实体 1

10.1.2 创建内部连接

01 创建基准平面。在左侧的 FeatureManager 设计树中选择“前视基准面”，将其作为绘制图形的基准面。单击“特征”控制面板的“参考几何体”下拉列表中的“基准面”按钮，系统弹出“基准面”属性管理器，在“偏移距离”文本框中输入“22.5”，如图 10–5 所示；单击“确定”按钮，生成的基准面 1 如图 10–6 所示。

图 10-5 “基准面 1”属性管理器

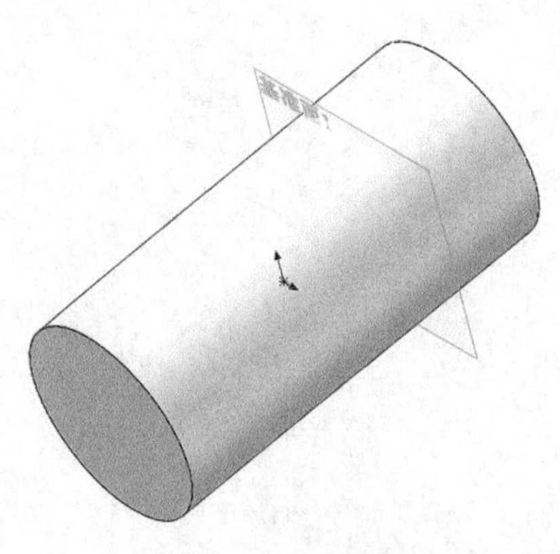

图 10-6 创建基准面 1

02 绘制草图 2。在左侧的 FeatureManager 设计树中选择“基准面 1”，将其作为绘制图形的基准面。单击“草图”控制面板中的“转换实体引用”按钮、“圆”按钮、“直线”按钮和“剪裁实体”按钮，绘制图 10-7 所示的草图 2 并标注。

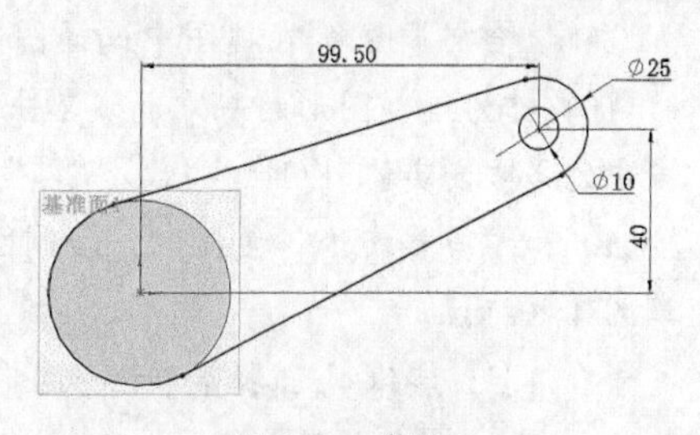

图 10-7 草图 2

03 拉伸实体 2。选择菜单栏中的“插入”→“凸台/基础实体”→“拉伸”命令，或者单击“特征”控制面板中的“拉伸凸台/基础实体”按钮，系统弹出“凸台-拉伸”属性管理器。将拉伸终止条件设置为“给定深度”，输入拉伸距离“10”，如图 10-8 所示，拉伸设置图 10-9 所示然后单击“确定”按钮。结果如图 10-9 所示。

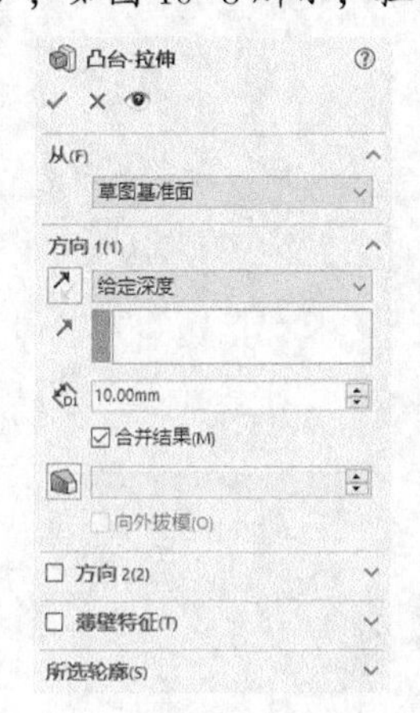

图 10-8 “凸台-拉伸”属性管理器

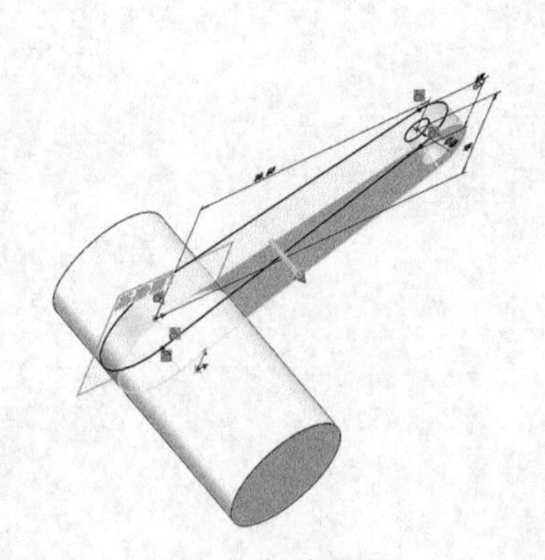
图 10-9 拉伸设置

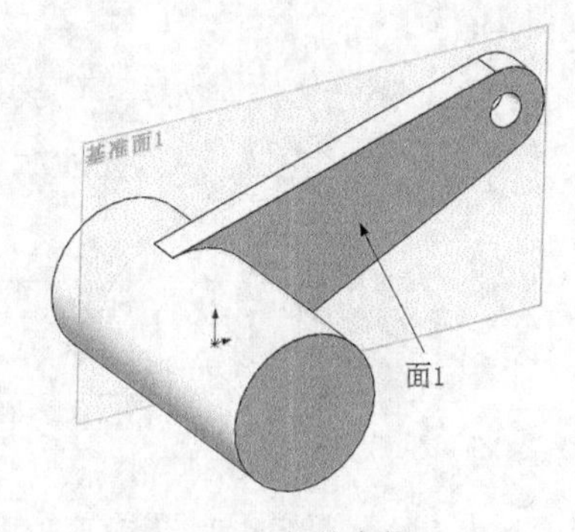

图 10-10 拉伸实体 2

04 绘制草图 3。在视图中选择图 10-10 所示的面 1，将其作为绘制图形的基准面。单击“草图”控制面板中的“转换实体引用”按钮、“直线”按钮和“剪裁实体”按钮，绘制图 10-11 所示的草图 3 并标注。

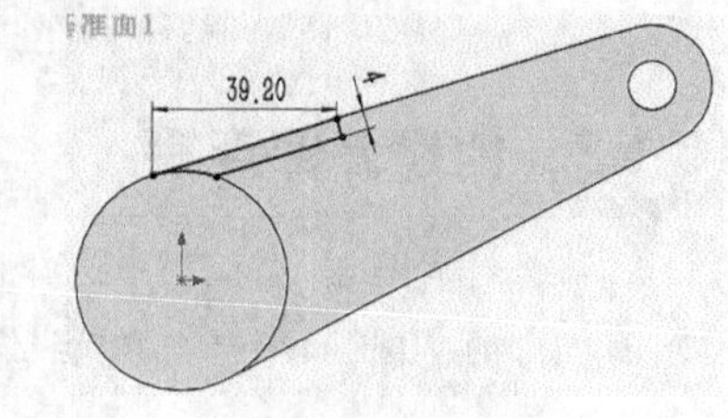

图 10-11 草图 3

05 拉伸实体 3。选择菜单栏中的“插入”→“凸台/基础实体”→“拉伸”命令，或者单击“特征”控制面板中的“拉伸凸台/基础实体”按钮，系统弹出图 10-12 所示的“凸台-拉伸”属性管理器。将拉伸终止条件设置为“成形到一面”，选择之前创建的拉伸体，然后单击“确定”按钮。结果如图 10-13 所示。

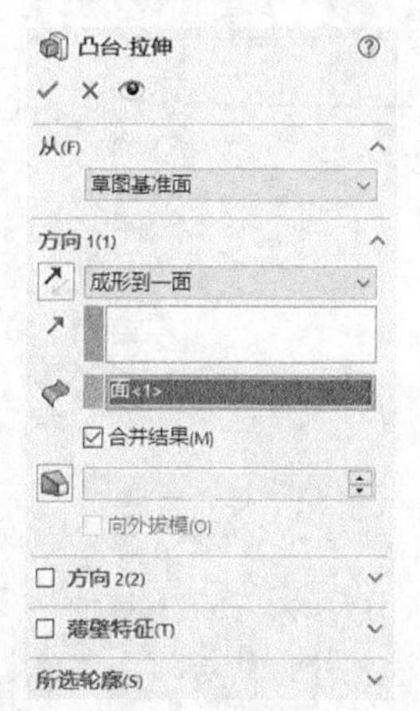

图 10-12 “凸台-拉伸”属性管理器

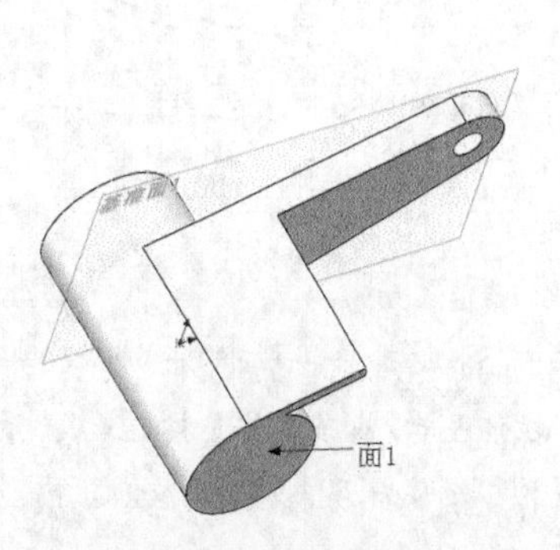

图 10-13 拉伸实体 3

06 绘制草图 4。在视图中选择图 10-13 所示的面 1，将其作为绘制图形的基准面。单击“草图”控制面板中的“转换实体引用”按钮、“圆”按钮、“直线”按钮和“剪裁实体”按钮，绘制图 10-14 所示的草图 4 并标注。

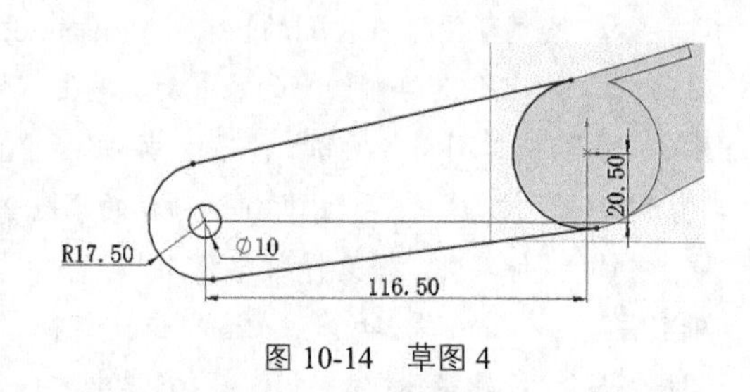

图 10-14 草图 4

07 拉伸实体 4。选择菜单栏中的“插入”→“凸台/基础实体”→“拉伸”命令，或者单击“特征”控制面板中的“拉伸凸台/基础实体”按钮，系统弹出图 10-15 所示的“凸台-拉伸”属性管理器。将拉伸终止条件设置为“给定深度”，输入拉伸距离“5”，然后单击“确定”按钮。结果如图 10-16 所示。

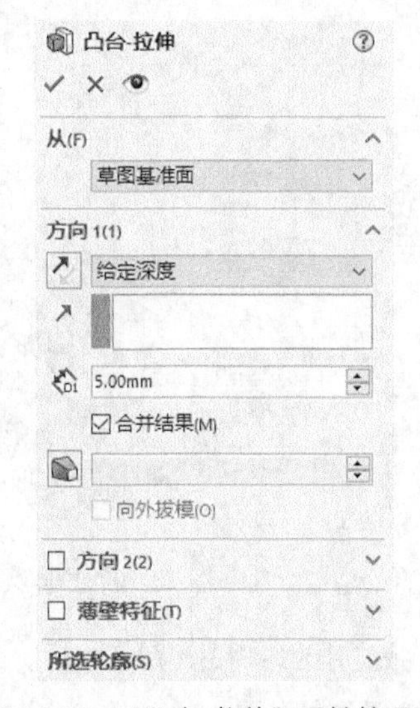

图 10-15 “凸台-拉伸”属性管理器

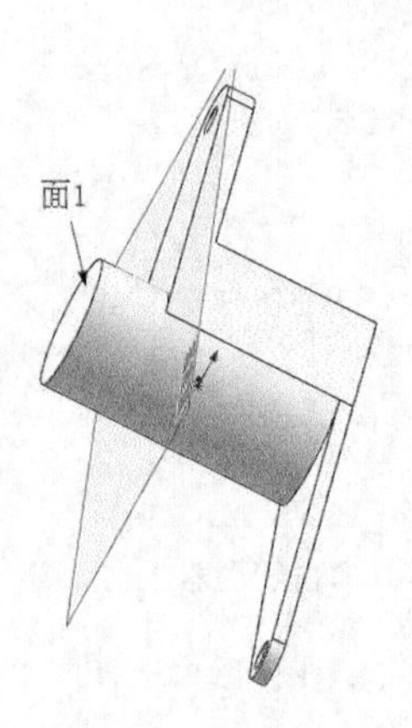

图 10-16 拉伸实体 4

10.1.3 创建外部连接

01 绘制草图 5。在视图中选择图 10-16 所示的面 1，将其作为绘制图形的基准面。单击“草图”控制面板中的“圆”按钮、“直线”按钮和“剪裁实体”按钮，绘制图 10-17 所示的草图 5 并标注。

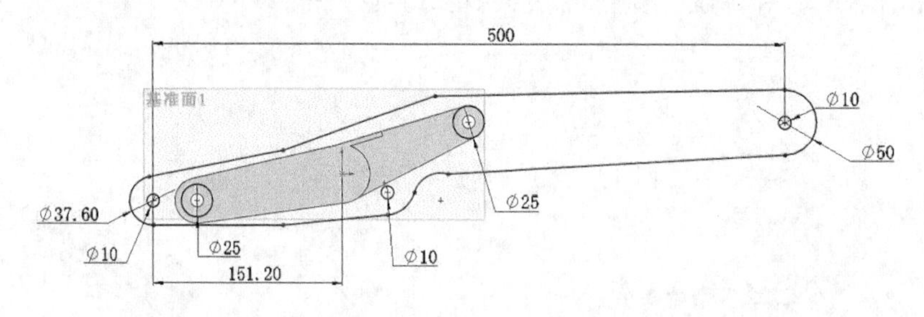

图 10-17 草图 5

02 拉伸实体 5。选择菜单栏中的“插入”→“凸台/基础实体”→“拉伸”命令，或者单击“特征”控制面板中的“拉伸凸台/基础实体”按钮，系统弹出图 10-18 所示的“凸台-拉伸”属性管理器。将拉伸终止条件设置为“给定深度”，输入拉伸距离“20”，使拉伸方向朝外，然后单击“确定”按钮。结果如图 10-19 所示。

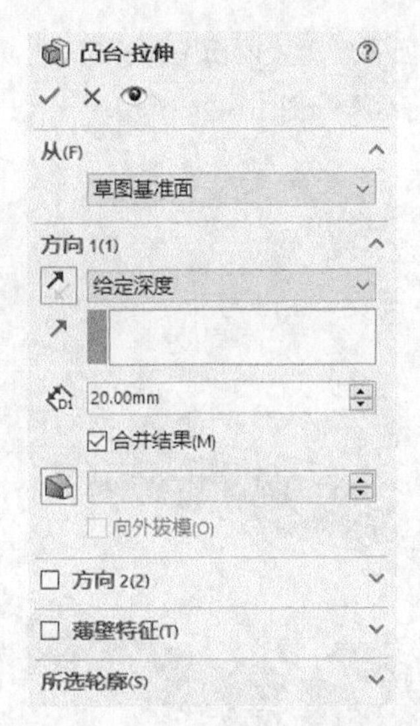

图 10-18 “凸台-拉伸”属性管理器

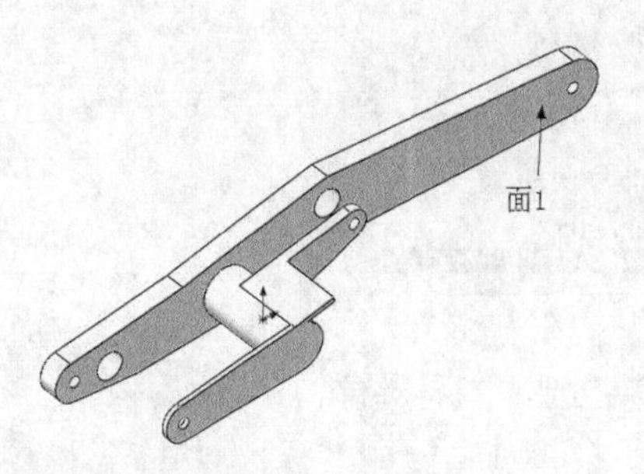

图 10-19 拉伸实体 5

03 绘制草图 6。在视图中选择图 10-19 所示的面 1，将其作为绘制图形的基准面。单击“草图”控制面板中的“转换实体引用”按钮和“圆”按钮，绘制图 10-20 所示的草图 6 并标注。

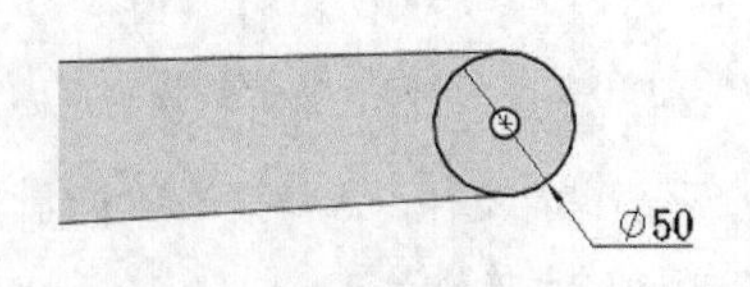

图 10-20 草图 6

04 拉伸实体 6。选择菜单栏中的“插入”→“凸台/基础实体”→“拉伸”命令，或者单击“特征”控制面板中的“拉伸凸台/基础实体”按钮，系统弹出图 10-21 所示的“凸台-拉伸”属性管理器。将拉伸终止条件设置为“给定深度”，将方向 1 对应的拉伸距离设置为 10mm，将方向 2 对应的拉伸距离设置为 30mm，然后单击“确定”按钮。结果如图 10-22 所示。

图 10-21 “凸台-拉伸”属性管理器

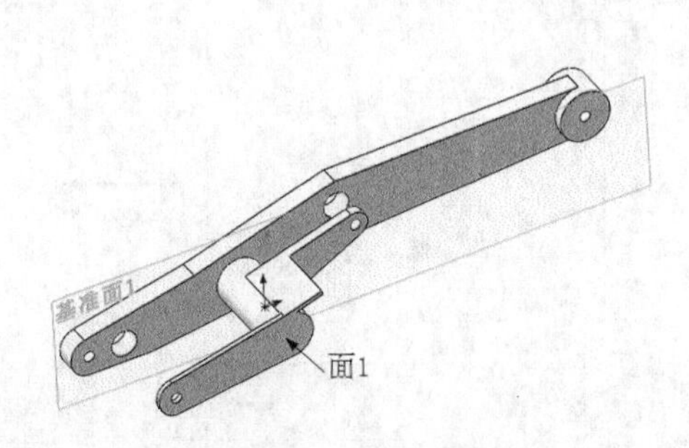

图 10-22 拉伸实体 6

10.1.4 镜像生成主连接

01 镜像特征。选择菜单栏中的“插入”→“阵列/镜向”→“镜向”命令，或者单击“特征”控制面板中的“镜向”按钮，系统弹出图 10–23 所示的“镜向”属性管理器。以面 1 为镜像面，在视图中选择所有特征，将其作为要镜像的特征，然后单击“确定”按钮✔。结果如图 10–24 所示。

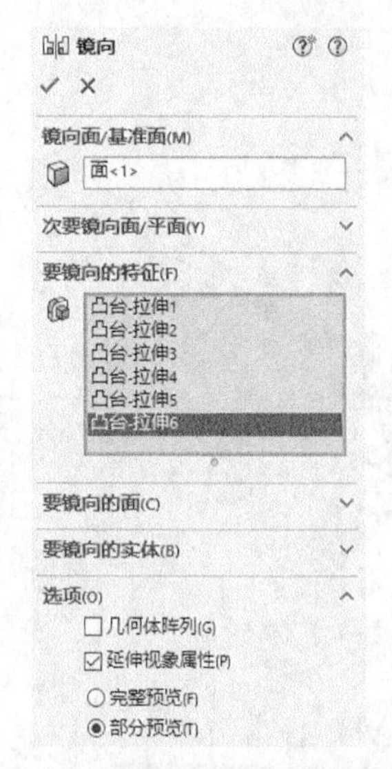

图 10-23 “镜向”属性管理器

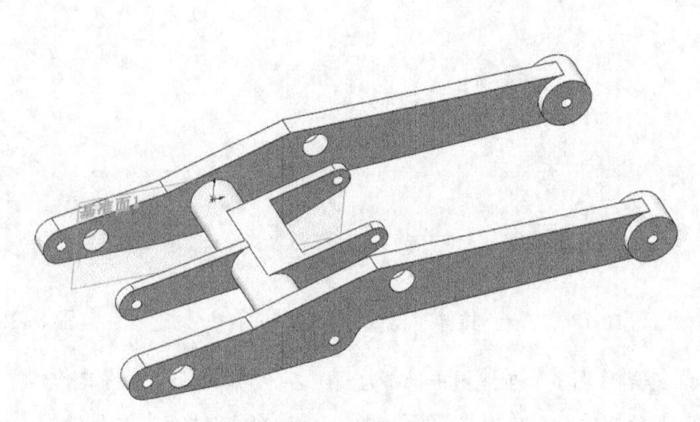

图 10-24 镜像实体

02 保存文件。选择菜单栏中的“文件”→“保存”命令，将零件文件保存为“主连接”.sldprt。

10.2 主件

在本例中，我们要创建的主件，如图 10-25 所示。

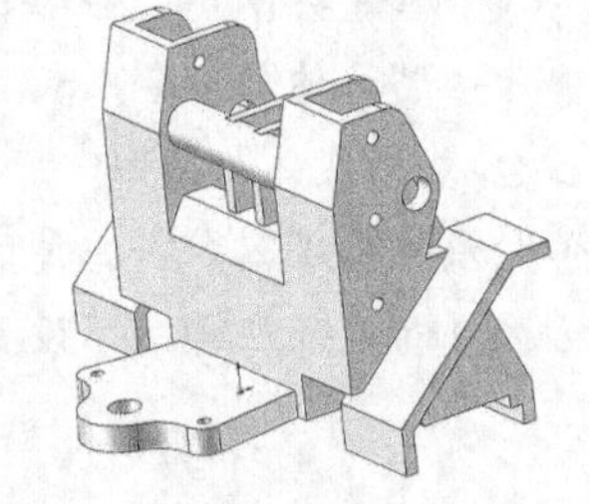

图 10-25 主件

思路分析

首先绘制主件的外形轮廓，然后将其拉伸为主件主体轮廓，再进行细节处理，最后进行镜像操作。主件的创建流程如图 10-26 所示。

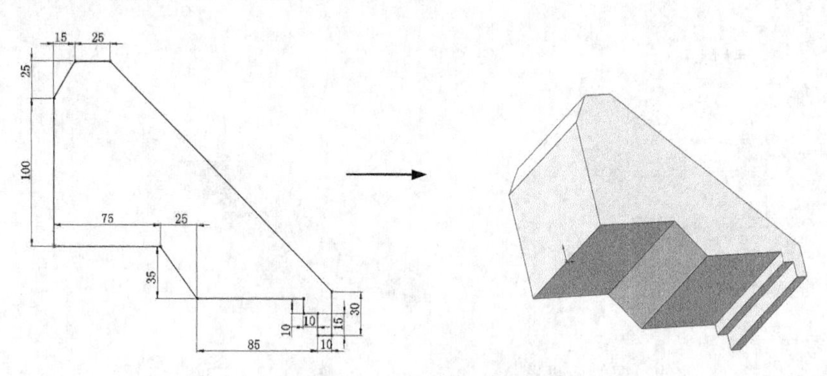

图 10-26 主件的创建流程

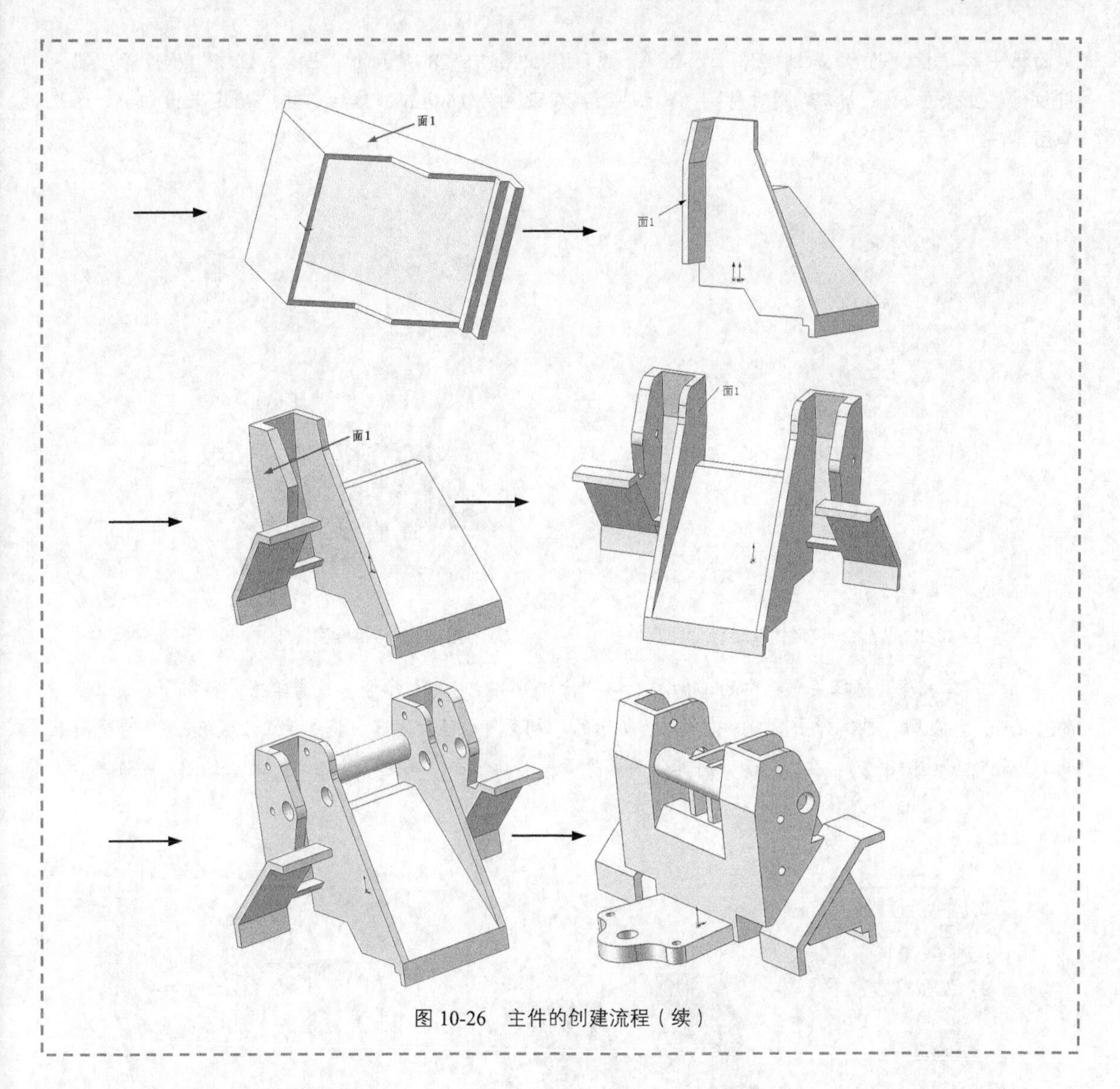

图 10-26　主件的创建流程（续）

10.2.1　创建中间壳体

01 新建文件。启动 SOLIDWORKS 2022，选择菜单栏中的“文件”→“新建”命令，或者单击“快速访问”工具栏中的“新建”按钮，在弹出的“新建 SOLIDWORKS 文件”对话框中选择“零件”按钮，然后单击“确定”按钮，创建一个新的零件文件。

02 绘制草图 1。在左侧的 FeatureManager 设计树中选择“前视基准面”，将其作为绘制图形的基准面。单击“草图”控制面板中的“直线”按钮及“转换实体引用”按钮，绘制并标注图 10-27 所示的草图 1。

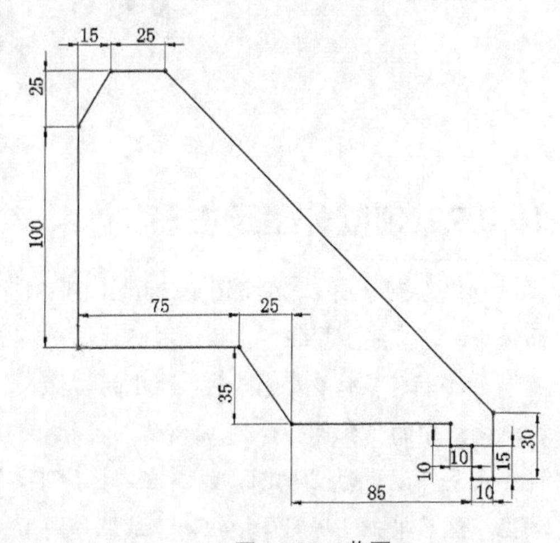

图 10-27　草图 1

03 拉伸实体 1。选择菜单栏中的“插入”→“凸台/基础实体”→“拉伸”命令，或者单击“特征”控制面板中的“拉伸凸台/基础实体”按钮，系统弹出图 10-28 所示的“凸台-拉伸”属性管理器。将拉伸终止条件设置为“两侧对称”，将拉伸距离设置为 160mm，然后单击“确定”按钮✓。结果如图 10-29 所示。

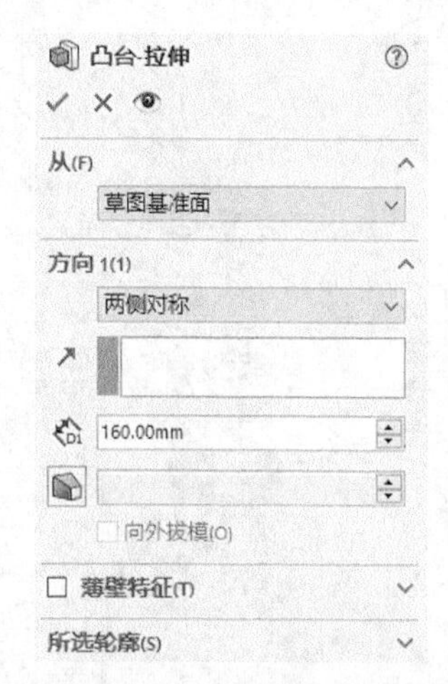

图 10-28 “凸台-拉伸”属性管理器

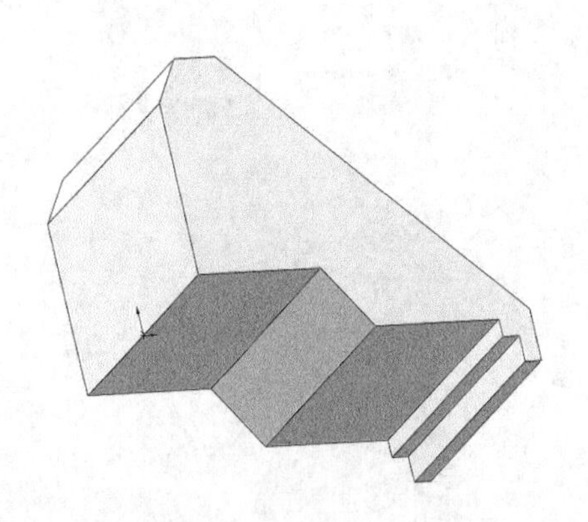

图 10-29 拉伸实体 1

04 实体抽壳。选择菜单栏中的“插入”→“特征”→“抽壳”命令，或者单击“特征”控制面板中的“抽壳”按钮，系统弹出图 10-30（左）所示的“抽壳”属性管理器。将厚度设置 5mm，选择面 1、面 2、面 3，如图 10-30（右）所示，将其作为移除面，然后单击“确定”按钮✓。结果如图 10-31 所示。

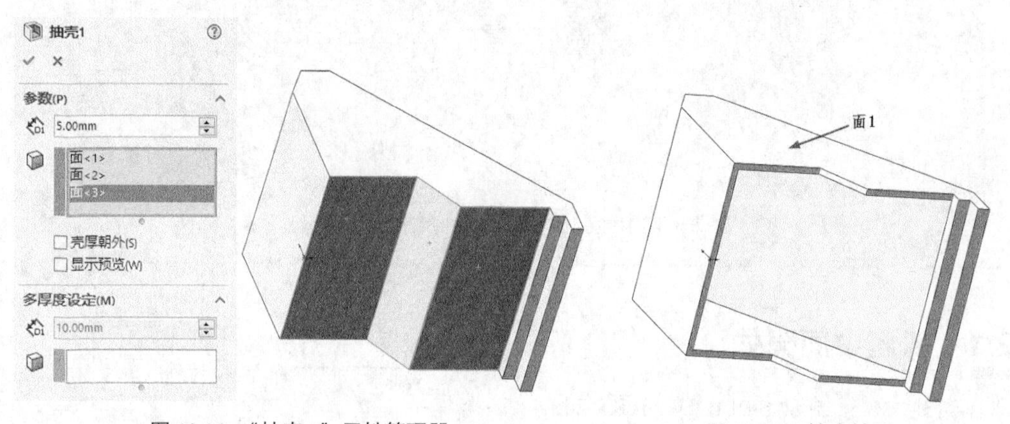

图 10-30 “抽壳 1”属性管理器

图 10-31 抽壳结果

10.2.2 创建外壁及主筋

01 绘制草图 2。在视图中选择图 10-31 所示的面 1，将其作为绘制图形的基准面。单击“草图”控制面板中的“直线”按钮，绘制并标注图 10-32 所示的草图 2。

02 拉伸实体 2。选择菜单栏中的“插入”→“凸台/基础实体”→“拉伸”命令，或者单击“特征”控制面板中的“拉伸凸台/基础实体”按钮，系统弹出图 10-33 所示的“凸台-拉伸”属性管理器。将拉伸终止条件设置为“给定深度”，在“拉伸距离”文本框中输入“10”，单击“反向”按钮，使拉伸方向朝里，然后单击“确定”按钮✓。结果如图 10-34 所示。

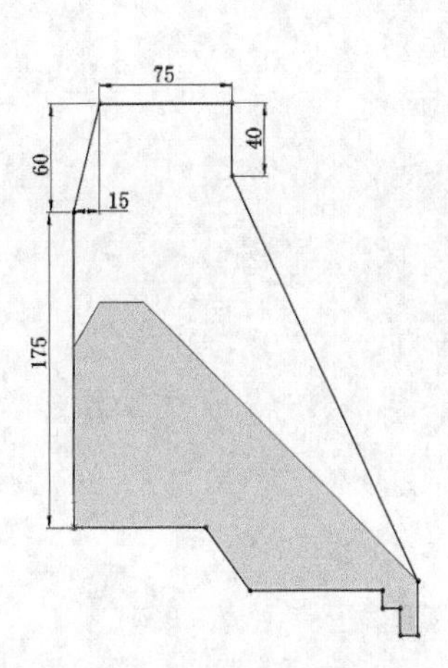

图 10-32　草图 2

图 10-33　“凸台-拉伸”属性管理器

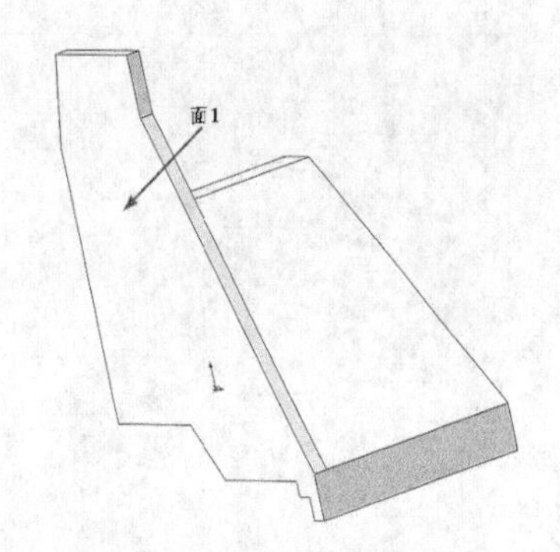

图 10-34　拉伸实体 2

03 绘制草图 3。在视图中选择图 10-34 所示的面 1，将其作为绘制图形的基准面。单击“草图”控制面板中的“直线”按钮，绘制并标注图 10-35 所示的草图 3。

04 拉伸实体 3。选择菜单栏中的“插入”→“凸台/基础实体”→“拉伸”命令，或者单击“特征”控制面板中的“拉伸凸台/基础实体”按钮，系统弹出图 10-36 所示的“凸台-拉伸”属性管理器。将拉伸终止条件设置为“给定深度”，在“拉伸距离”文本框中输入“45”，然后单击“确定”按钮。结果如图 10-37 所示。

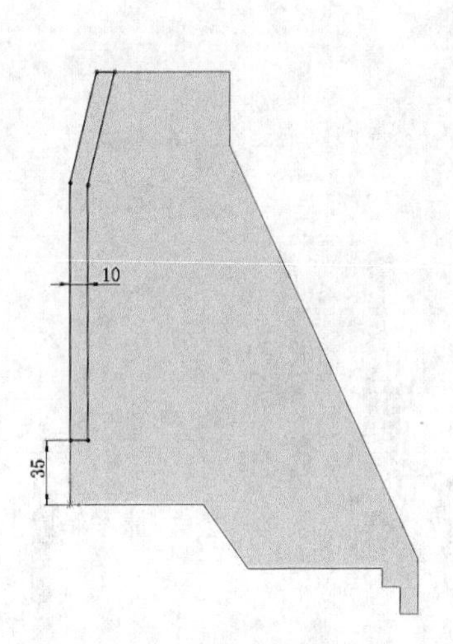

图 10-35　草图 3

凸台-拉伸
从(F)
草图基准面
方向 1(1)
给定深度
45.00mm
合并结果(M)
向外拔模(O)
方向 2(2)
薄壁特征(T)
所选轮廓(S)

图 10-36　“凸台-拉伸”属性管理器

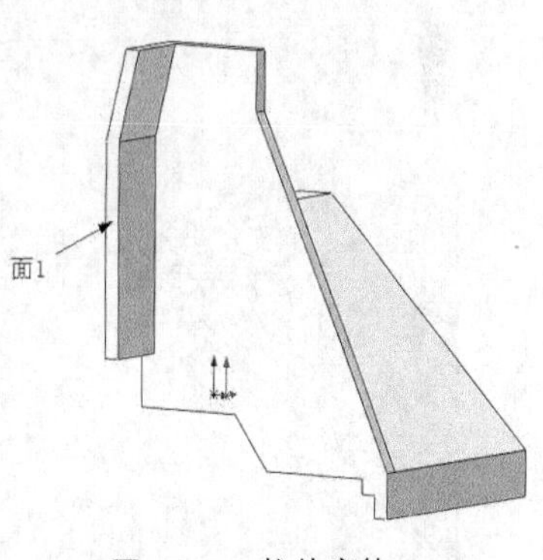

图 10-37　拉伸实体 3

05 绘制草图 4。在视图中选择图 10-37 所示的面 1，将其作为绘制图形的基准面。单击“草图”控制面板中的“直线”按钮，绘制并标注图 10-38 所示的草图 4。

06 拉伸实体 4。选择菜单栏中的“插入”→“凸台/基础实体”→“拉伸”命令，或者单击“特征”控制面板中的“拉伸凸台/基础实体”按钮，系统弹出图 10-39 所示的“凸台-拉伸”属性管理器。将拉伸终止条件设置为“给定深度”，将拉伸距离设置为“15”，然后单击“确定”按钮。结果如图 10-40 所示。

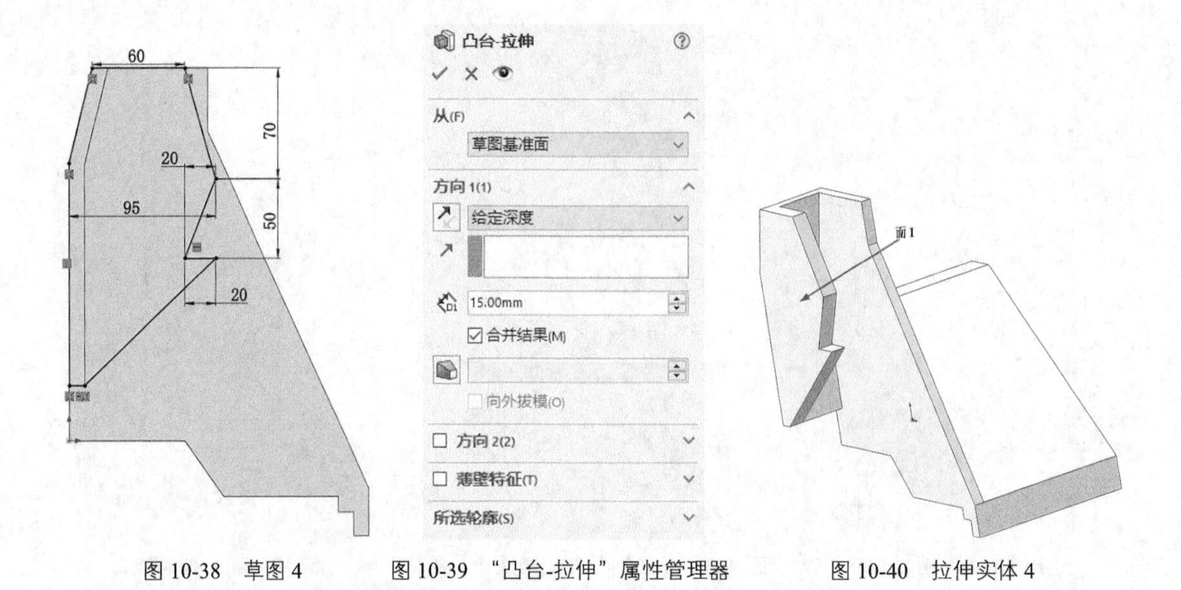

图 10-38　草图 4　　图 10-39　“凸台-拉伸”属性管理器　　图 10-40　拉伸实体 4

07 绘制草图 5。在视图中选择图 10-40 所示的面 1，将其作为绘制图形的基准面。单击“草图”控制面板中的“直线”按钮，绘制并标注图 10-41 所示的草图。

08 拉伸薄壁。选择菜单栏中的“插入”→“凸台/基础实体”→“拉伸”命令，或者单击“特征”控制面板中的“拉伸凸台/基础实体”按钮，系统弹出图 10-42 所示的“凸台-拉伸”属性管理器。将拉伸终止条件设置为“给定深度”，将方向 1 对应的拉伸距离设置 60mm，将方向 2 对应的拉伸距离设置为 15mm，将薄壁厚度设置为 10mm，向下拉伸薄壁，然后单击“确定”按钮。结果如图 10-43 所示。

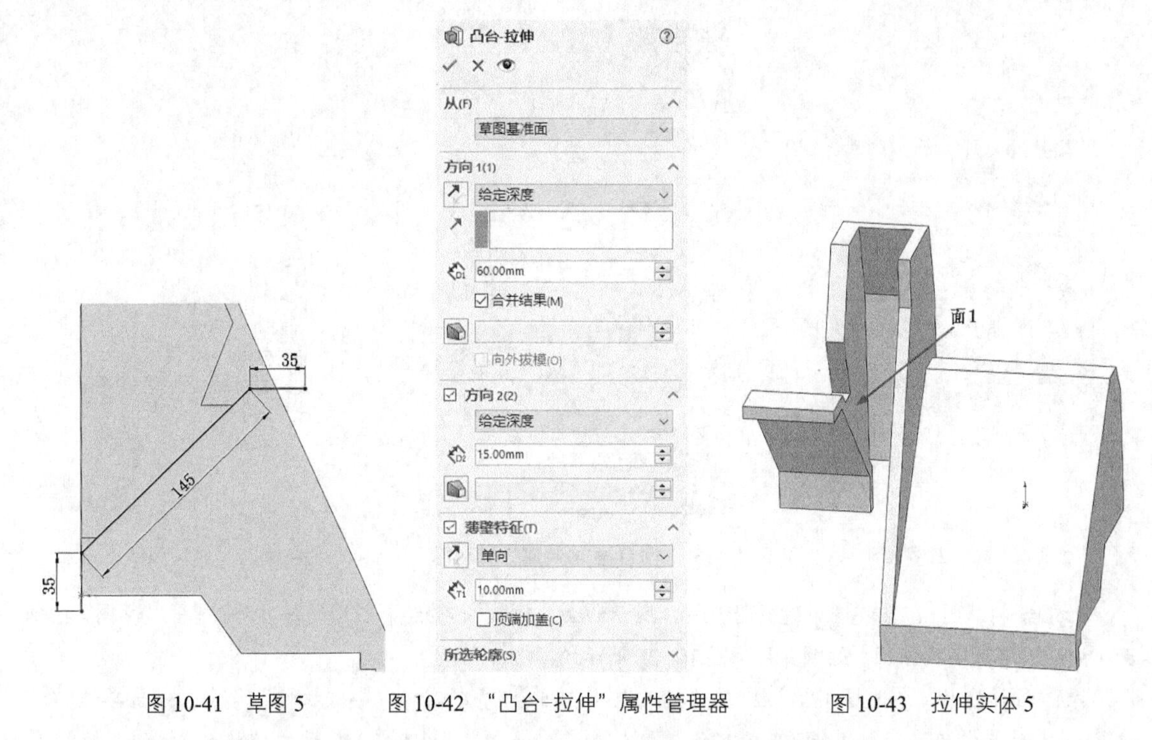

图 10-41　草图 5　　图 10-42　“凸台-拉伸”属性管理器　　图 10-43　拉伸实体 5

09 绘制草图 6。在视图中选择图 10-43 所示的面 1，将其作为绘制图形的基准面。单击“草图”控制面板中的“直线”按钮，绘制并标注图 10-44 所示的草图 6。

10 拉伸实体 6。选择菜单栏中的“插入”→“凸台/基础实体”→“拉伸”命令，或者单击“特征”控制面板中的“拉伸凸台/基础实体”按钮，系统弹出图 10-45（左）所示的“凸台-拉伸”属性管理器。将拉伸终止条件设置为“成形到一面”，在视图中选择图 10-45（右）所示的面，然后单击“确定”按钮✔。结果如图 10-46 所示。

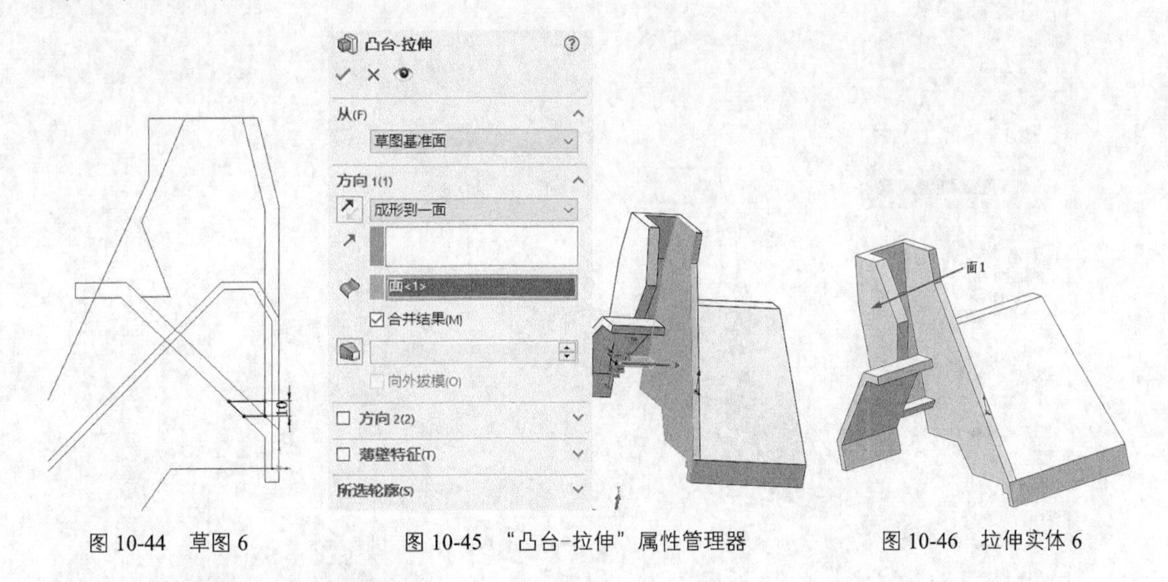

图 10-44　草图 6　　图 10-45　“凸台-拉伸”属性管理器　　图 10-46　拉伸实体 6

10.2.3　创建孔 1 及倒圆角

01 绘制草图 7。在视图中选择图 10-46 所示的面 1，将其作为绘制图形的基准面。单击“草图”控制面板中的“圆”按钮，绘制并标注图 10-47 所示的草图。

02 切除拉伸实体 1。选择菜单栏中的“插入”→“切除”→“拉伸”命令，或者单击“特征”控制面板中的“拉伸切除”按钮，系统弹出图 10-48 所示的“切除-拉伸”属性管理器。将终止条件设置为“给定深度”，将切除拉伸距离设置为 15mm，然后单击“确定”按钮✔。结果如图 10-49 所示。

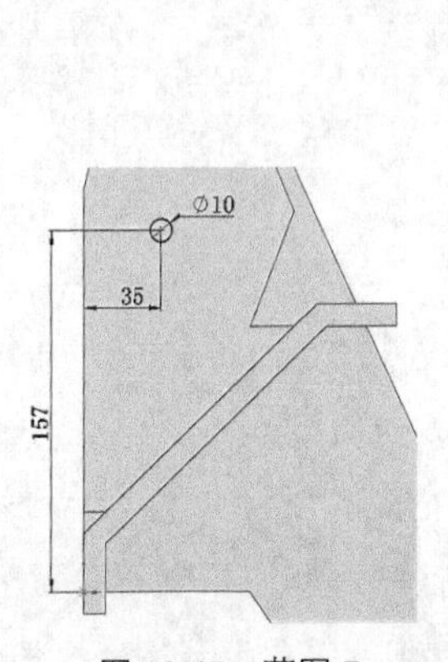

图 10-47　草图 7

图 10-48　“切除-拉伸”属性管理器

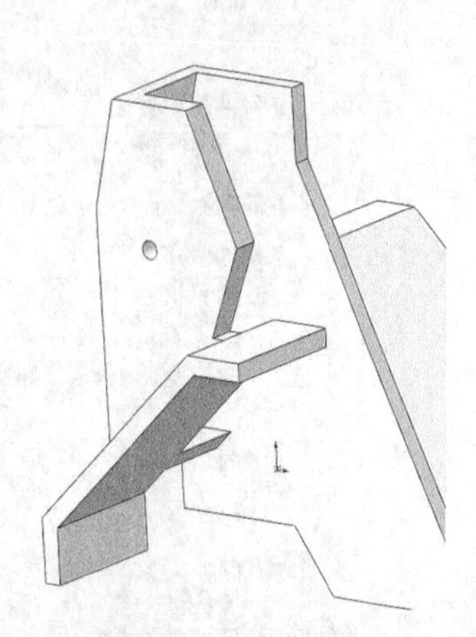

图 10-49　切除拉伸实体 1

03 倒圆角。选择菜单栏中的“插入”→“特征”→“圆角”命令，或者单击“特征”控制面板中的“圆角”按钮，系统弹出图 10-50（左）所示的“圆角”属性管理器。将“半径”设置为

20mm，取消“切线延伸”复选框的勾选，然后选取图 10−50（右）中的边线。然后单击“确定”按钮✔，结果如图 10−51 所示。

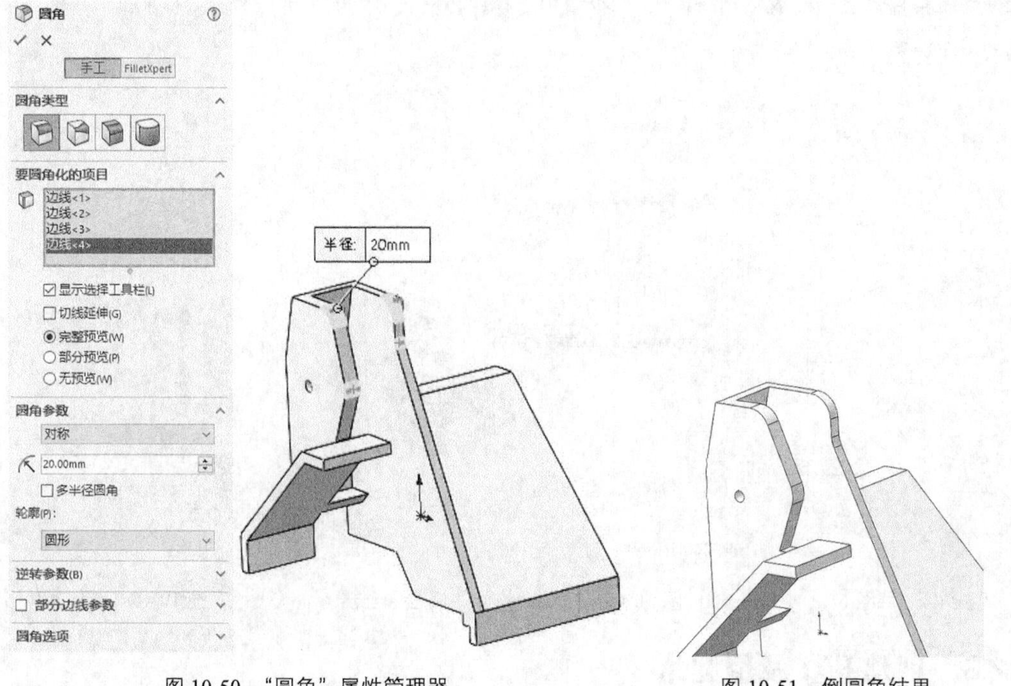

图 10-50 “圆角”属性管理器　　　　图 10-51 倒圆角结果

10.2.4 镜像特征及创建中间圆柱

01 镜像特征。选择菜单栏中的“插入”→“阵列/镜向”→“镜向”命令，或者单击“特征”控制面板中的“镜向”按钮，系统弹出图 10−52 所示的“镜向”属性管理器。以“前视基准面”为镜像面，在视图中选择所有特征，将其作为要镜像的特征，然后单击“确定”按钮✔。结果如图 10−53 所示。

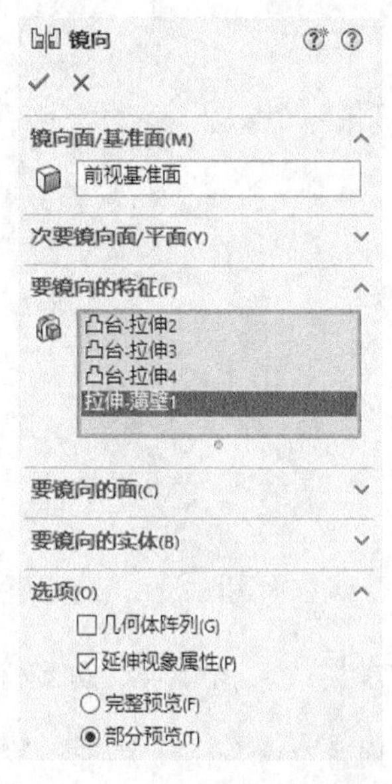

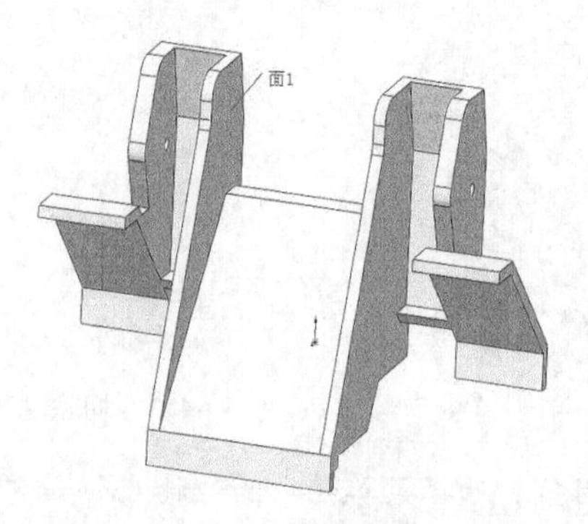

图 10-52 “镜向”属性管理器　　　　图 10-53 镜像结果

02 绘制草图 8。在视图中选择如图 10-53 所示的面 1，将其作为绘制图形的基准面。单击“草图”控制面板中的“圆”按钮，绘制并标注图 10-54 所示的草图 8。

03 拉伸实体 7。选择菜单栏中的“插入”→“凸台/基础实体”→“拉伸”命令，或者单击“特征”控制面板中的“拉伸凸台/基础实体”按钮，系统弹出图 10-55 所示的“凸台-拉伸”属性管理器。在“方向 1”下将拉伸终止条件设置为“成形到下一面”，然后单击“确定”按钮。结果如图 10-56 所示。

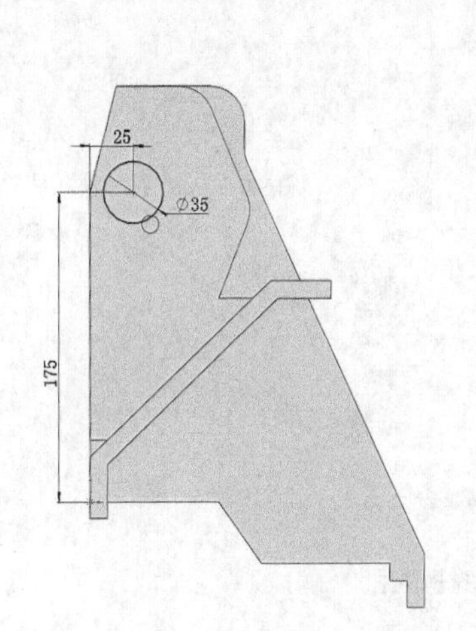

图 10-54　草图 8

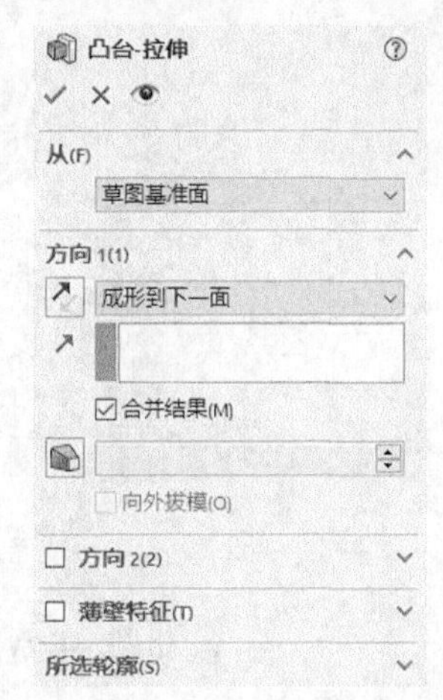

图 10-55　“凸台-拉伸”属性管理器

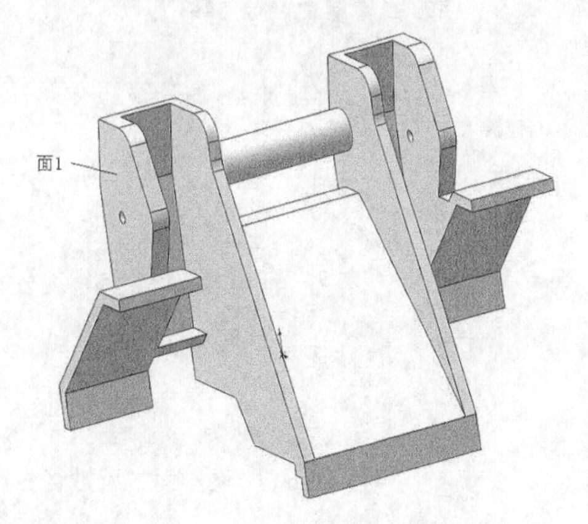

图 10-56　拉伸实体 7

10.2.5　创建孔 2 及中间实体

01 绘制草图 9。在视图中选择图 10-56 所示的面 1，将其作为绘制图形的基准面。单击“草图”控制面板中的“圆”按钮，绘制并标注图 10-57 所示的草图 9。

02 切除拉伸实体 2。选择菜单栏中的“插入”→“切除”→“拉伸”命令，或者单击“特征”控制面板中的“拉伸切除”按钮，系统弹出图 10-58 所示的“切除-拉伸”属性管理器。在“方向 1”下将终止条件设置为“完全贯穿”，然后单击“确定”按钮。结果如图 10-59 所示。

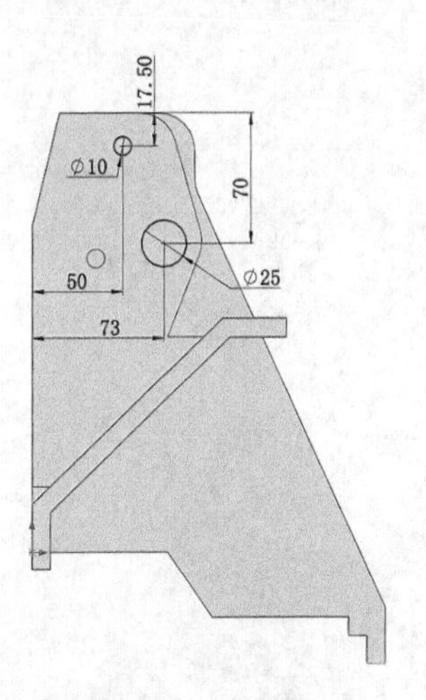

图 10-57　草图 9

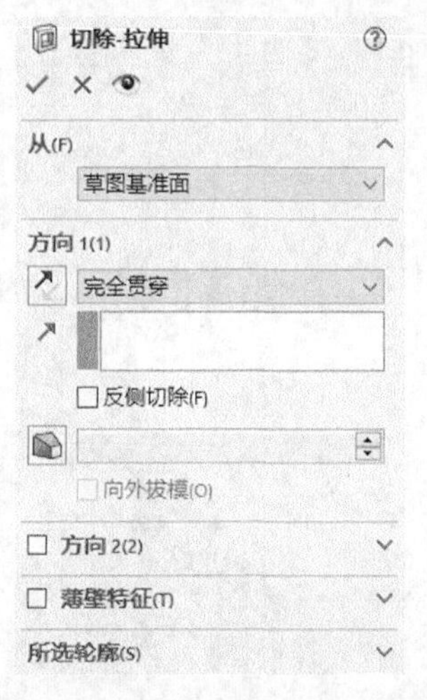

图 10-58　“切除-拉伸”属性管理器

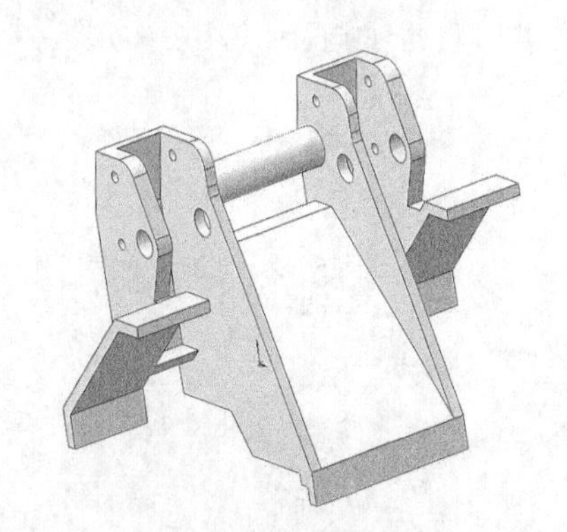

图 10-59　切除拉伸结果

03 创建基准平面。在左侧的 FeatureManager 设计树中选择“前视基准面”，将其作为绘制图形的基准面。单击“特征”控制面板的“参考几何体”下拉列表中的“基准面”按钮，系统弹出“基准面”属性管理器，在“偏移距离”文本框中输入“12.5”，如图 10-60 所示；单击“确定”按钮，生成的基准面如图 10-61 所示。

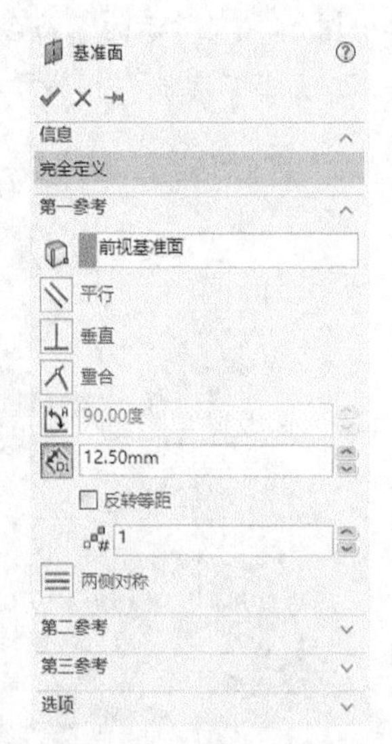

图 10-60 “基准面”属性管理器

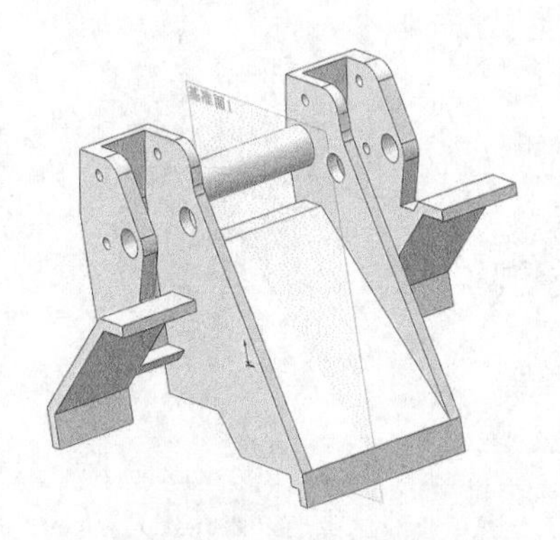

图 10-61 生成的基准面

04 绘制草图 10。在左侧的 FeatureManager 设计树中选择“基准面 1”，将其作为绘制图形的基准面。单击“草图”控制面板中的“圆”按钮及“转换实体引用”按钮，绘制并标注图 10-62 所示的草图 10。

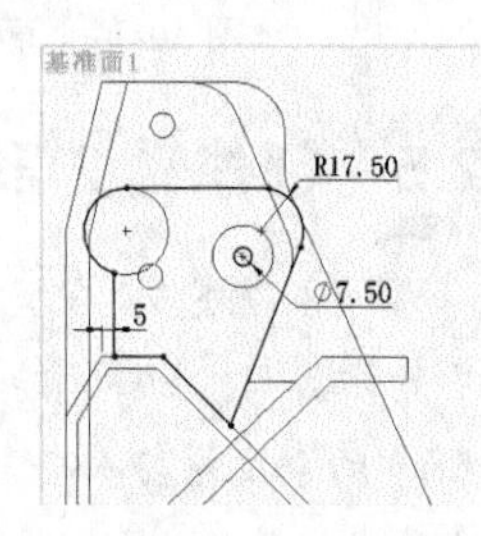

图 10-62 草图 10

05 拉伸实体 8。选择菜单栏中的“插入”→“凸台/基础实体”→“拉伸”命令，或者单击“特征”控制面板中的“拉伸凸台/基础实体”按钮，系统弹出图 10-63 所示的“凸台-拉伸”属性管理器。将拉伸终止条件设置为“给定深度”，将拉伸距离设置为 10mm，然后单击“确定”按钮。结果如图 10-64 所示。

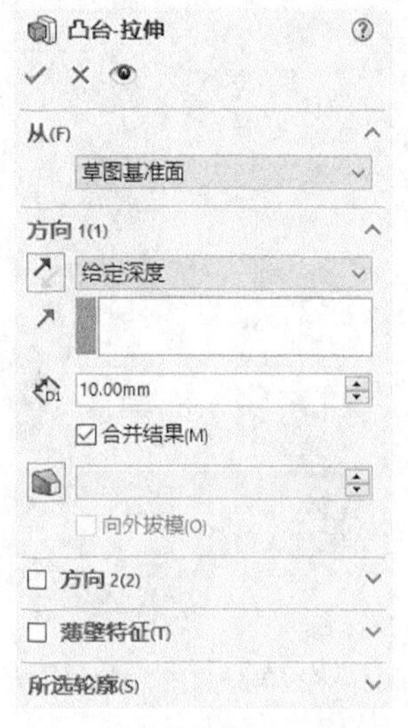

图 10-63 “凸台-拉伸”属性管理器

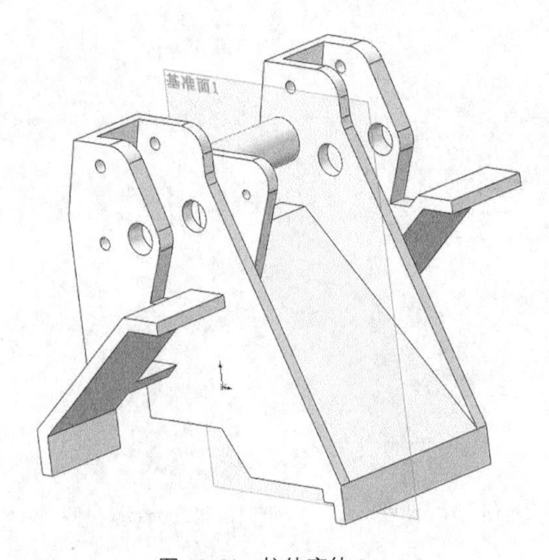

图 10-64 拉伸实体 8

06 镜像特征。选择菜单栏中的“插入”→“阵列/镜向”→“镜向”命令，或者单击“特征”控制面板中的“镜向”按钮，系统弹出图 10-65 所示的“镜向”属性管理器。以“前视基准面”为镜像面，在视图中，以上一步创建的拉伸特征为要镜像的特征，然后单击“确定”按钮。结果如图 10-66 所示。

图 10-65 “镜向”属性管理器

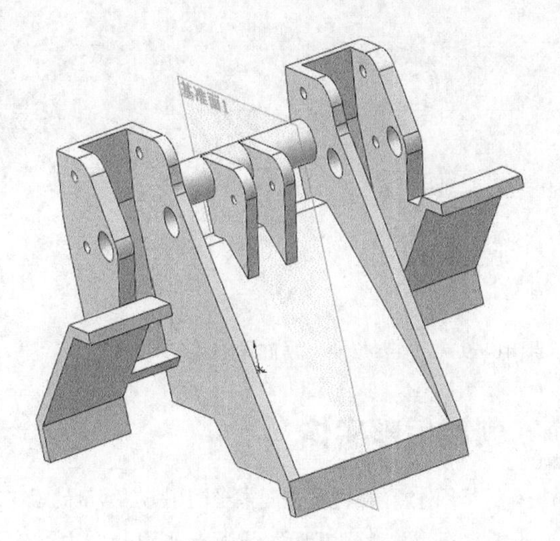

图 10-66 镜像实体

10.2.6 创建凸台

01 绘制草图 11。在视图中选择图 10-67 所示的面 1，将其作为绘制图形的基准面。单击“草图”控制面板中的“中心线”按钮、“直线”按钮、“切线弧”按钮和“镜向”按钮，绘制并标注图 10-68 所示的草图 11。

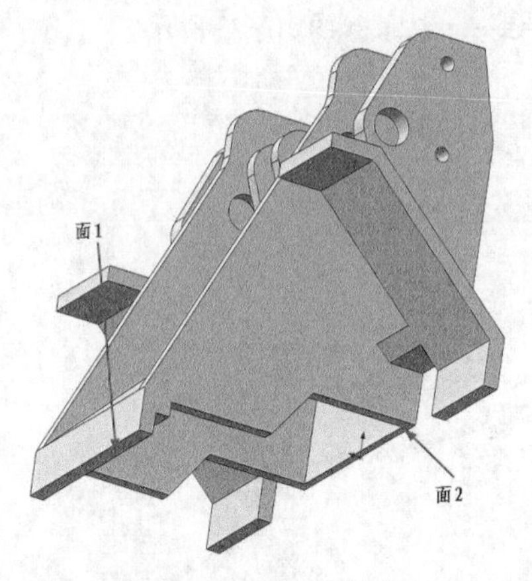

图 10-67 选择拉伸面 1

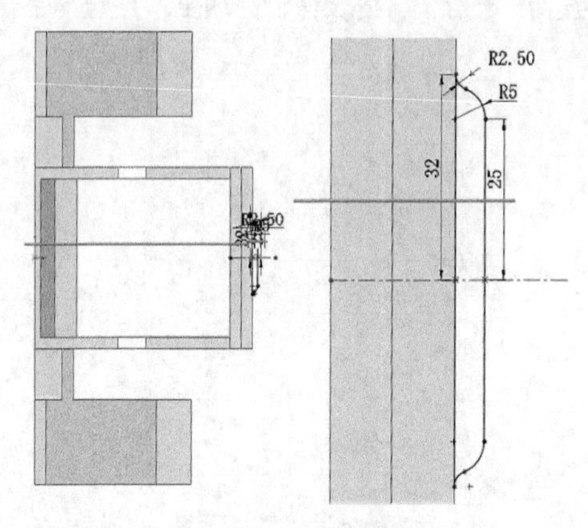

图 10-68 草图 11

02 拉伸实体 9。选择菜单栏中的“插入”→“凸台/基础实体”→“拉伸”命令，或者单击“特征”控制面板中的“拉伸凸台/基础实体”按钮，系统弹出图 10-69 所示的“凸台-拉伸”属性管理器。将拉伸终止条件设置为“给定深度”，将拉伸距离设置为 30mm，单击“反向”按钮，使拉伸方向朝上，然后单击“确定”按钮。结果如图 10-70 所示。

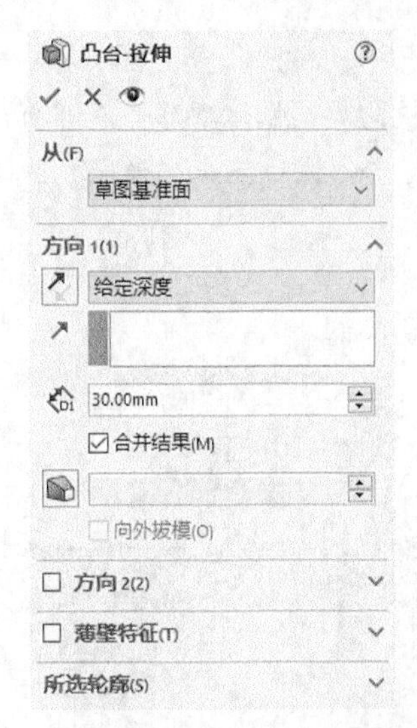

图 10-69 “凸台-拉伸”属性管理器

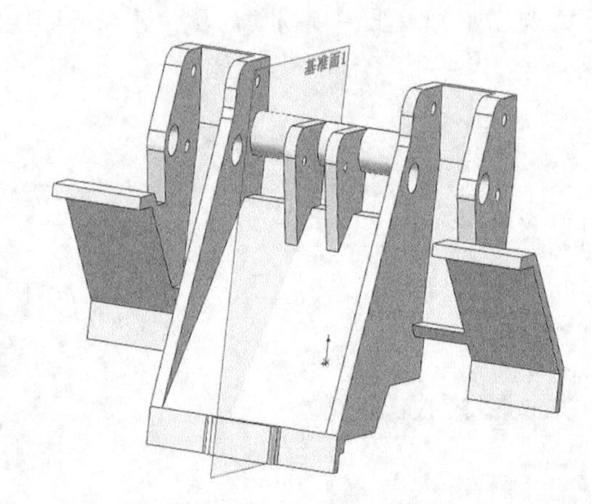

图 10-70 拉伸实体 9

10.2.7 创建后部实体

01 绘制草图 12。在视图中选择图 10-67 所示的面 2，将其作为绘制图形的基准面。单击“草图”控制面板中的“中心线”按钮、“直线”按钮、“切线弧”按钮、“镜向”按钮和“圆”按钮，绘制并标注图 10-71 所示的草图 12。

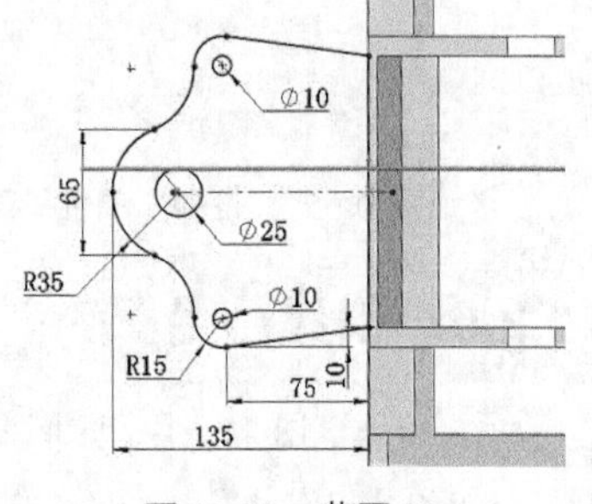

图 10-71 草图 12

02 拉伸实体 10。选择菜单栏中的“插入”→“凸台/基础实体”→“拉伸”命令，或者单击“特征”控制面板中的“拉伸凸台/基础实体”按钮，系统弹出图 10-72 所示的“凸台-拉伸”属性管理器。将拉伸终止条件设置为“给定深度”，将拉伸距离设置为 20mm，单击“反向”按钮，使拉伸方向朝上，然后单击“确定”按钮。结果如图 10-73 所示。

图 10-72 “凸台-拉伸”属性管理器

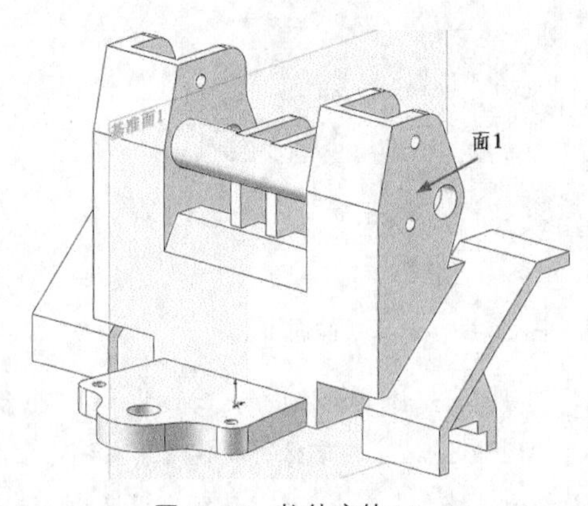

图 10-73 拉伸实体 10

10.2.8 创建孔 3

01 绘制草图 13。在视图中选择图 10–73 所示的面 1，将其作为绘制图形的基准面。单击“草图”控制面板中的“圆”按钮，绘制并标注图 10–74 所示的草图 13。

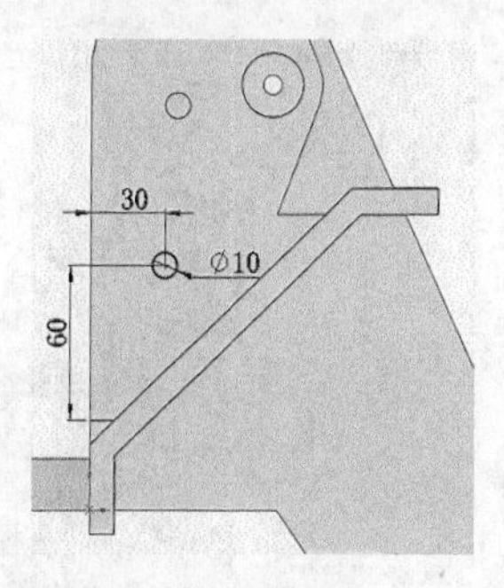

图 10-74　草图 13

02 切除拉伸实体3。选择菜单栏中的“插入”→“切除”→“拉伸”命令，或者单击“特征”控制面板中的“拉伸切除”按钮，系统弹出图 10–75 所示的“切除–拉伸”属性管理器。将终止条件设置为“完全贯穿”，然后单击“确定”按钮✓。结果如图 10–76 所示。

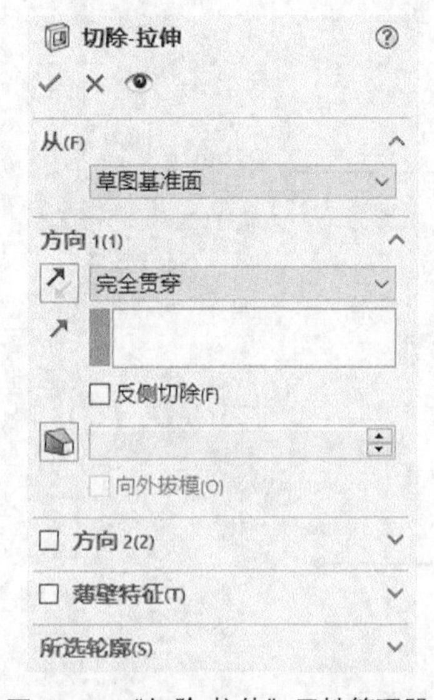

图 10-75　“切除-拉伸”属性管理器

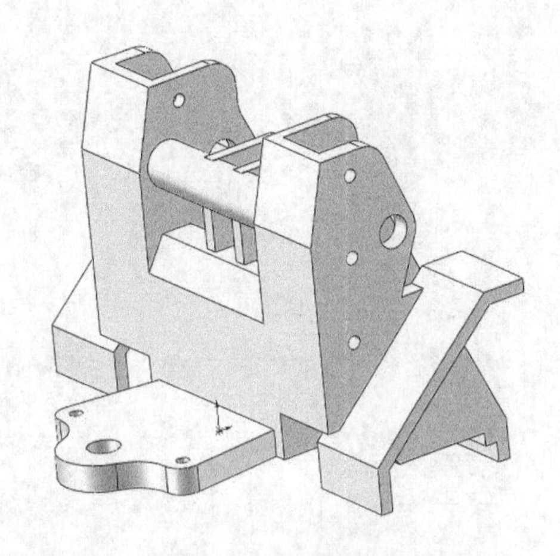
图 10-76　拉伸切除实体 3

03 保存文件。选择菜单栏中的“文件”→“保存”命令，将零件文件保存为“主件.sldprt”。

10.3 齿轮泵基座

在本例中，我们要创建的齿轮泵基座如图 10-77 所示。

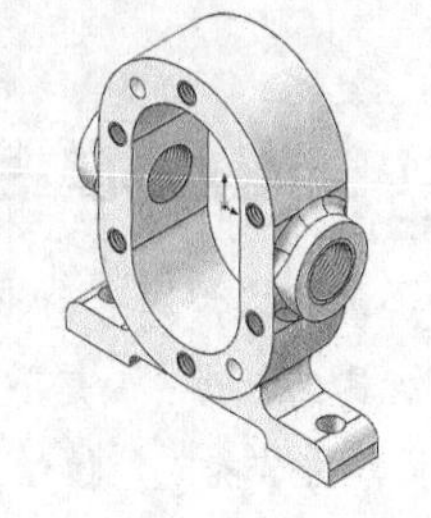
图 10-77　齿轮泵基座

思路分析

齿轮泵基座是齿轮泵的主体部分，所有零件均被安装在齿轮泵基座上，基座也是齿轮泵三维造型中最复杂的一个零件。在创建时，用户需要先绘制基座主体轮廓草图并拉伸实体，然后绘制内腔草图，切除拉伸实体，再创建进出油口螺纹孔，最后创建连接螺纹孔、销轴孔、基座固定孔等结构。齿轮泵基座的创建流程如图 10-78 所示。

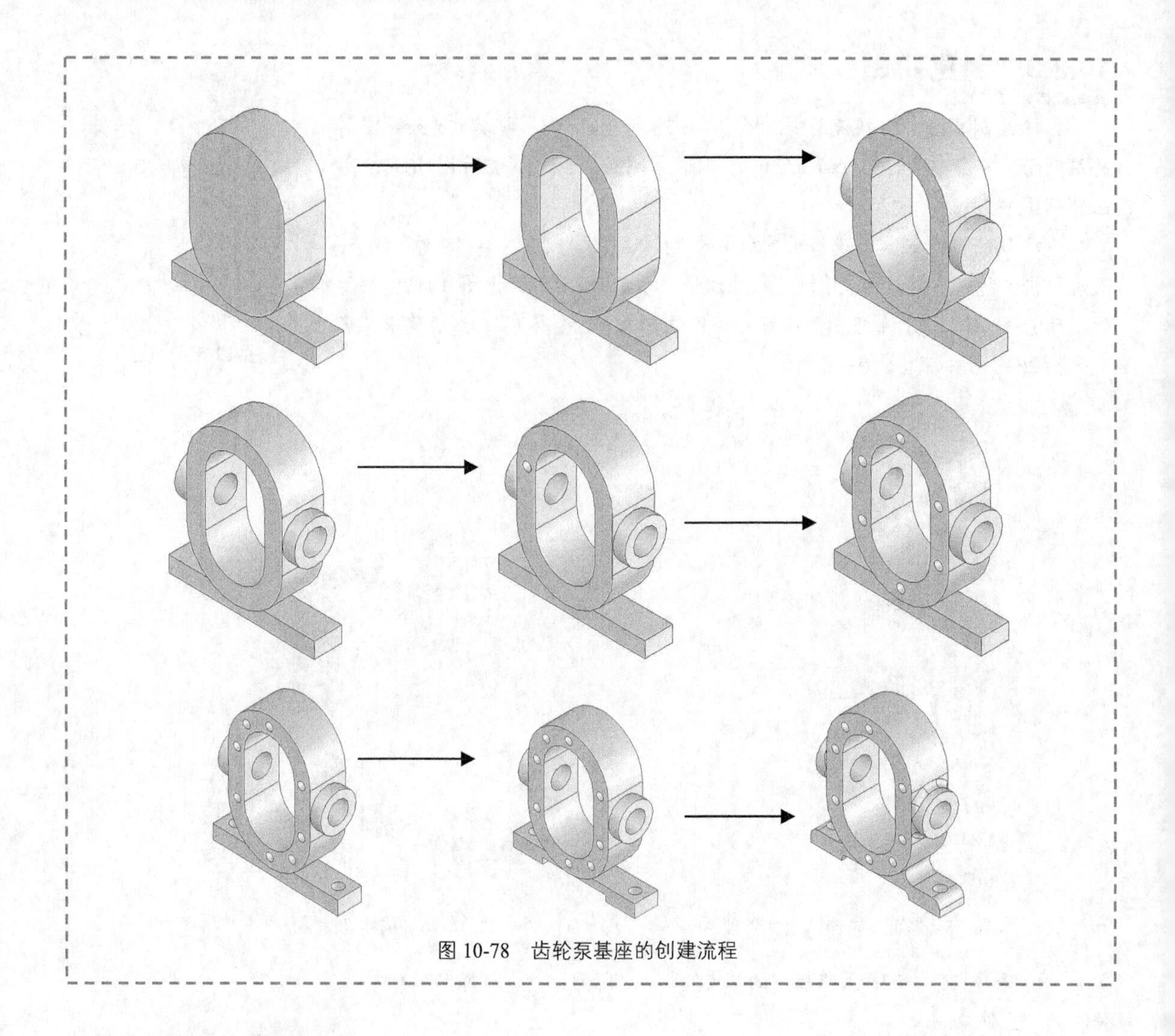

图 10-78　齿轮泵基座的创建流程

10.3.1　创建基座主体

01 新建文件。启动 SOLIDWORKS 2022，选择菜单栏中的“文件”→“新建”命令，或单击“快速访问”工具栏中的“新建”按钮，在弹出的“新建 SOLIDWORKS 文件”对话框中，先单击“零件”按钮，再单击“确定”按钮，创建一个新的零件文件。

02 绘制矩形草图。在 FeatureManager 设计树中选择“前视基准面”，将其作为绘图基准面；单击“草图”控制面板中的“草图绘制”按钮，进入草图编辑状态；然后单击“草图”控制面板中的“边角矩形”按钮，绘制一个矩形，通过标注智能尺寸使矩形的中心在原点位置，如图 10-79 所示。

03 绘制圆。选择菜单栏中的“工具”→“草图绘制实体”→“圆”命令，或单击“草图”控制面板中的“圆”按钮，绘制两个圆，圆心分别为矩形两条水平边的中点，圆的直径与矩形水平边长度相同。注意，当光标变为形状时，说明捕捉到了边的中点，如图 10-80 所示。

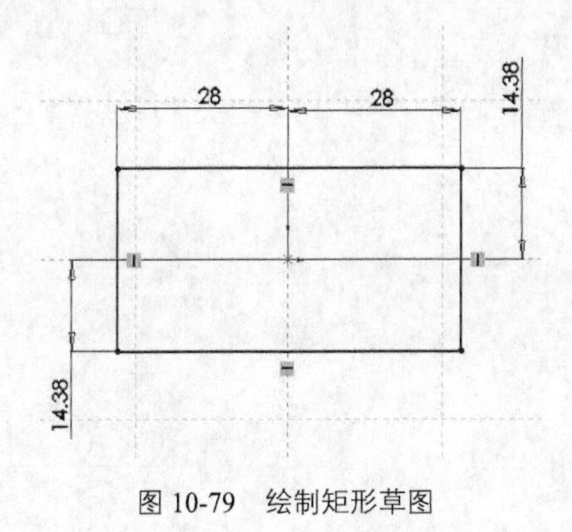

图 10-79　绘制矩形草图

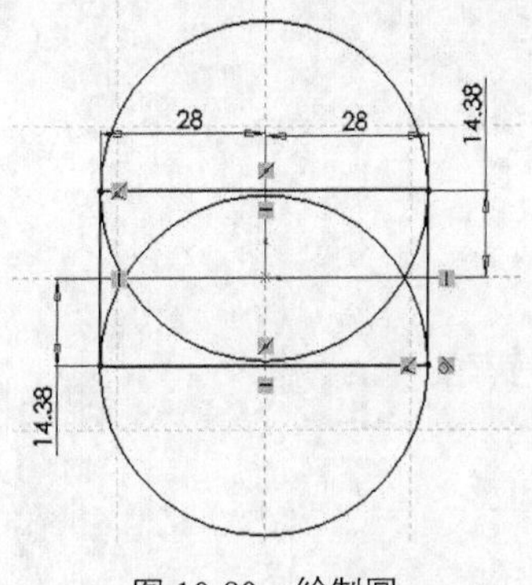

图 10-80　绘制圆

04 裁剪草图。选择菜单栏中的“工具”→“草图工具”→“剪裁”命令，或单击“草图”控制面板中“剪裁实体”按钮，系统弹出“剪裁”属性管理器，单击“剪裁到最近端”按钮进行草图裁剪；当裁剪水平边线时，系统弹出图 10-81 所示的系统提示，说明裁剪此边线将删除相应的几何关系，单击“是”按钮，将其剪裁，结果如图 10-82 所示。

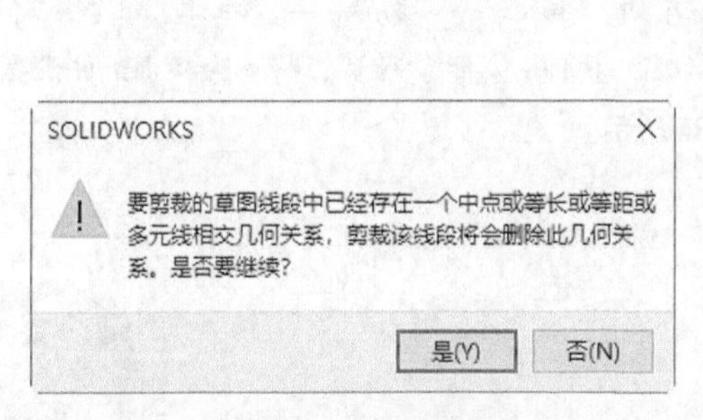

图 10-81　系统提示

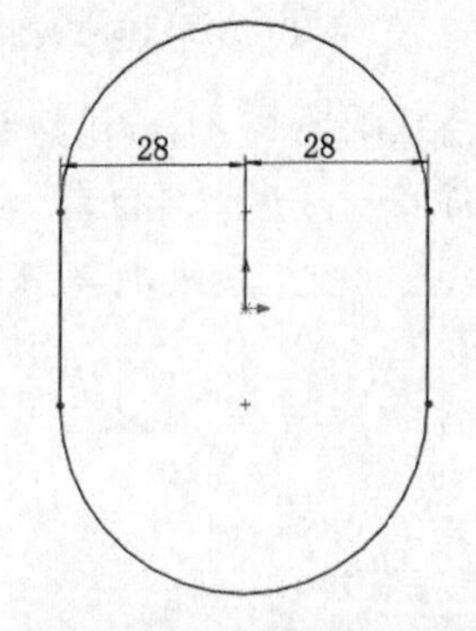

图 10-82　裁剪结果

05 添加几何关系。在图 10-54 所示的草图中，圆弧没有被完全定义。可以选择菜单栏中的“工具”→“关系”→“添加”命令，或单击“草图”控制面板的“显示/删除几何关系”下拉列表中的“添加几何关系”按钮，系统弹出“添加几何关系”属性管理器；选择两个圆弧，单击“固定”按钮，将圆弧固定，从而完全定义圆弧，圆弧颜色变为黑色。

06 双向拉伸实体。选择菜单栏中的“插入”→“凸台/基础实体”→“拉伸”命令，或单击“特征”控制面板中的“拉伸凸台/基础实体”按钮，系统弹出“凸台-拉伸”属性管理器；勾选“方向 2”复选框，各选项设置如图 10-83 所示，然后单击“确定”按钮，进行双向拉伸。

07 绘制底座草图。在 FeatureManager 设计树中选择“前视基准面”，将其作为绘图基准面。单击“草图”控制面板中的“边角矩形”按钮，绘制一个矩形并标注智能尺寸，如图 10-84 所示。

08 拉伸生成底座。重复步骤 06 的操作，对底座草图进行双向拉伸，将拉伸深度设置为 8mm，结果如图 10-85 所示。

09 设置基准面。单击齿轮泵端面，然后单击“视图（前导）”工具栏中的“正视于”按钮，将该基准面转换为正视方向。

10 绘制内腔草图。选择菜单栏中的“工具”→“草图绘制实体”→“直线”命令和“圆”命令，或单击“草图”控制面板中的“直线”按钮和“圆心/起/终点画弧”按钮，绘制齿轮泵内腔草图，如图 10-86 所示。注意，在绘制过程中，当光标被移动到齿轮泵端面圆弧边线处时，它将自动捕捉圆弧圆心。

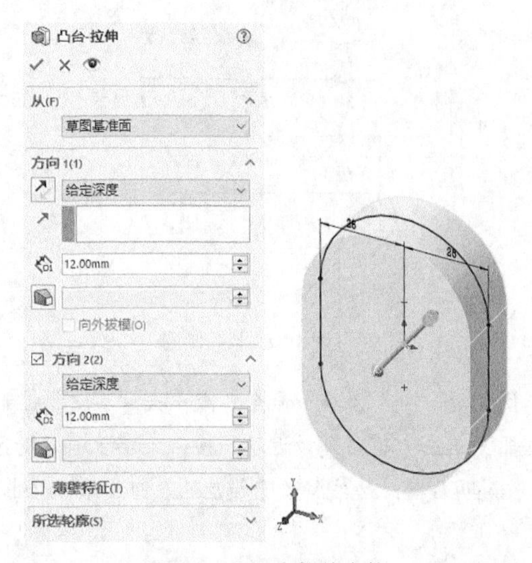

图 10-83　双向拉伸实体

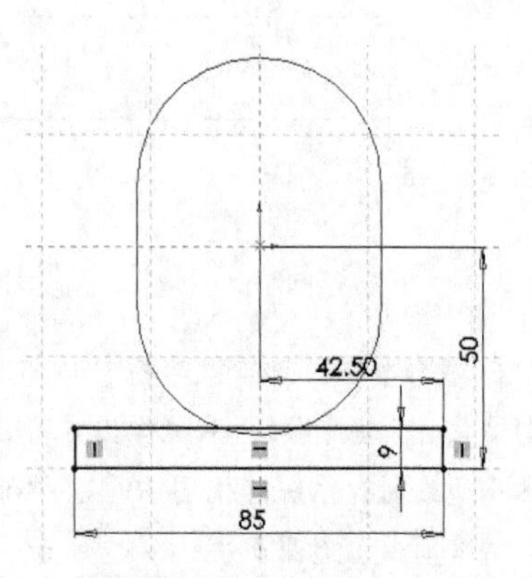

图 10-84　绘制底座草图

11 切除拉伸实体，创建内腔。选择菜单栏中的“插入”→“切除”→“拉伸”命令，或单击“特征”控制面板中的“拉伸切除”按钮，系统弹出“切除-拉伸”属性管理器，将切除终止条件设置为“完全贯穿”，然后单击“确定”按钮✔，结果如图 10-87 所示。

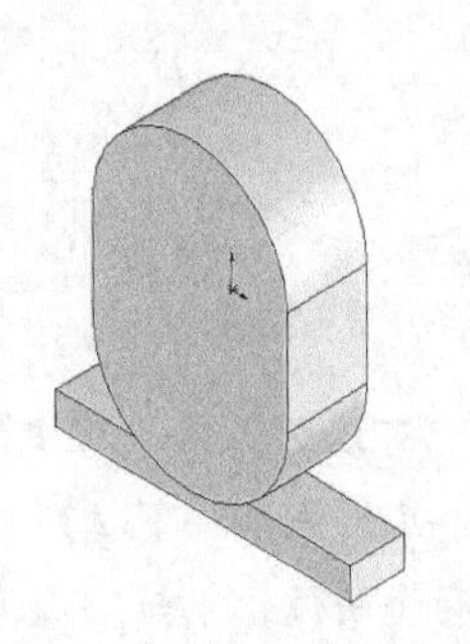

图 10-85　拉伸生成的底座

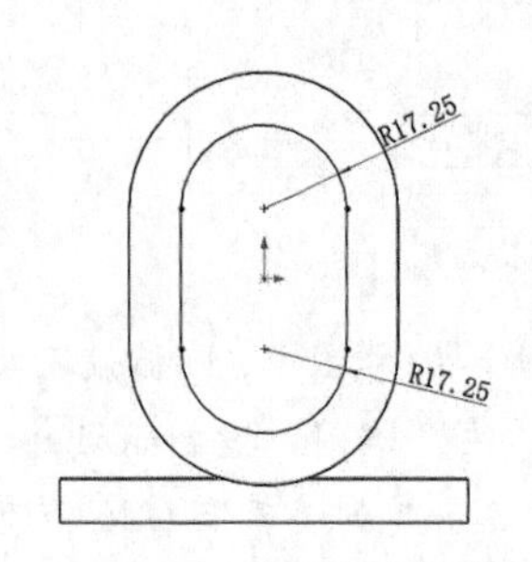

图 10-86　绘制内腔草图

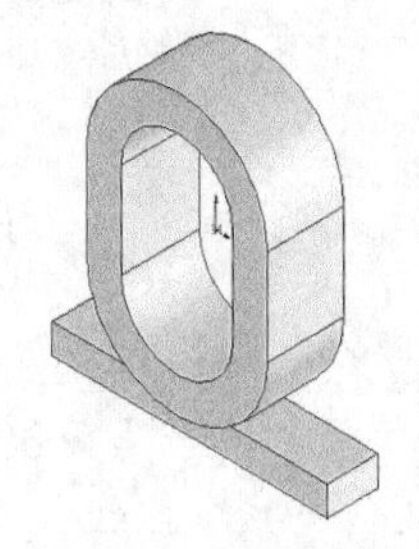

图 10-87　创建结果

10.3.2　创建进出油口

01 设置基准面。单击齿轮泵的一个侧面，然后单击“视图（前导）”工具栏中的“正视于”按钮，将该基准面转换为正视方向。

02 绘制草图。单击“草图”控制面板中的“圆”按钮，绘制图 10-88 所示的进出油口草图。

03 拉伸生成的进出油口

❶ 选择菜单栏中的“插入”→“凸台/基础实体”→“拉伸”命令，或单击“特征”控制面板中的“拉伸凸台/基础实体”按钮，拉伸实体，拉伸深度为 7mm。

❷ 重复上述操作，在齿轮泵另一个侧面绘制相同的草图，拉伸实体，得到进出油口如图 10-89 所示。

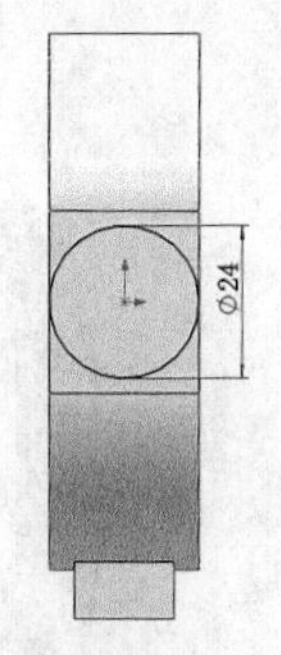

图 10-88　进出油口草图

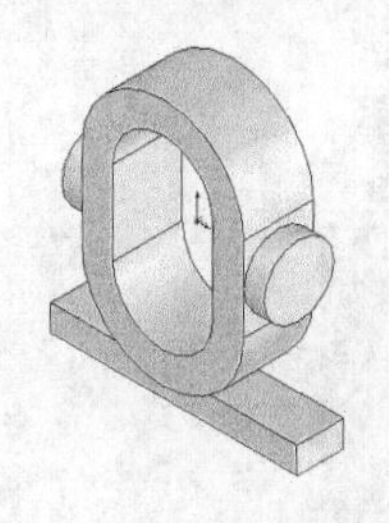

图 10-89　拉伸生成的进出油口

04 在进出油口上添加螺纹孔。选择菜单栏中的“插入”→“特征”→“孔向导”命令，或单击“特征”控制面板中的“异型孔向导”按钮，系统弹出“孔规格”属性管理器；按照图 10−90 所示进行参数设置后单击“位置”选项卡，分别选择两个侧面圆柱表面的圆心，最后单击“确定”按钮，得到螺纹孔，结果如图 10−91 所示。

图 10-90　“孔规格”属性管理器

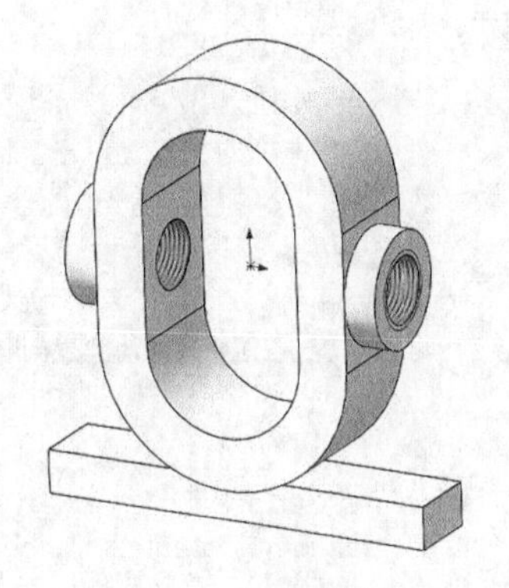

图 10-91　添加螺纹孔

10.3.3　创建连接螺纹孔特征

01 改变视图方向。单击“视图（前导）”工具栏中的“前视”按钮，改变零件实体的视图方向。

02 添加连接螺纹孔。选择菜单栏中的“插入”→“特征”→“孔向导”命令，或单击“特征”控制面板中的“异型孔向导”按钮，系统弹出“孔规格”属性管理器；将孔的大小设置为“M6”，将终止条件设置为“完全贯穿”，其他选项设置保持不变，然后单击端面上的任意位置，如图 10−92 所示。按<Esc>键，终止点自动捕捉状态，选择螺纹孔中心点，系统弹出“点”属性管理器，将点的坐标改变为（−22，14.38，12），确定螺纹孔的位置，如图 10−93 所示，最后单击“确定”按钮。

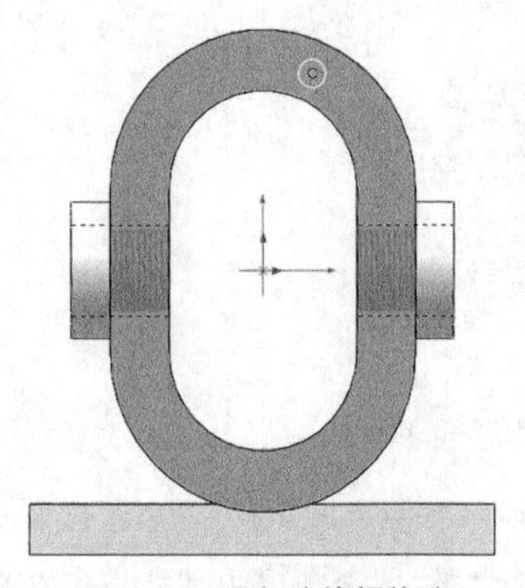

图 10-92　添加连接螺纹孔

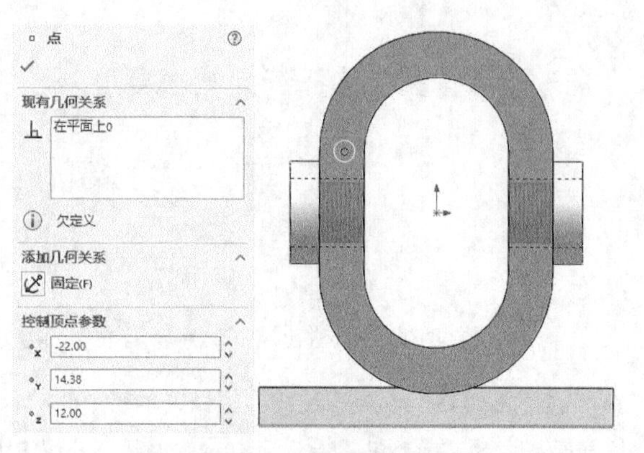

图 10-93　编辑螺纹孔位置

03 显示临时轴。选择菜单栏中的“视图”→“隐藏/显示（H）”→“临时轴”命令，将隐藏的临时轴显示出来。

04 圆周阵列实体。选择菜单栏中的“插入”→“阵列/镜向”→“圆周阵列”命令，在弹出的“阵列（圆周）1”属性管理器中选择图10–94所示的基准轴 1，将其作为阵列轴，在“角度”文本框中输入“180”、将实例数设置为“3”，单击“要阵列的特征”选项框，通过设计树选择“M6 螺纹孔 1”，然后单击“确定”按钮。

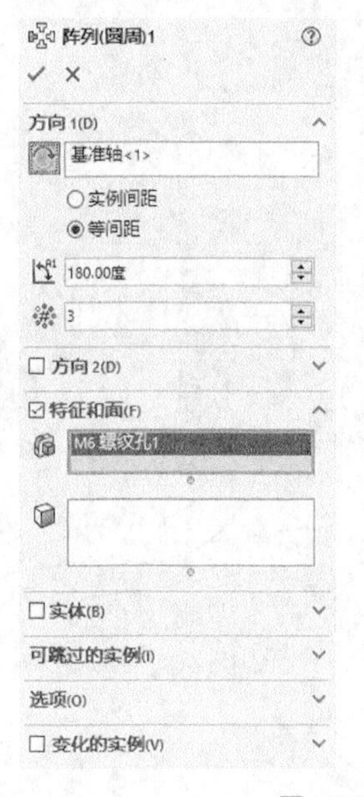

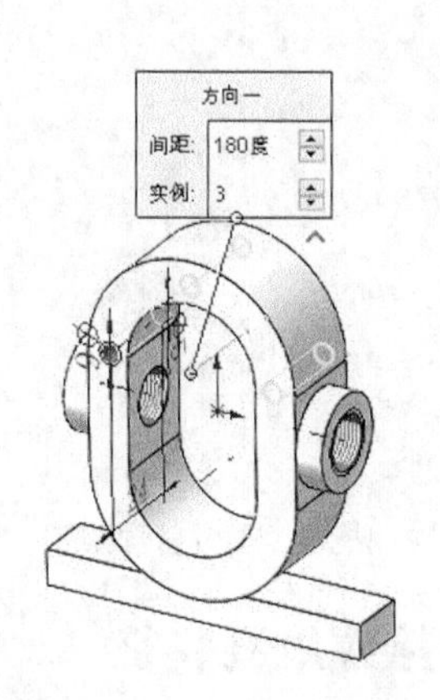

图 10-94　圆周阵列实体

05 镜像实体。选择菜单栏中的“插入”→“阵列/镜向”→“镜向”命令，或单击“特征”控制面板中的“镜向”按钮，系统弹出“镜向”属性管理器；选择“上视基准面”，将其作为镜像面，选择“阵列（圆周）1”特征，将其作为要镜像的特征，如图 10–95 所示，最后单击“确定”按钮。

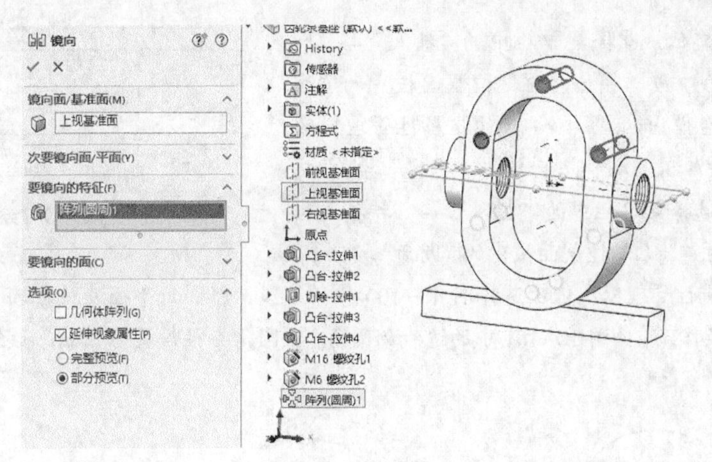

图 10-95　镜像实体

10.3.4　创建定位销孔特征

01 绘制销孔草图。将齿轮泵的一个端面作为基准面，选择菜单栏中的“工具”→“草图绘制实体”→“直线”命令，或单击“草图”控制面板中的“直线”按钮，在弹出的“线条属性”属性管理器中勾选“作为构造线”复选框，绘制 4 条构造线（图 10-96 中的点划线）。单击“草图”控制面板中的“圆”按钮，绘制一个圆，圆心在倾斜的构造线上，并标注尺寸，如图 10-96 所示。

02 切除拉伸实体。选择菜单栏中的“插入”→“切除”→“拉伸”命令，或单击“特征”控制面板中的“拉伸切除”按钮，系统弹出“切除-拉伸”属性管理器，将切除终止条件设置为“完全贯穿”，然后单击“确定”按钮，结果如图 10-97 所示。

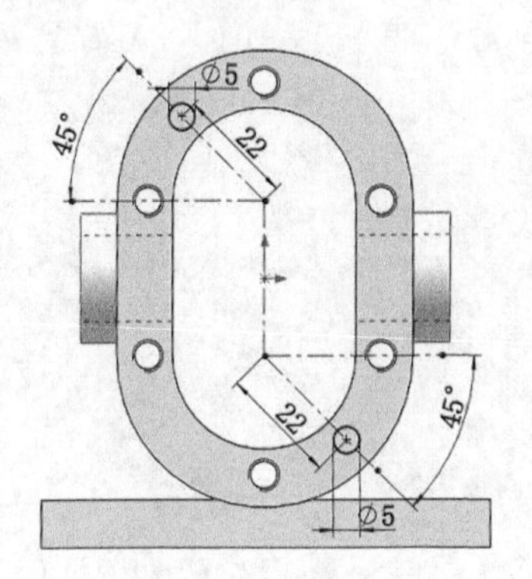

图 10-96　绘制销孔草图

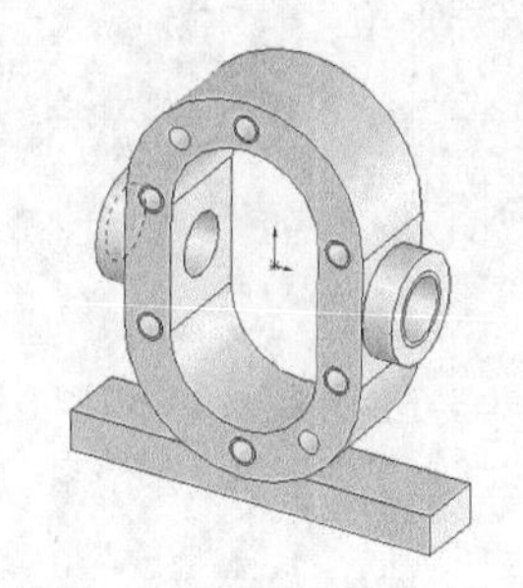

图 10-97　切除拉伸实体

03 绘制圆。以齿轮泵底面为基准面，绘制两个圆，其尺寸与位置如图 10-98 所示。

04 切除拉伸实体。选择菜单栏中的“插入”→“切除”→“拉伸”命令，或单击“特征”控制面板中的“拉伸切除”按钮，在弹出的“切除-拉伸”属性管理器的“深度”文本框中输入“10”，然后单击“确定”按钮。

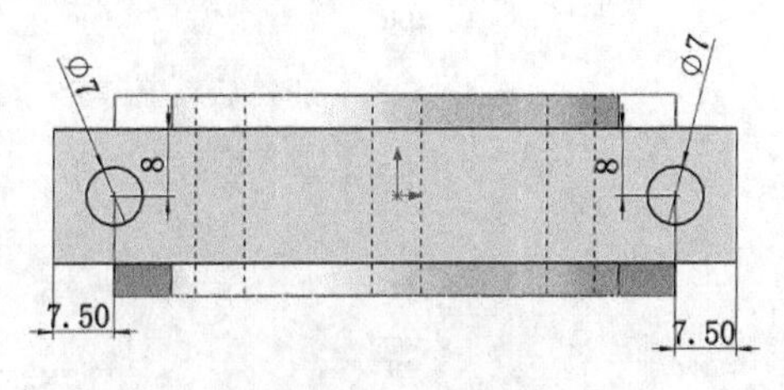

图 10-98　绘制圆

10.3.5　创建底座部分及倒圆角

01 绘制矩形。以齿轮泵底面为基准面，绘制一个矩形，尺寸如图 10-99 所示。

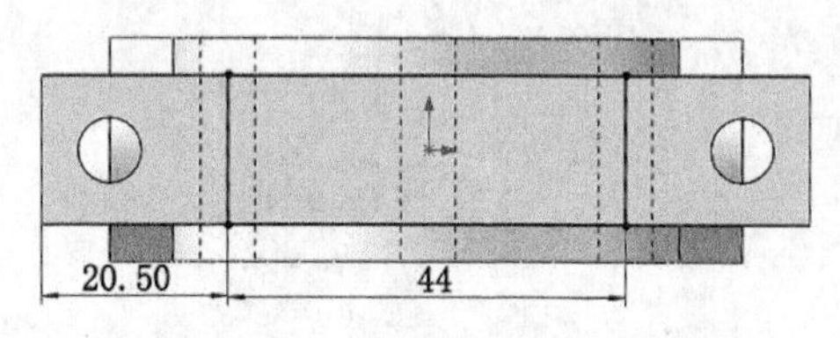

图 10-99　绘制矩形

02 切除拉伸实体。选择菜单栏中的“插入”→“切除”→“拉伸”命令，或单击“特征”控制面板中的“拉伸切除”按钮，在弹出的“切除-拉伸”属性管理器的“深度”文本框中输入“4”，然后单击“确定”按钮。

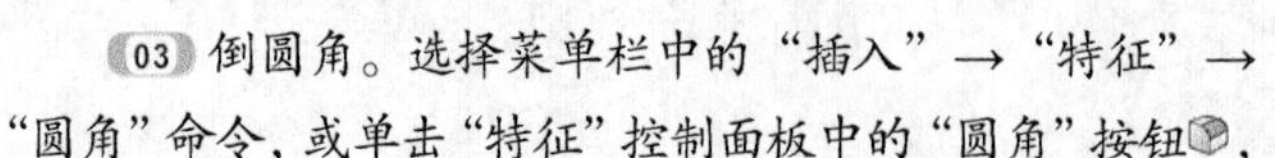

03 倒圆角。选择菜单栏中的“插入”→“特征”→“圆角”命令，或单击“特征”控制面板中的“圆角”按钮，系统弹出“圆角”属性管理器；依次选择图 10-100 中的边线，将圆角半径设置为 3mm，单击“确定”按钮。重复上述操作，选择图 10-101 中的边线倒圆角，将圆角半径设置为 5mm，最终效果如图 10-102 所示。

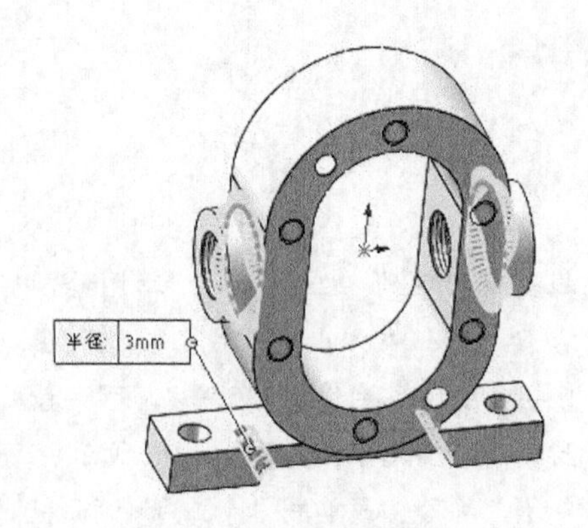

图 10-100　选择圆角边线 1

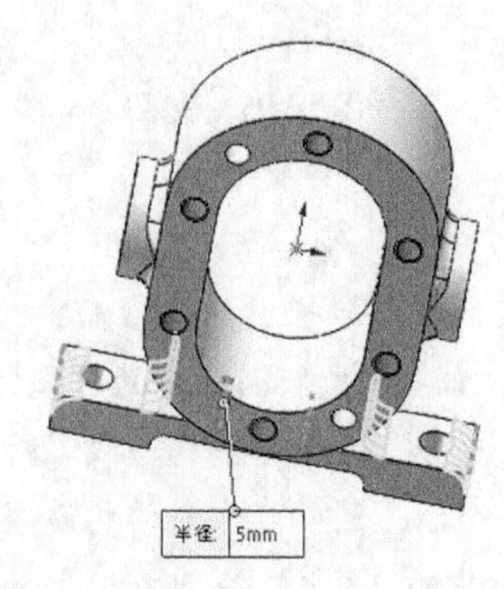

图 10-101　选择圆角边线 2

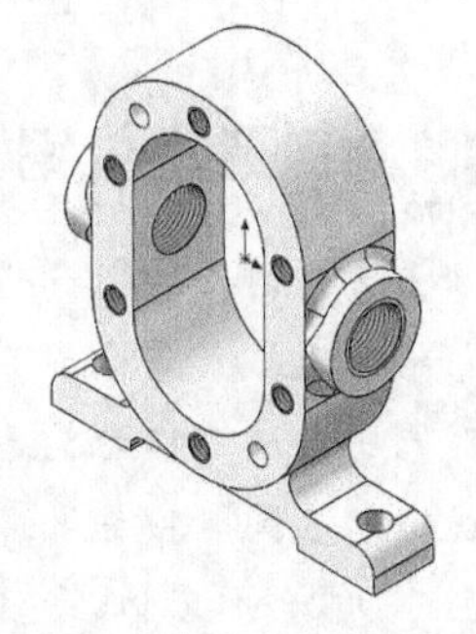

图 10-102　齿轮泵基座最终效果

04 保存文件。选择菜单栏中的“文件”→“保存”命令，将零件文件保存为“齿轮泵基座.sldprt”。

第 11 章

制动器设计综合实例

本章介绍制动器装配体组成零件的绘制方法和装配过程。制动器装配体由臂、挡板、阀体、键、盘和轴等零部件组成。

最后介绍制动器的装配过程，以及机构动画的创建流程。

学习要点

- 键、盘
- 臂、轴
- 阀体
- 装配体
- 机构动画

11.1 键

在本例中，我们要创建的键如图 11-1 所示。

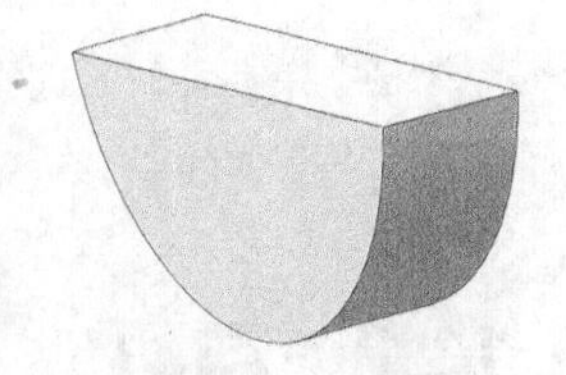

图 11-1 键

思路分析

首先绘制键的横截面草图，通过拉伸得到键。键的创建流程如图 11-2 所示。

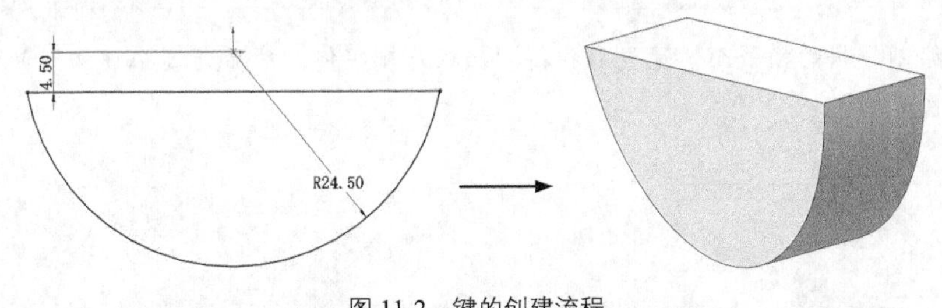

图 11-2 键的创建流程

创建步骤

01 新建文件。启动 SOLIDWORKS 2022，选择菜单栏中的“文件”→“新建”命令，或者单击“快速访问”工具栏中的“新建”按钮，在弹出的“新建 SOLIDWORKS 文件”对话框中选择“零件”按钮，然后单击“确定”按钮，创建一个新的零件文件。

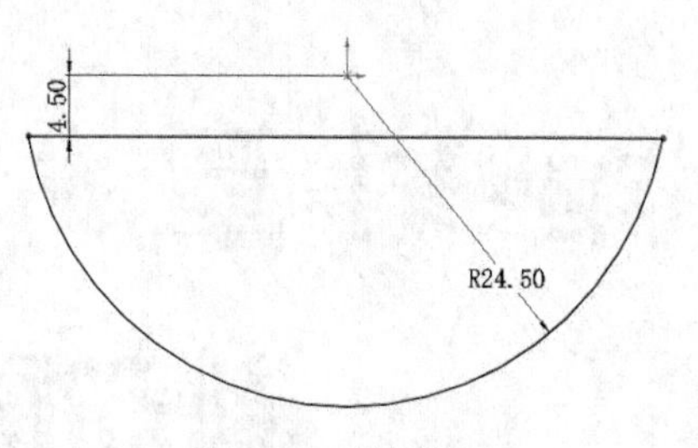

图 11-3　绘制草图

02 绘制草图。在左侧的 FeatureManager 设计树中选择“前视基准面”，将其作为绘制图形的基准面。单击“草图”控制面板中的“圆”按钮、“直线”按钮和“裁剪实体”按钮，绘制草图，如图 11-3 所示。

03 拉伸实体。选择菜单栏中的“插入”→“凸台/基础实体”→“拉伸”命令，或者单击“特征”控制面板中的“拉伸凸台/基础实体”按钮，系统弹出图 11-4 所示的“凸台-拉伸”属性管理器，将拉伸终止条件设置为“给定深度”，将拉伸距离设置为 12.5mm，然后单击“确定”按钮。结果如图 11-5 所示。

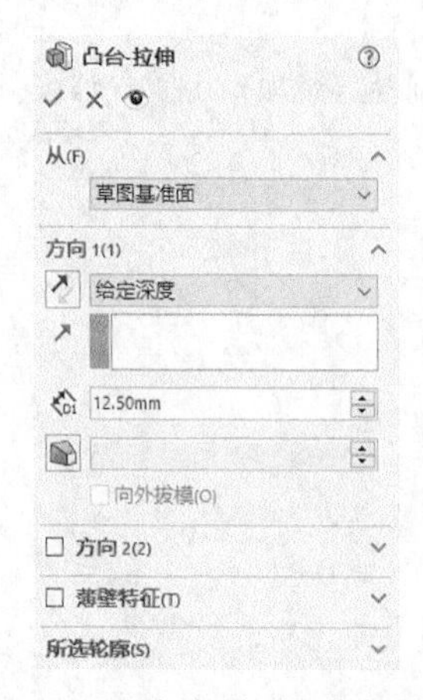

图 11-4　“凸台-拉伸”属性管理器

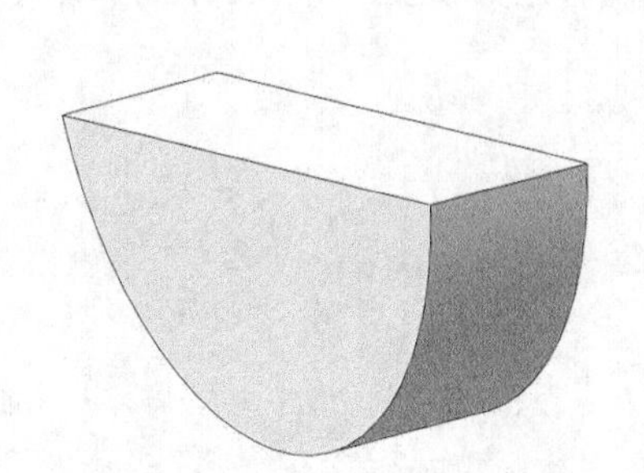
图 11-5　拉伸实体

04 保存文件。选择菜单栏中的“文件”→“保存”命令，将零件文件保存为“键.sldprt”。

11.2 挡板

在本例中，我们要创建的挡板如图 11-6 所示。

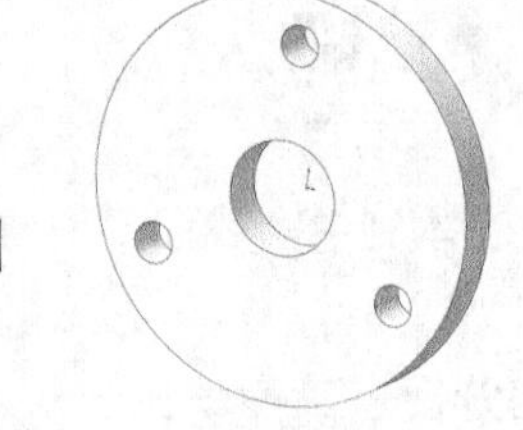
图 11-6　挡板

思路分析

首先绘制挡板的横截面，通过拉伸得到挡板基础实体，然后通过拉伸切除创建孔。挡板的创建流程图如图 11-7 所示。

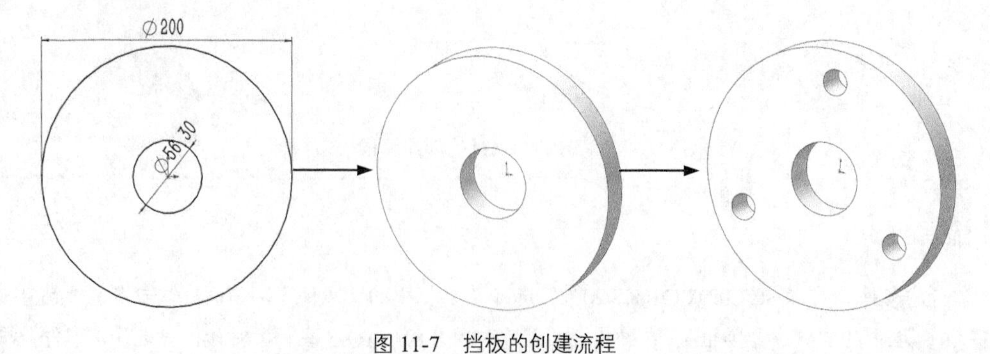

图 11-7　挡板的创建流程

11.2.1 创建挡板主体

01 新建文件。启动 SOLIDWORKS 2022，选择菜单栏中的“文件”→“新建”命令，或者单击“快速访问”工具栏中的“新建”按钮，在弹出的“新建 SOLIDWORKS 文件”对话框中选择“零件”按钮，然后单击“确定”按钮，创建一个新的零件文件。

02 绘制草图。在左侧的 FeatureManager 设计树中选择“前视基准面”，将其作为绘制图形的基准面。单击“草图”控制面板中的“圆”按钮，绘制草图，如图 11-8 所示。

03 拉伸实体。选择菜单栏中的“插入”→“凸台/基础实体”→“拉伸”命令，或者单击“特征”控制面板中的“拉伸凸台/基础实体”按钮，此时系统弹出图 11-9 所示的“凸台-拉伸”属性管理器，将拉伸终止条件设置为“给定深度”，将拉伸距离设置为 25mm，然后单击“确定”按钮。结果如图 11-10 所示。

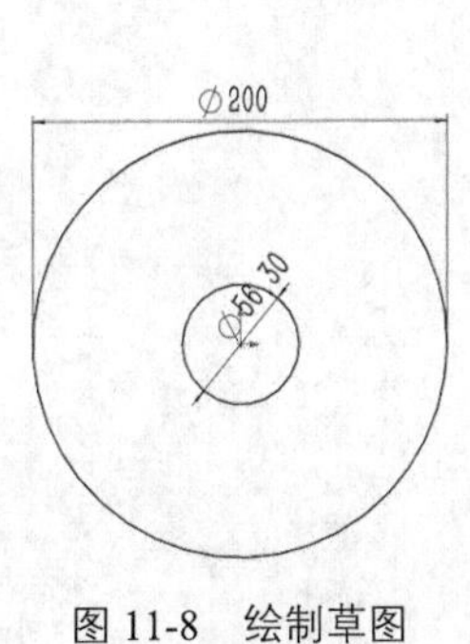

图 11-8 绘制草图

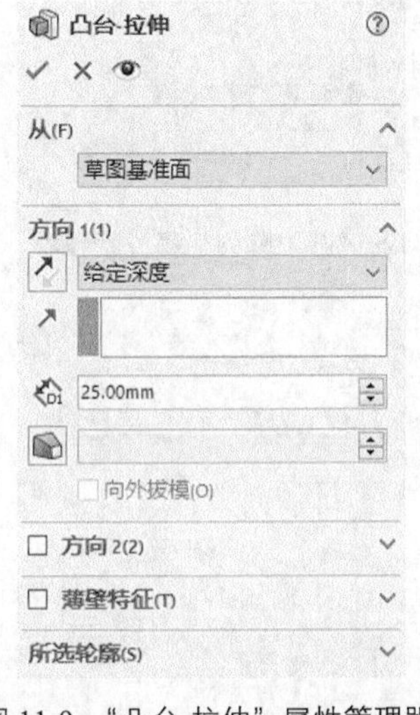

图 11-9 “凸台-拉伸”属性管理器

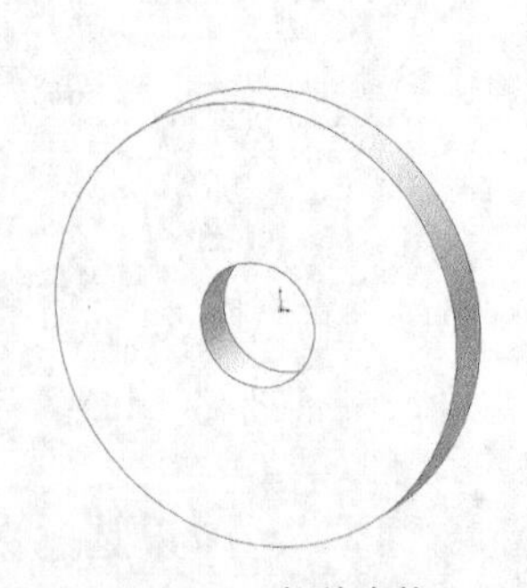

图 11-10 拉伸实体

11.2.2 绘制孔

01 设置基准面。选择图 11-10 中的前表面，将其作为基准面，单击“视图（前导）”工具栏中的“正视于”按钮，新建草图。

02 绘制草图。单击“草图”控制面板中的“圆”按钮，绘制圆，如图 11-11 所示。单击“草图”控制面板中的“圆周草图阵列”按钮，系统弹出图 11-12 所示的“圆周阵列”属性管理器，以坐标原点为阵列中心，在“阵列角度”文本框中输入“360”，勾选“等间距”复选框，输入阵列个数“3”，然后单击“确定”按钮，结果如图 11-13 所示。

03 切除拉伸实体。选择菜单栏中的“插入”→“切除”→“拉伸”命令，或者单击“特征”控制面板中的“拉伸切除”按钮，系统弹出图 11-14 所示的“切除-拉伸”属性管理器。将拉伸终止条件设置为“完全贯穿”，然后单击“确定”按钮，结果如图 11-15 所示。

04 保存文件。选择菜单栏中的“文件”→“保存”命令，将零件文件保存为“挡板.sldprt”。

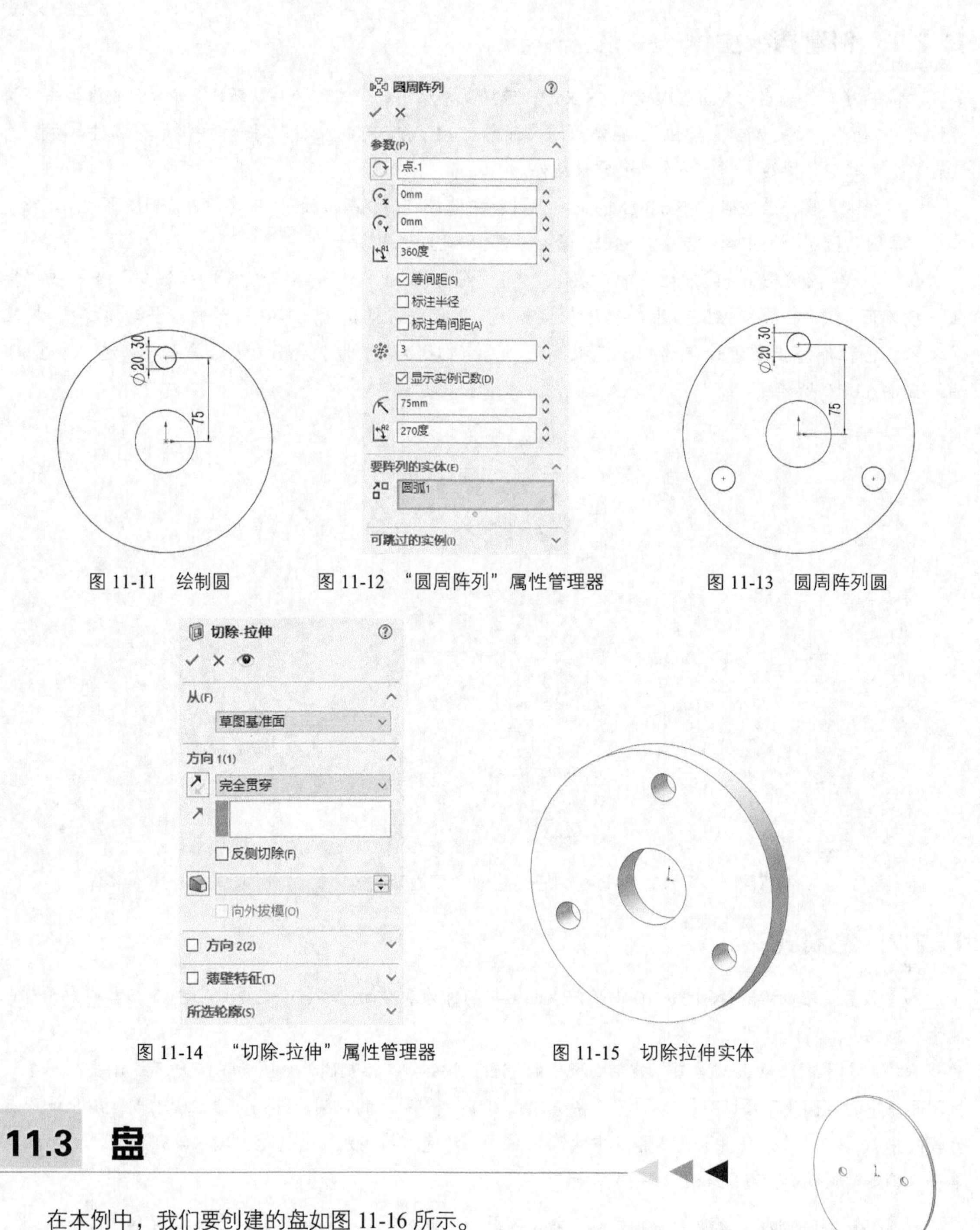

图 11-11　绘制圆　　图 11-12　“圆周阵列”属性管理器　　图 11-13　圆周阵列圆

图 11-14　“切除-拉伸”属性管理器　　图 11-15　切除拉伸实体

11.3 盘

在本例中，我们要创建的盘如图 11-16 所示。

图 11-16　盘

思路分析

首先绘制盘的横截面草图，通过拉伸创建盘的基础实体，然后通过拉伸切除得到盘上的两个孔。盘的创建流程如图 11-17 所示。

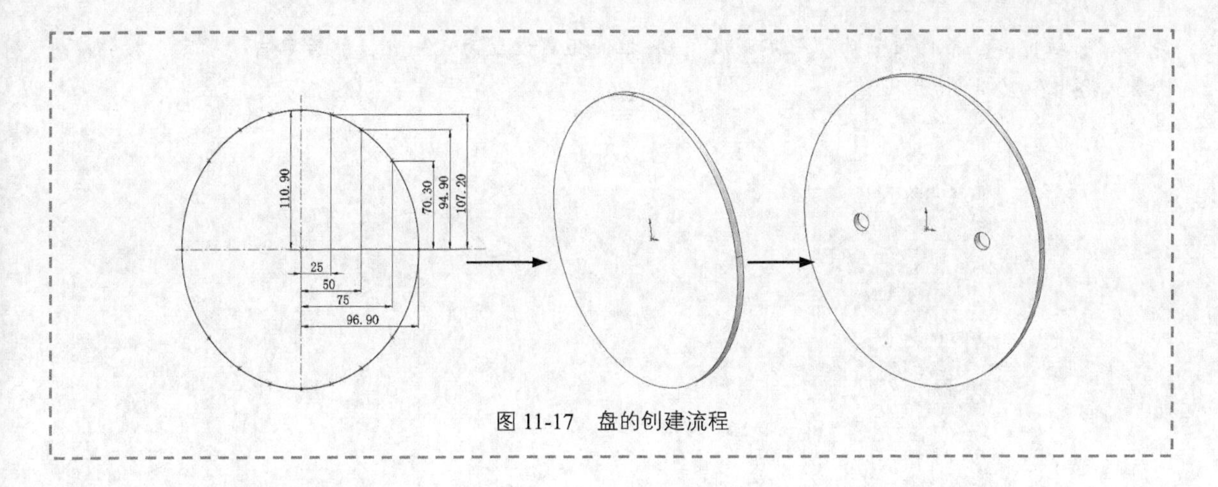

图 11-17 盘的创建流程

11.3.1 创建盘主体

01 新建文件。启动 SOLIDWORKS 2022，选择菜单栏中的“文件”→“新建”命令，或者单击“快速访问”工具栏中的“新建”按钮，在弹出的“新建 SOLIDWORKS 文件”对话框中选择“零件”按钮，然后单击“确定”按钮，创建一个新的零件文件。

02 绘制草图

❶ 在左侧的 FeatureManager 设计树中选择“前视基准面”，将其作为绘制图形的基准面。单击“草图”控制面板中的“中心线”按钮和“样条曲线”按钮，绘制样条曲线。

❷ 单击“草图”控制面板中的“智能尺寸”按钮，标注尺寸，如图 11-18 所示。

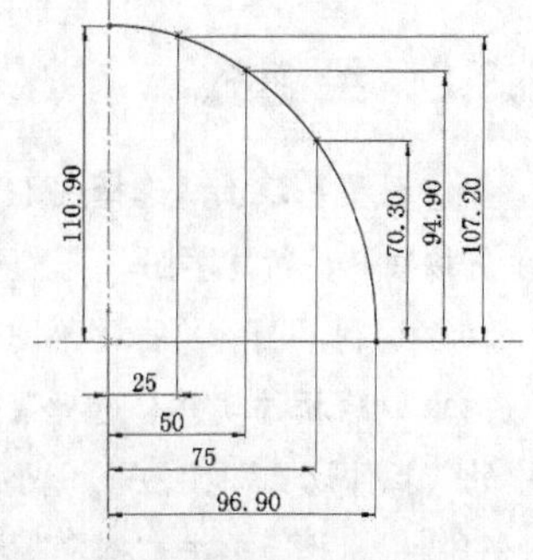

图 11-18 绘制样条曲线并标注尺寸

❸ 单击“草图”控制面板中的“镜向实体”按钮，系统弹出“镜向”属性管理器，如图 11-19 所示，以上步绘制的样条曲线为要镜像的实体，以竖直中心线为镜像轴，单击属性管理器中的“确定”按钮。重复“镜向”命令，将绘制的样条曲线和镜像后的样条曲线以水平中心线为镜像点进行镜像处理，结果如图 11-20 所示。

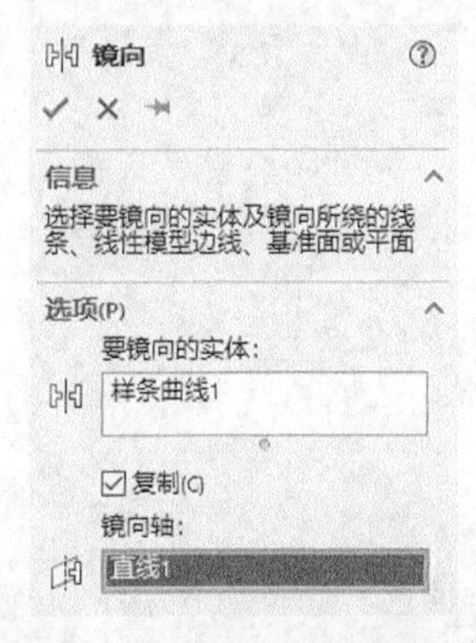

图 11-19 “镜向”属性管理器

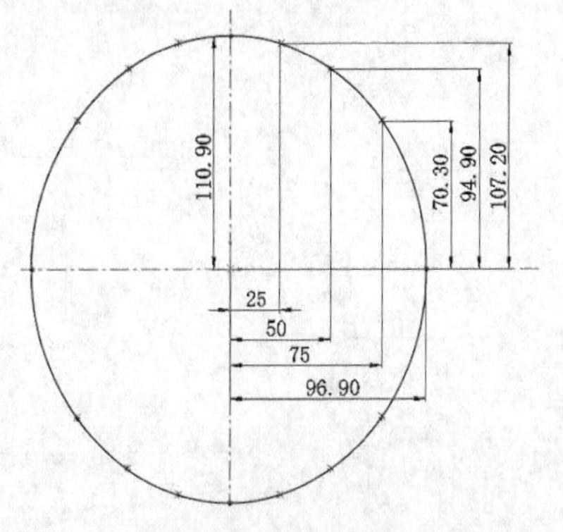

图 11-20 镜像草图

03 拉伸实体。选择菜单栏中的“插入”→“凸台/基础实体”→“拉伸”命令，或者单击“特征”控制面板中的“拉伸凸台/基础实体”按钮，系统弹出图 11-21 所示的“凸台-拉伸”属性管理器，将拉伸终止条件设置为“给定深度”，将拉伸距离设置为 6.3mm，然后单击“确定”按钮✔。结果如图 11-22 所示。

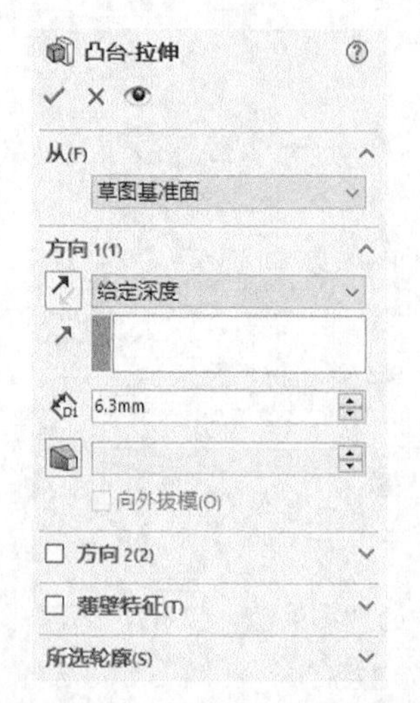

图 11-21 “凸台-拉伸”属性管理器

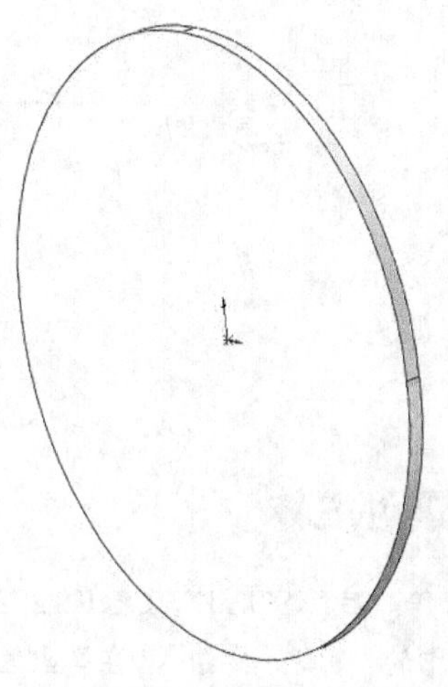

图 11-22 拉伸实体

11.3.2 绘制孔

01 设置基准面。选择图 11-22 中的前表面，将其作为基准面，单击“视图（前导）”工具栏中的“正视于”按钮⬇，新建草图。

02 绘制草图。单击“草图”控制面板中的“圆”按钮◎，绘制圆，如图 11-23 所示。

03 切除拉伸实体。选择菜单栏中的“插入”→“切除”→“拉伸”命令，或者单击“特征”控制面板中的“拉伸切除”按钮◙，系统弹出图 11-24 所示的“切除-拉伸”属性管理器。将拉伸终止条件设置为“完全贯穿”，然后单击“确定”按钮✔，结果如图 11-25 所示。

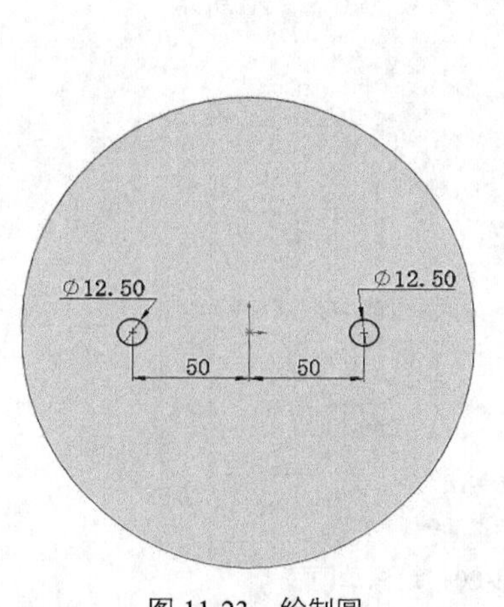

图 11-23 绘制圆

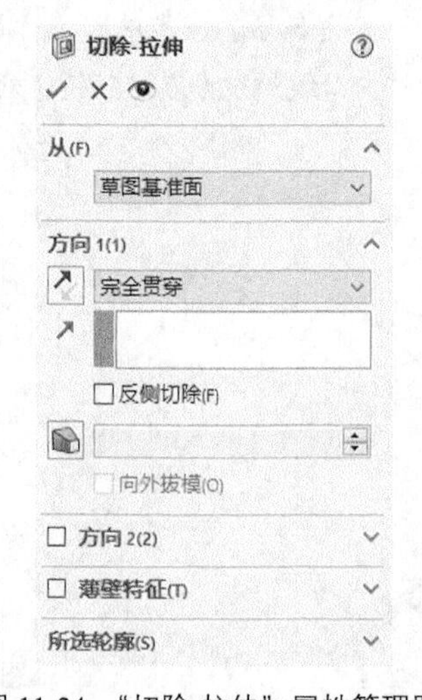

图 11-24 “切除-拉伸”属性管理器

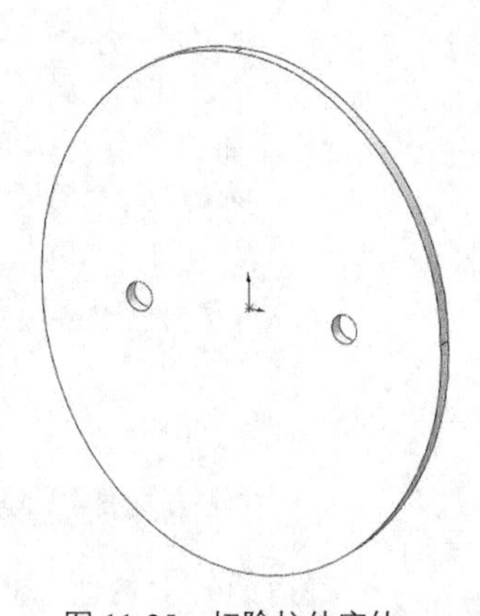

图 11-25 切除拉伸实体

04 保存文件。选择菜单栏中的“文件”→“保存”命令，将零件文件保存为“盘.sldprt”。

11.4 臂

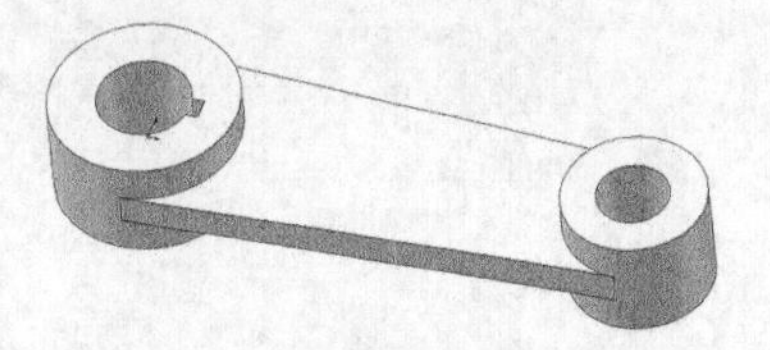

在本例中，我们要创建的臂如图 11-26 所示。

图 11-26 臂

思路分析

首先绘制臂两端的圆环截面，通过拉伸得到两个圆台，然后绘制臂中间的柄截面，通过拉伸得到柄。臂的创建流程图如图 11-27 所示。

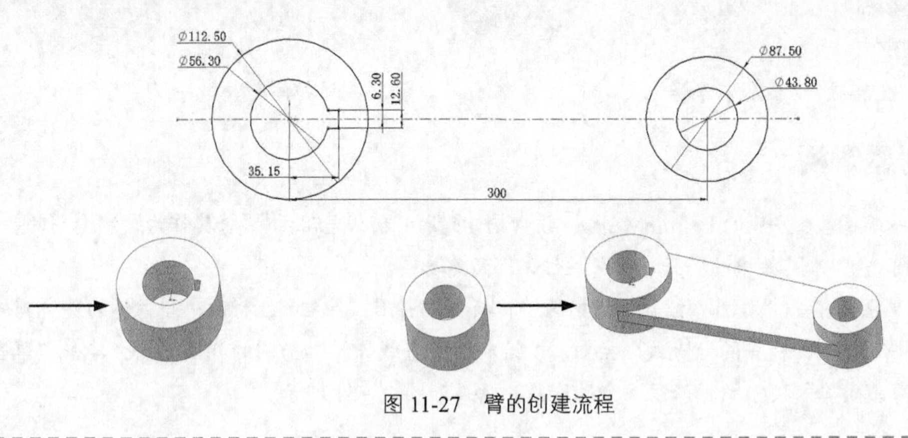

图 11-27 臂的创建流程

创建步骤

11.4.1 创建两圆台

01 新建文件。启动 SOLIDWORKS 2022，选择菜单栏中的“文件”→“新建”命令，或者单击“快速访问”工具栏中的“新建”按钮，在弹出的“新建 SOLIDWORKS 文件”对话框中选择“零件”按钮，然后单击“确定”按钮，创建一个新的零件文件。

02 绘制草图。在左侧的 FeatureManager 设计树中选择“前视基准面”，将其作为绘制图形的基准面。单击“草图”控制面板中的“圆”按钮，绘制草图。结果如图 11-28 所示。

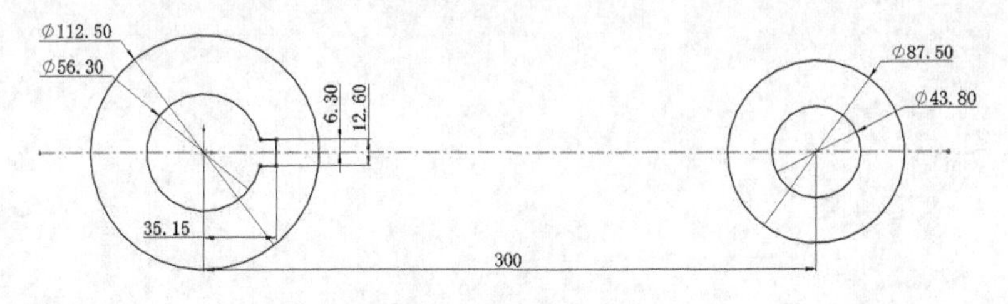

图 11-28 草图绘制结果 1

03 拉伸实体。选择菜单栏中的“插入”→“凸台/基础实体”→“拉伸”命令，或者单击“特征”控制面板中的“拉伸凸台/基础实体”按钮，系统弹出图 11-29 所示的“凸台-拉伸”属性管理器，将拉伸终止条件设置为“两侧对称”，将拉伸距离设置为 62.5mm，然后单击“确定”按钮。结果如图 11-30 所示。

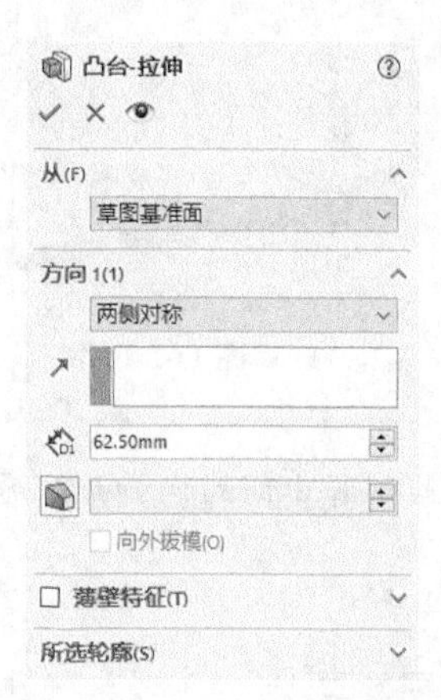

图 11-29 “凸台-拉伸”属性管理器

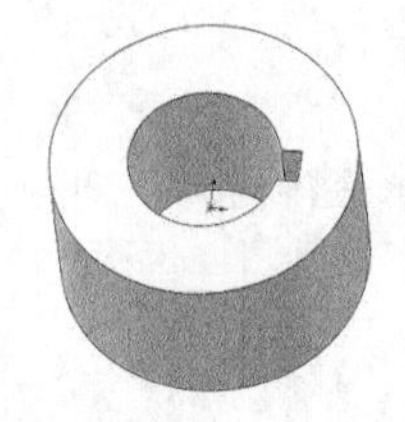

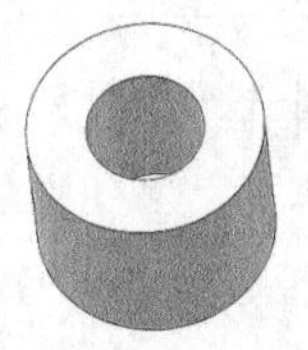

图 11-30 拉伸实体

11.4.2 创建臂柄

01 设置基准面。在左侧的 FeatureManager 设计树中选择“前视基准面”，将其作为绘制图形的基准面，单击“视图（前导）”工具栏中的“正视于”按钮，新建草图。

02 绘制草图。单击“草图”控制面板中的“转换实体引用”按钮，将两个圆柱体的外边圆转换为圆；单击“草图”控制面板中的“直线”按钮，绘制两条直线并添加与圆的相切关系；单击“草图”控制面板中的“剪裁实体”按钮，修剪多余的线段。结果如图 11-31 所示。

图 11-31 草图绘制结果 2

03 拉伸实体。选择菜单栏中的“插入”→“凸台/基础实体”→“拉伸”命令，或者单击“特征”控制面板中的“拉伸凸台/基础实体”按钮，系统弹出图 11-32 所示的“凸台-拉伸”属性管理器，将拉伸终止条件设置为“给定伸度”，将拉伸距离设置为 18.7mm，然后单击“确定”按钮。结果如图 11-33 所示。

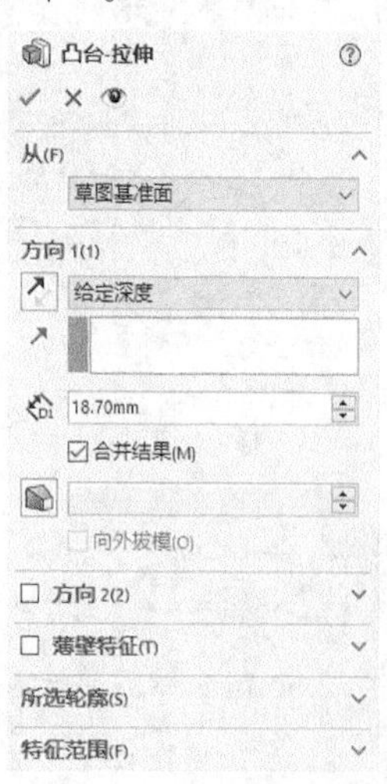

图 11-32 “凸台-拉伸”属性管理器

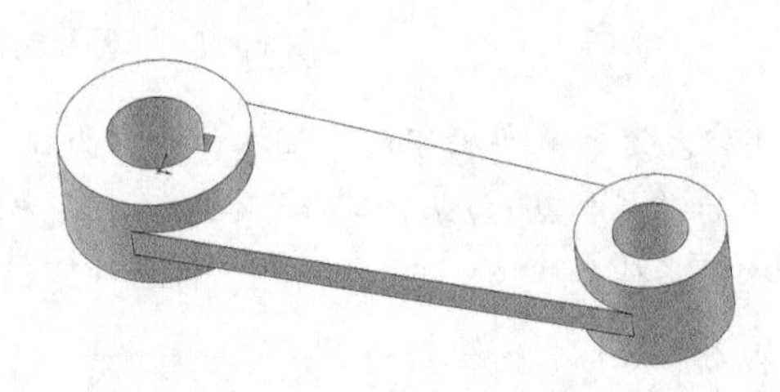

图 11-33 拉伸实体

04 保存文件。选择菜单栏中的“文件”→“保存”命令，将零件文件保存为“臂.sldprt”。

11.5 轴

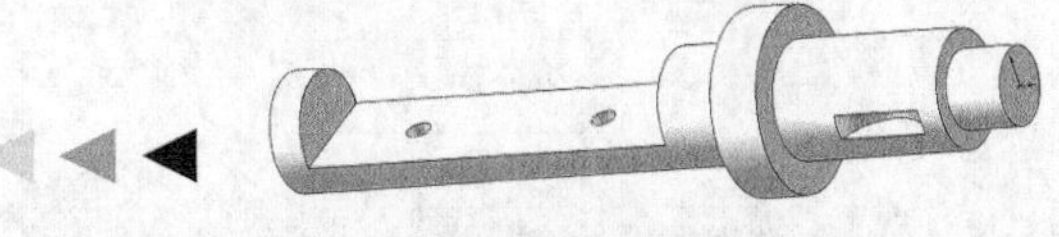

图 11-34 轴

在本例中，我们要创建的轴如图 11-34 所示。

思路分析

首先绘制轮廓草图，通过旋转得到轴的基础实体；然后在轴上通过拉伸切除操作得到装盘用的扣和螺栓孔。最后在轴上安装键用的键槽。轴的创建流程图如图 11-35 所示。

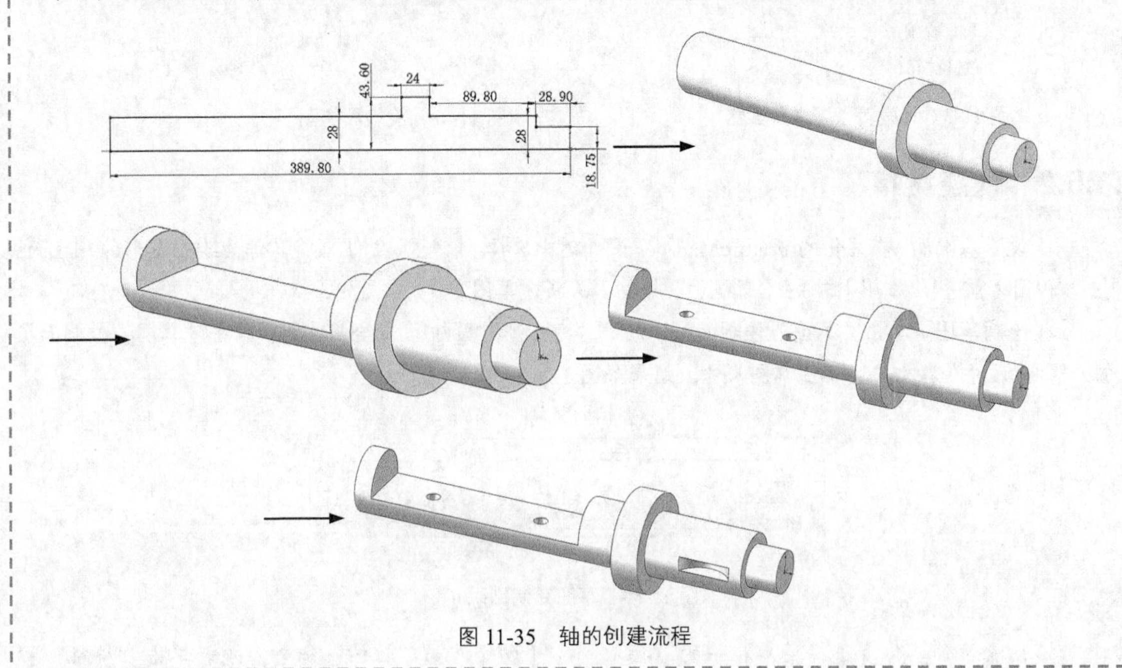

图 11-35 轴的创建流程

11.5.1 创建基础实体

01 新建文件。启动 SOLIDWORKS 2022，选择菜单栏中的“文件”→“新建”命令，或者单击“快速访问”工具栏中的“新建”按钮，在弹出的“新建 SOLIDWORKS 文件”对话框中选择“零件”按钮，然后单击“确定”按钮，创建一个新的零件文件。

02 绘制草图。在左侧的 FeatureManager 设计树中选择“前视基准面”，将其作为绘制图形的基准面。单击“草图”控制面板中的“中心线”按钮，绘制一条通过原点的水平中心线；单击“草图”控制面板中的“直线”按钮，绘制草图；单击“草图”控制面板中的“智能尺寸”按钮，标注草图尺寸。结果如图 11-36 所示。

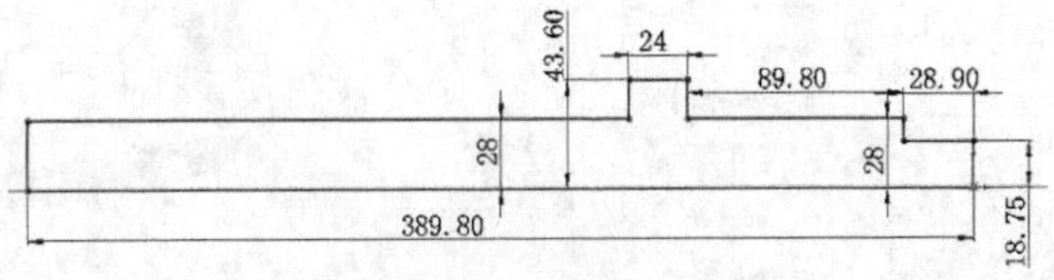

图 11-36 草图绘制结果 3

03 旋转实体。选择菜单栏中的“插入”→“凸台/基础实体”→“旋转”命令，或者单击“特征”控制面板中的“旋转凸台/基础实体”按钮，系统弹出图 11-37 所示的“旋转”属性管理器。按照图 11-37 所示进行设置后，然后单击“确定”按钮。结果如图 11-38 所示。

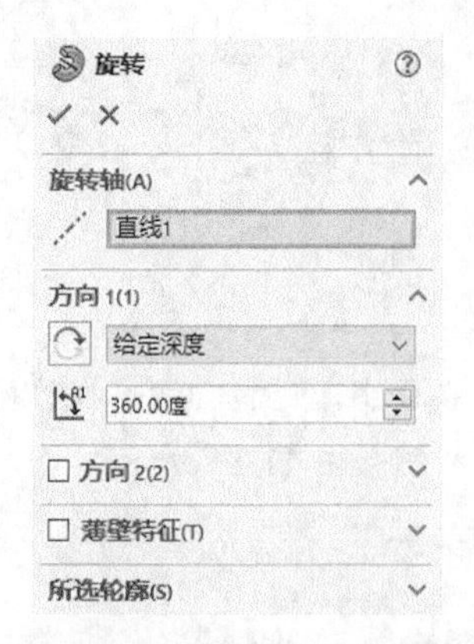

图 11-37 “旋转”属性管理器

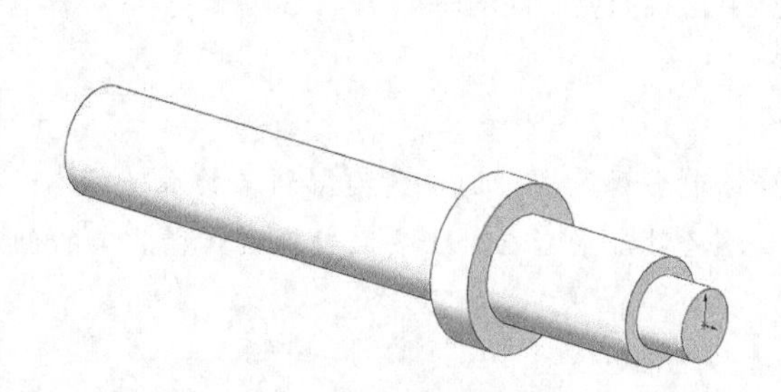

图 11-38 旋转后的图形

11.5.2 创建盘扣

01 设置基准面。在左侧的 FeatureManager 设计树中选择“前视基准面”，将其作为绘制图形的基准面，单击“视图（前导）”工具栏中的“正视于”按钮，新建草图。

02 绘制草图。单击“草图”控制面板中的“边角矩形”按钮，绘制草图；单击“草图”控制面板中的“智能尺寸”按钮，标注草图尺寸。结果如图 11-39 所示。

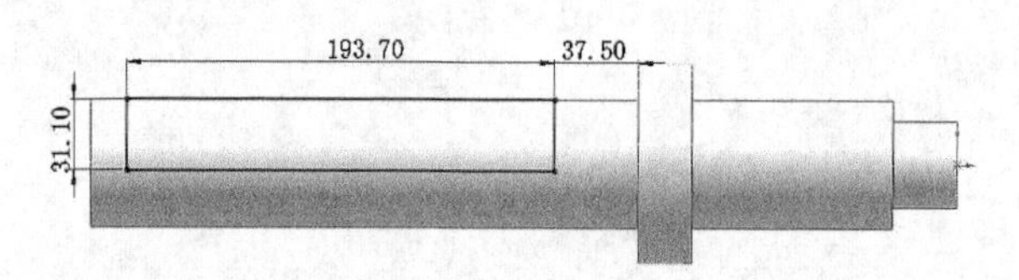

图 11-39 草图绘制结果 4

03 切除拉伸实体。选择菜单栏中的“插入”→“切除”→“拉伸”命令，或者单击“特征”控制面板中的“拉伸切除”按钮，系统弹出图 11-40 所示的“切除-拉伸”属性管理器。将拉伸终止条件设置为“两侧对称”，将拉伸切除距离设置为 56mm，然后单击“确定”按钮，结果如图 11-41 所示。

图 11-40 “切除-拉伸”属性管理器

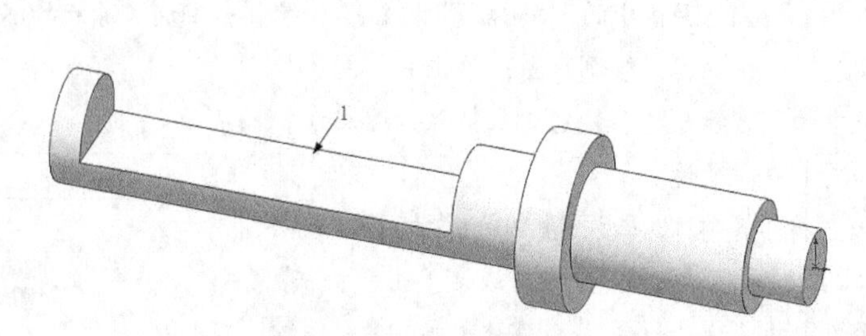

图 11-41 切除拉伸实体

04 设置基准面。选择图 11-41 中的面 1，将其作为绘制图形的基准面，单击“视图（前导）”控制面板中的“正视于”按钮，新建草图。

05 绘制草图。单击“草图”控制面板中的“圆”按钮，绘制草图；单击“草图”控制面板中的“智能尺寸”按钮，标注草图尺寸，结果如图 11-42 所示。

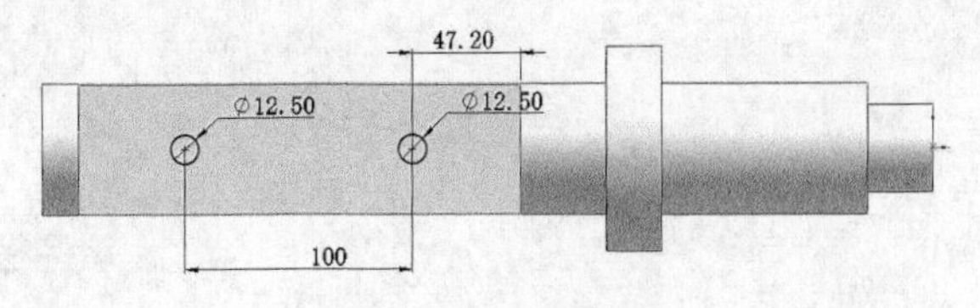

图 11-42　草图绘制结果 5

06 切除拉伸实体。选择菜单栏中的“插入”→“切除”→“拉伸”命令，或者单击“特征”控制面板中的“拉伸切除”按钮，系统弹出图 11-43 所示的“切除-拉伸”属性管理器。将拉伸终止条件设置为“完全贯穿”，然后单击“确定”按钮，结果如图 11-44 所示。

图 11-43　“切除-拉伸”属性管理器

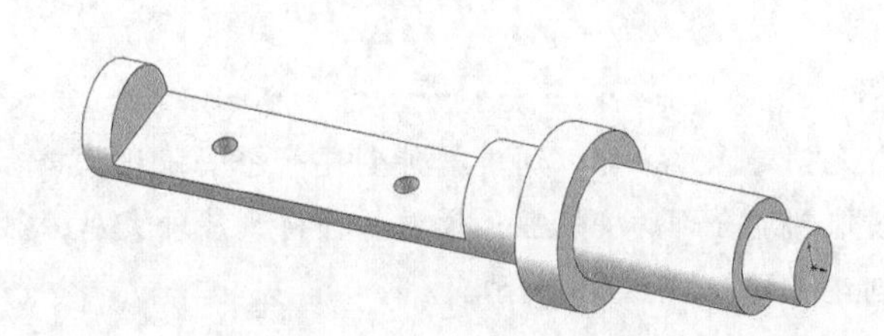

图 11-44　切除拉伸实体

11.5.3　创建键槽

01 设置基准面。在左侧的 FeatureManager 设计树中选择“上视基准面”，将其作为绘制图形的基准面，单击“视图（前导）”工具栏中的“正视于”按钮，新建草图。

02 绘制草图。单击“草图”控制面板中的“圆”按钮，绘制草图；单击“草图”控制面板中的“智能尺寸”按钮，标注草图尺寸，结果如图 11-45 所示。

03 切除拉伸实体。选择菜单栏中的“插入”→“切除”→“拉伸”命令，或者单击“特征”控制面板中的“拉伸切除”按钮，系统弹出图 11-46 所示的“切除-拉伸”属性管理器。将拉伸终止条件设置为“两侧对称”，将拉伸切除距离设置为 12.5mm，然后单击“确定”按钮，结果如图 11-47 所示。

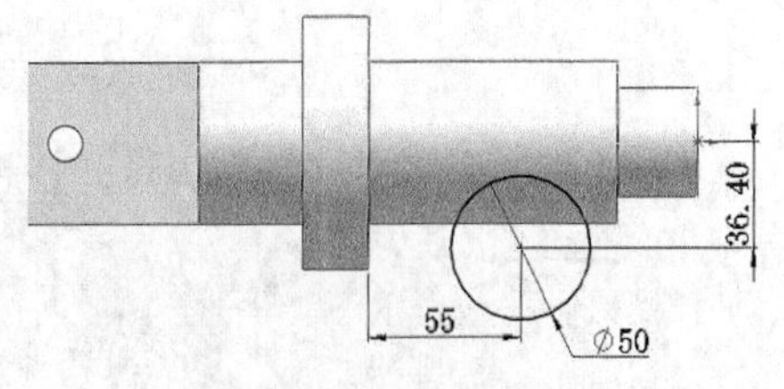

图 11-45　草图绘制结果 6

图 11-46 “切除-拉伸”属性管理器

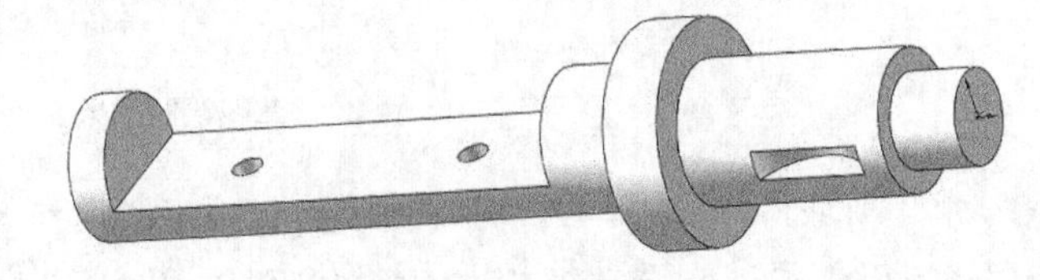

图 11-47 切除实体

04 保存文件。选择菜单栏中的“文件”→“保存”命令，将零件文件保存为“轴.sldprt”。

11.6 阀体

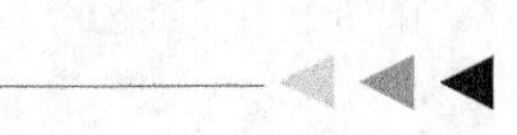

在本例中，我们要创建的阀体如图 11-48 所示。

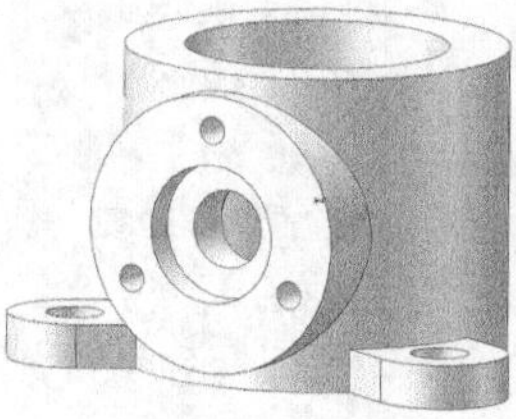

图 11-48 阀体

思路分析

首先创建阀体主体，通过拉伸创建一个安装座，接着进行阵列，创建其他的安装座，然后通过镜像创建全部的安装座；通过拉伸得到座外突肩，然后创建连接管，最后创建螺栓孔。阀体的创建流程如图 11-49 所示。

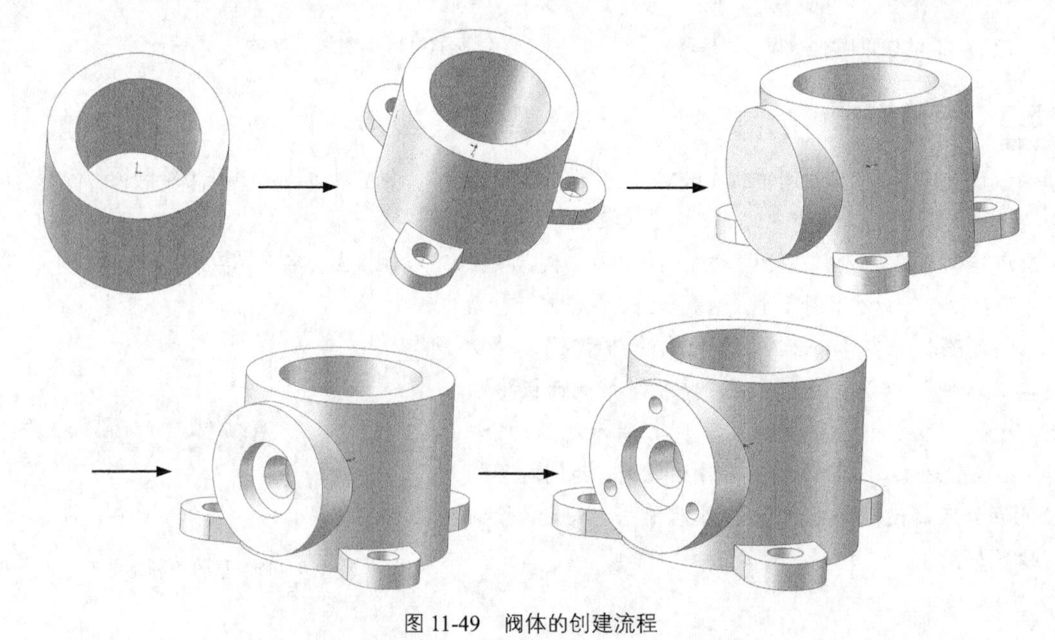

图 11-49 阀体的创建流程

11.6.1 创建主体部分

01 新建文件。启动 SOLIDWORKS 2022，选择菜单栏中的“文件”→“新建”命令，或者单击“快速访问”工具栏中的“新建”按钮，在弹出的“新建 SOLIDWORKS 文件”对话框中选择“零件”按钮，然后单击“确定”按钮，创建一个新的零件文件。

02 绘制草图。在左侧的 FeatureManager 设计树中选择“前视基准面”，将其作为绘制图形的基准面。单击“草图”控制面板中的“圆”按钮，在坐标原点处绘制直径为 193.8mm 和 281.2mm 的同心圆。

03 拉伸实体。选择菜单栏中的“插入”→“凸台/基础实体”→“拉伸”命令，或者单击“特征”控制面板中的“拉伸凸台/基础实体”按钮，系统弹出图 11-50 所示的“凸台-拉伸”属性管理器，将拉伸终止条件设置为“两侧对称”，将拉伸距离设置为 225mm，然后单击“确定”按钮。结果如图 11-51 所示。

图 11-50 “凸台-拉伸”属性管理器

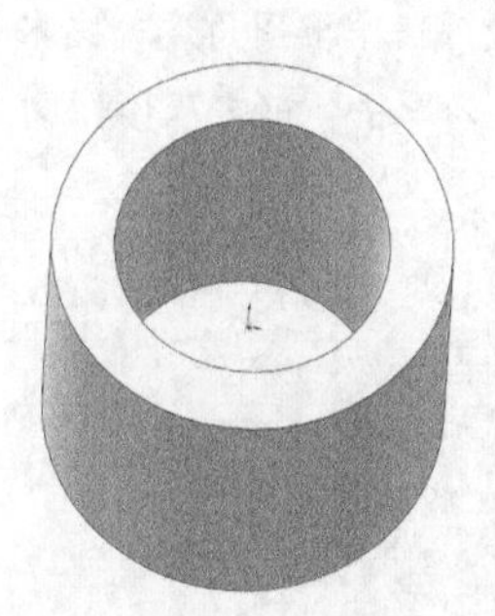

图 11-51 拉伸实体

11.6.2 创建安装座

01 设置基准面。以图 11-51 中的下底面为草图绘制基准面。单击“视图（前导）”工具栏中的“正视于”按钮，新建草图。

02 绘制草图。单击“草图”控制面板中的“圆”按钮、“转换实体引用”按钮、“直线”按钮和“裁剪实体”，绘制草图；单击“草图”控制面板中的“智能尺寸”按钮，标注草图尺寸，结果如图 11-52 所示。

03 拉伸实体。选择菜单栏中的“插入”→“凸台/基础实体”→“拉伸”命令，或者单击“特征”控制面板中的“拉伸凸台/基础实体”按钮，系统弹出图 11-53 所示的“凸台-拉伸”属性管理器，将拉伸终止条件设置为“给定深度”，将拉伸距离设置为 31.3mm，然后单击“确定”按钮。结果如图 11-54 所示。

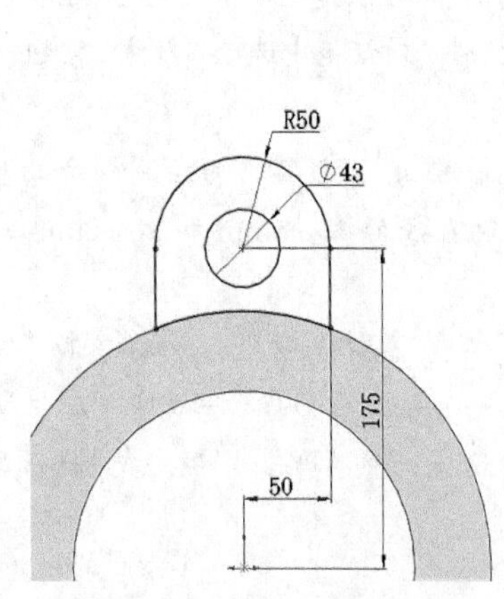

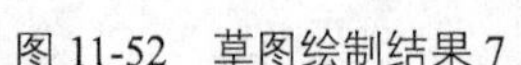

图 11-52 草图绘制结果 7

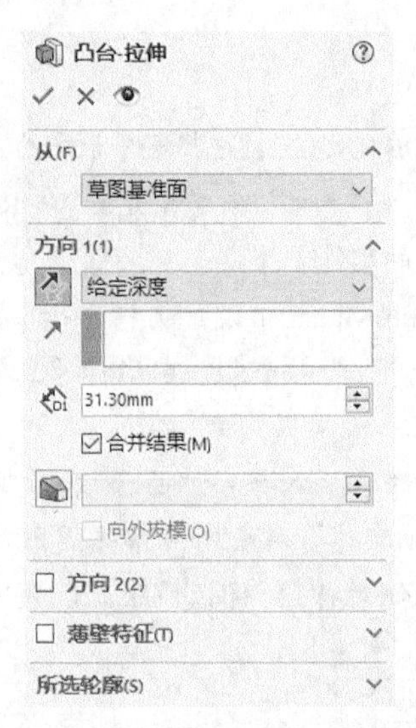

图 11-53 “凸台-拉伸”属性管理器

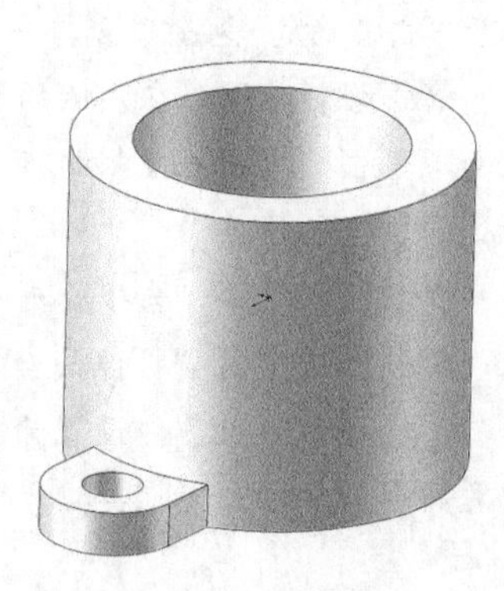

图 11-54 拉伸实体

04 显示临时轴。选择菜单栏中的“视图”→“隐藏/显示”→“临时轴”命令，显示视图中的所有临时轴。

05 阵列实体。选择菜单栏中的“插入”→“阵列/镜向”→“圆周阵列”命令，或者单击“特征”控制面板中的“圆周阵列”按钮，系统弹出图 11-55 所示的“阵列（圆周）1”属性管理器。以大圆柱体的中心轴为基准轴，在“阵列角度”文本框中输入“360”，输入阵列个数“3”，以上步创建的拉伸体为要阵列的特征，然后单击“确定”按钮，结果如图 11-56 所示。

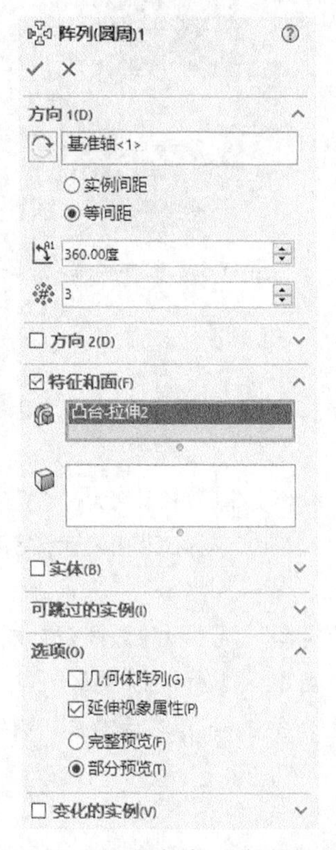

图 11-55 “圆周阵列”属性管理器

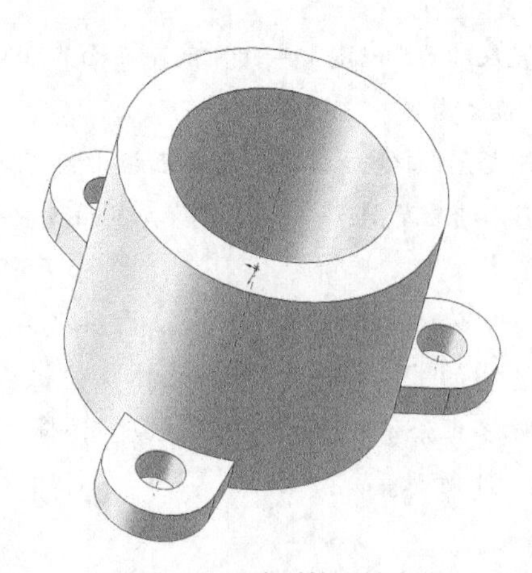

图 11-56 阵列特征结果

06 创建基准面。选择菜单栏中的“插入”→“参考几何体”→“基准面”命令，或者单击“特征”控制面板“参考几何体”下拉列表中的“基准面”按钮，系统弹出图 11-57 所示的“基准面”属性管理器。以上视基准面为第一参考面，将偏移距离设置为 145mm，然后单击“确定”按钮，创建基准面 1。使系统重复执行“基准面”命令，在另一侧创建距离上视基准面 159.4mm 的基准面 2，如图 11-58 所示。

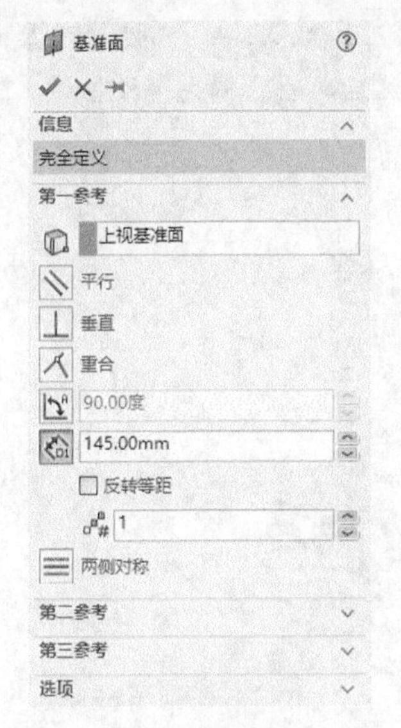

图 11-57 “基准面”属性管理器

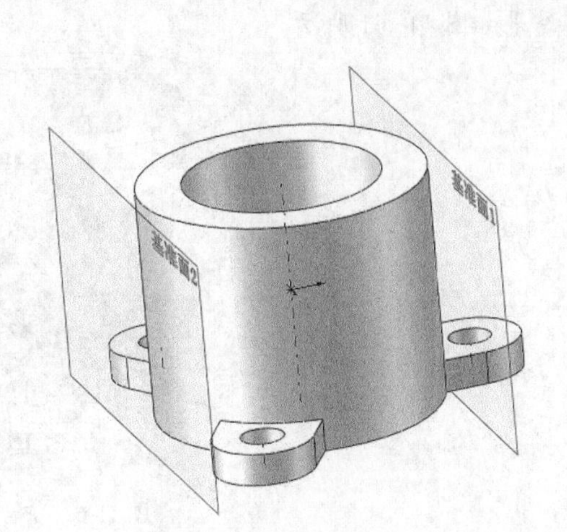

图 11-58 创建基准面

11.6.3 创建座外突肩

01 设置基准面。选择基准面 1，将其作为草图绘制基准面。单击“视图（前导）”工具栏中的“正视于”按钮，新建草图。

02 绘制草图。单击“草图”控制面板中的“圆”按钮，在坐标原点绘制直径为 100mm 的圆。

03 拉伸实体。选择菜单栏中的“插入”→“凸台/基础实体”→“拉伸”命令，或者单击“特征”控制面板中的“拉伸凸台/基础实体”按钮，系统弹出图 11-59 所示的“凸台-拉伸”属性管理器，将拉伸终止条件设置为“成形到一面”，以大圆柱的外表面为指定面，然后单击“确定”按钮。结果如图 11-60 所示。

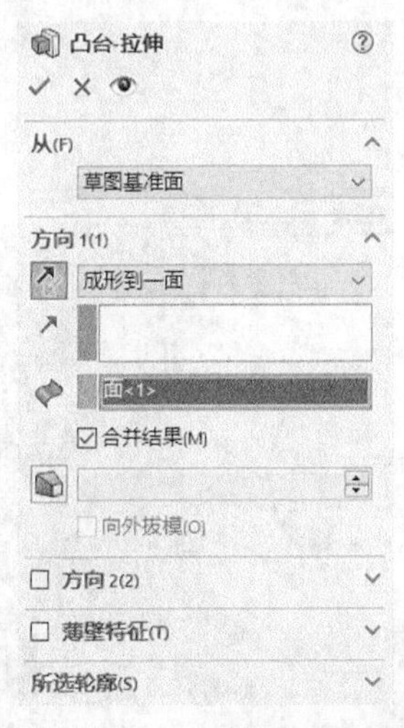

图 11-59 “凸台-拉伸”属性管理器

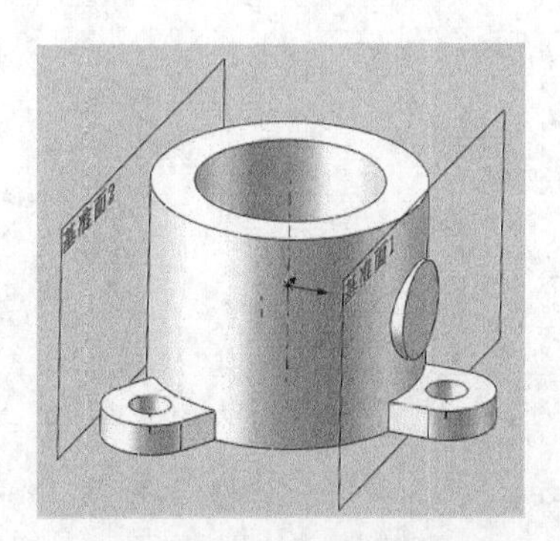

图 11-60 拉伸实体

04 设置基准面。选择基准面 2，将其作为草图绘制基准面。单击“视图（前导）”工具栏中的“正视于”按钮，新建草图。

05 绘制草图。单击“草图”控制面板中的“圆”按钮，在坐标原点绘制直径为 200mm 的圆。

06 拉伸实体。选择菜单栏中的“插入”→“凸台/基础实体”→“拉伸”命令，或者单击“特征”控制面板中的“拉伸凸台/基础实体”按钮，系统弹出“凸台-拉伸”属性管理器，将拉伸终止条件设置为“成形到一面”，以大圆柱的外表面为指定面，然后单击“确定”按钮。隐藏临时轴和基准面，结果如图 11-61 所示。

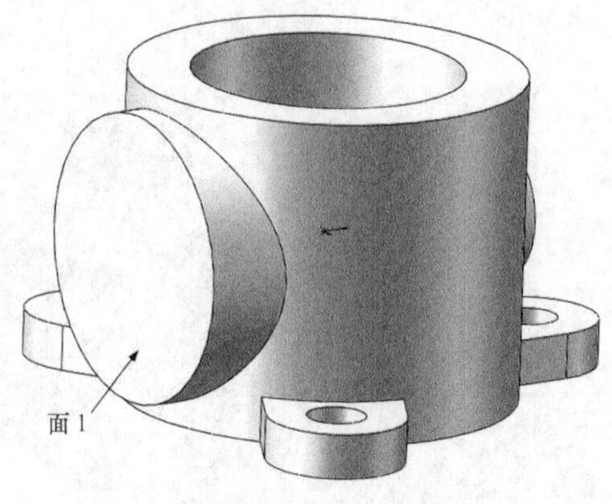

图 11-61　拉伸实体

11.6.4　创建连接管

01 设置基准面。选择图 11-61 中的面 1，将其作为草图绘制基准面。单击“视图（前导）”工具栏中的“正视于”按钮，新建草图。

02 绘制草图。单击“草图”控制面板中的“圆”按钮，在坐标原点绘制直径为 100mm 的圆。

03 切除拉伸实体。选择菜单栏中的“插入”→“切除”→“拉伸”命令，或者单击“特征”控制面板中的“拉伸切除”按钮，此时系统弹出图 11-62 所示的“切除-拉伸”属性管理器。将拉伸终止条件设置为“给定深度”，将切除拉伸距离设置为 25mm，然后单击“确定”按钮，结果如图 11-63 所示。

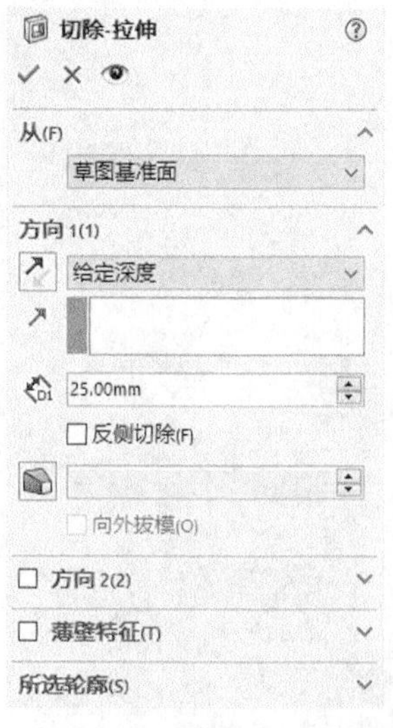

图 11-62　“切除-拉伸”属性管理器

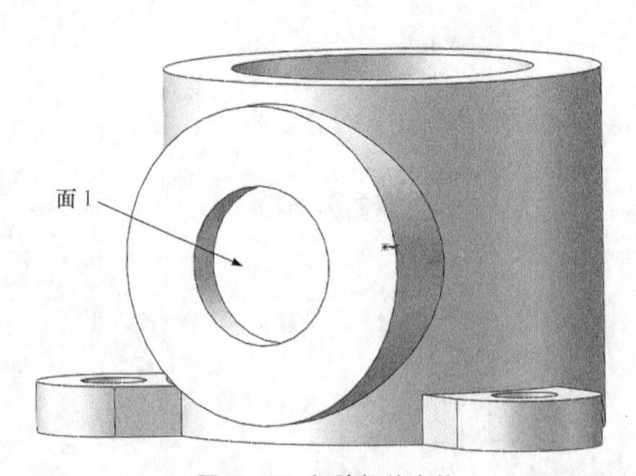

图 11-63　切除拉伸实体

04 设置基准面。以图 11-63 中的面 1 为草图绘制基准面。单击“视图（前导）”工具栏中的“正视于”按钮，新建草图。

05 绘制草图。单击“草图”控制面板中的“圆”按钮，在坐标原点绘制直径为 56.2mm 的圆。

06 切除拉伸实体。选择菜单栏中的“插入”→“切除”→“拉伸”命令，或者单击“特征”控制面板中的“拉伸切除”按钮，系统弹出图 11-64 所示的“切除-拉伸”属性管理器。将拉伸终止条件设置为“给定深度”，将拉伸切除距离设置为 256.3mm，然后单击“确定”按钮，结果如图 11-65 所示。

图 11-64 “切除-拉伸”属性管理器

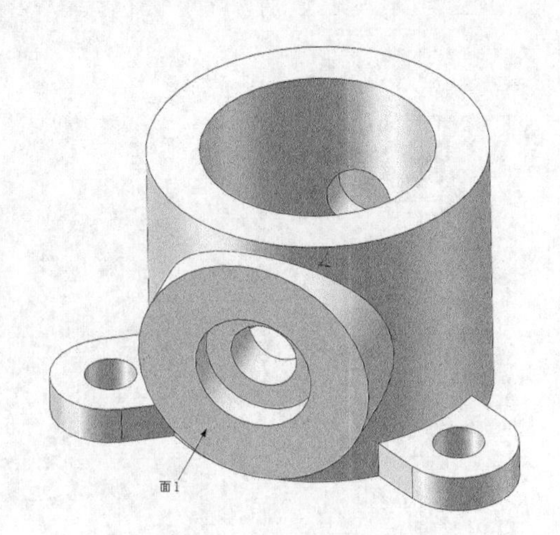

图 11-65 切除拉伸实体

11.6.5 创建螺栓孔

01 设置基准面。以图 11-65 中的面 1 为草图绘制基准面。单击“视图（前导）”工具栏中的“正视于”按钮，新建草图。

02 绘制草图。单击“草图”控制面板中的“圆”按钮，绘制圆；单击“草图”控制面板中的“智能尺寸”按钮，标注尺寸，如图 11-66 所示。

03 切除拉伸实体。选择菜单栏中的“插入”→“切除”→“拉伸”命令，或者单击“特征”控制面板中的“拉伸切除”按钮，系统弹出“切除-拉伸”属性管理器。设置拉伸终止条件“给定深度”，将拉伸切除距离设置为 37.5mm，然后单击“确定”按钮。

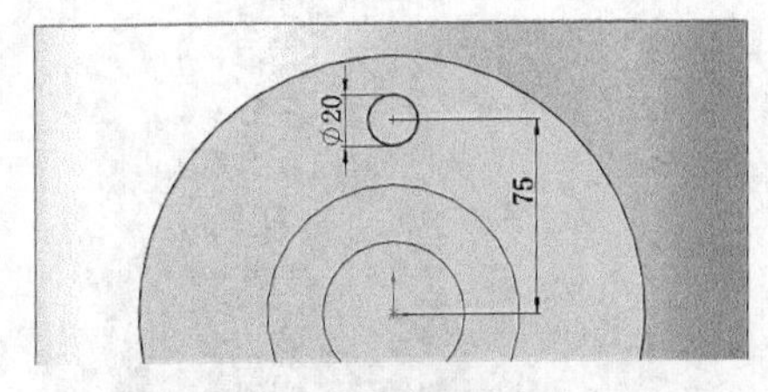

图 11-66 绘制草图并标注尺寸

04 显示临时轴。选择菜单栏中的“视图”→“隐藏/显示（H）”→“临时轴”命令，显示视图中的所有临时轴。

05 阵列实体。选择菜单栏中的“插入”→“阵列/镜向”→“圆周阵列”命令，或者单击“特征”控制面板中的“圆周阵列”按钮，系统弹出图 11−67 所示的“阵列（圆周）2”属性管理器。以大圆柱体的中心轴为基准轴，在“阵列角度”文本框中输入“360”，输入阵列个数“3”，选择上步创建的拉伸体，将其作为要阵列的特征，然后单击“确定”按钮，结果如图 11−68 所示。

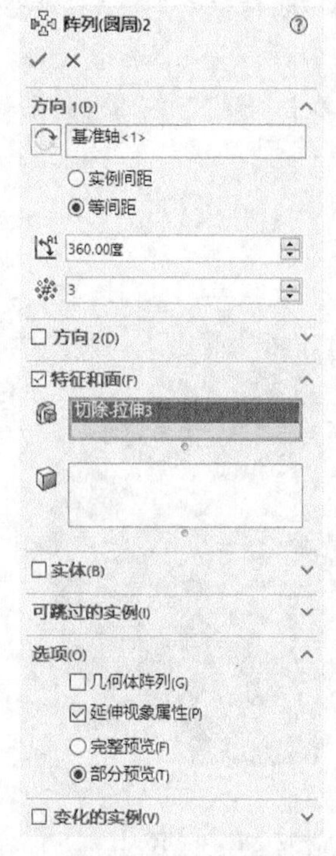

图 11-67 “阵列（圆周）2”属性管理器

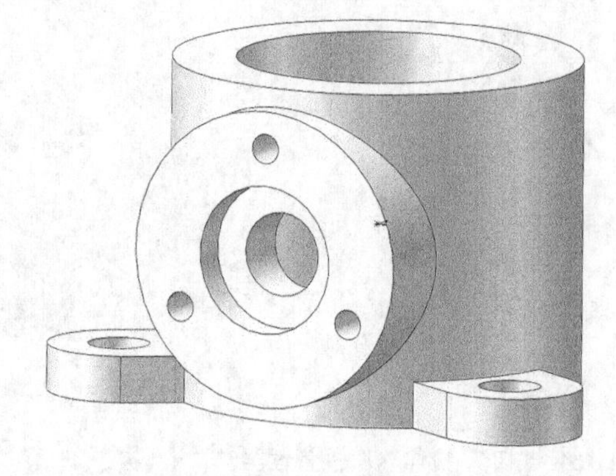

图 11-68 圆周阵列

06 保存文件。选择菜单栏中的“文件”→“保存”命令，将零件文件保存为“阀体.sldprt”。

11.7 装配体

在本例中，我们要创建的制动器装配体如图 11-69 所示。

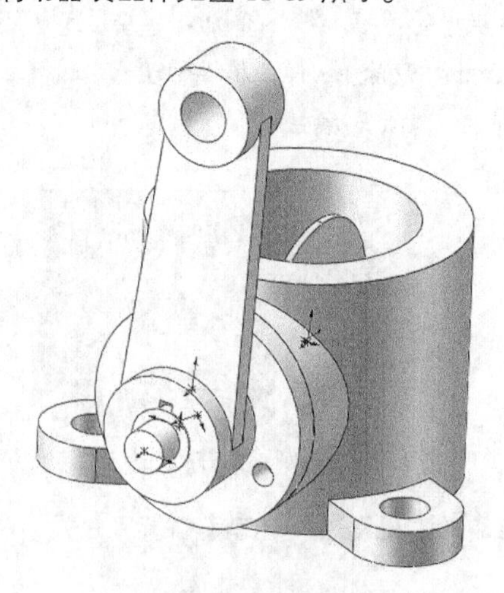

图 11-69 制动器装配体

思路分析

首先创建一个装配体文件，然后依次插入制动器装配体零部件，最后添加配合关系。制动器装配体的创建流程如图 11-70 所示。

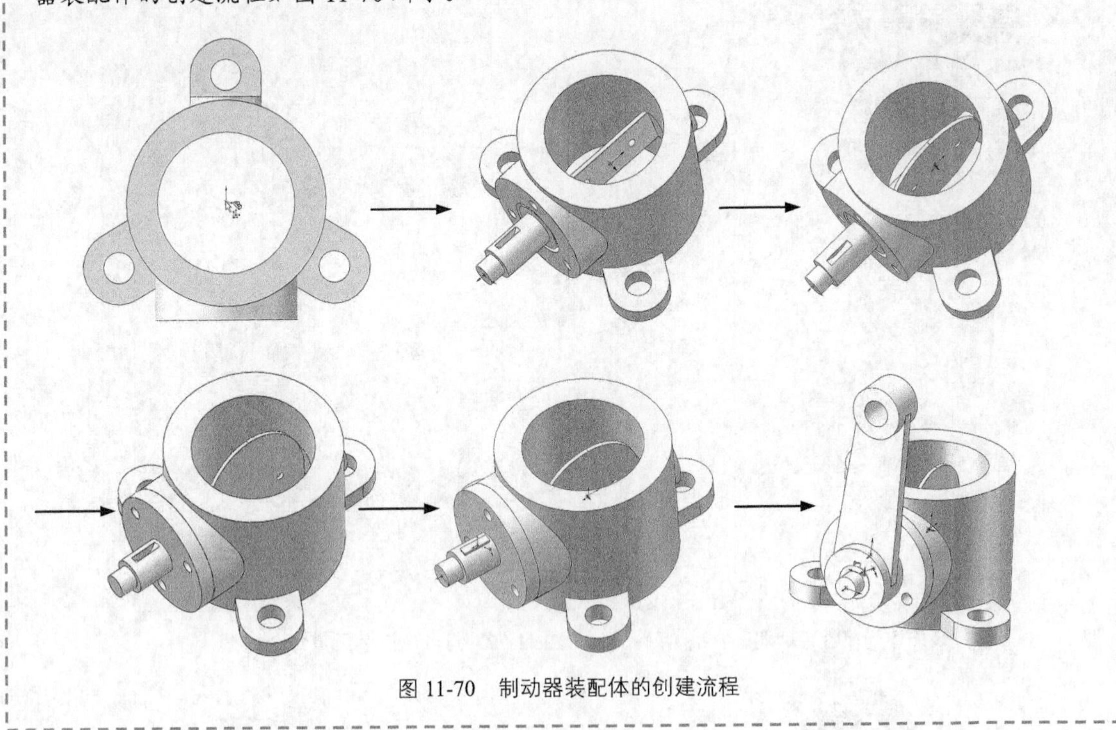

图 11-70 制动器装配体的创建流程

创建步骤

01 阀体-轴配合

❶ 新建文件。选择菜单栏中的“文件”→“新建”命令，或单击“快速访问”工具栏中的“新建”按钮，在弹出的“新建 SOLIDWORKS 文件”对话框中，单击“装配体”按钮，再单击“确定”按钮，创建一个新的装配体文件。系统弹出“开始装配体”属性管理器，如图 11-71 所示。

❷ 定位阀体。单击“开始装配体”属性管理器中的“浏览”按钮，系统弹出“打开”对话框，选择前面创建的“阀体”零件，这时将在对话框的浏览区中显示零件的预览结果，如图 11-72 所示。在“打开”对话框中单击“打开”按钮，系统进入装配界面，光标变为形状，选择菜单栏中的“视图”→“隐藏/显示”→“原点”命令，显示坐标原点，将光标移动至原点位置，光标变为形状，如图 11-73 所示，在目标位置单击，将阀体放入装配界面中。

❸ 插入轴。选择菜单栏中的“插入”→“零部件”→“现有零件/装配体”命令，或单击“装配体”控制面板中的“插入零部件”按钮，在弹出的“打开”对话框中选择“轴”，将其插入装配界面中，如图 11-74 所示。

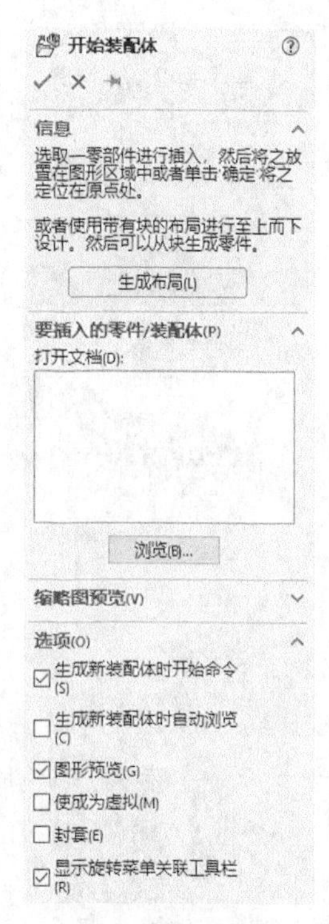

图 11-71 “开始装配体”属性管理器

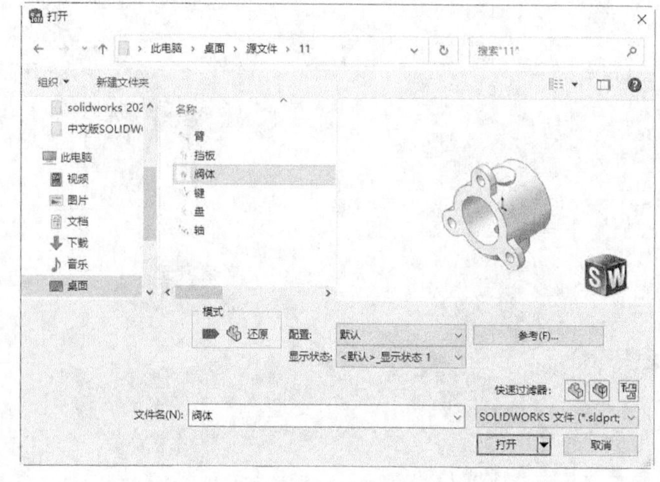

图 11-72 打开所选装配零件

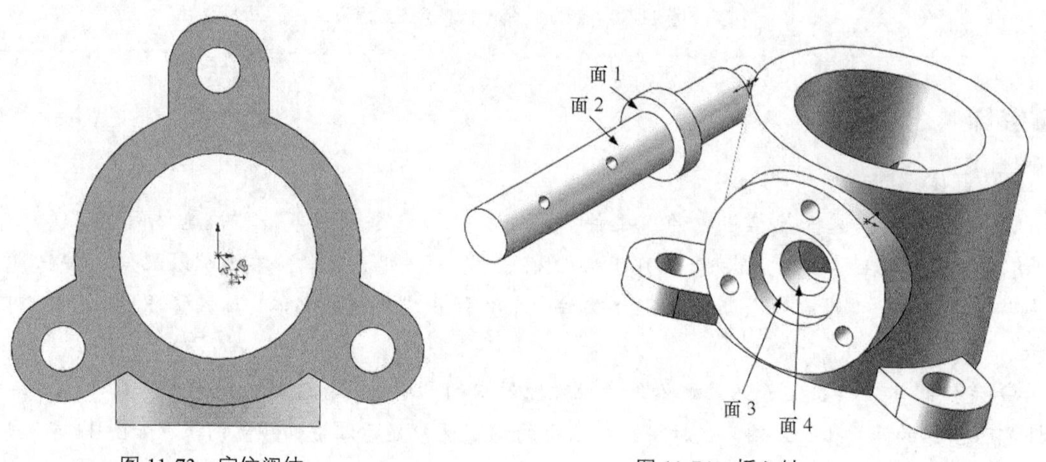

图 11-73 定位阀体

图 11-74 插入轴

❹ 添加装配关系。选择菜单栏中的“插入”→“配合”命令，或单击“装配体”控制面板中的“配合”按钮，系统弹出“配合”属性管理器，如图 11-75 所示。以图 11-74 中的面 2 和面 4 为配合面，在“配合”属性管理器中单击“同轴心”按钮，添加“同轴心”关系，单击“确定”按钮。以面 1 和面 3 为配合面；在“配合”属性管理器中单击“重合”按钮，添加“重合”关系，单击“确定”按钮。结果如图 11-76 所示。

❺ 单击“装配体”控制面板中的“旋转零部件”按钮，系统弹出图 11-77 所示的“旋转零部件”属性管理器，在“旋转”下拉列表中选择“自由拖动”选项，拖动轴，使轴绕自身轴线旋转，将轴旋转到适当位置，如图 11-78 所示。

图 11-75 “配合”属性管理器

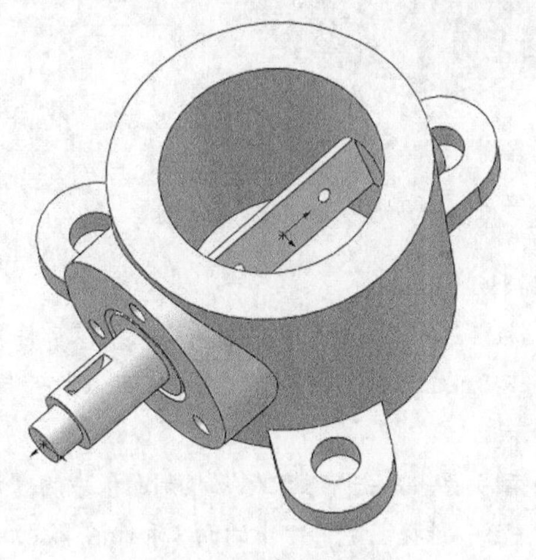

图 11-76 配合后的图形

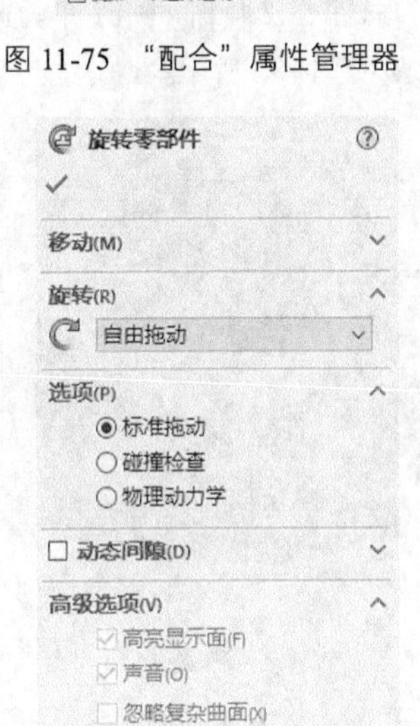

图 11-77 “旋转零部件”属性管理器

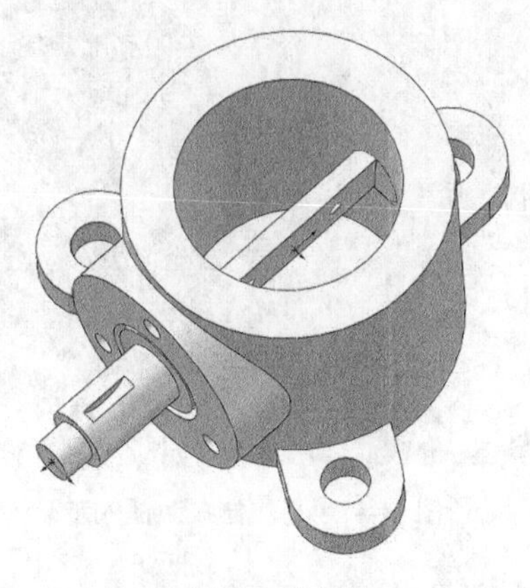

图 11-78 旋转轴

02 装配盘

❶ 插入盘。选择菜单栏中的“插入”→“零部件”→“现有零件/装配体”命令，或单击“装配体”控制面板中的“插入零部件”按钮，在弹出的“打开”对话框中选择“盘”，将其插入装配界面中，如图 11-79 所示。

❷ 添加装配关系。单击“装配体”控制面板中的“配合”按钮，选择图 11-79 中的面 2 和面 4，添加“同轴心”关系；选择图 11-79 中的面 1 和面 5，添加“重合”关系；选择图 11-79 中的面 3 和面 6，添

加“同轴心”关系；单击“确定”按钮✔，完成盘的装配，结果如图 11–80 所示。

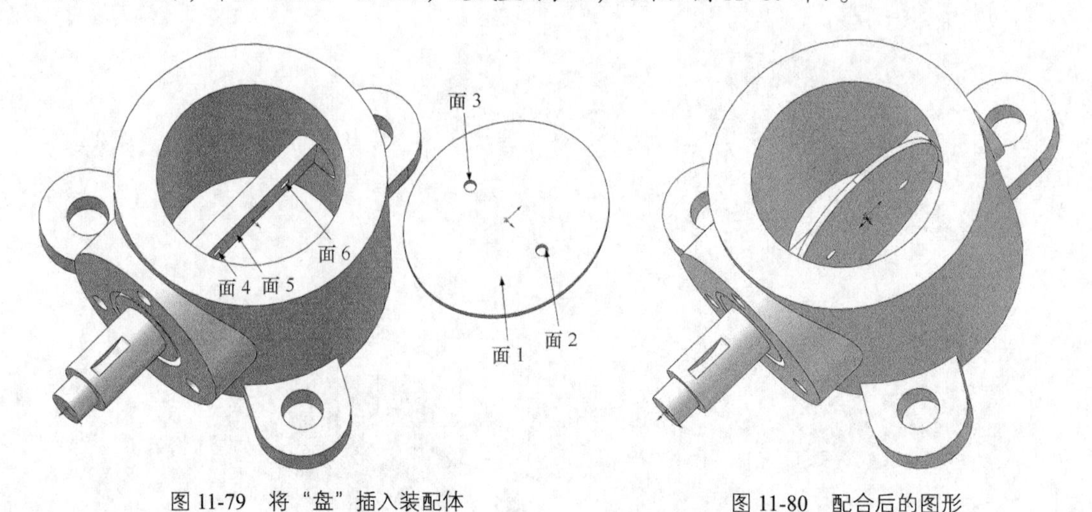

图 11-79 将“盘”插入装配体　　　　图 11-80 配合后的图形

03 装配挡板

❶ 插入挡板。选择菜单栏中的“插入”→“零部件”→“现有零件/装配体”命令，或单击“装配体”控制面板中的“插入零部件”按钮，在弹出的“打开”对话框中选择 “挡板”，将其插入装配界面中，如图 11–81 所示。

❷ 添加装配关系。单击“装配体”控制面板中的“配合”按钮，选择图 11–81 中的面 2 和面 4，添加“同轴心”关系；选择图 11–81 中的面 3 和面 6，添加“同轴心”关系；选择图 11–81 中的面 1 和面 5，添加“重合”关系；单击“确定”按钮✔，完成挡板的装配，结果如图 11–82 所示。

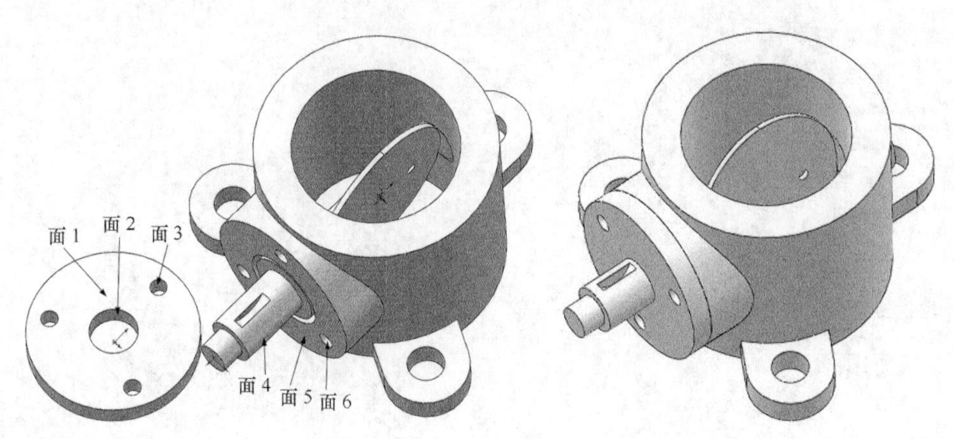

图 11-81 将“挡板”插入装配体　　　　图 11-82 配合后的图形

04 装配键

❶ 插入键。选择菜单栏中的“插入”→“零部件”→“现有零件/装配体”命令，或单击“装配体”控制面板中的“插入零部件”按钮，在弹出的“打开”对话框中选择 “键”，将其插入装配界面中，如图 11–83 所示。

❷ 添加装配关系。单击“装配体”控制面板中的“配合”按钮，选择图 11–83 中的面 2 和面 4，添加“同轴心”关系；选择图 11–83 中的面 1 和面 3，添加“重合”关系；选择轴的前视基准面和键的上视基准面，添加“平行”关系；单击“确定”按钮✔，完成键的装配，如图 11–84 所示。

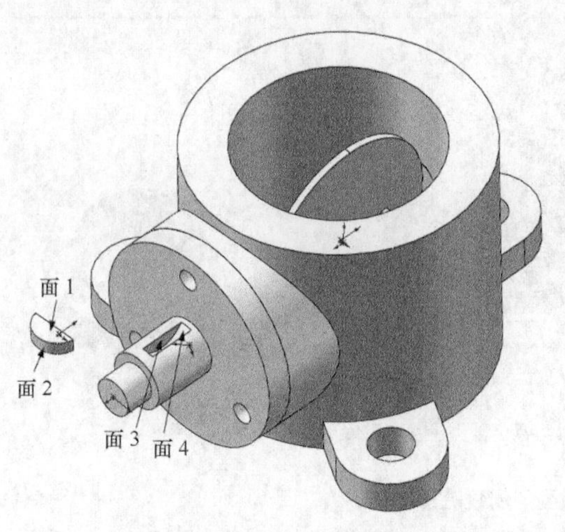

图 11-83　将“键”插入装配体

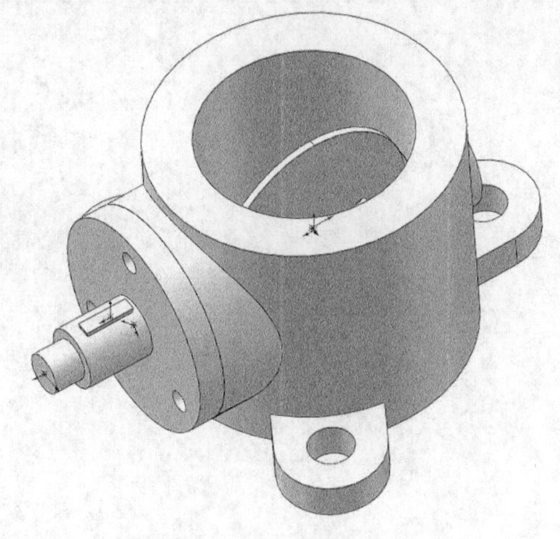

图 11-84　配合后的图形

05 装配臂

❶ 插入臂。选择菜单栏中的“插入”→“零部件”→“现有零件/装配体”命令，或单击“装配体”控制面板中的“插入零部件”按钮，在弹出的“打开”对话框中选择“臂”，将其插入装配界面中，如图 11−85 所示。

❷ 添加装配关系。单击“装配体”控制面板中的“配合”按钮，选择图 11−85 中的面 2 和面 6，添加“同轴心”关系；选择图 11−85 中的面 3 和面 4，添加“平行”关系；选择图 11−85 中的面 1 和面 5，添加“重合”关系；单击“确定”按钮，完成臂的装配，如图 11−86 所示。

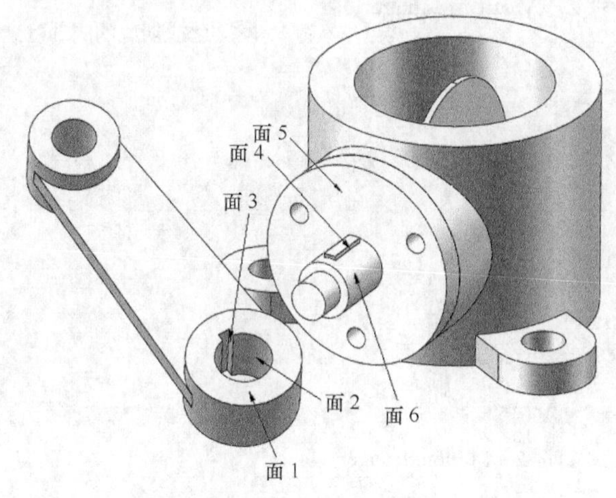

图 11-85　将“臂”插入装配体

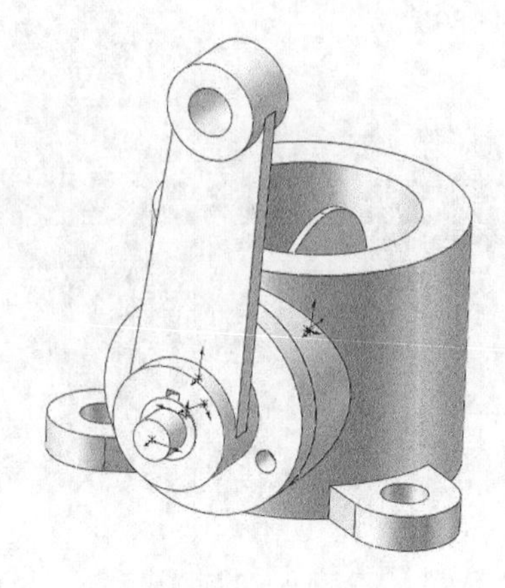

图 11-86　配合后的图形

11.8 机构动画

在本例中，我们要创建制动器装配体的机构动画。

思路分析

首先打开一个制动器装配体文件，然后为臂添加一个旋转电机，使臂通过键带动轴和盘旋转，为了观察方便添加视图位置，最后保存动画。机构动画的创建流程如图 11-87 所示。

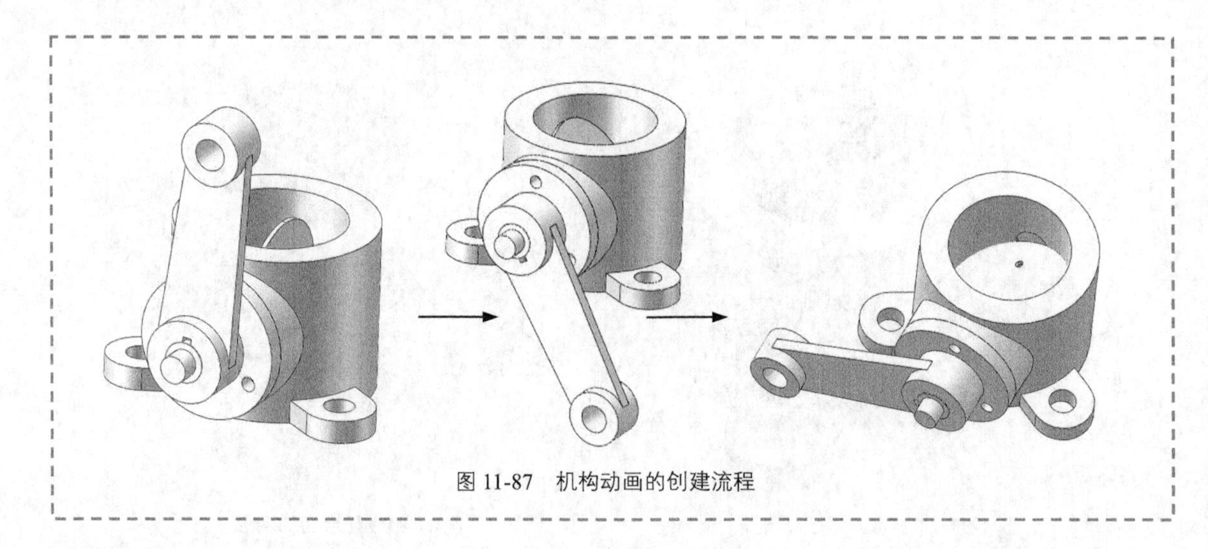

图 11-87　机构动画的创建流程

创建步骤

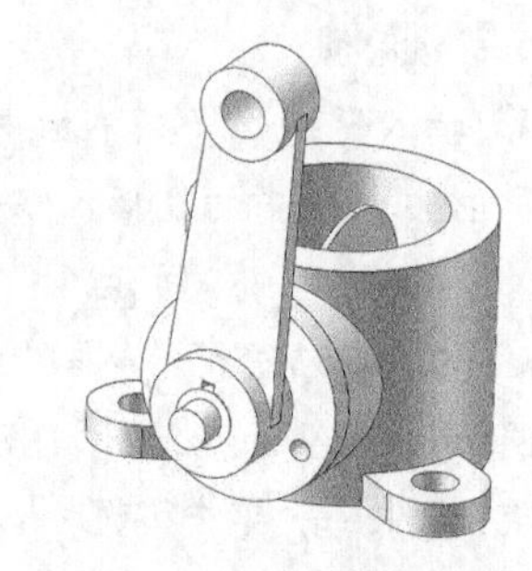

图 11-88　之前创建的制动器装配体

01 打开文件。选择菜单栏中的“文件”→“打开”命令，或单击“快速访问”工具栏中的“打开”按钮，在弹出的“打开”对话框中，打开之前创建的制动器装配体，如图 11–88 所示。

02 新建运动算例。选择菜单栏中的“插入”→“新建运动算例”命令，或单击“装配体”控制面板中的“新建运动算例”按钮，新建运动算例，系统弹出“运动算例 2”MotionManager 如图 11–89 所示。

图 11-89　“运动算例 2”MotionManager

03 创建电机。单击 MotionManager 工具栏上的“马达”按钮，系统弹出“马达”属性管理器。在属性管理器“马达类型”一栏中选择“旋转马达”，在视图中选择臂外表面，单击“反向”旋转按钮设置方向，如图 11–90 所示。在属性管理器中选择“等速”运动，将速度设置为“100RPM”，单击“确定”按钮，完成电机的创建。

04 播放动画。单击 MotionManager 工具栏上的“播放”按钮▶，臂通过键带动轴和盘绕中心轴旋转，传动动画如图 11–91 所示，系统默认动画时间为 5s，MotionManager 界面如图 11–92 所示。

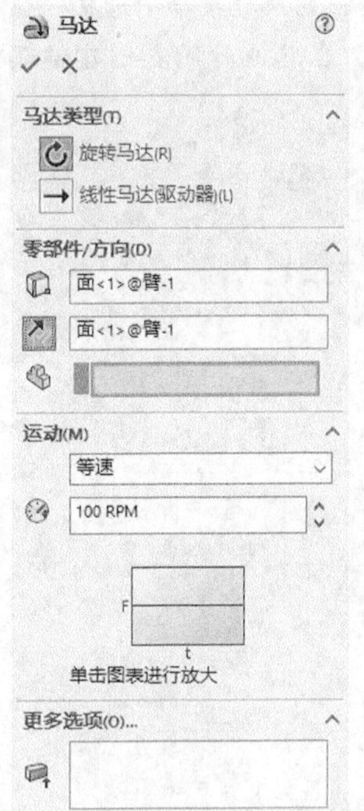

图 11-90　选择旋转方向

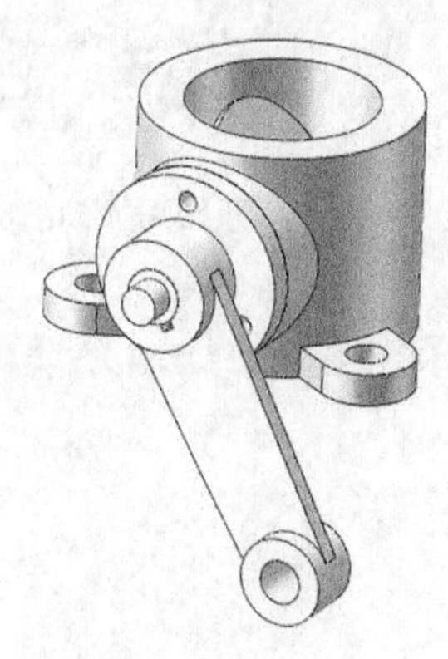

图 11-91　传动动画

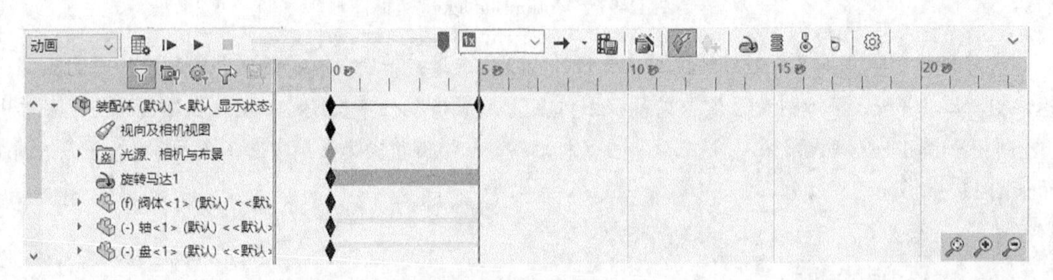

图 11-92　MotionManager 界面

05 修改动画时长。在设计树“机构动画”装配体对应的 MotionManager 界面上 5s 处单击鼠标右键，在弹出的快捷菜单中选择“编辑关键点时间”，如图 11−93 所示，系统弹出“编辑时间”对话框，如图 11−94 所示，将时间修改为 12s，单击对话框中的“确定”按钮✔，完成时间的修改。

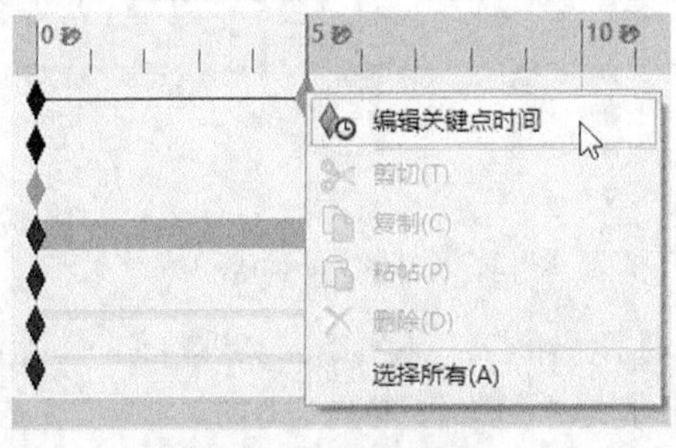

图 11-93　快捷菜单

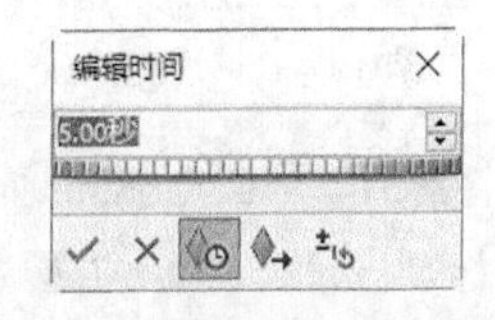

图 11-94　“编辑时间”对话框

06 修改视图位置。在 MotionManager 界面上拖动时间轴到 4s 处,在视图中将装配体旋转成图 11−95 所示的状态，在视向及相机视图栏与时间轴交点处单击鼠标右键，在弹出的快捷菜单中选择“放置键码”，如图 11−96 所示。同理，更改视图方向或者放大缩小视图，在其他时间点创建键码，MotionManager 界面如图 11−97 所示。

图 11-95 动画状态

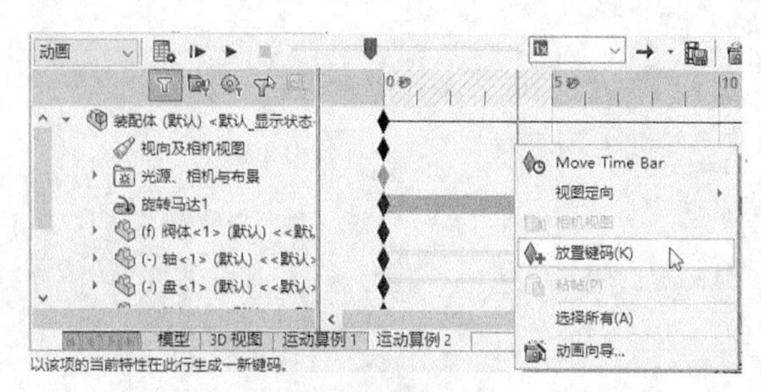

图 11-96 快捷菜单

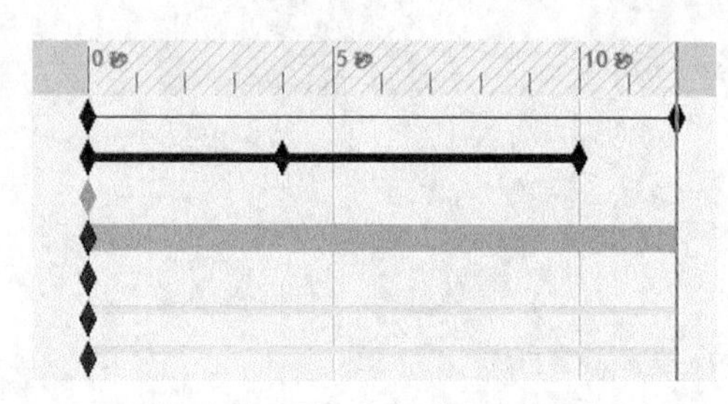

图 11-97 MotionManager 界面

07 保持视图位置不变。若想让视图在某一时间段之内保持不变，可将键码复制到别的时间点处。例如想让制动器在 4～6s 保持制动器在 4s 处的视图位置，在 4s 键码处单击鼠标右键，在弹出的快捷菜单中选择“复制”，如图 11−98 所示，在 6s 键码处单击鼠标右键，在弹出的快捷菜单中选择“粘贴”，MotionManager 界面如图 11−99 所示。

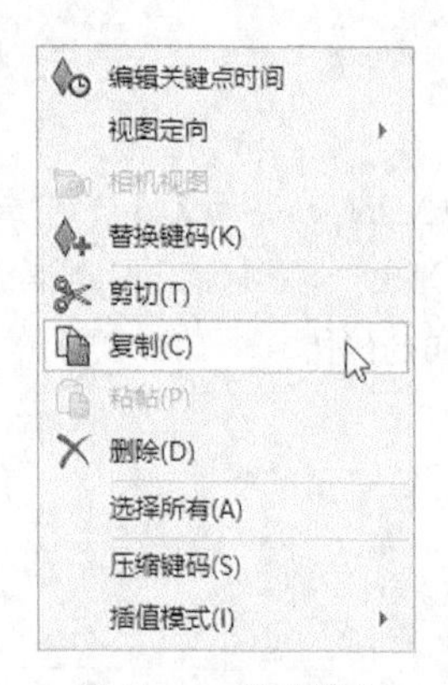

图 11-98 快捷菜单

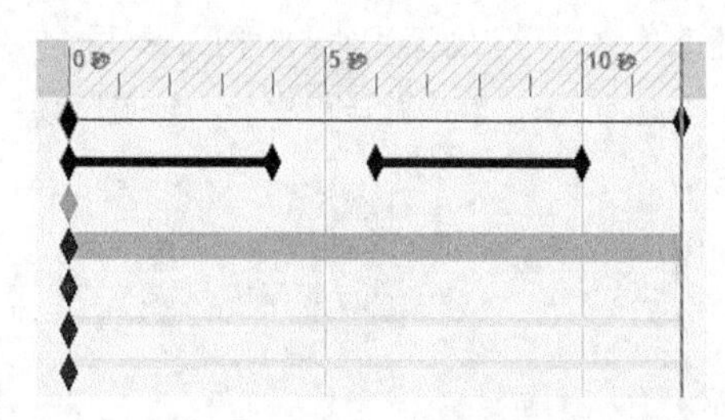

图 11-99 MotionManager 界面

08 保存动画。单击 MotionManager 工具栏上的“保存动画”按钮，系统弹出图 11−100 所示的“保存动画到文件”对话框，取消勾选“固定高宽比例”复选框，将“图像大小与高宽比例”设置为 1000×700，单击“保存”按钮，系统弹出“视频压缩”对话框，如图 11−101 所示，单击“确定”按钮，生成动画。

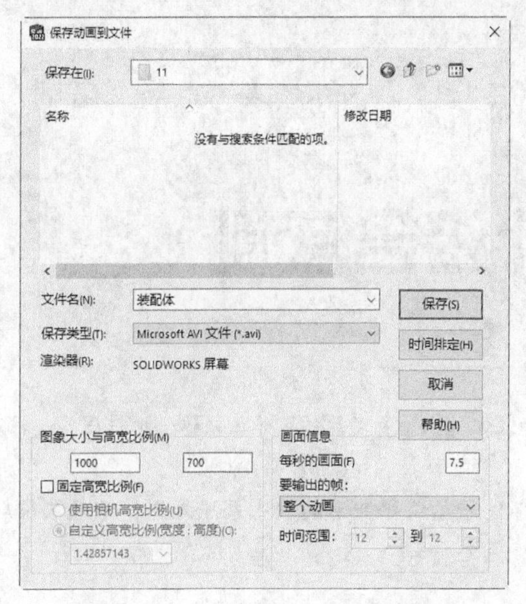

图 11-100 “保存动画到文件”对话框

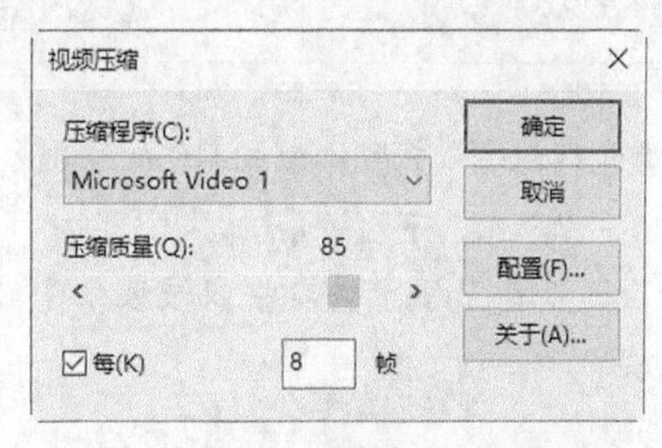

图 11-101 “视频压缩”对话框

第12章 柱塞泵设计综合实例

本章介绍柱塞泵装配体组成零件的绘制方法和装配过程。制动器装配体由泵体、填料压盖、柱塞、阀体、阀盖，以及上、下阀瓣等组成。

最后还创建了便于查看柱塞泵装配中的零部件表示装配关系的柱塞泵爆炸图，以及装配顺序的柱塞泵装配动画图。

学习要点

- 下阀瓣、上阀瓣
- 柱塞
- 填料压盖
- 阀盖、阀体、泵体
- 装配体
- 装配爆炸图

12.1 下阀瓣

在本例中，我们要创建的下阀瓣如图 12-1 所示。

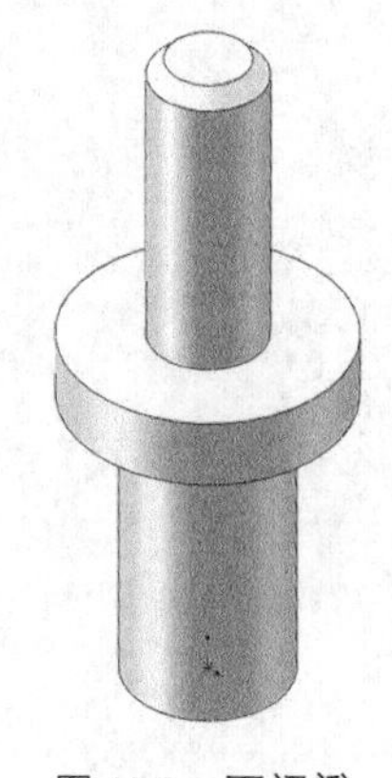

图 12-1　下阀瓣

思路分析

首先绘制下阀瓣的外形草图，然后将其旋转，使之成为下阀瓣主体轮廓，最后进行倒角处理。下阀瓣的创建流程如图 12-2 所示。

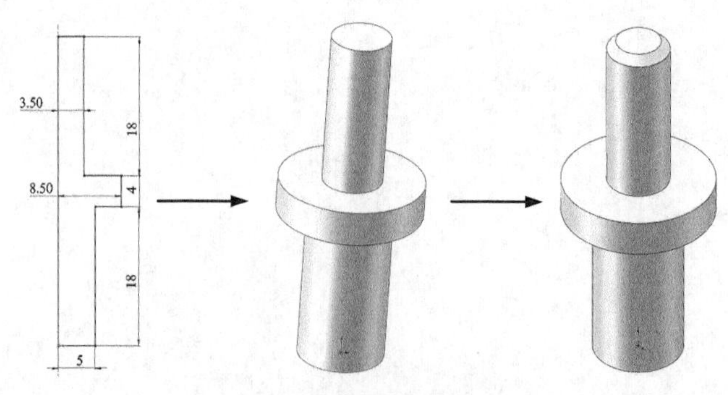

图 12-2　下阀瓣的创建流程

创建步骤

01 新建文件。启动 SOLIDWORKS 2022，选择菜单栏中的“文件”→“新建”命令，或者单击“快速访问”工具栏中的“新建”按钮，在弹出的“新建 SOLIDWORKS 文件”对话框中选择“零件”按钮，然后单击“确定”按钮，创建一个新的零件文件。

02 绘制草图。在左侧的 FeatureManager 设计树中选择“前视基准面”，将其作为绘制图形的基准面。单击“草图”控制面板中的“中心线”按钮，绘制一条通过原点的竖直中心线；单击“草图”控制面板中的“直线”按钮，绘制下阀瓣的草图。结果如图 12-3 所示。

03 旋转实体。选择菜单栏中的“插入”→“凸台/基础实体”→“旋转”命令，或者单击“特征”控制面板中的“旋转凸台/基础实体”按钮，系统弹出图 12-4 所示的“旋转”属性管理器。按照图示设置后，单击“确定”按钮。结果如图 12-5 所示。

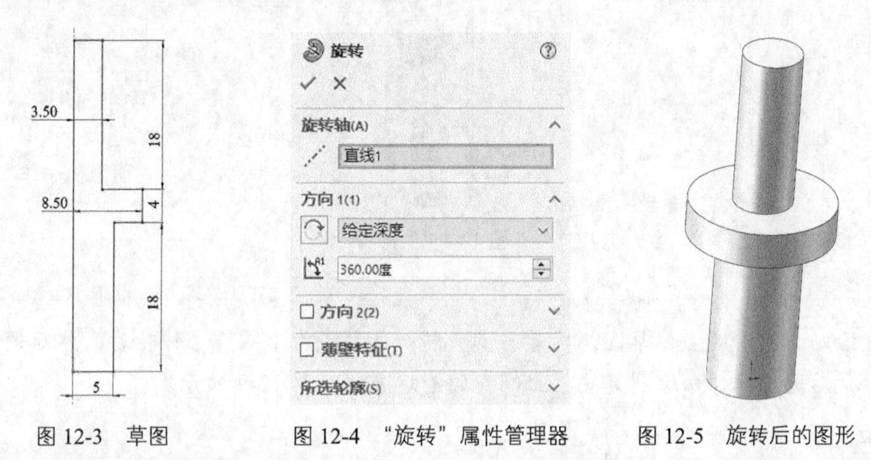

图 12-3 草图　　图 12-4 “旋转”属性管理器　　图 12-5 旋转后的图形

04 创建倒角特征。选择菜单栏中的“插入”→“特征”→“倒角”命令，或者单击“特征”控制面板中的“倒角”按钮，系统弹出图 12-6 所示的“倒角”属性管理器。将距离设置为 1mm，在“角度”文本框中输入“45”，然后单击“确定”按钮，结果如图 12-7 所示。

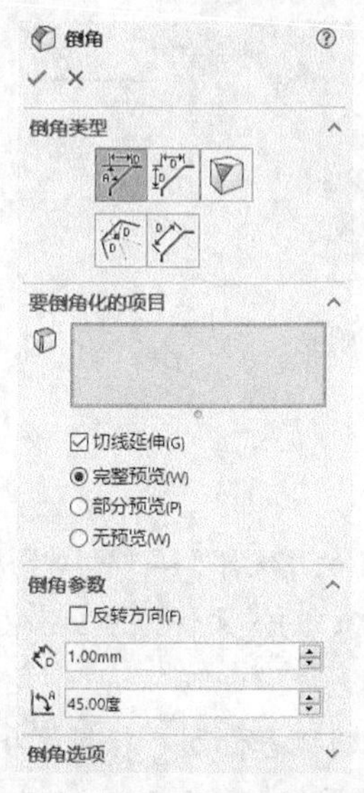

图 12-6 “倒角”属性管理器

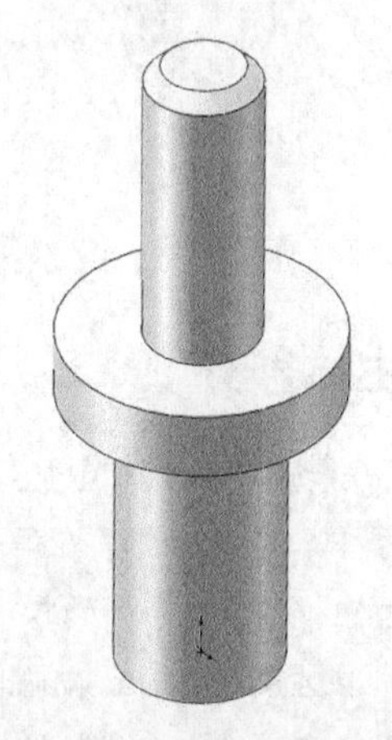

图 12-7 具有倒角特征的图形

12.2 上阀瓣

在本例中，我们要创建的上阀瓣如图 12-8 所示。

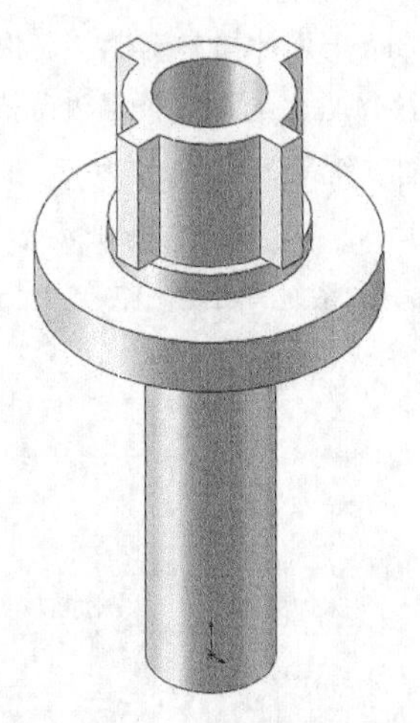

图 12-8　上阀瓣

思路分析

首先绘制上阀瓣的主体草图，然后将其旋转，使之成为上阀瓣主体轮廓，然后通过拉伸创建阀瓣，最后通过拉伸切除创建孔。上阀瓣的创建流程如图 12-9 所示。

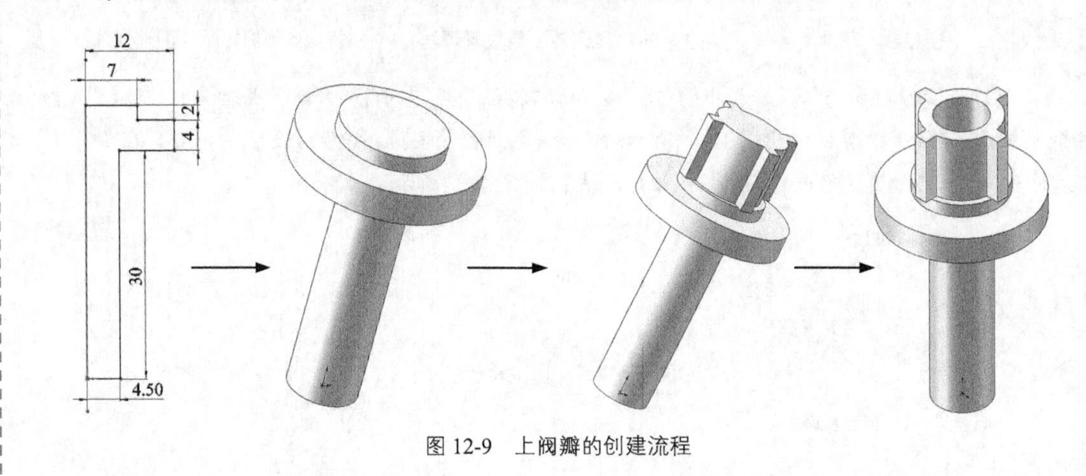

图 12-9　上阀瓣的创建流程

12.2.1 创建主体部分

01 新建文件。启动 SOLIDWORKS 2022，选择菜单栏中的“文件”→“新建”命令，或者单击“快速访问”工具栏中的“新建”按钮，在弹出的“新建 SOLIDWORKS 文件”对话框中选择“零件”按钮，然后单击“确定”按钮，创建一个新的零件文件。

02 绘制草图。在左侧的 FeatureManager 设计树中选择“前视基准面”，将其作为绘制图形的基准面。单击“草图”控制面板中的“中心线”按钮，绘制一条通过原点的竖直中心线；单击“草图”控制面板中的“直线”按钮，绘制压紧套的草图。结果如图 12-10 所示。

03 旋转实体。选择菜单栏中的“插入”→“凸台/基础实体”→“旋转”命令，或者单击“特征”控制面板中的“旋转凸台/基础实体”按钮，系统弹出图 12-11 所示的“旋转”属性管理器。按照图示设置后，然后单击“确定”按钮✔。结果如图 12-12 所示。

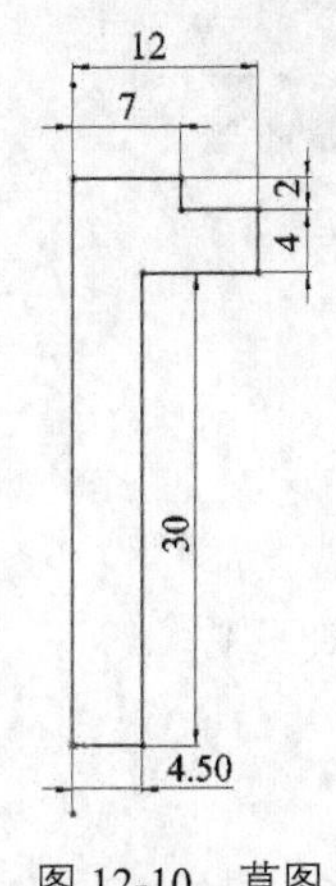

图 12-10　草图

图 12-11　“旋转”属性管理器

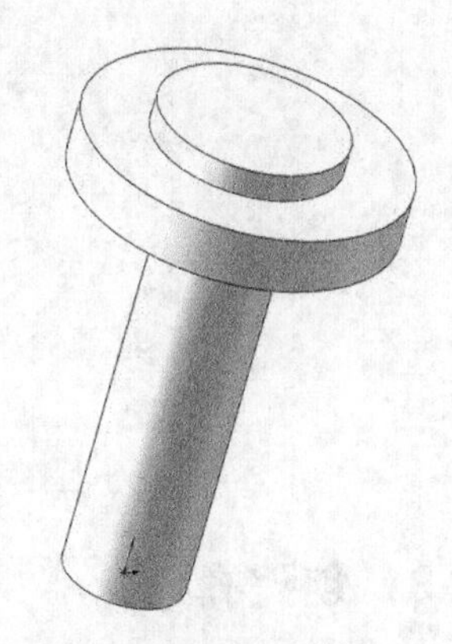

图 12-12　旋转后的图形

12.2.2 创建阀瓣部分

01 设置基准面。选择图 12-12 中上表平面，将其作为基准面，单击“视图（前导）”工具栏中的“正视于”按钮，新建草图。

02 绘制草图。单击“草图”控制面板中的“边角矩形”按钮、“圆周草图阵列”按钮和“剪裁实体”按钮，绘制草图。结果如图 12-13 所示。

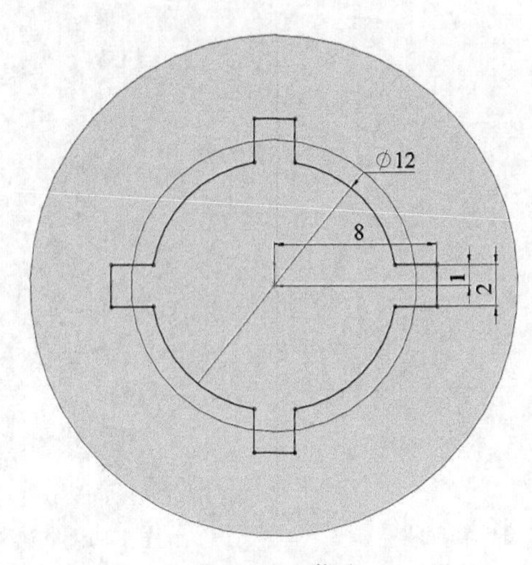

图 12-13　草图

03 拉伸实体。选择菜单栏中的“插入”→“凸台/基础实体”→“拉伸”命令，或者单击“特征”控制面板中的“拉伸凸台/基础实体”按钮，系统弹出图 12-14 所示的“凸台-拉伸”属性管理器。将拉伸距离设置为 10mm，其他选项按照图示设置后，然后单击“确定”按钮✔。结果如图 12-15 所示。

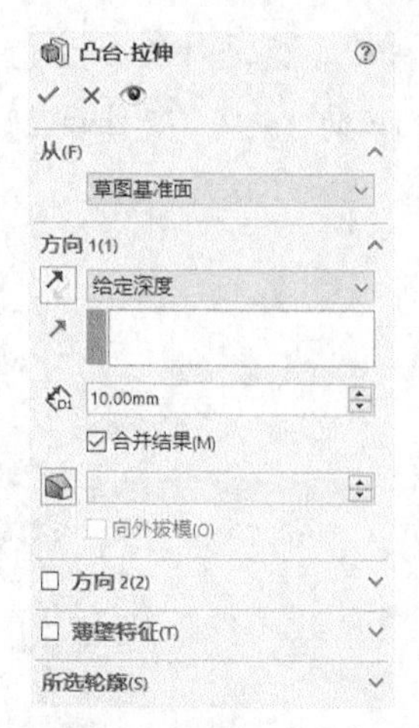

图 12-14 “凸台-拉伸”属性管理器

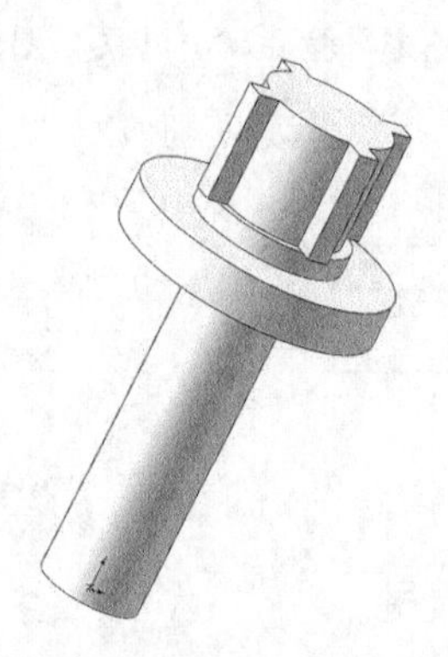

图 12-15 拉伸实体

12.2.3 创建孔

01 设置基准面。单击“视图（前导）”工具栏中的“旋转视图”按钮，改变视图的方向，然后选择图 12–15 中的下底平面，将其作为基准面，单击“视图（前导）”工具栏中的“正视于”按钮，新建草图。

02 绘制草图。单击“草图”控制面板中的“圆”按钮，绘制直径为 8mm 的圆。

03 拉伸切除实体。选择菜单栏中的“插入”→“切除”→“拉伸”命令，或者单击“特征”控制面板中的“拉伸切除”按钮，系统弹出图 12–16 所示的“切除–拉伸”属性管理器。将终止条件设置为“完全贯穿”，然后单击“确定”按钮。结果如图 12–17 所示。

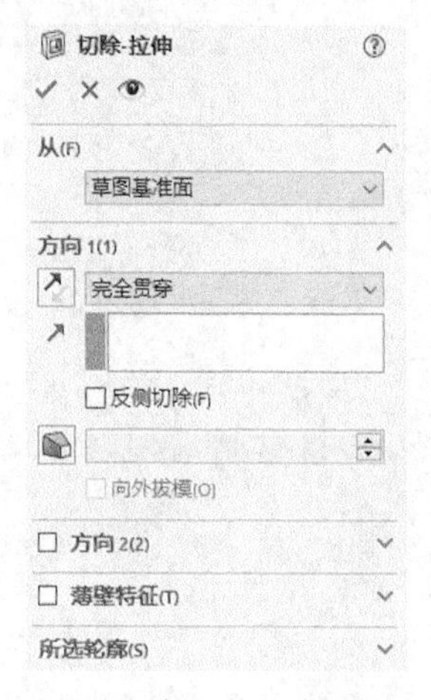

图 12-16 “切除-拉伸”属性管理器

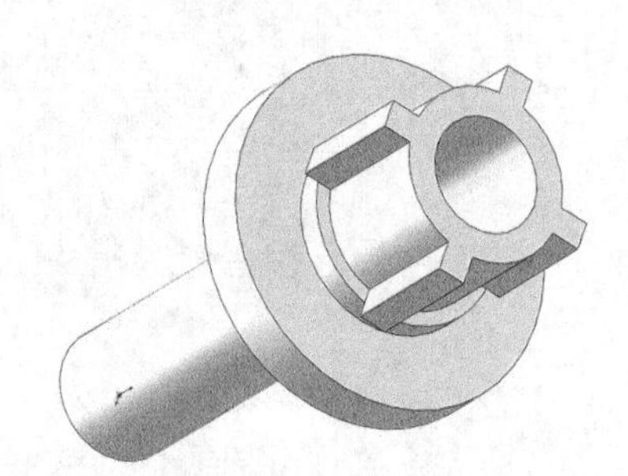

图 12-17 切除拉伸实体

12.3 柱塞

在本例中，我们要创建的柱塞如图 12-18 所示。

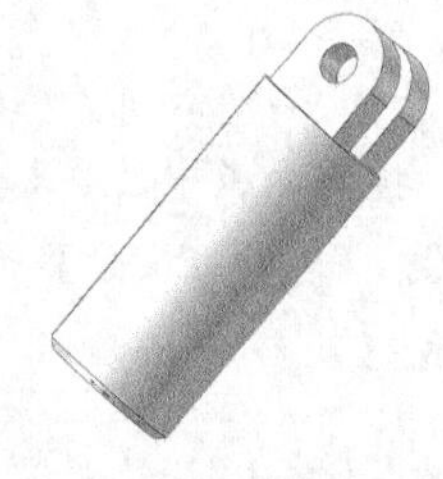

图 12-18 柱塞

思路分析

首先创建柱塞杆，然后通过拉伸创建连接凸台，再通过拉伸切除创建型腔和通孔，最后进行倒角处理。柱塞的创建流程如图 12-19 所示。

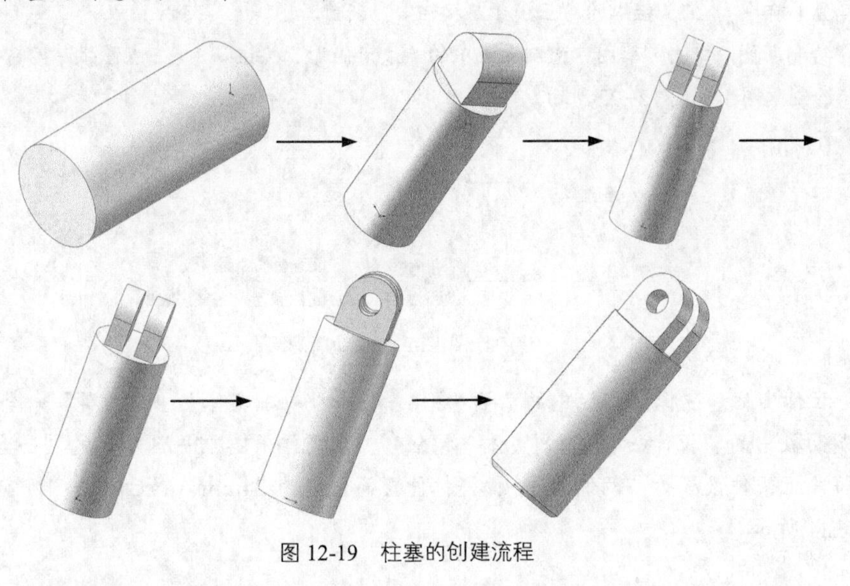

图 12-19　柱塞的创建流程

12.3.1　创建柱塞杆

01 新建文件。启动 SOLIDWORKS 2022，选择菜单栏中的“文件”→“新建”命令，或者单击“快速访问”工具栏中的“新建”按钮，在弹出的“新建 SOLIDWORKS 文件”对话框中选择“零件”按钮，然后单击“确定”按钮，创建一个新的零件文件。

02 绘制草图。在左侧的 FeatureManager 设计树中选择“前视基准面”，将其作为绘制图形的基准面。单击“草图”控制面板中的“圆”按钮，绘制直径为 36mm 的圆。

03 拉伸实体。选择菜单栏中的“插入”→“凸台/基础实体”→“拉伸”命令，或者单击“特征”控制面板中的“拉伸凸台/基础实体”按钮，系统弹出图 12–20 所示的“凸台–拉伸”属性管理器。按照图示设置后，然后单击“确定”按钮。结果如图 12–21 所示。

图 12-20　“凸台-拉伸”属性管理器

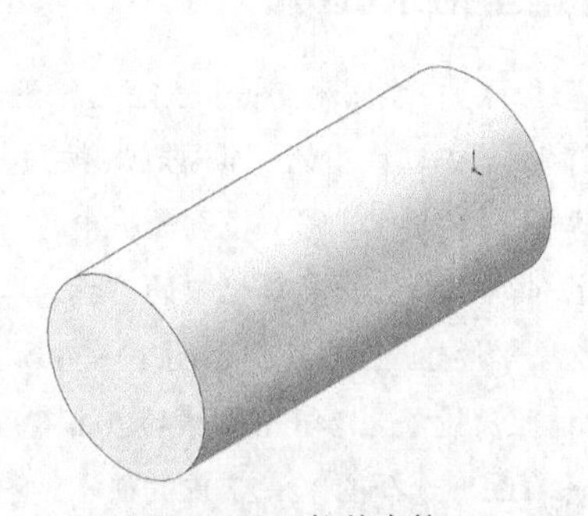

图 12-21　拉伸实体

12.3.2 创建连接凸台

01 设置基准面。在左侧的 FeatureManager 设计树中选择“右视基准面”，将其作为绘制图形的基准面。单击“视图（前导）”工具栏中的“正视于”按钮，新建草图。

02 绘制草图。单击“草图”控制面板中的“边角矩形”按钮、“三点圆弧”按钮和“剪裁实体”按钮，绘制草图，如图 12−22 所示。

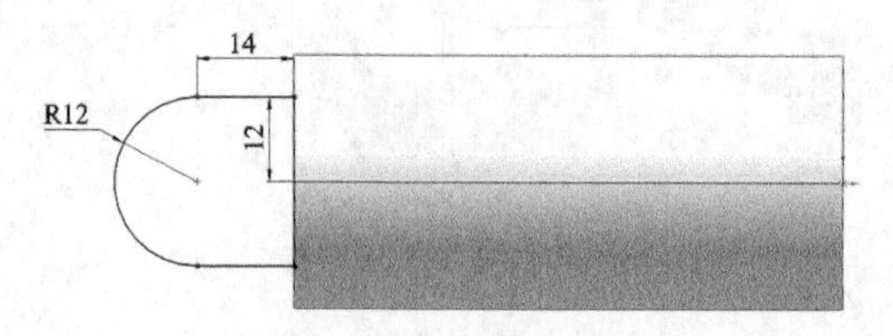

图 12-22 绘制草图

03 拉伸实体。选择菜单栏中的“插入”→“凸台/基础实体”→“拉伸”命令，或者单击“特征”控制面板中的“拉伸凸台/基础实体”按钮，系统弹出图 12−23 所示的“凸台−拉伸”属性管理器。将终止条件设置为“两侧对称”，将拉伸距离设置为 24mm，然后单击“确定”按钮。结果如图 12−24 所示。

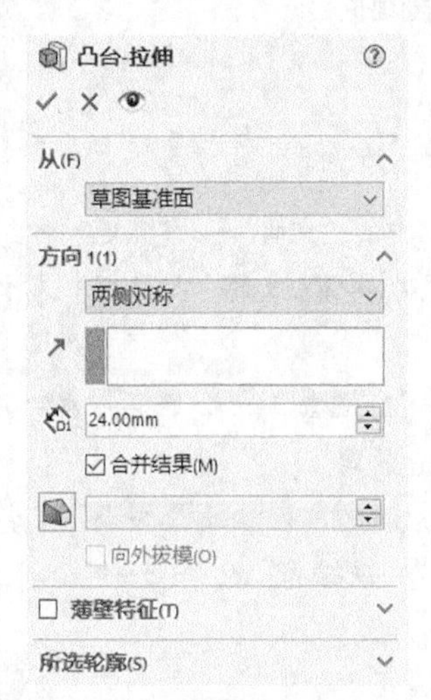

图 12-23 “凸台-拉伸”属性管理器

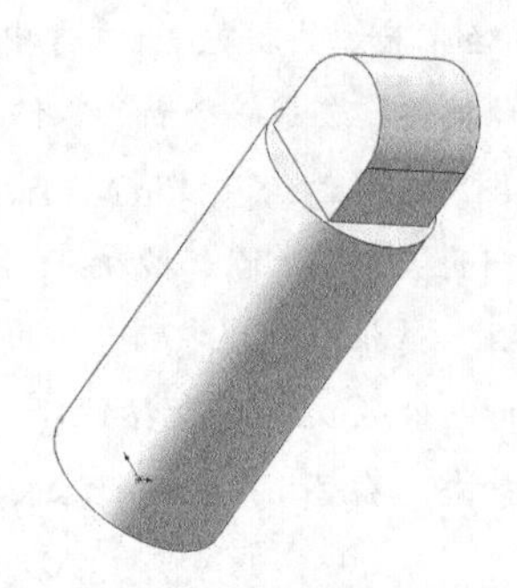

图 12-24 拉伸实体

12.3.3 创建型腔和通孔

01 设置基准面。在左侧的 FeatureManager 设计树中选择“上视基准面”，将其作为绘制图形的基准面。单击“视图（前导）”工具栏中的“正视于”按钮，新建草图。

02 绘制草图。单击“草图”控制面板中的“边角矩形”按钮，绘制草图，如图 12−25 所示。

03 切除拉伸实体。选择菜单栏中的“插入”→“切除”→“拉伸”命令，或者单击“特征”控制面板中的“拉伸切除”按钮，系统弹出图 12−26 所示的“切除−拉伸”属性管理器。将终止条件设置为“两侧对称”，将拉伸距离设置为 24mm，然后单击“确定”按钮。

04 设置基准面。选择图 12−27 中的面 1，将其作为基准面。单击“视图（前导）”工具栏中的“正视于”按钮，新建草图。

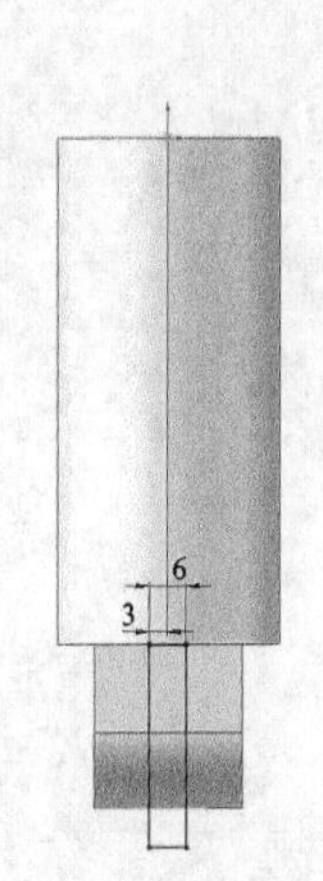

图 12-25　绘制草图

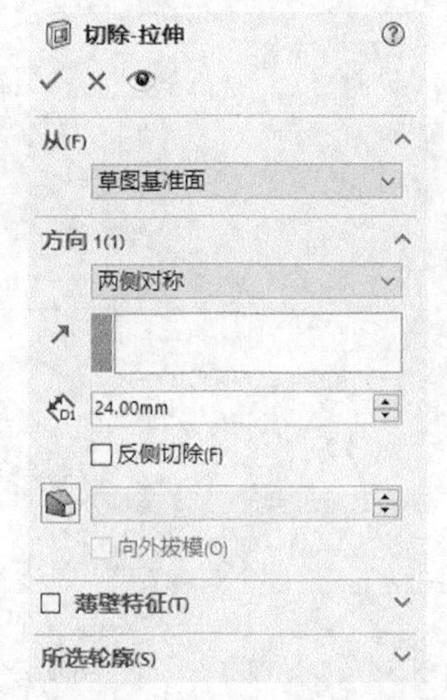

图 12-26　“切除-拉伸”属性管理器

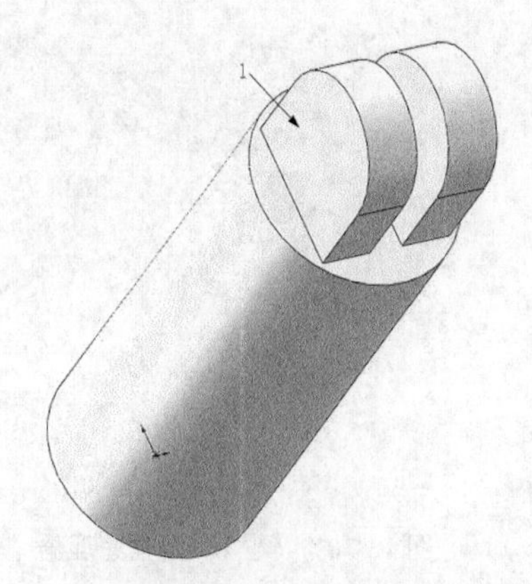

图 12-27　切除拉伸实体

05 绘制草图。单击“草图”控制面板中的“圆”按钮，在上步创建的拉伸体圆心处绘制直径为 10mm 的圆。

06 切除拉伸实体。选择菜单栏中的“插入”→“切除”→“拉伸”命令，或者单击“特征”控制面板中的“拉伸切除”按钮，系统弹出图 12–28 所示的“切除–拉伸”属性管理器。将终止条件设置为“完全贯穿”，然后单击“确定”按钮。结果如图 12–29 所示。

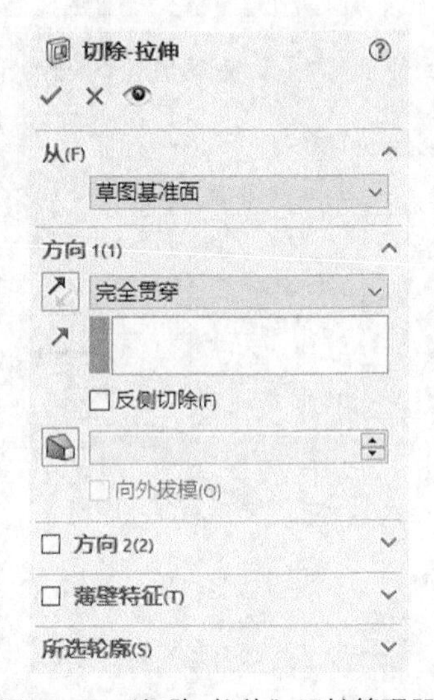

图 12-28　“切除-拉伸”属性管理器

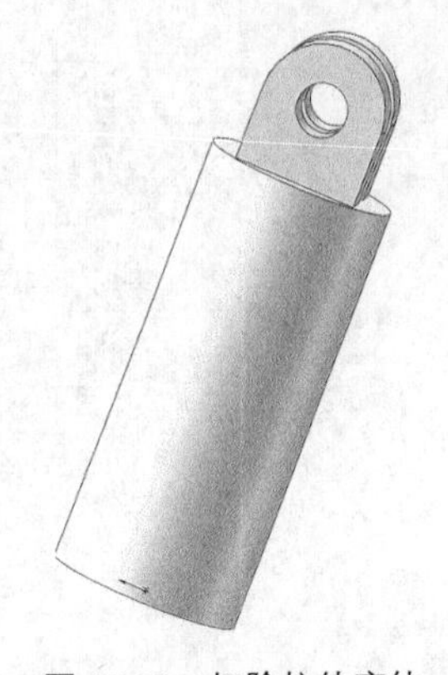

图 12-29　切除拉伸实体

07 创建倒角特征。选择菜单栏中的“插入”→“特征”→“倒角”命令，或者单击“特征”控制面板中的“倒角”按钮，系统弹出图 12–30 所示的“倒角”属性管理器。将距离设置为 2mm，在“角度”文本框中输入“45”，然后单击“确定”按钮，结果如图 12–31 所示。

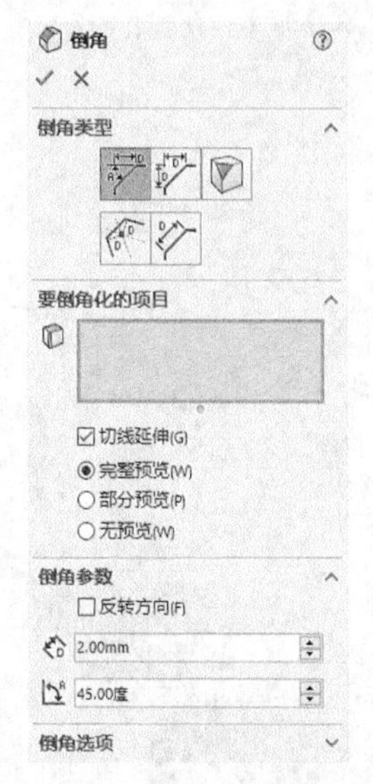

图 12-30 “倒角”属性管理器

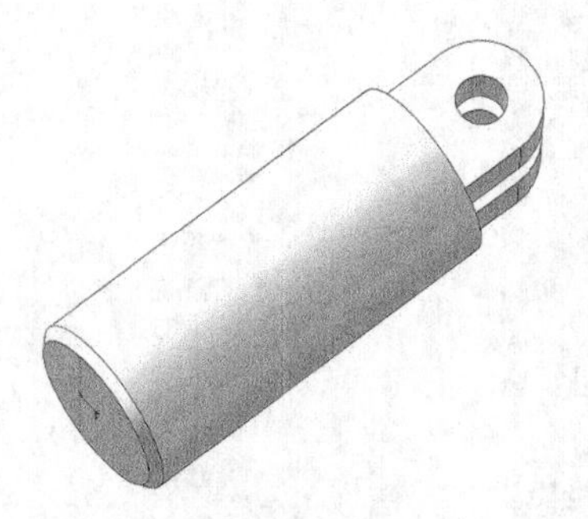

图 12-31 具有倒角特征的图形

12.4 填料压盖

在本例中，我们要创建的填料压盖如图 12-32 所示。

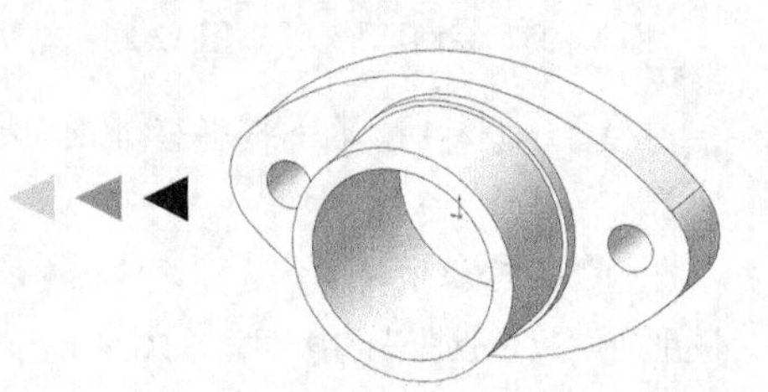

图 12-32 填料压盖

思路分析

首先通过拉伸创建安装板，然后通过拉伸和切除拉伸创建用于安装螺栓的凸台和安装通孔。填料压盖的创建流程如图 12-33 所示。

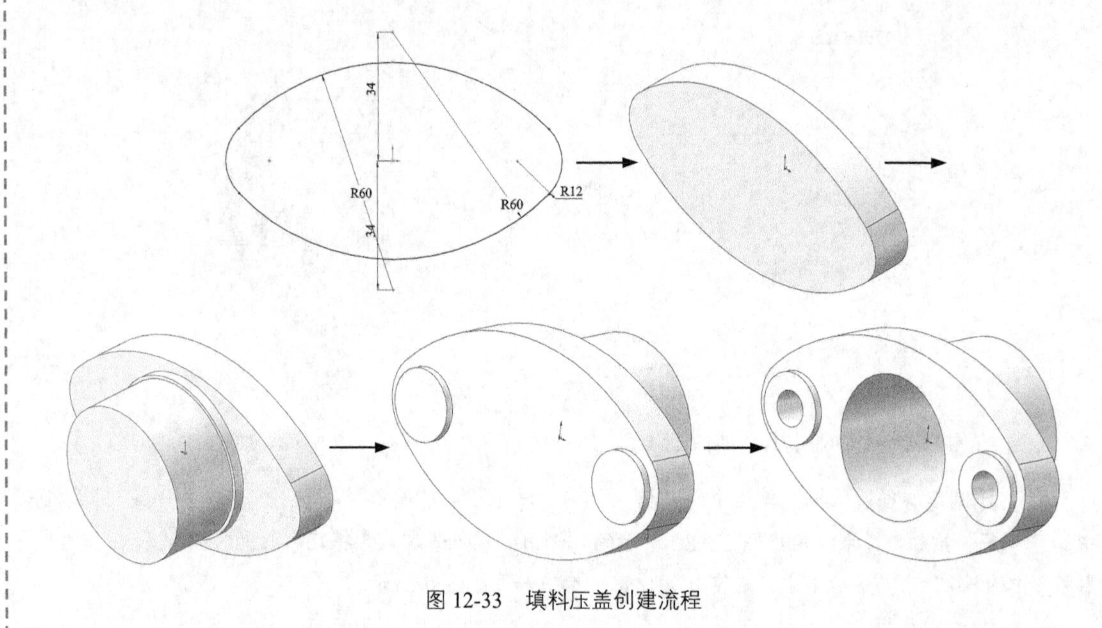

图 12-33 填料压盖创建流程

12.4.1 创建安装板

01 新建文件。启动 SOLIDWORKS 2022，选择菜单栏中的“文件”→“新建”命令，或者单击“快速访问”工具栏中的“新建”按钮，在弹出的“新建 SOLIDWORKS 文件”对话框中选择“零件”按钮，然后单击“确定”按钮，创建一个新的零件文件。

02 绘制草图。在左侧的 FeatureManager 设计树中选择“前视基准面”，将其作为绘制图形的基准面。单击“草图”控制面板中的“圆”按钮、“剪裁实体”按钮和“绘制圆角”按钮，绘制草图，如图 12-34 所示。

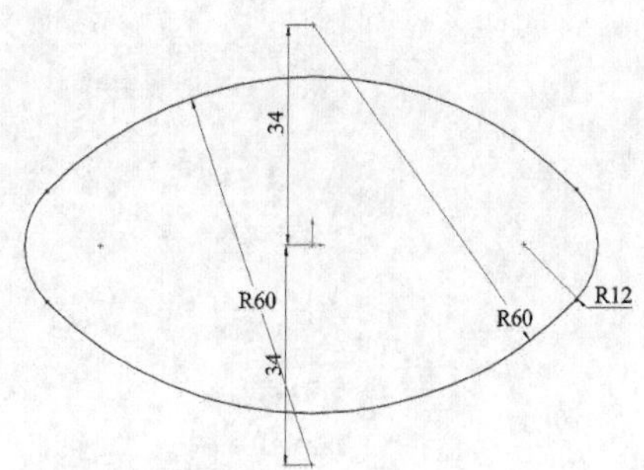

图 12-34　绘制草图

03 拉伸实体。选择菜单栏中的“插入”→“凸台/基础实体”→“拉伸”命令，或者单击“特征”控制面板中的“拉伸凸台/基础实体”按钮，系统弹出图 12-35 所示的“凸台-拉伸”属性管理器。将终止条件设置为“给定深度”，将拉伸距离设置为 12mm，然后单击“确定”按钮。结果如图 12-36 所示。

图 12-35　“凸台-拉伸”属性管理器

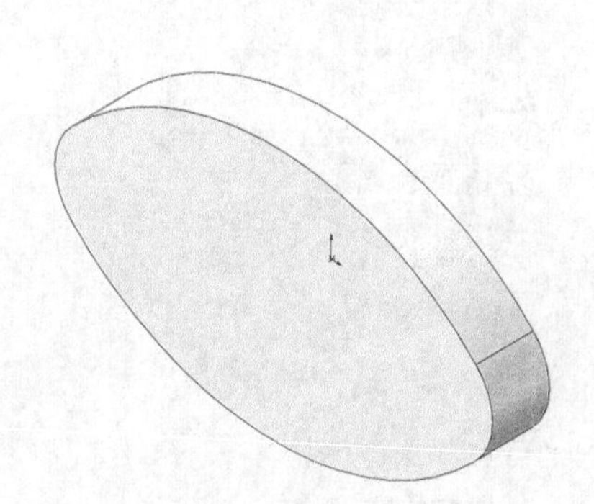
图 12-36　拉伸实体

12.4.2 创建凸台

01 设置基准面。选择图 12-36 所示的后表面，将其作为草图绘制基准面。单击“视图（前导）”工具栏中的“正视于”按钮，新建草图。

02 绘制草图。单击“草图”控制面板中的“圆”按钮，在坐标原点处绘制直径为 46mm 的圆。

03 拉伸实体。选择菜单栏中的“插入”→“凸台/基础实体”→“拉伸”命令，或者单击“特征”控制面板中的“拉伸凸台/基础实体”按钮，系统弹出图 12-37 所示的“凸台-拉伸”属性管理器。将终止条件设置为“给定深度”，将拉伸距离设置为 3mm，然后单击“确定”按钮。结果如图 12-38 所示。

04 设置基准面。选择图 12-38 中的面 1。单击“视图（前导）”工具栏中的“正视于”按钮，新建草图。

05 绘制草图。单击“草图”控制面板中的“圆”按钮，在坐标原点处绘制直径为 44mm 的圆。

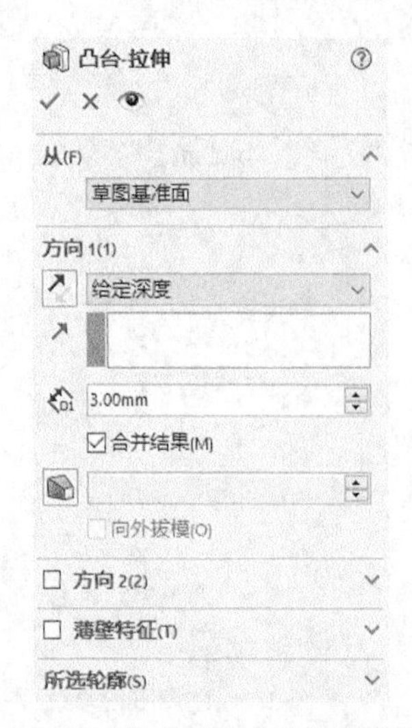

图 12-37 “凸台-拉伸”属性管理器

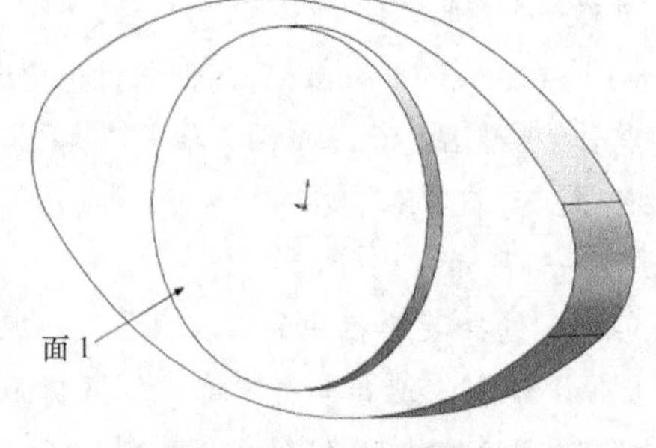

图 12-38 拉伸实体

06 拉伸实体。选择菜单栏中的“插入”→“凸台/基础实体”→“拉伸”命令，或者单击“特征”控制面板中的“拉伸凸台/基础实体”按钮，系统弹出图 12-39 所示的“凸台-拉伸”属性管理器。将终止条件设置为“给定深度”，将拉伸距离设置为 20mm，然后单击“确定”按钮。结果如图 12-40 所示。

图 12-39 “凸台-拉伸”属性管理器

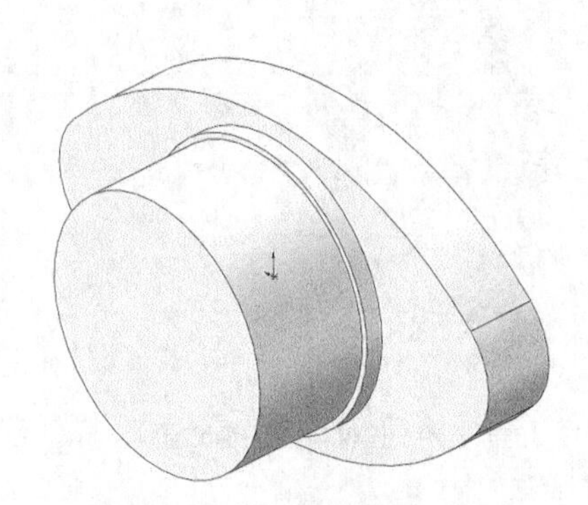

图 12-40 拉伸实体

07 设置基准面。选择图 12-40 所示的实体背面。单击“视图（前导）”工具栏中的“正视于”按钮，新建草图。

08 绘制草图。单击“草图”控制面板中的“圆”按钮，绘制草图，如图 12-41 所示。

09 拉伸实体。选择菜单栏中的“插入”→“凸台/基础实体”→“拉伸”命令，或者单击“特征”控制面板中的“拉伸凸台/基础实体”按钮，系统弹出图 12-42 所示的“凸台-拉伸”属性管理器。将终止条件设置为“给定深度”，将拉伸距离设置为 2mm，然后单击“确定”按钮。结果如图 12-43 所示。

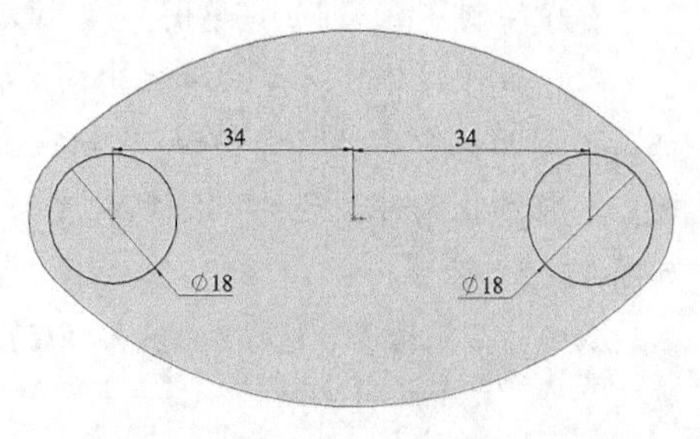

图 12-41 绘制草图

图 12-42 “凸台-拉伸”属性管理器

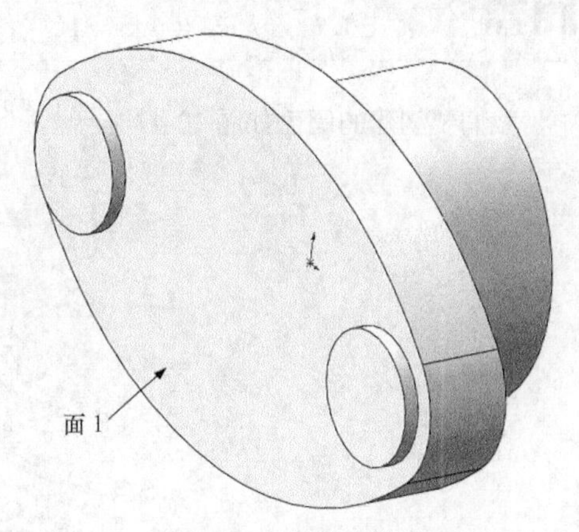

图 12-43 拉伸实体

12.4.3 创建孔

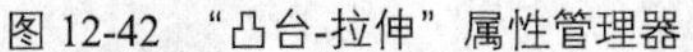

01 设置基准面。以图 12–43 中的面 1 为基准面。单击“视图（前导）”工具栏中的“正视于”按钮，新建草图。

02 绘制草图。单击“草图”控制面板中的“圆”按钮，在原点处绘制直径为 36mm 的圆。

03 切除拉伸实体。选择菜单栏中的“插入”→“切除”→“拉伸”命令，或者单击“特征”控制面板中的“拉伸切除”按钮，系统弹出图 12–44 所示的“切除–拉伸”属性管理器。将终止条件设置为“完全贯穿”，然后单击“确定”按钮。结果如图 12–45 所示。

04 设置基准面。以图 12–45 所示的小凸台的上表面为基准面。单击“视图（前导）”工具栏中的“正视于”按钮，新建草图。

05 绘制草图。单击“草图”控制面板中的“圆”按钮，在两个小凸台的圆心处绘制两个直径为 9mm 的圆。

06 切除拉伸实体。选择菜单栏中的“插入”→“切除”→“拉伸”命令，或者单击“特征”控制面板中的“拉伸切除”按钮，系统弹出“切除–拉伸”属性管理器。将终止条件设置为“完全贯穿”，然后单击“确定”按钮。结果如图 12–46 所示。

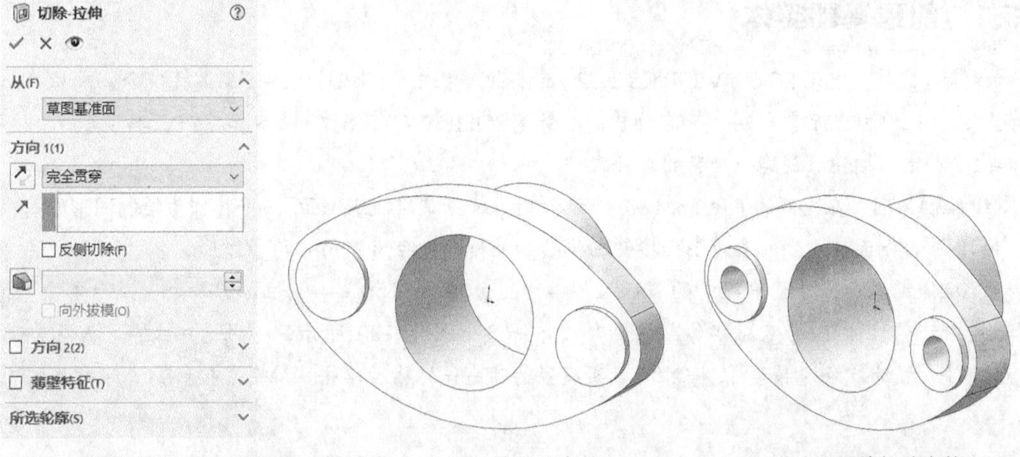

图 12-44 “切除-拉伸”属性管理器　　图 12-45 切除拉伸实体　　图 12-46 切除拉伸实体

12.5 阀盖

在本例中，我们要创建的阀盖如图 12-47 所示。

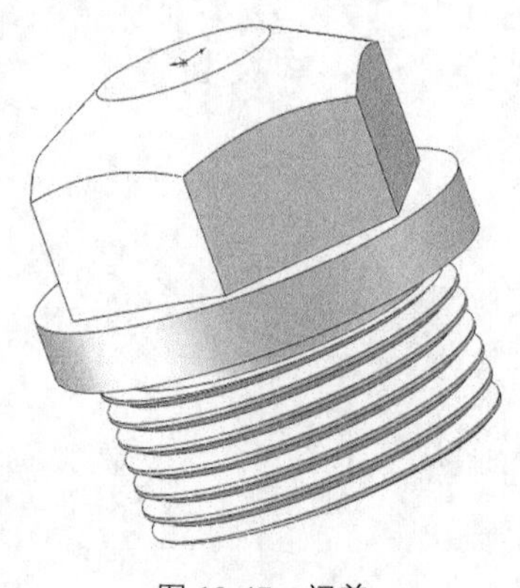

图 12-47 阀盖

思路分析

首先创建六棱柱体然后通过旋转切除创建螺帽，再通过旋转创建主体，最后通过扫描切除创建外螺纹。阀盖的创建流程如图 12-48 所示。

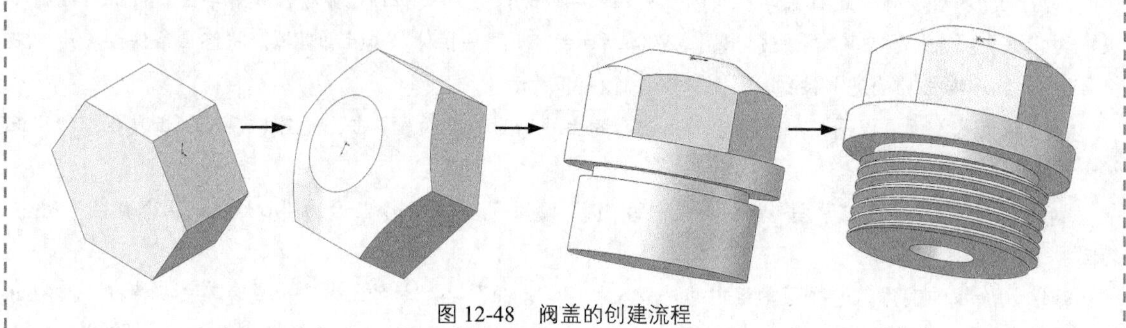

图 12-48 阀盖的创建流程

12.5.1 创建基础实体

01 新建文件。启动 SOLIDWORKS 2022，选择菜单栏中的“文件”→“新建”命令，或者单击“快速访问”工具栏中的“新建”按钮，在弹出的“新建 SOLIDWORKS 文件”对话框中选择“零件”按钮，然后单击“确定”按钮，创建一个新的零件文件。

02 绘制草图。在左侧的 FeatureManager 设计树中选择“前视基准面”，将其作为绘制图形的基准面。单击“草图”控制面板中的“多边形”按钮，绘制外接圆直径为 32mm 的多边形。

03 拉伸实体。选择菜单栏中的“插入”→“凸台/基础实体”→“拉伸”命令，或者单击“特征”控制面板中的“拉伸凸台/基础实体”按钮，系统弹出图 12-49 所示的“凸台-拉伸”属性管理器。将终止条件设置为“给定深度”，将拉伸距离设置为 15mm，然后单击“确定”按钮。结果如图 12-50 所示。

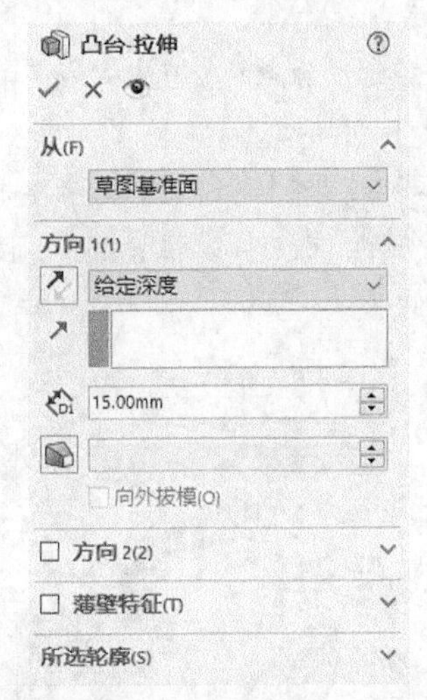

图 12-49 “凸台-拉伸”属性管理器

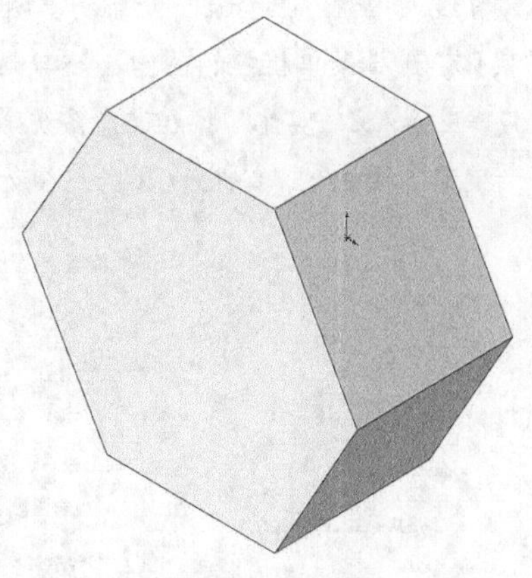

图 12-50 拉伸实体

12.5.2 创建螺帽

01 设置基准面。在 FeatureManager 设计树中选择“上视基准面”，将其作为绘图基准面。单击“草图绘制”按钮，新建一张草图。

02 绘制草图。单击“草图”控制面板中的“中心线”按钮和“直线”按钮，绘制图 12-51 所示的直线轮廓。

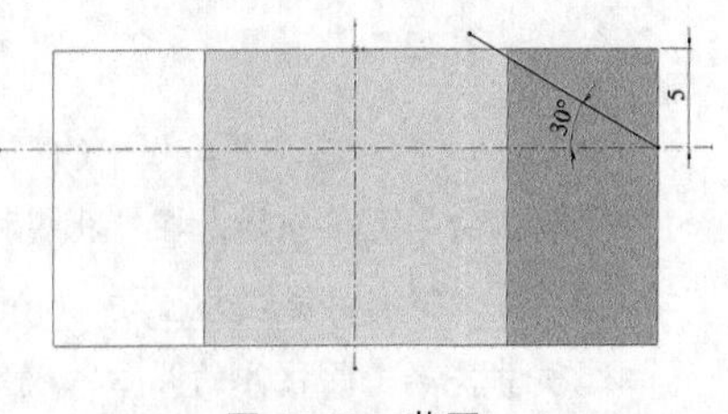

图 12-51 草图

03 切除旋转实体。选择菜单栏中的“插入”→“切除”→“旋转”命令，或单击“特征”控制面板中的“旋转切除”按钮。在弹出的提示对话框中单击“是”按钮，如图 12-52 所示。系统弹出“切除-旋转”属性管理器，保持各种默认设置，即将旋转类型设置为“给定深度”；在“旋转角度”文本框中输入“360”；单击“确定”按钮，生成切除-旋转特征。参数设置如图 12-53（左）所示。

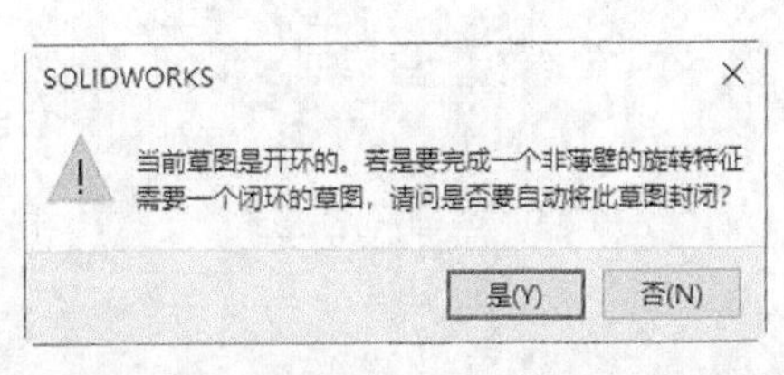

图 12-52 提示对话框

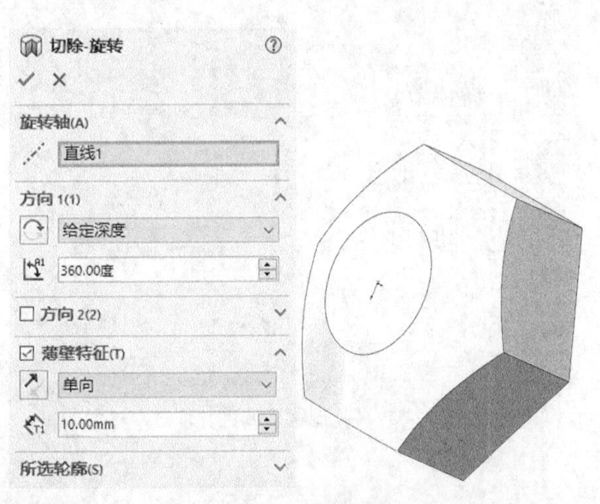

图 12-53 旋转切除实体

04 创建基准面。在左侧的 FeatureManager 设计树中选择“上视基准面”，将其作为绘制图形的基准面。

05 单击“草图”控制面板中的“中心线”按钮，绘制一条通过原点的竖直中心线；单击“草图”控制面板中的“直线”按钮，绘制压紧套的草图。结果如图 12-54 所示。

06 旋转实体。选择菜单栏中的“插入”→“凸台/基础实体”→“旋转”命令，或者单击“特征”控制面板中的“旋转凸台/基础实体”按钮，系统弹出图 12-55 所示的“旋转”属性管理器。按照图示设置后，然后单击“确定”按钮✔。结果如图 12-56 所示。

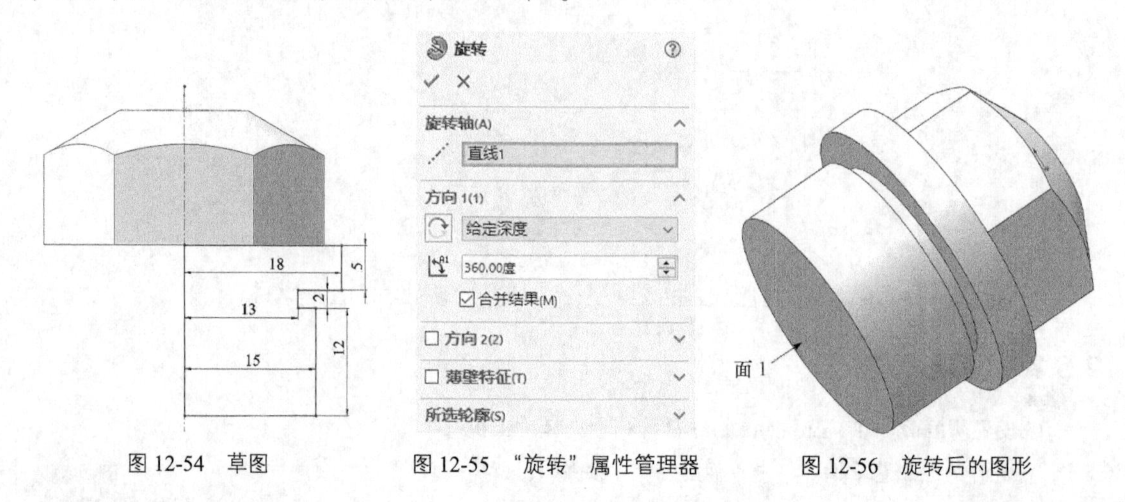

图 12-54 草图　　图 12-55 “旋转”属性管理器　　图 12-56 旋转后的图形

07 添加孔。选择菜单栏中的“插入”→“特征”→“孔向导”命令，或者单击“特征”控制面板中的“异型孔向导”按钮，在“孔规格”属性管理器中将“大小”设置为“M12”，将“终止条件”设置为“给定深度”，将孔的深度设置为 30mm。其他设置如图 12-57 所示。单击“孔规格”属性管理器中的“位置”选项卡。单击圆柱体的圆心，确定螺纹孔的位置，如图 12-58 所示，最后单击“确定”按钮✔。最终结果如图 12-59 所示。

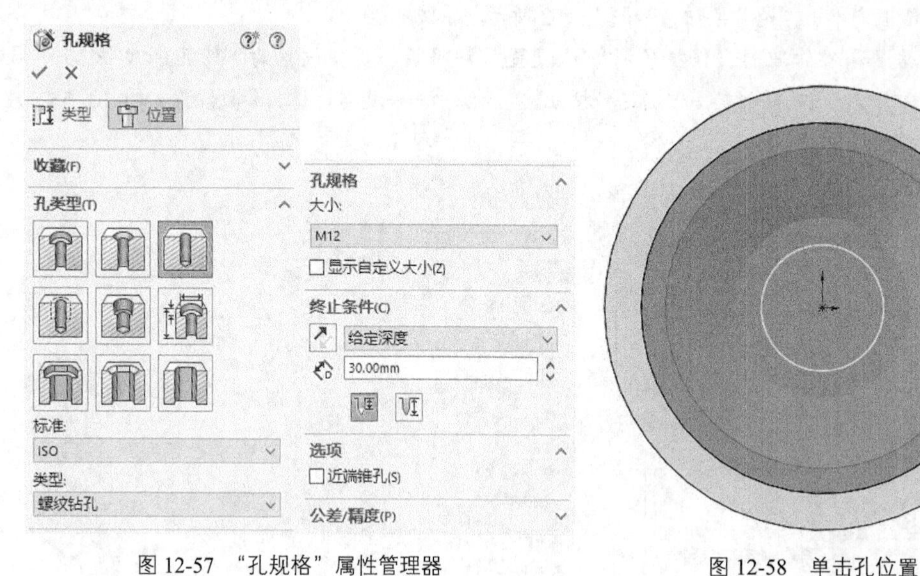

图 12-57 “孔规格”属性管理器　　图 12-58 单击孔位置

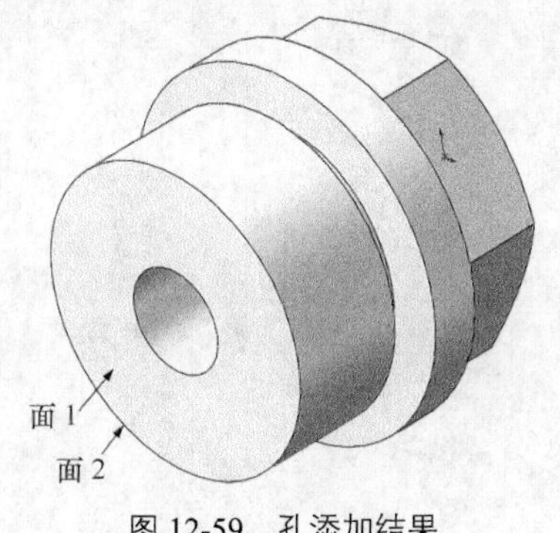

图 12-59　孔添加结果

12.5.3　创建外螺纹

01 单击图 12–59 中的面 1，然后单击“视图（前导）”工具栏中的“正视于”按钮，将该表面作为绘制图形的基准面。

02 转换实体引用。单击“草图”控制面板中的“转换实体引用”按钮，将边线 2 转换为草图实体。

03 选择菜单栏中的“插入”→“曲线”→“螺旋线/涡状线”命令，或者单击“特征”控制面板的“曲线”下拉列表中的“螺旋线/涡状线”按钮，系统弹出“螺旋线/涡状线”属性管理器，如图 12–60 所示。在属性管理器中选择定义方式“高度和螺距”，将高度设置为 14mm，将螺距设置为 2mm，选择反向，在“起始角度”文本框中输入“0”，选定“顺时针”单选按钮，然后单击“确定”按钮。生成螺旋线。结果如图 12–61 所示。

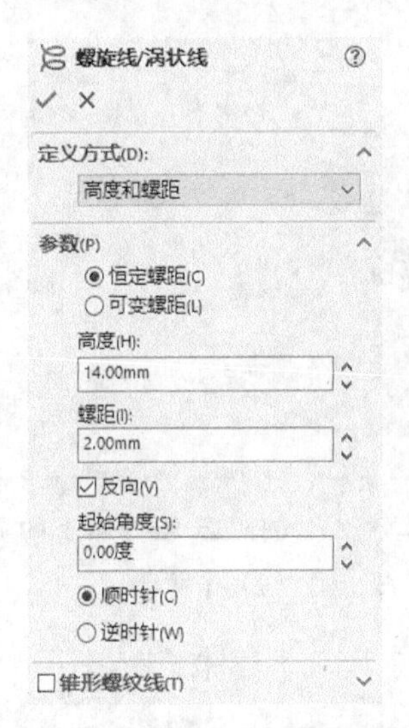

图 12-60　“螺旋线/涡状线”属性管理器

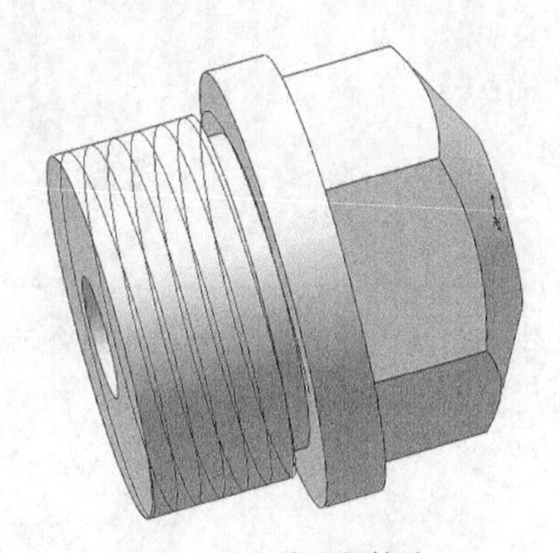

图 12-61　生成的螺旋线

04 设置基准面。在左侧的 FeatureMannger 设计树中选择“右视基准面”，将其作为绘图基准面，然后单击“视图（前导）”工具栏中的“正视于”按钮，将该表面作为绘制图形的基准面。

05 绘制草图。单击“草图”控制面板中的“直线”按钮，绘制螺纹牙型草图，尺寸如图 12–62 所示。

06 绘制螺纹。选择菜单栏中的“插入”→“切除”→“扫描”命令，或者单击“特征”控制面板中的“扫描切除”按钮，系统弹出“切除–扫描”属性管理器，如图 12–63 所示。以图形区域中的牙型草图为轮廓；然后选择将螺旋线作为扫描路径，单击“确定”按钮。结果如图 12–64 所示。

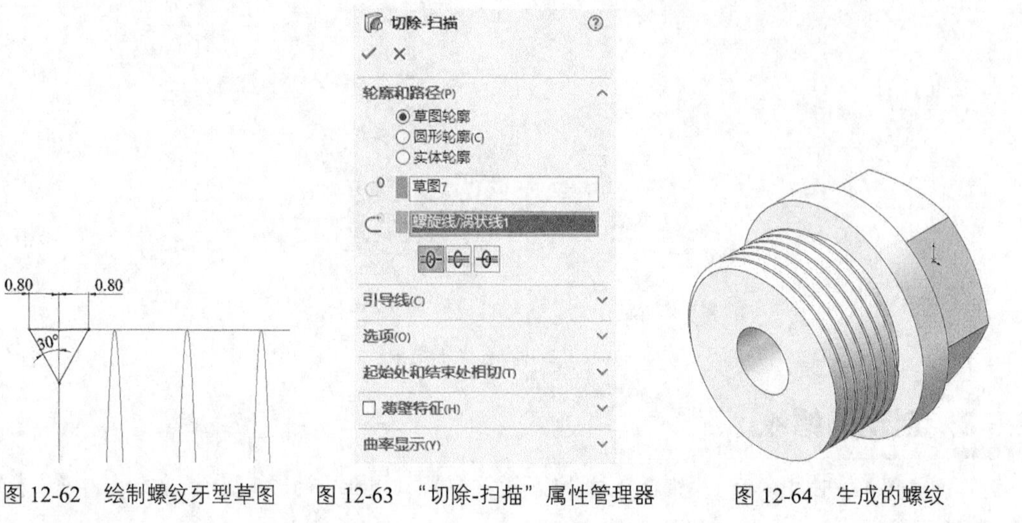

图 12-62 绘制螺纹牙型草图　图 12-63 “切除-扫描”属性管理器　图 12-64 生成的螺纹

12.6 阀体

在本例中，我们要创建的阀体如图 12-65 所示。

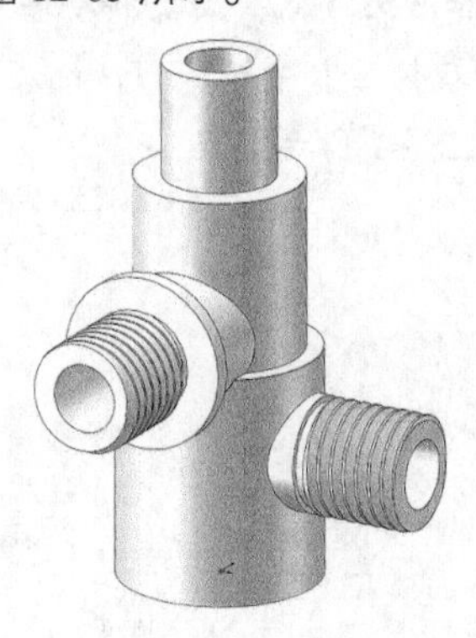

图 12-65 阀体

思路分析

首先通过拉伸创建阀体的三叉外轮廓，然后通过拉伸切除创建三叉实体上的孔系，最后通过扫描切除创建 3 个连接外螺纹和内螺纹。阀体创建流程如图 12-66 所示。

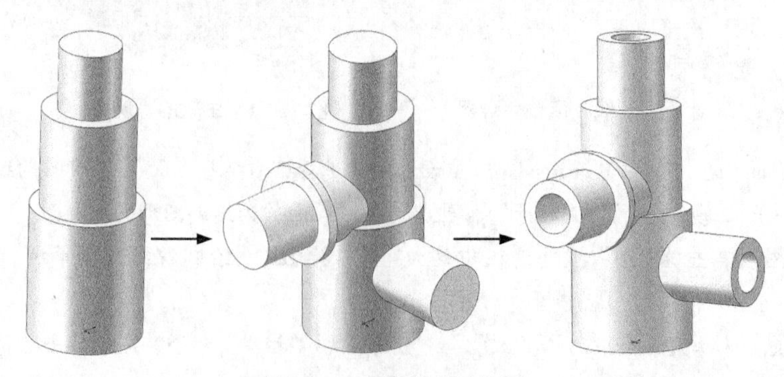

图 12-66 阀体的创建流程

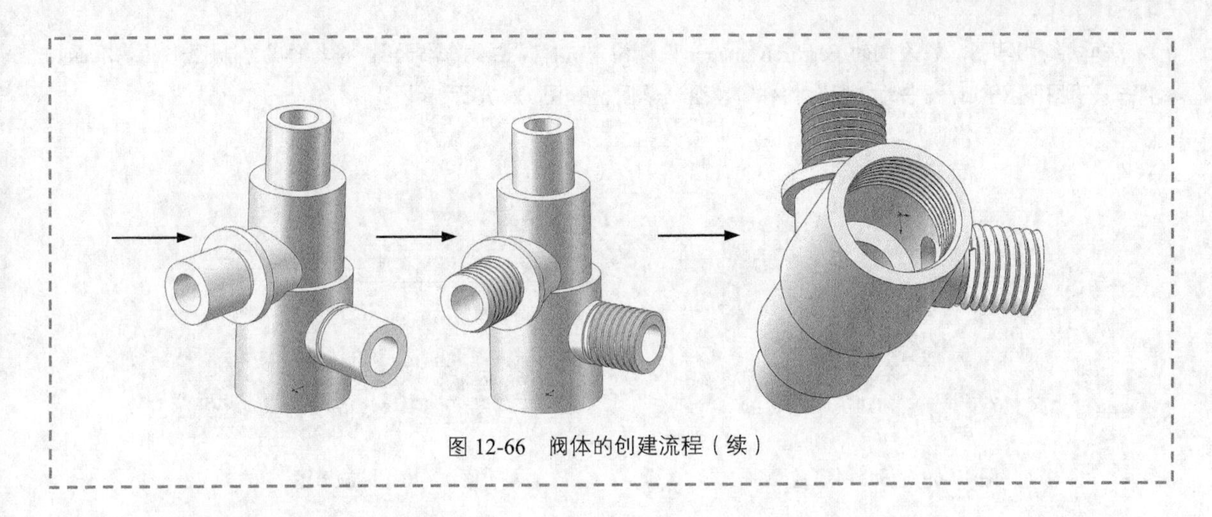

图 12-66　阀体的创建流程（续）

12.6.1　创建绘制阀体主体

01 新建文件。启动 SOLIDWORKS 2022，选择菜单栏中的“文件”→“新建”命令，或者单击“快速访问”工具栏中的“新建”按钮，在弹出的“新建 SOLIDWORKS 文件”对话框中选择“零件”按钮，然后单击“确定”按钮，创建一个新的零件文件。

02 绘制草图。在左侧的 FeatureManager 设计树中选择“前视基准面”，将其作为绘制图形的基准面。单击“草图”控制面板中的“圆”按钮，绘制直径为 36mm 的圆。

03 拉伸实体。选择菜单栏中的“插入”→“凸台/基础实体”→“拉伸”命令，或者单击“特征”控制面板中的“拉伸凸台/基础实体”按钮，系统弹出图 12−67 所示的“凸台−拉伸”属性管理器。将终止条件设置为“给定深度”，将拉伸距离设置为 40mm，然后单击“确定”按钮。结果如图 12−68 所示。

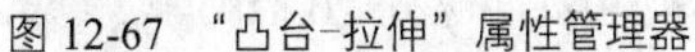

图 12-67　“凸台-拉伸”属性管理器

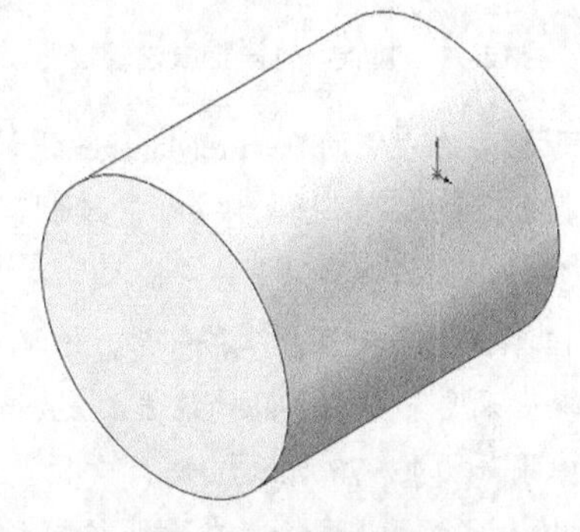

图 12-68　拉伸实体

04 重复步骤 02 和步骤 03，在圆台上表面上连续创建 ϕ30×30 和 ϕ20×20 的凸台，结果如图 12−69 所示。

05 绘制草图。在左侧的 FeatureManager 设计树中选择“右视基准面”，将其作为绘制图形的基准面。单击“草图”控制面板中的“圆”按钮，绘制草图，如图 12-70 所示。

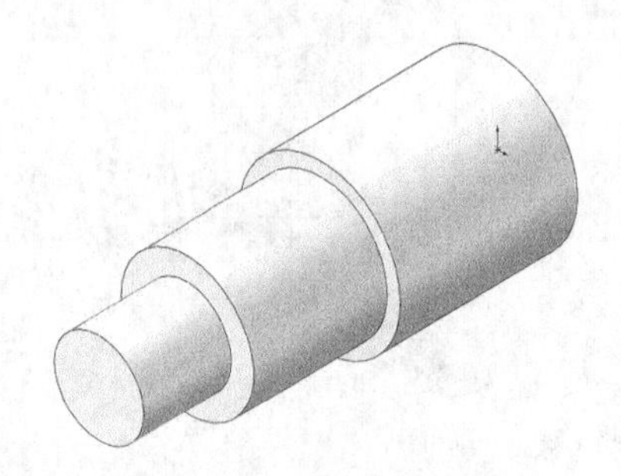
图 12-69 凸台创建结果

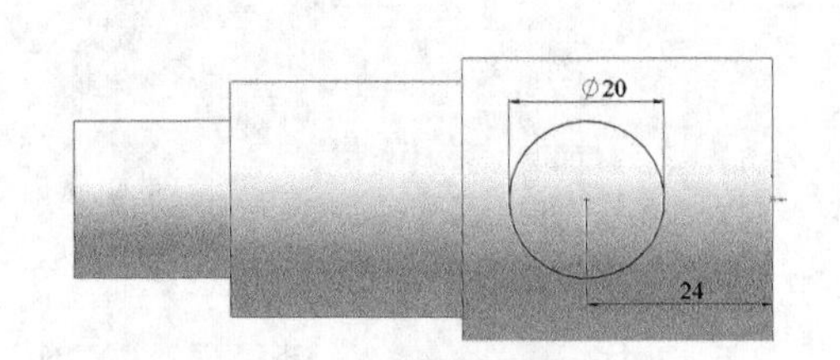

图 12-70 绘制草图

06 拉伸实体。选择菜单栏中的“插入”→“凸台/基础实体”→“拉伸”命令，或者单击“特征”控制面板中的“拉伸凸台/基础实体”按钮，系统弹出图 12-71 所示的“凸台-拉伸”属性管理器。将终止条件设置为“给定深度”，将拉伸距离设置为 40mm，然后单击“确定”按钮✔。结果如图 12-72 所示。

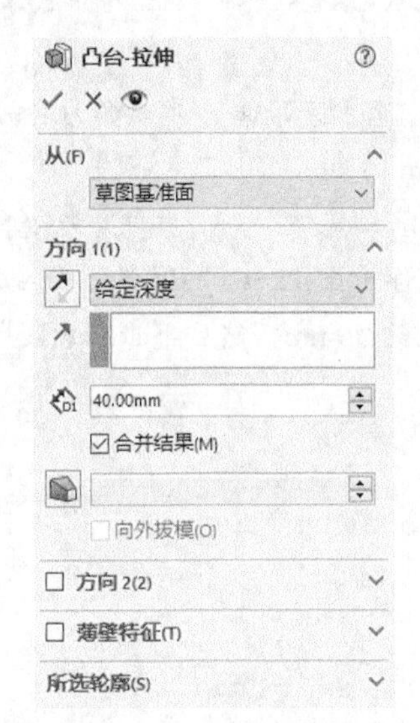

图 12-71 “凸台-拉伸”属性管理器

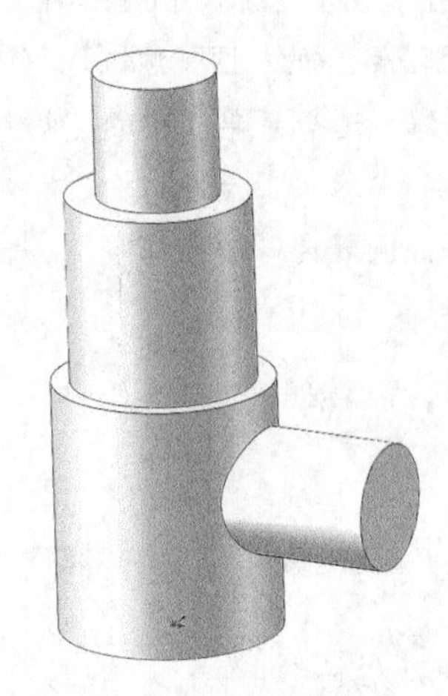
图 12-72 拉伸实体

07 绘制草图。在左侧的 FeatureManager 设计树中选择“上视基准面”，将其作为绘制图形的基准面。单击“草图”控制面板中的“圆”按钮，绘制草图，如图 12-73 所示。

08 拉伸实体。选择菜单栏中的“插入”→“凸台/基础实体”→“拉伸”命令，或者单击“特征”控制面板中的“拉伸凸台/基础实体”按钮，系统弹出图 12-74 所示的“凸台-拉伸”属性管理器。将终止条件设置为“给定深度”，将拉伸距离设置为 24mm，单击属性管理器当中的“反向”按钮，然后单击“确定”按钮✔。结果如图 12-75 所示。

09 重复执行“拉伸”命令，在上步绘制的表面上创建ϕ30×3 和ϕ20×20 的凸台，结果如图 12-76 所示。

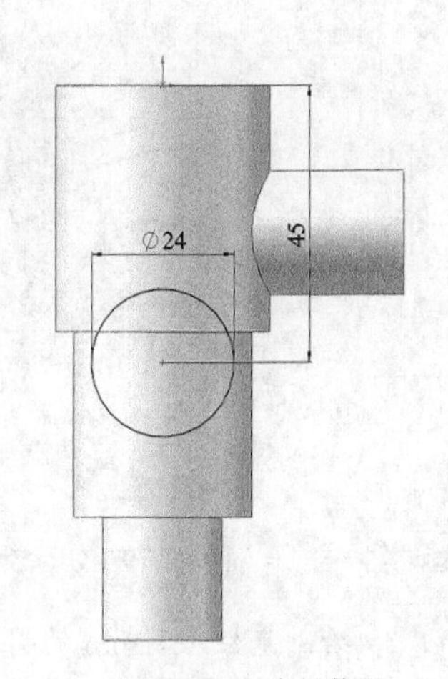

图 12-73　绘制草图

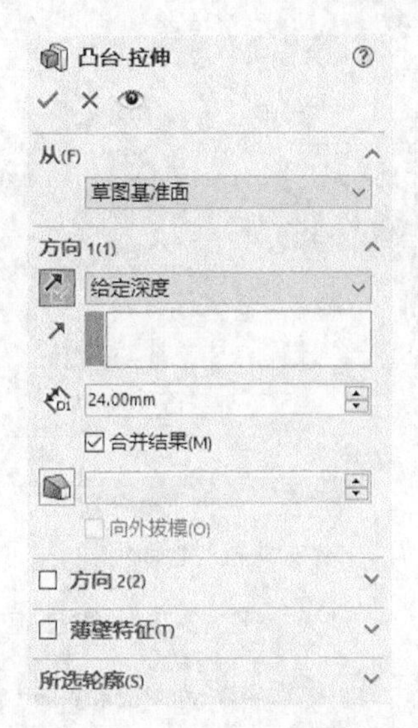

图 12-74　“凸台-拉伸”属性管理器

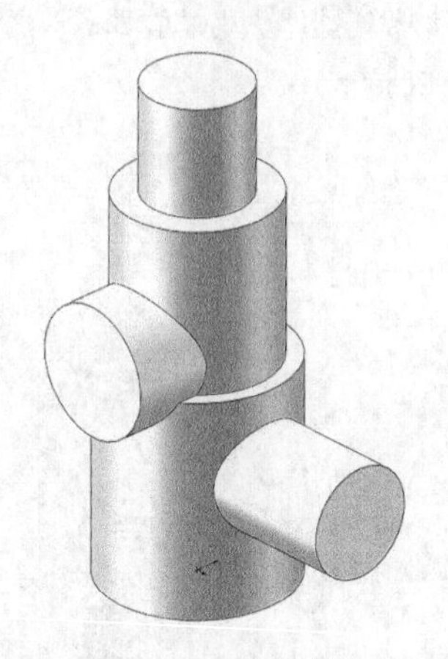

图 12-75　拉伸实体

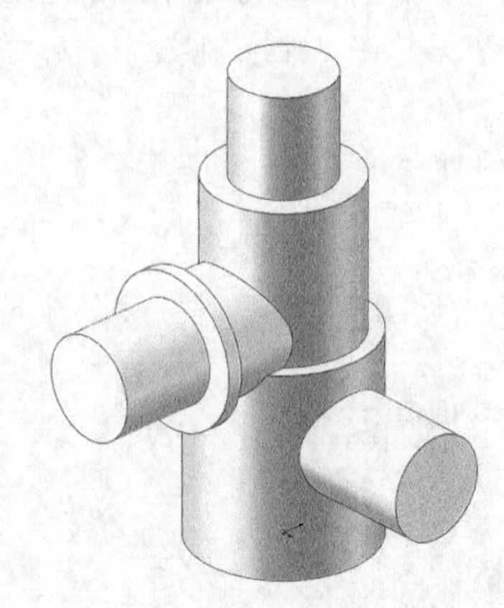

图 12-76　凸台创建结果

12.6.2　创建孔系

01 绘制草图。在左侧的 FeatureMannger 设计树中选择“上视基准面”，将其作为绘图基准面，然后单击“草图”控制面板中的“中心线”按钮和“直线”按钮，绘制草图。选择菜单栏中的“工具”→“标注尺寸”→“智能尺寸”命令，或者单击“草图”控制面板中的“智能尺寸”按钮，对草图进行尺寸标注，调整草图尺寸，结果如图 12–77 所示。

02 旋转切除实体。选择菜单栏中的“插入”→“切除”→“旋转”命令，或者单击“特征”控制面板中的“旋转切除”按钮，系统弹出“切除–旋转”属性管理器，如图 12–78 所示。在属性管理器中单击“旋转轴”栏，然后单击拾取草图中心线；将旋转类型设置为“给定深度”，将旋转角度设置为 360 度，然后单击“确定”按钮。结果如图 12–79 所示。

03 设置基准面。单击“视图（前导）”工具栏中的“旋转视图”按钮，改变视图的方向，然后以图 12–79 中的面 1 为基准面，单击“视图（前导）”工具栏中的“正视于”按钮，新建草图。

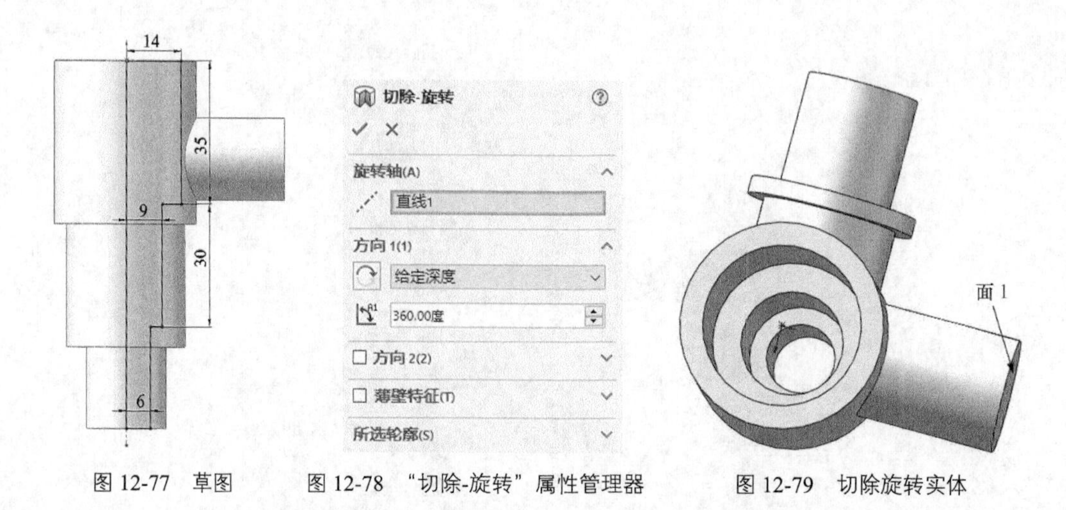

图 12-77　草图　　图 12-78　“切除-旋转”属性管理器　　图 12-79　切除旋转实体

04 绘制草图。单击“草图”控制面板中的“圆”按钮，绘制直径为 12mm 的圆。

05 切除拉伸实体。选择菜单栏中的“插入”→“切除”→“拉伸”命令，或者单击“特征”控制面板中的“拉伸切除”按钮，此时系统弹出图 12–80 所示的“切除–拉伸”属性管理器。将终止条件设置为“成形到下一面”，然后单击“确定”按钮。结果如图 12–81 所示。

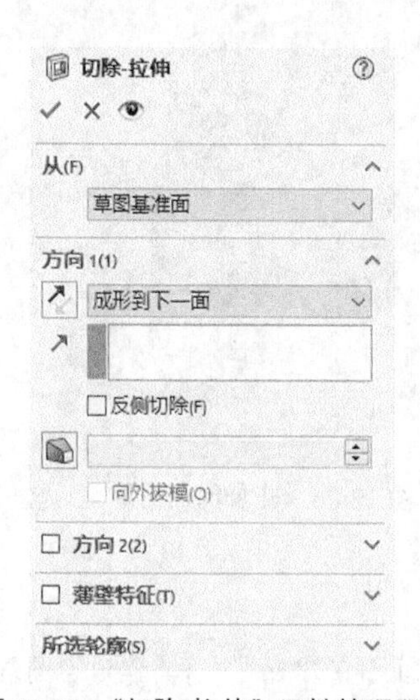

图 12-80　“切除-拉伸”属性管理器

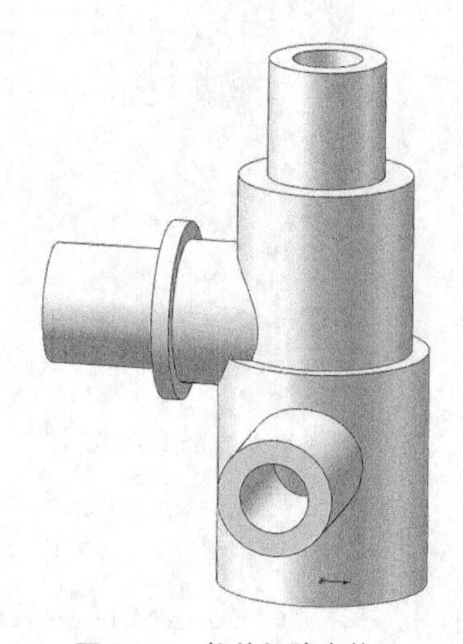

图 12-81　拉伸切除实体

06 设置基准面。单击“视图（前导）”工具栏中的“旋转视图”按钮，改变视图的方向，然后以图 12–82 中的面 1 为基准面，单击“视图（前导）”工具栏中的“正视于”按钮，新建草图。

07 绘制草图。单击“草图”控制面板中的“圆”按钮，绘制直径为 12mm 的圆。

08 切除拉伸实体。选择菜单栏中的“插入”→“切除”→“拉伸”命令，或者单击“特征”控制面板中的“拉伸切除”按钮，系统弹出图 12–83 所示的“切除–拉伸”属性管理器。将终止条件设置为“成形到下一面”，然后单击“确定”按钮。结果如图 12–84 所示。

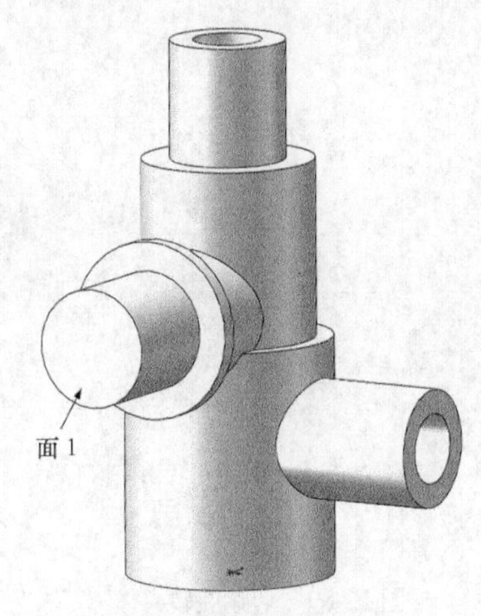

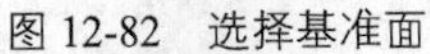
图 12-82　选择基准面

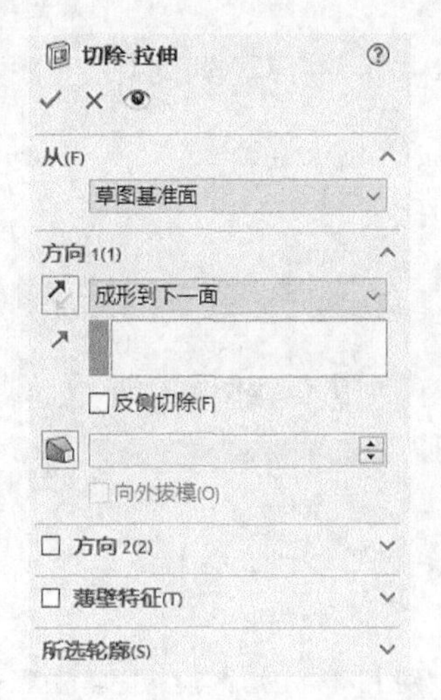

图 12-83　“切除-拉伸”属性管理器

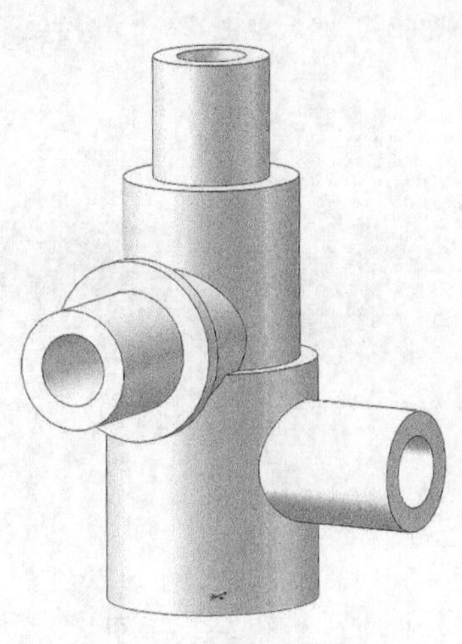

图 12-84　切除拉伸实体

12.6.3　创建退刀槽

01 创建基准面。在左侧的 FeatureManager 设计树中选择“前视基准面”，将其作为绘制图形的基准面。单击“特征”控制面板“参考几何体”下拉列表中的“基准面”按钮，系统弹出“基准面”属性管理器，将偏移距离设置为 45mm，如图 12-85 所示；单击“确定”按钮，生成基准面，结果如图 12-86 所示。

图 12-85　“基准面”属性管理器

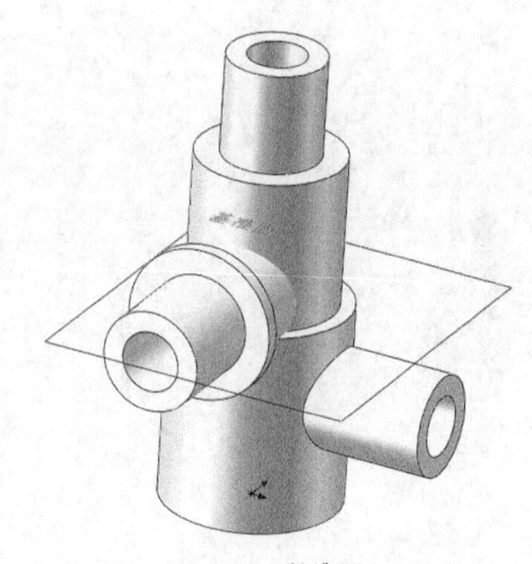

图 12-86　基准面

02 设置基准面。在左侧的 FeatureMannger 设计树中选择“基准面 1”，将其作为绘图基准面。单击“视图（前导）”工具栏中的“正视于”按钮，新建草图。

03 绘制草图。单击“草图”控制面板中的“中心线”按钮和“边角矩形”按钮，结果如图 12-87 所示。

04 切除旋转实体。选择菜单栏中的“插入”→“切除”→“旋转”命令，或者单击“特征”控制面板中的“旋转切除”按钮，系统弹出“切除-旋转”属性管理器，如图 12-88 所示。在属性管理器中单击“旋转轴”栏，然后单击拾取草图中心线；将旋转类型设置为“给定深度”，在“旋转角度”文本框中输入“360”，然后单击“确定”按钮✔。结果如图 12-89 所示。

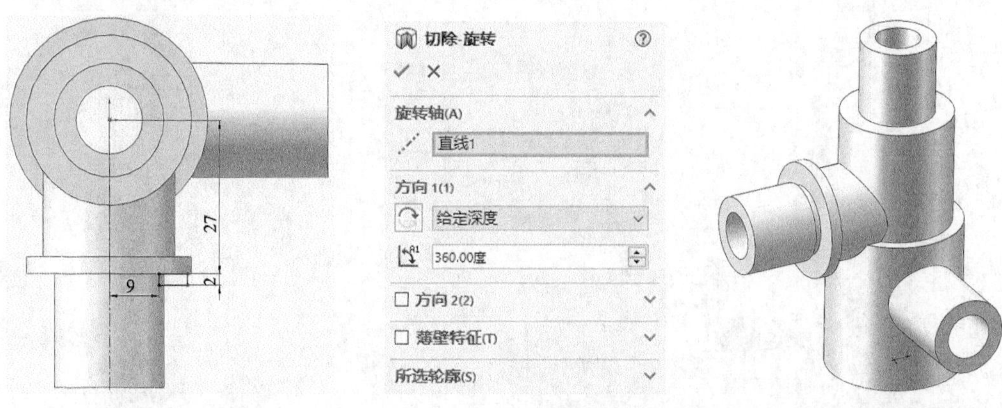

图 12-87　草图　　图 12-88　“切除-旋转”属性管理器　　图 12-89　切除旋转实体

05 创建基准面。在左侧的 FeatureManager 设计树中选择“前视基准面”，将其作为绘制图形的基准面。单击“特征”控制面板的“参考几何体”下拉列表中的“基准面”按钮，系统弹出“基准面”属性管理器，将偏移距离设置为 24mm，如图 12-90 所示；单击“确定”按钮✔，生成基准面，结果如图 12-91 所示。

06 设置基准面。在左侧的 FeatureMannger 设计树中选择“基准面 2”，将其作为绘图基准面。单击“视图（前导）”工具栏中的“正视于”按钮，新建草图。

07 绘制草图。单击“草图”控制面板中的“中心线”按钮和“边角矩形”按钮，结果如图 12-92 所示。

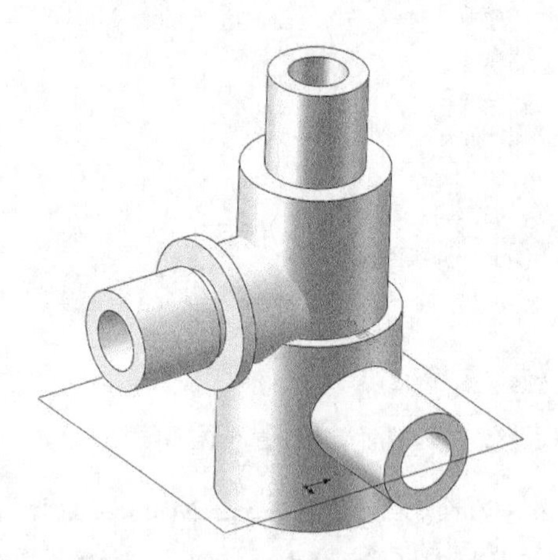

图 12-90　“基准面”属性管理器　　图 12-91　基准面

08 切除旋转实体。选择菜单栏中的“插入”→“切除”→“旋转”命令，或者单击“特征”控制面板中的“旋转切除”按钮，系统弹出“切除-旋转”属性管理器，如图 12-93 所示。在属性管理器中单击“旋转轴”栏，然后单击拾取草图中心线；将旋转类型设置为“给定深度”，在“旋转角度”文本框中输入“360”，然后单击“确定”按钮✔。结果如图 12-94 所示。

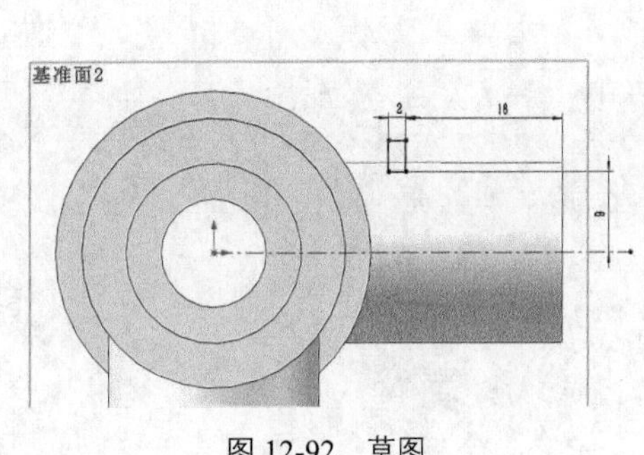

图 12-92　草图

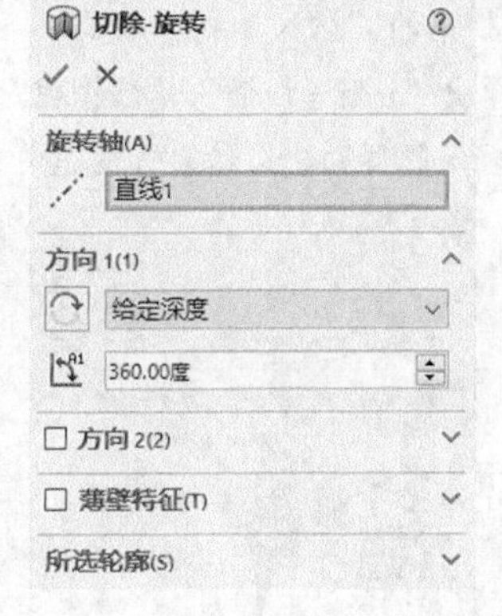

图 12-93　“切除-旋转”属性管理器

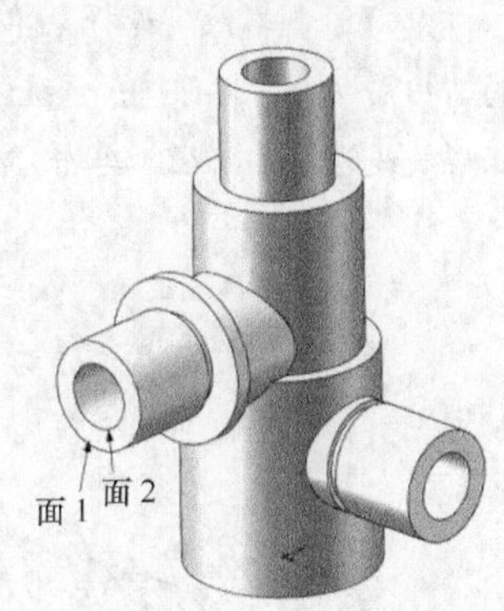

图 12-94　切除旋转实体

12.6.4　创建螺纹

01 设置基准面。在左侧的 FeatureMannger 设计树中选择“基准面 1”，将其作为绘图基准面，然后单击“视图（前导）”工具栏中的“正视于”按钮，将该表面作为绘制图形的基准面。

02 绘制草图。单击“草图”控制面板中的“直线”按钮，绘制螺纹牙型草图，尺寸如图 12−95 所示。

03 以图 12−94 中的面 1 为基准面，然后单击“视图（前导）”工具栏中的“正视于”按钮，将该表面作为绘制图形的基准面，新建草图。

04 转换实体引用。单击“草图”控制面板中的“转换实体引用”按钮，将边线 2 转换为草图实体。

05 选择菜单栏中的“插入”→“曲线”→“螺旋线/涡状线”命令，或者单击“特征”控制面板“曲线”下拉列表中的“螺旋线/涡状线”按钮，系统弹出“螺旋线/涡状线”属性管理器，如图 12−96 所示。在属性管理器中选择定义方式“高度和螺距”，将高度设置为 20mm，将螺距设置为 2.5mm，勾选“反向”复选框，在“起始角度”文本框中输入“0”，选中“顺时针”单选按钮，然后单击“确定”按钮。生成的螺旋线如图 12−97 所示。

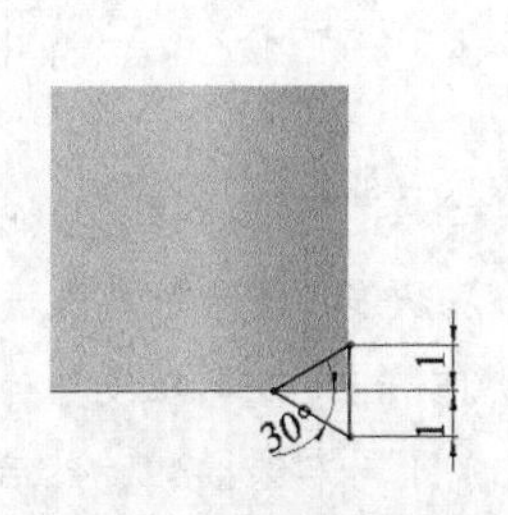

图 12-95　螺纹牙型草图

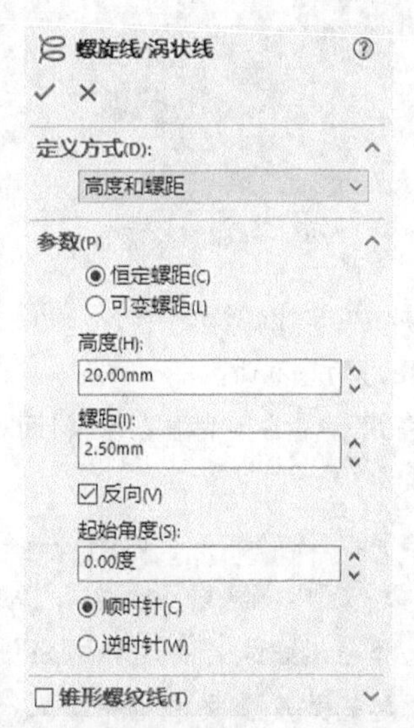

图 12-96　“螺旋线/涡状线”属性管理器

06 绘制螺纹。选择菜单栏中的“插入”→“切除”→“扫描”命令，或者单击“特征”控制面板中的“扫描切除”按钮，系统弹出“切除-扫描”属性管理器，以图形区域中的牙型草图为扫描轮廓；然后以螺旋线为扫描路径，单击“确定”按钮✔。结果如图 12-98 所示。

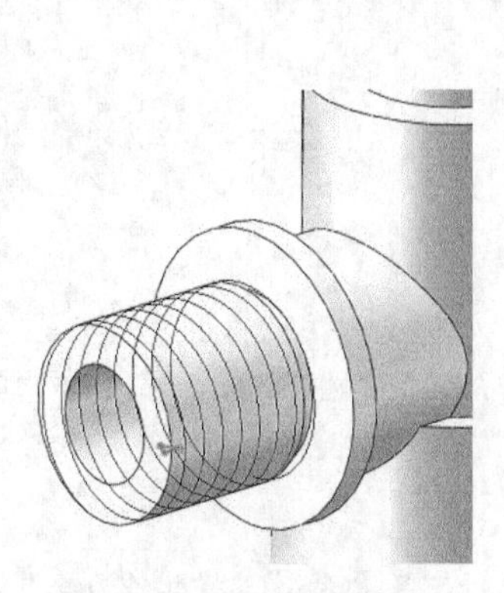
图 12-97 生成的螺旋线

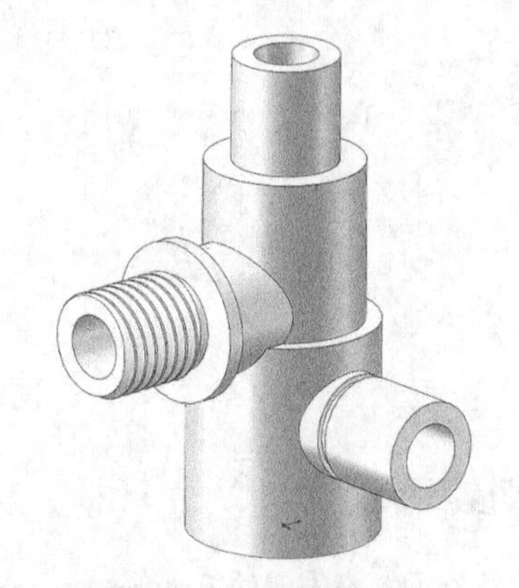
图 12-98 螺纹绘制结果

07 重复步骤 01 到步骤 04，在另一侧创建参数相同的螺纹，结果如图 12-99 所示。

08 绘制内螺纹。

❶ 设置基准面。在左侧的 FeatureMannger 设计树中选择“上视基准面”，将其作为绘图基准面，然后单击“视图（前导）”工具栏中的“正视于”按钮，将该表面作为绘制图形的基准面。

❷ 绘制草图。单击“草图”控制面板中的“直线”按钮，绘制螺纹牙型草图，尺寸如图 12-100 所示。

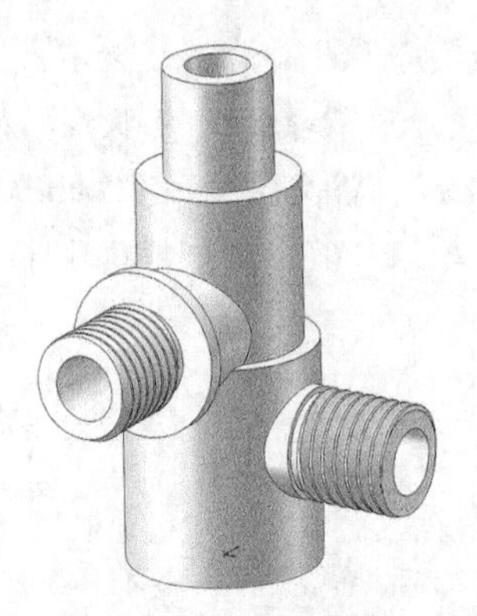
图 12-99 创建螺纹实体

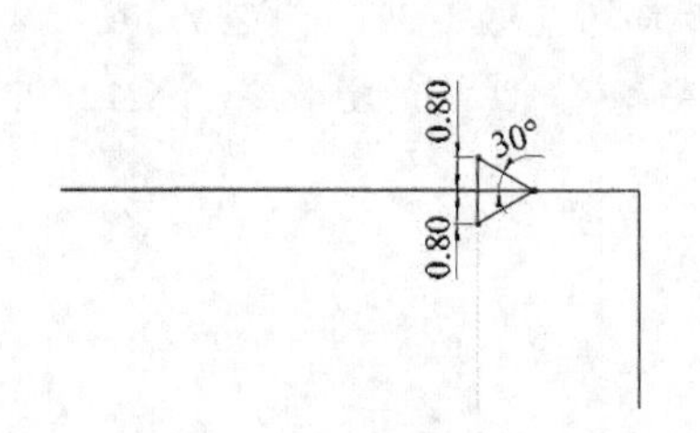

图 12-100 螺纹牙型草图

❸ 设置基准面。单击图 12-99 中的下底面，然后单击“视图（前导）”工具栏中的“正视于”按钮，将该表面作为绘制图形的基准面。

❹ 转换实体引用。单击“草图”控制面板中的“转换实体引用”按钮，将孔边线转换为草图实体。

❺ 选择菜单栏中的“插入”→“曲线”→“螺旋线/涡状线”命令，或者单击“特征”控制面板的“曲线”下拉列表中的“螺旋线/涡状线”按钮，系统弹出“螺旋线/涡状线”属性管理器，如图 12-101 所示。在属性管理器中选择定义方式“高度和螺距”，将高度设置为 15mm，将螺距设置为 2mm，勾选“反向”复选框，在“起始角度”文本框中输入“0”，选中“顺时针”单选按钮，然后单击“确定”按钮✔。生成的螺旋线如图 12-102 所示。

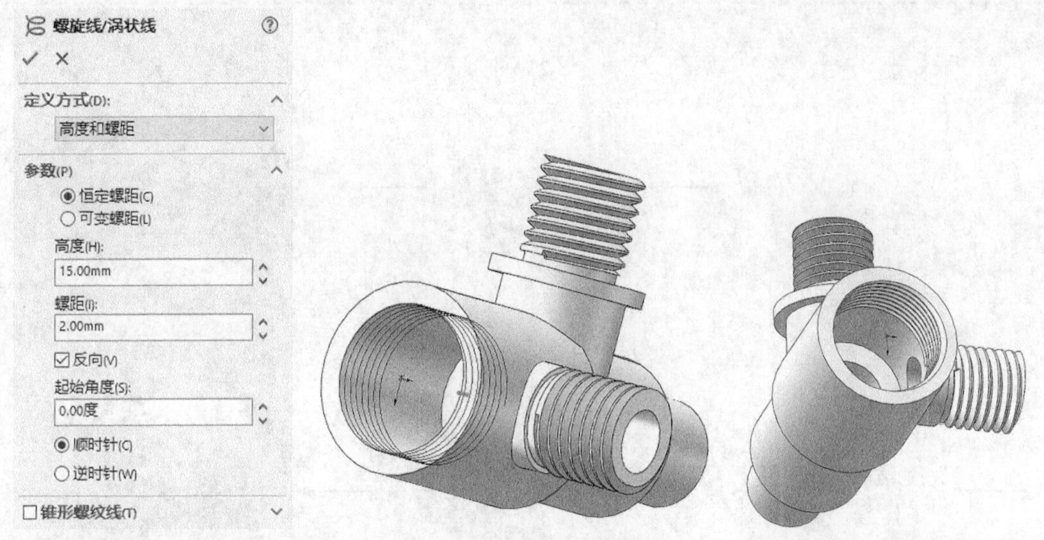

图 12-101 “螺旋线/涡状线”属性管理器　　图 12-102 生成的螺旋线　　图 12-103 螺纹实体

❻ 绘制螺纹。选择菜单栏中的“插入”→“切除”→“扫描”命令，或者单击“特征”控制面板中的“扫描切除”按钮，系统弹出“切除-扫描”属性管理器，以图形区域中的牙型草图为扫描轮廓；然后以螺旋线为扫描路径，单击“确定”按钮✔。结果如图 12-103 所示。

12.7 泵体

在本例中，我们要创建的泵体如图 12-104 所示。

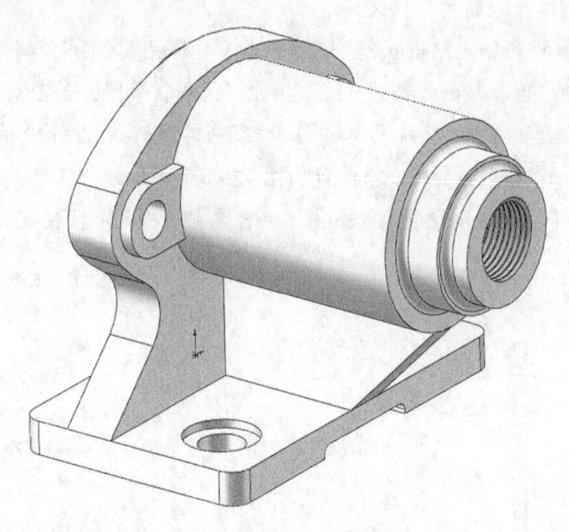

图 12-104 泵体

思路分析

首先创建安装板，然后通过拉伸创建膛体和底板，再通过筋命令创建肋板，通过旋转切除和拉伸切除创建孔系，最后创建螺纹。泵体的创建流程如图 12-105 所示。

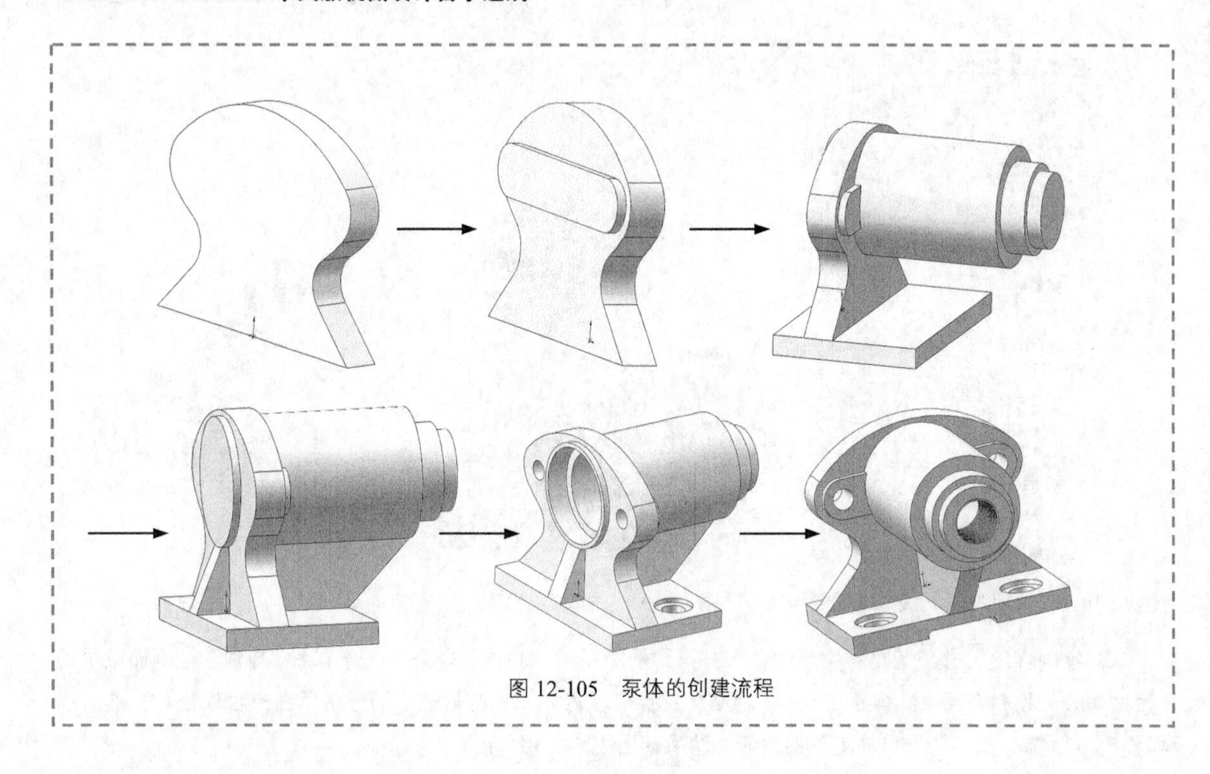
图 12-105　泵体的创建流程

12.7.1　创建安装板

01 新建文件。启动 SOLIDWORKS 2022，选择菜单栏中的“文件”→“新建”命令，或者单击“快速访问”工具栏中的“新建”按钮，在弹出的“新建 SOLIDWORKS 文件”对话框中选择“零件”按钮，然后单击“确定”按钮，创建一个新的零件文件。

02 绘制草图。在左侧的 FeatureManager 设计树中选择“前视基准面”，将其作为绘制图形的基准面。单击“草图”控制面板中的“圆”按钮和“直线”按钮，绘制草图，如图 12−106 所示。

03 拉伸实体。选择菜单栏中的“插入”→“凸台/基础实体”→“拉伸”命令，或者单击“特征”控制面板中的“拉伸凸台/基础实体”按钮，系统弹出图 12−107 所示的“凸台−拉伸”属性管理器。将终止条件设置为“给定深度”，将拉伸距离设置为 12mm，然后单击“确定”按钮。结果如图 12−108 所示。

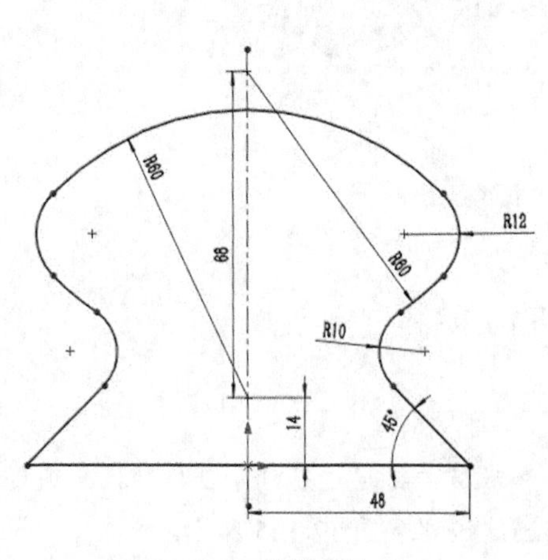

图 12-106　绘制草图

图 12-107　“凸台-拉伸”属性管理器

04 设置基准面。以图 12-108 中的面 1 为基准面，然后单击“视图（前导）”工具栏中的“正视于”按钮，将该表面作为绘制图形的基准面，新建草图。

05 单击“草图”控制面板中的“圆”按钮和“直线”按钮，绘制草图，如图 12-109 所示。

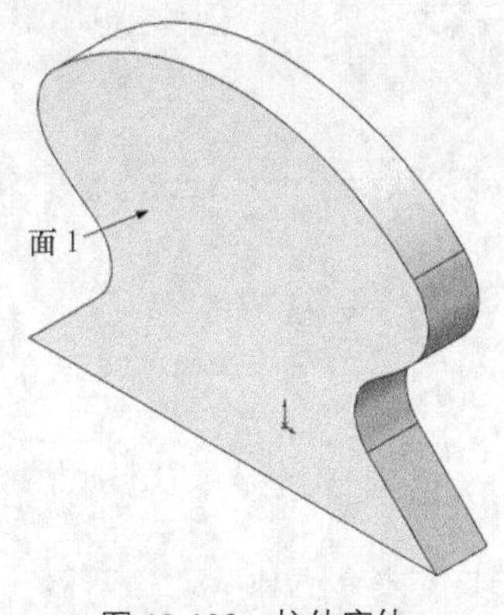

图 12-108　拉伸实体

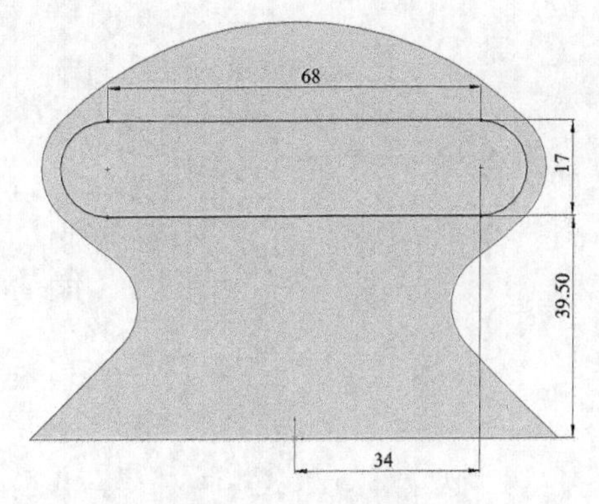

图 12-109　绘制草图

06 拉伸实体。选择菜单栏中的“插入”→“凸台/基础实体”→“拉伸”命令，或者单击“特征”控制面板中的“拉伸凸台/基础实体”按钮，系统弹出图 12-110 所示的“凸台-拉伸”属性管理器。将终止条件设置为“给定深度”，将拉伸距离设置为 3mm，然后单击“确定”按钮。结果如图 12-111 所示。

图 12-110　“凸台-拉伸”属性管理器

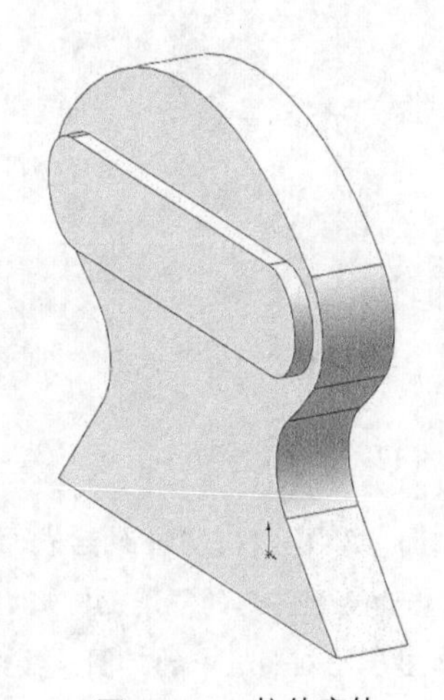

图 12-111　拉伸实体

12.7.2　创建膛体

01 设置基准面。选择以图 12-108 中的面 1 为基准面，然后单击“视图（前导）”工具栏中的“正视于”按钮，将该表面作为绘制图形的基准面，新建草图。

02 单击“草图”控制面板中的“圆”按钮和“直线”按钮，绘制草图，如图 12-112 所示。

03 拉伸实体。选择菜单栏中的“插入”→“凸台/基础实体”→“拉伸”命令，或者单击“特征”控制面板中的“拉伸凸台/基础实体”按钮，系统弹出图 12-113 所示的“凸台-拉伸”属性管理器。将终止条件设置为“给定深度”，将拉伸距离设置为 60mm，然后单击“确定”按钮。结果如图 12-114 所示。

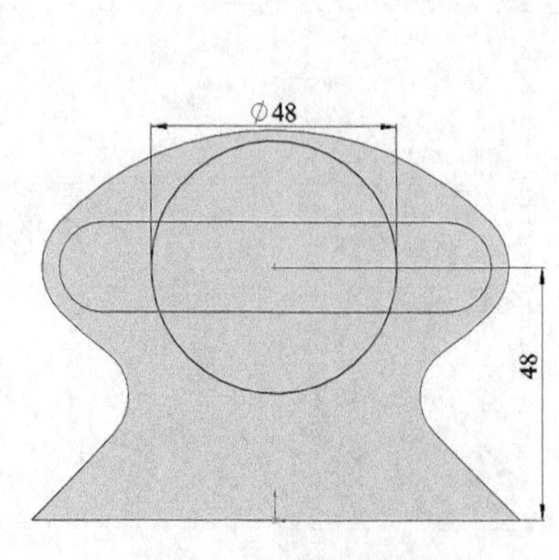

图 12-112 绘制草图

图 12-113 “凸台-拉伸”属性管理器

04 同步骤 03 ，在步骤 03 中创建的实体的上表面上依次绘制ϕ36×10 和ϕ30×6 的圆柱体，如图 12−115 所示。

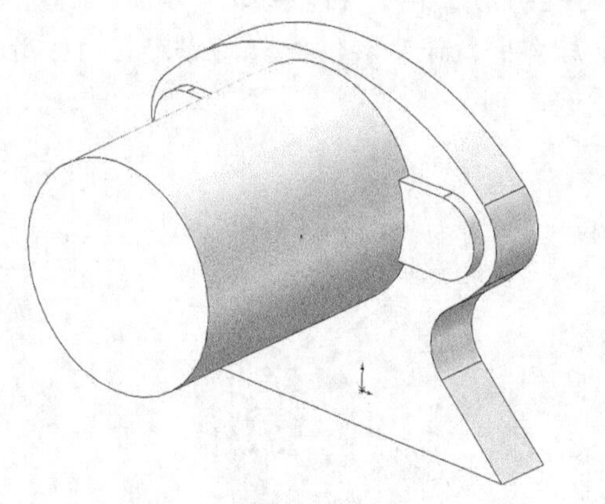

图 12-114 拉伸实体

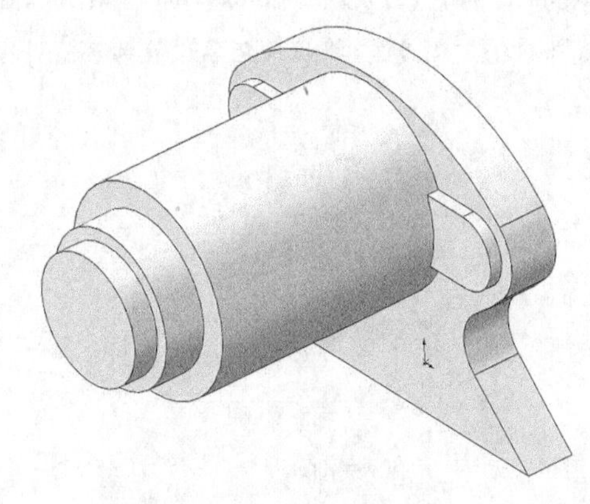

图 12-115 绘制圆柱体

05 设置基准面。以图 12−115 中的后表面为基准面，然后单击“视图（前导）”工具栏中的“正视于”按钮，将该表面作为绘制图形的基准面，新建草图。

06 单击“草图”控制面板中的“圆”按钮，绘制草图，如图 12−116 所示。

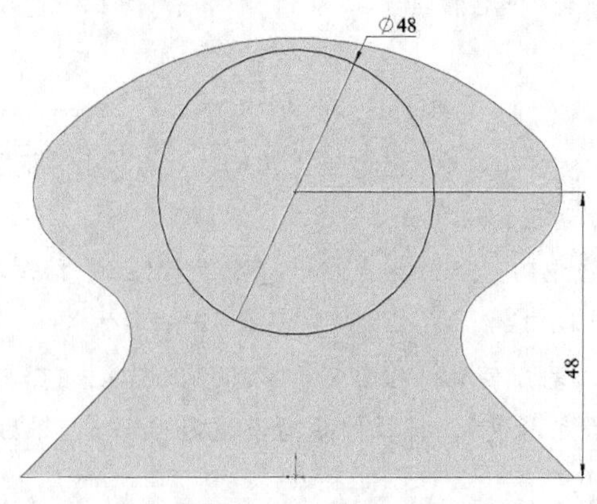

图 12-116 绘制草图

07 拉伸实体。选择菜单栏中的“插入”→“凸台/基础实体”→“拉伸”命令，或者单击“特征”控制面板中的“拉伸凸台/基础实体”按钮，系统弹出图 12−117 所示的“凸台−拉伸”属性管理器。将终止条件设置为“给定深度”，将拉伸距离设置为 3mm，然后单击“确定”按钮✔。结果如图 12−118 所示。

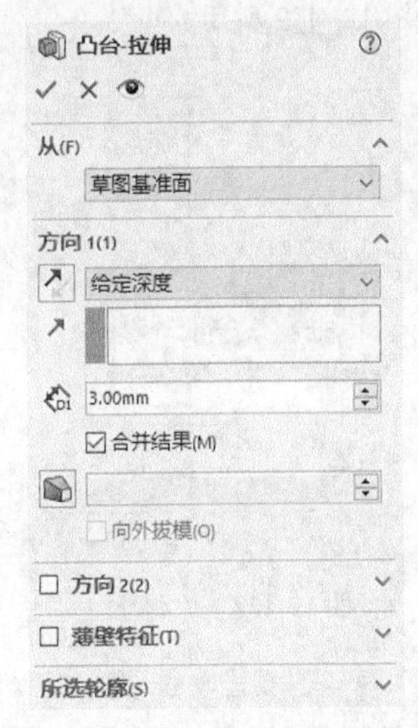

图 12-117 “凸台-拉伸”属性管理器

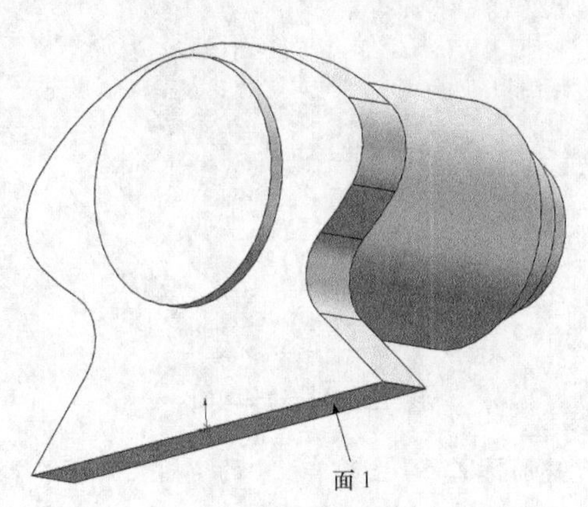

图 12-118 拉伸实体

12.7.3 创建底座和肋板

01 设置基准面。以图 12−118 中的面 1 为基准面，然后单击“视图（前导）”工具栏中的“正视于”按钮，将该表面作为绘制图形的基准面，新建草图。

02 单击“草图”控制面板中的“直线”按钮，绘制草图，如图 12−119 所示。

03 拉伸实体。选择菜单栏中的“插入”→“凸台/基础实体”→“拉伸”命令，或者单击“特征”控制面板中的“拉伸凸台/基础实体”按钮，系统弹出图 12−120 所示的“凸台−拉伸”属性管理器。将终止条件设置为“给定深度”，将拉伸距离设置为 8mm，然后单击“确定”按钮✔。结果如图 12−121 所示。

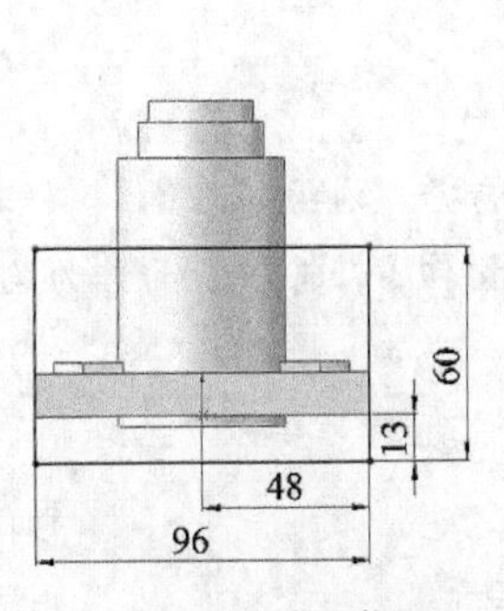

图 12-119 绘制草图

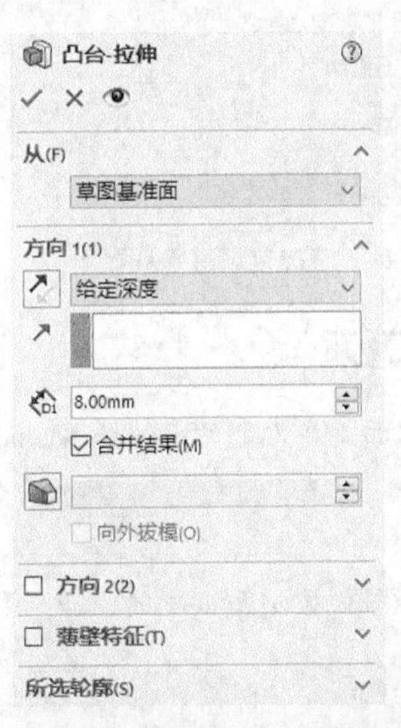

图 12-120 “凸台-拉伸”属性管理器

04 设置基准面。在左侧的 FeatureManager 设计树中选择“右视基准面”，将其作为绘制图形的基准面，然后单击“视图（前导）”工具栏中的“正视于”按钮，将该表面作为绘制图形的基准面，新建草图。

05 单击“草图”工具栏中的“直线”按钮，绘制草图，如图 12-122 所示。

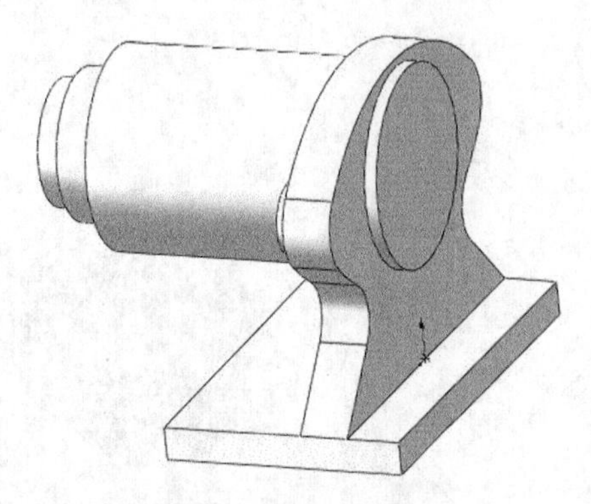

图 12-121　拉伸实体

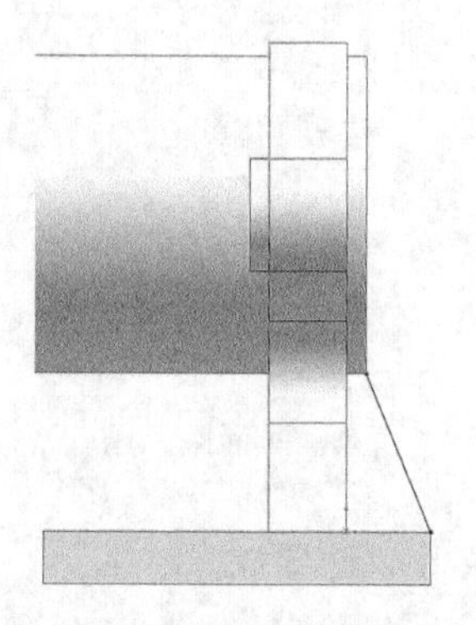

图 12-122　绘制草图

06 创建筋特征。单击菜单栏中的“插入”→“特征”→“筋”命令，或者单击“特征”控制面板中的“筋”按钮，系统弹出图 12-123 所示的“筋 1”属性管理器。将厚度设置为“两侧”，将拉伸距离设置为 10mm，勾选“反转材料方向”复选框，然后单击“确定”按钮。同理创建另一侧的筋特征，结果如图 12-124 所示。

图 12-123　“筋 1”属性管理器

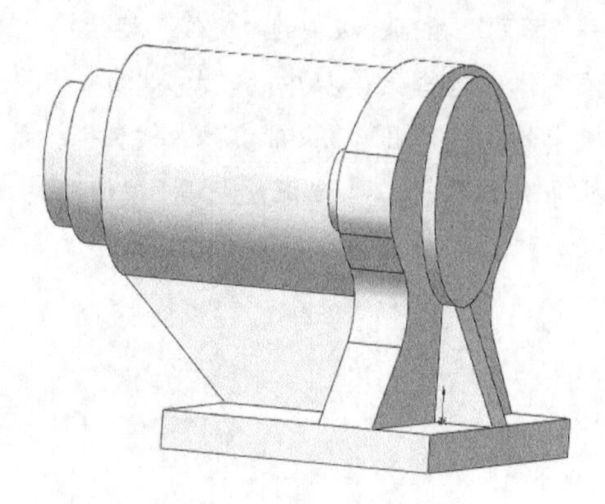

图 12-124　筋特征创建结果

12.7.4　创建孔系

01 设置基准面。在左侧的 FeatureManager 设计树中选择“右视基准面”，将其作为绘制图形的基准面，然后单击“视图（前导）”工具栏中的“正视于”按钮，将该表面作为绘制图形的基准面，新建草图。

02 单击“草图”控制面板中的“中心线”按钮和“直线”按钮，绘制草图，如图 12-125 所示。

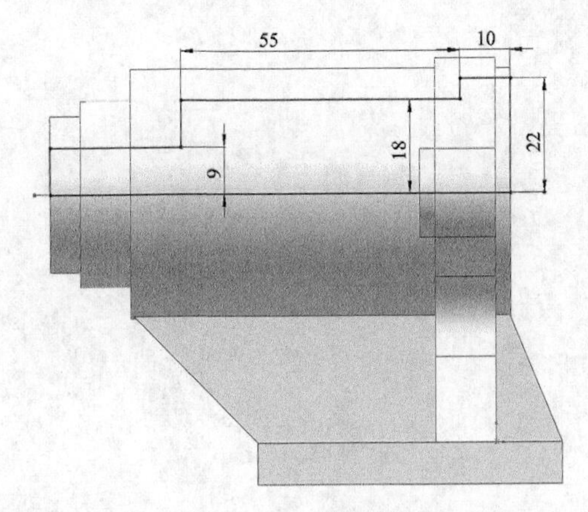

图 12-125　绘制草图

03 创建内孔。选择菜单栏中的“插入”→“切除”→“旋转”命令，或者单击“特征”控制面板中的“旋转切除”按钮，系统弹出“切除–旋转”属性管理器。在属性管理器中单击“旋转轴”栏，然后单击拾取草图中心线；将旋转类型设置为“给定深度”，在“旋转角度”文本框中输入“360”，然后单击属性管理器中的“确定”按钮✔。结果如图 12–126 所示。

04 设置基准面。以图 12–126 中的面 1 为基准面，然后单击“视图（前导）”工具栏中的“正视于”按钮，将该表面作为绘制图形的基准面，新建草图。

05 单击“草图”控制面板中的“圆”按钮，绘制草图，如图 12–127 所示。

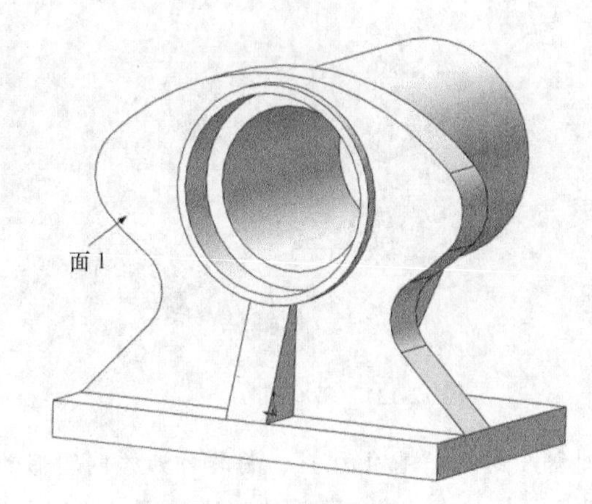

图 12-126　切除旋转实体

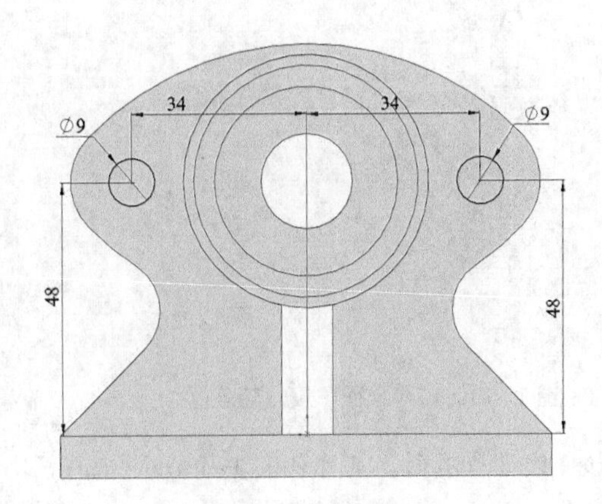

图 12-127　绘制草图

06 切除拉伸实体。选择菜单栏中的“插入”→“切除”→“拉伸”命令，或者单击“特征”控制面板中的“拉伸切除”按钮，系统弹出图 12–128 所示的“切除–拉伸”属性管理器。将终止条件设置为“完全贯穿”，然后单击“确定”按钮✔。结果如图 12–129 所示。

07 创建基准面。在左侧的 FeatureManager 设计树中选择“前视基准面”，将其作为绘制图形的基准面。单击“特征”控制面板的“参考几何体”下拉列表中的“基准面”按钮，系统弹出“基准面”属性管理器，将偏移距离设置为 31mm，如图 12–130 所示；单击“确定”按钮✔，生成的基准面如图 12–131 所示。

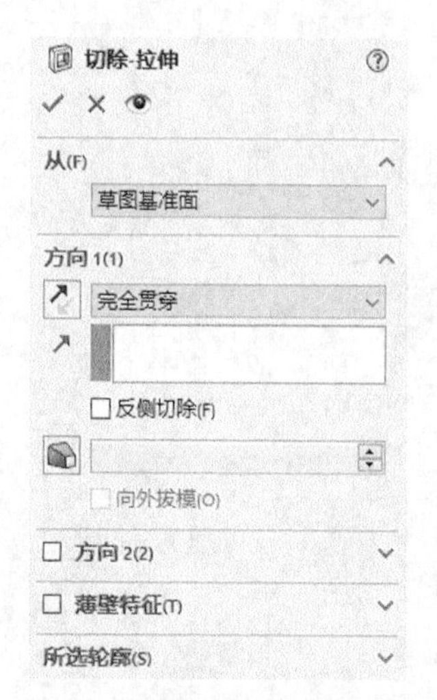

图 12-128 “切除-拉伸”属性管理器

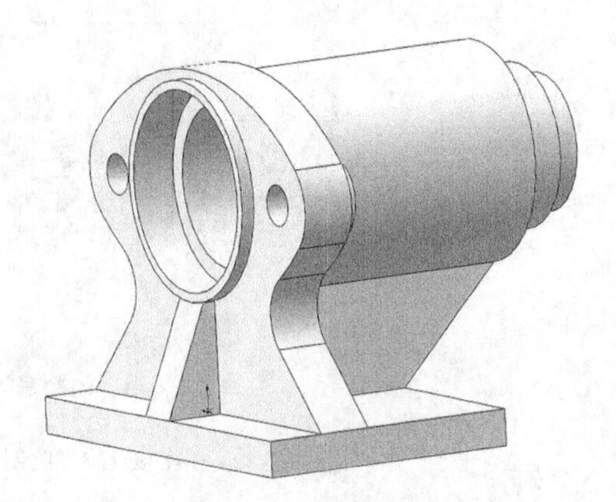

图 12-129 切除拉伸结果

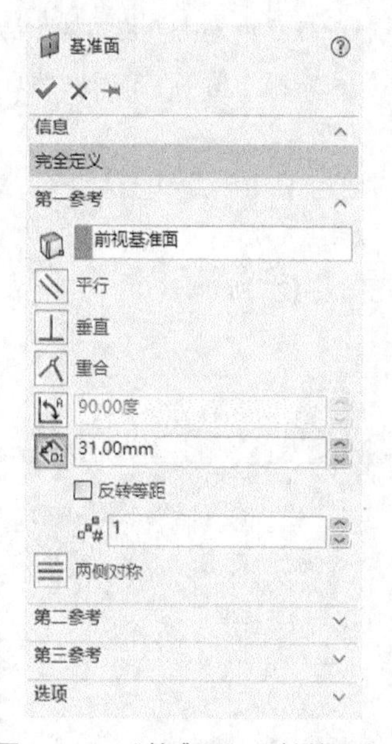

图 12-130 “基准面”属性管理器

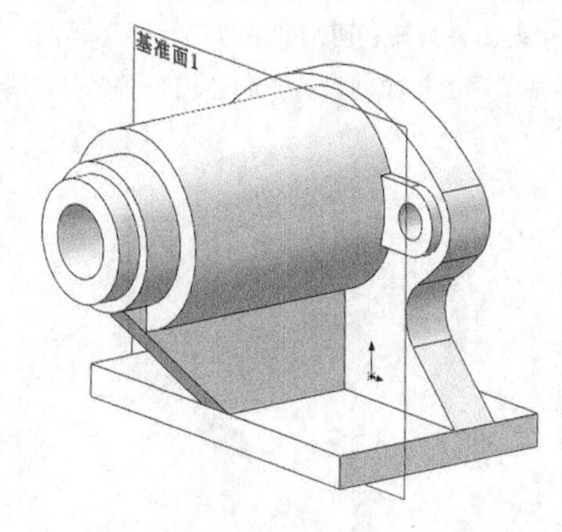

图 12-131 基准面

08 设置基准面。在左侧的 FeatureManager 设计树中选择“基准面 1”，将其作为绘制图形的基准面，然后单击“视图（前导）”工具栏中的“正视于”按钮，将该表面作为绘制图形的基准面，新建草图。

09 单击“草图”工具栏中的“中心线”按钮和“直线”按钮，绘制草图，如图 12-132 所示。

10 创建沉头孔。选择菜单栏中的“插入”→“切除”→“旋转”命令，或者单击“特征”控制面板中的“旋转切除”按钮，系统弹出“切除-旋转”属性管理器。在属性管理器中单击“旋转轴”栏，然后单击拾取草图中心线；将旋转类型设置为“给定深度”，在“旋转角度”文本框中输入“360”，然后单击“确定”按钮。隐藏基准面 1，结果如图 12-133 所示。

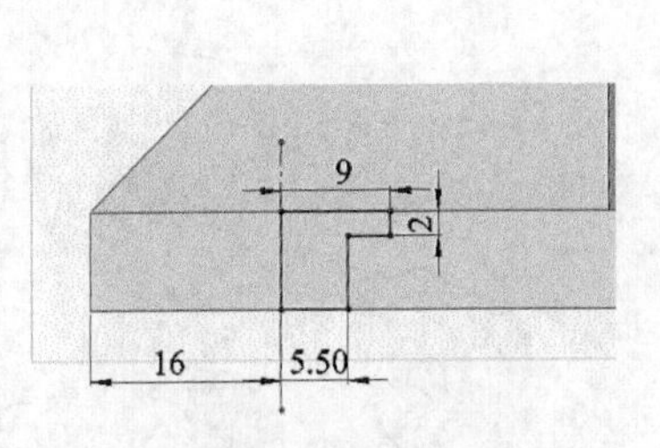

图 12-132　绘制草图

图 12-133　带有沉头孔的实体

(11) 镜像沉头孔。选择菜单栏中的“插入”→“阵列/镜向”→“镜向”命令，或者单击“特征”控制面板中的“镜向”按钮，系统弹出图 12-134 所示的“镜向”属性管理器。以“右视基准面”为镜像面，以上步创建的沉头孔为要镜像的特征，然后单击“确定”按钮✓。隐藏基准面 1，结果如图 12-135 所示。

图 12-134　“镜向”属性管理器

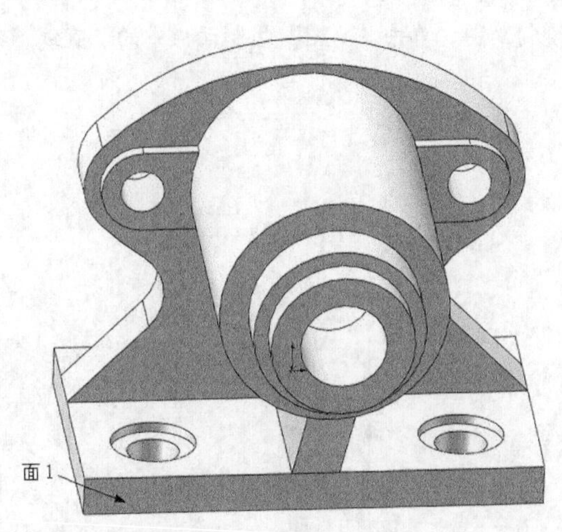

图 12-135　镜像沉头孔结果

(12) 设置基准面。以图 12-135 中的面 1 为基准面，然后单击“视图（前导）”工具栏中的“正视于”按钮，将该表面作为绘制图形的基准面，新建草图。

(13) 单击“草图”控制面板中的“边角矩形”按钮和“绘制圆角”按钮，绘制草图，如图 12-136 所示。

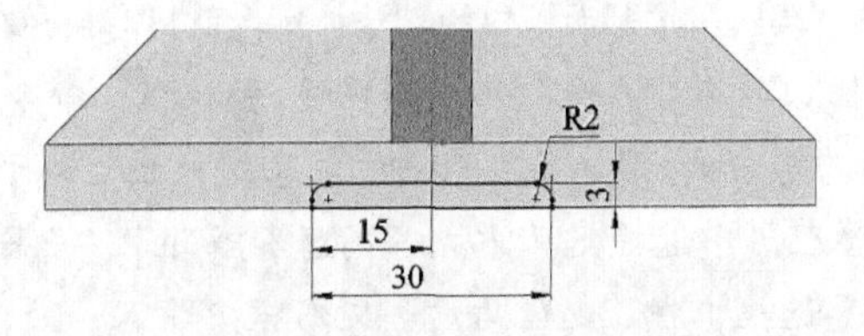

图 12-136　绘制草图

(14) 切除拉伸实体。选择菜单栏中的“插入”→“切除”→“拉伸”命令，或者单击“特征”控制面板中的“拉伸切除”按钮，系统弹出图 12-137 所示的“切除-拉伸”属性管理器。将终止条件设置为“完全贯穿”，然后单击“确定”按钮✓，结果如图 12-138 所示。

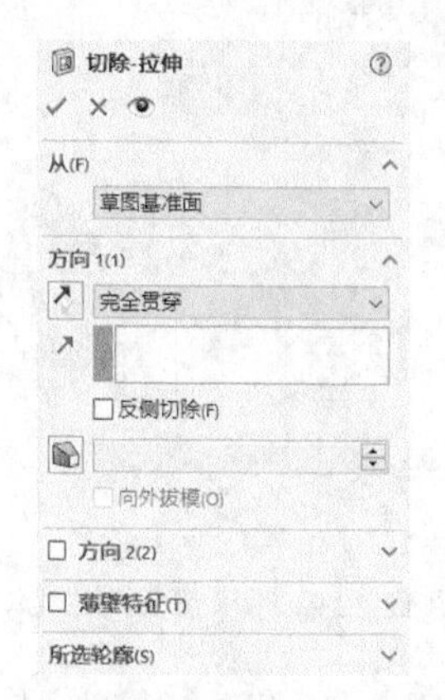

图 12-137 “切除-拉伸”属性管理器

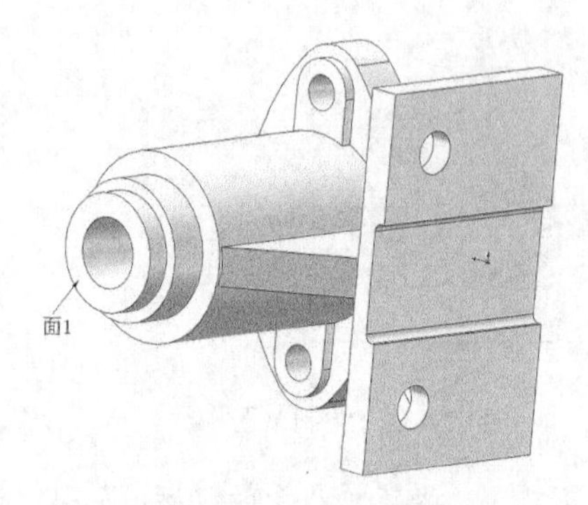

图 12-138 切除拉伸实体

12.7.5 绘制螺纹

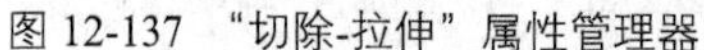

01 设置基准面。在左侧的 FeatureMannger 设计树中选择“右视基准面”，将其作为绘图基准面，然后单击“视图（前导）”工具栏中的“正视于”按钮，将该表面作为绘制图形的基准面。

02 绘制草图。单击“草图”控制面板中的“直线”按钮，绘制螺纹牙型草图，尺寸如图 12-139 所示。

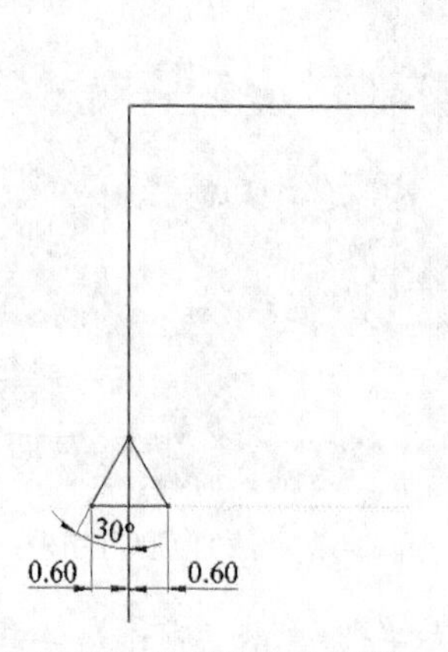

图 12-139 绘制螺纹牙型草图

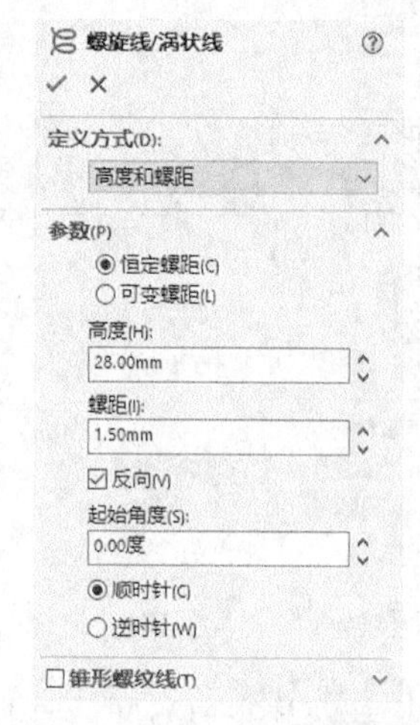

图 12-140 “螺旋线/涡状线”属性管理器

03 设置基准面。单击图 12-138 中的面 1，然后单击“视图（前导）”工具栏中的“正视于”按钮，将该表面作为绘制图形的基准面。

04 转换实体引用。单击“草图”控制面板中的“转换实体引用”按钮，将孔边线转换为草图实体。

05 选择菜单栏中的“插入”→“曲线”→“螺旋线/涡状线”命令，或者单击“特征”控制面板的“曲线”下拉列表中的“螺旋线/涡状线”按钮，系统弹出“螺旋线/涡状线”属性管理器，如图 12-140 所示。在属性管理器中选择定义方式“高度和螺距”，将高度设置为 28mm，将螺距设置为 1.5mm，勾选“反向”复选框，在“起始角度”文本框中输入“0”，选中“顺时针”单选按钮，然后单击“确定”按钮。生成的螺旋线如图 12-141 所示。

06 绘制螺纹。选择菜单栏中的“插入”→“切除”→“扫描”命令，或者单击“特征”控制面板中的“扫描切除”按钮，系统弹出“切除-扫描”属性管理器，以图形区域中的牙型草图为扫描轮廓；然后以螺旋线为扫描路径，单击“确定”按钮。结果如图 12-142 所示。

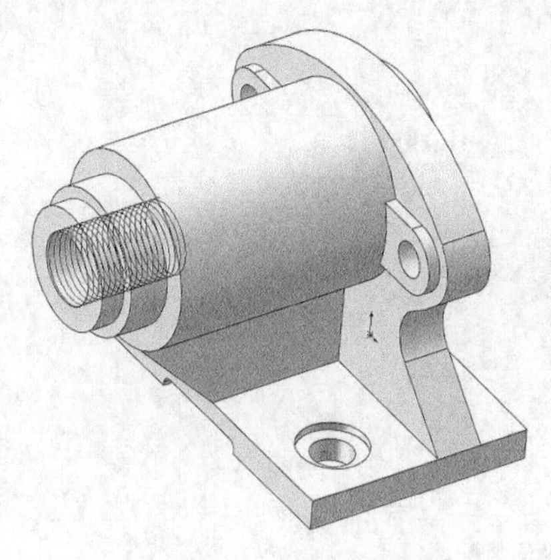

图 12-141　生成的螺旋线

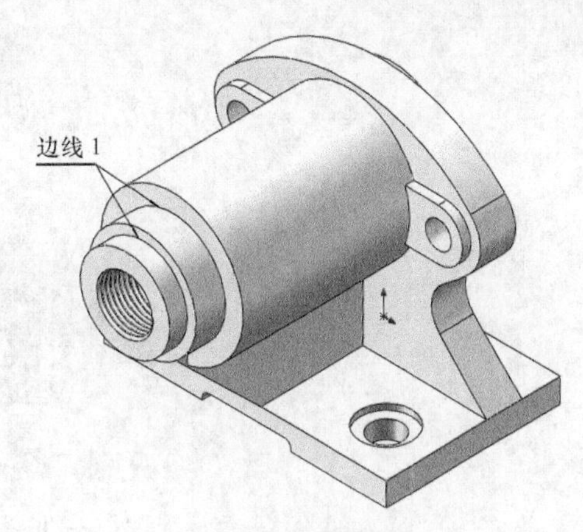

图 12-142　螺纹实体

07 创建圆角特征。选择菜单栏中的“插入”→“特征”→“圆角”命令，或者单击“特征”控制面板中的“圆角”按钮，系统弹出图 12-143 所示的“圆角”属性管理器。将半径设置为 2mm，然后选取图 12-142 中的边线 1。然后单击“确定”按钮，结果如图 12-144 所示。

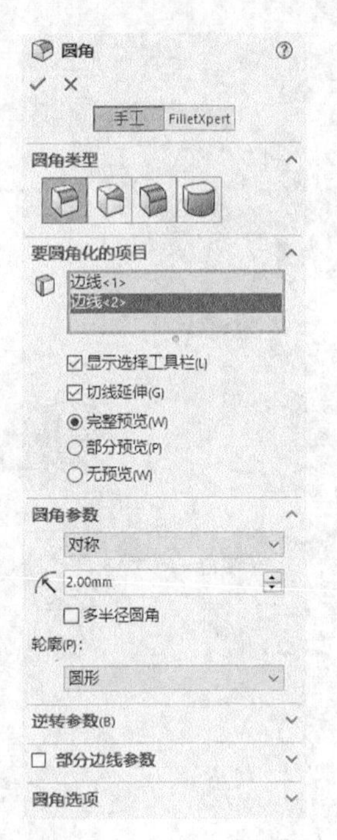

图 12-143　“圆角”属性管理器

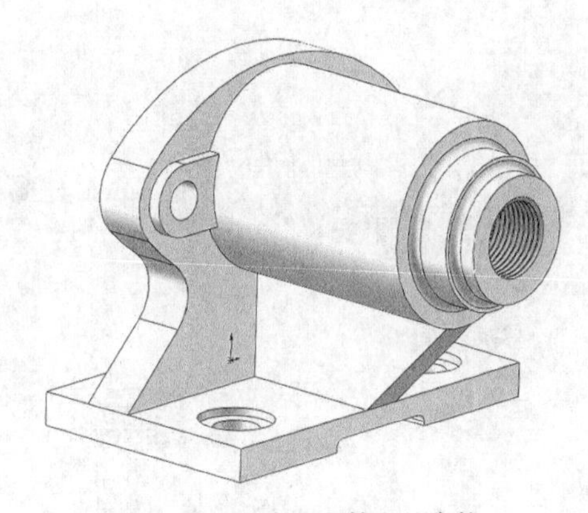

图 12-144　具有圆角特征的实体

08 使系统重复执行“圆角”命令，对底部的长方体的 4 条棱边进行圆角处理，将圆角半径设置为 5mm，结果如图 12-145 所示。

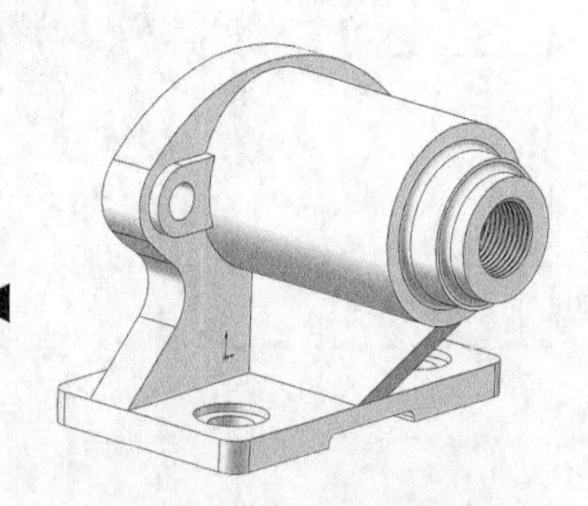

图 12-145　圆角处理结果

12.8　柱塞泵装配体

在本例中，我们要创建的柱塞泵装配体如图 12-146 所示。

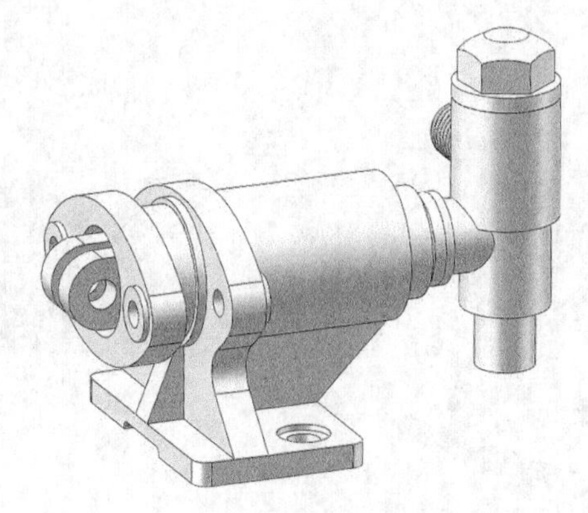

图 12-146　柱塞泵装配体

思路分析

首先创建一个装配体文件，然后依次插入柱塞泵装配体零部件，最后添加配合关系。柱塞泵装配体的创建流程如图 12-147 所示。

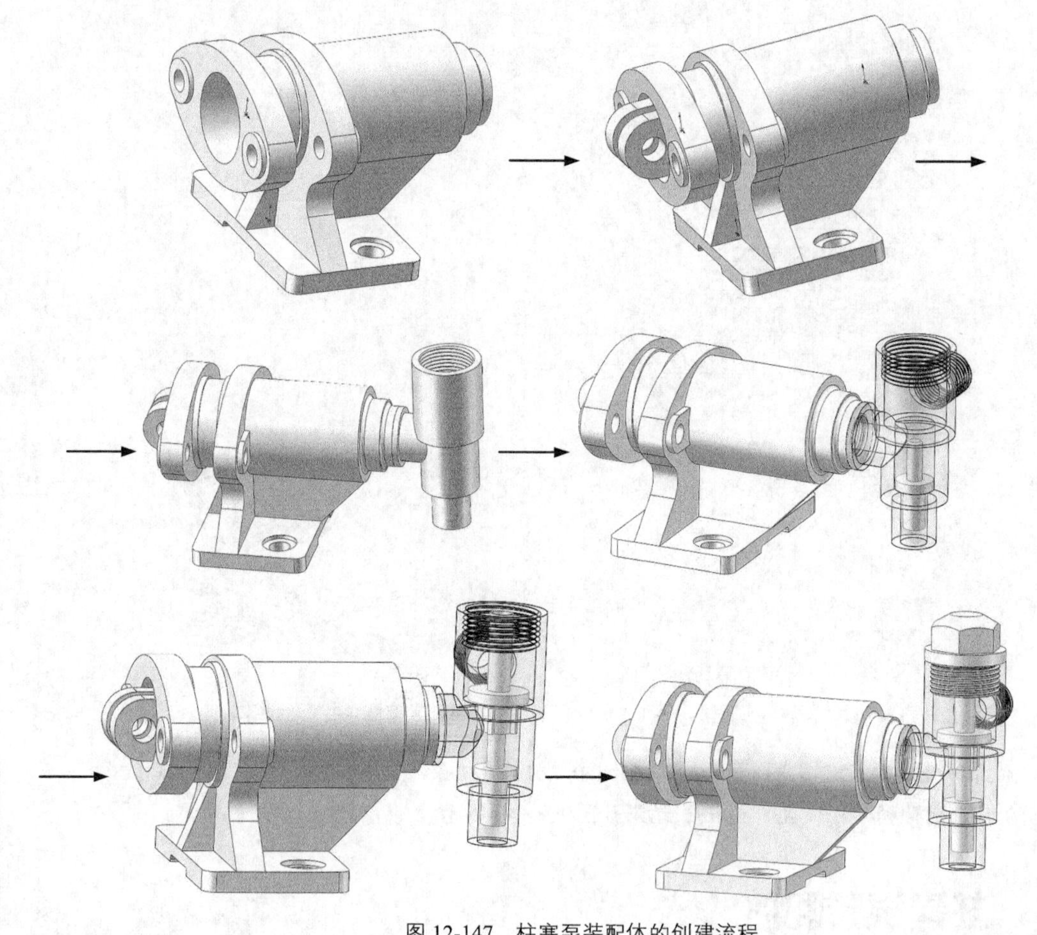

图 12-147　柱塞泵装配体的创建流程

创建步骤

01 泵体和填料压盖配合

❶ 新建文件。选择菜单栏中的“文件”→“新建”命令，或单击“快速访问”工具栏中的“新建”按钮，在弹出的“新建 SOLIDWORKS 文件”对话框中，单击“装配体”按钮，再单击“确定”按钮，创建一个新的装配体文件。系统弹出“开始装配体”属性管理器，如图 12-148 所示。

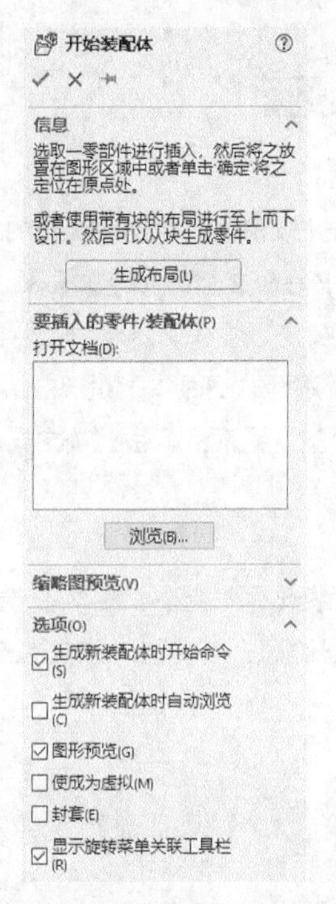

图 12-148 “开始装配体”属性管理器

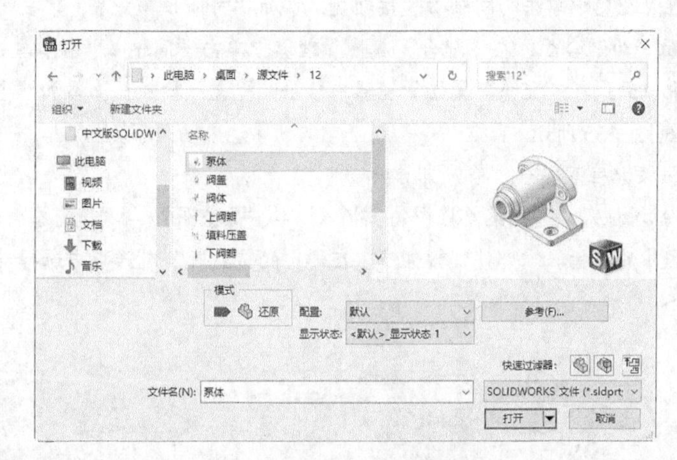

图 12-149 打开所选装配零件

❷ 定位泵体。单击“开始装配体”属性管理器中的“浏览”按钮，系统弹出“打开”对话框，选择前面创建的“泵体”，这时将在对话框的浏览区中显示零件的预览结果，如图 12-149 所示。在“打开”对话框中单击“打开”按钮，系统进入装配界面，光标变为形状，选择菜单栏中的“视图”→“隐藏/显示”→“原点”命令，显示坐标原点，将光标移动至原点位置，光标变为形状，如图 12-150 所示，在目标位置单击，将泵体插入装配界面中。

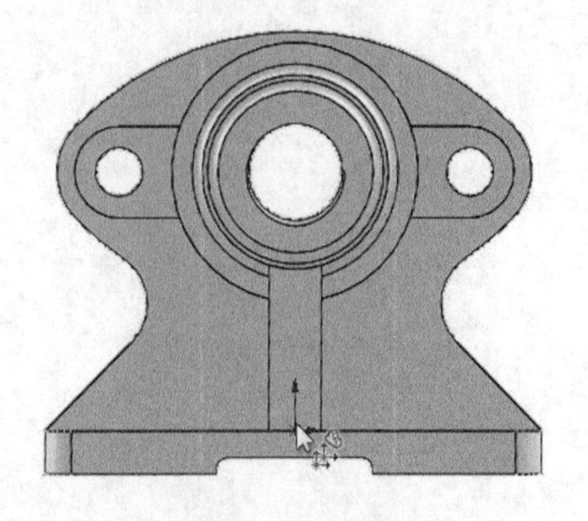

图 12-150 定位泵体

❸ 插入填料压盖。选择菜单栏中的“插入”→“零部件”→“现有零件/装配体”命令，或单击“装配体”控制面板中的“插入零部件”按钮，在弹出的“打开”对话框中选择“填料压盖”，将其插入装配界面中，如图 12-151 所示。

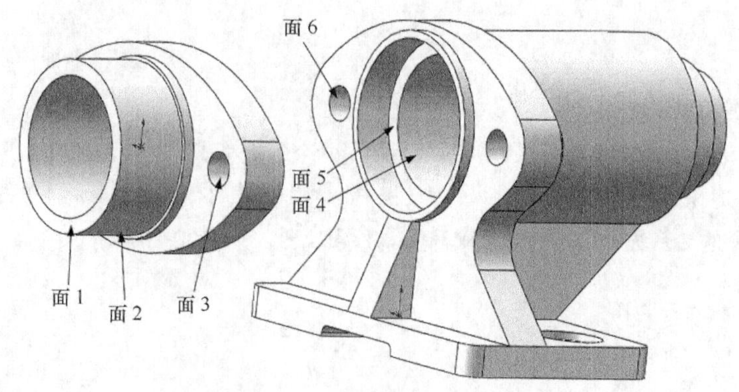

图 12-151　将“填料压盖”插入装配体

❹ 添加装配关系。选择菜单栏中的“插入”→“配合”命令，或单击“装配体”控制面板中的“配合”按钮，系统弹出“配合”属性管理器，如图 12-152 所示。以图 12-151 中的面 2 和面 4 为配合面，在“配合”属性管理器中单击“同轴心”按钮，添加“同轴心”关系，单击“确定”按钮✔。以图 12-151 中的面 3 和面 6 为配合面，在“配合”属性管理器中单击“同轴心”按钮，添加“同轴心”关系，以面 1 和面 5 为配合面；在“配合”属性管理器中单击“重合”按钮，添加“重合”关系，单击“确定”按钮✔，结果如图 12-153 所示。

02 装配柱塞

❶ 插入柱塞。选择菜单栏中的“插入”→“零部件”→“现有零件/装配体”命令，或单击“装配体”控制面板中的“插入零部件”按钮，在弹出的“打开”对话框中选择“柱塞”，将其插入装配界面中，如图 12-154 所示。

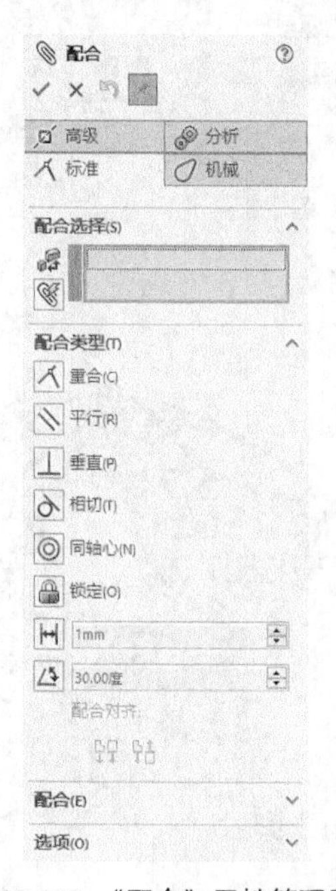

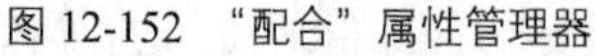
图 12-152　“配合”属性管理器

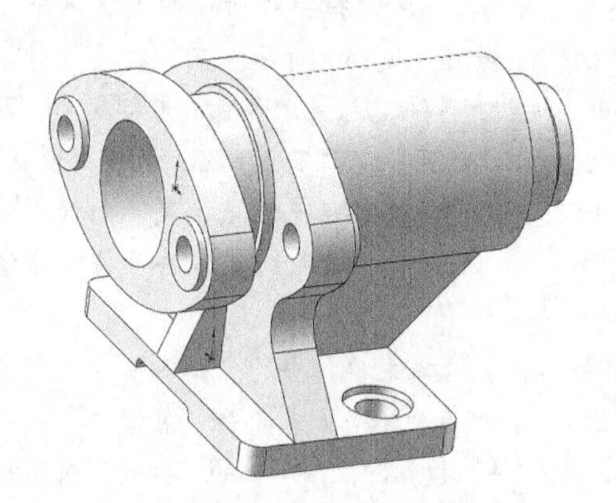

图 12-153　配合后的图形

❷ 添加装配关系。单击“装配体”控制面板中的“配合”按钮，选择图 12-154 中的面 2 和面 5，添加“同轴心”关系；选择图 12-154 中的面 1 和面 4，添加“重合”关系；选择图 12-154 中的面 3 和面 6，添加“平行”关系；单击“确定”按钮✔，完成柱塞的装配，结果如图 12-155 所示。

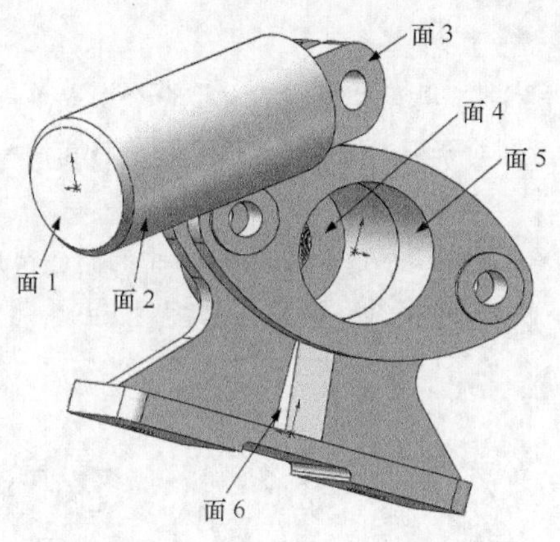

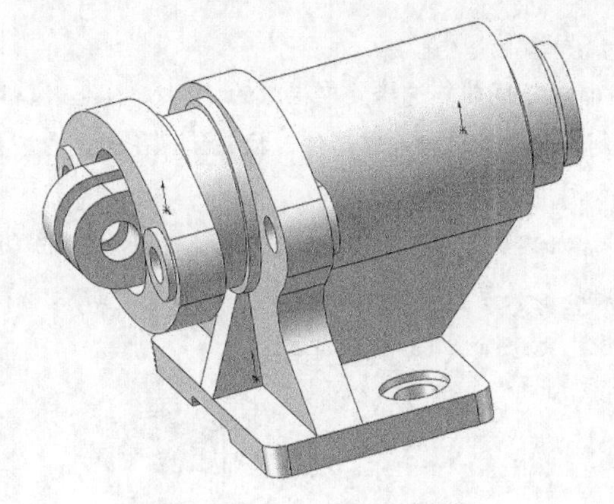

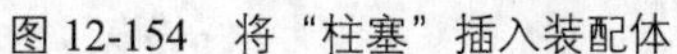

图 12-154　将“柱塞”插入装配体

图 12-155　配合后的图形

03 装配阀体

❶ 插入阀体。选择菜单栏中的“插入”→“零部件”→“现有零件/装配体”命令，或单击“装配体”控制面板中的“插入零部件”按钮，在弹出的“打开”对话框中选择“阀体”，将其插入装配界面中，如图 12-156 所示。

❷ 添加装配关系。单击“装配体”控制面板中的“配合”按钮，选择图 12-156 中的面 2 和面 6，添加“同轴心”关系；选择图 12-156 中的面 5 和面 1，添加“重合”关系；选择图 12-156 中的面 3 和面 4，添加“平行”关系；单击“确定”按钮，完成阀体的装配，结果如图 12-157 所示。

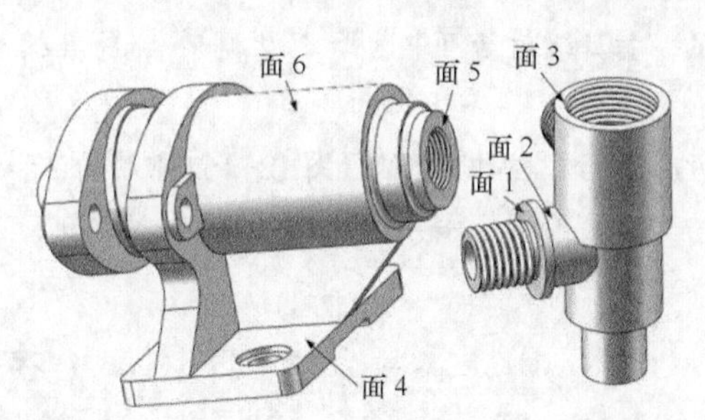

图 12-156　将“阀体”插入装配体

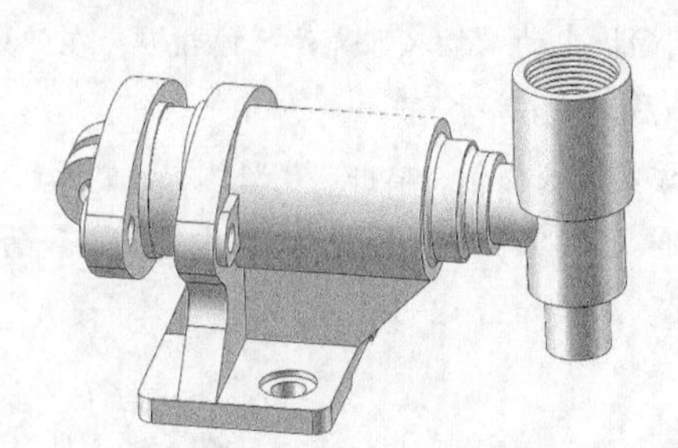

图 12-157　配合后的图形

04 更改透明度。在左侧的 FeatureManager 设计树中选择阀体，单击鼠标右键，在弹出的快捷菜单中选择“更改透明度”，如图 12-158 所示，阀体变为透明状态，如图 12-159 所示。

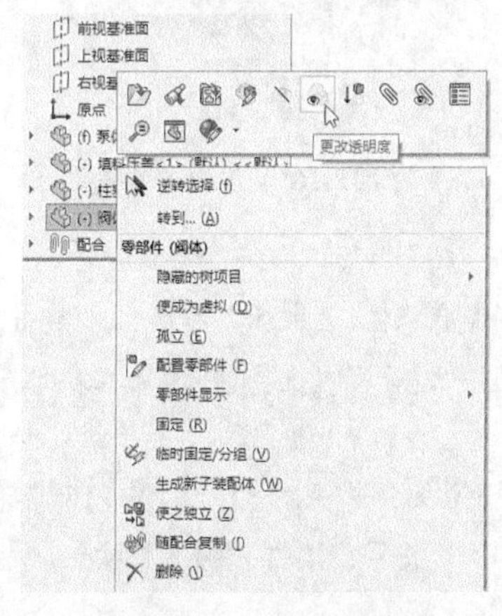

图 12-158　快捷菜单

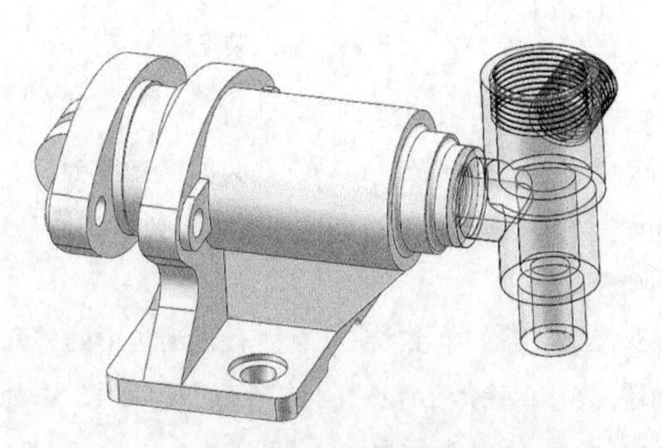

图 12-159　更改透明度

05 装配下阀瓣

❶ 插入下阀瓣。选择菜单栏中的“插入”→“零部件”→“现有零件/装配体”命令，或单击“装配体”控制面板中的“插入零部件”按钮，在弹出的“打开”对话框中选择 “下阀瓣”，将其插入装配界面中，如图 12-160 所示。

❷ 添加装配关系。单击“装配体”控制面板中的“配合”按钮，选择图 12-160 中的面 2 和面 3，添加“同轴心”关系；选择图 12-160 中的面 1 和面 4，添加“重合”关系；单击“确定”按钮，完成下阀瓣的装配，结果如图 12-161 所示。

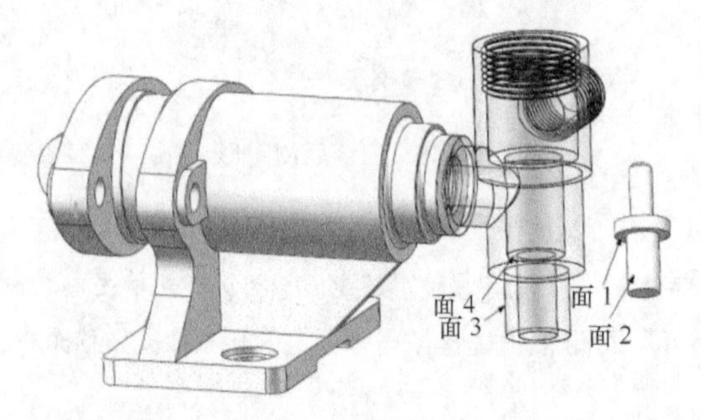

图 12-160 将“下阀瓣”插入装配体

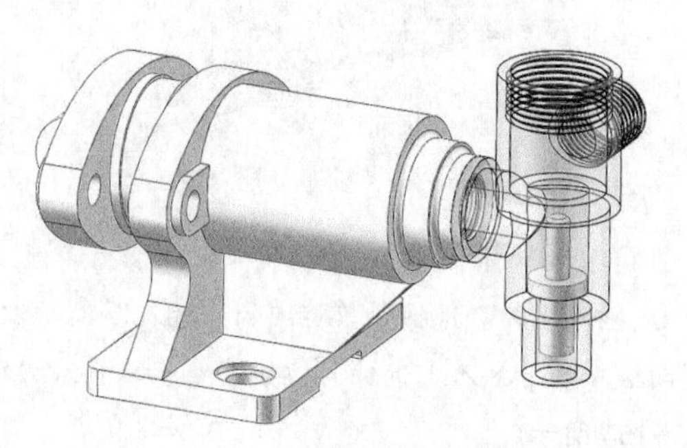

图 12-161 配合后的图形

06 装配上阀瓣

❶ 插入上阀瓣。选择菜单栏中的“插入”→“零部件”→“现有零件/装配体”命令，或单击“装配体”控制面板中的“插入零部件”按钮，在弹出的“打开”对话框中选择 “上阀瓣”，将其插入装配界面中，如图 12-162 所示。

❷ 添加装配关系。单击“装配体”控制面板中的“配合”按钮，选择图 12-162 中的面 2 和面 3，添加“同轴心”关系；选择图 12-162 中的面 1 和面 4，添加“重合”关系；单击“确定”按钮，完成上阀瓣的装配，结果如图 12-163 所示。

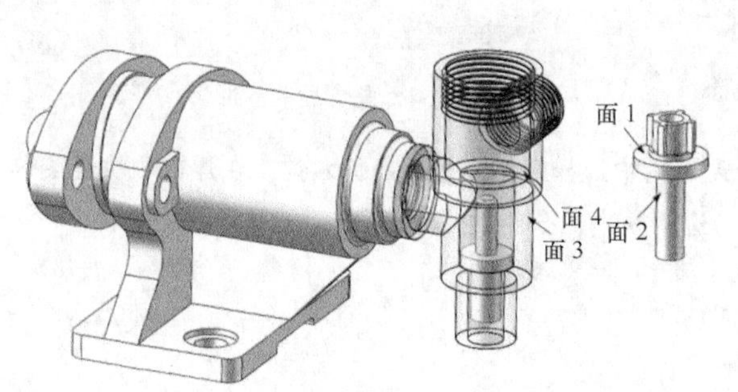

图 12-162 将“上阀瓣”插入装配体

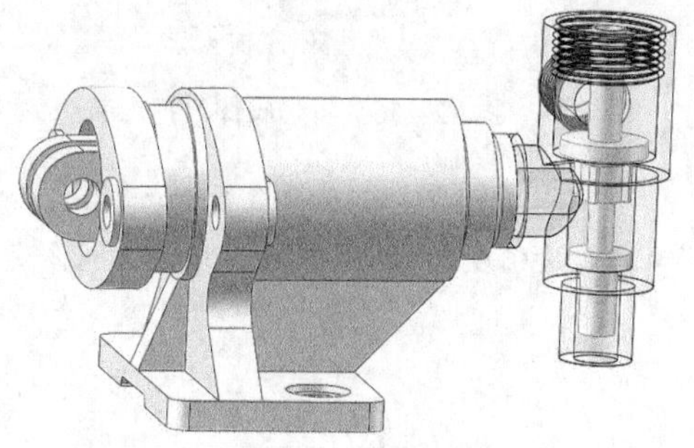

图 12-163 配合后的图形

07 装配阀盖

❶ 插入阀盖。选择菜单栏中的“插入”→“零部件”→“现有零件/装配体”命令，或单击“装配体”控制面板中的“插入零部件”按钮，在弹出的“打开”对话框中选择“阀盖”，将其插入装配界面中，如图 12-164 所示。

❷ 添加装配关系。单击“装配体”控制面板中的“配合”按钮，选择图 12-164 中的面 2 和面 3，添加“同轴心”关系；选择图 12-164 中的面 1 和面 4，添加“重合”关系；单击“确定”按钮，完成阀盖的装配，结果如图 12-165 所示。

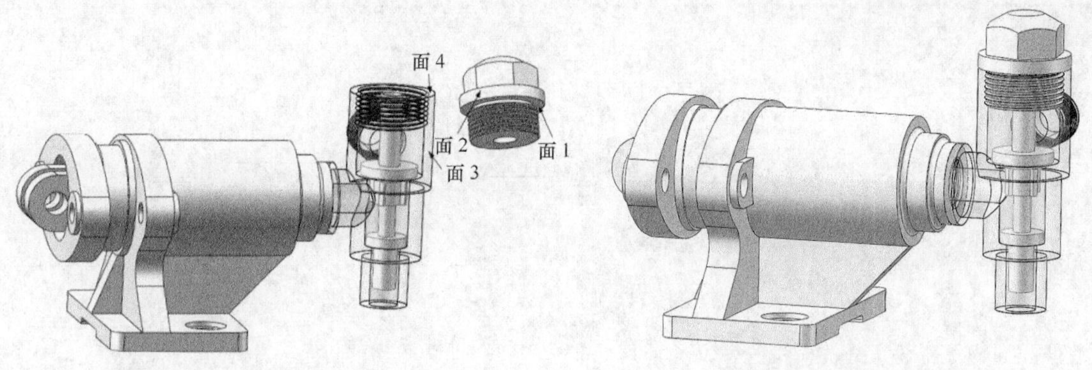

图 12-164　将“阀盖”插入装配体　　　　图 12-165　配合后的图形

12.9 装配爆炸图

在本例中，我们要创建的柱塞泵装配体爆炸图如图 12-166 所示。

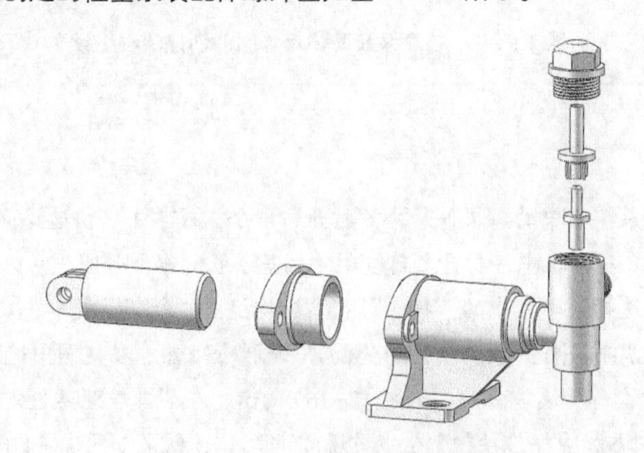

图 12-166　柱塞泵装配体爆炸图

思路分析

首先打开装配体文件，然后创建柱塞泵装配体零部件的爆炸图。柱塞泵装配体爆炸图的创建流程如图 12-167 所示。

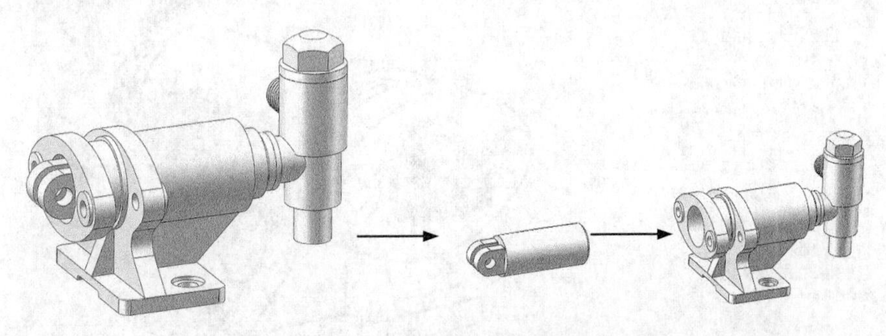

图 12-167　柱塞泵装配体爆炸图的创建流程

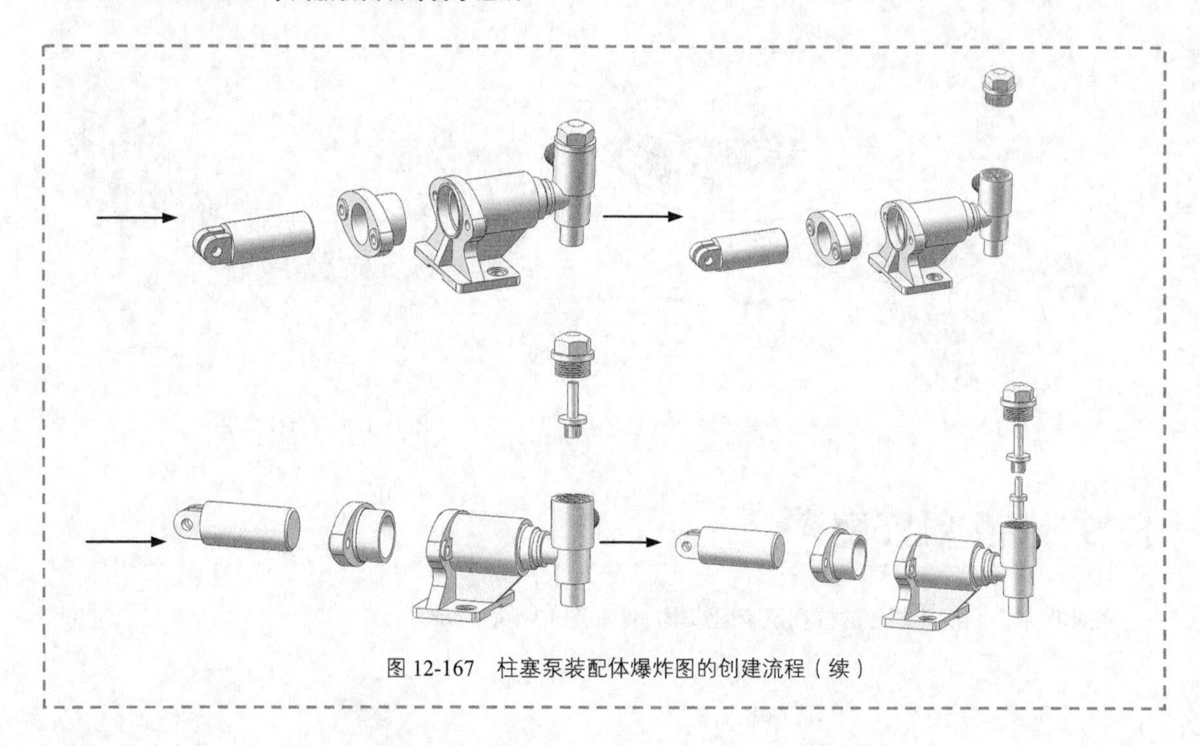

图 12-167　柱塞泵装配体爆炸图的创建流程（续）

创建步骤

01 打开文件。选择菜单栏中的“文件”→“打开”命令，或单击“快速访问”工具栏中的“打开”按钮，在弹出的“打开”对话框中，打开之前绘制的柱塞泵装配体，如图 12-146 所示。

02 创建柱塞爆炸。选择菜单栏中的“插入”→“爆炸视图”命令，或单击“装配体”控制面板中的“爆炸视图”按钮，系统弹出图 12-168 所示的“爆炸”属性管理器，在视图中选择“柱塞”，在活动坐标系上单击 Z 轴，将 Z 轴方向作为爆炸方向，如图 12-169 所示。在“爆炸距离”文本框中输入“-200”，如图 12-168 所示，单击“添加阶梯”按钮，生成“爆炸步骤 1”，结果如图 12-170 所示。

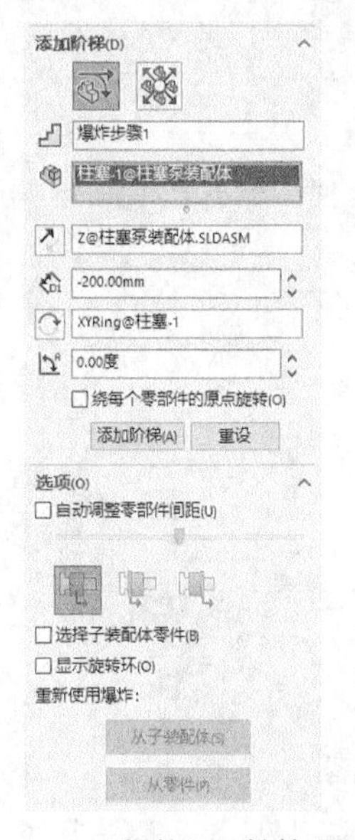

图 12-168　“爆炸”属性管理器

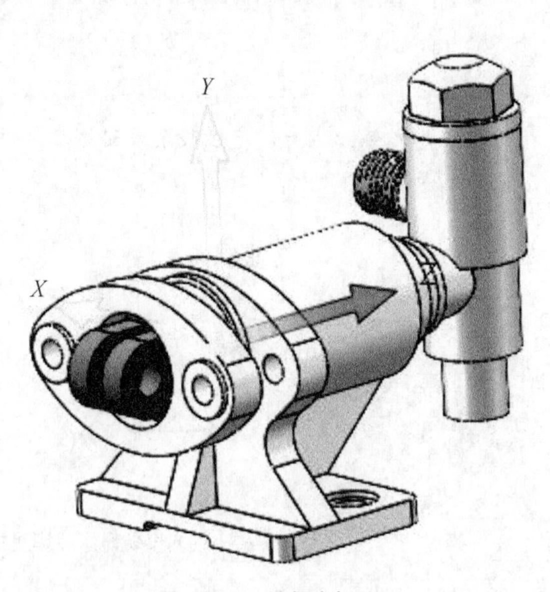

图 12-169　选择坐标轴

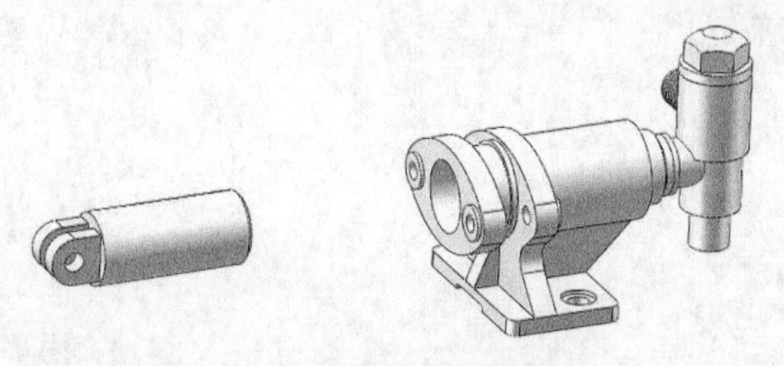

图 12-170　柱塞爆炸

03 创建填料压盖爆炸。在视图中选择“填料压盖”，在活动坐标系上单击 Z 轴，将 Z 轴方向作为爆炸方向。在“爆炸距离”文本框中输入“-60”，如图 12-171 所示，单击“添加阶梯”按钮，生成“爆炸步骤 2”，结果如图 12-172 所示。

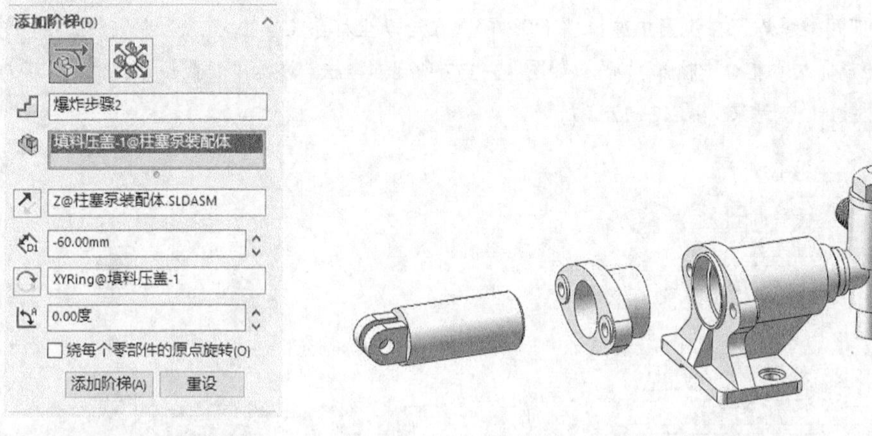

图 12-171　设置爆炸参数　　图 12-172　填料压盖爆炸

04 创建阀盖爆炸。在视图中选择“阀盖”，在活动坐标系上单击 Y 轴，将 Y 轴方向作为爆炸方向。将爆炸距离设置为 120mm，如图 12-173 所示，单击“添加阶梯”按钮，生成“爆炸步骤 3”，结果如图 12-174 所示。

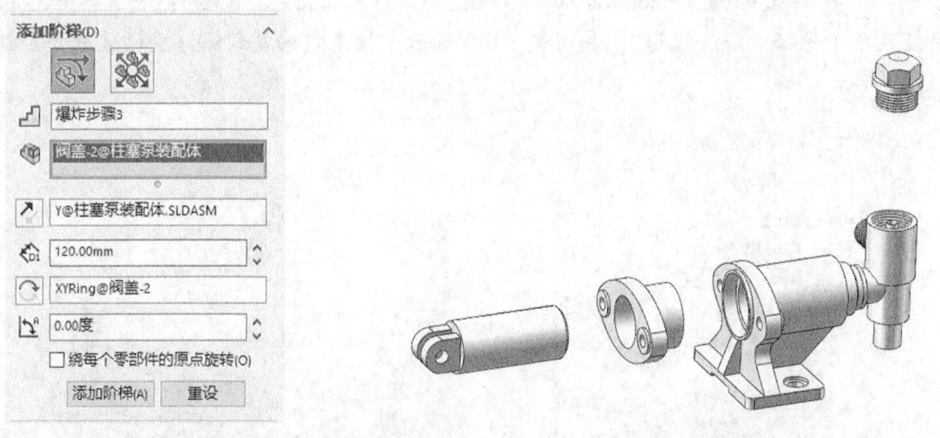

图 12-173　设置爆炸参数　　图 12-174　阀盖爆炸

05 创建上阀瓣爆炸。在视图中选择“上阀瓣”，在活动坐标系上单击 Y 轴，将 Y 轴方向作为爆炸方向。将爆炸距离设置为 100mm，如图 12-175 所示，单击“添加阶梯”按钮，生成“爆炸步骤 4”，结果如图 12-176 所示。

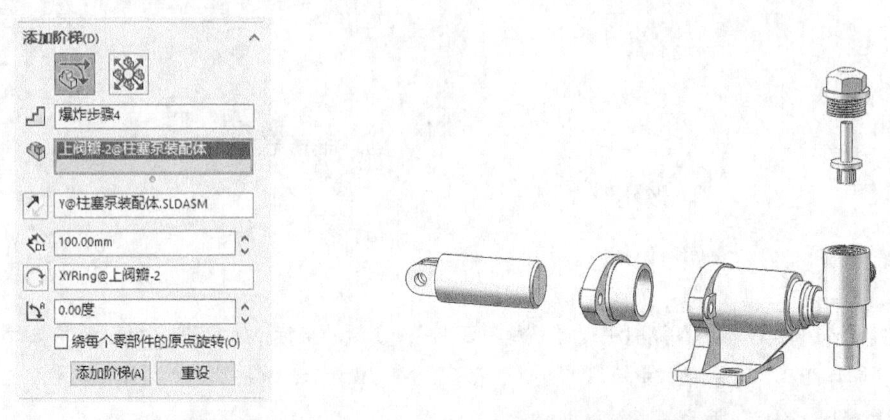

图 12-175　设置爆炸参数　　　　图 12-176　上阀瓣爆炸

06 创建下阀瓣爆炸。在视图中选择“下阀瓣”，在活动坐标系上单击 *Y* 轴，将 *Y* 轴方向作为爆炸方向。在“爆炸距离”文本框中输入“90”，如图 12-177 所示，单击“添加阶梯”按钮，生成“爆炸步骤 5”，单击“确定”按钮，结果如图 12-178 所示。

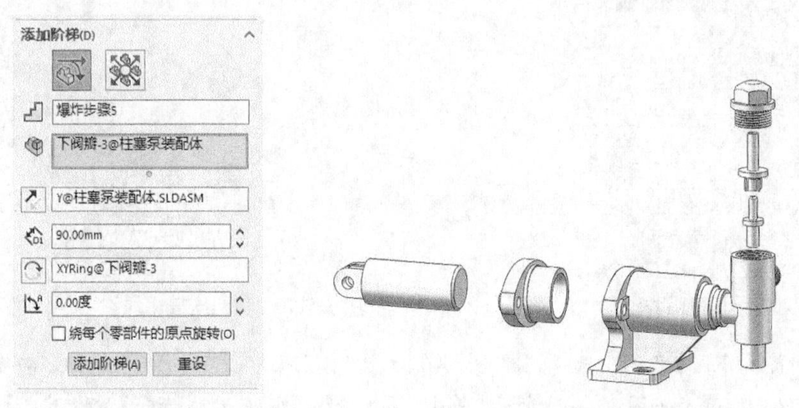

图 12-177　设置爆炸参数　　　　图 12-178　下阀瓣爆炸

07 解除爆炸。单击 Configuration Manager，在柱塞泵爆炸图配置下方的爆炸视图上单击鼠标右键，在弹出的快捷菜单中选择“解除爆炸”，如图 12-179 所示。柱塞泵恢复到爆炸前的装配，即爆炸解除如图 12-180 所示。

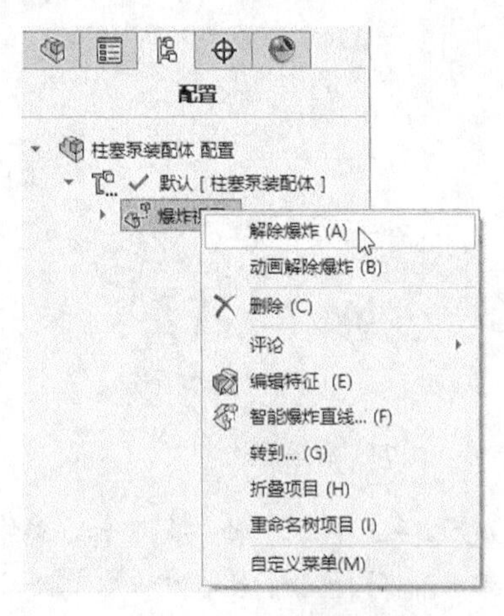

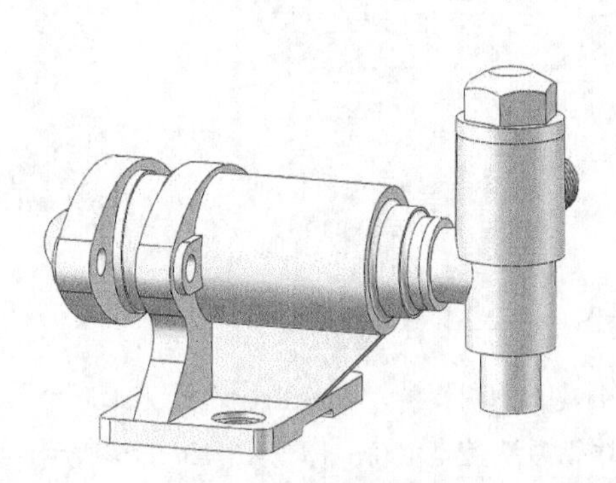

图 12-179　快捷菜单　　　　图 12-180　爆炸解除

08 创建爆炸动画。单击 Configuration Manager，在柱塞泵爆炸图配置下方的爆炸视图上单击鼠标右键，在弹出的快捷菜单中选择“动画爆炸”，如图 12–181 所示。系统弹出图 12–182 所示的“动画控制器”对话框，柱塞泵根据前面创建的爆炸步骤进行爆炸，爆炸过程如图 12–183 所示。

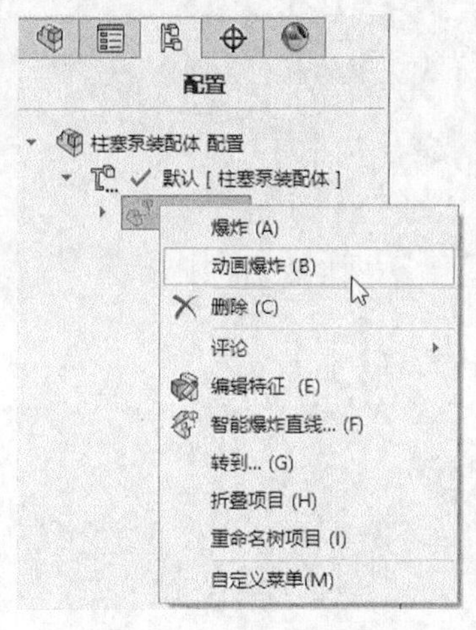

图 12-181 右键快捷菜单

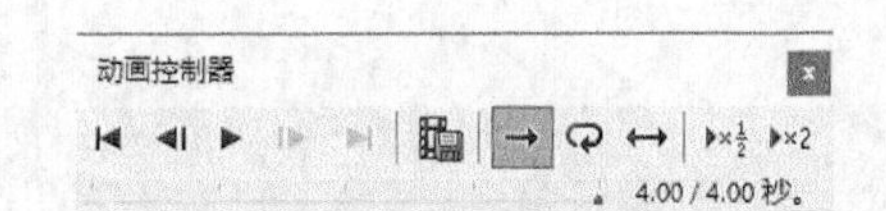

图 12-182 “动画控制器”对话框

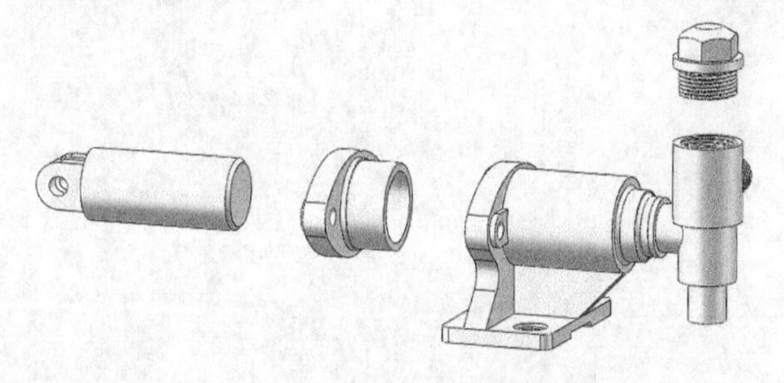

图 12-183 爆炸过程